I0069629

L'ART
D'EXPLOITER LES MINES
DE
CHARBON DE TERRE.

TABLE DES MATIERES,

Servant de précis pour la seconde Partie de l'Ouvrage relative à l'extraction, au Commerce & aux usages du Charbon de terre, principalement à Liege, en Angleterre & en France ; servant en même-temps de Dictionnaire des termes & expressions du métier en différentes Langues :

EXPLICATION DES PLANCHES :

SUPPLÉMENT à la notice des opérations tentées en Normandie & en Bourgogne, annoncées dans le troisieme Article de la derniere Partie ;

ET ADDITIONS ET CORRECTIONS.

M. DCC. LXXIX.

AVIS AU RELIEUR.

Sur l'ordre de diſtribution de l'Ouvrage entier par Volumes.

PREMIER VOLUME.

LA premiere Partie. La premiere , ſeconde & troiſieme Section de la ſeconde Partie, finiſſant à la page 738 , avec la Table des titres de la ſeconde Partie, en tête.

SECOND VOLUME.

Quatrieme Section de la ſeconde Partie , commençant à la page 739 ; & terminée par le cahier de 44 pages , intitulé : *Mémoires ſur les feux de Houille*, à la ſuite duquel doit être placé un Supplément au Catalogue alphabétique des ſubſtances foſſiles qui ſe rencontrent dans les Mines de Charbon de terre , finiſſant à la page 1362.

TROISIEME VOLUME.

Table des matieres commençant à la page 1363. *Explication des Planches* (pour leſquelles il ne faut point avoir égard à l'Avis au Relieur , placé à la page 180). *Supplément* pour la page 1220. Toutes les ſoixante & dix-huit Planches; ſavoir , XIII de la premiere Partie , & LXV de la ſeconde, réunies à la ſuite les unes des autres.

Ce dernier Volume ſera très-commode pour la recherche des Articles auxquels renvoient la Table des matieres & l'explication des Planches.

PRÉCIS DE L'OUVRAGE

AVEC ADDITIONS

POUR SERVIR

DE TABLE DES MATIERES

A LA SECONDE PARTIE,

*Relative à l'*EXTRACTION *ou* EXPLOITATION ;

*ECLAIRCIE par un Dictionnaire des termes & expressions, en différentes langues ;
relative aussi aux différents usages, & au Commerce du Charbon de terre
dans plusieurs Pays.*

A

*ABANDONNÉ. AXHUÉ. LE. Bure abandonné,
interrompu. Différentes circonstances obligent
d'abandonner ou d'interrompre les fosses & les
ouvrages : au pays de Liége , on en connoît un
grand nombre qui ne font plus travaillées; comme
dans la campagne de Glain, les bures de Bolland
Hannin , qui se font écroulés , il y a un siecle ; le
bure du Val-les-Près, aussi écroulé ; le bure des
Abbesses rempli, qui avoit été profondé sur la branche de l'areine de la Cité. Le bure chevron , la
fosse du Chien , qui étoit profondie sur l'areine de
Gerson-fontaine ; le bure Béatrix , qui a été rempli ;
de même que le bure Delxhaxhe à Ste. Marguerite ,
dans les prairies qui cotoient la chauffée de Bierset ;
la fosse del Cave joignant la chauffée de Bierset ; le bure du Bonier, fur la campagne ; le bure aux
Femmes, dit *Bure de Haimes*, à une portée de fusil
du côté de Liege ; le bure d'Avaz-les-Près ; le bure
des Chiens ; les ouvrages delle Pantrée , & plusieurs
autres : on prétend même que le puits de la Citadelle , qui a 53 toises de profondeur , étoit un bure.
Voyez *Bure , Police , Scedule.*

*Abattement. LE. Canal , tranche pour décharger
les eaux ,*
Abbattement plus bas. LE.
Dans la Coutume de Liege, celui qui , par ensei-
gnement des Voirs-Jurés , a fait quelque tranche , même par
œuvre de bras en épuisant les eaux , acquiert
les houilles submergées.
Abbatissement , abattement d'eaux. LE.
Aboette. (Verge d') LE. Sonde. Tarriere ,
Abouter. Avant-bouter ,
Abtenfen. SA. Excavations ,
Abus , qui se commettent , touchant le fait des
mines , se réduisent à trois chefs ,
Moyens imaginés par le Gouvernement, pour
y obvier.Voyez *Réglement provisoire de* 1749.
Abus des Compagnies exploitantes par privi-
léges, méritent la plus sérieuse attention de la part
de ceux qui veulent entrer dans les Sociétés des
mines , Voyez *Concessionnaires.* Voy.
Priviléges ,
*Abzieden (Das) derer Gebande. Den Gruben zug.
G. mensura subterranea.* Voyez *Mesure souterraine.*

Accaparement. Espece de monopole , consistant
à faire des levées considérables de marchandises
pour s'en approprier la vente à soi seul, pour les
vendre à si haut prix que l'on voudra.
Dans ces derniers temps, en 1773 , le sieur Jac-
ques-Christophe Mathieu de la Salle, se qua-
lifiant Ingénieur des Mines , s'annonça dans
Paris , lui & sa Compagnie, comme Entrepreneurs généraux des Mines de Charbon de terre :
il avoit pris les mesures les plus contraires à
l'esprit & à la lettre des Ordonnances, pour
faire cette monopole sur le Charbon de terre ,
& avoit cherché à s'assurer lui & sa Compagnie
d'un Privilége exclusif pour le commerce des
Charbons de terre d'Auvergne , du Forez &
du Bourbonnois. La Gazette du Commerce du
11 Mars , rassura les Particuliers faisant ce
négoce, en assurant que le sieur Mathieu n'avoit
point réussi dans ses sollicitations pour cet effet ;
mais les suites de l'Accaparement entrepris par
le sieur Mathieu ne se firent pas moins sentir ,
par la cessation presque subite du Commerce ,
par la difficulté de se procurer du Charbon de
terre , quoique d'abord on affectât de vendre ce
combustible à un prix modéré. L'annonce que
fit cette Compagnie (dans des Avis imprimés)
soit de cette circonstance , soit de l'indication
de leur Bureau au port S. Paul ; le soin qu'elle
eut de répandre ces Avis dans Paris & dans les
Provinces , étoient une tentative faite pour suppléer au manque de succès dans l'obtention
d'un privilege exclusif que l'on s'arrogeoit
ainsi dans le fait ; & réellement dès l'année
1773 , cette Compagnie avoit passé , avec
MM. de Brassac & de Frugeres , Propriétaires de la plupart des mines d'Auvergne , un
traité , par lequel ces deux Seigneurs avoient
vendu au sieur Mathieu , exclusivement à tous
autres, pendant le temps & espace de vingt
années entieres & consécutives, tous les Charbons de terre de la meilleure qualité qu'ils
pourroient faire extraire dans toute l'étendue de
leurs possessions. Par le même traité, MM. de
Frugeres & de Brassac s'étoient obligés envers
le sieur Mathieu de ne pouvoir vendre ni faire

avant d'être comprimé. 989. Rapport de la condensation à la force comprimante, seroit importante à déterminer. 989. V. *Suffocation*, *Asphyxie*.

Changement d'air naturel dans les Mines, est celui qui est le résultat naturel de la profondeur des puits ouverts, sur une étendue de galerie. 951. Idée de M. Triewald. Idée de M. Jars sur ce sujet. 952. Nous croyons devoir en rapprocher ici ce qui se trouve dans le Chapitre Huitieme, Section . 448 de l'Ouvrage de M. Delius, où cette matiere est traitée avec beaucoup de sagacité. Pour l'intelligence de cet article, il observe dans la Section précédente, qu'en considérant l'air comme un corps fluide, il s'ensuivroit que dans les Mines l'air devroit toujours entrer par les ouvertures les plus élevées, & sortir par les ouvertures les plus basses ; cela arriveroit aussi nécessairement, si l'air n'étoit pas en même temps élastique, & si, en conséquence de cette propriété expansive, il ne produisoit des effets tout différents de ceux qui sont produits par d'autres corps fluides : par cette raison, dit M. Delius, l'expérience fait reconnoître que les courants d'air n'entrent pas toujours par les ouvertures les plus élevées, pour sortir par les puits ou ouvertures les plus basses; mais on sait que quelquefois, & sur-tout en hiver, l'air entre par les ouvertures basses, & qu'il sort par les plus élevées, tandis que précisément le contraire arrive en été. Au printemps & dans l'automne, lorsque le cours de l'air change, il arrive par conséquent que le courant est entiérement arrêté pendant quelque temps, jusqu'à ce qu'il ait pris son chemin ordinaire. Voici comment M. Delius rend raison de ce fait.

Jusques ici on a pensé que c'étoit le changement de pesanteur de l'air qui étoit la cause de ce phénomene : on est dans l'opinion qu'en hiver l'air extérieur est plus pesant que l'air de la Mine, & qu'il est au contraire plus léger en été ; par conséquent on a dit, que si en hiver la colonne d'air *a* (*) descend de la superficie de l'atmosphere, & presse l'air contenu dans le puits *b*, il falloit nécessairement que la colonne d'air *c*, qui est dans le puits & élevée au-dessus, cédât, & qu'ainsi le courant d'air entrât par le puits *b*, & sortît par le puits *d*, puisque la colonne d'air *a* seroit dans ce moment plus pesante que la colonne *c*, qui devroit être dans toute son étendue égale à la colonne *a*, parce que sa partie contenue dans le puits étoit plus légere. En été, au contraire, la colonne *a* seroit plus légere que la colonne *c*, parce que celle-ci deviendroit plus pesante par la partie d'air plus lourde contenue dans le puits ; & par sa pression il devroit arriver que le courant entrât par *d* & ressortît par *b*.

Mais il y a de très-fortes objections à faire contre cette opinion : car en posant qu'en hiver la colonne *c* soit plus pesante jusqu'à l'entrée de la mine, que la partie de cette colonne contenue dans le puits, il s'ensuivroit qu'un corps plus

(*) A la figure de l'Ouvrage de M. Delius, Table XI, nous substituons la partie de notre Planche XXVII, renfermée à droite, entre le maître bure que nous indiquerons par *d*, & le dernier burtay, que nous indiquerons par *b*, terminée en profondeur par l'areine *B A A*, qui sera prise ici pour une veine de Charbon *A* : il sera facile de se représenter la colonne d'air extérieur du grand bure *d* par des lignes ponctuées, désignées par *c*, à la hauteur de la cheture, & la colonne d'air extérieur du burtay *b*, par des lignes ponctuées à la même hauteur, que nous désignerons par *a*.

pesant pourroit reposer sur un corps élastique moins pesant, sans le comprimer, ce qui est contre toutes les loix de la pesanteur. Car deux colonnes d'air, égales en hauteur, doivent être pressées l'une comme l'autre en égale proportion par l'air supérieur, par conséquent elles doivent être d'une pesanteur égale. Le centre de la galerie *b* seroit donc en *e* le point de séparation où les deux colonnes presseroient une force égale l'une contre l'autre ; il résulteroit de là qu'il n'y auroit aucun courant d'air. Il en résulteroit encore que tous les hivers & étés ce phénomene devroit se manifester nécessairement dans tous les puits & galeries différents en hauteur ; puisqu'en hiver l'air seroit toujours plus léger dans le puits *d*, & plus pesant en été que le grand air ; & par conséquent la nature ne pourroit point se changer dans les loix de la pesanteur & du mouvement. Cependant rien n'est plus commun que les exceptions à cette regle, & l'expérience nous apprend plutôt que les courants d'air dans les ouvertures hautes & basses prennent quelquefois un chemin tout opposé. Il faut donc qu'il y ait une autre cause que la pesanteur qui produise cet événement, & nous la trouverons en la cherchant principalement dans la vertu expensive de l'air.

Changement artificiel d'air ; moyen par lequel on obvie au défaut de circulation d'air, provenant de l'égalité de la profondeur des puits, entre lesquels il n'y a aucune communication. 954. Ebranlement de l'air, suffisant dans quelques cas. 954. Voyez *Airage*.

Air des Mines, altéré de différentes manieres, ou chargé de vapeurs, ou condensé au-delà de son état ordinaire. Modifications capables d'affecter diversement les Houilleurs, selon la disposition, qui rend les hommes en état de vivre dans un air de densité très-différente. 981. Moyen proposé par M. Hales, pour remédier aux exhalaisons de Mines préjudiciables par l'augmentation du poids de l'air, insuffisants. 982 ; d'ailleurs ne seroit pas sans inconvénient. 984. Dangereux dans les Mines où la vapeur est inflammable. 982. Secret du Paysan Corneille Drebbel, pour respirer sous l'eau, très-douteux. *Ib.*

Manque d'air, ou défaut de circulation de l'air dans les Mines. 403. 562. D'où dépend ce défaut, selon M. de Genssane. 946.

Mauvais air. Mauvais brouillard. Air nuisible. Air stagnant. Air fixe. Esprit follet des Mines. Touffe, Pousse. Fumus virosus, Aura pestilens, Aer immobilis. Aer gravis. AGRIC. *Air suffocant. Moffette. Cobolt.* G. Schwaden. Bad Air, Vergift Lufte. 645. Bergmannlein. V. *Exhalaisons*. L'expression latine, *Aer immobilis*, dont s'est servi Agricola, qui s'interprete naturellement par *air stagnant*, peut de même se rendre par le mot d'*air fixe*, adopté depuis quelques années parmi les Physiciens, pour exprimer une substance dont la nature est ignorée, & dont on ne connoît que des propriétés singulieres, qui se rapportent assez avec celles de différentes substances, particuliérement avec celles de l'air méphitique des souterrains de mines, des puits de la ville d'Utrecht, des cuves de bierre en fermentation, &c.. M. Black, Physicien d'Angleterre, qui a introduit le mot d'*air fixe*, entend une espece d'air, différent de l'air élastique commun, répandu néanmoins dans l'atmosphere, à peu-près aussi pesant, qui se combine avec la vapeur du soufre & des résines ; qui se dégage des matieres en putréfaction ; qui est renfermé aussi dans les alkalis fixes volatils, & qui résulte de la terre calcaire. M. Baumé estime que cette substance n'est que l'air de l'atmosphere diversement altéré. Comme l'air des souterrains de mines, l'air fixe éteint la flamme & les charbons allumés ; respiré par les animaux, il leur cause la mort. Il se combine avec l'eau, &c.

Mauvais air dans les Mines de Decize. 575

Air inflammable, ou *Vapeur détonnante* ou *fulminante*. Retour de l'air inflammable sur lui-même, après avoir exercé sa force expansive ; observation des Houilleurs Liégeois. Remarque de M. Jars. 989. Voyez *Air naturel. Exhalaisons.*

Airage. Lumiere. Vent. Le. 211, 255, 257, 265, 301. Embouter, conduire l'airage, faire passer le vent. 265. Voyez *Air.*

Airage des montées. 267. *Des Vallées. idem.* Des niveaux du bure. 266. La méthode de l'airage, obscure & sujette à difficultés pour le succès, dans quelques occasions. Par rapport à la difficulté de reconnoître les causes du défaut d'air ; comme, par exemple, lorsque l'air communique de la Mine dans une autre qui est voisine. 972. La direction réciproque des ouvrages est une chose dont il faut aussi s'assurer pour l'airage. 974

Bure, ou *fosse d'airage. Burtay*, Le. 247, 248. 563. *Tuyau d'airage.* 948. *Boyau d'airage, Cassi.* 5 3. *Plancher d'airage.* 948. Construction en planches pour l'airage, dans le cas où l'orifice de la galerie est dans une colline, & plus bas que l'orifice du puits d'airage. 948. Voyez *Chetcur.* Force de l'air dans un tuyau de conduite en planches. 961. Maniere particuliere de disposer les conduits d'airage en bois, dans le cas où l'on veut éviter l'enfoncement d'un bure d'airage, pour chasser une galerie à travers d'une *faille.* 960.

Pareusse d'airage. 266.

Waxhieux, ou *Repasseur d'airage.* 211. Différents moyens de changer l'air des Mines. 946. Maniere dont les Ouvriers se procurent de l'air dans les Mines d'étain de Cornouailles. 959. Dans la Mine de Workington en Angleterre. *Ibid.* Dans les Mines de Schemnitz, en Hongrie. *Ibidem.* Dans les Houillieres de Liege. 946. Chemins pour mener le vent, ou galeries d'écoulement, pour introduire beaucoup d'air dans les Mines. 957.

Voie d'airage. Reuwallette, Le. *Voie de troussement, Cassi, Boyau.* 266. 561. De toutes les différentes manieres de se conduire pour l'airage des Mines, en différents Pays, celle des Houilleurs Liégeois paroît être celle qui ait porté ce qui est à faire pour donner de l'airage, au plus haut degré de perfection, ou qui en approche davantage. 956.

Aire, (Géométrie). Superficie, espace renfermé entre plusieurs lignes, ou dans quelque figure que ce soit. *Area.* Aire d'une superficie plane. L'aire d'une figure plane est l'espace qu'elle contient, lequel se mesure par des petits quarrés.

Airure. Le. *Fibra recumbens in dio tecti.* Agric. Waime de Vone. Le. 286.

Aissieu. Aissieu du Régulateur. Voyez *Régulateur.*

Ajutage. Robinet, ou petit tuyau adapté à l'ouverture d'un jet d'eau. 1083. 1096. Le robinet d'un tuyau d'injection, dans les machines à vapeur, est fortifié à son extrémité par cet ajutage. 1083. 1096. Voyez *Machine à vapeur.*

Alage à Tou, *Alage alentour.* Le. Quand les Maîtres d'une fosse ne sont point encore parvenus dans les ouvrages, au point de *bénéficier*, ou lorsqu'en les poursuivant, on vient à tomber court, les Maîtres doivent contribuer chacun en proportion de leur part ; pour cela, on leur envoie à chacun une cédule : cela s'appelle un *alage à Tou*, ou *alentour.* 127.

Alais. (Charbon de la Mine de la Forêt, près) fort terreux. 153. Ses différentes espéces. 530. Sentiment de M. l'Abbé de Sauvages sur les Carrieres de Charbon du Languedoc.

Alambic dans les machines à vapeur. On appelle de ce nom le vaisseau destiné à contenir & à faire bouillir plusieurs tonnes d'eau, qui sont sans cesse recrutées par de l'eau froide. 1087. Hauteur de ce vaisseau composé de son chapiteuu & de sa chaudiere. 1088. Voyez *Chaudiere*, *Cucurbite*, *Chapiteau.* Son diametre varie dans sa hauteur. 1088. Son grand axe. *Idem.* Sa forme différente selon les méthodes adoptées pour la machine. 1087. Voyez *Vapeurs. Ibidem.* Coupe horisontale, situation & emplacement de l'alambic dans le Bâtiment où il est enfermé. *Ibidem.* Dimension de la plaque elliptique de l'alambic de la machine de *Fresnes* dans son petit axe. 1088.

Alambic de la machine de *Griff*, en Angleterre. 408. Le feu est conduit obliquement tout autour. 1073. L'eau chaude venant du haut du piston, est employée à l'entretien de l'alambic, préférablement à l'eau froide. Raison de cette préférence. 1074. Eau d'injection ou d'évacuation, servant à nourrir l'alambic. *Ibid.* Nouvelle invention pour mieux entretenir l'alambic avec l'eau d'injection. 1074.

Plan de l'alambic de la machine de *Griff.* 1072. Coupe verticale de l'alambic & du fourneau. 1073. 1086. Collets ou rebords. 1073. 1084. Sa situation dans le Bâtiment. 1086. Sommet de l'alambic. 1073. L'alambic & le cylindre, vus de face, du côté du réservoir provisionnel. 1090. Ses dépendances. Bâtiment, fourneau. Voyez *Fourneau.* Voyez *Cheminée.*

Plaques de fer pour former l'alambic, & qui coûtent moins, & durent davantage que de le construire en cuivre. Maniere de joindre ensemble & de river ces plaques. 1073. Différentes autres plaques.

Albigeois, petit Pays dont Albi est la Capitale. On y trouve près la ville de Blaye, à six cents pieds de profondeur totale, une veine de Charbon sous une couverture pierreuse, qui commence à se montrer à 248 pieds de la superficie ; elle est composée dans son épaisseur, d'un premier roc de couleur noire, suivi d'un roc gris de 160 pieds, au dessous duquel vient un autre roc noir de 50 pieds d'épais.

Alentour. Alage à tou. Le. Voyez *Alage.*

Alfreton, Province de Derby en Angleterre. A quelques milles d'Alfreton, on exploite la mine de Charbon de Swanwich ; il n'en est point fait mention dans notre Ouvrage.

Algebre. Science du Calcul des grandeurs en général ; méthode instrumentale pour éviter ou pour abréger les calculs qui ont rapport à la solution des problêmes de Géométrie souterraine 713.

Algue marine. Rien n'est comparable à cette plante, pour donner au feu de la chaleur ; elle dure autant que deux feux de Houille : expérience à faire en en faisant entrer dans l'apprêt du Charbon de terre, avec des argiles. 1285.

Alidade. Alilade. Index ou regle moble, qui partant du centre d'un inftrument aftronomique ou géométrique, tel que le graphometre, l'aftrolabe, peut en parcourir tout le limbe, afin de montrer les degrés qui marquent les angles avec lefquels on détermine les diftances, les hauteurs, &c. L'alidade porte deux pinnules élevées perpendiculairement à chaque extrémité. 784. 786. 787.

Aller à bon Bache. LE.

Allier. Bec d'Allier, entrée en Loire. 598.

Alluchons. Alichot. Terme de riviere, qui défigne l'efpece de pointes, ou de dents de bois des roues de moulins. Elles different des dents, en ce que celles-ci font corps avec la roue, & font pofées fur elle, au lieu que les alluchons ne font que des pieces rapportées ; la partie qui fait dent, & qui l'engrene, s'appelle la *tête* de l'alluchon ; celle qui eft emmortaifée ou affemblée de quelque façon que ce foit avec la roue, s'appelle *queue* de l'alluchon. 1114.

Allure. Direction des veines vers quelque point de l'horifon. 875. Différents moyens pour la perquifition de l'allure, & du pendage des veines. Voyez *Bouffole.* Voyez *Veine.*

Alluvium. (terre d'). Terre limoneufe, dépofée par les eaux des rivieres. Sorte de mauvaife argille. 1309.

Alta vena. AG. IC. Veine profonde.

Altemberg. Altcberg. Petite Ville dans la haute Saxe, au Cercle d'Erezgeburg, c'eft-à-dire, dans la Province du Margraviat, où font des Mines d'argent.

Altération, dont eft fufceptible à l'air le Charbon de terre en général. 1336. Le Charbon de Moulins. 582.

Alumelle. Charbonniere de Houille. Voyez *Charbonniere.*

Alumineux. M. Bomare prétend que, dans les Houillieres de Liege, la feconde couche eft alumineufe. 624.

Alveus. Auge. Cuve, paffage de communication.

Amende. Amendes, forte de peines pécuniaires, qui dans la Coutume de Liege, appartiennent au Procureur général, quand le Seigneur du lieu ou l'Officier font négligents à faire exécuter les Ordonnances concernant les bures abandonnés, ou interrompus. 633.

Amende à encourir par les Ouvriers des foffes, qui s'attribuent en tout ou en partie les Houilles vendues. 602.

Amende pour ceux qui contreviennent aux Ordonnances. 601. Cas différents fujets à amendes, dans les Coutumes du Houillerie au Pays de Liege. 668, 670, 674, 675, 676, 680.

Amas. (Mines en) Blocs de Mines. Apellées auffi Mines de rencontre, parce qu'elles fe rencontrent par hafard, comme celles d'Altemberg. *Minera cumulata.*

Amirauté. Jurifdiction Royale, qui juge en dernier reffort jufqu'à la concurrence de 50 livres, & connoît tant au Civil, Criminel, que Police, de tout ce qui concerne la Marine & le Commerce maritime.

Amont pendage. 206. (Mahire d') ou d'Athier. 247. (Foffe d'). 300, 248. (Ouvrages d'). 289.

Amorceux. AN. Womble. Tête de la verge à forer, ou de la tarriere. 215, 697.

Analogie, en Mathématiques, eft la même chofe que proportion, ou égalité de rapport. 811. V. *Proportion, rapport, raifon.*

Dans l'analogie, *pag.* 811, après le petit angle, 56°.57', *lifez*, fur les lignes logarithmiques on apperçoit les quarrés & leurs racines au premier coup d'œil ; puis *ajoutez* :

Le plus grand angle A   80°   3'

Le plus petit   E   56°   57

180   Les trois angles.

_____

       Angle compris.   D   43°   0'

137 . . . Somme des angles inconnus.

68 . 30 La moitié de la fomme.

11 . 33 Moitié de la différence.

80 . 03 Le plus grand angle.

56 . 57 Le plus petit angle.

$$\left\{ \begin{array}{l} \text{Le finus de E } 16526942 \\ \text{au côté AD } 98337833 \\ \text{Sinus de D } 11.4864775 \\ \text{au côté de AE } 9.9233450 \end{array} \right.$$

Valeur de la bafe AE 36. 57. 1.5631325.

RECHERCHE DU QUARRÉ DE L'HYPOTÉNUSE AB *.

Quarré de AE.. 36, 57 pieds ... 1337,3649

Quarré de AD ... 9,125 0083,265625

La fomme, ou quarré AB . . . 1420,630525, dont la racine eft un peu moindre de 38 pieds, ou 37,69 pieds, qui valent enfin 37 pieds 8 pouces 3 lignes $\frac{1}{3}$.

Il faut encore obferver pour la note 4 de la page 814, que dans cette analogie on compte la déclinaifon du plan, non du Sud ni du Midi, mais de l'Eft ou de l'Oueft.

Analyfes chimiques du Charbon de terre. 40. 1154. De toutes les productions des trois regnes, le Charbon de terre eft celle qui préfente plus de fingularités & de difficultés à l'analyfe. 1117.

Parmi les analyfes nombreufes qui ont été faites à ma connoiffance de quantité de Charbon de terre, & par divers Savants, celui des Mines de S. Georges en Anjou, vient d'être examiné chymiquement, dans le plus grand détail, par MM. Parmentier & Defyeux.

La voye des menftreux fimples & compofés n'a donné aucune lumiere fur la nature de ce Charbon ; on n'en a retiré qu'une petite quantité de terre qui s'eft combinée avec les acides, & une matiere colorante extractive, dont l'eau bouillante s'eft chargée.

Les réfultats de fa diftillation de ce Charbon à la cornue, fe font trouvés abfolument les mêmes que ceux qu'ont fourni les Charbons de Newcaftle, d'Ecoffe, de Nowogorod, de Wellin, de Siléfie, &c. analyfés par MM. Model, Hyerne, Kurella & autres.

De l'analyfe à feu nud, il a réfulté que l'alkali volatil & le foufre, contenus dans les produits qu'on en avoit retirés, étoient entiérement l'ouvrage du feu, n'ayant rien été apperçu de femblable, en examinant le même Charbon par le moyen des réactifs.

Ces différentes recherches concourent à affigner à ce Charbon une nature moyenne entre le Charbon bitumineux proprement dit, & celui vulgairement nommé *foufreux*, & celui que l'on appelle proprement *bitumineux*, dont il s'éloigne néanmoins. Les réfultats des Charbons de terre de plufieurs pays

_____

* Figure 13, il y manque un trait ponctué de B à A.

ſont tous différents. *Idem.* Ce que demanderoit cette maniere, de chercher à connoître la nature du Charbon de terre. *Ibidem.* Diverſité du Phlogiſtique, qui fait la partie conſtituante de tous les Charbons de terre. 1154. Voyez *Charbon de S. George.*

Analyſe (Mathématique) eſt le moyen d'employer l'Algebre à la ſolution de pluſieurs problêmes en les réduiſant à des équations, afin de trouver les inconnues au moyen des connues.

Angin. Virevaut. Singe. 235. *Angin* à pompe. Bouriquet. 235. 238.

Angle. Ouverture que forment deux lignes, ou deux plans, ou trois plans qui ſe rencontrent. 804.

Angle droit. Eſt celui qui eſt formé par une ligne qui tombe perpendiculairement ſur une autre; ou bien c'eſt celui qui eſt meſuré par un arc de 90 degrés. 786.

Angle aigu. 871. Eſt un angle plus petit qu'un angle droit, c'eſt-à-dire, qu'il eſt meſuré par un arc moindre que l'arc de 90 degrés.

Angles correſpondants des Montagnes. 745. Voyez *Montagnes.*

Angles égaux, ſont ceux dont les côtés ſont inclinés les uns aux autres de la même maniere, ou qui ſont meſurés par des arcs égaux d'un même cercle, ou par des arcs ſemblables de cercles différents. Voyez *Arc. Degré.*

Angle horaire. Eſt l'angle au pôle formé par le cercle horaire, & par le Méridien horaire.

Angle d'incidence, *Angle d'inclinaiſon.* Quelques Auteurs d'Optique appellent *Angle d'inclinaiſon* ce que les autres nomment *Angle d'incidence*; mais plus communément, on appelle en Optique angle d'inclinaiſon, l'angle compris entre un rayon incident ſur un plan, & la perpendiculaire tirée ſur le plan, au point d'incidence; quelques Auteurs nomment *Angle d'incidence* le complément de ce dernier angle.

Angle oblique, eſt un nom commun aux angles obtus & aigus.

Angle obtus, eſt un angle plus grand que l'angle droit, c'eſt-à-dire, dont la meſure excede 90 derés. 813.

Rectiligne, celui dont les côtés ſont tous deux des lignes droites. 786. 787. Voy. *Meſure d'un angle.*

Angleterre. (Commerce du Charbon d') dans la Capitale & dans l'étendue de ce Royaume. Voy. *Commerce. Charbon.* Quelques Commerçants font venir de ce Charbon à Paris. Ils ſont de la plus grande qualité; mais les droits de tranſport & les droits d'entrée, dont ils ſont chargés aux entrées du Royaume, les rendent fort chers; ils reviennent à plus de 90 livres la voie. 570.

Anglois. (Secteur) Voyez *Secteur.*

Annenberg. (*S.*) ou *S. Annoeberg.* (Mine de) dans laquelle Agricola fait mention d'un accident occaſionné par le mauvais air, ou l'air fixe. 928.

Anſe. Gâche du Burgeau. Voyez *Burgeau.*

Antigraphus, antigrapheus. Scriba partium, Agricolæ. G. Bergen Schriber, Contrôleur fermenté. 816.

Antimoine. Sa fonte au feu de Charbon de terre, par un fourneau à chapeau. 1239.

Aouſt. (mois d') Les Maîtres de foſſes doivent pourſuivre leur ouvrage de jour à jour, ſi ce n'eſt par force d'eaux, ou faute de lumiere, au mois d'Août, ou en temps de guerre. 327.

Appareil de pompe. Barillet. Nom donné quelquefois au piſton, dans une pompe à bras, qui n'a pas de corps de pompe. 1013. 1014.

Appareil de la Sonde. Voyez *Sonde.*

Apprêt du Charbon de terre, avec des argilles; avantages particuliers de cette fabrication, pour mitiger ſa fumée, réprimer ſon odeur au feu, pour donner un chauffage économique en retardant ſa conſommation, augmentant la durée de ce feu. Conſéquences, deux propriétés diſtinctes qui appartiennent à la façon donnée au Charbon de terre; ſavoir, une économie ſur la matiere même, & une ſorte de correctif des vapeurs de Houille. 1285. M. Venel, d'un ſentiment contraire. 1286. Démonſtration de l'économie. 1285. Réfutation du raiſonnement de M. Venel contraire à cette opinion, & en contrariété avec lui-même. 1287. 1288. 1290. Voyez *Fabication. Impaſtation.*

Apprêt de la glaiſe, pour la rendre propre à ſe mêler intimement avec le Charbon de terre. Voy. *Quartier* ou *Clos des pâtes.*

Appropriation du feu de Charbon de terre aux Arts & au chauffage. Voyez *Chauffage.* Aux travaux métallurgiques. Voyez *Travaux métallurgiques.* Voyez *Mine de fer.*

Appropriation du Charbon de terre au travail des Mines de fer. Y a-t-il dans les Mines de charbon ou de fer du Languedoc, comparées aux autres Mines des mêmes matieres, quelques qualités qui rendent l'appropriation du Charbon de terre plus ou moins facile? Sujet d'un ſecond prix propoſé pour 1776, par la Société Royale des Sciences de Montpellier, & remis.

Approviſionnement de Charbon de terre en Forez, pour la Manufacture Royale d'armes. Conceſſion accordée ſous ce prétexte. 582.

Approviſionnement de la Ville de Paris, ou conſommation annuelle de Charbon de terre. 689. Son évaluation en argent. 690. Police pour obvier aux monopoles qui peuvent être préjudiciables à l'approviſionnement de Paris. L'article 2 du Chapitre 3 de l'Ordonnance du mois de Décembre 1672, concernant l'approviſionnement de la Capitale, défend à tous Marchands d'aller au-devant des marchandiſes deſtinées pour cette Ville, & de les acheter en chemin, à peine de confiſcation de la marchandiſe, & de perte du prix contre l'Acheteur, &, en cas de récidive, d'interdiction du commerce. 650.

Approviſionnement de matériaux, pour une exploitation de Mine. 839.

Appui. (Statique). Point fixe & immobile, capable de réſiſter aux plus grands efforts. Ce point nommé auſſi *point d'appui*, a lieu dans le levier & dans le treuil où il eſt quelquefois appellé *Hypomochlion*, centre du mouvement. 911.

Appui-Pot. Trépied, uſtenſile de cuiſine fait de fer, en demi-cercle ou en triangle, qui ſert à appuyer un pot ou un coquemart, afin qu'il ne renverſe pas. 367.

Aquagium. Jus Cuniculi, droit de faire un Aqueduc dans les terres des autres. Voyez *Areine.*

Aquaria vena.

Aquarius ſulcus. Rigole pour conduire les eaux.

Aqueduc, *Canal*, *Xhorre.* LE. *Cuniculus.* SU. Wattu Troumma. 314. 241. Percement. Gallerie de pied. Voyez *Areine.*

Aqueuſes (*Fentes*). 291.

Arbeit (*Feld.*) Galeries.

Arbetare (*Kol*). Su. Ouvrier de Mine de Charbon. Houilleur.

Arbitraire (*Peine*). 269.

Arbre de délivrance. Voyez *Machine à vapeur.*

Arbriſtolle. Occitan. Galerie. Gralle.

especes d'argilles. 1308. Argille, dite *Baume grise*. 578. *Terre à Potiers*, appellée quelquefois *Glaise*. Argille *pure*. 1306. Ne l'est jamais que par comparaison. 1308. Propriétés de l'argille pure. 1314. Cause des différents degrés de tenacité dans l'argille. *Idem.*

Argille de premiere qualité, *Argille glaise*, ou *Glaise*. Voyez *Glaise*.

Argilles de seconde qualité, *Argilles communes*, *Argilles terres*, *Argilles sables*. Sous ces différents noms, sont comprises des matieres terreuses placées superficiellement sur le globe, qui, à la consistence terreuse, joignent plus ou moins sensiblement les qualités visqueuses & tenaces de la glaise proprement dite. 1306. Dans cette classe il faut ranger les Argilles nommées par les Ouvriers, *Terres franches*, *Terres à four*. 1317. 1311. Les argilles terres nommées par les Ouvriers, *Terres fortes*. 1310. Les Terres d'*Alluvium*, ou *Terres limoneuses*. 1308. Remarques sur les Argilles terres, ou Argilles sable. 1317. Indication des endroits où il s'en trouve aux environs de Paris. *Idem.* Leur disposition en terre; maniere de les fouiller. 1319. Sable jaune des Fondeurs. 1318. Préférable à tous. 1312. L'argille & le sable ne sont que du verre & du caillou brisé. 1311. Especes d'argilles distinguées par les Manufacturiers. 1306. *Argille* ou *pâte longue*. *Idem.* *Argille* ou *pâte courte*. *Idem.* Qualités générales requises dans les argilles, pour être appliquées à la fabrication de la Houille apprêtée. 1315. 1338. Rien de mieux pour s'assurer de ce point, & du mélange bien entendu de ces terres, que de faire des essais en petit sur des demi-minots de Charbon de terre. 1316. Il se trouve des argilles glaises, qui se vitrifient au feu, & qui ne seroient point défavorables dans cet apprêt. 1308, 1316.

Terres d'Alluvium. Terres limoneuses. 1309. Pourroient à la rigueur être employées à la fabrication du Charbon de terre apprêté. 1308. Leurs inconvénients. 1309. Voyez *Fabrication*.

Argilleuses. Terres argilleuses & marneuses en Angleterre. 376.

Arithmetique. Science, ou art de démontrer cette partie des Mathématiques, qui considere les propriétés des nombres, nécessaire à un Ingénieur de Mines. 740. Toute opération sur les nombres, s'appelle *opération Arithmétique*. Voyez *Regles*.

Armure d'une pierre d'Aimant. Voyez *Aimant*.

Arniers, leur obligation. 378. Selon l'Article 8 de la Paix de S. Jacques, l'Arnier ou Propriétaire d'une galerie d'écoulement, est obligé à tenir son areine en bon état, jusqu'à l'endroit où elle a plusieurs branches; & les Maîtres des fosses qui se servent de ces branches, qu'ils ont fait à leurs frais pour communiquer leurs ouvrages, doivent les entretenir. Arnier de plus grande autorité que le Terrageur. Voyez *Terrageur*.

Arpentage des Mines. 299, 901, 332.

Arpenteurs de Mines. G. Marks-Scheide *Fodinarum mensores*, *Finitores Metallici*. 213. Cercle d'Arpenteurs. Voyez *Cercle*. Chaîne des Arpenteurs. Voyez *Chaîne*. Pomme en forme d'équerre d'Arpenteur. 785. Voyez *Equerre*.

Arquebusade (*Pierre d'*). Voyez *Pierre d'arquebusade*.

Arrêtes pierreuses. Nerfs. Voyez *Nerfs*.

Arrimage. *Tonneau d'Arrimage*. 724.

Arrivage à bord des marchandises, ou des bateaux au port. (Déclaration d') Voyez *Déclaration*.

Droit d'arrivage dans Paris. Voyez *Droit*.

Rang d'arrivage dans Paris. 677.

Arsénical. Aucun Charbon de terre ne participe de cette substance. 1265.

Mines arsénicales. Voyez *Mines*.

Art de l'Exploitation. Ses principes & ses maximes. 739. Circonstances d'où dépendent les particularités qui constituent cet Art. 752. Enoncé de ces particularités. *Idem.*

Arts. Théorie pratique des différentes manieres de se servir du Charbon de terre pour les Arts, & pour les usages domestiques. 1115. Voyez *Combustible*. La nature différente des différents Charbons de terre, est à considérer pour les différents Arts auxquels on veut appliquer ce fossile, comme combustible, sur-tout pour les fers qu'on forge. 1141.

Artifices extérieurs de Mines. 512. *Intérieurs*. *Id.*

Artificielles. (*Lignes*). Voyez *Lignes artificielles*.

Arvipendium. Chaîne, échaîne, chaîne d'arpentage. 782.

Asphyxie, dont les Ouvriers de Mines peuvent être surpris, soit par la commotion de la vapeur fulgurante, soit par l'effet de la vapeur suffocante, ou de l'air fixe, à la suite desquels l'homme reste & peut rester long-temps sans mouvement, comme frappé de la foudre, & mourir. *Morbus attonitus*, *morbus syderatus*. 983. Tableau de l'extérieur des personnes tenues pour mortes après une submersion, ou par la vapeur explosive, ou par la vapeur suffocante. 997. Examen du moyen par lequel on débute vis-à-vis de toute personne privée en apparence de la vie, par un accident subit quelconque. 997. Heureux succès de l'eau froide. 998. Heureux succès de l'inspiration immédiate, bouche à bouche. 1110. Asphyxie, portée au plus haut point, jugée sans ressource. Marche méthodique pour ne point abandonner légérement le malade. 1001.

Ascendante. Voyez *Galerie*.

Ascendentes (*Cryptæ*) *surgentes Cryptæ*. G. Steigende.

Aspirant (*Tuyau*). Sax. Auster kiel.

Aspirante, (*Pompe*) ou *commune*. 1012. 1015. La pompe aspirante simple n'a lieu que pour les fouilles peu profondes. *Idem.* Maniere dont s'établit la Pompe aspirante, qui est à la fois aspirante & refoulante. 1015. 1021.

Aspirante & refoulante (*Pompe*). 1012.

Aspiration. (*Tuyau d'*), ou Tuyau montant. Voyez *Tuyau montant*, *Machine à vapeur*.

Aspirations des pistons de Pompes, ont toujours quelqu'imperfection; pourquoi? Moyen d'y remédier. 1019. Regle qui établit la hauteur de l'aspiration des Pompes. 1020.

Assainier. Lugd. Tarir, sécher les eaux. 516.

Assemblées du métier de Houilleurs. 344.

Asseres. *Tigilli*. Membrures ou grosses pieces de bois de sciage, servant aux ouvrages de Charpenterie & de Menuiserie.

Assiage jus. L E. 275.

Assignation. Semonce, quand elle ne peut être faite à l'un ou à l'autre des Maîtres. Voy. *Semonce*.

Assises des Cowes. 276. Voyez *Cowes*.

Associations, *pour l'exploitation des Mines*: ce qu'il faut y apporter pour la réussite. 817.

Association, tendante à hausser le prix des Charbons de terre, à l'usage de Londres & de son voisinage, défendue. 439. Loi contre ces associations. *Idem.* Existe de même en France, consignée dans une Ordonnance de François I,

ſible, d'incliner les aubes aux rayons. Conſulter à ce ſujet le Mémoire de M. Deparcieux, dans le Volume de l'Académie pour 1759. *Roues daubes*. Voyez *Roues à aubes*. 1017.

Aubue, Herbue, Arbue. Voyez *Arbue*.

Audi. Meſure de Charbon. Voyez *Raſiere*.

Aufs-chage-water. G. Conduite des eaux.

Auge, *cuve*.

Auger, Augar, Augre. Whimbe. AN. Tarriere. 388.

Augets. (*Roues à*), ou *roues à pots*. 1017. Moteur de la machine pour la Mine de Pontpéan en Bretagne. 1048.

Auler les layes. 447. Voyez *Layes*.

Aulne, *ulna*, *orgya*. Il eſt très-ordinaire dans pluſieurs Pays de meſurer les ouvrages à cette meſure, qui eſt auſſi celle des Mines. Beaucoup d'Auteurs anciens & modernes ne donnent à l'aune de Paris que 43 pouces 8 lignes; c'eſt une erreur: ils ont ſans doute voulu parler de l'aune des Drapiers, qui eſt de 43 pouces 9 lignes, & qui ne ſert qu'à meſurer les draps; l'aune de Paris eſt de 44 pouces du pied de-Roi, & contient auſſi quatre pieds Romains antiques, l'aune Suédoiſe eſt d'environ demi-aune de Paris.

Aura peſtilens. G. Vergifte. Luft. V. *Mauvais air*.

Aurioles, *Auruols*, *Caſtagnous*. *Châtaignes blanches*. 535. Maniere de les ſécher au feu de Charbon de terre, pour les conſerver. 536.

Aurgaſſes. SAX. Dégorgeoir.

Auſter kiel. SAX. Tuyau aſpirant.

Auvergne. (haute) Il n'y a pas de Charbon de Charbon de terre: un Particulier a cru y en avoir trouvé. 587. Il en vient à Paris de la *Limagne*, ou *baſſe Auvergne*: les Mines de ce quartier en fourniſſoient autrefois de très-bons; mais actuellement le Charbon qui en provient eſt inférieur à tous les autres. Leur prix à Paris, ſans les droits d'entrée, eſt de 34 livres, à 36 livres la voie. 682. Jugement que les Serruriers de Paris portent du Charbon d'Auvergne. 1160.

Auvergne. (baſſe) Mine de *Sadourny*, ou de *la foſſe*, abandonnée en 1768. Voy. *pag*. 593. Repriſe en 1774. Organiſation de ce Charbon, ſon effet au feu. 1160.

Auzat. (*Mines de Charbon*) dans la Limagne. 996.

Aval pendage. (Ouvrages d') 289. Veine d'aval pendage. 206. Pendage (la *partie d'aval*), peut, ſi l'on veut, ſe travailler par une gralle, ou par une *vallée*, ſur leſquelles on prend des *queſtreſſes*. *Foſſes* d'aval pendage. 248. 300. (*Mahire d'*) de deſcente, ou Mahire deſcendante. 247.

Avalleresse. LE. 286 Burtay. Baume. 285, 286, 287. Si le terrein eſt ſolide, on peut le faire rond; s'il eſt mol, il faut le faire quarré, pour la facilité de l'étançonnement. *Avallée* (*Mahire d'*). 247. *Avallement*, enfoncement. 285. *Avaller*, *foſſoyer*, *eſcondire* un Bure. LE. 285. *Avallès*. (*Bures bas*). Torrets, Bouxtays. 242. *Avalleur*. 210. 219. Aides de cet Ouvrier. 285.

Avances. (défenſes de faire des) aux Ouvriers. 273.

Avant-bouter, *abouter*. LE. 279. *Avant-main*, c'eſt-à-dire, ligne de l'ouvrage quand on commence l'exploitation; le niveau eſt une voie pourchaſſée de cette maniere. *Veine en avant-main*, *Dreu de ſtoc*, dans la partie d'aval pendage. 206. En ligne de la voie, ou de l'ouvrage. 271. 279. 293. *Avant-mener*. LE. Bouter, pourſuivre, conduire. 245. *Avant-pendage*. (Bure d') *Spouxheux*, *Spuiſeux*. 251.

Avariée, Marchandiſe qui dans le voyage a éprouvé un déchet quelconque, par échouement ou autrement.

Aver, *avoir du poids*. Voyez *Poids Anglois*.

Avis pour donner des ſecours à ceux que l'on croit noyés, d'après la Copie imprimée au Louvre, en 1740. 995. Réflexions ſur les différents moyens conſeillés dans cet avis, & ſur leur adminiſtration, pour ſervir de guide aux perſonnes qui ſe trouveront préſentes à ces accidents dans les Mines, & à portée de ſe charger des tentatives indiquées dans le Mémoire. 996. 999.

Aweiye, LE. *Aiguille*. 219. 222. De Veine. *Idem*.

Axe, ou *eſſieu*. (Méchanique) *Cathetes*, eſt proprement une ligne ou un long morceau de fer ou de bois, qui paſſe par le centre d'un corps, & qui ſert à le faire tourner ſur lui-même. C'eſt en ce ſens que l'on dit l'axe d'une ſphere ou d'un globe, l'axe ou l'eſſieu d'une roue, qui quelquefois ſe nomme en particulier, *Goujon*, *Boulon*, *Tourillon*, *Axiculus*.

Axes de l'horiſon, de l'équateur, de l'écliptique, du zodiaque, &c, lignes droites qui paſſent par les centres de ces cercles, & qui ſont perpendiculaires à l'horizon. Voyez *Cercle*, *Horiſon*, *Eclpitique*, *Equateur*. *L'axe du Cercle*, s'appelle autrement ſon diametre.

Axe dans le Tambour, ou Eſſieu dans le Tour. *Axis in Peritrochio*, eſt une des cinq forces mouvantes, ou une des machines ſimples, imaginées pour élever des poids. V. *Eſſieu*.

Axe de l'Aimant, ou *Axe magnétique*, ligne droite dont les extrémités ſont les pôles de l'Aimant. Voyez *Aimant*.

Axhuer un bure. 241. LE

Axiculus, *clavis orbiculorum*. Boulon, Goujon, G. Welechin. *Axis in Peritrochio*. Moulinet, Treuil ou Tour. Voyez *Treuil*. *Eſſieu dans le Tambour ou dans le Tour*: les leviers s'appellent *Rayons*.

Axis recta Cylindri baſium Centra connectens, Voy. *Cylindrus circularis rectus*.

Axis ſtatutus. G. Spille. *Axis Stratus* G. Wille.

Azellus, *axis parvus qui jucula nuncupatur*. Baudet, Singe, Bouriquet.

Azimutal. (Cadran). Voyez *Cadran*. (Cercle) du Soleil. 757. Voyez *Cercle*.

Azimuth. (cercles verticaux d'), c'eſt-à-dire, cercles qui, paſſant par le zénith d'un lieu, ſont compris également par l'horiſon, ſur lequel ils tombent perpendiculairement. On compte ordinairement autant d'azimuths que l'horiſon a de degrés, ainſi l'on peut fixer leur nombre à 360, ſi l'on veut; & ſi on ne le veut pas, on eſt libre d'en compter autant que l'on peut concevoir de parties dans l'horiſon, quoique les azimuths ſoient tous égaux, en ce qu'il n'y en a pas un qui ſoit le premier, plutôt que les autres. Cependant le méridien, qui eſt un azimuth, puiſqu'il eſt coupé par le zénith, & par l'horiſon à angles droits, enſemble le cercle qui le diviſe en deux, on veut dire le premier vertical, ſont les deux principaux azimuths. Ces azimuths partagent l'horiſon en quatre parties égales.

C'eſt ſur les azimuths qu'on meſure la hauteur des Aſtres. La partie de ces cercles, depuis l'horiſon à l'aſtre, marque leur hauteur; & celle de l'aſtre au zénith en eſt le complément. Les Aſtronomes ſont uſage des azimuths, pour déterminer la parallaxe de hauteur, ainſi que la réfraction. On s'en ſert auſſi pour obſerver la déclinaiſon de la Bouſſole. 756.

Azimuth du Soleil, ou d'une étoile, eſt l'axe de l'horizon compris entre le méridien d'un lieu, & un vertical quelconque donné, dans lequel ſe trouve le Soleil ou l'étoile. 757. V. *p*. 101. *Méridien* & *Vertical*.

chofe que le tube de Toricelli, appliqué contre une planche verticale divifée en pouces, à compter de la furface de mercure contenu dans une cuvette, & fubdivifée en lignes ou demi-lignes dans fa partie fupérieure. Ces graduations font connoître la marche du mercure, ou les variations qui arrivent dans la preffion de l'atmofphere.

Quand on choifit un Barometre, il faut choifir celui d'une certaine groffeur, qui, par exemple, ait deux ou trois lignes de diametre intérieur, afin que le mercure qui y eft contenu n'éprouve pas trop fenfiblement l'impreffion de la chaleur qui tend à le dilater; fouvent les hauteurs de deux Barometres, ne s'accordent pas enfemble, parce que l'effet de la chaleur fur le mercure devient plus ou moins fenfible, felon que le tube eft plus ou moins étroit; à cette caufe peuvent s'en joindre d'autres, comme quelque petite inégalité dans les pefanteurs fpécifiques du mercure de chaque Barometre, la difficulté de les purger également d'air, les différentes afpérités des parois des tuyaux, le vuide plus ou moins parfait dans leurs parties fupérieures, &c. Indications de différents Barometres. 937, 938. Les circonftances effentielles pour trouver, avec le Barometre, la pefanteur de l'atmofphere, fes variations, la profondeur des fouterrains. 937. Les expériences Barom triques font voir que les mêmes différences de hauteur du mercure répondent à une même hauteur perpendiculaire. 938. Le mercure dans une mine de Charbon, s'éleve dans le tube du Barometre, à proportion de la colonne d'air qui preff: fur ce minéral, dans l'ouverture du tube. Remarques effentielles fur le mouvement du mercure. 75. Voyez *Obfervations.*

Barres à tourner. AN. Geer. Radii. Scytalæ. 1114. *De Manivelle.* SAX. Korb. ftange. 1043. *Barres du trait.* Sax. Zug ftangen. *Id. Barres. Tirans.* G. Kunft. *Fermant s*, ou *Montans.* SAX. Schloffer *Id. Barre.* Pince. Levier. 542.

Barreaux Magnétiques. Voyez *Aimant artificiel.*

Barrouws (*weel*) AN. Brouettes. 388.

Bas (*levays*, ou *niveau*) de l'eau. LE. 270. *Avallé* (*Bure bas.*) Bouxtay. Torret. LE.

Bafche. LE. 1091.

Bafchole. Coffre ou Baquet, employé dans le quartier de Decize à enlever des Mines les eaux & le charbon. 575.

Bafcholée, Bafchole employée comme mefure, faifant la fixieme partie d'un tonneau. Deux bafcholées font un poinçon. 577. Voyez *Fourniture. Voie.*

Bafcules, Montant. SAX. Schwinger. 1043.

Bafficot. Dans les Ardoifieres, on appelle ainfi le traineau connu parmi les Houilleurs Liégeois, fous le nom de *Sployon.*

Baffins, labra, Baffin de décharge. Lacufculus. Fafte ou tafte.

Bâtarde (*Mine*). 508.

Bateau de Charbon (fur l'Efcaut). Le bateau contient 30 muids; le muid pefant 8 à 900 livres, de forte qu'on peut évaluer la charge d'un bateau à 80 milliers d'après le rapport fait le 26 Avril 1742, à feu M. Fagon.

De quelques Mines de Rouergue, il part, année commune, 334 bateaux de Charbon. 533. Voy. *leur charge.*5 8. Bateaux chargés de Charbon de Moulins. 581. Prix des bateaux reftés vuides à Briare. 582. Nombre des bateaux partant de S. Rambert. 587. Leur dimenfions. 598. Conftruction des bateaux à Briare. *Idem.* Bateaux vuides, paffant fur le Canal de Briare. 6 0. Bateaux de Charbon deterre, pour Paris; deux efpeces. 688, 598.

Bateaux, Paffe-de-bout. Voyez *Paffe-de-bout.*

Bateaux (*charges de*) 691. Prix d'un bateau de Charbon de terre au-deffous de Paris. 669. Entrée des bateaux dans les ports de la ville de Paris. 651. Arrangement des bateaux dans les Ports. 651, 672. Leur charge. 682, 684. Recherche fur leur charge. 688.

Déchirage des bateaux (Infpecteur au). 658. Endroits où il eft permis de faire ce déchirage dans Paris. *Idem.* Dans la Banlieue. *Ibid.* Prix des bateaux aux Déchireurs. Voyez *Gardes.* *Ibid.*

Gardes-bateaux. Voyez *Gardes.*

Batelier. AN. Keelman, Confrairie, ou Société de gens de mer, & Bateliers ayant, pour l'exportation du Charbon, la police de la Tamife depuis le port de Londres jufqu'à la mer, & au-delà. 431. Voyez *Trinity Houfe.*

Autre femblable Confrairie à Newcaftle. *Ibid.* V. *Hoaft Men. Bateliers d'Allege.* 434. V. *Hoaft Men.*

Corps de Bareliers à Condé, jouiffant du privilege exclufif du tranfport du Charbon fur l'Efcaut. 489. Voyez *les Réglemens anciens & nouveaux concernant cette Navigation.* 735.

Bâtimens pour l'importation du Charbon de Newcaftle en Angleterre. 432. Voyez *Alleges.*

Bathen. AN. Bage. 388.

Batillum. G. Schauffel. Pelle de bois.

Battitures. Chaux de Mars, attirable par l'aimant, qui fe détache par écailles du fer rougi & calciné. 1162.

Battre les eaux. HANN. Se débarraffer d'une partie d'eaux, fans chercher à les épuifer en entier. 465.

Baudet. Bouriquet. Dénominations ufitées parmi les Scieurs de planches, pour défigner les treteaux ou chevalets fur lefquels ils placent leurs pieces élevées pour travailler: la feconde dénomination eft appliquée, dans quelques pays de Mines, au petit treuil à bras. Voyez *Bouriquet.*

Baume. Bome. Percement. Ce même nom eft donné dans quelques pays de mines de Charbon, à une efpece d'argille, dont il eft de plufieurs efpeces. 240, 578.

Baume univerfel, terreftre & minéral, ou huile de Charbon de terre. V. *Huile de Charbon de terre.*

Bayle. (Charpenterie). 370.

Bec d'Allier. Entrée en Loire. 598. De Gruc. [Méchan]. Voyez *Rancher.*

Bêche. Hoyau. Haw. *Ligo Rutrum.* G. Fraze. 217, 218. Bêche à pierre. Pic. 542. Beche Parifienne. 542.

Beel Cornish. Tubber. AN. Pic. 388.

Belandes, Belandres. Petits Bâtiments de mer, en ufage dans la baffe Flandre, pour emporter le Charbon de terre; leur charge ou capacité. 724.

Bele. Poteau d'étai. 233.

Belfteude. LE. 234.

Bene. (mefure du Lyonnois). Douteufe & incertaine. 509, 704. Variations qui fe remarquent dans cette mefure. 706. Contenance de celle dépofée au Greffe du Comté, à Lyon. 705. Fixée par le Conful at. *Ibid.* Dépofée au Greffe de Rivedegier. 704. Défaut de police ou de manutention fur l'inexactitude de cette mefure. 705. Poids que donne cette mefure. *Ibid.* Maniere différente de mefurer la Bene au jour ou au pied de la Mine. 706, 709.

Bene de faveur. 707. Infidélités. *Ibid.* Moyens d'y remédier. *Ibid.* La Bene eft auffi employée à S. Rambert, où quatre Benes compofent la charretée; cette voie, à S. Rambert, suivant la disposition des Mines, est de 280 à 300 livres de poids. Voyez *Voie*. Cinq Benes, de 140 livres chaque, équivalent à trois minots de Paris, évalués à 552 livres les trois minots.

Bénéfice des Marchands Anglois pour le Charbon de terre de Nantes, vendu à Londres. 566.

Bénéfice du Vendeur de Charbon à Paris. 691.

Bénéfice de xhorre. Voyez *Bénéficier*.

Bénéficier. Le. Décharger, épuiser une grande partie des eaux. 280. Par xhorre ou areine. 329.

Berk Borer. Su. *Mitznghohr* Leupoldi. An. Auger. Tarriere. 213, 381.

Berg-ount, *Berggerdeht*. G. *Bergsling*. Su. Tribunal des Mines, pour les réglements, & loix de Mines. 816.

Berg Banck. G. Mauvaise espece de Charbon pierreux, ou d'arrête du nerf charbonneux. 1151.

Berg Brunte. G. Officier de Mines.

Berg Compass. G. Boussole de Mines. Voyez *Boussole*.

Berggang. G. Veine métallique.

Bergenoffe. G. Qui a part aux Mines.

Bergkappe Bergmant. Helv. Cappe ou bonnet de Mineur.

Bergharkig. G. Bitumineux.

Berghanptmann. G. Intendant des Mines. *Præfectus Metallorum*.

Berghanptmanschaft. G. Intendance des Mines.

Berghaver. G. *fossor*.

Bergmannlein. G. Esprit follet des Mines. Cobolt. 33. Voyez *Vapeur* ou *Exhalaison*.

Berg Meister. G. Maître, Directeur, Inspecteur des Mines. *Magister Metallorum*.

Bergmerf. G. Mine, miniere.

Berg mors. G. Terme de Mineur.

Bergrecht. *Bergordung*. G. Jurisprudence de Mines. Loix, Droits, Réglements & Ordonnances concernant les Mines. 816.

Berg Richte. Cour des Mines; il y en a de supérieures & de subalternes.

Berg Richter. G. Juge pour les affaires des Mines. *Judex metallicus*. 816.

Berg Schreiber. G. Contrôleur des Mines. *Scriba partium*. Agricola.

Berg Sting. G. Su. Tribunal.

Berg Theil. G. Part ou portion de Mines.

Berg Trog. G. Passage de communication.

Berme. Clôture, parapet, rempart, terre-plein. *Agger*, *Vallum*. Su. Steinwalle. Voyez *Faille*.

Bertos. And. Bricolle. Bretelle.

Berwette. Le. Brouette. 228.

Berwetteresses. Le. 22*, 212.

Bestieg. *Besteg*. Sax. Ligament. 746.

Besswaer. Su. Empêchement, Faille. Voyez *Faille*.

Bet. Su. Cours de Charbon, *kol Bet*.

Bêtes de somme pour le transport du Charbon. Sentiment du Docteur Desaguliers sur l'usage où l'on est généralement d'appliquer leur force à cet usage. 864. Comparaison faite par ce Savant, de la force de trois hommes, pour tirer au haut d'une colline, avec la force d'un cheval. Voyez *Cheval*.

Beton. (Mortier ou Maçonnerie de), composée d'une partie de machefer. Voyez *Maçonnerie*.

Beuse. Dans les Mines de Namur, on appelle ainsi un coffre qui porte l'eau sur les aubes des roues de la Tréfilerie.

Bibliotheque d'un Ingénieur de Mines. Voyez *Ingénieur*.

Biche, (pied de) ou de chevre. 220.

Bidanet. Voyez *Teinture*.

Bief. Terre onctueuse quelquefois caillouteuse de plusieurs pieds d'épais, placée dans quelques endroits au-dessous d'une couche de glaise pure. 1306.

Bielle. Piece de fer tournante, adaptée à l'œil d'une manivelle, & qui, à chaque tour, fait faire un mouvement de vibration à un varlet, en le tirant à soi, ou en le poussant en avant. 1018.

Biez. (Mécan. & Hydraul.). Canal un peu élevé, & un peu biaisé, qui conduit les eaux pour les faire tomber sur la roue d'un moulin. 637. Dans le Canal de Briare, on appelle de ce nom les canaux qui sont au-delà le Biez; en remontant, se nomment *Arriere Biez*.

Billes. (*Billettes*) (Charpenterie). 559, 561.

Bismuth Bismuthum, *pyrites*, *plumbi cinereus* Agricol. *Stannum cinereum quorumdam*. Marcassite par excellence, *tectum argenti*, parce qu'on soupçonne ordinairement une Mine d'argent dans son voisinage, souvent désignée par le nom *d'étain de glace*. Dans les livres des Alchymistes, qui font grand cas du Bismuth, comme pouvant être important dans leurs recherches, on trouve le Bismuth désigné sous quantité de noms, selon ses rapports & sa ressemblance avec plusieurs métaux; quelques-uns l'appellent *Mine brillante de Saturne*, *Dragon de montagne*, *Fleur des métaux*, *Electrum immaturum*. *Saturne philosophique*. C'est un demi-métal très-cassant, & facile à réduire en poudre; il ressemble assez, par sa couleur, lorsqu'il est récemment extrait de sa mine, à l'étain & à l'argent; mais, à l'air, il devient bleuâtre; il ressemble sur-tout beaucoup au régule d'antimoine & au zinc: aucun demi-métal n'est aussi aisé à fondre que le Bismuth, il suffit de l'approcher d'une chandelle pour qu'il entre en fusion. La propriété qui rend ce demi-métal remarquable, est celle qu'il a de se mêler très-aisément avec tous les métaux, même les plus durs, (excepté le zinc), ce qui lui a valu de la part de quelques Ecrivains le nom d'aimant des métaux; mais il les rend plus légers & plus cassants, à raison de la quantité qu'on y en a ajouté. *Fonte du Bismuth* avec le feu de Charbon de terre, au fourneau de reverbere, comme les Mines de plomb. Avantage de cette maniere. 848, 1238.

Bistre, préparation de Suie. Voyez *Teinture*.

Bitraha Machina. Agric. Grand hernaz, pour enlever plusieurs charges.

Bitume. Seul principe inflammable dans quelques Charbons. 1152. La *Houille grasse* contient plus de bitume pur que les autres especes. 114. Voyez *Inflammation des Bitumes*. Art d'extraire le bitume du Charbon de terre connu en Angleterre. Pratiqué aux Forges de Sultzbach, par distillation. En quoi consiste cet établissement. 1138. Le bitume qu'on obtient par ce moyen, peut être substitué au meilleur cambouis. 1140.

Bitume savonneux. Factice pour imiter les eaux minérales savonneuses. 1125.

Bitume de Tourbe. Distinct par sa mauvaise odeur particuliere; limoneux, grossier, plus sec, moins gras que le bitume propre aux Charbons de terre, quoique très-analogue. 12, 13, 497, 606.

Bitumineux. (*Charbon*) Voyez *Charbon bitumineux*. On doit entendre par cette expression le Charbon dans lequel le bitume se trouve dans une

proportion

proportion égale au moins à la pyrite. 1154.

Bituminoso-sulphureum lythantrax. Voyez *Charbon bitumineux.*

Black Bast. Schistus terrestris niger, Carbonarius. Espece de pierre d'ardoise noire, placée à 130 pieds de profondeur en terre, & à 30 pieds audessus du Kennel coal. 109.

Black Burne. Black Borne. Black bourne. Petite ville d'Angleterre où il y a une Mine de Charbon de terre.

Blamey. LE. 265.

Bleu d'Erlinghen. Voyez *Fécule.*

Bleu d'émail. Azur. Verre bleu. Vitrification du Smalt ou Schmalt, dont la calcination peut s'exécuter au feu de Charbon de terre. 1252.

Blyth. (*Scoth*). Charbon d'Ecosse. 420.

Blocs. Marrons, roignons. (*Mines en*). Voyez *Mines.*

Bobine. (Méchanique). Cylindre de bois, traversé dans sa longueur d'une broche qui lui sert d'axe. 1109.

Bos wetter. G. *Loft.* SU. Mauvais air. Voyez *Mauvais air.*

Boete. Pannier. Coffre. *Boete de Soupape.* Voyez *Soupape.*

Boete. (Droit de) Droit de fait des Marchands. Droit établi dans plusieurs endroits du cours de la Loire, à Moulins, à Nantes, à la Charité, à Saumur, en faveur des Marchands fréquentant cette riviere, & autres qui viennent s'y rendre. 545. Voyez *Droit.*

Bœuf. (Cheminée en œil de) Pour le chauffage au Charbon de terre. 364.

Bocage. Pays Bessin. Mine de Charbon à Littry. Voyez *Littry.*

Boisle. Village près Meulan-sur-Seine : énumération succinte des couches rencontrées dans une fouille qui y a été faite pour y trouver du Charbon de terre. 165. M. Guettard en a fait mention, *page* 83 du Volume de 1753 des Mémoires de l'Académie des Sciences.

Boigne. LE. *Borgne. Borgne Vallée.* 260. V. *Vallée.*

Boigne levay, Borgne niveau. Coistresse, Questresse de niveau. 258. Voyez *Levay* & *Niveau.*

Boirgnir. Faire Boirgnir la Vallée. 256.

Bois d'arbres forestiers, qui sont propres à être emmagasinés pour les entreprises de Mines. 854, 855. S'achetent de différentes manieres. *Ibid.* N'employer aucun bois où il y ait de l'Aubier. Bois propres aux épaulements. Voyez *Epaulements.* Bois d'étai. 559. Bois d'étançonnage des puits & des galleries. Voyez *Etançonnage.* Le bois blanc doit être banni des revêtissements. 891. Dans quel cas il peut être employé. 892. Bois qui a déja servi dans la Mine, très-bon. *Ibid.* Force du bois. *Ibid.* Bois débité. *Bois à clige.* 371. *Bois de Rotte.* 233, 371. *De Merrein. Bois de Many*, ou de *parti Bure.* LE. 246. Faux bois. 561. *Bois de Marteau, bois de Cornouiller.* Voyez *Cornouiller.* Débit du bois. Voyez *Débit.* Bois, (différence des) au Charbon de terre, pour le chauffage. Voyez *Chauffage, Feu.* Différence du bois à la tourbe, pour faire un feu égal. 607.

Bois fossile. Abores subterraneæ Carbonariæ, igne fœtentes. 606. *Charbonsde bois fossile*, ou *Charbons de bois tourbe*, pour distinguer le bois fossile, encore dans son état ligneux non altéré, du bois fossile bitumineux. 587.

Charbon de bois fossile, converti en jayet. 1321.

Boisage. Fustaye.

Boisseau. Mesure de bois, de forme ronde. 680. Boisseau Anglois. 1102. d'Angers. 548. Ce qu'il se vend à Londres. 566. Boisseau de S. Aubin, en Anjou. 548. De S. Georges de Chatelaison. *Ibid.* De Saumur. *Ibid.* Boisseau matrice. 544. Le Boisseau de Paris contient 671 pouces cubes.

Boisseur. Boissieu, Faiseur de voie. 210.

Bolleux. LE. Trou de Tarré, ainsi appellé, parce qu'au moyen de la direction dans laquelle il est foré de bas en haut, l'eau en sort avec précipitation, comme en bouillant. 272.

Bonne mesure. Voyez *Mesure.*

Bonne Mine. 505.

Bonnet, ou *Cappe de Mineur.* G. Bergkappe.

Bonnet de la Sonde. 885, 834.

Bonnys. AN. Squatte. Applati. Voyez *Squatte.*

Booren. (*Jord.*) SU. Tarriere qui creuse à 60 brasses.

Bora. SU. Forer.

Borax. Baurach Arabum ; Chrysocolla. Agricol. aphronitron veterum. Substance fossile, saline, assez ressemblante à l'alun, & qui se range au nombre des sels alkalis. En ne considérant ici le Borax que relativement à la Métallurgie, dans laquelle il est d'un grand usage, nous observerons qu'il ne se dissout que dans de l'eau très-chaude ; que mis au feu, il forme une espece de verre assez beau, & qu'il rend vitrifiable toutes les terres auxquelles il est mélé. Mais sa principale propriété est de faciliter infiniment la fonte des métaux, après avoir été fondu à part avec toutes les précautions convenables, pour qu'il ne se vitrifie point, ce qui le rendroit moins propre aux différents usages auxquels on l'emploie, qui sont de braser & souder tous les métaux. Il y a du Borax falsifié avec l'alun. Il n'est ni si blanc, ni si léger, & ne gonfle pas au feu comme le Borax pur, qui se reconnoît à sa clarté & à sa transparence, & qui, goûté sur la langue, n'a que très peu de saveur. *Voy.* Braser.

Bore. AN. Trou de tarriere. 52.

Borer. (*Berk*) Mitzngehohr. Tarriere. 389.

Borgne levay. 256. *Borgne Vallée.* Avantageuse lorsque la veine pend en Talut. Voyez *Vallée.*

Boring. AN. Percement avec la tarriere. 388.

Bornoyer. C'est regarder avec un œil en fermant l'autre, pour mieux juger de l'alignement, ou connoître si une surface est plane, ou de combien elle penche.

Bose Wecher. G. Air stagnant.

Bossiement. LE. 210, 291.

Bot. LE. Hotte. 228, 212.

Born (*Waters*). Coal. AN. Charbon noyé dans l'eau.

Botteresses. LE. Femmes qui se chargent de porter les fardeaux ; la plus forte Botteresse de Liege porte 300 livres (poids de Liege) d'un endroit de la Ville à l'autre, & 200 livres de Liege à Spa ; communément dans la Ville 240, 250. On a vu une de ces femmes porter 350 à une lieue. 212.

Boucaut. Grande futaille. Voyez *Tonneau.*

Bouche, œil du Bure. 244.

Boues médicinales factices, aisées à se procurer avec le Charbon de terre. 30, 1120. Dans quels cas elles conviennent. 1120.

Boueurs. Débacleurs, &c. petits Officiers de Ports, à Paris. 657.

Bougnou. LE. Puisard pratiqué dans les ouvrages souterrains. 244, 301. Son emplacement, sa construction. 273. *Petit Bougnon.* 262, 897.

Sommier de Bougnou. 273.

Bouillant. (Sable) Voyez *Sable.*

Bouillardée (Veine). 555.

Bouillaz. Tas de Charbon. *Charbon en bouillaz. Mine en taye, Mine en tas.* 589.

que ce foit. 1191. Obfervations fur les différents états dans lefquels ce foffile paffe fucceffivement, avant d'être confumé. 1190. Trois modifications différentes. 1190. Premier degré de
combuftion, où le Charbon n'éprouve qu'un
reffuage, ou un *grefillage*. Ibid. Second degré,
où le Charbon auroit effuyé une forte de *cuifage*. Ibid. Troifieme degré, approchant de la
calcination. Ibid. Voyez *Grouelfes, Efcarbilles*,
ou *Efcabrilles. Grefillons, Recuits, Krahays*. Moyen
facile d'avoir fur cela une obfervation en petit,
affez complette, en allumant plufieurs feux de
différents Charbons. Quantité de braife que
laiffe une quantité de Houille. 1261, 1191. Les
braifes de Charbon de terre font communément
fupérieures pour la chaleur qu'elles donnent à
la braife du Charbon de bois. Voyez *Economie
particuliere*.

Fabrication des Braifes de Charbon de terre,
éclaircie dans quelques points, afin d'en déduire des regles qui affurent le fuccès de cette
pratique dans l'appareil préliminaire, & enfuite
dans la maniere de gouverner le feu. Voyez
Braifes de feu ordinaire de Charbon de terre. Propriété attribuée au plus grand nombre de Houilles, de donner une plus longue braife quand elles
ont été mouillées. Examen de cette opinion
commune. 116. Toutes les efpeces de Charbon
ne peuvent être foumifes à une même intenfité
de feu. 1191. Analyfe des différents procédés indiqués pour faire des braifes de Charbons de
terre en allumelles, & dans les fours. 1192. Différentes efpeces de braifes de Charbon de terre,
1189. Quelles font les caufes de ces différences.
Ibid. Voyez *Fabrication de Braifes*. La différence
de *Coaks & Cinders*, ou des deux efpeces de
braifes de Charbons de terre, n'a pas bien été
fpécifiée par les Ecrivains qui en ont parlé. Voy.
Coaks, voyez *Cinders*. Leur préparation dans des
fours à Newcaftle. 1189. Différence de celles qui fe
préparent à Sultzbach, & de celles qui fe préparent
autrement 1183, 1199, 1200. Ce que les Charbons perdent dans la diftillation, par les fourneaux employés à Sultzbach. 1183. Propriétés
de ces braifes après l'opération. Ibid. Examen
raifonné de la fabrication de braifes de Charbon
de terre en général, foit en allumelle, foit dans
des fours. 1177, 1192. Diftinguer deux tems,
l'appareil préliminaire, & le gouvernement du
feu. Dans le préparatif, font compris le choix
du Charbon, fa qualité, fa pureté, le volume
des morceaux qui doivent former la maffe, la
quantité de Charbon qui peut être convertie à
la fois en braife; enfin quant à la maniere d'arranger, d'habiller la pile ou le fourneau, &c.
Ibid. Dans le gouvernement du feu eft compris
tout ce qui eft relatif au *Cuifage*. Voyez *Cuifage*.
Quant au premier objet, concernant la qualité
du Charbon, le *Pitch-Coal* eft feul employé en
Angleterre à tous les ouvrages métallurgiques.
Ibid. Voyez *Pitch-Coal*. Exclure de cette fabrication les Charbons *terreux, pyriteux*, impurs,
s'en tenir fimplement à ceux qui font de nature bitumineufe. 1193. Ceux qui auroient été
éventés à l'air ou à la pluie. Ibid. Ceux qui
font mêlés, les Charbons des toits ou de la fe-
melle, & retrancher foigneufement toutes les
parties étrangeres, nerfs, &c. Ibid. Ces différents mélanges rendent les *Cinders* de mauvais
débit, & les *Coaks* préjudiciables dans la fonte.
1193, 1197. Leur inconvénient reconnu dans

un effai de la Houille de Sainte-Foy-l'Argen-
tiere en Lyonnois. 1194. Ufage que l'on peut,
felon M. Jars, faire des braifes manquées. 1198.

Cuifage du Charbon de terre; fecond article
de la fabrication des *Krahays*. Maniere d'affurer
le feu, c'eft-à-dire, de lui donner & de lui conferver par-tout une force égale. 1195. Marche
du feu, felon M. Venel. Ibid. Signes pour reconnoître la deftruction du bitume, flamme,
fumée, fa couleur, fon volume. Ibid. Apparences à remarquer & à étudier dans la fumée
d'un fourneau où l'on fabrique des braifes de
Charbon de terre. Ibid. Temps de la durée du
feu en raifon de la qualité du Charbon. Ibid.
Temps, faifons propres à la fabrication, foit en
allumelle, foit dans des fourneaux. 1199. Attention néceffaire fur la quantité, afin que le feu
puiffe agir également & s'étendre de même dans
toute la meule. Obfervation fur cet article.
1194. Sentiment de M. Jars à ce fujet. Ibid.
Obfervation fur le confeil qu'il donne. Ibid. En-
taffement plus ou moins confidérable pour former la meule, & arrangement à donner à la
meule. 1194. Rapport des Ouvriers de Rivedegier à M. Venel. 1194. Obfervation fur cela.
Ibid. Habileffe de la meule; ouvertures ménagées autour de la circonférence. 1159. Voyez
Cuifage. Changements à remarquer fur les Charbons convertis en grefillons, en recuits, de
deux efpeces; dans le *poids*, felon les Charbons
plus ou moins gras. 197, 1196; dans le *volume*, felon la qualité plus ou moins graffe. 416,
1197. Ce déchet de volume contefté par M.
Venel, fur le rapport des Ouvriers; ce qui a
induit M. Venel en erreur fur cet objet. 1197,
1200.

Braifine. Nom donné à Ville-Dieu-les-poëles,
en Normandie, à un mélange d'argile & de fu-
mier de cheval, dont on enduit les pierres des moules où l'on coule le métal en tables.

Branche de la Tarriere. 389. Plus ou moins
aifée à gouverner felon fa longueur. 393. Maniere
de conduire la tarriere, quand la branche eft enfoncée en terre à un certain point. Ibid. Différentes manœuvres relatives au trou de fonde, en
différents cas, relatifs à la branche. 397. *Bran-
ched Clift*. AN. Rocher à impreffions. 387.

Brand. G. Fumeron. 355. Le même nom *Brand*
eft donné au rouge fin d'Angleterre. Voyez *Mica
ferrugineux*.

Bras. (*Hernaz à*) Hernaz à main, Hernaz fimple. 235. *Bouriquet à bras*. 236. Bure à bras, *Foffe
de petit Athour*. 242. Tourret à bras. Ibid. Grand
Hernaz à bras. 236. Œuvre de bras. 328. Bras de
levier. Voy. *Levier*.

Brafer, ferruminare. Maniere de fouder très-mé-
diocrement le fer avec le fer, en faifant fondre du
cuivre mêlé de borax dans la jonction des parties.
Voyez *Borax*.

Brafil. Corn. AN. Sorte de Marcaffite charbonneux, efpece de Bouxture. 1155.

Brafque. Couche de frafin feche, c'eft-à-dire, de
Charbon de terre en poudre, mêlé quelquefois
avec de l'argile. 1221. Légere. 1233. Pefante. Id.

Braffac. Quartier de la Limagne, où il fe trouve
des Mines de Charbon de terre. 587.

Braffager. (pott de), ou s'embarque fur l'Allier
le Charbon de terre des Mines d'Auvergne. 588.

Braffe. Orgya. Mefure de la longueur des deux bras
étendus, & qui eft ordinairement de 5 pieds de
Roi. M. Savary l'a fait de fix pieds de Roi, telle qu'eft

C

Caﬂﬂ́ESTAN. *Vindas*, ou *Machine à mouffle.* 916.

Cabeſtan volant. Voyez *Fuſée de Vindas.*

Cadentes *Cryptæ.* G. Fallende, *Galleries en pente inclinée.*

Cadran azimuthal. Cadran horizontal, décrit par les Azimuths, ou Verticaux du Soleil. A Bouſ-ﬁole, ou *Bouſſole horaire.* 776. Voyez *Montre. Déclinant* ou *irrégulier.* 770. *Droit* ou *régulier.* 769.

Solaire. En fait de travaux de Mines, il eſt utile de recourir à un Cadran ſolaire, ou à une bonne Montre. 757, 764, 765, 805. Voyez *Montre.* Méthode de conſtruire des Cadrans par le moyen d'une Bouſſole artificielle. 766, 769.

Cadre du piſton de Pompe refoulante. 1098.

Cake of coals. AN. Etat du Charbon qui s'eſt pris & collé en brûlant, qui a formé par la chaleur du feu une eſpece de croûte ou tourteau en voûte. 413.

Caling Coal. Id. Voyez *Coal.*

Caillou. (*Aiguille à*) *Coin.* 543, 559.
  Caillou. (*Marteau à*). 52.

Cailloux du Rhône, ou *Gallets* employés ſur les bords de ce ﬂeuve à faire de la chaux dans des fours chauffés avec du Charbon de terre. 523.

Calamine, ou *Mine de Zinc.* AN. Braſe *Car.* Calamine d'Angleterre. 1231. M. de Genſſane a publié la deſcription d'un fourneau propre aux calcinations de la Calamine par le feu de Charbon de terre. 1239.

Calamite. Marinette. Diophyta. Magnes. Aimant. Voyez *Aimant.*

Calcination. Calcinage des Calamines, ou Mines de zinc, & de quelques Mines arſénicales, au feu de Charbon de terre. Voyez *Calamine.* Des *Pierres* & des *terres* avec le feu de Charbon de terre. Voy. *Fours à chaux.* Du *Plomb.* Voyez *Plomb.* Du *Safre* ou *Saﬂor.* 1251. Voyez *Grillage.*

Cale. *Aſſuta.*

Calfater. Matieres à calfater les pieces de diffé-rentes Machines. Voyez *Mouſſe, Etoupe.*

Calibré. (*Métal*). 1073.

Camera. Fornix. Cheminée en *Chapelle.* Voyez *Chapelle.*

Canal, *Xhorre. Areine.* 262. Voyez *Areine, Xhorre.*

Canal de Briare. Servant de communication de la Loire avec la Seine, & par lequel les Charbons de terre d'Auvergne, du Forez & du Bourbonnois arrivent à Paris, achevé ſous Louis XIII. 557, 640. *Juſtice* du Canal. Ibid. *Seigneurs* du Canal. 638. *Trajet* de ce Canal. 637. Chemin que fait un Bateau. Ibid. *Chom-mage*, ou tems de l'ouverture & de la fermeture du Canal, chaque année. 638. *Droits de Péage*, à chaque écluſe, ſur ce Canal. 651, 642.

Canal de Bridgwater, près de la ville de Man-cheſter, au Comté de Lancaſtre. Ouvrage des plus ſurprenants que l'on puiſſe citer dans l'Hiſ-toire des Navigations, dans l'intérieur des terres. Sa deſcription abrégée. 428.

Canal de Loing. Voyez *Racles.* Ordonnance de Police de la ville de Paris, ſur la naviga-tion dans ce Canal, du 9 Juillet 1759.

Canal de Monſieur, creuſé nouvellement en Anjou, pour favoriſer l'exportation du Char-bon de terre de la Mine de S. Georges de Chaſ-telaiſon. Voyez *Navigation.*

Canalis. Cuniculus. G. Waſſer Seige. *Areine.* Xhorre. 241.

CHARBON DE TERRE. II. Part.

Canaux à vent. Voyez *Tuyaux à air.*

Canis. Capſa Vectoria. Agric. Chien. Voyez *Chien.*

Capacité des Propriétaires de Mines. (manque de) pour l'exploitation, apperçue par le Gouverne-ment, a été un des motifs, d'après leſquels il a été néceſſaire de donner un Réglement pour l'exploi-tation. 612. Examen de cet article du préambule. 618, 619.

Capitale. (*Baſcule*) Sax. Hampt Schwinge.

Capital. (*Courant*) Maîtreſſe, ou principale veine. 899, 900.

Cappe, bonnet de *Mineur.* G. Berggkappe.

Capſa. Corbis. G. Trunnen. *Capſa longa.* G. Rollen. *Patnes.* G. Hund. *Putealis.* G. Taw. Panier, coffre, couſade. *Vectoria.* Chien. Voyez *Traha.*

Caput fodinarum. G. Fund Grube. Tête de veine, partie qui approche plus de la ſuperﬁcie, & où la veine commence à prendre ſa pente. *Caput ad-verſum. Cauda.* G. Pied, ou extrémité de la veine. Voyez *Fodina.* Voyez *Cauda.*

Carbonaria. (*Terra*) Voyez *Tourbe.*

Carbonilla. Mortier compoſé de terre à four & de charbon en poudre délayés enſemble avec de l'eau, & ſervant d'enduit ou de garniture exté-rieure aux Catins. Voyez *Catin.*

Carbonum. (*Mons*) (*Area*). Montagne d'Elide, en Olimpe. 504.

Car. (*Braſe*). Calamine. Voyez *Calamine.*

Caracteres extérieurs du Charbon de Terre. Ce foſſile examiné à la ſimple vue. 19. Ce que l'on eſt autoriſé à en préſumer. 74. Caracteres de bonté dans les Charbons de terre en général. 1145. Le Charbon provenant d'une Mine par veines, eſt différent de celui qui provient d'une Mine en maſſe. 1149. Voyez *Caſſe*, *conſiſtance*, *couleur*, *Charbon pur*, *poids*, &c. Ces ſignes méritent ce-pendant d'être appréciés expérimentalement par les Artiſtes intelligents, ou par les perſonnes cu-rieuſes, à même de vériﬁer ces caracteres exté-rieurs du Charbon de terre. 1142. Ils peuvent fournir ſur ſa qualité des inductions capables d'é-clairer le Conſommateur ſur ſes propriétés, & de le guider dans les uſages qu'on peut en faire. 1141.

Cardinaux. (*Points*) Du Monde. 752. Du Ciel. 752, 762, 761.

Cargaiſon. Carguaiſon. Chargement d'un Vaiſ-ſeau; ainſi toutes les marchandiſes dont le Vaiſſeau eſt chargé, compoſent la Carguaiſon. On entend auſſi quelquefois par ce mot la facture des mar-chandiſes qui ſont chargées dans un Vaiſſeau mar-chand. Quelques-uns ſe ſervent du mot de Car-guaiſon, pour ſignifier l'action de charger, ou le temps propre à charger certaines marchandiſes. En ce dernier ſens, on ajoute le mot, *temps de Car-guaiſon.* 538.

Carihou. LE. Puiſard qui ſe ménage dans plu-ſieurs endroits d'une Houilliere, comme dans le pied de la Mahire d'Aval-pendage. 247, 273. Dans une veine. 287. Faire un Carihou, ſe ſervir d'un Carihou, dans le langage des Houilleurs Lié-geois, c'eſt ſe rendre maître des eaux dans quel-ques occaſions ﬁxées par l'expérience; conſtruc-tion, contenance de ce puiſard; maniere de le vuider. 287. Voyez *Tombeux*, *ſpouxheux*, *bolleux.*

Carmeaux, (Charbon de) nommé à Bordeaux Charbon de Gaillac, qui eſt l'entrepôt de cette mine.

Carpe. (Rocher faiſant) 589.
Carpe à Charbon, ou Charbon faiſant carpe. 589.
Carreau de S. Severe. Granite. 578.

des &c, font $\frac{1}{60}$. $\frac{10}{60}$ d'une minute, &c. Ces parties s'expriment ainsi 1°, 10°, 20°; 1′ 15′; 1″ 10″ &c. *pag.* 782. Il en résulte qu'un cercle est de 21600′, de 1296000″, de 77760000‴ &c, & qu'un degré est de 3600′, de 216000″ &c. Voyez *Degrés.*

Cercle de déclinaison ou *Méridien.* En Géographie *Latitude.* 757, 758. Voyez *Latitude. Cercle Equinoxial.* 758, 759. *Horaire.* 757, 760.

Cercles de la Sphere, leur division. 754. Voyez *Sphere.* De *Longitude*, ou *Méridien.* Voy. *Méridien.*

Cercle d'Arpenteur. 213. Cercle *Azimutal du Soleil.* 757.

Cercle Géométrique des Mineurs; division de sa circonférence. 797. *Demi-cercle, Graphometre.* Hemicyclium. 786. Voyez *demi-Cercle. Quart de Cercle*, appellé par Pline *Dioptra.* Voyez *Quart de Cercle.*

Certificats de destination de Marchandises à exhiber; dans quels cas. 673.

Chablage. Travail du Chableur. 652.

Chableurs. (Officiers) Commis sur les rivieres. 652, 653, 654. Fonctions. 653. Droits inscrits sur une plaque de fer-blanc, qui doit être posée au lieu le plus éminent des Ports & Gares ordinaires. 653. Salaire des Chableurs. *Ibid.* Leurs obligations. *Ibid.*

Chaideurs. Dans les Mines d'Alsace, on donne ce nom aux Ouvriers qui pilent la Mine à bras. On pourroit transporter ce nom aux Ouvriers qui seroient employés à battre le Charbon de terre, pour le préparer à être corroyé avec de l'argile, & mis en formes ou briquettes. 1339, 1341.

Chaîne pour la mensuration des Mines. *Echaîne Arvipendium.* Sa composition ordinaire. 214. Ses différentes pieces; longueur de cette mesure; sa division; avantage de l'échaine sur la corde. 782, 783. Maniere d'appliquer la Chaîne à la mesure des longueurs. 333, 903.

Chaînes du Bure, auxquelles s'attachent les coufades, tinnes, & autres caissons qui s'enlevent au jour, faites en fer, pour tenir lieu de cordes, & composées de mailles liées ensemble les unes aux autres. Voyez *Chief.*

Chaîne de Vallée. Cowette. LE. Voy. *Cowette.*

Chalans. Bateaux qui viennent de la Loire, & qui apportent quelquefois du Charbon jusqu'à Paris: ils sont étroits, médiocrement longs, & peu élevés, à cause des canaux & des écluses par lesquels il faut qu'ils passent. Ils ont quatre pieds de bord: on les appelle autrement *Marnois.* Contenance de ces bateaux. 688.

Chair. Dans le fer. Voyez *Fer doux.*

Chaîneau. Chêneau. Chesna. Voyez *Chesna.*

Chaldern. Chaldron. Mesure d'Angleterre. 416, 723. Son poids 1102. Sa contenance à Londres. 413. Chalder de Newcastle. 433. 723.

Chaleur du feu de Charbon de terre, très-ardente. Examen de l'expansibilité de cette chaleur lorsqu'elle est spontanée. 1143. Comparaison de la chaleur de ce feu avec celle d'un grand feu de bois. 1142. Examen de sa chaleur & de sa durée comparée avec celle du bois de Hêtre. 1143. Expériences sur ce sujet, communiquées à la Société Royale de Lyon, en 1740. 1144. La chaleur que donne le feu de Houille en général, considérée quant à son intenté, est estimée communément de 16 degrés. 1142. Chaleur d'un petit feu de Charbon de terre, comparée à celle du fer qu'on y avoit fait rougir. 1142. Voyez *Chauffage.* Chaleur du Charbon de terre considérée quant à son action sur les ustensiles ou vaisseaux que l'on chauffe avec le feu de ce fossile. 1147.

Chambon. (*Carrieres de*) dans le Forez.

Chambray. Chambreau. Fourneau. LE. Ouvrage, pour l'écoulement des eaux, dans les serres des serrements. 272. Ouvert à ses extrémités par des trous de tarré. 292, 293. Travailler par Chambray. 292.

Chambre, en général, exprime, parmi les Houilleurs Liégeois, toute espece de dilatement. 580, 573. *Couronne des Chambres.* 244, 288.

Chambre du Commerce, à Rouen.

Chambre d'Ecluse. Espace du Canal qui est compris entre les deux portes d'une Ecluse.

Chambre de Tonlieu; lieu où se paie le droit de Tonlieu dans nombre de Seigneuries, pour raison des marchandises qui passent, ou qui se tirent sur le territoire. 728.

Chames. Terme de Chapenterie, à Dalem. 370.

Champ. (*Roue de*) (*Couronne de*). Voyez *Roue.*

Chancissure. (espece de) ou de poussiere très-fine & très-déliée, d'un beau jaune citron, que l'on pourroit prendre pour du soufre, & qui se trouve sur quelques fragments de Charbon de terre restés long-temps exposés à l'air. 583.

Chandelles pour éclairer dans les Mines. 840. Façon commode de les porter. *Ibid.*

Changeage. Petit dilatement, ménagé dans les Houillieres de House & de Sarrolay, pour que les Hiercheurs, qui viennent à se rencontrer, puissent se détourner, & laisser le passage libre. 373.

Changement d'air. Voyez *Air. Changement d'air artificiel*, c'est-à-dire, résultant d'une construction appropriée dans le puits d'une Mine. Voyez *Bure d'airage.* Changement de charge inévitable dans la navigation; ses inconvénients. 586.

Chape. Chappe, Echarpe. LE. *Winday.* Etau dans lequel sont contenues les poulies. *Capsa*, *capsula*, *loculamentum orbiculorum.* 232, 278, 307, 913.

Chapeau de Mine. Lugd. Couvertures des veines. 510.

Chapeau des étançons. Traverse de bois qui surmonte l'étançon. 560, 893. *Chapeau mobile* de la hutte, ou *Baraque à air.* Voyez *Baraque.*

Chapeau, (*Affinage sous le*) ou *Affinage à l'Allemande.* 1234. Voyez *Affinage.*

Chapeau. (*Fourneau à*) Pourquoi ainsi appellé. 700. *Chapeau* se dit aussi d'un présent, ou d'une espece d'exaction qui a lieu dans certains commerces, au-delà des conventions. Un Maître de Navire demande tant pour le fait, & tant pour son chapeau. Dans la Coutume de Houillerie du Limbourg, le *coup de chapeau* est une espece de remerciment dû en certain cas. 727.

Chapeliers. Ces Manufacturiers, à Alais, commencent à se servir du feu de Charbon de terre, pour chauffer leurs chaudieres. 1253.

Chapiteau. Dôme, *couvercle de l'alambic.* Voyez *Alambic.* Forme & diametre du chapiteau de l'alambic. 1087, 1088. Sa composition de plaques de cuivre. 1061, 1089. Dimensions de ces plaques. 1079. Maniere dont elles sont jointes ensemble. 1073. Quelquefois garnies en maçonnerie, afin de donner à cette partie plus de force contre l'effet des vapeurs, & la garantir de ce qui pourroit la bossuer. 1087. Représentation en grand de la surface du chapiteau. 1089. *Anneau* de métal horisontal, placé en dedans du chapiteau. 1099. *Bride* pour raccorder la pince circulaire qui termine le sommet du chapiteau avec le tuyau de communication de l'alambic au

domestiques. *Ibid.* Voyez *Machefer*, *Cendres*, *Médecine*, *Chauffage*. Propriétés du Charbon de terre au feu. 1152. Une des principales est de s'étendre en s'enflammant, comme l'huile, le suif, la cire, la poix, &c. *Ibid.* Charbons de bois. Essais de comparaison entr'eux & les Charbons de terres pures ou brutes. 1174. Pourroient conduire à fixer la nature & la qualité des Houilles propres à fondre différentes Mines de fer. 1175. Comparaison à l'extérieur. *Ibid.* Au feu. 1176.

Charbon de terre apprêté. Voyez *Préparation.*

Commerce du Charbon de terre dans la *Ville de Paris.* 643. Voyez *Commerce.* Bénéfice pour l'Acheteur sur chaque bateau. 1327.

Charbon de bois fossile, ou *Charbon de bois tourbe.* Bois fossile imprégné de bitume terrestre grossier. G. Holtz kohlen. 587, 530.

Charbon de bois jayeté. 605.

Charbon fossile. Ne point confondre cette dénomination avec celle de *Charbon de terre.* 604.

Charbon minéral. Idem.

Charbonnage. (Cour des Jurés du) à Liege. Echevins ou Jurés. Origine de ce Tribunal. 316. Fonctions, obligations, Droits de ces Juges. 315, 316, 317, 335. Dénonciation à la Cour de Charbonnage. 339. Résolutions, ou Sentences de la Cour de Charbonnage. 315.

Charbonnier. Magasin de Charbon pour les atteliers de fabrication de Houille apprêtée. 1336. Les Charbons sujets à tomber en efflorence ne sont pas propres à être emmagasinés. 584.

Charbonnier. Vendeur de Charbon.

Charbonniere. Port dans le Nivernois. 577.

Charbonniere. Nom donné dans les anciennes Ordonnances aux Carrieres de Charbon. 612. Dans la Province de Lyonnois, 498, on appelle ainsi les Carrieres de Charbon Darguoire. 702. Du Mouillon. *Id.* De S. Andeol, de Gravenand, de Chambon, de Tartara, de S. Genis-terre-noire. *Id.* Désordre de ces Mines dans l'extraction & dans le débit. 504, 709, 710.

Charbonniere (Terre). *Terra Carbonaria. Tourbe. Mém.* 6.

Charbonniere. Allumelle. Fourneau à sécher, griller, ou brûler à demi le Charbon de terre, à la maniere du Charbon de bois. 504, 701, 1189, *note* 2. Construction d'une Alumelle. 1183. Ce que cette combustion du Charbon de terre à l'air libre produit sur le Charbon. 1199. Ce procédé est incomplet & fautif pour obtenir à volonté différentes sortes de braises. 1192. Déchet dans la pesanteur du Charbon que l'on traite ainsi. 1199. Voyez *Braises de Charbon de Charbon de terre.*

Charge qui s'enleve des Mines de Liege en six heures de tems. 890. Voyez *Extraction.*

Charge de Charbon à dos de jeunes filles, dans quelques Mines d'Angleterre. 115. A dos de mulet. 708. Charge d'une voiture ordinaire à deux roues 863.

Charge. Mesure de port & de vente de différents poids, en différents pays. 633, 1219. Voyez *Bene.*

Charge de bateaux, en Hainaut. *Navée des bateaux d'Auvergne.* 598. Des *bateaux à S. Rambert.* 586. Charge Nantoise de 300 livres. 725.

Charge complette, *Morte charge.* Voyez *Navire.*

Charge (en Métallurgie) signifie aussi une quantité déterminée de matériaux qui doivent opérer & subir les effets de la digestion dans les fourneaux de Forges. 1219.

Charges & Offices sur les Ports, Quais & Halles de Paris, supprimées par Edit de Septembre 1719, & rétablies avec augmentation de finance, par celui de Juin 1730, pour veiller à la sûreté des Bourgeois & à celle des Marchands, dans la vente & le déchargement des marchandises amenées pour l'approvisionnement de Paris. Ce sont les Officiers de chaque Communauté de Marchands qui en font l'exercice; leurs fonctions, ainsi que les contestations relevent du Bureau de la Ville ou de la Police, selon la nature des Charges & le lieu de leur exercice : les Charges des Officiers Mesureurs & Porteurs de Charbon de terre, des Inspecteurs au déchirage des bateaux, des Officiers Forts du Port S. Paul ressortissent au Bureau de la Ville, sauf l'appel des contestations au Parlement. Edit de Juin 1730. 656, 660. Voyez *Bureau de l'Hôtel de Ville*, *pag.* 643.

Chargeage. Lx. 253. *Changeage.* Repos, dépôt. 580, 562. Bure de *chargeage.* Maître bure, grand Bure. 243. Couronne de chargeage. 244, 288, 703. Premier ou Principal. 244, 253, 895. *Changeage.*

Chargement pour les bateaux d'Auvergne. 598.

Chargeur au bure. Traîneur. 211.

Charpenterie. 839.

Charpentier. Son génie & son intelligence sont la base des opérations relatives à l'étançonnage. 891.

Charrée. Quantité de Charbons que peut contenir un tombereau, considérée comme mesure; c'est le terme usité en plusieurs endroits, comme en France le mot, charretée.

Charretée à S. Rambert est composée de quatre benes, & quatre charretées composent la voie. Voyez *Bene.* Voyez *Voie.* Cette charretée, rendue au port de S. Rambert, se vend communément de gré à gré 3 liv. au plus. En 1775, elle s'y vendoit 4 liv. 10 s. 5 liv. à l'occasion de l'accaparement du Sr. Mathieu. Voy. *Accaparement.*

Charriot des Hiercheux. Sployon. Lx. 224.

Charriot à Charbon. Charriot à levier. An. Coal Waggon. Voiture à quatre roues, imaginée pour transporter le Charbon de terre de la mine à l'embarquement; employée à Workington, en Angleterre. 698, 862, 865. On conçoit aisément que la voie de ces charriots est toujours de 4 pieds, quoique les pieces de bois qui sont le long de la route forment elles-mêmes la voie.

Charoyage de la Mine au port d'embarquement. 862, 863. Facilité par un planchéiage particulier, lorsque le chemin est en pente. 863, 866.

Charte partie. Acte d'affrétement sur l'Océan, ou de nolissement sur la Méditerrannée : c'est un écrit contenant la convention pour le louage du Vaisseau, ou la Lettre de facture, & le Contrat de cargaison.

Chartres & Privileges du métier de Houilleurs de la Cité, franchise & banlieue de Liege. 340.

Chasse. (Méchan.) Terme appliqué à un grand nombre de machines : presque toujours il signifie un espace libre, qu'il faut accorder soit à la machine entiere, soit à quelqu'une de ses parties, afin d'en augmenter, ou du moins d'en faciliter l'action. 1018.

Chasse. Dans la pratique des travaux souterrains, signifie des *dilatemens* continués dans

1271 ; 1272. Usages de ces cendres. Economie pour le feu. (*Mém.* 3.) Voyez *Poëles économiques.* 724. Réclamation contre les feux de Houille à Londres, quand on commença à en faire usage dans cette ville. 422. Défense de s'en servir, sous peine de confiscation & d'amende. 423. Contravention heureuse à cette défense. *Mém.* 22. Aversion du Roi Guillaume. III. pour ce chauffage. 423. Secret pour brûler le Charbon de terre, sans que l'odeur du feu de ce Charbon soit incommode, sous le regne de Charles I, Roi d'Angleterre *Mém.* 13. Les Nations rassurées contre les préjugés défavorables à ce feu. 1116. Fausses idées données de ce chauffage par plusieurs Auteurs. Manque d'exactitude sur la connoissance de cette substance fossile, dans plusieurs ouvrages. Opinion commune sur les effets prétendus de ce chauffage ; imputations rebattues dans les uns ou dans les autres, ou répétées par tous les Auteurs de Dictionnaires. (*Mém.* 6, 7.). Examen par lequel on essaye de mettre à portée de décider si ce chauffage dont quantité de pays s'accommodent si bien, mérite le discrédit où il est dans quelques autres. (*Mém.* 8.) Sulphureuses (exhalaisons appellées) dans la combustion du Charbon de terre (*Mém.* 13.) D'ailleurs les exhalaisons sulphureuses, loin d'être en général contraires à la santé, conviennent dans plusieurs cas. (*Mém.* 13, 14, 18) 23, 27. Analogie de cette vapeur avec les fumées résineuses. (*Mém.* 18. 19). L'usage que l'on fait de ce feu dans plusieurs hôpitaux bourgeois & militaires justifie sa salubrité. (*Mém.* 14.) Consultation pour le Prince Théodore de Baviere, Cardinal, Evêque & Prince de Liege, qui s'étoit familiarisé avec l'opinion générale du danger de respirer l'air chargé des fumées de Houille, & qui craignoit l'habitation de Liege. (*Mém.* 16) Fumée, examen des inconvénients. (*Mém.* 22.) Va, dit-on, jusqu'à ronger les pierres des maisons à Londres. (*Mém.* 30.) Odeur taxée pernicieuse. (*Mém.* 20. 27). Incommode. (*Mém.* 23.) (*Mém.* 22.) Poussiere de cendres qui s'écartent loin des cheminées, dans les rues. (*Mém.* 24.) Portraits des rues de Londres, de Liege, de S. Etienne-en-Forez, par plusieurs Ecrivains. (*Mém.* 16, 25, 26, 28, 29, 30.) Anecdote sur le Baron de Polnitz. (*Mém.* 30, 31, 32.) Portrait des Houilleurs. (*Mém.* 27.) Ces opnions, ces tableaux réduits à leur juste valeur. (*Mém.* 26.) Effet de la fumée sur la peau, selon M. Bomare. (*Mém.* 27.) (Suie) odeur qui en résulte dans les appartements. Peut être propre à rectifier l'air. (*Mém.* 21.)

Chauffe de fer. Chauffe suante. 843.

Chaufferie en général est un creuset destiné à recevoir les pieces pour les chauffer à mesure qu'on acheve de les battre. 843, 1208, 1209. Chaufferie & perfectionnement de l'acier au feu de Charbon de terre, en Suede & en Angleterre. 1211.

Chauffourniers. (Charbon de) *Chaussine.* Voyez *Chaussine.*

Chauffrettes : se chauffent à Liege avec toute espece de Charbon la plus foible, empâtée avec de l'argile. 81, 362, 694 ; avantage ignoré de M. Venel. *page* 1263.

Chaussine, *Charbon de Chauffourniers.* Charbon pour cuire la Chaux, est toujours, comme le Charbon de Maréchal, un Charbon menu. 1158, 1241. Charbon maigre, léger, appellé par les Houilleurs Liégeois *del Fouaye.* 81, 591, 594, 595, 596, 1243. Qualité qu'il doit avoir pour cuire la chaux. Voyez *Fours à chaux.* Prix de la Chaussine au pied des Mines en Auvergne. 591.

Chaux noire des Chinois ; mélange de Chaux blanche, & d'un mauvais poussier de Charbon de terre. 1242, 1280.

L'Auteur du Traité de la connoissance générale des Grains & de la mouture par économie, M. Beguillet, à la suite de l'énumération des échantillons de Charbons de terre de Chine, a pris de cette chaux noire une idée qui n'est point du tout conforme à celle qu'en donne le Mémoire inséré dans les Transactions Philosophiques, qui est celui dont nous avons donné la traduction ; il parle de cette chaux, comme d'une *matiere grasse, qui demande à être employée sur le champ, à mesure qu'on l'extrait de la Mine, & qui, pour peu qu'elle vienne à se dessécher, perd cet onctueux d'où elle emprunte toute sa qualité* : en conséquence M. Beguillet croit que ce pourroit être une chaux naturelle, telle qu'on la tire des eaux de Bath en Angleterre, & qui fait, dit-on, une effervescence considérable avec l'eau froide : cette opinion lui a donné lieu d'insérer dans ce même endroit de son Ouvrage, Tome II, Part. I, *page* 597, une note sur les Pierres à Chaux noires. Voyez *Pierre à Chaux.*

Chemins Royaux. Il n'est point permis d'en approcher les travaux de Mines.

Chauther. Mesure de Charbon à Londres, pesant deux mille trois cents livres, revient au Propriétaire d'une Mine, tous frais faits, à treize chelins, faisant 26 deniers & demi, argent de France. 565.

Chaux de Mars. Voyez *Battitures.*

Charbon de Chaux. Voyez *Charbon de Chauffourniers, Chaussine.*

Chaux. (*Fours à*) Pierres à Chaux. 1129.

Cheminée d'Appartement. 363.

En chapelle. Fornix. Camera. 364. *De Cuisine.* 365.

En œil de bœuf. 364. *A plusieurs usages.* 365.

Cheminées à la Prussienne, ne sont point favorables aux cheminées, où l'on veut se servir de Charbon de terre. 1272.

Caisses ou petits baquets portatifs, pour garder, près de sa cheminée, ou dans son antichambre, une petite provision de chauffage. 366 ; pourroient, pour plus grande propreté, être spalmées dans l'intérieur. 1275. Doivent être fournies d'un petit marteau à pointe, pour casser les *roulants* & les *hochets.* 366, 1275.

Cheminée de l'Alambic de la machine à vapeurs, en cuivre. Va aboutir hors du bâtiment, & dans cet endroit est fermée d'une soupape chargée de plomb, nommée *Ventouse.* 1089.

Chemins pour mener le vent. Voyez *Air.* Voyez *Galeries d'écoulement.* Voyez *Tuyaux à air.*

Chemins d'une Mine à l'embarquement, doivent être considérés dans les projets d'entreprises de Mines. Droit de pratiquer un chemin. 398. Voyez *Royaltie.*

Chemin construit par les Entrepreneurs de la Mine de Charbon de Fims. 578. *Chemins de transport* des Mines d'Auvergne, à Brassager. 588.

Chemin ou *Route en planches* pour le chariot à levier, depuis l'endroit de chargement à la Mine, jusqu'à l'embarquement dans la Mine de Workington, en Angleterre. 866. Détail de sa construction. *Ibid.*

Chemise de veine. Enveloppe. 554, 556 Nature & qualité de cette enveloppe dans les Mines d'An-

Chommage.

Chommage. Fétoyage des puits de Mines. 347, 348.

Chorobatte. Niveau. G. Waſſer-waage. Grad Bogen. *libella.* 784.

Choxque. LE. Premiere ouverture produite par l'entame d'une veine dans ſa *laye*, & dont il réſulte néceſſairement des débris de mauvaiſe Houille, ou d'un genre de téroulle, qui prend quelquefois le nom de *Choxque.* 290, 347. Voyez *Percer au pic.*

Chymie. Premier moyen par lequel il eſt à propos de commencer l'examen d'un Charbon de terre, avant de paſſer à l'analyſe par le feu immédiat & la voie des menſtrues, ſimples & compoſées. C'eſt le moyen le plus favorable pour donner une idée générale des parties conſtituantes de ce foſſile.

Chymie analytique, en décompoſant le Charbon de terre, y décele des principes médicamenteux; procure même des remedes propres à différentes maladies. 1116. Voyez *Analyſe des eaux minérales.* 1118, 1121, 1125. Des boues minérales. 1120. Analyſe du Perrole. 1121, 1124. Voyez *Analyſe*, *Machefer.* Les opérations de Chymie & de Pharmacie peuvent-elles s'exécuter au feu de Charbon de terre? 1256. Voyez *Pharmacie.*

Ciel. (*Points Cardinaux du*) Voyez *Cardinaux.*

Ciel ouvert. (*extraction ou exploitation à*), dans le Forez. 585.

Ciments, *mortiers* dans leſquels on fait entrer la Houille brute, ou ſes cendres, ou ſa ſuie. 1129.

Ciment perpétuel, ou *Ciment de Fontainier.* *Idem.*

Ciment ou *Mortier de Beton.* 1134. Voyez *Cendrée.* Voyez *Mortier.*

Cinders. AN. 255. Fraiſil. Braiſes qui approchent d'un état de calcination, *qui in cineres abeunt.* 415. Qualité ou nature du feu & de la flamme qu'elles donnent. 1231. Cinders qui ſe font ſur le champ. 1989. Cinders de Newcaſtle. 1198. De Kinneil en Ecoſſe. *Ibid.* D'Edimbourg, de Winlington. *Ibid.* Fabrication de Cinders dans la Forge de Cliſton. 1178. Dans les Forges de Sultzbach. 1180. Voyez *Fraiſil.* Cinders employés avec avantage par un Orfevre. 1231. Obſervation de M. Venel ſur la couleur des Cinders & des Coaks. 1189. Prix des Cinders à Newcaſtle. 1198. Ce que 24 brouettes de Charbon produiſent de Cinders. *Ibid.* Uſage des Cinders. 1261. Voyez *Coaks.*

Cineres conglomeratæ. Rapillo. Les Italiens donnent ce nom à des terres brûlées, comme réduites en cendres, d'une couleur griſe plus ou moins foncée: ces cendres environnent les bouches des Volcans, & ſe rapportent beaucoup aux terres calcinées qui ſe trouvent en Auvergne, 157. & à la *Pozzolane.*

Circulare (*tranſportatorium*). *Rapporteur.* 786.

Circulation du Charbon de terre. Sa liberté dans tout l'intérieur du Royaume, conduiroit à la préférence du Charbon national, & encourageroit les exploitations. 631.

Circulation de l'air dans les Mines. Différents moyens pour l'établir. 265. Voyez *Ruwallettes.* Réflexions ſur ces différentes méthodes, & ſur ce qu'il y auroit à faire pour les porter au degré de perfection dont elles peuvent être ſuſceptibles. 971. Voyez *Air*, *Airage.*

Circuler (*faire*) *l'air*, *faire le tems. Faire circuler le vent*, ou *le fouma avec le vent.* 264.

Circulus ferreus. G. Eiſerner ring. Das eiſerne Redlein. *Anneau*, cercle de fer ſervant à attacher ou à ſaiſir une piece quelconque; on a beſoin d'anneaux de fer ou de plomb dans les agrès ou équipages de Mines. 390, 470, 471, 1023.

Circulus horarius. G. Stunden-Scheilen. Voy. *Cercle horaire.*

Ciſeau. Erpet. LE. 657. *Ciſeau* ou *Trépan* de la ſonde à forer. 885. Voyez *Meche.*

Ciſium. G. Laufftarn. *Traîneau monté ſur roues.* Voyez *Traîneau*, *Chien.*

Cité de Liege. (*Areines de la*) Leur garde confiée aux Jurés du Charbonnage, qui doivent en conſéquence les connoître parfaitement pour veiller à leur conſervation. 317, 330. Viſite de ces Areines. 335.

Citer les Maîtres de foſſes. 327.

Citer les Maîtres d'un héritage. 325.

Clains. (Juriſprudence Liégeoiſe). Acquiſition prohibée, contraire à l'eſprit de l'article de la Loi, comme l'étoit, par exemple, autrefois l'acquiſition de parties de foſſes, par les Jurés du Charbonnage, ce qui eſt aujourd'hui licite, ou toléré. 317.

Claignes. (*débouter à*) (Juriſprudence Liégeoiſe), ſignifie par voie de fait; le droit du Cens d'Areine, reglé au 82ᵉ trait libre, eſt un bien réel, dont le Propriétaire ne peut être débouté par claignes, mais par l'autorité du Juge: c'eſt la matiere du 2ᵉ article d'un record de la Cour de Charbonnage, du dernier Juin 1607.

Clan. Terme de Charpenterie, bout des pieces de lieures qui ſont ſous les portelots, pour attacher les rebords & bordages des bateaux.

Clapet. Petite ſoupape de fer ou de cuivre, que l'eau fait ouvrir ou fermer, par le moyen d'une charniere. 1023. Sujette à de fréquentes réparations, & à différents inconvénients. *Idem.* Conſtruction des ſoupapes à clapets. *Id.* Platines de métal, placées ſur le cuir du clapet; leurs uſages. 1027, 1028. Voyez *corps de Pompe.* Voyez *Crapaudine*, *Valvule*, *Soupape à Clapet.*

Clauſthal. (Expérience Barométrique, faite dans les Mines de) 944.

Clauſtrum. Quarré de terrein déterminé dans les conceſſions.

Clavis. Axiculus orbiculorum. Boulon, *Goujeon.*

Clavettes. 470, 471.

Clavus. Cuneus. Cheville.

Clayes & *Sployons.* LE. Voyez *Sployon.*

Clayes propres à ſuppléer aux *Cribles*, pour ſéparer le charbon menu du charbon en morceaux, ou *Roulans*, lorſqu'on veut faire des briques ou pelottes de Charbon. 1331. Voyez *Quartier des Clayes*, ou *Quartier de Remuage.* 1338.

Clos des Pâtes. Préparation qui s'exécute dans ce quartier, pour corroyer les terres graſſes que l'on veut allier au Charbon de terre, afin de faire des briquettes. 1337. Cet apprêt des argilles peut ſe faire de deux manieres. 1338.

Clef, ou *Tourne-à-gauche*, pour viſſer & deviſſer les différentes pieces de la tarriere Angloiſe. 885, 390, 392.

Clerk. AN. Contrôleur.

Clige. LE. 233, 370. (*Bois de Rotte à*) 371.

Cliperon. Clipuer. Idem. *Clipuer*, *Cliperon. Ibid.*

Cliquet. Soupape de ſûreté. Cliquet de marionette, placé au-deſſus des Alambics de la Machine à vapeur de Griff & de Waſington. 411, 1095.

Cloche. (*Puits de la*) en Auvergne, dont on prétend que le Charbon eſt d'une qualité approchante de celui d'Angleterre. 593.

Clod Coal. Charbon ainſi nommé dans les Mines d'Ecoſſe. 38. Regardé par M. Jars le plus fa-

Ceux-ci, domiciliés à Paris, achetent les Charbons plus ou moins cher, selon les connoissances qu'ils ont de cette marchandise, & encore plus selon la facilité des paiements : en conséquence des prix & de la longueur des termes accordés, ces détailleurs donnent peu de comptant, payent en papier à 10, 12, & 15 usances, & font encore à même de détériorer de nouveau la marchandise par des mélanges : les crédits faits aux Ouvriers par les détailleurs, deviennent ainsi une cause d'augmentation abusive de prix ; les Ouvriers abusent eux-mêmes de ce dernier changement de main, sous le prétexte de préférence qu'ils accordent à celui des détailleurs avec qui ils font affaire, & des facilités qu'ils pourroient trouver chez les autres détailleurs intéressés à se former beaucoup de pratiques, & qui, par cette raison, s'enlevent les Consommateurs à l'envi des uns des autres, & se les conservent à la faveur du crédit. Voyez *le Commerce du Charbon de Newcastle, & les remarques qui y sont jointes, pag. 425, 426.* Cette maniere dont le Commerce du Charbon de terre se fait à Paris, en passant par différentes mains, avoit donné en 1775 au sieur Mathieu, (soit disant en vertu d'un privilege du Roi) l'idée & le projet d'une Société, qui, sous prétexte d'assurer sur les lieux à plus bas prix des fournitures de Charbon de bonne qualité, & dégagé de tout mélange, de remédier ainsi aux inconvéniens résultans des changemens de main, ne se proposoit réellement autre chose que d'envahir le bénéfice des Marchands Bourgeois & des Marchands Forains, en le partageant entre l'Extracteur & le premier Acheteur seulement, auquel la marchandise auroit été délivrée directement. Voyez *Acaparement.*

Ce bénéfice des Marchands détailleurs, paroît encore considérable, à en juger par quelques-uns qui se font retirés, & par d'autres qui étoient prêts à se retirer (à l'époque du projet du sieur Mathieu) avec une fortune des plus considérables. La spéculation du projet du sieur Mathieu pourroit répandre quelque jour sur cette matiere : nous la placerons ici ; on y prenoit pour ce calcul la moyenne proportionnelle sur la consommation journaliere de Paris, évaluée à peu-près 25 voies par jour, (mesure de Moulins) faisant 29 voies & ⅐, mesure de Paris. *Voyez* ce que nous avons dit à l'article de la Consommation de Paris, *page 688.*

FRAIS, *à une voye de Moulins, mesure dudit lieu.*

Pour l'extraction à 2ᵉ par poinçon, fait par voie..............10ᵉ ⎫
Transport par terre de la Mine   ⎬ 40ᵉ.
à l'embarquement................9   ⎪
Voiture de l'embarquement à   ⎭
Paris.........................21

Nota. La voie de Moulins est presque d'un sixieme plus forte que celle de Paris, par conséquent il faut soustraire un sixieme du prix qui est

6ᵉ 13ˢ 4ᵈ

Partant la voie de Charbon, mesure de Paris, sans accident, ne doit coûter que.........................33 6 8
Mais, en considération des accidents & non valeur, on la portoit à 2ᵉ de plus, ci..........................2
Ce qui donnoit..........35 6 8

FRAIS, *à une voie de S. Etienne en Forez des Mines de Roche-la-Moliere, mesure de S. Rambert.*

Extraction................ 7ᵉ ⎫
Transport de la Mine à l'embarquement................ 10 ⎬ 53ᵉ.
Voiture de l'embarquement à   ⎪
Paris......................36 ⎭

La voie de S. Rambert d'un tiers plus forte que celle de Paris.
Partant, déduction sur le prix de 17ᵉ 13 4
Au moyen de quoi la voie de S.
Etienne reviendra à.............. 35 6 8

Quant au Charbon de l'Auvergne, les Extracteurs se chargoient encore de cette branche, & de fournir la voie, rendue conduite dans les Garres de Paris, à raison de 32ᵉ. Les Auteurs du projet regardoient comme constant dans le fait, que la voie de Charbon du Bourbonnois ne coûte pas réellement 10ᵉ d'extraction ; mais comme on ne peut juger du bénéfice que fait un Entrepreneur, qu'après que ses fosses, machines & ustensiles sont établis, & qu'il est en pleine exploitation ; si la veine est bonne, il y gagne beaucoup ; si au contraire elle est défectueuse, qu'il y ait beaucoup de crains & d'eau, il y perd ; c'est pourquoi on croyoit pouvoir porter à 35ᵉ la voie de Charbon de terre des Provinces du Bourbonnois & de S. Etienne ; à 32ᵉ la voie de Charbon d'Auvergne, rendue, conduite dans les Garres de Villeneuve-Saint-Georges & des Carrieres de Charenton, près Paris, aux risques, périls & fortunes des Extracteurs.

Après avoir supposé que la consommation de Paris étoit de 29 à 30 voies par jours ouvrables, on supposoit encore celle des Environs, c'est-à-dire, depuis Briare jusqu'à Rouen, à moitié ; cela fourniroit, compris la Capitale, 45 voies par jour, par conséquent 1350 voies par mois, & par an 16200 voies, desquelles il y en aura

16200 ⎧ 10800 voies faisant les deux tiers, provenant des Mines du Bourbonois & du Forêt, à 35 livres, seront la somme de 378000 ⎫
⎨   ⎬ 550000ᵉ
5400 voies faisant l'autre tiers des Mines d'Auvergne, à 32ᵉ, feront la somme de 172000 ⎭

La voie de Charbon de terre coûte actuellement (177) aux Consommateurs de Paris ; savoir, l'Auvergne soixante livres la voie, y compris 22ᵉ d'entrée, ce qui revient à 38ᵉ.
Le Forez soixante-dix livres, déduction des entrées   48
& le Bourbonnois 72ᵉ, déduction des entrées   50

Le sieur Mathieu établissoit que les 16200 voies, à 35ᵉ & 32ᵉ, coûteroient à l. Société 550000ᵉ, en le vendant 44ᵉ la voie, elles auroient rapportées par an 712800ᵉ; partant il resteroit un bénéfice net de 162800#, fur lequel il y auroit les frais de Régie & de Bureau.

Ce bénéfice devoit augmenter à raifon de la confommation, au fur & à mefure que les Marchands de Paris fe trouveroient forcés d'abandonner leur commerce. L'Auteur du projet préfumoit encore qu'on auroit en peu de temps la confommation de la Capitale & des environs. Les fonds d'avance confidérables, néceffaires dans cette entreprife, fe trouvoient dans une Société, dont les intérêts étoient divifés felon les mifes.

Compas de proportion. 788. Cas où cet instrument est commode. 801.

Complots, mutineries, cabale des Ouvriers. Prévus par les loix de la Houillerie à Liege. 348.

Compluvium. Le. *Chesna.* Voyez *Chesna.*

Compagnons du métier de Houilleur, à Liege. 343.

Comporte, Baille. Mesure. 533, 538, 539. Usitée dans l'Abigeois. 724. Du poids d'environ 280 livres net à Bordeaux.

Composée. (Raison). Voyez *Raison.*

Compression (Phys.) Action de réduire l'air dans un moindre volume : les loix principales de la Compression, consistent en ce qu'elle est en raison des poids, & que plus l'air est comprimé, plus grande est son élasticité. 935.

Comptage. Wardage. Le. 350.

Compte (Droit du) bon à stipuler 351. V. *Panier.*

Compte. (*Panier du*) Droit extraordinaire. 351.

Compte, vingtaine. An. Score. 432.

Compteur. Marqueur. Wadefosse. Le. A Dalem, *Notulant* & *Propriétaire.* A Liege, son district consiste à tenir une note exacte de toutes les marchandises, & la note des journées de tous les Ouvriers employés au service de la Société; son compte doit être arrêté tous les quinze jours : il est aussi obligé à chaque quinzaine de distribuer à tous les Associés un billet contenant ce qu'ils doivent payer pour leur part. Le droit du Compteur est d'un pour cent de toutes les dépenses qui se font. 326, 327, 350.

Compteur, Ouvrier Trayeur. Le. 325, 351.

Concessions de Mines, permissions, privileges accordés par les Souverains, de fouiller, d'exploiter sur son propre terrein, ou sur celui d'autrui; & qui ont pour objet de favoriser la découverte ou l'extraction des matieres utiles. 503, 615. Les usages sont différents en différents pays, & selon les minéraux. Dans le Hartz, il est permis à tout Mineur d'entreprendre une Mine de fer; les Officiers du Roi, c'est-à-dire, le Conseil des Mines leur en donne le Fief ou la Concession, mais sous des conditions relatives à l'abondance du Minerai. A cet effet on leur fixe une somme quelconque pour chaque foudre de Minerai (quarante-huit quintaux le foudre), de façon qu'ils puissent gagner leur vie honnêtement, en bien travaillant. On diminue ou l'on augmente cette somme, suivant la quantité qu'ils peuvent livrer.

Maniere de tracer les Concessions. 814. Concession en Angleterre. 398, 399. Voyez *Royalzie. Privilege Royal.* Contraire au privilege des Hoastmen. Voyez *Hoast Man.* Les Bourgeois de Newcastle sur le Tyne, obtiennent l'absolue concession de leur Castle Moor, pour la fouille du Charbon de terre. 422.

Concessions de Mines de Charbon en France. Histoire des Concessions qui ont lieu sur les Mines de la Province d'*Anjou.* 549. Concession de la Duchesse d'Uzès. 534. Des Mines de *Rouergue*, par Arrêt du Conseil du 15 Février 1763. Des Mines de *Nort.* Voyez *Nort.* A *Montrelais.* 552. Au *Seigneur de Montjean.* 553. Dans le Lyonnois. 503. Reproches contre les Concessionnaires dans cette Province. 521, 707. Concession du Baron de Vaux, dans le Forez, sous prétexte de besoin de grande quantité de Charbon de terre, pour la Manufacture Royale d'armes, révoquée sur les représentations des Propriétaires des Mines du Forez, & des Marchands de Charbon de terre à Paris. 582. Solliciteurs de Concessions. Concessionnaires. 503. Lettres de Concession, doivent toujours être dans les formes légales, & octroyées par Lettres-Patentes. 616. Voyez *Lettres-Patentes.* Voyez *Législation françoise relative aux Mines de Charbon.* Conditions à examiner dans ces privileges, par les personnes qui veulent y être intéressées. 825, 826, 828. Sentiment de l'Auteur sur les Concessions en général. 598, 569. Sur l'abus que l'on fait du Réglement provisoire de l'année 1744, concernant l'exploitation des Mines de Houille, lequel ne valide & ne favorise en aucune maniere l'obtention de ces privileges. 915, 616, 617, 618, 619, 620, 621. Ces Concessions sont des privileges odieux. 619. Entiérement préjudiciables aux Propriétaires, qui en tout doivent avoir la préférence. 615.

Concessionnaires. Punis pour abus de privilege. 550. Abus des Concessionnaires. 710. Voyez *Compagnies exploitantes par privilege.* Avis de M. Voglie, sur les ouvrages des Concessionnaires des Mines d'Anjou. 568.

Concordat en 1487, au Pays de Liege, intitulé *Paix de S. Jacques*, émané d'un travail sérieux, par Commission des trois Ordres de l'Etat. Base de la Jurisprudence Liégeoise, sur tout ce qui concerne la Houillerie. 314.

Concurrence laissée anciennement en France aux Propriétaires, par la liberté indéfinie de fouiller : peut être quelquefois défectueuse. 615, 621.

Concurrence du Charbon de terre étranger, écartée par l'exploitation d'un droit fort. 634.

Concussion des Officiers Mesureurs & Porteurs de Charbon de terre à Paris, dans la perception de Droits. 683. Voyez *Contraventions.*

Condensation. (Physique.) Terme fort en usage sur-tout dans l'Aréométrie, par rapport à l'air, que l'on condense très-aisément. 935, 936. Voyez *Compression.*

Conducteur des Seaux. Dans les Machines qui enlevent l'eau du fond des Mines. Voy. *Brinqueballe.*

Conduire, mener le vent. 266. *Embouter l'airage. Idem.*

Conduite des Charbons d'Auvergne à Paris. 593.

Conduites des eaux. Sax. Aufschage Wasser.

Conduits d'airage. Voyez *Airage.*

Confiscation de marchandise, (venant par mer) excédente, à raison de 2000 liv. par tonneau. 633.

Confiscation portée sur les Charbons arrivants dans Paris. Dans quels cas. 650, 663, 668, 669, 670, 671, 674, 675, 677, 679, 680.

Confrairie des Hoastmen de Newcastle. 422. Son incorporation sous la Reine Elizabeth. 430.

Confrairie (Ancienne) des Marchands fréquentant la riviere de Seine. Mercatores aquæ Parisiaci. 645.

Congé. Cas où, à Liege, il doit être donné à un Ouvrier. 346.

Congédiés. (*Ouvriers étrangers* dans la Coutume de Houillerie à Liege, ne peuvent être) pour être remplacés par les enfants ou domestiques des Maîtres de fosse. 345.

Connoissement. (Commerce de mer.) Acte signé du Capitaine du Vaisseau & de l'Ecrivain, portant reconnoissance des Marchandises que le Marchand a fait charger, avec soumission de les porter à leur destination, moyennant un certain prix : tout ce qui a rapport à ces especes d'actes sous seing privé, est fixé par l'Ordonnance du mois d'Août 1681.

Le mot de Connoissement n'est gueres d'usage que sur l'Océan; sur la Méditerranée, on

Courfier. [Hydraul.] 1038.
Court-jeu. LE. [*faire un ou plufieurs trous de Tarré en*] 271.
Court membre. Voyez *Membre.*
Courte Juftice dans les procès en matiere de Houillerie, à Liege. 314.
Courte Mahire. LE. 245, 247. Voyez *Mahire.*
Courtes Verges. 210, 697. Voyez *Verges.*
Courtiers. Marchands des Villes ou des Ports.
Coutumes & *ufages de Houillerie* au pays de Liege. 314.
Couture. Terme de Marine & de Calfateur, fignifiant la même diftance qui fe trouve entre deux bordages d'un bâtiment, & qu'on remplit de calfat ou d'étoupe goudronnée, ou de mouffe, &c, 688.
Couvercle, Dôme, Chapiteau de l'Alambic. Voy. *Alambic, Chapiteau.*
Couverte. [*Fouille*] Galerie de pied, Percement, LE. Xhorre, Areine. Voy. *Galerie.*
Cowe. [*travailler de chief d*]V. *Chief.* Voy. *Cowes.*
Cowée. LE. Trait formé du Ghiot à roue, du Ghiot à fployon, & du Vay. 228.
Cowellement. Cuvelage. Voyez *Cuvelage.*
Cowes. LE. [Affife des] 276. Platte Cowe. 277, 297. [Tête des]. 277. Voyez *Cowe.*
Cowette. LE. Chaîne de Vallée. 307, 308.
Craie rouge, fanguine. Hematite, tête vitrée. Voy. *Tête vitrée. Trace à la craie.* Voyez *Trace.*
Crank. AN. Affemblage de plufieurs pieces de fer qui concourent enfemble à ouvrir & à fermer alternativement les orifices d'impulfion & de fuite dans les machines à vapeur. 967.
Cranon. LE. Robinet de bois ou de fer blanc adapté dans quelques occafions pour l'écoulement des eaux. 287, 292.
Crapaud. [*Charbon à yeux de*] 574, 585. V. *Oculé.*
Crapaudine. Grenouille. Couette. Piece de fer ou de cuivre de différente groffeur felon la force des pivots, creufée dans fon milieu en forme de calotte renverfée, dans laquelle tourne un pivot.
Créanciers des Ouvriers. Tort que les oppofitions des Créanciers pourroient faire aux Maîtres des foffes, & à l'utilité publique. 347.
Creins. 579.
Cremaillere des cheminées, chauffées avec le feu de Houille. 365, 366.
Creufer de jettée, en jettée. AN.
Creufet, ouvrage. Foyer de forge. Voyez *Four de forge.*
Creuzot [Montagne de] en Bourgogne, Paroiffe du Breuil, au Nord de Montcenis, abondante en Charbon de terre. M. Beguillet dit que ce Charbon eft noir, léger friable, plus folié, plus brillant que celui d'Epinac; qu'il prend cependant feu moins promptement, & le conferve plus longtemps. Des Commiffaires envoyés par le Miniftre & par les Etats de Bourgogne, ont porté un jugement très-favorable fur fa qualité; on en a employé dans les Arfenaux de Strafbourg & d'Auxone. D'après l'analyfe du Charbon du Creuzot, rapportée par M. Beguillet, & que je foupçonne être un travail de l'Académie de Dijon, la liqueur que ce Charbon fournit par la diftillation ne rougit point le papier bleu, comme celle qui fe retire des autres Charbons de terre; ce qui prouve que ce Charbon de Montcenis ne contient ni acide ni foufre, & qu'il eft par conféquent meilleur pour la fonte des fers. Il eft au moins, au jugement de l'Auteur de l'analyfe, égal à celui d'Angleterre pour la trempe, & il donne au fer plus de ductilité, en le dépouillant des parties hétérogenes.
Crevaffe. Fente. AN. Fret.
Crible de main. 487. Voyez *Claie.*
Crimp. Coal factor. AN. Facteur de Marchand.
Croc. Dans les Houillieres de Decize, veut dire puits de Mine. 574.
Crochet. Hotteux. 219, 464.
Croifures. Etrefillons. 559. Leurs forces proportionnées. 562.
Crone-Wogt. SU. Officier des Mines pour le Roi, qui eft fous les ordres du College & du Maître des Mines de la Province.
Croûte ou *gâteau* que forme le Charbon de terre, lorfque le feu échauffe & fond le bitume qui s'y trouve allié. Voyez *Voûte. Caking koal.*
Dans les Mines d'étain de Cornouailles, on appelle auffi *Croûte* une efpece de pierre blanche farineufe, mêlée de mine & de terre molle.
Crow coal. AN. Charbon peu ou point bitumineux, commun en Cumberland. 1243.
Crowin. Fouma. LE. Tâter le Fouma. 264.
Crudaria Vena. Voyez *Vena Crudaria.*
Crufta. G. Shallen.
Crypta. Foffa latens & occulta. Agric. *Specus.* G. Gruben. 74.
Cryptæ Afcendentes. Surgentes.
Cryptæ Cadentes. G. Fallende.
Cryftallerie. Voyez *Glacerie.*
Cube. [*nombre*] C'eft le produit qui fe forme en multipliant deux fois un nombre donné par lui-même, ou autrement en multipliant un quarré par fa racine. Voyez *Quarré.*
Cube. [Géométrie.] Corps dont les côtés font fix quarrés, & dont la longueur, la largeur & la profondeur font égales. On le nomme auffi *Exaedre.*
Le Cube eft la mefure par laquelle on détermine la folidité de tous les corps.
Cube. [*pied*] *d'eau.* 1022.
Cuber les corps, mefurer leur folidité, ce qui fe fait en général en multipliant enfemble les trois dimenfions, pourvu qu'on détermine précifément ces dimenfions. Ce qui fait la difficulté, eft que chacun des corps ayant une forme particuliere, a auffi des dimenfions qui en quelque façon lui font propres, & qui demandent par conféquent une recherche tenante à leur nature.
Cubique. (*pied*) Se dit d'un folide pour exprimer la partie de ce folide qui contient un cube dont le côté eft un pied; le poids du pied cube du Charbon de terre eft environ de cinquante-huit livres.
Cuilleres. Cuilliers. Meches, Lanternes de la fonde ou tarriere. SU. Nafware. 885.
Cuirs pour les différents agrès de Mines. 840. Voyez *Cordes.*
Cuirs des Piftons de pompes. Celui de Bréfil, celui de Liege. 1019. Maniere d'obvier à la féchereffe des Cuirs. *Idem.* Pour la platine du grand Pifton. 1091, 1098. Voyez *Etoupe.*
Cuifage, Cuiffon du Charbon de terre pour le réduire en braifes. Voy. *Braifes du Charbon de terre.*
Cuifage du Charbon de terre dans les fourneaux diftillatoires, à la maniere ufitée aux Forges de Sultzbach. 1181. Réflexions fur cette pratique. 1181, 1199 Différence de l'effet de ce procédé, à la combuftion en Allumelle. 1199. Recherches de comparaifons faites par M. Venel. 1999. Réfultats du réfidu d'un Charbon de terre diftillé au fourneau de reverbere. Perte de pefanteur. 1199. Conféquences qu'en tire M. Venel. 1999.
Cuifines, (*Le feu de Houille pour les*) incompara-

Déclinaison de l'aiguille aimantée. Voy *Declinatio.*

Déclinant. Déclinateur. (Gnomonique.) 771.

Declinatio. Deviatio. Variatio acûs magneticæ. Ecart de l'aiguille aimantée du Méridien. Voyez *Aiguille aimantée.*

Décliq. (Art méch. & hydr.) Terme qui désigne toute espece de ressort, tel que celui qu'on attache à un bélier ou mouton d'une pesanteur extraordinaire, qu'on éleve bien haut; & par le moyen d'une petite corde qui détache le Decliq, on fait tomber le mouton sur la tête d'un pilotis : dans les pieces de la Machine à vapeur qui appartiennent au robinet d'injection, il y a un ressort qui est désigné sous le nom *Décliq.* 476.

Declivis. Declive. Terme peu en usage, qui se dit d'une pente formée en plan incliné, dont la ligne est entre la ligne perpendiculaire & la ligne horisontale.

Décomposition de quelques Charbons de terre à l'air. Voyez *Destruction. Déchet.*

Découvert. (*mesure à*) *Mensio subdialis.* Le. *Dépendement.* Voyez *Mensuration souterraine.*

Découverte. (*Mine de la*) Dans les Carrieres de Charbon de la Limagne, les Ouvriers appellent ainsi la couche qui se présente la premiere, & que les Allemands nomment *Tage-kholen.* 589. (*Parois* ou *Pareusse*) *sur les côtés.* 290. Voy. *Pareusse.* Voy. *Airage.* (*Veine*) *sur les côtés.* Le. *Idem.*

Découvre le fer. Voyez *Fer.*

Découvrement propre. Sax. Eigentlishen. Schram.

Découvrement des filons. Sax. Verfshramen.

Décret de la Faculté de Médecine de Paris, du premier Décembre 1769, concernant l'innocence du feu de Charbon de terre. (*Mém.* 38.)

Decuma. Le Dixieme. Voyez *Dixieme Royal.*

Decumanus. Fermier du Dixieme.

Dédommagement aux Propriétaires des terreins. Suivant l'Article 5 des Usages du Charbonnage de la Paix de S. Jacques, de l'an 1487, tout Entrepreneur doit payer au Propriétaire de la surface, pour les dommages qu'il a fait à ses fonds, soit pour enfoncer les bures ou puits, soit pour l'emplacement des Machines, Bâtiments, Déblais, Charbons, &c, la double valeur de la rente du fonds qui doit être mesuré & estimé par Experts, à raison de ce qu'on peut l'occuper & s'en servir malgré lui; le Propriétaire peut exiger une caution réelle & suffisante en hypotheque, tant pour assurance du paiement annuel de ces dommages, que pour la réparation d'iceux, jusqu'à ce que le fonds soit remis dans son premier état; ce qui doit être reconnu par les Experts, comme il a été plusieurs fois stipulé en pareil cas. 625. V. *Dommage.*

Ce dédommagement néanmoins n'est point dû à celui qui *asseinit* les eaux de son voisin : il est expressément décidé dans la Coutume de Liege, que dans le cas où les Ouvrages reçoivent les eaux d'une exploitation voisine, qui a déja jetté les Entrepreneurs en dépenses pour l'épuisement, ces Mines n'ont pas le moindre droit d'exiger un dédommagement; il ne leur est dû qu'un remerciment : c'est aussi un usage de Houillerie au Pays de Limbourg. M. Jars trouve cette Coutume injuste. 830. Il pense de plus, dans son Ouvrage, qu'il en résulte de grands inconvénients, & que les digues que l'on pratique pour retenir les eaux & les faire rétrograder dans des ouvrages supérieurs, deviennent dangereuses lorsqu'elles viennent à crever, ou lorsqu'on vient à donner dans de vieux travaux; il ajoute que néanmoins on prend aujourd'hui les plus grandes précautions pour éviter ces accidents. Voyez *Serres. Serrements.*

Définitions générales des Machines simples, pour donner une idée des conditions propres aux machines. 911.

Déflagration. Voyez *Combustion, Ignition.*

Défoncement. Puits souterrain. Torret.

Défaut, ou manque d'air. 403. Voyez *Air.*

Défense d'aller au-devant des marchandises, loi de tout Pays policé, en vigueur à Liege. 352. De même pour la provision de Paris. 678.

Dégorgeoir. Sax. Ansgasses.

Dégagement, occultus transitus. Agricolæ. Le. *Bacneur. Chambray.*

Degrés. Heures de la Boussole. *Decas. Gradus.* S'exprime par °. *V. p.* 48, 784, 755. V. *Boussole.*

Degré de latitude. Espace de 57100 toises, renfermées entre deux paralleles : comme la terre n'est pas exactement sphérique, les degrés de latitude ne sont pas égaux : la comparaison exacte de ces degrés peut servir à déterminer la figure de la terre. 759. *Degré de longitude*, espace renfermé entre deux Méridiens. 759.

Degrés de température de l'air. Voyez *Température.* Dans les caves de l'Observatoire. 938.

Degrés du Thermometre. Voyez *Thermometre.*

Délarder. Terme de Carrier, qui signifie attaquer la pierre dans son joint. 219.

Delineatio iconica. Monogrammus. Monochroma. Icon. Monogramme, dessin en esquisse. 803.

Demetiri. G. Vormessen.

Demi-Cercle. Graphometre. Rapporteur. Transportatorium circulare. Hemicyclium. 786.

Demi-Coistresse. Questresse. Fausse Questresse. Le. 259.

Demi-Gralle. Le. 261.

Demi-Questresse. Voyez *Demi-Coistresse.*

Demi-Roisse. Le. 207.

Demi-Vallée. Le. 261.

Demi-Minot. Voyez *Minot.*

Den Gruben-zug. Das abzichen derer gebandre. G. *Modus in chartâ repræsentandi specuum mensuratarum axes.*

Denrée sans coût. Une Areine construite d'autorité de Juge, doit rester libre au profit de l'Entrepreneur, & personne ne peut y apporter aucun empêchement; elle est héréditaire dans une famille, & regardée comme immeuble, suivant l'Article 11 du Record du Charbonnage de l'an 1607; mais celui qui, à la faveur d'une telle gallerie ou autrement, viendroit à travailler les Mines de Houille & Charbons, sous des héritages dont il n'auroit pas acquis le droit par les voies usitées, seroit obligé de payer la *Denrée sans coût* au Propriétaire, c'est-à-dire, toute la valeur de la veine exploitée, ou plutôt celle de tout le Charbon extrait, sans pouvoir exiger aucuns frais pour la dépense du travail fait pour l'extraction; les Echevins de Liege ont même statué en 1507, que dans ce cas il y a lieu à poursuite au criminel.

Densité des Corps. 935. De l'Air. *Ibid.*

Dentée. (*Roue*) Voyez *Roue.*

Dents des Roues de Machines, différemment taillées. 925. Leur figure, leur durée, leur engrenage, la douceur de leur mouvement. 925, 926.

Deorsum Versus. Deorsum Versum. De haut en bas.

Dépendement. Le. Mesure des Voies souterraines *dont la direction est oblique.* 299, 332. *Dépendre. Niveller.*

Dépense d'une exploitation de Mine. 834, 835.

Exemple de dépenses courantes. 396. A comparer avec les frais de l'extraction journaliere. 823. Voy. *Entrepreneurs*. Voyez *Etablissement de Mine*.

Dépense d'une Pompe à feu, ou *Machine à vapeur*, pour la consommation du Charbon. Voyez *Fourneau*.

Dépôt. (*Montagnes par*) *Montagnes par couches*, ou *Montagnes du second ordre*. Voyez *Montagnes*.

Dépôt. Premier dépôt des briques de Houille, lorsqu'on les releve pour la derniere fois dans l'attelier de fabrication. Maniere dont on les y arrange. Voyez *Halle à sécher*.

Dépouillement des Veines. 200, 305.

Der Tage Zug. G. *Mensio subdialis*. Le. Dépendement. 299. Voyez *Dépendre*.

Dérangement des Couches de Charbon par des bancs pierreux, de 15 à 20 toises d'épaisseur, qui se continuent quelquefois dans une longueur considérable. Voyez *Failles*.

Dérangements qui arrivent dans le jeu des Pompes. Tout ce qui peut les occasionner, tient à la construction particuliere des Machines hydrauliques, qu'un Directeur de Mines doit posséder à fond. 1028. Les causes les plus ordinaires de ces dérangemens doivent être connues des Constructeurs & des Directeurs. 1066. Voyez *Etranglements*.

Dernier Terme. Homogene de Comparaison.

Derriere soi (*jetter l'eau*) Su. 899.

Der Flotzes ligende. Sax. *Bases*, *Couches horisontales*.

Descendante. (*Galerie*) Voyez *Galerie*. *Mahire descendante*. *Mahire de descente*, d'*Avallée*, d'*Avalpendage*. Le. 247. *Veine descendante*. Le. 206.

Descendens Vena. *Vena recta*. Le Roisse.

Descenderies. Fosses qui vont en pittant, dans l'inclinaison de la veine. Le. Torret. Bouxtay. 893.

Descente. (*Mahire de*) Le. Voyez *Mahire*.

Descente, *pente de la Veine*. Su. Sluttand. 879.

Descente des Experts pour visite des ouvrages. 318, 331 & *suivantes*, & 803.

Description ichnographique. Voyez *Ichnographie*. *Orthographique*. Voyez *Orthographie*.

Descriptions de Machines. Comment on doit regarder ces descriptions les plus exactes & les mieux détaillées. 909.

Déserteur (*Filon*), ou qui se perd.

Despiesseur. *Coupeur*. Le. Ouvrier qui coupe la veine, lorsqu'elle est détachée. 210.

Despiécer Le. 222.

Dessaisir une couple de Maîtres. Le. 321. Dessaisir les Maîtres de leurs prises. Le. 320.

Desserrer Le. 251. Ce qu'on entend par cette expression dans les travaux de Houillerie à Liege. 252.

Dessin, nécessaire à un Ingénieur de Mines. 740.

Dessous la main. (*Veine de*) Veine non xhorrée. Le. 206. (*Mine de*). Lugd. *Rasson*. 508.

Dessus la main. (*Veine de*) Veine xhorrée. Le. Voyez *xhorré*. (*Mine de dessus*) Lugd. *Somba*. 508.

Destination, (lieu de) ou l'endroit auquel le Charbon de terre pour Paris doit être conduit, déchargé, vendu ; il doit être indiqué dans les Lettres de voitures, ainsi que plusieurs autres circonstances. 667. Cette destination ne doit pas être changée. 671, 672. Certificats de destination. 673. Ports de destination. *Ibid*. Fausse destination, défendue. 675.

Destruction spontanée, (*sorte de*) à laquelle plusieurs especes de Charbons sont sujets. 75. De quelle nature sont ces Charbons. 1337. Combien ils perdent dans cette décomposition. *Ibid*.

Détailleurs (*Marchands*) à Londres. 437. A Paris. Voy. *Commerce*. 1390.

Détonnantes. (*vapeurs*) Voyez *Vapeurs détonnantes*.

Devant. (*Pierre de*) For Flone. An. Terre morte, ou Rocher dans lequel le lit mourant se retrouve ensuite. Le. Faille.

Devexa Vena. *Vena obliqua*. Veine dévoyée. 374. Voyez *Dévoiement*.

Dévidoir. *Moulinet*. Dans l'appareil de la sonde, on appelle *Dévidoir*, le tour sur lequel roule la corde, avec laquelle on leve & on abaisse la tarriere. *Girgillus*. G. Haspel. 886.

Dévoiement, *déviation*. Observation d'une déviation très-particuliere (mais douteuse) dans les veines de Charbon, au Hainaut françois. 481.

Diaboli stercus. G. *Teuffels Dreck*. Bitume grossier, terreux & fétide, qui paroît être propre à la tourbe & aux Charbons de bois tourbe. Voy. *Charbon de bois tourbe*.

Dial. An. Boussole, Cadran de Boussole. 388.

Dialling. An. Gnomonique ; niveller avec la Boussole. Le. *Plumming*. *Ibid*.

Diaphragma, *intervenium* dans les Mines en masse ; couche de séparation entre une veine supérieure & une veine inférieure. Le. *Stampe*. 1140.

Diaphragme. (Mécanique.) Piece nommée dans la Machine à vapeur, *Régulateur*.

Die Mark Scheide-Kunst. *Geometria subterranea*. (Nª. Le premier mot est l'article *le*). Voy. *Géométrie souterraine*.

Die Maassen. G.

Die ronde Scheibe Damit man Bergreihet. *Machina ventilatoria*.

Die Weise mitleilachzad forchen. *Eventilatio linteoreum jactatu*.

Différence. (Arithmét.) Voyez *Exposant*.

Différence du bois à la tourbe, pour l'usage. 607.

Dift. Drift. An. Allure de Veine. 388, 875.

Difficulté de respiration dans les ouvriers occupés aux travaux souterrains; sa cause, sa curation. 980. Préservatifs indiqués par Ramazzini. 982. Autres préservatifs. *Id*. pour les Ouvriers qui continuent le métier, ou qui sont attaqués depuis longtemps de cette malaladie, la Médecine doit être un Art muet. 982. Dans le cas où l'état du malade exigeroit quelque remede, le Kermès minéral, la poudre de Cornachine seroient très-appropriés. *Id*.

Difficultés du Commerce sur la Loire, à cause du grand nombre de Droits. 599.

Digging. An. Fouille en terre. 388.

Digues pour les eaux, dans l'intérieur des ouvrages. Voyez *Serres*.

Dilatata Vena. *Vena pendens*. G. Schwabende Gang.

Dilatation. Terme de Physique, par lequel on entend la distribution de la matiere propre d'un corps dans un espace plus grand qu'elle n'occupoit auparavant. Il n'est point de matiere dans laquelle cette dilatation se manifeste plus que dans l'air. 935, 937. 957. Une propriété essentielle à cet élément est de se dilater par le feu. 968.

Dilatée. (*Mine*) 244. Voyez *Mine*.

Dilatement. *Dilatation*. *Elargissement*. Le. Excavations de différentes sortes, appellées quelquefois *Tailles*. 251, 253, 289. Le bénéfice du travail des Houillieres dépend du plus grand dilatement possible : on dit *Dilatement de Hierchage*. 254. *Dilatement de Veines*. 251.

Dimensions d'une Mine de fer. Triangles à pren-

être réputées toniques, apéritives, diurétiques & résolutives, quelquefois purgatives lorsqu'elles sont chargées d'une certaine quantité de sels, ainsi que l'on peut en juger par l'effet des eaux des Areines de Liege. 23. Les eaux de la Motte en Dauphiné, pourroient être de la classe de cette sorte d'eaux minérales. 528.

Eaux imprégnées naturellement ou artificiellement de Charbon de terre; ce qu'on y apperçoit. 23, 30, 1119, 1121. Voyez *Bitume savoneux.*

Eau de pluie qui a séjourné dans des bateaux de Charbon de terre, devenue minérale. 1119.

Eaux minérales artificielles, par impregnation du Charbon de terre éteint dans de l'eau commune, semblables aux eaux de Schinznach. 1125. Examen de ces eaux faites dans le laboratoire de l'Hôtel Royal des Invalides. 1126.

Eau-forte. Quantité d'air qui se dégage du Charbon de terre de Newcastle, par sa combinaison avec l'eau-forte. 1151.

Eau-mere. (Chymie). 1119.

Eboulement. Ecroulement. Effondrement. Accident qui arrive fréquemment dans les Mines en masses: ces sortes de Mines ont plus besoin que toutes les autres d'être étançonnées soigneusement. Voyez *Etançonnage. Epaulement.*

Ecailles. G. Schaleertz, croûte superficielle détachée (dans les Mines métalliques) de la masse du rocher, sur lequel on a fait agir le feu pour la facilité du dégagement du filon. Cette écaille s'appelle *Wand.* Dans quelques Mines de Charbon, selon M. Monnet, on appelle *Ecaille* une couche placée entre le Charbon & le Salbande du toît, le plus souvent de 3 ou 4 pouces d'épais. 151. On appelle aussi dans le machefer, *écailles de fer*, des feuillets de fer brut qui y sont mêlés.

Ecailleur. (Charbon) Ce que l'on peut entendre par cette expression. 1168.

Echaîne. Chaîne. Arripendium. 214, 782. Voyez *Chaîne.* 232.

Echalas. Pieu. Palus localis.

Echarpe. Chape. G. Rad stube. *Rova theca seu loculamentum. Capsa, seu Capsula, loculamentum orbiculorum.* Voyez *Chápe.*

Echauffement spontané du Charbon de terre. 1337. Voyez *Embrasement, plaie, meurtrissure.*

Echelles. (Mécanique) AN. Laders. 388. Dans les Mines métalliques, le puits destiné à monter & à descendre se garnit d'écheles, dont chacune, suivant l'usage des Mines d'Allemagne, a douze aunes ou 24 pieds de longueur & est composée de 24 échellons qui sont à un pied de distance les uns des autres, & assujettis dans les deux longs morceaux de bois qui en forment les montants. Les échelles s'attachent au haut du puits par des crochets, & tiennent au chassis quarré qui est à l'œil du bure, dans lequel on enfonce un crampon, auquel les Ouvriers qui commencent à descendre dans la Mine peuvent se tenir.

A une certaine profondeur, dans le roc vif, où on ne peut plus commodément accrocher les échelles par des crampons, on accroche plusieurs échelles les unes aux autres par des crochets en S, placés à leurs extrémités. Toutes ces échelles doivent être bien solides & soigneusement visitées comme les chaînes. 211.

Echelles. (Mathématique & Géométrie.) Certaine longueur établie arbitrairement avec les divisions usuelles, pour mesurer les grandeurs qui se présentent. On en construit de plusieurs façons. 299.

Echelle. Lignes des Nombres, Echelle Angloise. Echelle Logarithmique. Regle Logarithmique de Gunter. 792. Son usage. 819, 811. Instrument de Mathématique très-commode. 801.

Echelon montant. Ouvrage en montant. Voyez *Montant.*

Echevins, ou *Jurés du Charbonnage* à Liege. Tribunal pour les affaires de Houillerie. 315, 316, 340. Confirmation de cette Cour par un Privilege de l'Empereur Maximilien II. 316.

Echevins de la souveraine Justice de Liege. Cette Cour exerce souverainement la justice dans toutes les affaires criminelles, & on ne peut appeller de ses Arrêts civils qu'au Conseil ordinaire du Prince, formant un Tribunal supérieur en troisieme instance, & en dernier ressort aux Consaux de l'Empire; cette Cour communément appellée haute & souveraine Justice, est composée d'un grand Mayeur, nommé communément *souverain Officier du Prince*, de plusieurs Echevins Docteurs en Droit, de deux Sous-Mayeurs, de deux Chambellans & de onze Greffiers, qui ont chacun un Clerc-Juré.

Toutes les Causes ou Procès qui s'élevent sur le fait des Mines de Charbon, se traitent devant ce Tribunal. Le Prince autorise sept Avocats des plus expérimentés, qu'on nomme Réviseurs pour faire la révision des deux instances précédentes; car il n'est permis, dans aucune cause agitée en matiere de Houillerie, d'en appeller aux Juges de l'Empire. Suivant le Privilege accordé par l'Empereur Maximilien II, en 1571, ces derniers Juges ne doivent dans aucun cas prendre connoissance de ces matieres. 316, 318.

Economies particulieres du chauffage avec le Charbon de terre. 1260. De même sur le chauffage, dans le poussier & dans les cendres des briquettes ou pelottes de Charbon de terre apprêté. 1355.

Ecoulement, (*Fourneau d'*) ou *de Coulage.* Voy. *Fourneau.*

Ecrevisse. (*Patte d'*) Voyez *Patte.*

Ecrou. Cochlea interior. Solide sillonné intérieurement, de maniere qu'il puisse s'insinuer peu-à-peu dans le cordon ou filet d'une vis, en rampant pour ainsi dire tout le long des spires. C'est comme le moule de la partie de la vis qui s'y trouve engagée. 389, 916. Voyez *Vis.*

Ecroui. (Piece de fer), c'est-à-dire, plus frappée.

Ecroulement. Eboulement. Effondrement. Voyez *Epaulement. Etançonnage.*

Edifices, (*Construction d'*) *magasins, chemins, &c. relatifs au travail des Mines.* Les premiers établissements de Mines en France ont reçu du Gouvernement toutes les facilités nécessaires pour ces objets, qui en sont des dépendances directes; le sieur Jullien de Grippon & ses Associés, les premiers qui ont fait des entreprises de Mines par privilege, en 1560, étoient autorisés en vertu des Lettres-patentes du Roi, du 10 Septembre 1548, à prendre, dans les endroits qu'ils trouveroient convenables, terres, héritages & ruisseaux pour construire, bâtir, & édifier toutes Mines, Moulins, Fourneaux, Fonderies, Affineries & maisonnage nécessaires tant pour eux, que pour mettre en œuvre, assurer, retirer & accommoder les choses provenantes des Mines & Minieres; aussi de prendre terre pour faire chemins à conduire leurs Mines, bois, charbon, vituaille & autres choses commodes & utiles pour cet effet, en payant toutefois préalablement la superficie des terres raisonnablement, & selon que le cas le requerra, sans que les Propriétaires puissent prétendre à aucun droit esdites Mines, & demander autre intérêt que la récompense des terres, superficie ou incommodité d'icelles, encore qu'en icelles lesdites Mines soient tirées; au moyen que par-devant Notaire ou Justice il aura fait offre aux Propriétaires de leur récompense, telle qu'elle sera arbitrée par gens à ce connoissant.

Edimbourg. Capitale de l'Ecosse méridionale, dont le territoire fournit une très-bonne qualité de Charbon de terre. 383. Ce Charbon dans quelques endroits est réduit en Cinders, qui sont plus légeres & plus poreuses que celles données par le Charbon de Newcastle. 273, 282.

Efflorescence à remarquer sur quelques Charbons de terre, & dont la couleur quelquefois très-jaune, peut donner à la vue l'idée d'une poussiere sulphureuse, 583, tandis que ce n'est la plupart du temps qu'une chancissure d'ocre jaune. 593.

Efflorescence (Charbon en). Voyez *Charbon*.

Effondrement. Eboulement. Ecroulement. Voyez *Epaulement*. Voyez *Mines*. *Etançonnage*.

Egarées. (*Mines*) Voyez *Mines*.

Egougeoirs. Egoutoirs. On appelle ainsi dans les Mines, pour fouiller la Calamine, des conduits ou crevasses dans lesquelles les eaux vont se perdre.

Eigentlishen Schram. SAX. Découvrement propre.

Ein Querschlag. G. Nª. Le premier mot signifie *un*.

Ein Sumptf. *Lacuna*.

Ein Wetter ung. G. *Damp*. AN. Vapeur amassée depuis long-temps, dans les Mines qui ont été interrompues. Voyez *Air des Mines*.

Eiserner-ring. Circulus ferreus. Anneau.

Eizen glimmer. Fer de chat. Voyez *Mica ferruginea*.

Elargissement. Dilatement. Dilatatio. Voyez *Dilatement*.

Elasticité. Propriétés de certains Corps, & en particulier de l'air, par laquelle ses parties cedent pendant quelque temps à la compression, mais reprennent ensuite cette propriété lorsque la compression cesse. 935, 936, 937, 952.

Eld, *Loft*. SU. Pompe ou Machine à vapeur.

Election des Gouverneurs & Jurés du métier de Houillerie, ou Officiers préposés à ce Corps à Liege. 341.

Eléments de Dynamique. Voyez *Dynamique*. De Méchanique. 423. Des Sphériques, & de l'Astronomie sphérique, relative à tout ce qui appartient à l'usage des instruments de Mathématiques des Mineurs. 754. Eléments de Statique. Voy. *Statique*.

Eloigner, *chasser les Mines*. LE. Voyez *Chasser*.

Email. (Bleu d') Azur. Verre bleu.

Emanations intérieures des Mines de Charbon de Charbon de terre, en général plutôt médicamenteuses que nuisibles. 978. Ne sont point en elles-mêmes malfaisantes, ne le deviennent que par quelqu'altération particuliere. Voyez *Altérations de l'air*. Pourroient être respirées avec succès dans quelques affections de poitrine. 39.

Embouchure. SAX. Schlanch.

Embouter. 729. Conduire l'airage. 255, 256.

Embrasement souterrain des Mines de Charbon de terre. 1162. Observation des Physiciens sur les Charbons qui sont les plus disposés à former une incendie souterraine. *Idem*.

Embrasement spontané de la Houille. Effet de la chaleur qu'elle contracte. 1161, 1337. Remarque du Propriétaire des Mines de Carmaux à ce sujet, sur le Charbon de terre de cet endroit. Doute de M. Venel. 1161. Voyez *Echauffement. Pluie*. Voyez *Embrasement souterrain*.

Emeri. (Pierre d'). G. Schmirgel. B. Smrigel Stein. Lat. *Smyris. Smerillus officinarum*. Pierre à polir le fer & l'acier. 851. Voyez *Potée*. 842.

Emérillon. Crochet de fer particulier. 885.

Emétique, (Tartre) conseillé par quelques Auteurs pour les noyés & les suffoqués. Désapprouvé & regardé équivoque par d'autres Médecins; doute de M. Lieutaud sur l'application de ce remede dans la suffocation. 1005. Observation sur son usage pour les noyés: n'est pas en général dangereux par la secousse que l'on fait qu'il procure dans les cas ordinaires. Il est à remarquer que le tartre stibié donné aux noyés après l'esprit de sel ammoniac camphré, subit une sorte de décomposition, au moyen de laquelle son action se réduit à une oscillation douce.

Empan. Distance ou mesure de longueur, comprise dans l'espace formé par l'extension de la main, depuis le pouce étendu d'un côté, jusqu'à l'extrémité du petit doigt opposé, faisant trois quarts de pied, d'où on l'appelle en latin *Dodrans*, ordinairement *Spithama*, ou *Palmus major*, parce que c'est presque la même chose que le Palme Romain; deux empans font un pied & demi.

Empêchement. SU. Beswaer, LE. Faille.

Empêchement, (ne peut être donné aux Areines).

Employés attachés à un attelier de fabrication de chauffage apprêté à la Liégeoise. 1335.

Emulation dans les entreprises de Mines, étouffée par les Concussionnaires. 621.

Encombres. Ruines enlassées les unes dans les autres. Quelques Mines de Charbon qui ne sont point en Veines, offrent les vestiges d'un bouleversement survenu dans la masse du Charbon.

Encombrance. Encombrement. (Marine). Entassement de la Carguaison des marchandises dans un Vaisseau: se dit aussi des bateaux du Rouergue, qui ne sont pas d'un encombrement exact: il y en a de toute grandeur. 570.

Encouragements aux travaux de Mines. On n'a point du tout manqué en France, plus qu'ailleurs, à donner les encouragements nécessaires à ce sortes d'entreprises, & à leurs succès: les premieres Ordonnances de nos Rois sont marquées à cet esprit dans les dons ou diminutions du Dixieme Royal. Les sauve-gardes accordées aux Entrepreneurs; les permissions de port d'armes; les exemptions de tutelle & curatelle; les franchises des tailles & autres subsides; la permission d'ériger un marché franc, près des Mines; de prendre des bois; le droit de naturalité en faveur des Etrangers, entrant dans les entreprises de Mine; le privilege de ne point déroger à la noblesse; les défenses à tous gentils-hommes de s'opposer & d'empêcher l'ouverture, & à la recherche des Mines; les adoptions de Compagnies pour travailler les Mines du Royaume; l'établissement de Juges; de Commissaires de Jurisdictions de Police, pour l'administration de justice, tant civile que criminelle; enfin la création d'une charge & office de Grand'Maître, Gouverneur & Surintendant général Réformateur, d'un Lieutenant général, d'un Lieutenant particulier, d'Officiers pour les Mines, d'un Contrôleur général, &c. Les évocations au Conseil, des contestations pour raison de l'exploitation des Mines; tout prouve l'attention & l'intention du Gouvernement pour favoriser cette branche de Commerce;

on n'a point oublié en même temps d'assurer aux Marchands & Ouvriers la tranquillité de la part des Gentilshommes qui voudroient les molester. Voy. *Justiciers.*

L'Histoire suivie de ces différentes Ordonnances, frappée au véritable coin d'une sagesse prévoyante, forme une espece de Réglement de finance & de police, qui semble être ignoré : nous rappellerons dans cette Table des Matieres la teneur de chacun de ces Articles, aux mots qui y ont rapport.

Encouturement. Terme de riviere. 688.

Encre d'Imprimerie. V. *Suie de Charbon de terre*

Endroits versants. Versage d'eaux. 268, 280, 289.

Enfoncer une fosse en bien d'autrui : premiere obligation. Dédommagements dûs alors. 322.

Enfonçure. On appelle ainsi dans les Mines de Fims, le pied de la Veine. 579, 580.

Engin. Terme général, synonyme à Machine.

Engine. AN. Machine. (*Steam.*) Machine à vapeur.

Enguel Treque. Panier de Charbon livrable. 374.

Enlevures. Nom donné dans les Mines de Fims, à la tête de la Veine. 579.

Emmagasiné. (*Charbon*) S'enflamme, tombe en effervescence, &c. 584.

Enseigne ou *Marque des Maîtres.* (mettre l') Marquer les enseignes des Maîtres. LE. 229.

Enseignement. LE. Autorités, permissions de justice, qui s'obtiennent de la Cour du Charbonnage, ou Enseignement de Voir-Jurés, ou de Justice. 320, 336. Voyez *Proclamation.* Nécessaire pour approcher des franches Areines. 317.

Envoyer Scédule. Fournir à la Scédule. LE. 326. Voyez *Scédule.*

Entblessen. G. *Venas corio nudare.* 200.

Entiere (Mine), bien pure.

Entonnoir. Plusieurs pieces de Mécanique employées dans les travaux de Mines portent même le nom d'Entonnoir, telle que la piece de la sonde ou tarriere Angloise, 885, ou sont infondibuliformes, telles que la trémie qui termine extérieurement les tuyaux à air. 960, 970. Voyez *Tuyau à air.*

Entrait. (Charpenterie.) Poutre sur laquelle portent les solives.

Entrée. Les Droits d'entrée du Charbon en vieille France, sont exorbitants.

Entrée & sortie. (*Droits d'*) Voyez *Droits.*

Entrée en Loire. Bec d'Allier. 598.

Entrées du Charbon (*Droit d'*) dans Paris. 635. Voyez *Droits.*

Entrepôts & Magasins de Charbons de terre dans la Banlieue de Paris : Droits de visite & de recherches sur ces Entrepôts, aux Officiers Mesureurs & Porteurs. 668. Permission à demander pour entreposer, 669, sous peine de confiscation. *Ibid.* 670.

Entrepôts dans la Ville de Paris, (Places d') distribuées entre les Marchands forains & les Marchands bourgeois, ou détailleurs. 676, 677. Police sur les bateaux en Entrepôt. 677, 678.

Entrepôts & Sous-Entrepôts de Vente, pour une distribution de chauffage apprêtée à la Liégeoise, dont on formeroit l'entreprise en grand. Maniere dont ils doivent être disposés. 1354.

Entrepreneur de Mines ; ce dont il doit être instruit au préalable. Voyez *Directeurs & Préposés.*

Il leur importe d'avoir sous les yeux un état clair & distinct des Ouvriers employés aux travaux, soit intérieurs, soit extérieurs, de l'extraction journaliere & des dépenses, pour comparer les frais d'exploitation & d'administration avec le débit. 834. Considérations sur les dépenses. 874. Jusqu'à quel point des Entrepreneurs de Mines doivent s'en rapporter à la fidélité, à la capacité des Ouvriers, à la vigilance des Maîtres-Ouvriers. 841. Ces Entrepreneurs doivent être instruits par eux-mêmes, & présents par-tout. *Ibid.* Voyez *Etablissement de Mines.*

Entrepreneurs de Mines de Charbon de terre au pays de Liege. Dans la Coutume Liégeoise, la Compagnie d'Entrepreneurs paie au Propriétaire du fonds un ducat d'or pour la *rupture du gazon.* L'ouvrage commencé, la Société n'est pas obligée d'exploiter indistinctement les Mines qu'elle a acquises, soit *par Rendage*, soit *par permission*, soit par droit de *Conquête*, & dans tous les fonds d'une même Concession ; il suffit qu'une partie de veines acquise soit exploitée, pour les travailler de suite dans les fonds voisins : alors la Société, tenue uniquement vis-à-vis de l'un ou l'autre Propriétaire qui ont fait la cession, de leur notifier à mesure que l'on entre dans leur fonds, ne peut être *désaisie.*

Selon les regles de Houillerie, au pays de Liege, une Société doit pousser ses ouvrages le plus loin qu'il est possible sur la Veine qu'elle a commencé d'exploiter, parce que, travaillant ainsi, elle fait non-seulement son profit, mais encore celui du Public, des Terrageurs, &c ; par exemple, si elle a entrepris un ouvrage, en suivant l'inclinaison de la couche, que l'on nomme *Vallée* ou *Grale*, elle doit laisser près du puits un massif de Charbon nommé *serre de Veine*, de la longueur de douze toises ou environ, puis dresser & pousser deux tailles opposées l'une à l'autre, que l'on appelle *Coistresses* (ce sont des ouvrages pris dans le Charbon même & en l'extrayant, avancées du niveau, & sur la direction de la couche), les ouvrages doivent se poursuivre toujours en suivant l'inclinaison & la direction de la Veine, sans toucher à ce qui avoisine le bure, sinon pour suppléer à ce qui peut manquer de la quantité de *traits* qu'on doit élever chaque jour à l'œil du bure, c'est-à-dire, à 50 traits. Voyez *Droits d'Areine, Droit de Versage, Droit de Terrage.*

Tout Entrepreneur qui a fait travailler en fonds d'autrui, acquis légitimement, est obligé de déclarer par serment le nombre de traits sortis par les ouvrages pourchassés séparément sous chaque fonds.

Les Demandeurs, lorsqu'ils doutent de la fidélité de cette déclaration, sont admis à exiger une Visite des ouvrages souterrains, pour constater par Experts la quantité de Traits. Voy. *Mesurer une Heve.*

Comme le terrein qu'une Société a acquis, pour exploiter des Mines de Charbon, est ordinairement limité par celui d'une autre Compagnie, il est ordonné par les Loix, & il est d'usage, soit pour empêcher la communication des eaux, soit aussi pour éviter les difficultés d'un mesurage douteux, de laisser trois toises d'épaisseur de chaque côté des limites, ce qui fait six toises ; & ce Charbon est perdu pour toujours, en tout ou en partie.

Un Entrepreneur ne peut vendre son intérêt à un étranger, au préjudice de ses Associés, il ne peut que le céder à un autre Associé ; on a eu intention dans cette Loi, d'empêcher que la Société ne se trouve composée de personnes qui ne plairoient pas aux Intéressés, qui leur susciteroient des querelles, & nuiroient à l'entreprise. Voyez *Droit de Retrait.* Voyez *les Usages du pays de Limbourg.* 727.

Entrepreneur d'Areine. Par la succession des temps, il s'est fait & entrepris un grand nombre de Galeries d'écoulement dans les différents Districts; il en est de deux especes; nous en ferons plus bas la distinction; mais il n'est permis à personne d'en entreprendre que par formalité de Justice, & après l'indication qui lui a été donnée de l'endroit où doit être placée son embouchure, quand ce seroit même pour écouler les eaux de ses propres ouvrages; tous ceux qui veulent s'en servir avec le consentement de l'Entrepreneur, sont obligés de lui payer le Cent d'Areine, sur le pied ci-dessus mentionné.

Lorsqu'un Arnier, ou tout autre Entrepreneur veut chasser une Galerie d'écoulement, il doit le faire au plus juste niveau qu'il est possible, éviter avec soin la contrepente, *pag.* 280, & ne donner de pente à cette Galerie qu'un pied sur cent toises de sept pieds chacune, afin de ne pas perdre de l'écoulement. Cette pente étant suffisante pour la décharge des eaux pour l'œil de l'Areine. Si en pourchassant cette Galerie, après la permission du Juge, un Propriétaire de Mine refuse de donner passage dans ses fonds, l'Arnier est autorisé à se faire passage par *chambray*, limité à quatre pieds de large, en payant au Propriétaire le double droit de Terrage, pour le Charbon provenant du chambray. Cette Galerie, ouverte par autorité de Juge, ne peut éprouver d'empêchement de qui que ce soit, & elle reste libre au profit de l'Entrepreneur: elle est héréditaire dans une famille, & déclarée immeuble par l'Article XI, d'un Record du Charbonnage de l'année 1607.

Entrepreneurs & Associés dans les entreprises de Mines en France. Une des premieres Compagnies est celle du Chevalier de la Roque, Seigneur de Roberval. La nécessité d'une association pour ces sortes de travaux indique le besoin d'encourager les Régnicoles & les Etrangers à y concourir. Il fut en conséquence permis au Sieur de Roberval, de s'associer dans chaque Mine huit personnes, tant Françoises de nation qu'étrangeres, de quelque qualité & condition que ce fût; il fût par cet Arrêt mis en possession des Mines & Minieres ruinées ou *délaissées*, ou *secretement possédées sans congé des Rois prédécesseurs*, aux clauses & conditions accoutumées; de dédommager les Propriétaires des terreins où ledit Roberval voudroit faire travailler.

Entrepreneurs généraux de Mines de Charbon de de terre. Compagnie de Monopoleurs qui s'est annoncée à Paris sous ce titre, en 1773. Voyez *Accaparement.*

Entreprise de fouille par des Particuliers, dans leur propre fonds. 727.

Entreprise d'une Mine par privilege. Sujet de réflexions à d'examen pour ceux qui veulent s'y intéresser. 825. V. *Actionnaires.* Considérations relatives à la Concession même. *Ibid.* Considérations relatives à la situation de la Mine. *Ibid.* Relatives aux dépenses. 834. Ces entreprises très-sujettes à procès, soit entre les Associés, soit entre les Maîtres des très-fonds & les Entrepreneurs. 827. Ne sont couronnées par des succès, qu'autant qu'on a prévu d'avance toutes les difficultés de détails qui se rencontrent dans l'exécution. 835. Voyez *Régie.*

Entrer en Galerie. 560.

Enveloppes terreuses & pierreuses des Veines de Charbon, à connoître pour la premiere, seconde &

troisieme fouilles. 200. Dans les Mines du Forez. 583.

Epaisseur (Premiere) du Globe. Encroûtement formé de différentes couches, dont la nature & différentes circonstances qui leur appartiennent, peuvent très-raisonnablement être jugées par des observations comparées de la superficie extérieure de la terre, de ses éminences, de ses profondeurs, &c. 742. Voy. *Montagnes.*

Epaisseur. Dans les Mines d'Auvergne, on appelle ainsi la masse de Charbon renfermée entre le toît & le plancher. 589. Les différences dans cette dimension des Veines, influent sur le profit qu'elles peuvent donner à l'exploitation. 878.

Epaisseur fixée par le Réglement du Pays de Limbourg, pour qualifier une Veine, petite, grosse, ou moyenne. 730.

Epaisseur de Veines, gênante pour le travail. 135,837.

Epalement. Jaugeage. 680.

Epaulement. Il est très-facile de juger de la nécessité de remplir les espaces que l'on a fouillé pour soutenir le terrein : tantôt on remplit ces excavations avec les pierres stériles & matieres inutiles, qu'il seroit dispendieux de déblayer du fond des Mines; c'est ce qu'on appelle en général, dans les Houilleries de Liege, *Triguts, Fouayes.*

Lorsqu'on veut soutenir par le haut ces espaces vuides, on forme de différentes manieres des planchers plus ou moins solides, selon les circonstances; si l'on n'apporte pas à cet épaulement tout le soin convenable, on court les risques d'écroulements très-dangereux pour la vie des Ouvriers, & très-funestes pour l'intérêt de l'entreprise. 275, 584. Voyez *Gewand.*

Dans le courant d'Avril 1777, à Crombie-point, près de Tortybum en Ecosse, plusieurs acres de terre, au-dessous desquels on exploitoit des Mines de Charbon, se sont abîmés sur le champ : cet écroulement a menacé les travaux des Salines, qui se font dans le même endroit, d'une innondation qui a exigé l'emploi de cent hommes, & de cinquante chevaux pour tarir la crue extraordinaire des eaux, qui ont ensuite ouvert la terre dans un autre endroit, elle a été précédée d'un bruit semblable à celui du tonnerre, & accompagnée d'une secousse qui a élevé un rocher au-dessus du niveau, à la hauteur de 14 pieds.

Epinac. Bourg à trois lieues d'Autun, & du Hameau de Resille : la Mine de Charbon située à demi-lieue d'Epinac, découverte en 1744, n'a commencée à être exploitée qu'en 1751; les travaux ont présenté des vestiges d'une exploitation antérieure.

Eplucheur. (Marteau d') Marteau à pointe. Outil employé dans les mêmes Mines. 542.

Epreuves de comparaison de plusieurs Charbons de terre d'Anjou avec celui d'Angleterre. Rapport de ces épreuves, pour servir de Modele dans de semblables recherches, ou pour se rendre compte à soi-même. 1163.

Epsom. (Sel d') Sel neutre formé par l'union de l'acide vitriolique & d'une terre alkaline particuliere. 1118. L'enveloppe terreuse du Charbon de terre de Littry en Basse-Normandie, n'est presqu'entièrement, selon M. Monnet, que la terre même du Sel d'Epsom combinée avec du soufre. *Ibid.* Voyez *Sel de Glauber.*

Epuisement des eaux. Différentes manieres d'y parvenir. 277. Enlevement des eaux du Bougnou. 273, 277. Par un *Feldgestange.* Voyez *Machines Hydrauliques.* Epuisement des eaux, de *Gralles,* demi-Gralles & *Vallées.* 278. De *Torrets. Ibid.* 262.

faveur des ouvrages de Mines son attention sur toutes les facilités qui peuvent dépendre des Justiciers auxquels on assure la solvabilité des Entrepreneurs (voyez *Justiciers*) fait défense à ces Seigneurs de molester les Mineurs de son Royaume, & accorde différentes immunités à tous les employés dans ces travaux. Voyez *Immunités*.

Exhalaison souterraine. Vapeur gazeuse. Fumus virosus. Su. Ima. Voyez *Vapeur*, *Air*.

Exhalaison du Charbon de terre au feu, renseignement de sa qualité. 1152. Exhalaison plutôt résineuse que sulphureuse, & non incommode. *Id*. A l'odeur que le Charbon de terre répand en brûlant, il est facile de décider les yeux fermés de la qualité primitive du Charbon de terre. 1153. En réglant le chauffage d'une certaine maniere, il est encore aisé de ne ressentir aucune impression, ni de l'odeur, ni de la fumée d'un feu dans lequel il entre du Charbon de terre. (*Mém. 3*). Voyez *Odeur*.

Expansibilité. Propriété qui est sensible dans différentes substances : elle est produite par une cause qui tend à écarter les unes des autres les parties des corps, & dès-lors l'expansibilité ne peut appartenir qu'à des corps actuellement fluides. *Expansibilité de l'air*. 935. Voyez *Fourneau*, *Ventilateur*. Expansibilité du Mercure. Voy. *Murcure*.

Expansibilité de l'Eprit-de-vin. Voyez *Esprit-de-vin*. Quelle que soit la loi suivant laquelle les parties d'un corps expansible se repoussent les unes les autres, c'est une suite de la répulsion que ce corps forcé par la compression à occuper un espace moindre, se rétablisse dans son premier état lorsque la compression vient à cesser, avec une force égale à la force comprimante. Voy. *Compression*. *Compressible*.

Expansible. Des notions données sur l'expansibilité, il résulte qu'un corps expansible est élastique par cela même, sans pour cela néanmoins que tout corps élastique soit expansible.

Expériences Barométriques. Voyez *Barometre*. *Thermométriques*. Voyez *Thermometre*. Voyez *Observations*. La plupart de celles qui ont été faites en France & en Pays étrangers, dans les Mines, laissent à désirer beaucoup de choses. 940. Comment ces expériences devroient être faites. 975. Modele d'une Table pour observations barométriques & thermométriques, pour observer les degrés de ces instruments dans trois temps différents de la journée, dans trois différentes profondeurs d'un puits de Mine. 976.

Experts ou Jurés. (Inspections, Visites, Descentes d') 331, 334, 335, 803. Procès-verbaux de descente. Modeles de ces Procès-verbaux au pays de Liege. 337, 482, 553, 554, 555, 556. Rôle ou plan minuté pour procéder aux visites d'ouvrages souterrains. 833. Voyez *Visites*. Voyez *Estimations*.

Exploitation des Mines métalliques, ou Fentes & Filons, complettement décrite dans les six premiers Livres, *de Re metallicâ*, par Agricola; elle se trouve détaillée très-en grand dans le Chapitre III, de Lehmann, Tome I; ce qui se trouve sur ce sujet dans l'Encyclopédie, au mot *Mine*, Tome X, est extrait de cet ouvrage: les différents articles qu'il renferme, concernant l'exploitation, seront portés à leur place dans cette Table des matieres. Les personnes qui s'occupent des opérations de Mines, ne peuvent que puiser des connoissances intéressantes dans ce *rapprochement* comparé du travail des Mines dans ses différents âges; le Volume des Mémoires de l'Académie des Inscriptions & Belles-Lettres, pour l'année 1777, contient des recherches très-curieuses, par M. l'Abbé Amelion, sur la maniere dont les Anciens exploitoient les Mines.

Exploitation des Mines de Charbon en Angleterre. 202, 376, 598, 898. M. Qwiste, Directeur des Fabriques de fer en Suede, a publié, dans le premier Trimestre des Actes de l'Académie de Stockolm, un Mémoire sur les Charbons de terre de la Grande-Bretagne, & qui sera suivi d'un second sur leur exploitation : nous ferons usage dans cette Table des matieres de ce qui se trouve de particulier dans le premier, sur les couches de la Mine de Newcastle & de Wittehaven.

Exploitation des Mines de Charbon au Pays de Liege, décrite en abrégé par M. Jars dans ses Voyages métallurgiques. Sommaire des travaux qui la constituent. 200, 201, 202. Description détaillée, 205 jusqu'à la page 314. Résumé de quelques pratiques. 894.

Exploitation des Mines de Charbon en France sur le même plan. 203, 461 jusqu'à la page 596. Forme de l'exploitation, ou regles générales imposées aux Propriétaires de Mines, pour la conduite de leurs fouilles. 623. Vues du Gouvernement François pour encourager ces exploitations. 603. Modele de Journal d'exploitation. 839.

Exploitée (Mine) en grand. Voyez *Mine*.

Explosions de Mines. On a vu de ces explosions enlever des décombres à plus de 200 pieds hors de la bouche du Bure. Voyez *Vapeur détonnante*.

Explosive, fulminante, détonnante. (*Vapeur*, *Exhalaison*) Voyez *Air*. *Exhalaison*. *Vapeur*.

Exportation du Charbon de terre d'Auvergne, depuis l'endroit de l'embarquement, jusqu'au confluent de l'Allier & de la Loire, 597; depuis ce confluent jusqu'à Briare. 599.

Exportation du Charbon de terre du Bourbonnois, pour la Ville de Paris. 690. Des Mines de Decize, ou sa quantité. 689. Du Forez en général. 690.

Extracteurs. Nom que l'on donne dans le Lyonnois aux Entrepreneurs de Mines de Charbon, ou à ceux qui ont traité avec les Propriétaires. 504.

Extraction. (*Bure d'*) *Bure à tirer*, *maître Bure*, *grand Bure*, *Bure de chargeage*. 243. Voyez *Bure*.

Extraction du Charbon dans les Mines, ou quantité qui peut s'en enlever en différents temps donnés, par jour, par année, en observant que ce qui peut s'enlever en une journée d'un puits de Mine, est relatif au nombre des chevaux, à la profondeur du Bure, sur-tout à la force de la machine d'extraction, &c. 837. Estimation de la charge de l'enlévement total, auquel on parvient, en six heures de travail, dans les Houillieres de Liege, avec huit chevaux, y ajoutant le poids des chaînes, celui du Couffade, du Vay, du Ghiot. 1111. Nous ignorions le poids de ces vaisseaux en particulier, lorsque nous avons présenté l'idée de ce calcul ; nous en avons été instruits depuis ce temps, on trouvera cet éclaircissement aux mots *Couffade*, *Vay*, *Ghiot*. Extraction journaliere dans les Houillieres de Liege. 838, 899. Supputation. *Id*. 1111.

On trouve dans le Chap. VII de l'Ouvrage de M. Delius, un semblable calcul, pour les différentes machines à enlever les minerais & les eaux.

Evaluation de l'extraction d'une Mine à Newcastle, en douze heures de temps. 695, 838. Evaluation par mesure & par poids. 695. D'une profondeur de trois cents pieds, (appréciée 6162 boisseaux, mesure d'Angers.)

Extraction du Charbon de terre dans les Mines d'Anjou, année commune. 566, 567. Dans les Mines d'Auvergne. 591.

depuis le 15 Octobre 1774, jufqu'au 31 Décembre 1775 ; dans cet efpace de temps il a confumé 277,410 livres en poids, du meilleur & plus gros Charbon du Pays, faifant 260,800 livres, poids de marc : cette quantité de Charbon a coûtée environ 3306 livres tournois, ce qui fait nuit commune, environ 590 livres, poids de marc, revenant à environ 7 liv. 10 fols. En faifant le feu on employoit d'abord 30 à 40 livres de charbon fur le bois, & on continuoit d'en mettre fuivant le befoin ; lorfque le vent étoit confidérable, il en falloit confumer beaucoup plus que lorfque le temps étoit calme ; dans des nuits d'hiver, la violence du feu éteignoit, emportoit les morceaux de Charbon hors la grille, & 2000 livres fuffifoient à peine ; dans les grands orages, le feu s'éteignoit, & on pouvoit à peine le rallumer. Ces inconvéniens, qui n'avoient point été prévus, ont fait abandonner l'idée qui paroiffoit affez naturelle pour cherchçr & avoir une lumiere égale & conftante, qui fe verra de plus loin que le feu de Charbon de terre.

Fardeau. Dans les Mines d'Anjou, on appelle ainfi le mouvement des terres pour s'écrouler, & que l'on empêche en reftapant la taille. **561.**

Farten. G. *Scalæ, Machinæ Scanforiæ.*

Fafte. Tafte. Lacufculus. Baffin de décharge.

Fat. Iourg. Su. Mefure pour tranfporter le minerai en Suede. Voy. *Tourg.*

Fauconneau. Eftourneau. Sorte de piece de bois pofée à angles droits, au-deffus du poinçon de l'engin, & qui contient une poulie à chacun de fes deux bours. **237.**

Faul. G. Lache, mol.

Fauffe-Equerre. Récipiangle. Mefure. Angle. 785, 804. Voyez *Récipiangle. Fauffe-Joxhlée.* (Charpenterie fouterraine) au Pays de Dalem. 370. *Fauffe-Laye.* Jointure interrompue de Charbon. 371. *Fauffe-Queftreffe. Demie-Queftreffe.* LE. 259, 373.

Faux bois. (Charpenterie fouterraine en Anjou). **560.**

Faux membre. LE. Piece de chief ou de chaîne de Foffe. **230, 308.**

Faux Roiffe. LE. Roiffe qui fe change en un autre pendage. **207.**

Faveur. (Benne de) Voyez *Benne.*

Fayence (*Terres à*) commune, pourroient entrer dans la fabrication du Charbon de terre apprêté à la Liégeoife. **578.**

Fécule bleue. Bleu d'Erlinghen, égal au plus beau bleu de Pruffe, préparé avec la fuie de Charbon de terre cuit ou deffeché dans les fourneaux de diftillation à Sultzbach. **1135.**

Feil. G. *Cuneus.*

Feil haw. Beche Hoyau. *Ligo.*

Feld Arbeite. Galeries.

Feldgeftangen. Feld Oder Streken. Ganzen Stangen-Kunft. Felifder Streken Gangen, Feld Geftangen. Feld geftangen. *Machine ou Angin à barres. Machine à tirans horifontaux. Machine à eau.* 278. Idée générale du jeu de ces Machines, qui tient à un arrangement particulier de barres ou de tirants, foit de bois, foit de métal, affemblées à fourchettes les unes fur les autres, & foutenues d'efpace en efpace par des bafcules ou leviers mobiles fur une de leurs extrémités. 207. En quoi confifte le mouvement de ces Machines. **1038.**

Il y en a de différentes fortes, felon le nombre des corps de Pompes qu'elles font agir, ou felon qu'elles peuvent être affifes directement à la bou-

che du puits à Pompes, ou qu'elles en font éloignées. **1038.**

Feld geftangen fimple, peu ufité. 1039. *Feld geftangen double*, plus commune. *Idem.* La roue peut être éloignée du puits de la Machine de 50, 100, jufqu'à 800 *Lachters.* 1039. Les eaux de la Mine de Nordmark en Suede font élevées par une machine de cette efpece, compofée d'une roue à laquelle font adaptés trois rangs de barres, qui font mouvoir des pompes afpirantes dans trois différentes Mines. *Id.* Autre Machine de cette efpece à Dannemora. *Ibid.*

Feld Geftange de la Foffe Chaultier au pays de Liege. 1039, 1040. Différence du jeu de fes Pompes avec celui de la Machine de Marly, près S. Germain-en-Laye. 1039. Articles de conftruction d'un Feld Geftangen, tirés de l'ouvrage de l'Académie de Freyberg. 1043. L'éloignement du principe moteur à la Mine que l'on veut épuifer, ainfi que la longueur du trajet de tout l'attirail de barres, rendent cette machine difpendieufe, en proportion de la quantité de tirants qui viennent faire jouer les trains des pompes, &c. 1040. Au défaut de meilleur moyen, pour faire ufage d'une force dont on a befoin, quelqu'éloignée qu'elle puiffe être, le Feld Geftangen a fa commodité. *Ibid.* Attentions que demande la juftefse du Feld Geftangen. 109, 1046.

Remarque fur l'allongement d'une barre de fer dans l'été, & fur le raccourciffement de cette même barre dans l'hiver, a rapporter à cette conftruction. *Ibid.* Moyen d'y remédier. *Ibid.* Remarque fur le befoin qu'ont les différentes pieces de cette machine d'être confervées foigneufement dans un état de foupleffe. *Ibid.*

Defcription détaillée d'un Feld geftangen, tirée de Lehmann. **1041.**

Felling. Filling Coal. AN. **388.**

Fendants. Fagniffes. LE. Grandes ouvertures ou crevaffes dans les fieges de pierres. **269.**

Fenderies. 1208. Maniere de fendre & couper le fer en baguettes, ainfi que de l'étendre & de l'applatir fous les cylindres, felon la méthode ufitée dans le pays de Liege, en Angleterre & en Suede. 1209. Nature des Charbons employés à Liege pour les Fenderies dans les fours à reverberes. *Ibid.* Quantité de Charbon néceffaire pour fendre un mille de fer.

Fentes & Filons. Termes de Mines métalliques. Les fentes ou vuides remplis dans leur entier du même minéral, & fans ouvertures, portent, comme les filons, les noms de *fentes capitales, fentes régulieres, fentes irrégulieres,* &c. Voyez Filon. Il eft de ces fentes qui, au lieu d'être occupées par de la bonne Mine, font remplies par de l'argille différente, par des cryftaux quartzeux ; quand les ouvrages donnent dans ces mauvaifes fentes, cela s'appelle donner dans les *Drufen.*

Fentes aqueufes, qui donnent de l'eau. Su. Springs. LE. Affuage *jus.* 275. Les Serres & Serrements font fujets à ces fentes aqueufes. 291. Voyez *Serres, Serrements.*

Fer d'airage. Toc-feu. LE. 229. *Tokay.*

Fers à feu, ou *Grillages,* Grille. Différents *Tokays* pour l'airage des Mines. Voyez *Toc-feu* pour le chauffag*. 359, 366. Les plus fimples & les plus ordinaires. 1273. Remarques fur les barres de fer qui compofent ces gillages ; fur leur nombre, leur difpofition, &c. 1272, 1273. Qualité du fer à employer. 1173. Leur élévation au-deffus du foyer. *Id.* Prix de différents grillages fimples, tant de

Fer travaillé au feu de Charbon de terre. De tous les métaux, le fer est celui auquel le feu de Charbon de terre est le plus défavorable. 1165. Effets que le feu de ce fossile produit sur le fer. *Id.* 1166. Raisons qu'en donne M. Grignon. *Ibid.* Sentiment de M. de Genssane 1176.

Manieres de travailler le fer au feu de Charbon de terre, connues des Anciens. *Ibid.* Maniere décrite par Swedemborg, qui ne s'en déclare point le partisan. 1167. Tentatives faites à ce sujet en Angleterre. 416, 1166. A Nassau-Sarbruck. 1214. A Liege. 1213. Autre, par M. de Morveau. 1217. Autre, par M. de la Houliere en Languedoc. 1219. Fonte de Gueuse de fer exécutée avec succès à la forge d'Aizy en Bourgogne, en 1775. 1220. Epreuves faites avec différentes proportions de Charbon de bois & de houille. 1219. Voyez *Opérations métallurgiques.* Prix proposé par la Société Royale des Sciences de Montpellier, en conséquence d'une délibération des Etats généraux de la Province de Languedoc, pour l'année 1776. Sur l'appropriation du Charbon de terre aux minéraux ferrugineux. Voyez cette Table des matieres, au mot *Appropriation.*

Ferrailles. Voyez *Rappointis.*

Fergon. Fourgon. Tisonnier. 366, 367.

Fermantes, (Barres) ou *Montants.* SAX. *Schlosser.*

Fermer la porte. Fermer les niveaux par des Stouppures. LE. 266.

Fermes. (Droit d'entrée & de sortie des cinq grosses) Voyez *Droits.*

Fermoire. Erpet. Piece du Tarré Liégois. 216.

Fermoire à quatre côtés. Autre piece du Tarré Liégeois. 217. Son usage. 221.

Ferne stone. G. *Carreg Redynog.* AN. Caillou fleuri, ou impressions de Roseaux, &c.

Ferrat. Mesure usitée à Gaillac pour le Charbon de terre. 724.

Ferré. (Charbon) Voyez *Charbon ferré.*

Ferreus (circulus.) G. Eiserner ring. Anneau. V. *Anneau. Ferreus (uncus.)* G. Scilhacte.

Ferru. (Charbon) Medjeux. 589.

Ferrugineuses ou *Martiales. (Eaux)* Voy. *Eaux.* Substances ferrugineuses ou magnétiques, causes très-communes de la variation de l'aiguille aimantée dans les Mines. 800. Moyens de remédier à leur action. *Ibid.*

Ferruminare. Braser, souder le fer. Voyez *Fer.*

Feslé. Roc. Voy. *Roc.*

Feste Hangend. Liegend Gestein. G. Le penchant de la montagne.

Feta Kol. SU. Charbon gras.

Fétoyer (faire) les fosses. Voyez *mettre la main à la chaîne.*

Feu, (Montagne de) ou Montagne brûlée. 499. Voyez *Montagne brûlée.*

Feu dans les Mines de Charbon en Forez. 585. En Auvergne. *Ibid.* A Mulheim. 931. A Liege. 36. Moyens de s'en garantir. 971, 264. Voyez *Air. Airage. Vapeurs.*

Feu brisou. Feu grieux. LE. 262. Rare dans les Mines d'Anjou. 555. Différence du feu brisou d'avec le Fouma. 262. N'est point le produit d'un principe sulphureux. 983. Sentiment de M. de Tilly sur la nature de cette vapeur. 983. Elle s'attache, selon lui, par préférence à ce qui appartient au regne animal, à la laine, aux cheveux, & n'a aucune prise sur ce qui est du regne végétal. *Ibid.* Conjecture sur ce qui sert de fondement à cette opinion; façon de s'en assurer. 984. Mines dans lesquelles ce feu s'est conservé, & se conserve depuis long-temps. 930. La flamme du feu grieux est vive & approchante de celle de l'esprit-de-vin, ou de la poudre à canon, produit des escarres profonds, très-dangereux sur-tout au visage. 984. Semblable au météore enflammé, qui fait quelquefois éruption des fosses des privés. 985. Sarau de drap, de toile, pour s'en garantir. 983. Différents moyens proposés pour éteindre ce feu. 930, 931. Invitation de M. Baumé. 946. Brûlures occasionnées par le feu grieux. Remede a y apporter. 985. Remedes dans le cas de grandes plaies. *Ibid.*

Feu appliqué au renouvellement de l'air dans les Mines. 968. Entretenu dans la cheteur. 957. Effet qu'il produit. *Ibid.* Moyen de l'entretenir. 230, 265. De tous les moyens connus aujourd'hui pour purifier l'air des Mines, l'observation & l'expérience démontrent qu'il n'en est point de plus efficace que le feu. 968. Propriété du feu pour raréfier l'air dans une très-grande latitude, d'occasionner même une sorte de destruction de l'air. *Id.* Pratique de M. Desandrouins pour remédier au défaut d'air, en allumant du feu de distance en distance dans les souterrains. 482. Voyez *Fourneau, Ventilateur, Lampe à feu.*

Application du feu au mouvement des machines à épuiser les eaux des Mines. Voyez *Machines à vapeur.*

Application du feu de Charbon de terre pour faire lumiere sur les phares, & servir de guide aux Vaisseaux. 1140. Voyez *Phares.*

Application du feu de Houille au chauffage. Comparaison de ce fossile embrasé, pour tous ses phénomenes, aux métaux rougis. 1142. Avantages de ce feu pour le chauffage. (*Mém.* 4.) Chaleur que donne le feu de Houille apprêté à la Liégeoise, comparée avec la chaleur du Charbon de terre brut. 1286. Comparée avec celle d'un grand feu, & d'un petit feu de bois. 1142. Feu de Charbon de terre considéré dans ses phénomenes particulier. (*Mém.* 4.) La maniere dont brûle ce fossile & son résidu, indices de sa qualité. 1156. Ce que le feu développe dans quelques Charbons de terre. 1267. Fumée du feu de Houille, considérée pour le chauffage (*Mém.* 2.) Cette fumée donne un renseignement de la qualité du Charbon de terre. 1155. Elle ne dure que le temps de l'embrasement de la pile de pelottes, qui ensuite n'est plus qu'un grand brasier (*Mém.* 2.) Effet de la fumée d'une espece de Charbon de terre sur les habits, au dire de M. Genneté. 1155. Examen de cette fumée, relativement à la santé. (*Mém.* 8.) Moyen particulier d'empêcher cette fumée. 1272. Expérience de M. Venel, faite sur un Chardonnet exposé à la fumée du Charbon de terre. 1264. Observation du même Savant sur les Vers-à-soie exposés à cette fumée, tandis que la vapeur du charbon de bois est réputée leur être nuisible. 1265. Vapeur qui s'en exhale, peut néanmoins être incommode dans quelques cas. 1268. Moyen de la corriger. 1270, 1285. Avis de la Faculté de Médecine de Paris, en 1519 & en 1666, sur la salubrité de ce chauffage. 1265. Decret du premier Décembre 1769. (*Mém.* 38.) Procès verbal sur ce même objet, dressé en 1727, à la requisition de M. le Blanc, Ministre de la Guerre. 1267. Déclaration des Médecins de Liege. (*Mém.* 39.) Avis des Médecins de Valenciennes. (*Mém.* 40.) Certificat de MM. les Recteurs & Administrateurs de l'Hôpital général de la Charité & aumône générale de Lyon. (*Mém.* 42.) Du Bureau de l'Hôtel-Dieu de la ville de S. Etienne. (*Mém.* 44.) Délibération de la Société de Médecine de Londres. (*Mém.* 43.) Extrait des Registres de l'Académie Royale des Sciences de Paris. (*Mém.* 36.) Lettre de M. Del-waide, Licencié en Médecine de la Faculté de Louvain, ancien Préfet du College de Médecine de Liege, sur l'effet attribué à la Houille, de nuire à la poitrine. (*Mém.* 33.) Voyez *Vapeurs.*

Examen d'un feu de Charbon de terre brut comparé avec un feu de Charbon de terre apprêté à la Liégeoise ; fait présumer raisonnablement que les parties exhalantes du Charbon de terre sont dans ce second feu réprimées autant qu'on le peut désirer. 1201. Guiccardin, dans sa description des Pays-Bas, en parlant de l'utilité du Charbon de terre d'Aix-la-Chapelle, avance que si l'odeur de ce chauffage déplaît, on peut jetter du sel sur le charbon, *pag.* 466. Cet expédient ne s'accorde point avec l'opinion de M. Kurella, dans son Mémoire que nous avons cité plusieurs fois, où l'odeur fétide & nuisible de ce combustible est expliquée par la présence d'un acide du sel de cuisine.

Feu du Charbon de terre appliqué à la réduction des Minerais, en particulier de la Mine de fer. 1165. Voyez *Fer.* Plusieurs expériences montrent que le phlogistique fourni par le Charbon de terre n'est pas pur. 1147. Inculpation du soufre, discutée. *Ibid.* Défauts que le fer contracte au feu de Houille. 1176. Action de ce feu sur les grilles de foyers de chauffage. 1148. Observations faites par M. Venel. *Ibid.* Observation faite par l'Auteur sur deux barres de fer, pendant deux hivers. 1148, 1149.

Feu des fourneaux à chaudieres, chauffées avec du Charbon de terre. Feu du Forgeron. Différence de l'un & de l'autre. 1147. Voyez *Fonte.*

Feu (fer à) pour l'airage des Mines. *Toc feu.* 229.

Feu, ou Faiseur de Voyes. 369.

Feu de Poëles. 362. Voyez *Poëles. Feu de Terroule.* 361.

Feu. (Garnitures de) 358, 366. *Pelle à feu.* 366. *Porte-feu. Fer à feu,* grillage pour le chauffage. 359.

Feuilleté. (Charbon) Medjeu. (*Roc*) V. *Roc Genilleté.*

Feustel. G. Malleus.

Fibra incumbens sub dio tecti. Fibra subdialis. Airure de Veine. Le. Weime de Vone. Lyon. 311.

Fibre. Veinule. . . . .

Fiches. Chevilles de bois.

Fidelité dans la livraison des Houilles vendues. 553.

Fiducielle. (ligne) Diametre de la Boussole. 904.

Fier di Menne. Le. 221. Voyez *Fer de Mine.*

Fierstad. (Paroisse à un quart de mille de Helsimborg), où il se trouve du Charbon parmi les couches rangées comme il suit : 1°, une pierre de sable épaisse de 6 brasses ; 2°, lit de Charbon de 2 pouces d'épais, qui remonte vers le jour ; 3°, couche argilleuse de 2 & ¼ de brasses ; 4°, couche de pierre de sable d'un pied. Voyez *Pierre de sable* ; 5°, lit de Charbon qui a été exploité, de l'épaisseur d'un demi-pied à un pied ; 6°, terre noire, 4 pouces. Voyez *Svartor* ; 7°, argille noire ardoisée, d'un pied ; 8°, pierre de sable bleuâtre, très-dure, 3 & ½ de brasse. Le cinquieme lit étoit d'un demi-pied de *puissance* ; mais il alla en augmentant dans un champ de 12 brasses jusqu'à un pied, changea ensuite en mauvaise terre noire, qui continua dans une étendue de 4 brasses ; alors le Charbon reparut de l'épaisseur d'un demi-pied ; après qu'on en eut enlevé environ cinq milles tonnes, la Veine parut épuisée. Voyez *Frederic.*

Filandreuse. Toirchée. (*Houille*) Le. Voy. *Houille toirchée.*

Filature. Tirage de soie. Voyez *Tirage.*

Filieres. Dans les Carrieres on appelle ainsi des lits ou bandes à plomb qui interrompent les bancs, & qui servent de filieres aux eaux : c'est ce que les Houilleurs Liégois appellent *Fagnisses. Fendants.* Voyez *Fagnisses.*

Filles. A Madeston en Ecosse, le Charbon se transporte de la Mine sur le dos de jeunes filles. 115.

Filles de Maîtres. Maris de filles de Maîtres. Fils de Maîtres. Droits qu'ils paient à Liege pour les Gouverneurs du métier de Houillerie. 344.

Filling Coal. An. Charbon qui se gonfle.

Filon. Découvrement. (du) Sax. Versshramen.

Filons. (Mine métallique). G. *Klufft.* Fentes de peu d'étendue, & étroites, remplies ou de mine, ou d'autre substance ; elles ont une partie de la roche ou de la montagne qui leur sert de toît, & une autre au-dessous qui leur sert d'assise. V. *Veine. Gang.*

On remarque dans un Filon sa direction ou sa situation relative aux quatre Points Cardinaux du monde, dirigée tantôt du Septentrion au Midi ; tantôt du Midi au Septentrion ; tantôt de l'Orient à l'Occident ; tantôt de l'Occident à l'Orient, ou à peu-près. Voyez *Couches.*

Il ne faut pas s'imaginer qu'un Filon dans sa direction décrive exactement une ligne droite qui réponde précisément à tels ou tels points de l'Univers, semblables à une riviere. Les Filons à l'occasion des Pentes de montagnes, ou à l'occasion des rochers qui les traversent dans leur marche, décrivent différents détours. 205. *Lorsqu'ils conservent leur direction & leur dimension,* on dit qu'ils ont leur *vrai cours,* ou que ce sont des vrais Filons. 740. *Force du Filon.* Dimension en longueur, largeur, profondeur . . . . *Fort du vrai Filon.* G. *Edle Mittel. Chevet* du Filon. G. Liegende. *Couverture.* G. Hangende. *Pente* ou *situation des Filons,* relative à l'horizon, *Direction, Allure.* 875. Infiniment variée, & diversement exprimée par les Mineurs, selon que cette chûte ou pente est plus ou moins sensible : cette pente se détermine au moyen du quart de Cercle. 876.

Filons capitaux.

Filon par couches.

Filon couché. Sax. Flaker gang. G. Flach gang, qui va d'Orient au Midi, pendant les heures 10, 11, 12, en faisant avec la ligne horisontale un angle de 45 degrés.

Filon déserteur, interrompu.

Filon droit, de pied droit, debout, perpendiculaire, ou qui a peu de pente. Sax. Scheutè gang. V. *Perpendiculaire.* G. Stehend gang. 877.

Filon horisontal. *Ibid.*

Filon incliné, ou prolongé. Schwebend, faisant avec la ligne horizontale quinze degrés. 877.

Filon en masse. Sax. Stock werk.

Filon matinal, ou du Levant. Epithétes données par les François, par rapport à l'exposition de la montagne, aux filons qui ont leur direction d'Occident au Septentrion, pendant les heures 4, 5, 6, & que les Saxons nomment *Morgen-Gang.* 876.

Filon contre nature. Filon rebelle, dont la pente se trouve différente de ce qu'elle doit être naturellement. V. *Filon rebelle.*

Filon oblique, c'est-à-dire, qui a beaucoup d'inclinaison ; d'où il arrive que les coffres dans lesquels on charge la mine pour l'enlever au jour, ne peuvent point descendre d'à-plomb par les bures, ce qu'indique le nom *Toulege*, donné par les Allemands à ces filons, qui font avec la ligne horisontale un angle de 75 degrés. V. *Obliquité*.

Filon perpendiculaire ou de pied droit. On doit observer que les degrés ne sont comptés qu'en partant de la ligne horisontale ; & que si on les compte en avant de la perpendiculaire, il faut prendre cette détermination à rebours.

Filon précipité. Filon incliné, extrêmement couché, qui se perd entiérement dans la profondeur de la montagne. Les Saxons le nomment *Schwchente Gang*. Il ne differe du *filon par lits*, que parce qu'il n'a qu'un lit ; & il n'est pas tant appellé *précipité*, à raison de cette pente qui varie dans sa marche, qu'à raison de sa direction vers les points de l'horison. 877.

Filon prolongé. Synonyme de filon précipité.

Filon rebelle, qui change de direction ; le même que filon contre nature.

Filon qui remonte ou *qui se releve*. L'inclinaison d'un filon ne se soutient pas toujours la même dans tout son trajet. On en voit qui tomboient presque perpendiculairement, & qui prennent tout d'un coup une inclinaison presque horisontale ; alors on dit le filon remonte, ou se *montre au jour*. Gang Richtel Sich Auf.

Filon qui s'enfonce. Un filon marchant presque suivant une ligne horisontale, descend quelquefois tout d'un coup perpendiculairement ; c'est ce que les Mineurs expriment en disant que le filon s'enfonce.

Filon du soir, Filon tardif : filon, ainsi appellé par les François, par rapport à son exposition ; c'est le même que les Saxons nomment *Spad Gang*, qui est dirigé du Septentrion à l'Occident, pendant les heures 7, 8, 9. 876.

Filons vrais, ou qui ont leur vrai cours. 746.

Filon qui prend du ventre. Gang Wirfteinen Bauch. Qui se renfle dans quelqu'une de ses parties.

Filon. Veinule. G. Klufft.

Fims, (Charbon de) en Bourbonnois, connu à Paris sous le nom de *Charbon de Moulins* ; sa qualité. 580. Son prix au pied de la Mine. 581. Conduite de ce Charbon du puits de la mine au port de l'Allier ; ce qu'il coute alors. *Ibid*. Prix de la voie au port. *Ibid*.

Fin. (*Charbon*) Eclaircissement sur cette expression, 1286, qui ne signifie qu'un charbon ou une Houille en piece ; on l'appelle aussi *Charbon net*. 485.

Fin Papin. Le. Fouaye employée à calfâter les madriers du Bougnou. 273.

Fine Téroulle, demi-Téroule, employée pour les chaufferettes. 358.

Finitores Metallici. Fodinarum Mensores. Arpenteurs de Mines.

Fire forck. Poker. An. Fourgon. Fer à remuer le feu. 376.

Firement. Le. Serrement qui se fait pour renfermer les eaux par le moyen de gros bois d'une épaisseur différente, selon la quantité d'eau ; cette construction n'a lieu que dans les ouvrages de Plattures. 253, 274.

Fire Stone. An. Quartz.

Firmini. (Charbon de) Excellent. 585.

Fissile. (*Lithantrax*) Charbon d'Ardoise. 449.

Fissilis Schistosus cum pauxillo porcellaneæ albæ, vel lithantrax. Voyez *lithantrax*.

Fitter. An. Homme qui équipe un Vaisseau. Maître d'Allege. 432.

Flach. S x. Talut.

Flacher Gang. G. *Vena porrecta. Vena æqua*, qui se continue également dans son étendue.

Flanc. (*attaquer une Mine en*) Lorsque les veines se prolongent le long d'un côteau de montagne parallélement à sa base, comme les six veines de Mendip, sous le *malm* rouge, *fig*. 2, *Pl. XI*, & qu'on perce une galerie sur le même côté de la montagne, pour aller rencontrer le Charbon perpendiculairement à sa direction ; on exprime cette maniere de procéder, en disant, qu'on attaque la Mine en flanc, c'est-à-dire, par un percement qui va joindre la veine à angles droits. *Voyez* l'Art. XVII du Réglement instructif de M. de Gensanne.

Flang. (*Korb*) Sax. Barre de manivelle.

Fletx. Sax. Filon par couche. 262.

Fleuret. Plusieurs outils de Mine portent ce nom, la *Brokette* de mine des Houilleurs Liégeois est un Fleuret assez semblable à l'aiguille des Carriers. 221. C'est toujours une piece de la sonde, & dont il faut avoir des provisions. 542. *Fleuret ordinaire de Mine* des Houillieres d'Ingrande, ses dimensions. *Idem*. *Grand Fleuret de sonde*. 542. *Fleuret quarré*. Autre, dont le tranchant est croisé. *Idem*. *Fleuret en langue de serpent*. 542. Profondeur du trou de fleuret. 221, 271, 558, 861. Voyez *Brokette de Mine*. *Trous de Taille*. 271.

Flint Glass. An. Verre blanc, ou Crystal d'Angleterre. Verre à cailloux. 1248, 1249.

Flint Mill. An. *Moulin à Silex*, *Rouet à fusil des Mineurs*, usité dans la Mine de Wittehaven en Angleterre. 402. Construction de cette machine. 403. Son usage, dans les Mines, où la lumiere des chandelles, mettroit le feu à la *Vapeur fulminante*. 402. Mines dans lesquelles ce Rouet n'éclaire pas, & où il feroit dangereux. 403, 699.

Flitche. Le. Al Flitche.

Flob. G. *Trochlea*. Poulie.

Floens ut Strykande. Su. Cours du filon.

Floez. Ce mot est quelquefois employé pour synonyme à Swebende Gange. *Vena pendens seu dilata*.

Flone. (*For*.) An. Pierre de devant. Fealh.

Florine. (Sainte) Quartier de la Limagne ; abondant en Mines de Charbon de terre, où étoit établie autrefois une Compagnie. 588. Pendage des veines de ce quartier. 589. Principales fosses ou puits de Mines de ce quartier. 592, 594. V. *Limagne*.

Flot. Su. Cours, marche, étendue, route du Charbon ; détermination particuliere du Charbon dans sa marche, dans son courant. 882.

Flotteur. Cylindre solide de cuivre, appellé aussi *Plongeur*. Voyez *Plongeur*.

Floux. Dans les Mines de Bretagne.

Fluchtig. G. Etat des pierres qui dans la Mine ne sont point serrées les unes contre les autres.

Fluor. M. Hellot se servoit de ce mot comme synonyme à Gangue. Voyez *Gangue*.

Flux. Fondant. Voyez *Fondant*.

Fodders. An. Mesure de Charbon.

Fodina Metalli. Fodina Metallica. G. Grub oder zeche. *Mine* : *Fodinæ præses*. Maître de fosse, Maître de Mine. *Fodinæ, vel cuniculi præses*. G. Steiger oder. Hutman.

Fodinarum Area. G. *Fodinarum Caput*. G. fund Grub. *Tête de Mine*. *Fodinarum mensores*. Arpenteurs. *Fodinarum Scriba*. G. Berg-Schreiber.

Foeders. An. *Fibres. Veinules*.

Foi ; dans la Coutume de Liége, doit être ajoutée en matiere d'amende au serment des Maîtres. 325.

Foible. (*Houille*) *Téroulle*. 81, 82, 365. 694.

porter 350. Des Porte-faix en Turquie, portent sept, huit, & jusqu'à 900 livres pesant.

Force des hommes ou des chevaux pour faire agir des machines. 1106. Hommes appliqués aux machines à élever. *Id.* Estimation de la force d'un homme. *Id.* Voyez *Treuil ordinaire.* La différence du produit résultant de la force des hommes & des chevaux appliquée à une grande machine, est très-remarquable. 1107. Observations comparées des Anglois entre ces deux forces. *Id.* Calculs du Docteur Desaguliers. *Id.* Voyez *Cheval.* Poids d'un homme ordinaire. 1109. Machine qui agit par un seul homme, proposée par M. Camus. 1109.

Forder Fahr. Schacht. SAX. Puits de transport ou d'extraction. Maître Bure. *Forder niss.* G. Difficulté des débacles de l'eau. *Forder Stollen.* G. Galerie de déblay. Voy. *Galerie.*

Forer. Pénétrer dans une masse terreuse, pierreuse ou charbonneuse avec la Tarriere. Voy. *Pareussages.* Différentes manieres. 215. *Forer d'en-haut. Forer d'en-bas.* 884. Ne se pratique que dans des cas extraordinaires; il est bien plus facile de forer d'en-haut. *Forer dans une direction horisontale.* 886. *Forer de Niveau. Forer Dreu de Stoc.* LE. 271. Voy. *Dreu de Stoc.* Voyez *Bolleux. Tombeux. Verges à forer.* LE. *Longue Verge. Courte Verge.* 216.

Forêt dans le voisinage des Mines; avantage pour l'exploitation, relativement à la facilité de se procurer les bois nécessaires pour les travaux. 8 2. Devient cependant, selon la remarque de M. Delius, un inconvénient dans certains cas de proximité ou position, pour le passage libre de l'air dans les ouverrures de la Mine. 933. Mais facile à lever, en abbattant au moins les arbres qui avoisinent ou qui environnent l'entrée.

Forêts. Par Lettres-Patentes du 10 Octobre 1552, en amplification de premieres Lettres données au Sieur de la Roque, Seigneur de Roberval, il étoit permis au Sieur Roberval, ses Commis & Entremetteurs, ou ses Ayant-cause, de prendre ès bois & forêts qu'ils trouveront plus commodes, tel nombre & quantité d'arbres qu'ils verront leur être convenable, en les payant toutes fois raisonnablement; les Officiers des eaux & forêts, & tous autres sujets; par ce même article obligés, quand ils en seront requis, de délivrer du bois, sans aucun autre mandement spécial sur ce, ni aucune Lettre, que le *Vidimus* de cette Ordonnanne, & au prix marchand.

Forestier. Dans plusieurs Coutumes, même en France, les Forestiers sont les Sergents ou Gardiens des Forêts. L'Ordonnance de 1669 les appelle *Sergents à garde.* Dans le pays Montois on les nomme *Huissiers* ou *Sergents.* 374.

Forestiers. (Arbres) Indication de ceux dont les bois sont propres aux différents ouvrages de Mines. 855.

Forez. (Charbon de S. Etienne, dans le haut) 582. Jugement qu'en portent les Serruriers de Paris. 1160.

Foret. Tarré. Tarriere. Teret. Sonde. 215. Verge. Voyez *Verge à forer. Foret, langue de serpent.* 885.

Foreur. Manche de la premiere piece de la tarriere Angloise. 884. Voyez *Trous de Tarré.*

Foreur (Maître) en Angleterre. Maniere de traiter avec lui: engagements de ce Maître-ouvrier. 397.

For flone. AN. Pierre de devant. Faille.

Forge. Premier attelier de Mine. On doit entendre par-là les petites forges ou fourneaux dans lesquels on fait chauffer le fer pour le battre & le travailler sur l'enclume avec le marteau. Ces forges sont accompagnées de beaucoup d'ustensiles. 841. Fourneaux de Forges. Voyez *Fourneaux.*

Foyer de Forge. Creuset. Catinus Tigillum. Voyez *Foyer de Forge.*

Fer considéré à la Forge. Voyez *Fer.*

Forger le fer à chaud, à froid. 843. La maniere de forger n'est pas si simple qu'on le croiroit. 845, 846. Différentes manieres de forger, selon les ouvrages. *Id.*

Les renseignements que le Charbon de terre donne à la *Forge* sont de deux especes: les uns se marquent au fer. Voyez *page* 1147. La durée de son feu, sa flamme, sa chaleur; la maniere dont il se comporte en brûlant, en s'élevant en voute. Signe décisif de l'excellente qualité du Charbon à la forge, selon les Ouvriers. 1161. Maniere de discerner au feu, c'est-à-dire, par l'essai, le bon Charbon de terre d'avec le mauvais. 1152, 1156. Autre méthode par M. de Morveau. 1162.

Du Charbon de terre pour les ouvrages de forge & pour les travaux métallurgiques. 1158.

Le Charbon de terre est resté le combustible des petites forges, où il n'est question que du Charbon de terre considéré dans ces atteliers. 1159. Dans les petites forges, comme dans toute espece d'attelier où l'on emploie le feu de Charbon de terre, il est utile de discerner les qualités de ce combustible 1141. A quoi les Chinois reconnoissent un Charbon de terre propre ou contraire à ces ouvrages, 1159. C'est particuliérement pour ces travaux que les renseignements tirés de l'intérieur du Charbon de terre ont besoin d'être décidés par l'expérience, pour les employer seuls, ou en mêler plusieurs ensemble. Pratiques différentes des Ouvriers. 1160.

Forge. (Charbon de) Charbon de Maréchal. Charbon de Poix, des Forgerons. 581. *Charbon de chaux. Chaussine. Fer à forge.* 528.

Fork. Raker. Coal Rake. AN. *Fourgon. Rable, Fergon, Tisonnier.* 366, 367.

Formalités à observer à Liege pour entreprendre une Mine. Voyez *Droit de Conquête.*

Les Maîtres des Fosses ou Entrepreneurs des Mines *au pays de Liege*, ne peuvent abandonner aucuns de leurs ouvrages souterrains, sans avoir préalablement donné avis à l'Arnier & au Terrageur, ou sans l'autorisation du Juge. Sinon ceux-ci, ou l'un des deux seroient en droit de les obliger de revuider les eaux qui se seroient rassemblées dans les ouvrages, & de leur faire donner les accès libres & nécessaires jusqu'aux *vif Thiers*, c'est-à dire jusqu'à la fin, ou au bout de ceux où ils ont laissé la veine, pour examiner en même temps la conduite des travaux, si l'on a payé les droits mentionnés; & s'il reste quelque chose à extraire avec profit, dans ce cas l'Arnier & le Terrageur sont en droit de continuer les travaux à l'exclusion de la Société, qui pour lors est obligée de leur céder l'usage du puits, des machines, des outils & autres accessoires, à l'exception des chevaux; pour extraire tout ce qu'ils voudront, & à leur profit, dans les ouvrages abandonnés, à la charge par eux de rendre le tout en bon état à la Société, pour qu'elle continue le reste de son exploitation dans les travaux à faire, soit sur la même Veine, soit sur d'autres Veines supérieures ou inférieures. Voyez *vieux Bure.*

Formalités à observer de la part des Négociants ou Maîtres de navires qui apportent à Paris du Charbon de terre étranger. 688. Leurs déclara-

rente dans la pratique ſur l'emploi de Charbons de terre, d'une nature toute contraire. 1243. Remarques ſur les différentes pierres à chaux. 1243, 1244. Il exiſte entre la connoiſſance des pierres à chaux que l'on emploie, & celle de la qualité de la houille que l'on a ſous la main, un rapport qui peut ſervir de guide ſur cet objet aux Chaufourniers. *Idem.* Conſommation de houille par toiſe de pierre, du toiſé des Carrieres. 1245. Fours à chaux du bord du Rhône. 523, 1244.

Fours de Briqueterie & de Tuilerie. 1245.

Fours & Fourneaux pour les calcinations que demande le traitement des Calamines ou Mines de Zinc. 1239. Pour la calcination du Plomb. 1236. Pour la calcination du Safre. 1251.

Fourneaux ou *Allumelles* pour le cuiſage du Charbon de terre à l'air libre ou en meule. 1178. 1179, 1183, 1189. Théorie ſur ces fours. Préparatif & appareil, ou dreſſage du Fourneau. 1192. Conduite du feu. 1195.

Fours ou *Fourneaux pour fabriquer, à feu clos, des braiſes de Charbon de terre à Newcaſtle,* 1179, peu propres à deſſécher & à cuire ſimplement le Charbon de terre, mais bien à le réduire en braiſes du troiſieme degré, connoiſſable à l'état poreux de ces braiſes. 1197.

Fourneau pour exécuter avec le feu de Charbon de terre le rôtiſſage, la calcination, la fuſion, l'affinage des métaux. 699.

Fourneau de liquation par le feu de Charbon de terre. 700.

Fourneaux de reverbere, nommés en France *Fourneaux Anglois*; en Allemagne *Fourneaux à vent*, 1204, qui ſeroient mieux nommés *Fourneaux à air.* 1205. Employés à la fonte de la gueuſe avec le *clod coal*, réduit en une eſpece de *Cinders*, appellé *Coak.* 1206. Obſervation ſur la gueuſe. 1207. Deſcription de ce fourneau. 1206. Conſommation de Charbon. 1207.

Petit Fourneau de reverbere pour l'acier, au feu de Cinders, faits pendant l'opération. 1212.

Autre pour l'Orfévrerie. 1231.

Cupol ou *Fourneau* par la fonte de plomb à Flint-Shire, Principauté de Galles, comme on fond la mine de cuivre à Briſtol. 1232. *Fourneaux de fer fondu* pour la fonte de la mine de plomb en Ecoſſe, avec la Tourbe & le Charbon de terre. Nature de la mine de plomb d'Ecoſſe.

Fourneau mixte, faiſant à la fois les fonctions d'un fourneau à manche & d'un fourneau de reverbere, pour fondre toutes ſortes de mines par le feu de Charbon de terre. 1238.

Fourneau dont on ſe ſert en Angleterre *pour affiner au feu de Charbon de terre le plomb tenant argent.* Composé d'un grand nombre de parties. Deſcription de ce fourneau. 1234. Affinage du plomb en Ecoſſe. 1235. Calcination du plomb. 1237.

Fourneau de Sultzbach pour ſe procurer, par le deſſéchement au feu, des braiſes de Charbon de terre, & de ce foſſile obtenir des cinders. 1139, 1181, 1182. Vûe de la capacité extérieure de ce fourneau. Pluſieurs coupes de ce fourneau. 1139, 1140. Obſervation de M. de Genſſane ſur la conſtruction de ce fourneau. 1182. Propriétés des braiſes de Charbon de terre, après ce reſſuage. 1183. Voyez *Braiſes de Charbon de terre.*

Fourneaux à chaudieres qui ſe chauffent, ou qui peuvent ſe chauffer avec le feu de Houille. 1252. Effet du feu de Charbon de terre ſur ces vaiſſeaux. 1147, 1148.

Fourneau de l'alambic de la machine à vapeur, vulgairement appellée Pompe à feu. Plan ou coupe horiſontale de ce fourneau. 1072. Sa cheminée. *Idem.* Cendrier. 1073. Conſidération ſur la conſommation de Charbon de terre dans le fourneau d'une machine à vapeur. 1101. Conſommation comparée dans celle de Walker, d'York Buildings. 1102. Dans celle de Chelſea, ſelon M. de la Lande. Erreur ſoupçonnée par M. Lavoiſier, pour le calcul de M. de la Lande. *Ibid.*

Par un relevé exact, fait ſur pluſieurs mois de travail, la grande machine de Montrelais de 52 $\frac{1}{2}$ pouces de diametre, conſomme, ſelon M. le Chevalier de Borda, 9 $\frac{1}{10}$ pieds cubes de Charbon par heure; & il faut, quand elle eſt refroidie, trois heures de feu avant qu'elle ne produiſe aſſez de vapeur pour ſe mettre en mouvement. Cela poſé, une machine de cette force qu'on voudroit faire travailler pendant 24 heures ſeulement, pour la laiſſer repoſer enſuite, conſumeroit 27 fois 9 $\frac{1}{10}$ pieds cubes, ou 251 pieds cubes de Charbon; mais M. de Borda obſerve que le Charbon qu'on emploie à l'aliment de cette machine étant nouvellement tiré de la Mine, & n'ayant pas eu le tems d'être détérioré par l'action de l'air, doit avoir de la ſupériorité ſur le même Charbon tiré depuis long tems hors de la Mine; par conſéquent, des machines auxquelles on employeroit de la Houille anciennement tirée, en conſommeroient une plus grande quantité; & M. de Borda croit que cela iroit au moins à un dixieme d'augmentation.

Une des machines établies à Londres, ſur laquelle M. Magellan a envoyé quelques éclairciſſements, & dont le cylindre a 49 pouces Anglois de diametre, donne à peu de choſe près le même réſultat. Sa conſommation eſt de 6 boiſſeaux de Charbon par heure; chaque boiſſeau contient les les $\frac{1}{4}$ d'un quintal de Charbon, & le quintal peſe 112 livres aver du poids, d'où M. de Borda trouve, par le rapport de la livre aver du poids, avec la livre Françoiſe, que les 6 boiſſeaux contiennent 467 livres de Charbon, ce qui fait 8 pieds cubes & $\frac{1}{10}$. En ſuppoſant maintenant qu'il faille 2 heures $\frac{1}{2}$ pour chauffer cette machine, il réſulte qu'elle conſomme 213 pieds cubes de Charbon pour 24 heures de travail, ou 26 heures $\frac{1}{2}$ de feu. Ayant trouvé ci-deſſus 276 pieds cubes de Charbon pour la grande machine de Montrelais, & . . . pieds cubes pour la petite, on obſerve que ces deux machines ſont à peu-près dans le rapport des ſurfaces des deux piſtons, qui ſont l'un de 49 pouces Anglois, & l'autre de 52 $\frac{1}{2}$ pouces de France. Ainſi les conſommations de ces deux machines ſont à peu-près proportionnelles à leurs forces. On ſait cependant qu'en général les petites machines conſomment à proportion plus que les grandes; d'où on pourroit conclure que le Charbon d'Angleterre eſt un peu meilleur que le nôtre, ou que nous avons ſuppoſé la détérioration de notre Charbon anciennement tiré, plus grande qu'elle n'eſt réellement. Ou peut être enfin que l'eſtimation des ſix boiſſeaux, en nombres ronds, n'a pas été faite avec beaucoup de préciſion; au reſte, les différences des réſultats ſont aſſez petites, pour qu'on puiſſe les négliger.

Des différents calculs faits par M. le Chevalier de Borda ſur les machines à vapeur établies à Montrelay, & qui nous ont paru devoir être rapportés chacun aux articles qu'ils concernent: voy. *Machines à Vapeur, Impulſion, Pompes, Fourneau de l'Alembic;* on tire ce réſultat, qu'une grande machine à vapeur consomme un pied cube de Charbon par jour, pour chaque pouce d'eau qu'elle fournit, à la hauteur de 100 pieds, c'est-à-dire, pour 576 pieds cubes d'eau qu'elle éleve à cette hauteur. Par-là il est aisé de calculer la dépense pour une hauteur, & pour une quantité d'eau quelconque.

Fourniture. (Commerce). Terme usité dans quelques provinces de France, sur les bords de la Loire, pour une quantité déterminée de Charbon de terre. 544, 566, 567, 577, 713. *Fourniture Nantoise.* Voyez *Portoirs.*

Fow Flon. Spring. AN. *Beswaer. Bryne* SU. *Faille.* LE. 269.

Foyer de forge. Creuset. Ouvrage. SU. Hoerd. *Catinus. Tigillum.* 1175.

Fragilius (*Lithantrax*). 111. Charbon de Griesborne en Suisse. 452.

Fragments, (pieces de veines détachées en), G. Geschube. Pierres de Veines en morceaux, mêlés de terre, qui ont été entraînées hors de leur place par de fortes pluies, & qu'il ne faut pas confondre avec les Seiffen-Werk. Voyez *Seiffen-Werk.*

Frais, (Charbon) récemment tiré de la Mine: différent en poids du Charbon sec, ou anciennement extrait. 546. Peut être aussi différent en qualité.

Frais. Dépenses relatives à différents objets, soit d'exploitation, soit d'exportation, soit de commerce du Charbon de terre, pour la construction d'un puits de Mine.

Frais d'exportation par eau des Charbons de terre de Decize à Orléans. 577.

Frais de décharge de bateau, & des Gardes de nuit sur les ports de Paris. 684.

Fraisil. Frasil. Fresil. Fraisi. Frasin. Le mot *Fraisil* a différentes significations: quelquefois on appelle ainsi la crasse du fer. On désigne communément par ce terme une concrétion cendreuse du Charbon de terre. 413, 414, 415, 421, 1156, 1157. Voyez *Cendres du Charbon de terre.*

Fram Sryka. SU. Continuation de la direction du Charbon de terre en avant. 896.

Franches Areines, ou mises en garde de loi à Liege. Les Mines qui en dépendent, sont visitées tous les quinze jours par deux Voirs-Jurés, dont le rapport est porté sur des registres, soit afin que dans la suite des temps on puisse savoir à quelles veines on a travaillé, & quelle a été l'étendue des ouvrages, soit afin que si les ouvrages peuvent nuire à quelque areine franche, la Cour du Charbonnage donne des défenses de travailler plus avant, particuliérement quand les extrémités des ouvrages avoisinent quelque areine bâtarde. Voyez *Areines.*

Franchises, Privileges, & libertés des Maîtres, Marchands faisant l'œuvre, besognant les Mines en France. Déclarées & spécifiées dans des lettres de Charles VII, successivement confirmées par les Rois Charles VIII; & Louis XII, en 1498; par François I, en 1515; Henri II, en 1548, 1552 & 1557; François II, en 1560; Charles IX, en 1561, 1563 & 1568; Henry III, en 1574. Dans l'Edit de réglement général, avec la création d'un Grand-Maître par Henri, en 1601, & l'Arrêt confirmatif du 14 Mai 1614; la franchise la plus remarquable est le don du dixieme denier, concédé au sieur de Roberval, d'abord pour le temps des trois premieres années, puis pour quatre ans, ensuite pour 9 ans, prorogé encore par le Roi Charles IX, le 6 Juillet 1561. Voyez *Dixieme. Droit de Dixieme*: les autres privileges & libertés des Maîtres besognant les Mines en France, seront dévelopées sous leur mot, & au mot *immunités.*

Françoise, (Mine S.) à Roche-la-Moliere dans le Forez. 586.

Frase. Rutrum. Beche. Hoyau.

Frasier. Dans les forges, on appelle ainsi la poussiere de

Frasin. (Couche de) 1233.

Fraudes dans les déclarations sur les Navires. 633. Les fautes & fraudes sur le Charbon qui se vend à Paris, doivent être dénoncées par les Mesureurs au Procureur du Roi de la Ville, à peine d'interdiction d'Office. 663, 664. Voyez *Mesureurs.* Autres différentes fraudes dans les Marchands. 674.

Frédéric-Adolphe, (*Mine de Charbon du Roi*) au district de Malmur, dans les Métairies de Boscrups & de Githsolms en Suéde; reconnue par le moyen de la tarriere; ouverte dans une longueur d'environ 170 brasses du Sud au Nord, & de 190 brasses de l'Est à l'Ouest, sans y comprendre l'étendue des ouvertures; la profondeur du puits est de 360 brasses. D'après les remarques de M. Hermelin, Maître des Mines, insérées dans le troisieme trimestre des Actes de l'Académie de Suéde, pour l'année 1773, les couches de ce Charbon, au nombre de deux, sont irrégulieres dans leur épaisseur: leur allure est du Sud au Nord; & elles s'élevent avec le terrein du côté du Midi, tandis que les couches inférieures s'élevent vers le Sud. Le terrein est composé, 1°, par une couche de *Lere*, épaisse de deux brasses; 2°, une *pierre sablonneuse* de trois à quatre brasses d'épaisseur. Voy. *Pierre sablonneuse*; 3°, *Toit* du Charbon d'un demi-pied de puissance, suivi du lit de Charbon; ces différentes couches sont dans une étendue de 45 brasses entrecoupées de sable, de pierres rondes, & les couches reparoissent ensuite dans un ordre plus régulier; 4°, *Argille noire*, compacte, ferrugineuse, épaisse de quatre à six pieds, se durcissant à l'air, rougissant au feu, & y résistant mieux que l'argille à tuile ordinaire, sans cependant résister à un feu violent; 5°, *Ardoise argilleuse noire*, mêlée de beaucoup de sable, épaisse de deux pieds & demi, trois pieds & demi; 6°, lit d'*argille* reconnu avec la tarriere jusqu'à la profondeur de six à sept brasses, & qui est estimé propre à faire une porcelaine semblable à la porcelaine de Hesse: ce lit est gris-clair, dur, feuilleté, mêlé avec du sable fin, & du Glimmer. Dans le fond il devient plus solide, & comme une pierre de sable dur. Dans une de ces Mines on trouve une ocre rouge ferrugineuse.

La Veine de Charbon, si l'on veut l'appeller ainsi avec M. Hermelin, est d'une nature différente dans sa partie supérieure & dans sa partie inférieure; le banc supérieur donne dans l'espace d'une brasse en quarré d'un demi-pied d'épais, six tonnes de Houille seche & en poussiere. Voyez *Tonne.* Il s'y rencontre des troncs d'arbres entiers, commençant à devenir charbonneux, & auxquels on reconnoît encore les nœuds, l'écorce, & des parties de bois conservées; les échantillons que j'en ai sont entiérement conformes à ceux qui étoient dans le Cabinet de M. Davila. Le banc inférieur est épais d'un pied, ou de deux pieds & demi, de la nature du Brand Skiffer, voyez *Skiffer*, mêlé d'une substance pulvérulente, noire, luisante, striée, & de pierre sablonneuse, mêlée quelquefois de *Svafel*

Lies,

lies, parmi lesquels on trouve des morceaux de Charbon de pierre de bonne espece : du côté du Nord de la Mine, on a retrouvé la continuation de cette veine d'un pied ou d'un demi-pied d'épaisseur. M. Hermelin avance que les Charbons de la Mine du Roi Adolphe Frédéric donnent une flamme forte, & se consomment promptement ; qu'ils sont très-gras, & tombent en cendres sans laisser de scories. Il ajoute cependant avec raison que ce Charbon est plutôt une espece d'ardoise argilleuse, qui, en se séchant à chaque fois qu'on la charge ou qu'on la décharge pour la transporter, tombe en morceaux, & qui, à l'emploi au feu, s'assemble devant le soufflet, produit beaucoup de malpropreté dans le foyer, qu'il est en conséquence peu propre à la forge, quoiqu'aux environs de la Mine on s'en serve pour cet usage. Il en a été aussi vendu aux Maréchaux & Serruriers de Copenhague, qui s'en sont servis avec succès, après les avoir concassés & détrempés pendant 8 ou 15 jours dans l'eau : alors la flamme qu'ils donnent n'est pas si forte, & ils ne brûlent pas si vîte ; mais ils sont d'un bon usage pour la cuisson de la chaux & de la tuile : aussi on les emploie principalement à ces usages ; dans les poëles on peut s'en servir avec avantage.

Depuis l'année 1747 jusqu'en 1751, on a enlevé environ trois mille tonnes par an, & depuis ce temps, jusqu'en 1762, on enleva environ cinq mille tonnes par an : il se paie à la Mine un daeler d'argent la tonne, pour ce qui est employé au service de la Couronne, & un daeler & huit oer, pour le particulier. Ce que nous avons rapporté d'après les échantillons, *p.* 443, & de la Mine de Mactorp, *p.* 445, aide beaucoup à juger de la nature de ces Charbons de terre fossiles de Suéde.

Frée Lud. AN. *Wattu dunt.* SU. Aqueduc souterrain, Areine. 897.

Fret. Frettement. Terme de Marine sur l'Océan, synonyme à *Nolis*, sur la Méditerranée. Voyez *Droit de Fret*, réglé par un Arrêt du Conseil du 19 Avril 1701. Voyez *Droit de Fret. Prix du Fret*, ou Voiture. 570.

Fretoy, Village près de Noyon. Anecdote sur des fouilles tentées dans le Parc de cet endroit, publiées par l'Auteur en faveur de ceux qui veulent s'intéresser dans les entreprises de Mines. 601.

Frette. Clathrus. (Architecture.) Lien, cercle de fer, dont on arme la couronne d'un pieu, d'un pilotis, pour l'empêcher de s'éclater, ou l'extrémité de barres de fer que l'on veut retenir ensemble.

Fretter, fretter des tuyaux, des pieux, c'est les garnir dans leur extrémité de cercles ou d'anneaux de fer, quarrés ou ronds. 390, 393, 884.

Frider Stollen. G. Galerie de déblay. Voy. *Galerie.*

Froid (*le*) resserre les pores de l'aiguille aimantée, empêche les efflux magnétiques, & diminue la vertu directive. 800.

Froid. (*Fer cassant à*) Voyez Fer.

Front. (*attaquer une Veine de*) Quand une Veine, après avoir parcouru un côté de la montagne, vient aboutir au jour à l'une de ses extrémités, telle que seroit, par exemple, une des Veines 25 & 26, *fig.* 1, *Pl.* XI, est attaquée en suivant cet indice qu'elle donne au jour ; c'est ce que l'on appelle *attaquer la Veine de front.* Cette méthode, la plus avantageuse pour l'exploitation dans cette allure de Veine, est rarement pratiquable, parce qu'elle dépend non-seulement de la disposition des Veines, mais encore de la situation des montagnes où elles se rencontrent. On peut voir sur cet objet l'Article XI & l'Art. IX du Réglement instructif donné par M. de Genssane.

Frottement des cordes dans les machines où on en fait usage. 917. La connoissance de la résistance causée par le frottement des parties d'une machine, & par la roideur des cordes obligées de se plier, est nécessaire pour juger de l'effet d'une machine. 919.

Frugeres. Territoire de la Limagne, & qui donne du Charbon de terre. 588.

Fulminante (*Vapeur*) ou *détonnante.* AN. Fulminating Damp. LE. Feu grieux. 402.

Fumée qui s'exhale du Charbon de terre lorsqu'il brûle au feu, peut être un renseignement sur sa nature. 1152, 1153. Brandshagen a pensé de même pour les Mines soumises au grillage, que l'on pouvoit, par les fumées qui s'en échapent pendant cette opération, connoître l'espece de matieres volatiles qui s'en exhalent. M. Hellot, dans le Chapitre X, Tome I, *page* 199, a inséré les observations de Brandshagen, qu'il a traduites de la collection Angloise de Houston, elles peuvent très-bien s'appliquer à notre sujet.

Lorsque la Mine a beaucoup de soufre commun, dit Brandshagen, on y voit distinctement dans l'obscurité une flamme bleue, avec une fumée d'un blanchâtre obscur. La fumée des Mines qui ne sont pas sulphureuses est seulement bleuâtre, mais sans aucune flamme bleue. Dans d'autres le soufre est si subtil, qu'on n'apperçoit aucune fumée ; elle se perd sous la moufle : cependant si on retire le *test à rôtir*, & qu'on le tienne opposé au grand jour, alors on l'apperçoit. D'autres ne donnent aucun des signes précédents, on n'en peut avoir d'indices que par l'odeur, quand on retire le test du feu pour un moment.

Il avertit, en commençant, que si on donne un feu trop fort aux Mines, au commencement de leur grillage, le soufre & les autres matieres volatiles ne s'évaporent que très-difficilement ; cette remarque peut encore être appliquable dans le *cuisage* ou *grillage* des Charbons de terre en alumelle, ou autrement, pour ce qui concerne le gouvernement du feu. 1195.

S'il étoit vrai, comme quelques Ecrivains l'ont avancé, que quelques Charbons fussent d'une nature arsénicale, la fumée feroit un moyen de s'assurer de la présence de ce mélange dangereux. On doit savoir que la fumée arsénicale est plus abondante, plus épaisse, & plus brune que celle du soufre seul ; que, de plus, si le soufre est mêlé avec l'arsenic, on apperçoit dans la fumée un peu de bleuâtre : mais pour s'assurer plus précisément si elle est arsénicale, on n'a qu'à tenir au-dessous de cette fumée une lame de fer poli, ou au moins bien net, au bout de quelques minutes il s'y sublime en assez bonne quantité une matiere parfaitement blanche, sans mélange d'autre couleur.

Fumeron. G. Brand. LE. Pouteure. 355, 1155.

Fumus Virosus. Aura, *Vapor fodinarum.* Voyez *Air.*

Fundamentum ; les Latins désignent par cette expression la partie opposée au ciel de la Mine, & qui est nommée en François, *Sol*, *Semelle*, *Plancher.*

Fund Grub. G. Tète des Mines. *Caput fodinarum.*

Funiculaires. (*Machines*) Voyez *Machines.*

Funis ductarius. G. Gep. Cordes. Gepel Seil. Cordes à tirer, à enlever. Voyez *Cordes.*

Furnarius (contus). Rable. Tisonnier. *Fourgon.*

Furste. G. Toit, ciel de Galerie.

Fuseau du taquet de Cabestan. Marine. Piece de bois fort courte que l'on met au Cabestan pour le renforcer. 1113.

Fusée de Vindas, ou *Cabestan volant*. Piece ou arbre du milieu du Vindas, dans la tête duquel on passe les barres à tourner.

Fusil (Rouet à) des Mineurs. Moulin à Silex. AN. Flint. mill. 402, 699.

Fusion. (Fourneau de) Voyez *Fourneau*.

Fustage. Vieux mot, conservé dans les Mines d'Auvergne, pour désigner le fascinage ou étançonnage des bures avec des branchages.

Futaille. Grand Boucaut. Voyez *Tonneau*.

G

GADDO. *Sledge*. AN. Marteaux. 388.

Gaebel. G. Hangard.

Gaest. G. Gas. Voyez *Gas*.

Gagas. *Jayet*. Voyez *Jayet*.

Gaillac. (Charbon de) C'est celui de Carmeau, à deux lieues d'Alby, & qui se vend à Bordeaux 400 livres le tonneau. Observation de M. Venel sur la maniere dont ce Charbon se comporte au feu. 1159. Remarque du Propriétaire de cette Mine sur l'échauffement spontané de ce Charbon en tas. 1161.

Galabin (Pierre.) & sieur du Joncquier. Compagnie établie par Edit du mois de Février 1722, pour travailler pendant trente années toutes les Mines du Royaume, excepté celles de fer, aux conditions portées en 14 articles.

Galene. Mine de plomb en cubes. 1223. Le Charbon de la Mine de Hargarthen dans la Lorraine Allemande, *p*. 148, est aussi mêlé avec de la Galene à facettes, à en juger par un échantillon qui étoit au Cabinet de M. Davila.

Galerie, *Boyaux de Mines*; chemins, allées qui se conduisent en avant dans l'intérieur d'une Montagne en ligne presque horisontale. 202. Les Ouvriers Allemands des Mines métalliques désignent ces chemins sous le terme générique *Stoll*. *Stollen*. Ital. *Galleria*, & les Ouvriers de Mines de houille à Liege, sous les termes de *Tailles*, *Taillements*, *bossiements*. 251, 254. Dans les Mines métalliques les différentes parties des *Stolls* sont désignées en particulier sous différents noms; l'entrée s'appelle *Mundloch*, *embouchure*; l'extrémité borgne formant cul-de-sac *Stollen sort*. *Gauz orth*. *Locus terminatus*; la partie sur laquelle on marche est appellée *Shole*; celle qui en fait le ciel, la voûte ou le faîte, *Furste*; les parois formant muraille à droite & à gauche, *Ulme*.

L'objet des Galeries de Mines est d'aller chercher les veines ou filons, de donner un écoulement aux eaux, ou de conduire & les eaux & les matieres de la Mine jusqu'à l'endroit où on les rassemble afin de les enlever au jour, ou d'établir un libre courant d'air dans la Mine. Les allées souterraines en ligne presque horisontale, qui ne viennent pas aboutir au jour, se nomment en Allemand *Strekke*, en Suédois *Straeka*. Une seule & même Galerie peut quelquefois être construite de maniere à pouvoir remplir ces différentes vues; comme cependant le plus ordinairement, ou le plus grand nombre de ces voyes souterraines est affecté à un seul de ces usages particuliers, on établit plusieurs especes de Galeries.

Galeries qui ont pour but de s'éclaircir de la nature des filons déja découverts. *Such Stollen*; c'est-à-dire, *Galeries de recherche*, ou *Galerie de hasard*, sans doute parce qu'on hasarde leur pourchasse au risque de ne rien rencontrer.

Galeries pour atteindre un filon, *Zuban Stollen*; *Galerie d'approche*.

Galerie pour reprendre soit le filon, soit d'autres travaux; on peut ranger dans cette classe les voies de dégagement, 251, nommées en Houillerie, *Bacneure*, *Espetteure*. V. ces deux mots. 256.

Galerie par laquelle on se débarrasse du produit de la Mine, *Forder Stollen*; *Galerie de déblay*, ou de dégagement. LE. *Galerie de voie*. 260.

Celles par lesquelles on se propose de détourner & faire écouler les eaux, nommées par les Allemands *Erbe Stollen*, *maîtresses Galeries*; parce qu'elles sont ordinairement des plus considérables pour leur longueur; c'est ce qu'on appelle à Liege *Areine*. En France *Galerie de pied*, *Galerie d'eau*, *Fouille couverte*, *Percement*. 556, 560. En Italien Conicolo o Galleria. Voyez *maîtresse Galerie*. Longueur du percement de la Mine d'Anzin. 479. De celle de Chalonnes en Anjou. 556. De celle de la Mine de Walker en Angleterre. 1060. Défaut du percement des Mines du Lyonnois. 516.

Galerie pour l'écoulement de l'air. G. *Wetter Stollen*. LE. *Voie d'airage*, *Ruawalette*. 266. Voyez *Airage*. *Ruawalette*.

Les Voies souterraines doivent encore être considérées en général, quant à leur direction, d'après laquelle elles reçoivent les noms de *Galerie ascendante*, *Galerie descendante*, *Galerie convergente*, *Galerie divergente*, *Galerie transversale*, &c. Jamais elles ne doivent (du moins dans les bons principes) avoir une marche tortueuse, comme il se pratique en Lyonnois. 511, 703.

Ecarts de la direction des Galeries. Comment ils sont indiqués par les écarts de l'aiguille aimantée, de la ligne méridienne. Voyez *Géométrie souterraine*. Ces écarts donnent matiere à plusieurs problêmes qui demandent l'attention des Ingénieurs de Mines. Dans un Ouvrage de M. de Genssane, qui sera cité au mot *Géométrie souterraine*, le septieme problême dont l'Auteur donne la solution, est pour *mesurer la longueur d'une Galerie*, & *connoître sa direction générale*; l'intitulé du douzieme problême, qui renferme trois cas particuliers, est *une galerie ou un point dans les travaux souterrains d'une montagne étant donné*, *trouver de l'autre côté de la montagne un point où l'on puisse percer une galerie qui aille rencontrer la premiere*, *ou le point donné en ligne droite*, *ainsi que le nombre des toises qu'il y aura à percer*.

Entrer en Galerie. Expression employée dans les Mines d'Anjou, lorsque l'entame d'une Mine se fait par une galerie. 560. Cette galerie est nommée, dans le Réglement instructif de M. de Gensanne, *Galerie d'attaque* ou *Galerie d'entrée*: cette voie souterraine, destinée à être ce que les Houilleurs Liégeois nomment *grande Vallée*, doit, dans les principes de M. de Genssane, Art. VII, avoir trois pieds & demi de largeur par le bas, deux pieds & demi par le haut, sur six pieds de hauteur de passage libre, lorsque les étançonnages sont en bois; dans le cas où le soutien est en maçonnerie, il suffit de donner à la galerie trois pieds de largeur sur toute la hauteur, qui sera également de cinq pieds & demi, six pieds sous comble, c'est-à-dire de hauteur. Il y a néanmoins une observation à faire pour les Mines qu'on *attaque de front*, & dont l'épaisseur de la Veine exploitée pourroit avoir plus ou moins de six pieds. Doit-on, lorsque la Veine ne va point à six pieds d'épaisseur, prendre ce *dilatement* en hauteur sur le toit ou sur le sol de la Veine ? Ce cas fait l'objet de l'Article VI du Réglement proposé par M. de Genssane, qui se décide dans l'un & l'autre cas d'après la solidité du toit, qu'il ne faut point altérer en l'entamant, & que l'on peut entamer si cette gangue supérieure est peu consistante.

Lorsqu'au contraire la Veine a plus de six pieds d'épaisseur, M. de Genssane veut que l'on suive toujours le côté du toit, afin que les travaux soient plus sûrs, sauf, après avoir décharné la *chemise* supérieure, à revenir sur ses pas pour prendre l'*éponte* inférieure. Voyez *Galerie inférieure*.

La *longueur de cette Galerie* est fixée en France par l'art. VI du Réglement de 1744; il y est ordonné expressément de pousser la Galerie d'entrée jusqu'à l'extrémité de la Veine, sauf à se procurer l'airage nécessaire. 624. M. de Genssane a commenté cette injonction dans l'Art. XVI de son Réglement.

Largeur des Galeries. M. de Genssane, Art. X du Réglement, observe que cette dimension doit encore se régler sur la solidité du toit, ainsi que sur celle du Charbon; il y auroit de l'imprudence, selon lui, de donner aux Galeries plus de six à huit pieds de largeur, & de laisser les piliers d'appui de même dimension, de maniere qu'il y ait autant de plein que de vuide, comme il se voit dans la figure insérée *page* 899. L'Auteur remarque qu'il s'en faut encore de beaucoup que le plus grand nombre des Veines puisse comporter cette largeur de Galeries, sur-tout lorsque les Veines ont peu de pente, & qu'on ne risque rien de laisser les piliers d'appui un peu plus forts, le Charbon dont ils sont formés n'étant pas perdu. Voyez *la réflexion de M. de Voglie*. 624, & la longueur des galeries, en Hainaut. 482.

Galerie de Croisée. C'est ce que les Liégois appellent *Levais* ou *niveau du Bure*; cette galerie indiquée par M. de Genssane, dans le cas où l'on attaque la veine de *front*, fait le sujet de l'Article IX du Réglement instructif: voyez aussi l'Art. XI de ce même Réglement.

Galerie d'extraction en Anjou. 624.

Galerie de voie. 625.

Galerie supérieure. Lorsqu'il s'agit d'exploiter une veine de Charbon dont l'inclinaison suit le penchant de la montagne, M. de Genssane, Art. I de son Réglement instructif, conseille de la travailler par une galerie supérieure, plutôt que par un puits.

Galerie inférieure; conformément à l'Art. XI de ce même Réglement, ne doit jamais être entamée qu'après avoir tout-à-fait extrait ce qui se trouve dans la galerie supérieure. Voyez *Galerie d'entrée*.

Galhiot. LF. Train à roues, sur lequel est monté le *Met*, pour mener du fond de la grande vallée les Charbons qui en proviennent. 225. Voy. *Met*.

Gallet. Mine à Gallet. Minéral ferrugineux, ainsi appellé dans quelques Mines de France. 1210.

Galliete. 488. *Goimbe.* HANN. Gros Charbon employé dans les poëles. 495. Voyez *Gayette*.

Gallon. Mesure usitée à Caen, peu différente du Gallon usité en Angleterre. 722; soixante-trois Gallons d'Angleterre font le muid ou la barique; 126 font la pipe; 252 font le tonneau. 1078. Voyez *Pottle*.

(*Gang*) Masse métallique, ainsi nommée à cause de sa distribution en rameaux dans l'intérieur de la terre, & que les Mineurs ont cru ressembler à celle des veines dans le corps animal; la portion qui en est la couverture est ce qu'on nomme *pars pendens*; l'autre, qui sert d'assise, *pars jacens*.

Les Veines métalliques different entre elles non-seulement par leur direction vers les plages du monde, mais encore par leur pente de haut en bas, ou de bas en haut. Voyez *Pente*. La premiere position des veines fournit une seconde division en *Veine droite*, en *Veine prolongée*, dirigée entre 9 & 12 heures, en *Veine du soir* & en *Veine du matin*.

Donlegter Gang. Vena obliqua.

Flach Gang. G. Filons dont les directions sont par les lignes de 9 & de 3 heures; filon *couché* ou *incliné*, parce qu'on observe que tout filon dont la direction n'est point Nord & Sud, ou Est & Ouest, est d'autant plus incliné à l'horison qu'il s'éloigne davantage de ces deux directions principales; d'où il suit que les filons qui se dirigent sur la ligne de 3 ou de 9 heures, sont ceux qui pour l'ordinaire sont les plus inclinés, ou qui flaquent le plus.

Gang-hastig. SAX. Veines perpendiculaires.

(*Morgen*) *Gang* G. (*Morgret*). SAX. *Filon du matin*, dirigé entre 3 & 6 heures; M. de Genssane met dans cette classe tout filon dont la direction va depuis le Nord jusqu'à l'Est, c'est-à-dire, depuis la ligne de 12 heures jusqu'à la ligne de 6 heures.

Nath Gang. G. *Spath-gang.* SAX. *Filon du soir*, qui se trouve entre 3 & 6 heures: M. de Genssane définit le *Nath gang* un filon dont l'alignement se dirige depuis l'Est jusqu'au Sud, ou depuis l'Ouest jusqu'au Nord, c'est-à-dire, depuis la ligne de 6 heures jusqu'à celle de 12; il définit le *Spath gang*, celui qui va par les 6 heures, c'est-à-dire, de l'Est à l'Ouest; on peut également donner au Spath gang le nom de *Stehen gang*, parce qu'il est ordinairement vertical; mais on le distingue spécialement des *Stehen gang*, parce que les filons qui ont cette direction sont toujours mêlés de Spath, & renferment peu d'autres roches, au lieu qu'on ne rencontre que peu ou point de Spath dans les filons dont la direction est par les 12 heures au Nord & Sud.

Schecheute. Scheute. SAX. *Stehend Stechend.* G. *Filon précipité*, ou *Filon incliné. Vena recta.*, qui tombe entre les heures 12 & 3; filon droit ou vertical, parce que, selon M. de Genssane, tout filon qui a cette direction est ordinairement vertical, ou perpendiculaire à l'horison. (Spat) (*gang*). SAX. (*Spath*). G. Voyez *Nathgang*.

Gange Rach. G. *Gange* (*Schwebende*) *Vena pendens*, *seu dilatata*.

Gangen. (Feld oder streken). V. *Feld gestangen*.

Gangue. Partie propre au filon, différente du minerai, & interposée entre les veines. G. *Taubergen.* 750. Gangue ou matrice du Charbon de terre toujours schisteuse. *Ibid.* Voyez *Gangue*. Voyez *Fluor*, *glaise*.

Garçons de la pelle. Aides des Mesureurs de Charbons sur les ports de Paris, pour mettre les Charbons dans les mesures. 660, 664; ne doivent faire cette besogne qu'en présence des Jurés-Mesureurs. *Ibid.*

Gardes pour le Roi dans les pays de Mines: dans la vérification des Lettres du Roi Charles VI, par le Sénéchal de Lyon, en date du premier Avril 1423, il est fait mention de ces Gardes des Mines du Lyonnois, & autres. Les Entrepreneurs & les

Associés de Mines avoient aussi le droit d'en avoir douze à leur choix portant la bandoulliere aux armes de Sa Majesté & de celles du Grand-Maître, pour la conservation, sûreté & maintien de leurs travaux & de leurs magasins.

Garde de Mines dans les Houillieres de Liege; on l'appelle aussi *Wardeur:* est celui qui veille de jour & de nuit à l'économie, qui achete toutes les marchandises nécessaires; il en tient un registre qui est joint à celui du Compteur, pour avoir la somme totale de la quinzaine. Voyez *Compteur*.

Gardes-bateaux, Gardes de nuit. Petits Officiers des Ports sur la riviere de Seine dans Paris, commis par les Prévôts des Marchans & Echevins, pour veiller la nuit surles Ports, à la conservation des marchandises qui y ont été mises à terre. 656, 684.

Garde-cendre. LE. Espece de *Raf* pour amener les cendres des grandes cuisines hors du foyer de l'âtre. 367.

Garrage des bateaux de Charbon de terre aux Ports de destination, au-dessus & au-dessous de Paris. 671.

Garres. Lieux marqués sur les rivieres, au-dessus & au-dessous de Paris, où les bateaux doivent s'arrêter, 652, désignés aux Voituriers par les Prévôts des Marchands & Echevins. *Droit de Garre, de Halle* ou de *Ville*. Voyez *Droit*. Police des Garres. 671, 672, 673.

Garnitures de feu. Ustensiles de cheminées. 358, 366.

Garniture de fer. SAX. Schucht.

Gasche. Anse du Burgeau. Voyez *Burgeau*.

Gauche (main) du levay. LE. 257.

Tourne-à-gauche. Clef particuliere de la tarriere. 392.

Gauz orth. Stollen fort. G. *Locus terminatus*. Cul-de-sac. Voyez *Galerie*.

Gas. G. *Geist*, qui se prononce *Gaistre*, dérivé du mot Hollandois *Ghoast*, qui signifie *esprit*; la même idée est exprimée en Anglois par le mot *Ghost*, principe volatil ou fugace, comme spiritueux, intimement mêlé à l'air, & qui paroît être de la nature des acides, mais très-varié, très-multiplié, & très-différent de l'air lui-même. La vapeur suffocante des Mines paroît être une exhalaison gaseuse. Voyez *Air*.

Gayettes. MenuCharbon propre aux ouvrages des Forgerons, & particuliérement aux Verreries. 581.

Gayettes. *Gaillette*. Charbon. 147, 459. Voyez *Gaillette*.

Gazon. Terme fréquemment employé dans le langage de Houillerie à Liege, pour exprimer la superficie extérieure du sol. 285. On dit la *rupture de gazon*, pour désigner le premier défoncement superficiel. 322. Voy. *Héritage*.

Gazon. (*Coureurs de*) Dans les Mines métalliques on a ainsi appellé, à cause de leur peu d'étendue, des petites Veinules qui ne s'étendent qu'à quelques toises dans les montagnes, soit dans leur direction, soit dans leur chûte, & qui sont ensuite étranglées des deux côtés par le roc.

Géants. (*Caisse des*) G. Dans les Mines métalliques d'Allemagne, on appelle ainsi une Caisse dans laquelle on vuide les sacs de décombre sortant du puits, pour les porter aux halles; il y en a deux especes, une à roue, & qui se traîne avec un cheval attelé tantôt sur le devant, tantôt sur le derriere de la voiture à un crochet, tenant lieu de timon, comme on voit au *Met. fig. 6, Pl. IX*; cette caisse est à peu-près de la même forme que le Met des Liégeois. Elle a quatre pieds de long sur deux de large, & sur quatorze pouces de profondeur; afin de tirer plus commodément les déblais avec un racle, une des planches de côté est disposée de maniere qu'elle peut s'ouvrir & se fermer avec une petite perche de fer: il y a une seconde espece de Caisse de géant en maniere de traîneau, qui roule sur deux rouleaux horisontaux, & sur deux rouleaux verticaux.

Geer. AN. Barres à tourner. Voyez *Barres*.

Gesaer bte Schweise. G. Terres colorées par un mélange de fer, qui couvrent quelques montagnes métalliques.

Gehaenge. G. Pente oblique d'une montagne, en partant de son sommet.

Gemine. G. Gouttieres.

Génies des Mines. Voyez *Vapeurs souterraines*.

Genis. (*Saint*) *Terre noire*. Charbonniere du Lyonnois. 499, 702.

Genneté. (M.) Méchanicien de feu Sa Majesté Impériale; Auteur d'un Ouvrage dans lequel il s'est proposé de donner la connoissance des veines de Houille ou de Charbon de terre, & de leur exploitation dans la Mine. 868.

Genou. (Arts Méchaniques). Espece d'assemblage de pieces de fer, cuivre ou bois, qui se met à des Graphometres, & à plusieurs instruments de Mathématiques; le nom de *Genou* vient du mouvement des pieces assemblées; quelquefois on limite ce mouvement; en d'autres occasions on lui laisse toute l'étendue qu'il peut avoir. 786.

Il est un instrument de Mines, connu sous le nom particulier de *Genou*, en Latin *Goniodictes*, *instrumentum goniometricum; mesure angles*, à cause des coudes ou courbures que forment les angles: cet instrument est décrit dans l'Encyclopédie, au mot *Géométrie souterraine*, Tome II. Il est représenté, *fig. 5*, *Pl. I.* (dans les Planches de la Géométrie souterraine), monté sur un boulon, autour duquel il est mobile dans le sens vertical & dans le sens horisontal; il se trouve aussi gravé & décrit dans Weidler & dans Voigtel; M. Saverien en fait mention sous le nom *Gnomon*. C'est une regle de bois d'environ un pied ou 24 pouces de long, montée sur un pied; elle est formée de deux parties jointes ensemble par une vis; en deux endroits elle est munie d'une pinnule, par le moyen de laquelle on détermine parallélement à la ligne des pinnules, la position d'une corde ou d'un fil de laiton, auquel on suspend plusieurs instruments; comme un niveau, une boussole, un demi-cercle, selon que l'on veut déterminer l'inclinaison des lignes à l'horison, & trouver sur-tout les différentes directions vers les parties du monde. Voyez *Inclinaison*. Car quoique le niveau soit attaché à un fil, la position de l'instrument est telle qu'il peut s'abbaisser ou s'élever selon l'occurrence, jusqu'à ce que le poids partant du centre de la machine, indique l'angle d'inclinaison; de même aussi après avoir suspendu la boussole au genou, on peut déterminer la situation d'un endroit, en faisant mouvoir l'instrument jusqu'à ce que l'aiguille aimantée montre ce que l'on cherche.

Genssane, (M. de) Correspondant de l'Académie des Sciences de Paris, Commissaire député par les Etats de Languedoc, pour la visite générale des Mines & autres substances terrestres de la même Province; Auteur d'une *Histoire naturelle du Languedoc, avec un Réglement instructif sur la maniere d'exploiter les Mines de Charbon de terre*. 1117.

Gentilshommes. Par les Lettres-Patentes du 4 Mars 1561, enterinées au Parlement de Grenoble en faveur du sieur de Roberval & de son Associé le Sieur Claude Grippon de Guillem, Seigneur de Saint-Julien, il est fait défense à tous les Gentilshommes du pays d'Alet & autres qu'il appartiendra, de donner aucune sorte d'empêchement à la recherche des Mines, sous peine de désobéissance & d'amende arbitraire; même défense portée antérieurement dans les Lettres de François, du 29 Juillet. 1560. Voyez *Noblesse.*

Géographie-physique. Voy. *Cartes physiques.*

Géométrie souterraine; mieux nommée Géométrie appliquée aux ouvrages sous terre. G. *Die Mark Seide Kun.* Clef de l'Art. de l'Exploitation des Mines. 778. Cercle géométrique des Mineurs. Voy. *Cercle.* Instruments de Géométrie souterraine. Voyez *Instruments.* Cet article traité particuliérement par Agricola, Livre I de son Ouvrage *de re metallicâ.* Principaux Auteurs qui ont écrit de la Géométrie souterraine, 779, auquel faut ajouter Balthasar Rosler, environ vers 1674, dans son Ouvrage intitulé *Berg ban Spiegel;* mais tous écrits en Allemand; celui de Weidler écrit en Latin, & aussi peu à la portée des personnes qui s'adonnent aux travaux de Mines, traduit en François. 780, 902. M. de Genssane s'est donné la peine de composer *ex professò,* un traité sur cette matiere, publié en 1776 à Montpellier, sous le titre de *Géométrie souterraine,* ou de *Géométrie pratique appliquée à l'usage des travaux de Mines,* avec cinq Planches: plusieurs articles de cette Table des matieres nous serviront à faire connoître cet ouvrage, le seul que puissent se procurer jusqu'a présent nos Ingénieurs de Mines en France.

Géométrie souterraine. Découvrir la direction des Veines par les opérations de Géométrie-souterraine, c'est-à-dire, prendre l'heure de la direction entre les deux points les plus éloignés qui puissent se prendre dans la Mine; cette heure de direction se prend avec des piquets, depuis la superficie de la montagne où elle existe, en continuant de prendre cette direction de la même maniere avec des piquets jusque dans la montagne où l'on veut la découvrir.

Il est à observer que, pour une veine perpendiculaire, on peut toujours continuer à *piquer* la ligne de direction, soit que les montagnes montent, soit qu'elles s'abaissent, parce qu'une ligne perpendiculaire qui s'étend en longueur, reste toujours dans une même position, relativement aux quatre points du Ciel, n'importe qu'a sa tête elle soit droite ou courbe. Il n'en est pas de même pour les veines dont l'inclinaison est en ligne oblique. Voyez *Inclinaison.*

Pratique abrégée de Géométrie souterraine. 800. Voyez *Triangles rectilignes.* Premier Théorême de la Géométrie souterrraine. *Id.* Voyez *Problèmes.* Voyez *Propositions.* Géométrie pratique appliquée à la mesure des Mines. 902. Voyez *Mesure.*

Georges (S.) de Chatelaison, Paroisse d'Anjou, où il se trouve plusieurs puits de Mine de Charbon en exploitation. 553. Ce que ce Charbon a coûté pendant un temps au pied de la Mine. 566. Les différents échantillons que j'en ai vu annoncent une qualité seche; il est friable, & salit en conséquence aisément les doigts quand on le manie, quoiqu'il ne soit pas onctueux. Sa couleur est d'un noir luisant. Il est composé par filets réunis en faisceaux, qui ne paroissent pas avoir un direction affectée dans le même sens; il est semé de feuillets micacés pyriteux. V. *Analyse chymique.*

D'après les expériences de M. de la Houilliere à Nantes, en 1776, ce Charbon choisi parmi le plus gros & mis dans le reverbere avec du fagotage, ne donna point de flamme; quelque chose que l'on pût faire, il s'entassa à la grille : il vaut infiniment mieux pour la forge que celui de Decize. Qualité de ce Charbon pour les Verreries. 564.

En 1776 il a été imprimé en une feuille *in*-4°. une analyse de ce Charbon, par M. Rouelle. Cet habile Chymiste le trouve très-ressemblant aux meilleurs Charbons de terre d'Angleterre, tant par l'aspect intérieur que par l'analyse. Je ne suis point du tout de son avis sur le premier point; je laisse à décider sur le second par la comparaison des analyses, qui sûrement établissent une grande différence, lorsque l'on traitera des Charbons de terre d'Angleterre de la première qualité.

Par rapport aux braises qu'on peut obtenir de celui de S. George, nous dirons seulement ici, d'après l'analyse de M. Rouelle, que le résidu de six livres pesant, traité dans une retorte de grès lutée & placée dans un fourneau de reverbere, a été trouvé leger, sonore, du poids de cinq livres & demi & deux gros; ce même résidu essayé, s'est allumé aisément par le soufflet, a même brûlé assez bien sans ce secours dans un simple fourneau à vent, & n'a donné dans cet embrasement aucune odeur désagréable. Voyez au mot *Analyse,* les résultats trouvés par M. Parmentier.

Gepel. Machine à enlever.

Gepel Seil. G. *Funes ductarii.*

Gerenge So Berg, und Wasser hebecs. Machine à tirer.

Gerenge So Wetter Brengen. Machinæ spiritales, machines pour donner de l'air.

Gerseux. (Fer) Voyez *Fer.*

Gesencke. G. Anciens ouvrages; ou partie la plus enfoncée, la plus profonde des travaux.

Geschube. G. Fragments de Mines. Voyez *Mine par Fragments.*

Geschutte. G. Couches mêlées ou disposées par lits, de maniere qu'entre chaque masse il y a une masse d'une autre substance.

Gestange. SAX. Double barre.

Gestangen. (Feld) Angin. 278. Voyez *Feld gestange.*

Geiniebe. G. Ecailles. *Getrieb.* G. Planchettes.

Gewand. G. Fausse muraille que l'on est obligé de faire pour empêcher l'éboulement des Mines. LE. *Serre.*

Gewicht. Troye. Voy. *Poids de Troye.*

Ghiarra, Ital. Petits morceaux de pierre à fusil, de quartz, de pierre calcaire; les gros morceaux s'appellent *Ciottoli, Ciottoloni.*

Ghoast. Ghost. Voyez *Gas.*

Ghyot. LE. Grosses tonnes pour conduire les eaux dans l'intérieur de la Houilliere. 227. *Ghyot monté sur roues. Id.* Son poids est de 580 livres, poids de Liege. *Ghyot à Sployon,* ou monté sur traîneau. 228. Son poids est de 600 livres, poids de Liege.

Girgillus. G. Haspel. Devidoir, moulinet pour enlever au jour les eaux & les denrées.

Girouette, dans la machine à air, décrite par Agricola, 963; dans la hutte ou baraque construite par M. Triewald, 965; dans la petite machine à monter le Charbon dans une Mine d'Angleterre. 697.

Gise. Charpenterie de Mines. 233, 274.

Gisement. Terme de Marine pour désigner la maniere dont une côte gist, & est située eu égard aux rhumbs de vent de la Boussole; induc-

& Lettres-patentes de nos Rois, *Surintendant général réformateur*; Principal Officier du Souverain, pour la partie des Mines ; l'établissement de cette charge remonte au regne de Louis XI, en 1471. Les trois premiers qui l'ont possédée en titre, ont été le sieur de la Roque de Roberval, en 1552, le sieur Claude de Grippon, Seigneur de S. Julien, d'abord son Associé, en 1560, & le sieur Vidal, Receveur général des Finances à Rouen, sous Charles, le 30 Septembre 1548; il paroît que ce fut à cette époque que l'Office de Gouverneur & Surintendant général des Mines, prit une certaine forme ou consistance, quoiqu'il n'ait été réellement créé en titre d'Office, que par l'Edit de réglement général de Henry, de l'année 1601 : le sieur de S. Julien s'étant démis de son Office ; le Roi, dans la vue de récompenser les services rendus par le sieur Vidal, qui avoit de l'expérience sur le fait des Mines, lui attribua, aux mêmes clauses & conditions du feu sieur de Roberval & du sieur de S. Julien, les mêmes droits dont ils jouissoient; il avoit pouvoir d'ouvrir, de faire ouvrir, & chercher dans tout le Royaume substances terrestres & métalliques; ce qui exigeoit qu'il fût revêtu d'une certaine autorité & jurisdiction. Voyez *Jurisdiction sur le fait des Mines*. Voy. *Grand-Maître*.

Gouverneur de la Machine a vapeur. Rector machinæ.

Grad Bogen. Wasser Wage. G. Chorobatte. Niveau. Libella. 784.

Gradins. Degrés. G. Strossen; marches formées dans les Mines métalliques pour chaque Ouvrier. Ces gradins doivent avoir depuis une demi-verge jusqu'à deux de longueur; lorsque les filons sont épais, on forme à chacun des côtés des degrés ou gradins pour le dégager de la roche, & pour cela on se regle sur les *Salbandes* & sur le *Besteg*, de maniere que la Mine reste isolée : c'est ce qui s'appelle *dépouiller le Filon.*

Gradus. Decas. Dixaine, degrés, division de la circonférence du cercle. 755. Façon de les marquer. 756. Voyez *Heures de la Boussole. Minutes. Boussole. Horison.* Les Allemands comptent par heures & par minutes; mais il est beaucoup plus commode & plus exact de compter par degrés, sauf à les convertir en heures à la maniere ordinaire, dans le cas où un angle qu'on auroit trouvé à un point donné, & qu'on auroit à marquer de 168 degrés, c'est-à-dire, que l'aiguille se seroit fixée au 108e degré, & dans ce cas, au lieu de marquer 108 degrés, on auroit marqué VI heures 4 ½ minutes, parce que 108 degrés répondent exactement à six heures quatre minutes & demie; mais il est beaucoup mieux de prendre les angles par degrés.

Graeberg. Su. Pierre.

Græcissare. Déclinaison de l'aiguille aimantée vers l'Orient. *Belgic. De Naald Osters.*

Grains. (Mine de fer en) V. *Mine. Grains d'acier.* Grains de fer si durs que la lime ne sauroit y mordre.

Graisse dont Agricola fait mention pour préserver les Vignes de toute espece d'insectes. 1128.

Graissesac, (Mines de Charbon de) Diocèse de Béziers, sujettes aux interruptions.

Graiteux. Raf. Rateau. 366.

Gralle. Le. Voie souterraine. 255. Sa définition. 255, 256. Dans quelles sortes de pendages cette voie a lieu. 260. En quoi elle différe d'une *Vallée. Id.* Voyez *Vallée. Demi-gralle.* 261. *Coistresse* ou *Questresse de Gralle.* Id. *Serrement à Gralle.* 283. Voyez *Serrement.*

Grand Athour. (Fosse de) Hernaz double. 242.

Grand Bure. Maître Bure. Bure de chargeage. Le. 243. *Grand Hernaz à bras.* 236.

Grand fleuret de Sonde. 542.

Grand Maître. Surintendant & Réformateur général sur le fait des Mines en France. Par le premier titre de création de cet Office, dont l'institut a été confirmé dans l'Edit de réglement général du mois de Juin 1601, aucune ouverture de Mine ne pouvoit se faire qu'en vertu de commission du Grand-Maître, ou, en son absence, de son *Lieutenant général*; tous deux prêtoient serment entre les mains du Chancelier, & par-devant le Parlement; le sieur de S. Julien prêta son serment en qualité de Grand-Maître général, le 11 Mars 1562. Les Associés prêtoient serment entre les mains du Grand-Maître ; le même Edit porte commandement à tous ceux qui auroient connoissance de quelque Mine, d'en venir faire une déclaration au sieur de S. Julien des lieux & des endroits où elles étoient situées. v. *Réglement général.*

Les droits & prérogatives de cette charge étoient on ne peut pas plus étendus: l'Ordonnance de François II. du 29 Juillet 1560, qui rappelle celle de Henry II. en faveur du sieur de S. Julien, donne à ce Grand-Maître pleine & entiere charge, superintendance & connoissance, avec coercition personnelle pour faire entretenir, garder & observer les Ordonnances de justice.

Il avoit pouvoir de faire faire & passer contrats & marchés d'acquisition de fonds de terres, de moulins, martinets, bois pour faire construire édifices & maisons, acheter ustensiles & outils jugés nécessaires, ordonner paiement d'Ouvriers, Charretiers, Voituriers, Messagers, & autres employés aux travaux de Mines précieuses, pourvu que le fonds en fût pris sur ce qui revenoit de ces Mines au Roi.

Les quittances & payements dûement contrôlés étoient valides lorsque le Receveur général avoit fait vérifier son état par le Grand-Maître : & attendu l'impossibilité de la part de cet Officier & de son Tribunal, d'être par-tout, il étoit permis à lui & à ses Officiers de subdéléguer en leur place personnes capables & solvables, aux taxations extraordinaires que le Grand Maître pourroit juger raisonnables. Voyez *Lieutenant général.*

Aucun Tabellion ou Notaire ne pouvoit passer de contrat pour le fait des Mines, sans que le Grand-Maître eut signé à la minute.

Le même Edit porte ordre exprès à tous Lieutenants généraux, Seigneurs tant ecclésiastiques ayant justice, que Seigneurs temporels, de prêter auxdits Officiers, Entremetteurs & leurs Commis, & Associés ou Consorts, assistance & faveur en tant que besoin sera, à peine de tous dommages, dépens & intérêts des parties intéressées, & de faire en leur pouvoir garder inviolablement & observer ces articles, sans souffrir qu'il y soit contrevenu, sous les peines de privation de leur droit & justice.

L'Ordonnance de Charle IX. du mois de May 1563 pour donner au sieur de S. Jullien, ses Commis & Associés, tous les moyens de faire profit auxdites Mines, & s'entretenir dans leur état, leur donnoit permission exclusive de faire le trafic de tous les métaux trouvés dans les Mines qu'ils travailleroient, même de fer & acier, & de les pouvoir faire mener & conduire par tout le Royaume, franc & quitte de tout péage, de les vendre & faire vendre, tant aux Etrangers qu'aux Nationnaux, & de les mener vendre en temps de paix hors du

Royaume. Sont exceptés feulement de cet Arrêt les cendres & billons d'or & d'argent, le fer & l'acier, que le Roi veut être vendu feulement dans le Royaume.

Les matieres qui provenoient manufacturées de ces Mines étoient marquées aux armes du Grand-Maître, & à celles de la Compagnie.

Cet Office de Grand-Maître. Surintendant des Mines & Minieres de France, a encore eu lieu de nos jours, & a été rempli par Louis Henry, Duc de Bourbon, Prince du Sang. 547. On voit une copie des Lettres de Commiffion expédiées en cette qualité au fieur Noël Danican, Secrétaire du Roi honoraire, ancien Maître des Comptes, à l'effet de faire exploiter plufieurs Mines de cuivre & de plomb tenant argent, & autres Minieres dans le Bourbonnois. Ces Lettres, en date du 11 Février 1732, & données à Paris, furent expédiées à ce qu'il paroît, par leur teneur, après la vue d'échantillons de Mines & d'épreuves que le fieur Danican avoit fait faire; elles portent la jouiffance de ce privilege pour lui, fes héritiers & fes ayans caufes & affociés, à perpétuité, fuivant & conformément aux Ordonnances, & notamment de l'Edit en forme de Réglement général du mois de Juin 1601, & l'Arrêt rendu au Confeil le 14 Mai 1604, auxquels travaux, eft-il dit, il fera par nous commis un ou plufieurs Contrôleurs dont les appointements feront payés fur le Dixieme appartenant au Roi. La derniere Conceffion, émanée du Grand-Maître, eft du 7 Novembre 1737, & qui ne fut produite qu'environ 3. ans après (en 1740) fur les Mines de S. Georges en Anjou. 546, 547. Rembourfement de l'Office de Grand-Maître. 611.

Grandes Forges. Lieux où l'on fabrique le fer.

Grande Mahire, longue Mahire. 246. *Grande Mine.* Voyez *grande Veine.*

Grande Vallée, droite Vallée. 259, 301.

Grande Veine. Platteure. Le. *Banc de Niveau.* Grande *Mine.* 207, 579.

Grandeur. Quantité. (Algebre) Voyez *Quantité.*

Granite. Granites. Granitum. Pierre de Roche compofée, plus ou moins tendre, plus ou moins dure, felon les grains qui entrent dans fa texture, tantôt ils font durs, de nature filicée & vitreufe, réfiftant au feu fans paffer à l'état de verre parfait. Tantôt ils font farineux & de fpath fufible, ce qui conftitue un *faux granite*: on en trouve dont les grains font calcaires, fe détruifant aifément. Le granite donne des étincelles quand on le frappe avec le briquet Dans les Mines de Charbon, on rencontre communément du granite comme dans celles du Lyonnois, où il eft de couleur grife. 506, 507. Dans les Mines d'Anzat en Auvergne, on l'appelle *Rocher gris*, qui eft femblable au granite des Ifles de Chauzey en Normandie. 578.

Granito Roffo Italorum. Pyropæcilon. Syenites antiquorum. Marbre reffemblant au granite, qui en général approche des marbres au premier coup d'œil.

Granulé, ou *Micacé.* (Charbon) Efpece de Charbon pyriteux.

Graphometre à Bouffole, Graphometre dans le Cercle. Hemyciclium. Circonférence ou demi-circonférence ordinairement en cuivre, divifée en degrés & en minutes; au centre il y a une regle appellée *Alilade*, qui peut tourner autour du centre; elle fert à diriger les rayons vifuels par

le moyen de deux pinnules; c'eft-à-dire, deux plaques percées qui font attachées fur l'Alilade. 786. Voyez *demi-Cercle.* Ses ufages. 850.

Grappi. Grappeti o Sia rognoni. Ital. Mine par nids en rognons, en grappe.

Gras, (Sable) ou *coulant. Glarea mobilis.* 1318.

Graffes. (Terres) Voyez *Terres graffes.*

Gravis halitus. Voyez *Vupeur fouterraine. Air.*

Gravité. (Centre de) Voyez *Centre.*

Greffier. Contrôleur, Receveur général aux gages, taxations, privileges & exemptions: Office créé par l'Edit de réglement du Roi Henri, en 1601.

Greffier des Compagnons du métier de Houilleur à Liege. 343.

Grenier. (Marine, Architecture navale). Planches qui fe mettent à fond de cale & aux côtés jufqu'à fleur, quand on veut charger en grenier; ces planches fervent à conferver les marchandifes: *charger en grenier, embarquer en grenier*, en commerce maritime, c'eft embarquer au fond de cale, ou dans quelqu'endroit fec, fans emballer, mais en maffe. *Déclaration en grenier, déclaration d'un grenier*; ne peut avoir lieu, d'après les Arrêts du Confeil, mais par évaluation de baril. 633, 719.

Grenouille. Cowette. Crapaudine. Voyez *Crapaudiere.*

Grefle. (Charbon) Lugd. 558. Le. *Roulans.*

Gres. Le. Greit. Gall. *Coirelle. Querelle.* Pierre très-dure & très-compacte, qui paroît affecter les terreins de Mines à Charbon; elle eft placée par couches comme les charbons entre les lits de ce foffile: il s'en trouve de plufieurs efpeces. Voy. *Querelle.* Grez pourri, de couleur pâle, formant la feconde couche de la couverture de la Mine de Fims; ou on lui donne en particulier le nom de *Soutre.* 579.

Grefillons. Recuits. Lugd. Menues braifes de Charbon grefillées dans le feu de cheminée. 518. Peut-être auffi appellées *Grefillons*, du mot corrompu employé par les Boulangers & le petit peuple de Paris, pour exprimer les grillons ou grillots, infecte noir, qui fe plaît dans les lieux chauds, comme fours & cheminées.

Grieux. (Feu) Le. *Feu brifou. Terou.* Les Mines de Charbon de terre font très-fujettes à cette vapeur inflammable & détonnante: le meilleur moyen d'y remédier, lorfqu'elle eft portée à un certain point, c'eft de l'étouffer, en lui ôtant toute communication avec l'air extérieur, & quelquefois de combler le puits de la Mine, pour n'en reprendre le travail que plufieurs années après.

Grillage ou rôtiffage des Mines. G. Roftung. Uftulatio. 1167. Grillage du minerai de fer dans quelques Forges de la Grande-Bretagne, au feu de Charbon de terre. 1202. Maniere dont il fe pratique aux Forges de Carron en Angleterre. 1203. Procédé un peu différent à Clifton. 1202. Nature des minerais de fer que l'on y rôtit. 1202. Grillage de la *Mine à Gallet* aux Forges de Sultzbach, à-peu-près comme on cuit la chaux en France avec le Charbon de terre, avec un feu bien inférieur. Ibid.

Grille. (Charbon pour la) Expreffion appliquée à quelques Charbons propres à être employés à chauffer dans les grilles. 585, 586. *Grille, Grillage. Fer à feu.* Voyez *Fer à feu.*

Grifchieb. G. Indice.

Grife. (Baume) Efpece d'Argille. 578. *Treque.* Pelée. 374.

Grizzle. An. 381.

Groeda. Su. Tête de la veine. Signifie littérale-

H

d'un feu de Houille brute. 1285.

Hoedt. Chapeau. Mesure de continence dont on se sert pour les grains dans plusieurs villes des Provinces-Unies, & qui est une des diminutions du *Last*, évaluée à 10 tonnes. Le Hoedt ou chapeau, qui est une autre mesure de compte en Hollande, sur laquelle s'évaluent les droits d'entrée ou de sortie qui se paient pour le tan & pour le Charbon de terre : équivaut précisément à ce que l'on nomme à Liege *une voie de Meuse*. Voy. *Voie*. Par le Tarif des droits d'entrée & de sortie du pays de Liege en Hollande ; la Houille paie d'entrée trois florins pour un hoedt, & quatre florins pour la sortie. Le Hoedt & demi est nommé *Salter*.

Hoeflige Geburge. G. Montagnes stériles ou non métalliques, formant chaînes, qui accompagnent les montagnes à veines.

Hoerd. Catinus. Tigillum. Foyer de Forge.

Hogkshead. Mesure de liquides dont on se sert en Angleterre, & qui est proprement le muid ; il faut deux hogshead pour faire la pipe ou la botte.

Holtz kolen. G. Charbon de bois-tourbe. Ainsi nommé par l'Auteur, pour caractériser l'espece de bitume grossier & foétide, dont sont imprégnés les bois fossiles qui se rencontrent communément dans le voisinage des rivieres. 605. Voy. *Poix minérale.*

Horæ. Heures. G. *Stunden*, *Horæ meridionales. Septentrionales.*

Horaire. (*Angle*) Voyez *Angle. Boussole* ou *Cadran à Boussole.* (*Cercle*). 7?0. (*Lign.*). V. *Ligne.* 760.

Horarius (*circulus.*) Cercle horaire. G. Stunden Scheiben.

Horison. (*Poles de l'*) 756. (*Points de l'*) 761. Dans les travaux de Mines l'horison se divise en 24 parties appellées *Heures*. Cette division commence toujours par la ligne XII, dont la direction est Nord & Sud. Les autres divisions se placent de part & d'autre de cette ligne ; savoir, douze, depuis le Nord jusqu'au Sud, & douze autres, depuis le Sud jusqu'au Nord ; d'où l'on voit que la ligne de l'Est à l'Ouest, & réciproquement, passe toujours par le point de six heures ; que la direction du Nord-Ouest au Sud-Ouest se trouve sur la division de neuf heures, & que celle du Nord-Est au Sud-Ouest répond aux points de trois heures, & ainsi des autres. De cette maniere, lorsque la direction d'un filon s'étend du Sud-Ouest au Nord-Est, on dit, en terme de Mineur, que ce filon va par les trois heures ; s'il se dirige du Nord au Sud, & réciproquement, on dit que le filon va par les douze heures, & ainsi des autres directions, suivant l'heure à laquelle il répond.

Hornstein. Espece de pierre qui résiste au feu, & dont il y en a de noires, de blanches, de rougeâtres. Elles sont très-dures, & contiennent quelquefois des paillettes d'or & d'argent : on en rencontre ordinairement dans les Mines riches. Voy. *Roche cornée. Hornstein Quartzeux*, formant le corps des montagnes primitives, & souvent les salbandes des filons. 746.

Hotte. Bot. 228. *Hotter.* LE. 219.

Hotteux. LE. Espece de Pic. 219. Son usage. *Idem.*

Hou. Hoyau. Sarissa. Voy. *Hoyau.*

Houille. Voy. *Houilles & Charbons de terre.* V. Table des principales matieres pour la premiere Partie, & le Catalogue Alphabétique. Position des bancs de Houille dans les montagnes. Voyez *Montagnes.*

Houille argentée semée de mica pyriteux blanc. Douce. 1157. *Chaude. Id. Grasse.* 78. *Grosse*, donnant un feu plus vif. 1244. *Maigre.* 78, 115. *Fessy. Houille moyenne. Houille douce. Houille à uzaine*, préférable aux autres pour les feux de cuisine. 1157, 115?. *Houille à dix-huit patars.* 485. *En piece. Charbon fin ou net.* 485. *Houille en rondelot. Ibid. Houille.* (*petite*) Nom donné dans les fontes de Calamine & de Cuivre au Charbon de terre menu. *Houille jale. Charbon menu des Liégeois.* 485. *Houille torchée. Filandreuse.* 5?4. 1151.

Houilles submergées. Voyez *Veines. Houilles vendues*, doivent être livrées fidelement. 353. Houilles & Charbons. 1157.

Houille. (*Fossé à*) LE. Puits de Mine.

Houilleur. Borin. LE. Ouvrier employé aux travaux de Houille.

Houilliere. LE. Mine ou Carriere de Charbon de terre. L'Almanach Marchand, imprimé à Liege pour l'année 1774, renferme l'état des Houillieres ou *fosses de grand Athour*, les plus connues dans le pays ; nous le placerons ici, afin de servir de comparaison à celui que nous avons donné page 84, pour l'année 1761, que nous étions sur les lieux. *Fosse de l'Espérance* ou *du Moulin à vent*, située à Herstal. *Les Crompieres*, Id. *du sieur Ramotte*, situées à Vottem. Des Maîtres de la Bacquenure, près l'Hôpital S. Georges ou des Innocents, deux machines à feu. Du sieur Louvat ou de la Vigne. Deux machines à feu, Porte de Vivignis. Deux de *Bonnefin.* Machine à feu, située à Hocheporte *Dellecognoulle. Id.* Suite de l'ouvrage de Bonnefin. *Fosse de la Sauvage mêlée*, située à Ans. *Du Greffier Hardt.* Id. *Del couronne*, machine à feu près de l'Eglise de Glain. Deux du *Peril & Pries.* Machine à feu, à S. Gilles. *Des Bons Buveurs.* Machine à feu au quartier de S. Nicolas-en-glain. *Fosse du Berger*, près la Cense de Homevert. *De l'Espérance.* Machine à feu, Monteynée. *Aux Kessales.* Machine à feu, Jemeppe *de Quitris.* Machine à feu. Seraing sur Meuse. *De l'Espérance.* Flemal haute. *De S. Nicolas* ou du *nouveau bure. Aux Eaux.* Machine à feu. *De Jupille. Beine. Du Bois d'Avroy.*

Houlle. Substance terreuse particuliere. 547.

Houppe. Outil employé dans les Houillieres de Mons, & qui est le même que la Trivelle des Liégeois. 457. Voyez *Trivelle.*

Hourdée. Voyez *Panier.*

Houtte. Hutte. Houtche. LE. *Casa putealis.* Baraque construite sur la bouche du puits. 234, 85.

Houttemant. Sergent, Conducteur des Mines.

Hoyau. Pioche. Bêche. AN. Mattok. G. Feilhau. 21?, 388. *Pic à Hoyau.* 217.

Hwarf. SU. Amas, 882. Bouillon. *Hwarf kol.* Amas de Charbon.

Huffwud kol. Flot. SU. Cours. Marche de la Veine principale. 878. *Huffwud Strek.* (*Oestra*). SU. Courant capital oriental. *Huffwud Strek.* (*Woestra*). Courant capital occidental. 8?9.

Huggare. (*Kol.*) SU. Coupeur de Charbon.

Huiles pour éclairer dans les Mines, au lieu de chandelles. Voyez *Lampes. Moulin à Huille*, dont les chaudieres sont chauffées au feu de Charbon de terre. 1255.

Huile de Charbon de terre. Baume universel terrestre & minéral. 1121. Son rapport avec l'huile de Succin. *Id.* Avec le Pétrole. 1124. Ses vertus médicinales. 1121. Huile distillée de la pierre noire des Mines de Charbon de Shropsire. 1121.

Huileuse, (*Matiere*) ou Cambouis tiré du

Charbon est très-gras ; en tout, il n'en faut que ce qu'il est nécessaire pour maintenir le Charbon en hochet. Si le Charbon est une *clutte*, ou Charbon maigre, il faut moitié de terre glaise, lorsque c'est pour brûler les hochets à feu découvert ; il n'en faut qu'un quart, lorsque c'est pour brûler dans les poëles. Voyez *Attelier de fabrication*.

Importation du Charbon de Moulins. 581

Impositions. Tailles : Par les Lettres du Roi Henry du 10 Octobre 1552, il est défendu expressément à tous les Elus ou autres qu'il appartiendra, de surcharger de tailles & impositions quelconques les Villes & Villages prochains des lieux où l'on besogne aux Mines, pour l'augmentation qui leur pourroit avenir à causes des Mines & du trafic qui se fera, & pour ce aussi que les Bâtiments, Forges, Fontes, Affineries, Moulins, Charbon pour fondre & affiner, & autres diverses choses nécessaires à l'entretenement des Mines. Voyez *Immunités.*

Impugner la mesure. LE. Contester l'exactitude du *Dépendement.*

Impulsion. Mouvement de vibration isochrone imprimé par la pesanteur de l'air dans le piston, & successivement dans le balancier de la machine à vapeurs. 1080, 1081. La machine qui épuise les eaux de la Mine de Montrelay donne par minute neuf coups de piston, dont la levée n'est que de cinq pieds, quoique le mouvement du piston dans le cylindre soit de six pieds, parce que le bras extérieur du balancier est plus petit que le bras intérieur. La plus forte machine qui agit par 10 répétitions de pompes, dont le diametre est de 8 ½ pouces, donne communément par minute 8 coups de piston & demi, dont la levée est de six pieds, ce qui produit par jour 28940 pieds cubes d'eau, en y apportant néanmoins une diminution relative à la marche de la machine qui ne peut jamais être continue. Voyez *Flotteur. Plongeur.*

Impur. (*Charbon de terre*) G. Reiffe Stein Kohlen.

Incapacité des Propriétaires des Mines, pour faire valoir les Mines, à raison de manque de faculté ou de connoissances, envisagée par les Réglement de 1744, comme obstacle à l'entreprise & au succès des travaux souterrains. 612. Devenue la base des concessions. 620.

Incidence. (Point d') Optique : est le point où l'on suppose que tombe un rayon de lumiere sur un verre, ou sur un miroir. *Axe d'incidence.* Ligne qui tombe perpendiculairement sur une surface.

Inclinaison. Les Mathématiciens font très-souvent usage de ce mot qui signifie l'approximation ou la tendance de deux lignes, l'une vers l'autre, de maniere qu'elles fassent un angle. Voy. *Rayon.*

Inclinaison, En Gnomonique pour les méridiens, est l'angle que fait avec le méridien la ligne horaire du globe, qui est perpendiculaire au plan du Cadran ; lorsqu'il s'agit de l'inclinaison d'un plan sur lequel on veut tracer un Cadran, alors on définit ce terme, l'arc d'un cercle vertical compris entre ce plan & celui de l'horison auxquels il est perpendiculaire.

Inclinaison de l'aiguille aimantée. Voyez *Aiguille.*

Inclinaison des Veines de Charbon, en général dans le pays de Liége. 62. Nous ajouterons ici, en maniere de résumé, ce qu'en dit M. Jars. *Mém.* 14 *de ses Voyages Métallurgiques.* Lorqu'il n'y a point de faille dans le terrein d'une Mine, toute couche de Charbon qui paroît à la surface de la terre, au Midi, s'enfonce du côté du Nord, & va jusqu'à une certaine profondeur, en formant un plan incliné, elle devient ensuite presqu'horisontale pendant une certaine distance pour remonter du côté du Nord, par un second plan incliné jusqu'à la surface de la terre, & cela dans un éloignement de son autre sortie, proportionné à son inclinaison & à sa profondeur.

Le même Académicien a vérifié cette observation près de S. Gilles, à trois quarts de lieue au Couchant de la ville de Liege ; il y a plus, la premiere couche, qui est près du jour, forme une infinité de plans inclinés qui viennent se réunir au même centre, de sorte qu'on peut voir tout autour les endroits où elle vient sortir à la surface de la terre : les couches inférieures suivent cette même marche ; mais, par rapport à l'étendue qu'elles prennent en plongeant, on n'apperçoit que deux plans inclinés qui sont très-sensibles : par exemple, en visitant les Mines du Verbois qui sont un peu plus au Nord-Ouest de Liege que celles de S. Gilles, M. Jars a observé que les couches dirigées de l'Est à l'Ouest sont inclinées du côté du Midi, tandis que les couches exploitées à S. Gilles, qui ont la même direction, s'inclinent du côté du Nord ; l'expérience a prouvé à tous les Houilleurs de Liege, que dans l'un & l'autre endroit on exploitoit les mêmes couches, formant, comme il vient d'être dit, deux plans inclinés ; mais il remarque qu'entre S. Gilles & le Verbois, il y a un vallon qui a la même direction que les couches, & même inclinaison de chaque côté.

Néanmoins l'observation des deux plans inclinés, qui est vraie pour les endroits dont il vient d'être parlé, ne peut être faite par-tout ; à une des portes de la Ville, par exemple, au Nord de la Meuse, on exploite les mêmes couches, mais inférieures ; elles prennent leur inclinaison du côté du Midi, sous la Ville, en se rapprochant de la riviere, d'où l'on peut conclure qu'il est très-douteux que dans cet endroit elles se relevent pour sortir au jour : cela n'est pas même probable, mais plutôt de l'autre côté de la Meuse, ce qui paroît très-vraisemblable.

Inclinaison des Veines de Charbon du Lyonnois. 703. Du Forez. 583. D'Anjou. 547.

Maniere dont les Ouvriers de Mines jugent & désignent, par les heures, l'inclinaison des Veines. Voyez *Veines du matin ou du Levant. Veines du soir ou du Couchant.*

On doit avoir toujours présent à l'idée que les couches marchent dans la même inclinaison, que les montagnes dans lesquelles elle se trouvent ; qu'elles se ressentent dans cette marche des vallons qui sont entre les collines & monticules, selon les variations qu'elles éprouvent : on dit que la couche qui a trop d'inclinaison fait *chaudiere* ; lorsqu'elle se releve trop, on dit qu'elle fait *bosse* : on nomme *Inclinaison de la Couche* leur terminaison à la superficie, comme celle des veines & filons.

M. de Genssane, dans sa Géométrie souterraine, donne, N°. XVIII, la solution de ce Problême. *Connoissant la direction & l'inclinaison d'un filon au sommet, ou dans un endroit quelconque d'une montagne, déterminer l'endroit au pied de cette montagne où le filon doit passer.*

Incliné [*Filon*] ou *précipité.* SAX. Schewcheute gang. [*Plan*]. Voyez *Plan incliné.*

Indemnités accordées par les Lettres-Patentes de Henri, du 10 Octobre 1552, & par toutes les Ordonnances de nos Rois, aux Propriétaires des

Intendants de Province ou de la Généralité dans laquelle il se trouvoit des Mines, étoient commis pour rassembler un exposé général de ces différentes entreprises, ainsi que de tout ce qui y avoit rapport, & envoyer au Conseil leur avis sur l'état de ces entreprises, & être statué d'après le rapport du Contrôleur général des Finances. 611. Voyez *Justice & Commission.* Voyez *Cour des Monnoies.*

Intéressé, Associé dans les Mines. G. Bergenoff. 815. En Allemagne on assigne à chaque Intéressé une étendue de terrein de 100 Verges de longueur, & de 50 en largeur. Voyez *Associé, Actionnaire.*

Intérêt de Mine, dans le pays de Liege, est réputé bien-meuble. 380.

En faveur des personnes qui seroient dans le cas de s'intéresser dans ces sortes d'affaires, nous croyons utile de placer ici un modele d'action, dans une exploitation de Mine en France, précédé d'une formule & des conditions à asseoir entre les Associés.

CONDITIONS SOUS LESQUELLES LES SIEURS. . proposent de faire ouvertures nouvelles, continuer & rétablir des travaux dans les endroits où il y a des Mines de . . . . .

Qui se peuvent trouver dans les montagnes de . . . .

Jusqu'aux confins de . . . . .

Ou finissent les limites de Nicolas . . . .

Sieur de . . . . .

MODELE DE L'ACTION.

ACTION de 1000 *livres.* N°.

Travaux de Mines de . . .
Dans les montagnes de . . .
Jusqu'aux confins de . . . .
Où finissent les limites de . .
Et de tout ce qui est expliqué dans la concession qui en a été faite pour . . . années, à commencer du jour de sa date, par S. A. S. Monseigneur le Duc de Bourbon, Grand-Maître des Mines & Minieres de France, le . . du présent mois de . . ., & au . . . .

Contresigné par . . . . . , Secrétaire de ses commandements, & aux charges, clauses & conditions d'icelles. Du. . . . jour de . . . . mil sept . . . . .

Nous soussignés Donataires desdites Mines, reconnoissons avoir reçu du Porteur des présentes, la somme de mille livres, pour laquelle il aura intérêt dans le quart du produit des travaux, conformément aux clauses & conditions de ladite concession, sans courir par lui aucuns risques d'autre perte que de ladite somme de mille livres présentement payée, ni pouvoir en aucun cas être obligé de faire un plus grand fond pour raison de la présente action, qui sera employée suivant son Numéro dans les Etats de répartitions qui seront faits tous les six mois, sur lesquels Etats les payements se feront aux Actionnaires par le Trésorier général des Mines, mais au Porteur des actions sans aucun récépissé de leur part, seulement en présence du Contrôleur général desdites Mines, qui fera mention sur l'action qui sera présentée, & sur le registre du Trésorier & du Contrôleur, du jour du payement, & de la somme payée pour la décharge du Trésorier.

Enregistré au Contrôle général desdites

Enregistré au Registre des Actionnaires,

Mines, *fol.* , par moi soussigné Contrôleur général, les jour & an que dessus.

, par *fol.* , par moi Trésorier général desdites Mines, les jour & an que dessus.

Nous, Grand-Maître, Surintendant & Général Réformateur des Mines, Minieres & substances terrestres de France, permettons auxdits Sieurs & de travailler aux Mines spécifiées ci-dessus, aux conditions y portées. A ce du mois de mil sept cent

LOUIS-HENRY DE BOURBON.

Collationné sur un des originaux remis au Greffe par moi, soussigné, Secrétaire des commandements de mondit Seigneur, & Greffier desdites Mines & Minieres de France.

Interruptions, Discontinuités des Veines dans leur marche, de différentes especes. 309. Comportent des pratiques & des méthodes d'exploitation relatives aux différents dérangements produits dans Veine. 309, 310, & suiv. Interruption des Bures. 340

Interruption du travail des Machines à vapeur. Parmi les causes nombreuses de cette interruption, la plus fréquente vient, comme il a été dit, de ce qu'il faut de temps en temps renouveller les pistons des pompes; la vigilance des Ouvriers attachés au service des Machines peut prévenir en partie ces inconvéniens, qui d'ailleurs ne produisent communément qu'un retard d'une heure sur 24. D'autres accidents, tels que les ruptures des chaînes, font perdre plus de temps, mais ils sont fort rares : enfin les plus grandes causes d'interruption viennent des réparations qu'il faut faire de temps en temps aux chaudieres; on remarque que ces réparations sont d'autant plus fréquentes qu'on a moins de soin de nétoyer les chaudieres.

Intervenium. Séparateur, Diaphragme dans les Mines en masse. Voyez *Séparateur.*

Introduction de l'Ouvrage, *page* 1. *Introduction* à la pratique de l'Art d'exploiter les Mines, ou revue générale du globe extérieur. 744.

Inventaire. Description, état & dénombrement porté sur un registre des agrêts qui composent l'équipage d'un attelier de Mine. 839.

Iron oar. Kidney oar. AN. *Mine en Roignons, tête vitrée.* Minerai de fer qui est une espece d'hématite ressemblante à ce que les Allemands nomment *Glass-Kopft.* 1203.

Iron Stone. AN. Autre Minerai de fer, 1202, qui se fond au feu de Charbon de terre dans des hauts fourneaux, aux Forges de Carron en Ecosse. 1205.

Isocelle, (Triangle) qui a deux côtés égaux, formant un arc de Cercle.

Isochrone, (Mouvement) qui se fait en temps égaux. 1080.

J

JABLE. Partie des douves d'un tonneau qui excede les fonds des deux côtés, & qui forme en quelque façon la circonférence extérieure de chacune de ses extrémités. Le Jable se prend depuis l'entaille ou rainure dans laquelle sont enfoncées & assujetties les douves du fond de la futaille, jusqu'au bout des douves de longueur. Cette même entaille ou rainure où on fait entrer les fonds, se nomme aussi quelquefois le *Jable.* Voy. *Jaugeage.*

Jacens. (*Vena*).

de S. Laurent, S. Gilles, S. Nicolas, & aux environs, à portée de l'Areine franche de la Cité, de même que celle de Brandfire & celles appellées *Brodeux*, qui font également *bâtardes*, & qui confinent avec celle de Richon-Fontaine, qui eft franche, & domine dans le quartier de Sainte-Walburge. Voyez *Cour des Voirs-Jurés*.

Jurifdiction du Grand-Maître, Surintendant & Réformateur général. 610. Dans les Lettres-patentes de François II, de l'année 1560, il eft fait mention d'une Jurifdiction établie pour ce qui concerne les Mines. V. *Grand-Maître*. V. *Juftice*.

Jurifdiction du Canal de Briare, de deux efpeces; celle des Seigneurs du Canal, comme Adminiftrateurs, & celle du Bureau de l'Hôtel-de-Ville de Paris. 638, 648. Droits fur le Canal de Briare. 640.

Jurifdiction du Bureau de l'Hôtel-de-Ville de Paris fur le Canal de Briare 638, 642. Sur le Canal de Loing. Sur les Ports de Paris. 643.

Jurifprudence des Mines. Caracteres effentiels qui lui conviennent. Remarques fur celle qui eft établie au pays de Liege. 827, 830. Jugement qu'en a porté M. Jars. 829, 830, 831. Voyez *Loix & Procédures*. Sources dans lefquelles on doit puifer un plan de Jurifprudence. 828. Sentiment de l'Auteur fur l'avantage qu'il y auroit d'intéreffer dans les affaires de mines une perfonne verfée dans la Jurifprudence, qui eût même exercé la profeffion d'Avocat. 827.

Jus. (Affiage) Le. Crevaffes ou ouvertures qui donnent jour à beaucoup d'eaux. 275.

Jus Cuniculi. Droit d'Areine. *Jus Prædriæ*. Droit de Souveraineté.

Juftice, tant civile que criminelle, (Adminiftration de) fur le fait des Mines; M. Delius, dans la quatrieme Partie de fon Ouvrage, obferve très-bien que pour entretenir une bonne économie dans les Mines, il eft néceffaire d'y établir une Juftice civile & de Police; punir rigoureufement les vols & les fraudes; ne point tolérer la fainéantife, l'ivrognerie, & tous les vices qui portent préjudice à l'entreprife; entretenir foigneufement la difcipline & la fubordination, le bon marché des vivres, fur tout dans les endroit où le terrein eft pauvre & ftérile, afin de n'être pas forcés de hauffer le falaire des Ouvriers.

Dès l'an 1413, le Roi Charles VI, par Lettres du mois de Mai, en faveur des Marchands, Maîtres faifant l'œuvre, & les Ouvriers occupés de l'ouverture & des travaux de Mines, avoit établi dans le Bailliage de Mâcon & Sénéchauffée de Lyon, un Juge pour connoître & déterminer, conformément aux ordonnances & inftructions baillées par les Maîtres des Monnoies de la Cour de Paris, tous cas mus ou à mouvoir, avec appel au Parlement, excepté cas de meurtre, rapine ou larcin.

Par les Lettres du Roi Henry II, du 10 Octobre 1552, en amplification de Lettres précédentes, il eft donné au Sieur la Roque, Seigneur de Roberval, fes Commis & Députés en fon abfence & Officiers qu'il pourra commettre, puiffance & autorité, de faire & adminiftrer toute Juftice, Jurifdiction, tant en cas civil que criminel, quant au fait des Mines, & ce jufqu'à la Sentence définitive & exécution d'icelle, inclufivement fur tous Ouvrants, Trafiquants, Négociants & Befoignants les Mines, ou dépendances d'icelles; ce Tribunal étoit néanmoins tenu d'appeller à fes jugements, tant de lui, que de fes Officiers & Commis, fix hommes de loi, Avocats ou Confeillers, & trois autres perfonnes eftimées les plus capables d'entre les Affociés. Ces jugements ne fouffroient de délai, que dans les cas de jugements à mort, ou portant la peine de queftion; alors, s'il y avoit appel, le jugement étoit fufpendu & porté au Siege le plus prochain, foit des Cours fouveraines, foit des Juges ordinaires, avec lefquels un Tribunal de Confeillers établi par un Edit antérieur, cité immédiatement dans cet endroit, jugeoit en dernier reffort jufqu'à 200 livres, l'appel des jugements de mort & de torture, en fouveraineté & par Arrêt, fans qu'il fût permis enfuite à l'une ni à l'autre des parties d'en appeller: avec défenfe aux Cours fouveraines, Juges & Officiers quels qu'ils fuffent, & à eux d'en prendre connoiffance, à peine de nullité de tout ce qui feroit fait par eux.

En vertu de ces mêmes Lettres de 1552, les crimes de vol de Mines ou de faux monnoyage, ou récellement de Mines comme frustrant les droits du Roi, tranfport de Mines, billons ou métaux hors du Royaume, fans congé & connoiffance du Sieur de Roberval, étoient jugés par lui, avec la liberté de les mettre entre les mains de la Juftice ordinaire des lieux où étoient les Mines, avec leurs charges & informations pour leur Procès.

En conféquence de ce pouvoir, l'Edit donnoit au Sieur Roberval, à fes Commis & Députés le pouvoir d'avoir des prifons dans les endroits qui leur fembleroient les plus convenables, tant pour la fûreté de leur perfonne, que pour la confervation des métaux, minéraux & autres uftenfiles; & d'avoir armes offenfives & défenfives, permiffion de les porter & les faire porter par les Ouvriers de ces Mines, ainfi qu'à fes principaux Commis ou Députés & leurs Domeftiques, qui feroient dans le cas de fe transférer dans le Royaume.

Pour cet effet & autres Ordonnances concernant la Juftice, Police & l'ordre convenables, l'Edit approuve & authentique le feing & le fcel du Sieur Roberval, voulant que foi y foit ajoutée en fa partie, comme au feing & fcel des Officiers de Sa Majefté; défend de plus à tout Tabellion & Notaire de paffer aucun Contrat pour le fait des Mines & ce qui en dépend, fans que ledit Sieur Roberval ou fes Députés & Commis euffent figné à la minute.

Enfin, par ce même Edit le Sieur Roberval avoit pouvoir d'établir des Officiers de Police, & de faire des Statuts & Ordonnances de Police à vidimer par le Confeil privé du Roi.

Par un Arrêt du 14 Mai 1604, il eft ordonné que dans les endroits où il y a des Mines, il y aura des Carcans, Eftrapades & marques de Juftice pour en impofer aux Ouvriers de Mines, dans leurs querelles, dans leurs jeux, & pour les punir.

Cette *Juftice* ou *Commiffion* fur le fait des Mines, a enfuite changé de forme. Par un Arrêt du Confeil du 12 Juillet 1723, toutes les conteftations en conféquence des repréfentations du Sieur Galabin & Compagnie chargés de l'ouverture des Mines dans les Pyrenées, Sa Majefté s'eft réfervé & à fon Confeil toutes les demandes & conteftations, Procès civils & criminels, furvenus & à furvenir pour l'exploitation defdites Mines, & l'exécution de l'Edit de 1722 dans l'étendue du reffort du Parlement de Pau; & pour ce qui eft des circonftances, dépendances, renvoye par devant le Premier Préfident du Parlement de Pau, l'Intendant du Béarn, & plufieurs Confeillers audit Parlement, affiftés du Procureur général, pour juger en dernier reffort, en interdifant à toutes fes Cours & autres Juges cette connoiffance, à l'exception de ce qui concerne le fait de la Monnoye réfervé aux Juges à qui la connoiffance en appartient. Cet Edit autorife les Commiffaires à juger en nombre de trois, au mo ins dans les cas d abfence des autres, dans les Procès civils, & au nombre requis par l'Ordonnance dans les Procès criminels ; il leur eft encore permis de nommer pour faire les fonctions de Procureur du Roi en ladite Commiffion, telles perfonnes capables qu'ils aviferont bon être, au cas qu'il furvienne des affaires dans lefquelles la fonction d'une partie publique feroit néceffaire.

En 17 8, le 22 Juin, dans la vue d'accélérer le travail des Mines qui pourroit être retardé par les demandes, conteftations générales, particulieres & perfonnelles fur le fait de la Compagnie des Mines du Royaume, Sa Majefté, par Lettres-patentes fur l'Arrèt (datées du 11 Juillet), confirma ces difpofitions, en nommant pour leur exécution le Premier Préfident, l'Avocat général, plufieurs Confeillers du Parlement de Pau, & l'Intendant de cette Généralité, avec pouvoir de fubftituer d'autres Officiers du Parlement, de commettre un Procureur pour le Roi & un Greffier.

Juftice du Canal de Briare. Voyez Canal.

Jufticiers. Hauts & fonciers. L'Ordonnance du Roi Charles VI, du 30 Mai 1413. portée par maniere d'Edit, Statut, Loi & Ordonnance irrévocable, reftraint les droits & prétentions de ces Seigneurs, tant pour le droit du Dixieme, déclaré appartenir au Roi feul, & être une prééminence de la Couronne, que pour les différents empêchements qu'ils s'efforceroient de donner aux entreprifes de Mines, leur enjoint de fournir aux Ouvriers, moyennant jufte & raifonnable prix, chemins fixés par deux Prud'hommes, voyes, entrées, iffues par leurs terres, pays, bois, rivieres, & autres chofes néceffaires. Voyez *Seigneurs.*

K

KALBRECHT. SU. Fer caffant à froid.

Kamm. (Minéralogie.) Roc très-dur qui fe trouve au-deffous, ou entremélé d'un roc tendre.

Kangs. Fourneaux, ou étuves Chinoifes. Kao-Kung, où l'on fe tient affis. Voyez *Etuves.*

Kafta Watuet Bakom. Sig. SU. Jetter l'eau derriere foi.

Kauchetays. LE. *Kauchet.* Morceaux de Houille de moyenne groffeur. 356. *Bouter le Kauchet*, fignal de mutinerie parmi les Ouvriers Houilleurs Liégeois. 348.

Kaukieufe. (Veine) Voyez *Veine.*

Keables. AN. Sceaux. 388.

Keelman. AN. Batelier.

Kedria, Poix Minérale, Naphte. Afphalte. Partie graffe ou bitumineufe du Charbon de terre. Son rapport avec le Pétrole. 1121. Avec l'huile de Succin. Idem. Son ufage parmi les Anciens. Id. Voy. *Poix minérale.*

Kerme dans les Mines d'Anjou. 562.

Kihel. SAX. Piece du Feldgeftangen.

Kieufer Grund, G. Petits filets de Mine qui fe croifent.

Kila. SU. Coin.

Klafter. G. Toife des Mines métalliques, de fix pieds cinq pouces de France. 782.

Kehrrade. Waffer Goepel. Machine à eau, Machine à roue. 1110.

Klavays. LE. 312.

Klaye. LE. Clay. AN. 376. Ses différentes fortes. 378, 380, 381, 385, 386. *Klayeufe.* (Terre) Ferme, dure, lâche, fablonneufe, peu fujette aux eaux. 872.

Klufft. G. Filon, Fente remplie de minéraux, mais étroite, & n'ayant point une grande longueur ; on appelle auffi Klufte, en Anglois *Foeders*, des Veinules ou petites Veines qui partent d'un tronc fort & nourri, s'étendant tantôt en direction oblique, fe joignant tantôt à d'autres Veines ; ce qui fait qu'on les appelle *Rameaux nourriciers.*

Klyfta. SU. Fentes. Voyez *Fentes.*

Klyftige. Fiffilis, qui fe fépare par feuillets ou par écailles.

Knaw. G. Maffes de rochers qui fe rencontrent dans les filons des Mines, plus dures & plus fermes que ne le font les autres pierres & rocs de la montagne.

Kneufʒ. SAX. Mélange pierreux de quartz, de mica, de fable, d'ardoife, de plufieurs terres, de limon, de filex pétrifiés. Cette pierre compofe la plus grande partie des montagnes de la Saxe ; c'eft dans fon voifinage que l'on cherche les Veines métalliques.

Knobbe. A Rammelfberg, *Knobbens.* Scories de la fonte des Mines d'argent & de plomb, obtenue au feu de tourbe & de charbon de bois.

Knopffftein. Pierre à boutons, parce que le plus communément on taille cette fubftance en forme de boutons : quelques Naturaliftes prétendent que le Knopffftein fe trouve dans plufieurs Mines de fer ; elle eft rangée par quelques-uns dans la claffe des ardoifes, contenant beaucoup de particules ferrugineufes. 445. Voyez *Charbon de terre ardoifé.* En en jettant au feu, on reconnoît que c'eft un vrai Charbon de terre très-dur, fort approchant du jayet, du *Kennel Coal*, & de quelques Charbons d'Ecoffe, dont on fait des pommes de cannes, des falieres, des taffes, des tabatieres, & différents uftenfiles de ménage que l'on prétend être faits au tour. 4, 17, 18.

Koirelle. Querelle. Gall. Grès. LE. Greit. 51, 138. Se rencontre conftamment dans toutes les Mines de Charbon. 749.

Kol. Kulme. Efpece de Charbon de terre, 4, 445, qui brûle avec une flamme plus vive que le *Brand Skiffer*, mais moins vive que le Charbon de pierre ; & au lieu de tomber en cendres, fe réduit en *Slagg.* 419. Le Kulme fe trouve dans les Mines de Boffrup mêlé avec ce qu'on appelle les *noirs* : en quoi le Kol ou Kulme differe du Charbon de terre ordinaire. 445.

Kol. Fondant employé dans la fonte de plomb, efpece de *Kulm.* 1233. Préféré au Charbon ordinaire, & au flux noir dans la fonte de l'étain. 1237. Voy. *Fondant.*

Kol Arbetare. SU. Ouvrier de Charbon.

Kol Bet. Couche de Charbon.

Kol. (Feta) SU. Charbon gras.

Kol floens ut Strykand. SU.

Kol Gruba. SU. Mine de Charbon.

Kol (Huggare). SU. Coupeur de Charbon.

Kol Klyfter. SU. Fentes de Charbon.

Korg (Kol). SU. Mefure de Charbon pour les fourneaux en Suede.

Korb flange. SAX. Barre de manivelle.

Krahays. Le. Braises de Charbon de terre. 360, 365. Voyez *Escarbilles*. *Coaks*. *Cinders*. *Grouettes*. *Recuits*. *Gresillons*.

Krein. Le. *Crein*. Renflement des parties du toit ou des veines mêmes. M. Jars le définit partie de rocher qui part du toit, & plus communément du mur, formant un renflement dans un alignement en angle droit à la direction de la couche, & toujours en descendant ; le Krein se rapproche tellement du toit, que l'épaisseur du Carbon diminue au point de se réduire à une trace noire qui se continue seulement quelques pieds, pendant une ou deux toises, & l'ayant traversé, on retrouve le Charbon comme précédemment : ces Kreins, que M. Jars prétend se trouver dans presque toutes les Mines de Charbon, se rencontrent communément, selon lui, en suivant la direction de la couche toutes les quarante, cinquante ou soixante toises. Souvent ils se retrouvent dans les mêmes endroits au-dessus ou au-dessous, c'est-à-dire, dans les couches supérieures & dans les couches inférieures.

Dans les Mines d'Anjou, M. de Voglié a observé aussi, qu'il n'y a point de veines sans creins ; que dans une veine parallele au même endroit, on trouve le même crein, ou un pareil : on doit les percer pour continuer le travail.

Kreugest unde, direction perpendiculaire du filon.

Kreuschlage. G. Scories qui s'attachent aux parois du creuset.

Krouffe. Nœud de pierre fort dure qui traverse ou comprime le filon ; on travaille tout autour de la roche jusqu'à ce qu'on retrouve le filon tel qu'il étoit auparavant ; mais si le filon se trouve entiérement coupé, on change de direction de maniere qu'on ne puisse plus former de gradin ; les Mineurs disent qu'ils ont donné dans un *Cul-de-sac*.

Krumme Zapfen. Kurbel. Sax. Tourillon. 419.

Kulm. *Kolm*. Charbon. Voyez *Kol*.

Kunst Schacht culm. Puits à machine. *Kunst (Stangen)*. Voyez *Feld Gestangen*.

Kurbe. Sax. Manivelle.

Kurbel. *Krumme*. Zapfen. Sax. Manivelle pour machine à eaux, autrement dite *Tourillon*. Voyez *Tourillon*.

Kurella, (M.) Auteur d'essais & expériences Chymiques, imprimées en Allemand à Berlin, *in*-8°. 1556, parmi lesquels il se trouve en particulier un Article composé de 19 Sections sur le Charbon de terre considéré dans sa formation, sa nature, ses principales propriétés & usages, considéré enfin par la voie de l'analyse Chymique.

L

Lachage des bateaux de Charbon de terre, dans les endroits (de la riviere de Seine à Paris), où ils attendent leur tour pour descendre. 67. Police sur cet objet. *Id*. 672, 673.

Lachaise. *Lachy*. Village du Bourbonnois, près la Mine de Charbon de Fims, où les premiers travaux de fouille ont été faits anciennement par des Liégeois. 578.

Lachter. G. Brasse des Arpenteurs de Mines. 122, 782.

Lacs, (*Mine des*) en Basse-Auvergne, dépendante du Village de Sainte-Florine, 588, ouverte en trois endroits. Voyez *Puits*. Qualité des Charbons que l'on en tire, 592, ou que l'on en tiroit. 592, 593.

Lacuna. G. *Eisen*. *Sumppfst*. 251. Voyez *Wasser Schacht*.

Lacusculus. *Bassin de décharge*.

Laders. An. Echelles.

Laegige Gaenge. (*Tonn*.) *Laegiger Schacht*. (*Tonn*.) G. Voyez *Tonn*. *Laegig Gang*. Voyez *Tonn Laegiger Schacht*.

Laisser, ou *faire passer debout* des bateaux de Charbon avec une permission du Bureau de Ville. 675.

Laitier. Espece d'écume métallique durcie, appellée dans les forges ordinaires *Machefer*. Ses variétés. 1123. Indices à tirer de sa consistance & de sa couleur dans les fontes métalliques. 1173. Voy. *Zinc*.

Laiton ou *Cuivre jaune*. Alliage d'une certaine quantité de pierre calaminaire de cuivre de rosette, & de vieux cuivre ou mitraille. Fabrique de laiton au feu de Charbon de terre. 1231. Pratique particuliere employée à Baptist-Mills, près de Bristol en Angleterre, pour exalter la couleur du laiton. *Id*. Description du fourneau. *Ibid*.

Lampes pour brûler de l'huile ou du suif dans les Mines, ainsi qu'il se pratique dans les Houillieres d'Auvergne. Dans les fosses de grand Athour, il se fait une grande consommation de ces matieres. On observe que quand l'air d'une Mine est trop fort, les chandelles se consument trop vîte, & que lorsqu'il est modéré, elles brûlent irréguliérement, & sont sujettes à s'éteindre : elles valent mieux & sont plus économiques que les lampes lorsque l'air est calme, parce qu'elles ne sont point dans le cas d'être renversées & d'être entretenues. Voyez *Chandelles*. Voyez *Huile*.

Lampe à feu. *Fourneau ventilateur* de M. Sutton. Voyez *Fourneau ventilateur*.

Land Coal Metters. An. Metteurs à port.

Langue de bœuf. Outil de la forme du fer d'un sponton renforcé par son axe, surmonté d'un manche entiérement semblable & égal à celui de la tarriere, & destiné à fendre les pierres sur lesquelles la tarriere ne peut mordre ; sa plus grande largeur doit excéder celle de la tarriere.

Langue de serpent. (*Fleuret* ou *Trépan en*). Sonde de terre, usitée dans les Mines de Montrelay. 542. Autre entrant dans la composition de la tarriere Angloise, pour percer les rochers les plus durs. 885.

Languette. *Mouche*. *Moxhe de Veine*. Partie de la tarriere Liégoise pour sonder & parreusser la Veine. 216.

Lanterne, *Meche* ou *Cuiller de la sonde Angloise*. Su. Nasware. 885.

Lanterne. (Méchanique.) Roue dans laquelle tourne une autre roue. 924.

Lanterne. (Hydraul.) Piece à jour faite en lanterne, avec de fuseaux qui s'engrenent dans les dents d'une roue, afin de faire agir le piston dans le corps de pompe. 1017. Voyez *Pignons*. V. *Roues dentées*.

Lapis terminalis. G. *Lochstein*.

Largeur d'une Veine ou d'un filon. V. *Puissance*.

Larmier. Ce terme, qui a différentes signification en Maçonnerie, & qui est une espece de *chenaz*, se donne à une piece du baritel à eau, ainsi qu'à une piece des roues à chûte inférieure, dont on voit la description dans M. Delius.

Larvatum (*lithantrax*). Voyez *Lithantrax*.

Last. *Laste*. *Letch*. *Letcht*. *Lastre*. Dans quelques pays du Nord est un terme général qui se prend

Lever

Ligne, est ce que les Ouvriers nomment un *Trait*, qui va d'un point à un autre. En Mathématique est un signe employé pour signifier la premiere & la plus petite des longueurs.

Ligne oblique, plus ou moins. G. Flach.

Ligne à plomb, G. Seiger, est une ligne perpendiculaire, c'est-à-dire, une ligne qui fait un angle droit avec la ligne horisontale. 584. Voyez *Fil à plomb*, dont on se sert dans les instruments de Mathématiques.

Ligne qui ne s'éloigne pas beaucoup de la ligne horisontale. G. Schwebend.

Ligne de niveau. G. *Sohlig. eben Sohlig. Ligne* plus ou moins *oblique*. G. *Flach*. Voyez *Gang*. *Tracer sur le terrein une ligne qui fasse avec une autre ligne des angles droits.* 786. *Ligne qu'il faut mesurer à travers des plans inclinés.* Probléme pour lequel l'astrolabe conviendroit. 788.

M. de Genssane, dans le Chapitre VI de sa Géométrie souterraine, donne la solution du probléme (N°. 6.) *Prolonger une ligne donnée sur un terrein quelconque.* Voyez *Méridienne.*

Le Probléme XI de M. Weidler, est *mener une ligne horisontale droite sur la terre, dans les cas où la superficie est inégale, & dans ceux où elle est coupée par des précipices ou d'autres obstacles considérables.* Le Probléme XIII, *trouver une ligne droite par laquelle on peut approcher en moins de temps des souterrains*; ce qui éclaire lorsqu'il s'agit de pénétrer de dessus la surface aux galeries, & lorsqu'on peut communiquer d'une galerie à une autre qui en est voisine.

Ligne fiducielle, ligne de foi, ligne d'assurance. Diametre de la Boussole. 904.

Ligne des nombres. Voyez *Echelle.*

Lignes appellées *Sinus*, *Tangentes*, *Sécantes.* 789. Voyez *Sécantes*, *Sinus*, *Tangentes.*

Lignes artificielles, lignes des parties égales, lignes des lignes, lignes des cordes. Ibid.

Dans le langage de l'exploitation, les Houilleurs Liégeois appliquent différemment le mot *ligne*; ils disent, *ligne de l'ouvrage*, ou *avant-main.* 894. Voyez *Levay.*

Ligne. (Gnomonique.) 766. *Ligne Méridienne*, ou *Ligne du Midi*, est celle qui tend d'un pôle à l'autre, & qui représente le cercle du Méridien. Dans les Cadrans verticaux cette ligne du Midi est toujours perpendiculaire à l'horison. 768. Voyez *Boussole.*

Ligne soustillaire. Ligne sur laquelle on éleve le style d'un Cadran. *Idem.*

Ligne d'eau des Fontainiers, évaluée à la cent quarante-quatrieme partie d'un pouce d'eau. 1081. *Ligne de l'eau.* En parlant d'un Vaisseau, c'est l'endroit du bordage jusqu'où l'eau monte, quand le bâtiment a sa charge & qu'il flotte. Voyez *Jaugeage.*

Ligne du Fort. (Maritime.) En parlant d'un Vaisseau, se dit de l'endroit où il est le plus gros. 721.

Lignum Petroleo imbutum. Gagas. Pseudo gagas. Ebenum fossile. Lithoxylon. G. Sortur Brandur. Bois fossile jayeté. 443.

Ligo. Hoyau. Beche. G. Feilhaw.

Ligula. Nom Latin donné par Agricola à l'aiguille de la Boussole. V. *Aiguille*

Limagne ou *Basse-Auvergne.* Province qui fournit du Charbon de terre à la ville de Paris, & où il y a plusieurs puits de Mines ouverts à Brassac, Sainte-Florine, Auzat, & autres Paroisses, Election d'Issoire. 584. Ces Mines ont été affichées à vendre (en vertu d'un Arrêt du Conseil du 3 Décembre 1774,) ensemble ou séparément, au plus offrant & dernier enchérisseur, à la requête des Intéressés dans ces Mines. Nous placerons ici un nouvel état de ces Mines, d'après l'affiche, tant pour l'exactitude des noms des endroits, à laquelle nous avons pu manquer, que pour présenter ici un tableau plus rapproché des Mines de cette Province.

Dans un Champ dit *Chaniac*; dans les Tenemens de *Baratre*, *les Gours* puits haut & bas, *le Bourguet*, *les Rivaux*, *le Croc*, *la Chalandre*, *la Prade*; dans les appartenances & territoire de *la Roche Brezin, mine de Marialle*, terroir de *la Font*, du *Pradel*, de *la Combelle*; dans les terres & prés joignant *le Chazal* ou Canal de la Mine de *la Fosse*; *les Gours hauts*, le terroir d'*Artonnas*; au terroir de *Sadourny*; au terroir de *Tansac*, *Tansat-le-Terron*, *Auza*, sur l'Allier & *Paroisse de Baulieu*; *Vignal haut*; *Vignal bas*, dans le Champ du Chesne. *La Daille*, ou *le Champ de Chesne*, *le Champ de Nassé*; aux territoires de *la Megecote*, de *la Plenide*, contigus l'un à l'autre, Paroisse *Sainte-Florine*, dépendants de la Terre & Seigneurie de Relhiac; les Mines de *Neuvialle*, de la *Seigneurie de Vergonghon.*

Limande. Soliveau. Chevron. LAT *Tigillum*: les noms François sont donnés en Charpenterie à une piece de bois de sciage plate, étroite, & peu épaisse; on en emploie de cette espece dans quantité de constructions pour les Mines.

Trempe de l'acier. 852. Des limes. Voyez *Trempe.*

Limites de Concession. Etendue du terrein dont une Compagnie est mise en possession par privilege; doit être bien spécifiée dans la Concession, de maniere à ôter matiere à procès. Voyez *Termes.*

Linea Normalis. Voyez *Plomb.* Voyez *Normalis.*

Linie. (*Sohles.*) G. Lit de la galerie.

Liquation du cuivre, 1228, par le feu de Charbon de terre. Fourneau pour cette opération. 700, 1228. Pains de liquation, ou cuivre fondu & moulé en gâteaux. *Ibid.*

Liquet. Selon M. de Genssanne, on donne ce nom dans quelques endroits à la roche inférieure d'une Veine de Charbon. Voyez *Hang.*

Liqueur de suie. Moyen d'en obtenir de l'alkali volatil fluide. Voyez *Distillation.* Moyen d'en obtenir de l'alkali volatil concret. Voyez *Sublimation.*

Lisiere de Veine. G. Salbande. Su. Bryne. Lorsqu'une Veine n'est pas liée intimement à ses côtés, avec le rocher de sa couverture & de son chevet, & qu'elle se sépare facilement, cette fente de séparation est ce qu'on nomme *Salbande*, ou *lisiere de Veine*; cette fente, qui selon la remarque de M. Delius, accompagne toujours la Veine, est quelquefois remplie d'une pierre de la même nature que celle de la Veine; mais souvent elle n'y ressemble en rien, ni à celle de la couverture ni à celle du chevet; c'est ce qu'on nomme assez bien *lisiere*, & en plusieurs endroits, *trace*, *Besteg.* Voy. *Besteg.* V. *Salbande.*

Litharge (*Refonte de la*) fraîche en plomb dans des fourneaux de fer fondu. 1236.

Liteau. Linteau. Tringle de bois couchée sur une autre qui lui sert de lit, ainsi appellée à cause de sa disposition ou de son usage, ou parce que d'autres tringles reposent sur elle. 909.

Lithantrax metallisatum seu Mineralisatum. Charbon de terre minéralisé. 605.

Lit, Plancher Sol, Assise d'une couche. 449.

Lits. Couches de Mines, de terres, de pierres, de rocs; un Ingénieur de Mines doit se les rendre familiers.

Lits de substances terreuses. Leurs marches différentes, pareilles à celles de lits de Charbon de terre. 751. Dans le voisinage de la Mine d'où on tire l'alun, sur la route de Freyenwalde à Berlin, il se trouve, au rapport de M. Lehmann, dans le Mémoire sur les eaux de Freyenwalde, une terre noire traversée en quelques endroits par des veines de sable d'un pouce d'épaisseur, qui la coupent verticalement & non en ligne droite; mais ces veines forment des angles semblables à des ouvrages de fortification; cette ressemblance de marche avec celle des Charbons de terre est très-remarquable.

Lits ou *couches des montagnes à couches*, observent ordinairement une sorte de regle dans leur position; néanmoins cette régularité est quelquefois entiérement renversée; le Dach Stein, appellé autrement *Zech Stein*, ou *Pierre du toit*, se trouve quelquefois immédiatement à la superficie sous la terre franche. Voyez *Montagnes à Couches*.

Lit mourant. Maniere dont les Veines métalliques se terminent tout d'un coup.

Littry, petite contrée du Bocage en Basse-Normandie, près la source de la riviere de Laure qui passe par cette ville: le nom de *Littry* est défiguré dans la plupart des Cartes géographiques, où il est appellé *Livry*. Cet endroit est remarquable par une Mine de Houille ou Charbon de terre découverte en 1743, sur laquelle M. le Marquis de Balleroy a exercé un privilege accordé en 1744, retrocédé à une Compagnie en 1747. Cette Mine occupe au moins 300 Ouvriers par jour: il y a deux puits qui ont depuis trois jusqu'à quatre cents pieds de profondeur. 369.

Livrable. (Pannier) Enguel Treque. 374.

Livre. Mesure pondérale des corps graves qu'on pese, & qui est différente selon les lieux. Livre de Languedoc. 722. De Lyon, Marseille, Paris, Rouen, Toulouse. *Id.* La livre de Londres ou *Aver du poids*, qui est entre un onzieme & un douzieme moins que notre livre de Paris. 864. Voyez *Poids*. (*Aver du*)

Livres ou *ouvrages* qui doivent être connus d'un Ingénieur de Mines. 923. Voyez *Ingénieur*.

Loca. G. Oertungen.

Localis. (*Palus*) Pieux.

Loch Berge. G. Montagnes où la matiere minérale, située à peu de distance de la superficie, sauve de l'embarras de l'approfondissement.

Lochen. G. Creuser dans la Mine, à peu de distance de la surface, au lieu de pousser le travail en profondeur.

Loch-Stein. Couche d'ardoise simple, sans mélange.

Loculamentum orbiculorum. Capsa. Capsula. Chape. Echarpe.

Locus. G. Ort. *Locus terminatus*. Cul-de-sac. G. Gauz Ort.

Loft. Su. Air. Skalegiga. Su. Air mauvais. *Machine eld Loft*. Su. Machine à vapeur.

Logarithmes. Nombres artificiels qu'on substitue aux nombres ordinaires, afin de changer toutes les especes de multiplications en additions, & toutes les especes de divisions en soustractions. *Logarithmique*. (*Regle*) de Gunter. Voyez *Echelle*. *Tables*, Voyez *Tables*.

Loing. (Riviere, Canal de) Sa Jurisdiction au Prévôt des Marchands & Echevins de l'Hôtel-de-Ville de Paris; Police de cette navigation fixée par une Ordonnance du Bureau concernant la sûreté des bateaux de Charbon, & autres droits sur ce Canal. 643. Dans les Gares & Racles de Saint-Mammet & de Moret, du 5 Juillet 1759.

Loire. Riviere. Son Cours. 599. Compagnie des Marchands fréquentants la riviere de Loire. 712. Entrée en Loire. Bec d'Allier. 598. Voyez *Boëte*, *Droit de Boëte*, *Trepas de Loire*.

Loix & procédures sur le fait des Mines. 827. Voyez *Jurisprudence*. La procédure fait un point capital de l'administration des Mines. *Idem*. La science de ces loix ne consiste pas uniquement dans la connoissance des termes de la loi, mais dans le jugement nécessaire pour en connoître la force & l'étendue. 829. La parfaite connoissance des loix d'un pays est intimement liée avec l'Histoire de ce même pays; il est indispensable d'en être instruits pour avoir l'intelligence de quelques loix locales qui paroissent injustes ou obscures. 830.

Londres, Capitale de l'Angleterre, anciennement approvisionnée pour le chauffage en bois que lui fournissoit son voisinage. 422, 424. Chauffée ensuite avec du Charbon de terre. 423. Ordonnance du Roi Edouard I, pour défendre l'usage de ce combustible. 422. (*Mém*. 22.) Commerce du Charbon de terre en Angleterre, 422. A Londres. 437. Consommation & exportation de Charbon de terre dans cette Capitale. 424. M. de Freville dans ses Mémoires, sur l'état du Commerce de la Grande-Bretagne, rapporte qu'en 1728 il arriva à Londres plus de six mille huit cents barques chargées de ce combustible.

Long bras de levier. Voyez *Levier*.

Longs membres. Le. Longs côtés du bure. 370.

Long jeu. Le. Trou de tarré entier. 217, 271.

Longitude d'un lieu déterminé, est la partie du cercle de déclinaison qui passe sur ce lieu, comprise entre le premier Méridien & ce lieu. 759. Degrés de Longitude. 759, 760. Longitude méridionale. *Idem*. Septentrionale. *Ibid.*

Longue Mahire. Le. Grande Mahire. 245, 246. Voyez *Mahire*.

Longues Verges. Le. Piece qui s'adapte à l'A-morceux. 216, 697. Voyez *Verges*.

Longueur dans les Mines d'Auvergne, exprime la masse de Veine considérée dans son étendue en largeur. 589.

Louchet. Hawe. Bêche des Houilleurs Liégeois, 217, 218.

Loup. Apparence de Houille d'une épaisseur imperceptible, placée entre les bancs de pierre, & que l'on prendroit pour la Veine. Voy, *Waîme de Vone*.

Loup (Gueule de) dans la petite machine à enlever le Charbon des Mines de Newcastle, pour empêcher le vent de souffler dans le tuyau d'airage. 697.

Lousberg, (*Montagne de*) près Aix-la Chapelle. Montagne secondaire élevée & laissée par les eaux de la mer, à leur retraite. 743.

Louvrex, (*G. de*) Ecuyer, Seigneur de Ramlot, Conseiller au Conseil privé de S. A. M. le Prince, Evêque de Liege, Echevin de la souveraine Justice de la Cité & du pays de Liege: ce qu'il se trouve dans son ouvrage sur l'art & les coutumes de Houillerie à Liege. 198.

Loyal (*Charbon*) & marchand. 663.

Lufte. (*Vergifte*) *aura pestilens*. Voyez *mauvais Air*.

Lumiere. Air. Airage. 252, 265. *Faire suivre la lumiere*. 252. *Faute de lumiere*. *Porte-lumiere*. 464.

Lumps. An. Morceaux. Pelotons.*Lump Lead.* An. Mine en masse d'une espece de plomb pur. 1233.

Lunettes, Formes ou *Moules* en fer, pour mettre le Charbon paîtri avec des terres grasses en pelottes ou *briquettes* ; leur dimension ordinaire à Liege. 357, 1333, 1350. A Valenciennes. 487. Dimension de celles qui ont été employées à Paris pour le débit de ce chauffage. 1347. Altérée. 1348. L'épaisseur du fer qui n'a point été donnée, quand il a été fait mention de ces lunettes, est d'une petite ligne ; son pourtour est de 16 pouces 3 lignes, pied de Roi : ceux de moyenne grandeur à Liege portent 3 pouces 2 lignes de hauteur ; 6 pouces 2 lignes de largeur, & 2 pouces une ou deux lignes de hauteur.

Lure en Franche-Comté, d'où on tire du Charbon de terre pour être consommé aux fours à chaux, près Saint-Loup, aux environs de Bains en Lorraine, & ailleurs. Le Charbon de Lure est distingué en Charbon de trois qualités ; l'un feuilleté & léger, traversé de filets ferrugineux, & donnant le moins de chaleur ; le second est d'un tissu serré, pesant, noir, luisant & verron ; il se tire des couches les plus enfoncées, & son feu est très-actif ; le troisieme est très-pyriteux ; il est réputé le moins propre aux fours à chaux, parce que le soufre qu'il contient diminue la qualité & la quantité de la chaux.

Lutte. Le. Cloison de séparation en menuiserie, établie à l'entrée du bure. 246. Voyez *Parti-Bure*.

Lyon, Traînée, *Guide. Indice du Parois.* G. *Wegueiser.* 311. Voyez *Waime de Vone*.

Lyonnois. (Charbonnieres du)

M

Maassen. (*Die*) G. Limites de Concession.

Machefer, ou Laitier du Charbon de terre. Deux especes, *Machefer simple*, ou résultant du Charbon de terre brûlé seul. Ses propriétés médicinales. 1123. *Machefer composé*, résultant du Charbon employé au feu de forges, doit tenir de la vertu non-seulement du fer fondu, mais encore des propriétés réunies, & des parties bitumineuses du fer, & de celles que le Charbon de terre lui a transmises. *Idem*. Pourroit être employé en Médecine après avoir été porphyrisé. 1124. Voyez *Eaux minérales.* Voyez *Mortier*.

Machina. Machine. G. Machine.

Machina Bitraha à deux traîneaux, ou qui tire, qui enleve deux charges.

Machinæ Funiculares. Voyez *Haspel. Machines funiculaires. Scansoriæ.* G. *Farten.* Voyez *Echelles.*

Machinæ spiritales. Machinæ pneumaticæ. Voyez *Machines à air.*

Machinæ tractoriæ. Machines à tirer des fardeaux. G. *Gereuge Sobergund.* Wasser Heben.

Machine. Le. Muraille de séparation en brique ou en maçonnerie, qui s'établit dans le Bure. 247, 249.

Machine. (*Puits d'*) Sax. Kunst Schachte.

Machine. On appelle proprement *Machine* tout ce qui sert à transmettre, à régler & à augmenter suivant une certaine loi la force mouvante à un fardeau qu'on veut élever, ou qui a une force suffisante pour arrêter le mouvement d'un corps. 911, 1033. Ce n'est ni la force, ni la solidité des matériaux qui font le mérite de l'invention. 1033.

Machines. (Travaux de Mines qui s'exécutent par) 909. Moyens dûs la plupart du temps au pur hasard, à des conjectures heureuses & imprévues,

à un instinct méchanique, à la patience du travail, à ses ressources ; l'expérience a tellement constaté la bonté de celles qui sont en usage, que l'on diroit presque qu'il ne s'agit que de les copier avec précision, & qu'elles ne consistent que dans une exécution de routine. *Ibid.* Voyez *Méchanique.* La pratique des Machines doit être éclairée par la théorie, & ce moyen est même le seul qui puisse lui faire faire des progrès rapides & certains. Voy. *Planches gravées.* Dans la construction des machines on doit appliquer les loix de l'équilibre & du mouvement. *Id.* Voyez *Equilibre* ; & pour connoître leur effet, il faut le calculer dans le cas d'équilibre. 911.

Machines simples, 911 ; ont différentes destination ; elles ont chacune leurs propriétés, leur objet particulier, & toute la perfection dont elles sont susceptibles : elles ne peuvent se comparer ensemble que dans un sens fort impropre. 922. 1105.

Machines composées, en général. 911. Machines qui résultent de plusieurs machines jointes & combinées ensemble, ou de la même répétée un certain nombre de fois. 922. Etant difficile qu'on puisse produire l'effet dont on a besoin par le moyen d'une machine simple, l'usage des machines composées est indispensable & très-fréquent ; pour des charges aussi considérables que celles que l'on a vu qui s'enlevent au jour dans quelques Mines, les machines ne peuvent être que plus ou moins composées, & mises en action pour une force proportionnelle. 923. 1105. Par des hommes pour des petites machines. 1106. Par des chevaux pour les grandes, 922, 1110 & le concours de différents agents, des grandes poulies, des grandes roues. V. *Rouages.* Du trottoir dans lequel agissent les uns ou les autres. 1113. Parmi les machines composées, celle Pl. XXXIV, est la plus remarquable.

Machines qui se rapportent au Treuil. 914. Choix de détails curieux & utiles, rapprochés de chaque machine à laquelle ils conviennent. 927. On doit sur-tout avoir attention pour les Machines qui se meuvent sur des aiguilles ou pivots s'adaptant à des crapaudines, comme le baritel à eau, que le cercle des crapaudines doit être plus ouvert que leur diametre, afin d'éviter les frottemens.

Force du petit *Touret* à bras ou *Vindas.* 837.

Force des petites machines à bras. *Ibid.*

Machine d'extraction de la Mine de Fims en Bourbonnois. 581.

Machines d'extraction, ou Machines établies à la superficie des Houillieres pour l'enlevement du Charbon au jour. 201, 235, 909. De différente espece & de différente force. 837. *Grande Machine à enlever les Charbons* dans les Mines de Neuwcastle. 696. *Petite Machine à enlever les Charbons* dans les mêmes Mines. An. The-Whim Gin. *Ibid.* Voyez *Machine à mollettes.*

Machines pour enlever les eaux & les charbons dans des seaux & dans des caisses ; différentes puissances qu'on y applique. 1105. Connoissance des agents animaux, relativement à leur puissance. 1106. Cas où l'homme a l'avantage sur les animaux. *Id.* Observation sur les bras de levier. *Ibid.* Différence des forces animales (selon leur disposition. *Idem.*

La Gazette de Liege du 29 Mars 1776, N°. XXXIX, annonce une invention assez particuliere pour enlever les houilles d'un bure ; c'est une Machine dans laquelle on se passe entierement de chevaux,

vaux,

vaux, de chaînes, de cordes ; on n'a pas même besoin, lorsqu'on se sert de cette machine, de profonder un second bure, il suffit aux Ouvriers d'atteindre le pied de l'enfoncement, pour en être remontés de moment en moment, sans jamais être exposés au moindre retard ni au moindre danger.

L'Auteur prétend en même temps que cette machine, dont la construction coûteroit environ huit mille florins, est beaucoup plus solide que les machines ordinaires, & moins sujette à se détraquer ; que d'un bure de cent toises & plus de profondeur, elle enlevera dans une journée la même quantité de *Denrée* que l'on en tire par les machines connues, moyennant la dépense de huit florins par jour, ce qui ne fait tout au plus que le quart de la dépense qu'entraîne journellement la méthode aujourd'hui en usage ; & qu'en doublant les frais journaliers, il est possible avec cette machine, sans y rien changer, de tirer le double de denrées, de même que d'enlever les eaux : qu'enfin, au cas de nécessité, on peut enlever à la fois les eaux avec chaque panier de Houille, pourvu que leur pesanteur n'excede pas la pesanteur des paniers remplis de Houille, ce qui alors seulement feroit hausser les frais à seize florins de Brabant. Cette invention, annoncée aussi dans une petite Brochure de huit pages *in-16*, intitulée : *Description abrégée d'une nouvelle Machine, & autres pieces d'Horlogerie*, ayant fait naître assez généralement, même dans le pays où elle seroit d'un usage très-avantageux, des doutes tant sur sa possibilité que sur ses avantages, l'Inventeur M. Hubert Sarton, Horloger à Liege, Méchanicien de S. A. R. le Prince Charles de Lorraine, & de S. A. C. le Prince Evêque de Liege, a proposé de la faire exécuter à ses frais & dépens, aux risques de ses dépenses si l'expérience ne réussit point, & moyennant une rétribution proportionnée, ou des assurances convenables, en cas de réussite, de la part de ceux qui voudroient y assister. Je ne sache point que l'expérience ait eu lieu.

Machines à air. Machinæ Pneumaticæ, Machinæ spiritales. G. Gezeige. Svowetter Bringen. Wind Genge. Toute espece de machines qui s'établissent sur la bouche des puits, pour renouveller l'air dans les Mines, comme *Hernaz* ou *Moulins à vent*, *Soufflets*, *Fourneaux à feu*, & en général toutes les machines comprises sous le nom de *Ventilateurs*. 961. Différentes especes ; les unes sont mues par l'air intérieur seul, les autres par l'air extérieur, aidé de quelque puissance. 962. Assiette de ces machines. *Idem.*

Machine à air, décrite dans Agricola, qui attire & ramene l'air du fond du puits. *Ibid.* Autre qui introduit l'air dans le puits, par un tuyau ou un conduit à air. Autre que l'on pourroit nommer *Récipient de l'air*, construite en maniere de tonneau ; sa construction. 963. Rapport de ces machines avec plusieurs inventions modernes. Voy. *Baraque à air*. Voyez *Soufflets*. Dans les temps de chaleur ou de calme, où précisément l'air des Mines est stagnant & mal sain, la plupart des machines à air, qui ont besoin du vent, sont sans effet elles ne sont plus gueres d'usage que pour faire agir des corps de pompes. 963.

M. Delius décrit & représente une espece de ces machines inventée en 1753 par M. Hoel, & dont la description a été publiée in-8°, elle est mise en mouvement par l'effet alternatif de l'eau ramassée de la superficie extérieure de la Mine (qui en 24 heures emploie à son mouvement 20736 seaux d'eau), & de l'eau de l'intérieur de la Mine même qui emploie 17280 seaux. Par le calcul de M. Delius, il se faisoit dans le premier cas 22 levées & demie de la machine en une heure de temps ; & dans le second cas, 20 levées en une heure aussi ; chaque levée enlevant 19 à 20 seaux d'eau, ce qui produit en 24 heures, dans le premier cas, 10944, & dans le second, 9120 seaux d'eau jusqu'à la galerie de décharge, dite *de la Trinité.*

Machine d'airage à vent. Machine à vent décrite par M. Cambrai de Digny. 1030. Voyez *Machine ou Hernaz à vent hydraulique*. Voyez *Soufflets*, *Machines aspirantes*, *Machines soufflantes*. La *Boëte à vent*, décrite dans quelques Auteurs, est de très-peu d'usage dans les Mines : celle dont on se sert dans les Mines de Schemnitz est nommée *Focher*. Roue ou *Tambour à vent*. Voy. *Roue à vent.*

Machine aspirante. Pompe aspirante. G. Wetter Sangende Machine. Qui exténue l'air de maniere que celui dont il est environné est obligé de le suivre avec pression. L'opération est la même que celle des machines soufflantes, à l'aide de tuyaux ou de conduits de planches qui y sont adaptés, & dans lesquelles le mauvais air est porté ; ces machines produisent un meilleur effet pour délivrer du mauvais air que les machines soufflantes ; les meilleures sont celles avec lesquelles on pompe l'air de la même maniere que l'eau se pompe dans les machines hydrauliques : on en a inventé de particulieres, décrites par M. Delius, dans le Chapitre VIII de son ouvrage.

Machine à Chevaux. Voyez *Machine à Molettes. Baritel.*

Machine soufflante. G. Wetter blasende Machine. Qui comprime l'air & le pousse en avant. Le but des machines soufflantes est de forcer l'air extérieur à entrer dans l'endroit où il y en a un dont on veut se débarrasser, &, par ce moyen, de mettre en action cet air stagnant chargé d'exhalaisons, afin de le chasser du puits, ou de la galerie où il se trouve. Voyez *Ventilateurs.*

Machine à colonne d'eau. G. Wasser saulene Machine : inventée par M. Hoell, premier Machiniste de l'Impératrice, les principales parties de celle établie au puits Sigismond, dont les tuyaux de chûte brisés en angles, parce qu'ils suivent communément la pente oblique d'une montagne ; un autre tuyau perpendiculaire qui se réunit au premier par un tuyau de communication horisontale, & un cylindre dans lequel l'eau doit remonter, &c. Toutes les dimensions & constructions de ces différente pieces sont détaillées, ainsi que le jeu de ces machines, dans la Section V, du Chapitre IX, de M. Delius. Toutes les fois qu'on n'a point dans les étangs assez d'eau pour toute l'année, ou qu'on est obligé de la diviser, de l'économiser, ou enfin qu'on n'est point géné pour la perte des chûtes. Cette machine est utile au puits de Léopold ; il y en a trois l'une sur l'autre ; à Schemnitz on en a établi jusqu'à huit

Machine à eau. Feld Gestang. Voyez *Machine hydraulique.*

Machine ou Baritel à eau. G. Treip Kunst. *Machine à roue*. G Wasser Goepel. Kehrvrade : inconnue en France, employée à Altemberg. 1110. Cette machine a varié dans sa construction, par rapport aux frottements qu'il faut éviter le plus qu'il est possible : ce que l'on ne peut obtenir que d'une construction simple. M. Delius donne de cette machine une deſcription très-circonſtanciée, & de ce que l'on a imaginé pour la ſimplifier. 210. Il en donne auſſi un calcul très-exact.

Machine ou *Baritel à eau, avec une roue à modérateur*. Cette Machine eſt décrite dans M. Delius, Chap. VII.

Machine Eld Loft. Su. Machine à vapeur.

Machine à feu, Pompe à feu, mieux nommée *Machine à vapeur*. Voyez *Machine à vapeur*.

Machines funiculaires; c'eſt-à-dire où l'on n'emploie que des cordes pour ſoutenir un poids, oupour contrebalancer pluſieurs puiſſances. 916. V. *Cordes*.

Machine à Molettes. Baritel. G. Roſſ Kunſt. Pfert Kunſt. Supérieure pour la force aux tourniquets; on s'en ſert pour enlever alternativement ou avec des ſeaux, ou avec des ſacs de cuir, les eaux & les matieres dans des puits de moyenne profondeur : quand ces machines ſont uniquement employées à l'extraction des eaux, c'eſt ce que les Houilleurs nomment *Angins à Pompes*, 238, parce que dans une certaine profondeur, d'où il faut enlever une plus grande quantité d'eau, les ſacs & les ſeaux ſeroient inſuffiſants, & qu'alors il faut recourir aux pompes : voyez *Machine* ou *Baritel à eau*. Ce qu'une machine à molettes peut enlever d'eau par heure. 563. Avec la force moyenne d'un cheval, une machine ne peut gueres enlever par heure plus de 19 muids & demi environ, à une hauteur de 500 pieds; la force du moteur étant totalement employée à ſurmonter le poids de l'eau.

Machine à Molettes. Baritel ou *Machine à chevaux*. Le. *Hernaz à chevaux*. Su. Haeſt-Wind. 1110. Lorſque les puits ſont ouverts ſur le ſommet des montagnes, où il eſt difficile d'amener de l'eau, de former des étangs, de conſtruire des machines hydrauliques, on eſt alors obligé d'employer les machines à chevaux appellées en France, du nom général, *Machines à Molettes*, compoſées d'une roue horiſontale & dentée, qui reçoit le mouvement de chevaux d'une roue à lanterne qui ſe meut par la deuxieme de deux manivelles adaptées à l'arbre de la roue à lanterne, à laquelle on adapte un ou deux tirants, qui, comme dans les roues hydrauliques, meuvent médiatement ou immédiatement les *Secteurs* par d'autres balanciers verticaux, & auxquels ſont attachés les tirants du puits. Voy. *Roue à lanterne, Roue dentée, Manivelle. Tirants, balanciers*. 237.

Machine à Molettes employée dans la Mine de Carron, qui ne demande pour ſon ſervice que deux chevaux. 1111.

Machine à Molettes d'une nouvelle invention employée dans la Mine de Walker, 696, 1112, & qui agit par 8 chevaux allant au grand trot. Contenance des paniers. 1112. Art employé dans cette machine, pour ſauver les frottements & concilier la vîteſſe. 696, 1112. Pour corriger la lenteur de l'enlevement des Charbons. 695, 696. Différence de cette machine d'avec les *Machines à Mollettes* ordinaires. 1112. Inconvénients de cette machine, ſelon M. Jars. *Ibid.*

Machines à Pompes. Le. *Angins à Pompes* : très-coûteuſes dans l'entretien, mais dont les frais peuvent être ſauvés par une galerie maîtreſſe, qui a le double avantage de débarraſſer les eaux les plus profondes, & en même temps de faciliter l'exportation au-dehors.

Moulins à Pompes à la Hollandoiſe. Voyez *Machines à vent*.

Machines hydrauliques mues par l'eau. G. Feld Geſtang. 238. Cas où elles conviennent. 1032. Conditions premieres & eſſentielles pour leur pleine exécution. 1020. Voyez *Machine de Marly*. 238. Voy. *Grue hydraulique. Machine de Nymphembourg*.

Machine hydraulique qui peut être mue à volonté par les eaux, par le vent, par des hommes, par un ou pluſieurs chevaux, inventée par M. Dupuy. 1047. Quoique le Docteur Deſaguliers, qui l'a décrite & gravée dans ſon ouvrage (Leçon XII), n'en fit point grand cas pour élever l'eau à une grande hauteur. Voyez l'avantage de cette machine, telle qu'elle eſt exécutée aujourd'hui pour les Mines de Pompéan en Bretagne. 1048, 1049.

Machine à ſoufflets. Roue à ſoufflet. Roue centrifuge du Docteur Etienne Hales. 967. Sa deſcription. 966. Son avantage de pouvoir en une minute décharger du fond d'une Mine, à l'aide d'un ſeul homme, environ 13 pieds cylindriques, ou 10 pieds cubiques de vapeur. Voyez *Ventilateur*.

Machine à Tirailles. Machine hydraulique à laquelle on adapte un ou pluſieurs tirants, décrite dans l'ouvrage de M. Delius. Voyez *Tirailles*.

Machine appellée *Trait*. Voyez *Trait*.

Machines ou *Hernaz à vent hydrauliques*, ou *Moulins à pompes à la Hollandoiſe*. Dans quels endroits & dans quels cas elles conviennent. 1029, 1030. Commodité de ces machines. 1029. Leur mérite. 1030. Leur inconvénient. *Idem*. Le mouvement du piſton dépend des aîles de la machine, & en conſéquence de la viteſſe du vent, & de la grandeur du corps de pompe. *Ibid*. Demandent à être trop multipliées. 1031. *Moulin à vent* qui tire l'eau d'un puits au jardin d'une maiſon de Rouen. 1031. Le même que celui exécuté à Monceaux, chez M. le Duc de Chartres. Ce qu'a coûté à conſtruire celui de Rouen. 1032.

Machine à vapeur, connue généralement ſous le nom de *Machine* ou *Pompe à feu*. An. *Steam Engine*. L'expreſſion Angloiſe que nous adoptons déſigne bien mieux par ſon moteur cette machine, puiſqu'on peut en pays étranger confondre les pompes employées pour éteindre le feu, que nous appellons en François *Pompes à Incendies*. 1050. Ces raiſons feront que nous rapporterons ſous ce titre tout ce qui concerne les machines, dites en François *Machines* ou *Pompes à feu*.

Différentes eſpeces de machines à vapeur. 1053. Toutes ces différentes machines doivent ſe rapporter à deux principales, uniquement différentes par leurs forces, à raiſon de la différence de la méthode ſur laquelle elles ſont conſtruites; ſavoir, celles qui ſont à *Piſtons & à Leviers*, & celles qui pourroient être déſignées par le nom de *Machines à Balancier*. *Id.*

Machines à vapeur ſans Balancier, que l'on pourroit auſſi appeller *Machines de Savery* ou *de Newcomen & Cawley*, qui les premiers les ont exécutées ou perfectionnées; actuellement ſeule uſitée en Angleterre. 1053. Décrite dans le *Lexicon Technicum* de Harris, enſuite par Deſaguliers & par Muſſchembroeck : ſes principales parties ſont un alambic, & deux ou un ſeul récipient. Son mécaniſme 1053, 1076. Lenteur de ſon jeu. Son opération bornée, ſon avantage. 1053. Jugée par M. Deſaguliers préférable dans certaines occaſions. 1054. Additions faites par M. Cambrai de Digny. 1059.

Recueil hiſtorique, théorique & pratique pour former une eſquiſſe de l'art de conſtruire ces machines, & completer tous les éclairciſſements que l'on peut ſouhaiter ſur cette ſorte de pompe. 1050. Epoque de leur invention. Trois Nations de l'Europe ont concouru en même temps à l'exécution de ces pompes, due cependant à une expérience du Baron de Worcester, aux premieres découvertes de M. Papin, 1051, & a Humphrys Potters. 405.

Plusieurs de ces machines sont dans le *Theatrum Machinarum* de Leopold. 1051. Indication des Ouvrages & des Auteurs qui en ont parlé. 1052. Les descriptions les plus détaillées de machines à vapeurs, sont celles du Docteur Desaguliers, surtout intéressante par les détails & les recherches dans lesquelles l'Auteur est entré sur l'histoire & le méchanisme de cette pompe ; par les éclaircissements dont elle est accompagnée sur les points les plus difficultueux ; par plusieurs questions que l'Auteur se propose à lui-même, & qui y sont discutées d'une maniere satisfaisante. 1051. Description de la machine à vapeur établie à *York-Buildings*, sur le bord de la Tamise, & de la pompe aspirante & refoulante exécutée dans cette machine. 1056. Description d'une machine à vapeur établie sur une Mine de Charbon, *à six milles de Newcastle*, exécutée avec une grande précision. 1059. *Machine de Griff.* 1072. Description publiée par M. Bélidor, intéressante par la maniere dont la machine est développée & calculée dans son effet, relativement à la force de l'eau bouillante, à la résistance de l'atmosphere, & à celle du poids de la colonne d'eau qu'on veut élever. 1051. Description par M. le Chevalier de Buat, Ingénieur ordinaire du Roi, dans l'Hydro-dynamique de M. l'Abbé Bossut. 1052. Autre par M. Musschenbroeck dans son essai de Physique, insérée en extrait dans l'ouvrage de M. Cambray de Digny, sur une machine à feu construite pour les Salines de Castiglione. 1051. Dans cette machine détaillée & développée en sept Planches, l'Auteur s'est occupé de remédier à quelques inconvénients de la machine de Papin & de Désaguliers. *Idid.* 1054, 1088. Description de la machine de Bois-Bossut, près Saint-Guilain en Hainaut Autrichien, insérée dans le Dictionnaire Encyclopédique, *Tome V, pag.* 603, mot pour mot la même que celle de Fresne. Décrite par Bélidor *Chap. III, Liv. IV, Tom. II.* Les Planches qui l'accompagnent dans l'Encyclopédie, présentent beaucoup de développemens de conséquence pour l'intelligence de la machine.

Machines qui, à proprement parler, sont des *Machines à vapeurs*, ou *Machines à Levier* & *à Pistons*, ou *Machines à Balancier.* 1054. Nommées souvent *Machines de Newcomen.* Id. Le récipient se vuide par répulsion de la vapeur. 1053, 1075. Sont les mêmes que celles décrites par Désaguliers, ensuite par Bélidor. 1054.

Equipage d'une Machine à vapeur, ou pieces qui en composent l'ensemble. 1086. Distingué en trois classes. *Idem.* Pieces que l'on peut nommer principales, parmi lesquelles le Balancier tient le premier rang, comme principal moteur. Description de cette Piece. 1055. Idée générale de son méchanisme. *Idem.* Temps dans lequel s'exécutent ses opérations. *Ibid.* Voyez *Balancier.* Ces machines ont différentes grandeurs selon l'objet qu'on se propose en les construisant. 1055.

Balancier composé d'une poutre longue de 26 pieds 8 pouces, grosse de 20 à 23 pouces. 1064. 1091. Jantes qui l'accompagnent, de 28 pieds 2 pouces de long, & de 20 à 22 pouces de grosseur. 468. Ses tourillons de 3 pouces de diametre. 1059. Voyez *Balancier.*

Diaphragme ou *Régulateur*, 468, 1068. (Explication des parties qui appartiennent au) ou détail des pieces qui le font jouer. 1092. De quelle maniere le mouvement se communique au régulateur. Voyez *Régulateur.*

Cylindre ou *Corps de pompe.* Sa description. 469, 470. Dimension différente du cylindre. Description de son piston. 470, 1090. Jeu différent du piston ; on y met ordinairement deux chaudieres. 1055. Les dimensions des autres parties de la machine se reglent à proportion, de maniere qu'elle donne une puissance égale à telpoids que ce soit. *Ibid.* Remarques sur la grandeur à lui donner, pour éviter les trop grands frottements. *Id.* Calcul du frottement. *Id.* Voyez *Cylindre*, ou *corps de Pompe à vapeur*

Cucurbite ou *fond de l'Alambic.* Ses différentes parties. Voyez *Alambic*, *Chapiteau*, *Chaudiere.* Maniere de fournir de l'eau à l'alambic. 472. Eaux qui passent dans l'alambic. 473. Circulation de la flamme autour de la chaudiere. 471, 1087. Dans la machine à vapeur de la Mine de Saint-François à Schemnitz, la plus petite des chaudieres contient 330 seaux d'eau, & la plus grande 361. Elle ne doit cependant être remplie que d'un tiers, c'est-à-dire, jusqu'à la hauteur de son plus grand diametre, afin qu'il puisse s'élever par sa plus grande surface une plus grande quantité de vapeurs élastiques. M. Delius observe à ce sujet, dans le calcul qu'il donne de la force de cette machine, que les chaudieres qui en dépendent ont une proportion au cylindre, comme de 11 à 1 ; mais que comme le tiers de la chaudiere est rempli d'eau, le vuide qui contient les vapeurs est à celui du cylindre, comme $7\frac{1}{3}$ à 1 ; qu'il reste par conséquent après chaque levée du piston encore assez de vapeurs, pour remplir six fois le cylindre ; d'où on doit conclure que la chaudiere d'une machine à vapeurs, doit avoir en hauteur & en largeur une proportion convenable au cylindre. Voyez *Evaporation dans cet article.*

Arbres percés. (Description particuliere des) 1071. Voyez *Pompe. Tige des Pompes.* 1100. *Verges* de fer des pompes qui puisent l'eau. Maniere de les joindre. 1070. *Pompe aspirante* ou *Arbre aspirant*, dont le tuyau aboutit vers le fond du réservoir provisionnel. 473, 1100. *Arbre aspirant* au fond du puits. 468, 1070. Sa soupape aspirante. *Ibid.* Explication de ces Pompes. 468, 1071. *Pompe refoulante.* 468, 472. *Arbre supérieur* ou *Arbre de délivrance*, par lequel l'eau est conduite en haut. 1071, 1100. Voyez *Pompes. Arbre foulant. Arbre de force. Ibid.* Description particuliere des corps de pompes. 1071. *Pompe renversée* de la machine de York-Buildings. 1057.

Pompes à répétition. 400. Diametre des répétitions de pompes de la machine de Montrelay. 1063. Proportions. 1064. Tuyaux des Pompes. 1099, 1100. Diametre ordinaire. *Ibid.* Diametre des pompes de la machine de Bois-Bossut, selon les Auteurs de l'Encyclopédie. 1064. De Montrelay, selon M. le Chevalier de Borda. *Ibid.*

Pompe de la Bache. 1097, 1100. Dans la machine de Bois-Bossut. 1064.

Petite Pompe particuliere pour le grenier ou réservoir d'eau. *Ibid.*

Pompe nourriciere du réservoir d'injection. Son trajet. 1072, 1100. Voyez *Réservoir d'injection.*

Attirail. 1084, 1184. Attirail des barres qui font mouvoir les quatre pompes de la Mine de Bois-Bossut ; leurs poids, selon les Auteurs de l'Encyclopédie, pour 80 pieds de barre. 1064. Dans la machine de Montrelay, selon M. le Chevalier de Borda. *Ibid.* Dans la machine nommée *le* grands

grands alambics une machine doit, felon le Docteur Defaguliers , donner pour l'ordinaire 20 à 25 coups par minute, & chacun de 7 à 8 pieds. 1079. Il ne paroît pas qu'on foit bien d'accord fur le nombre d'impulfions que donne une machine. Pendant long-temps on regardoit comme certain que dans une minute de temps la pompe à vapeur donne 14 coups pleins ; depuis quelques années cet article eft révoqué en doute. 1081. La machine de Savery en donnoit ce nombre. Id. Les fieurs Mey & Meyer dans celle préfentée à l'Académie, 1052, en avoient fait entendre 16. 1081. M. d'Auxiron prétendoit que la fienne en donnoit jufqu'à 20. 1080. La machine a vapeur établie à fix milles de Newcaftle. 1060. A Walker. 1062. A Montrelay. Ibid. 1063. Selon M. de Borda. 1064. Au Bois-Boffut. Id. A la machine nommée le Corbeau , aux foffes d'Anzin , felon M. Lavoifier. Id. Selon M. de la Lalande celle de Chelfea en Angleterre , bat 14 fois par minute. 1081. La petite pompe à feu de M. de Cambray en donnoit 12. 1080. Celle de Caftiglione en donnoit cinq. 1082. M. Jars , au rapport de M. Deparcieux les réduifoit à 8 ou à 10. 1082. Plufieurs Obfervateurs eftiment qu'elle donne depuis 12 jufqu'à 16 impulfions, & que le mouvement d'une machine bien montée , & d'une grandeur moyenne , doit être réglé de maniere qu'elle ne produife pas plus de quinze coups de balancier par minute. 1081. M. Cambray de Digny a trouvé par une méthode de réduction des principales pieces de la machine à vapeurs qu'il a fait conftruire , que cette machine ne peut donner que cinq impulfions par minute, avec deux pompes contenant enfemble trente pieds cubes. 1082.

Force de la Machine à vapeur. (Calcul de la) Pour en juger , il faut confidérer quel eft le poids de la colonne de l'atmofphere qui preffe fur le pifton, lequel eft toujours proportionnel au quarré du diametre du cylindre. 1076, 1077. Cette force calculée dans la machine de Frefnes, par M. Bélidor. Ibid. Calculée pour la force ordinaire, par M. Beighton. 1078, 1079. Formule donnée par M. l'Abbé Boffut. 1077. Le jeu des Machines à vapeur demande un feu violent, & la qualité du Charbon de terre fort ou foible , ou fraîchement ou anciennement tiré de la Mine , influe fur ce jeu. 1101, 1102. Voyez Fourneau de l'alambic de la Machine à vapeur.

Travail d'une Machine à vapeur, peut rarement être de 24 heures, fans interruption : la diminution de l'activité du feu oblige quelquefois de l'arrêter pendant quelques minutes , pour laiffer prendre de nouvelles forces à la vapeur. Les renouvellements inévitables des piftons entraînent encore des retards plus confidérables : en partant de l'obfervation de M. de Borda, que la machine d'Ingrande a rarement marché plus de 22 heures fur 24 , il faudroit, ainfi que le remarque ce Savant , diminuer le produit d'eau qu'il a calculé dans le rapport de 12 à 11 ; & avoir enfuite égard aux accidents des piftons multipliés par les dix répétitions de pompes qui élevent l'eau. Réflexions générales fur les caufes qui diminuent l'effet des Machines à vapeur, par M. Lavoifier. 1079.

Différents points de faits ou d'obfervations fur lefquels un Directeur de Mine peut fe rendre attentif concernant les machines à vapeur réduites en propofitions générales. 1075. Principaux phénomenes de la vapeur de l'eau bouillante, démontrés dans la machine à vapeur , felon la mé-

thode du Capitaine Savery. 1075, 176. Expérience de M. Beighton pour trouver combien un pouce cubique d'eau produit de vapeurs. 1077. Vapeur qui fort des joints de la chaudiere à chaque impulfion ; alternative comme l'haleine des animaux. 1080. De quelle maniere on évacue la vapeur de l'alambic pour arrêter la machine. 472. Comment l'eau contenue dans la chaudiere s'échauffe fuffifamment pour produire la quantité de vapeurs néceffaire. 1070. L'évaporation de l'alambic eft évaluée par M. d'Auxiron à un pouce & demi par heure : cet Auteur prétend être le maître de multiplier la vapeur. 1087. Dans les machines où la vapeur eft beaucoup plus forte que l'air , la forme de l'alambic doit , felon M. Défaguliers , être fphérique. Ibid.

Defcription fommaire de quelques parties de plufieurs de ces machines.

Particularités remarquables dans quelques machines à vapeur. 1053. Particularités de quelques machines à vapeur , établies dans différents quartiers de Londres , pour diftribuer l'eau de la Tamife dans les maifons. 1056. Remarque fur leur deftruction & fur leur reconftruction , faute de meilleur expédient. Ibid. Boëte de bronze remplie de graiffe ou d'huile, qui renferme dans toute fa longueur l'axe du balancier de la machine établie à fix milles de Newcaftle. 1059. Machine à vapeur de la Mine de Walker , établie à trois milles de Newcaftle , la plus confidérable de toutes celles qui font dans les Mines du Nord de l'Angleterre , & peut-être la plus grande qui ait été faite jufqu'à préfent en Europe. Diametre des chaudieres de cette machine. 1061. On eftime que cette machine a une puiffance de trente-quatre mille quatre cents feize livres, & qu'elle n'a que trente-un mille quatre-vingt feize d'effort à faire.
1061.

Particularités de quelques machines à vapeur en France. 1063. Machine de Montrelay mieux conftruite que celle du Hainaut. Ibid. Il y en a une grande & une petite. Voyez Pompes à répétition. Boëte de cuivre, formant le corps du pifton des pompes de la machine de Frefnes. 1065.

Méchanifme de la Machine à vapeur (Idée générale du) appliqué à Paris par les fieurs Perier à des femi-pompes extrêmement fimples, deftinées à l'élévation de l'eau pour la décoration des jardins , pour les befoins domeftiques , & pour les ferres chaudes. 1053. Pourroient être trèsutiles à beaucoup de Manufactures fituées dans les pays où les matieres combuftibles font à bon marché. Méchanifme des machines à vapeur , expliqué en réfumé par l'explication & le développement des Planches de la machine de Griff & de celle de Frefnes. 1066. Action alternative des deux Pieces par lefquelles fe perpétue le mouvement d'une machine à vapeur, importante à bien comprendre , afin d'avoir une idée exacte & précife de tout le méchanifme. 1081. Pour les conduire avec intelligence, il n'eft point , à beaucoup près, fuffifant à un Directeur de Mines d'être entendu & verfé dans la Méchanique ; les lumieres les plus exactes de la Phyfique ne font pas de trop pour connoître , autant qu'il eft poffible, la puiffance motrice de ces machines. 1075.

Chef, Conducteur de la Machine à vapeur, appellé quelquefois Machinifte. Machinæ Rector. G. Hangs zer. 476, 477, 1101. Maniere dont il fixe fa marche pour mettre en mouvement la machine à feu. 1074. Comment il reconnoît que le pifton du Cylindre eft à fa

en Auvergne ; ce qu'ils contenoient dans la même année. 592. Prix des Charbons dans ce magasin. *Idem.* Voyez *Entrepôts.*

Garde-Magasin. LE. Maquilaire. Voyez *Maquilaire.*

Magistrissare. Belg. de Naald Welstert. Déclinaison de l'aiguille aimantée.

Magnes. Onomacric. Lapis lydius de Sophocle. *Lapis Magnesius. Lapis Nauticus. Sideritis. Diophyta. Lapis Heraclius. Pierre Héraclienne* de Platon. *Pierre d'Héraclée. Pierre ferriere.* En vieux François *Calamite. Marinette.* 793. Voyez *Aimant.*

Magnetica, (*Acus*). *Versorium. Index magneticum.* Agricol.

Magnétique. (*Azimuth.*) 799. (*Barreau*). Voy. *Aimant artificiel. Magnétiques.* (*Substances*) qui se rencontrent dans les entrailles de la terre. 800. Sont en général une des causes les plus connues de la variation irréguliere de l'aiguille aimantée. *Id.* Procédé pour reconnoître leur voisinage par la boussole. 904. Voyez *Boussole.* Centre magnétique. 793, 798. Méridien magnétique. 794.

Magnétisme. Propriété de de l'aimant, & de l'aiguille aimantée de se tourner vers le

Mahay. Maxhais. LE. *Areine,* ce que signifient ces termes, en sens général. 233, 272, 280.

Main, (Méchanique). Le bois ou le fer dans lequel la roue d'une poulie est suspendue, enchassée ; ce terme est quelquefois synonyme à *Chappe, Echarpe.* On appelle aussi *Main, Main de fer,* toute piece de fer à ressort, *crampon* ou *crochet* placé au bout d'une corde ou d'une chaîne, pour tirer des seaux, des paniers en haut, *uncus ferreus.*

Main Coal. AN. Pourroit bien signifier *Charbon, Charbon principal.*

Main, (*Hernaz à*) ou *à bras. Hernaz simple.* 236. Voyez *Hernaz.*

Main (*mettre la*) *au chief* ou à la chaîne. Voy. *Chief.* (*A l'œuvre.*) Cas où l'on force les Maîtres de mettre la main à l'œuvre 326 ; à la fosse.

Main droite du Levay. LE. 258. *Main gauche du Levay.* 257.

Main. (*trouver la Veine sous la*). LE. 870.

Veine en avant-main ; LE. c'est-à-dire, dans la partie d'aval-pendage. 206, 894. *Dreu de Stoc.* LE. en ligne de la voie, ou de l'ouvrage. 271, 894.

Veine dessous la main, Veine non xhorrée. LE. Voy. *Xhorré.*

Veine dessus la main. LE. 289. *Veine xhorrée.*

Parois de la Veine dessus-main. LE. Voyez *Parois.*

Stappe sous la main. LE. Voyez *Stappe.*

Remonter la main. LE. 256, 298, 306.

Main-tierce. (*Mesurer à*) Voyez *Mesurer.*

Maître des très-Fonds & des Mines : Propriétaire des terreins de Mine. LE. Maître du Seigneurage. 323. *Territorii Dominus.* Avant l'époque des Concessions obtenues par les sieurs de Roberval, de Grippon de Saint-Julien, & Vidal de Belle-Saigues, sous les regnes de Henry II, François second & Charles IX, les Propriétaires des terreins étoient désignés sous le titre de *Maîtres des très-Fonds.* 815. Le motif du Législateur, dans les différentes obligations imposées aux Propriétaires d'un terrein de Mines, ne paroît point précisément avoir été d'user d'aucune sorte d'autorité.

Ces sortes d'entreprises entraînent toujours des procès & des contestations sans nombre. Pour obvier aux différends qui pourroient intervenir entre les Propriétaires des héritages auxquels se trouveront aucunes desdites Mines, & les étrangers ou autres qui les voudront ouvrir & travailler, l'Art. XXII de l'Edit de Henri IV, du mois de Juin 1601, ordonne que les Propriétaires qui auront dans leurs terres, héritages & possessions de Mines ci-dessus non exceptées, & qui les voudront ouvrir, ne le puissent faire sans envoyer premierement vers ledit Grand-Maître prendre réglement d'icelui. La forme dans laquelle doit être faite de gré à gré l'estimation des terreins des Propriétaires, entr'eux & deux *Prudhommes,* est sagement fixée dans les plus anciennes Ordonnances. L'Arrêt du Conseil du 9 Janvier 1717, en faveur du sieur de Blumenstein, la prescrit aux cas de difficultés, à la décision de personnes commises à cet effet, ou de l'Intendant de la Province, pour être le prix payé aux Propriétaires six semaines après, & du jour de la prise de possession. Ce même Arrêt attribue aux Propriétaires des fonds, où il y auroit nécessité de faire des tranchées & ouvertures, un dédommagement d'un sol par chaque tonneau de Mines de cinq cents pesant. Voyez *Permission.*

L'Edit de Henri IV, du mois de Juin 1601, présente toujours ces motifs de bienfaisance & de bienveillance de nos Rois ; ce Prince devenu le modele de ses successeurs, se désista le premier de son droit sur plusieurs matieres fossiles qui entrent le plus dans le Commerce. On ne peut s'empêcher en passant, de faire remarquer l'intention de ce Pere des François : *c'est,* dit-il, *pour gratifier nos bons Sujets, Propriétaires des lieux.* Nous avons cité cet Art. II de l'Arrêt à sa place. Ce Prince, toujours occupé du bien-être de son peuple, croyant appercevoir que la levée de ce droit Royal préjudicioit aux progrès des découvertes, & voulant encourager les entreprises déja commencées, sans avoir satisfait au droit du dixieme, les releve par l'Art. XXVI, de ce qui pouvoit à cet égard être dû précédemment, seulement.

Maître, Directeur, Inspecteur de Mines. G. Bergmeister.

Maître de fosses. Præses fodinæ. Maître de Mine.

Maître Houilleur. LE. Chef d'entreprise de Mine. *Præses fodinæ ;* obligé, lorsqu'il travaille sous des fonds de Particuliers dont il a acquis la cession, par permission ou autrement, de déclarer par serment le nombre de traits sortis des ouvrages chassés sous le fonds de chaque particulier. Voy. *Trait.* Voyez *mesurer un Heve.* Voy. *Marquer les enseignes des Maîtres.* 229.

Maître Foreur. AN. 397. LE. Maître Ouvrier de nuit, pour diriger les forages dans le jour. Voy. *Foreur.*

Maître Ouvrier. LE. Mestre ovry : il y en a de jour qui entrent dans la Mine, chaque matin à quatre heures, pour diriger les ouvrages sous les ordres de la Société ; il a communément 15 florins de Brabant par semaine. 369.

Maître Bure. Grand Bure. Bure de chargeage. Puits de jour. Bure à tirer. Bure d'extraction. 243.

Maître Roisse. LE. Veine en pente roisse différente des Veines appellées simplement Veines *Roisses.* 207.

Maître, Maîtresse galerie. G. Erbstollen. Hampterbstollen. *Galerie de pied.* LE. *Areine.* Avantageuse en proportion qu'elle est placée à une plus grande profondeur, ce qui ne peut avoir lieu que dans des Mines bien importantes. Voyez *Œuil.* Ces grandes galeries maîtres ne peuvent avoir rarement

moins

moins que cinq pieds de largeur, & de neuf à dix de hauteur, dont deux ou trois sont à raison de la quantité d'eau à laquelle ces galeries servent d'écoulement. Voyez *Areine*. Celle nommée *franciscenree Stollen*, ou galerie maîtresse de l'Empereur François dans la Mine de Schemnitz, est la plus considérable qu'il y ait jamais eu selon M. Delius, puisque son trajet, tant dans les couches de pierre que dans le filon qu'elle accompagne, a déjà plus de six milles toises de longueur, & qu'elle traverse le puits, dit *Puits de Therese*, à la profondeur perpendiculaire de 224 toises; & cependant la Mine exploitée a encore 44 toises de plus de profondeur, sans compter les anciens ouvrages inférieurs, actuellement submergés, qui sont à 24 toises au-dessous. Voyez *Pompes. Machines à Pompes.*

Maîtres d'Allege. AN. Fitter.

Les Maîtres de Bateaux sur la riviere de Haine, en conséquence de l'Art. IV des Placards, répondent du fait de leurs Commis pour tout ce qui concerne les Ordonnances de navigation.

Maîtres & Aides des Ponts, de Chablages, de Courbes, &c, sur la Seine, créés en titre d'Offices; leurs fonctions, 652, leurs obligations, *Ibid.* 675, possesseurs de droits particuliers. 652. Ils ont prétendu que ces droits ne sont que le salaire de leur travail, & l'intérêt des frais de cordages ou agrès qu'ils emploient à la manœuvre des Ponts, & une indemnité de la garantie dont ils sont tenus pour les bateaux passants; mais par un Arrêt du 8 Novembre 1773, il a été déclaré que ces droits sont de la même nature que ceux dénommés aux Articles V & VI de l'Arrêt du Conseil du 22 Décembre 1771, & ne peuvent être considérés comme de simples salaires, puisque la plupart sont des attributions d'Offices créés moyennant finance, & fixés par des Réglements; & qu'en conséquence ils doivent être sujets aux 8 sols pour livre.

Maladie Angloise. Phtysie. Consomption. Voyez *Consomption.* Maladie de poitrine.

Maladies des Ouvriers de Mine, ont été l'objet de l'attention bienveillante des Souverains, 977, & de plusieurs hommes célebres. 1116. Agricola demande d'un Entrepreneur de Mines qu'il ait des notions de Médecine, pour donner les premiers secours à ses Ouvriers. 740.

Maladies des Houilleurs, 40, 979, distinguées en deux classes; celles qui se contractent à la longue, & celles qui sont subites. 979. Maladies des Ouvriers de Mines métalliques. *Ibid.* L'humidité des souterrains peut demander quelques précautions de la part des Ouvriers. *Ibid.* Poussiere fine des déblays de Charbon, ne fait point d'effet marqué. 980. Voyez *Difficulté de respiration. Asphyxie* par la vapeur suffocante, *morbus attonitus*, *morbus syderatus*. Voyez *Asphyxie*. Submersion par les eaux. Voyez *Submersion*. Brûlures, meurtrissures, plaies. Voyez *Plaies*. Maladie consécutive qui se déclare dans les Ouvriers échappés du danger de mort par la suffocation; toux qui dure toute la vie. 1004.

Malt. Orge, froment, ou Epautre à demi-germé, séché à la Touraille, & moulu, servant à faire la bierre; on ne met germer que le quart du grain dont on fait le Malt. 414.

Maligne (*Eau*) des Glaisieres. 1323.

Malins. (*Follets*) Voyez *Vapeurs souterraines*.

Malleus. G. Feusnel.

Malm (*Flots*) agglutination de matiere sablonneuse & argilleuse, qui dans certains endroits d'Angleterre s'emploie à la fonte des fers.

Maltha. Kedria terrestris. Bitume grossier. Voyez *Poix minérale.*

Manche de la sonde ou de la tarriere, piece commune à toutes les autres pieces qui la forment. Elle est composée de plusieurs verges, tringles ou barres de fer de différentes longueurs, & d'environ 8 à 9 lignes en quarré, qui toutes se vérinent les unes dans les autres.

Man. (*Free*) AN. 432. *Man.* (*old*) AN. Vieil homme, vieux ouvrages. 270. *Man* (*over.*) Over Seée. AN. Intendant. 395. *Man* (*Pit.*) AN. Ouvrier Mineur. *Ibid.* 402. Voyez *Men.*

Mancot. Mesure de Charbon d'usage à Valenciennes ou à Cambray.

Mande. Mesure d'osier pour le Charbon de terre. 486, 1131.

Manege, *Trottoir*. LE. *Pas du Bure.* Partie du terrein qui environne l'œil du Bure, où travaillent les chevaux attachés au hernaz pour enlever les denrées au jour, & où se tiennent les Ouvriers qui amenent à terre les cousades dans les Houillieres de Liege; il est de 47 pieds & demi, mesure du pays, de milieu à milieu, & d'environ trois pieds de large. 244. Quartier du manege dans un *Attelier de fabrication* de Houille apprêtée. Voyez *Fabrication.*

Manette, premiere piece de la chaîne de mesurage, formée en étrier, pour servir de poignée. 214.

Manganeze. Manganesia officinarum. Magnesia. Magalæa. Lapis Manganensis, *Cæsalpin. Ferrum mineralisatum minerâ fuligineâ manus inquinante, quæ passim striis convergentibus constat. Wall. Ferrum nigricans, splendens è centro radiatum, Wolst. Ferrum mineralisatum nigricans, obsoletè splendens fibrosum, Cartheus. Brunn Stein. Germ.* Magnésie des Verriers. Manganese. Minéral, ou Mine de fer qui donne la couleur rouge-violette au verre. 1250.

Manie le fer. (*Charbon qui*) 577.

Mange trad. G. Machina.

Manivelle. SAX. Kurbel. Sorte de levier auquel on donne un mouvement de rotation. 1017. Souvent employé dans les Mines au lieu de roues & de leviers. 915. *Coubles*, *Traquets*, *Triquets du bure*, *Chevalets*, *jambes de Manivelle*. 236. *Barre de manivelle*. Korb flange. 1043. Selon que les manivelles peuvent se multiplier, l'axe d'une roue peut avoir deux manivelles. 1017. *Manivelle* ou *Balancier* hydraul. SAX. Kurbel. Krumme Zapfen. 1043. Espece de levier de fer qui s'ajuste différemment selon les circonstances, que l'on double même dans certaines occasions, & auquel on imprime un mouvement de rotation. 913, 1017. Son inconvénient. *Ibid.* Il faut seulement que la roue dans ce cas soit plus large. Œuil de manivelle. 1018. Voyez *Varlet*. Le Docteur Desaguliers divise le cercle que décrit la manivelle d'un Vindas en quatre parties égales. 1017.

Manivelles coudées, très en usage pour les pompes, & dans une infinité d'occasions où l'action ne peut se transmettre que par des voies indirectes. *Ibid.*

Manivelles multiples, avec lesquelles les puissances agissent successivement, & dont les unes travaillent pendant que les autres sont en repos, préférées dans les grandes machines aux manivelles simples. 1018.

Manivelles à Tiers-point, ou *à Tire-point*. La plupart des pompes foulantes qui agissent par une manivelle à Tiers-point, avec trois corps de pompe, dont l'un aspire pendant que les deux autres foulent & contrefoulent l'eau, sont sujettes à étranglements. 1028. Moyen de parer à cet inconvénient. 1029.

Manne, dans quelques ouvrages, se dit d'une couche de terre minérale placée sur une veine métallique dont elle est l'indice. *Segulum. Merga. Marga. Manne* dans le commerce est un grand panier ou ustensile pour transporter différentes choses, *Benna*, d'où sans doute est dérivé le nom François de la mesure usitée dans les Mines du Lyonnois, *Benne*. Dans les Fonderies de Namur, la manne de Charbon contient 200 livres pesant.

Manque ou *défaut d'air*. 403.

Many. (*Bois de*) 246.

Maquilaire. Le. *Garde-magasin* & *Receveur*. M. Jars, qui l'appelle *Receveur principal*, paroît avoir confondu son Office avec celui du Garde-fosse ou Compteur. 350.

Marbre. Deux montagnes de Firmy où se trouve aussi du Charbon de terre dans le Rouergue, contiennent de très-riches Carrieres de marbre fort beau, d'un mêlange de couleur, singulier & rare dans sa disposition, dont le grain très fin est susceptible d'un beau poli; on y en a découvert de verd-brun, de gris-verd, de gris-noir, de noir tacheté & veiné de blanc, de verd mêlé de violet, de blanc veiné de verd, & de plusieurs verds très-beaux; de blanc avec de la Breche, & veines vertes.

Marc. (*Poids de*) 724 *Marc d'or*. Voy. *Sceau*.

Marchandise de Charbon. L'Art. VI & VII des Placards du Hainaut ordonnent que le nombre du poids de la voiture soit griffé sur le bateau, & que la qualité & quantité, ainsi que le poids de la marchandise, soient notés sur le Regiftre du Receveur de l'impôt sur la Houille, & des Commis aux tenues de la riviere de Haine, obligés pour cet effet d'avoir l'un & l'autre un Regiftre.

Par l'Article XXIV, concernant la déclaration des droits sur le Charbon, il est dû douze florins pour le droit de chaque bateau chargé de telle marchandise que ce soit, en montant comme en descendant. Deux patards à la Way de Charbon du poids de 150 livres. Huit patards au muid de *Cochez*: les *gaillettes* excédant le poids de deux livres, sont reputées gros Charbons, & comme *Cochez*; & quand les Tourneurs déclareront avoir chargé une *Kerke* de gaillettes, le Receveur observera la pratique établie depuis quelque temps, qui est de se faire payer de 20 muids sur le pied de huit patards chaque, comme les Cochez, & de 60 muids restants comme menu Charbon, à deux patards du muid. Deux patards au muid de Charbon de forge, ou menu Charbon. Trois patards à la chevalée de gros Charbon, & de la moitié pour le menu. Deux patards à la baudelée; un liard à chaque sachée ou broutée.

Décharge de marchandises dans les ports de Paris, 651, loix auxquelles elle est assujettie.

Marchands fréquentants la riviere de Loire. (Compagnie des) 712. Origine de cette Compagnie. 713. Ses privileges. 714. Réglement. *Ibid.*

Marchands de l'eau. (*Confrairie de*) 645. *Mercatores aquæ Parisiaci*. Voyez *Confrairie des Marchands*.

Marchands de Charbon de terre à Paris. 654. De plusieurs especes. Bourgeois ou Détailleurs. 655. Leurs obligations. 656, 679. Leurs privileges. 656, 676, 677, 678. *Marchands par eau*, ou *forains*. 651, 655, 656, 677. Leurs obligations. 655, 679. Leurs privileges. 655, 672, 678. Ce qui est rapporté au dernier alinéa, concernant les Marchands forains, *p.* 655, ne se trouve point conforme à ce que prescrit l'Ordonnance du mois de Novembre 1672, sur laquelle il faut rectifier cet alinéa.

Marche des Failles. Voyez *Failles*. Marche des *Filons de Mines*. V. *Filons de Mines*. Des lits de substances terreuses. 751. Essentielle à reconnoître par ceux qui projettent ou exécutent des fouilles. *Id.*

Marche des Veines de Charbon de terre dans leur cours. Détails circonstanciés sur cela. 874, 878. Marche générale ou Allure, selon M. Genneté. 875. Particuliere selon M. Genneté. *Ibid.* Particuliere, remarquée dans les Carrieres du Forez comme rare. 583.

Marche-pied. Planchéïage particulier, un peu élevé des galeries dans lesquelles se fait la décharge des eaux de toute une Mine.

Marché, *traité*, *convention*, *accord* dans les actes de Commerce. *Marchés d'ouvrage* qui se font à la toise, à la tâche & autrement. M. Delius, à raison du peu de fonds à faire sur la vigilance des Ouvriers, estime les marchés à la journée désavantageux; il pense qu'il est bien plus raisonnable d'intéresser leur assiduité, leur diligence & leur industrie, en les payant à la tâche. 836. Dans quelques occasions ces marchés ne doivent même être fixés & réglés qu'après des épreuves exactes du temps qu'un Ouvrier intelligent peut employer à tel ou tel ouvrage, selon les circonstances; cela est sur-tout facile pour les Traîneurs; à tant de pieds de roc, ou autre matiere par toise de distance.

Marcheux, Ouvriers, (femmes à Liege) qui piétinent la Houille pour la mêler avec l'argille & *tripler* les hochets. 357, 1342.

Maréchal. (*Charbon de*) Charbon de forge, Charbon de poix. An. *Pitch coal*. 1150, 1152, 1193. Seul employé à Newcastle pour toutes les opérations métallurgiques. 1192. (Mine du) 507. Voyez *Mine. Droit de Maréchal*, ou *bonne mesure* dans le débit du Charbon à Paris. 680.

Maréchaudage. Le. Office du Préposé à tout ce qui concerne la forge & la réparation des outils de fer & d'acier nécessaires pour l'exploitation. 211, 229.

Marin. (*Acide*) 505.

Marinages. *Recoupes*. *Décombres*. 504.

Mariniers. Privileges de deux Mariniers à Londres. 433. *Mariniers du Forez*, *du Bourbonnois & de l'Auvergne*.

Marionnette. (*Cliquet de*) *Soupape de sûreté* ou *d'assurance*. 1095. Voyez *Soupape*.

Markseider. Su. *Directeur de Mines*.

Mark Schiner. G. *Mensor*. *Arpenteur* qui mesure, qui borne.

Mark Scheide Kunst. G. *Géométrie souterraine*.

Marle, ou *glaise calcaire*. Différentes terres appellées de ce nom en Angleterre. 377. M. de Genssane, dans le Discours préliminaire de son Histoire Naturelle du Languedoc, Part. I, donne pour caracteres distinctifs de ces terres. 1°, De tomber en efflorescence, c'est-à-dire, de se réduire en une espece de poussiere lorsqu'elle est exposée quelque temps à l'air; de faire effervescence avec tous les acides; d'être grasse & douce au toucher; de se pétrir sous les doigts comme la glaise, lorsqu'on la mouille un peu, étant fraîchement tirée de terre; de se fondre dans l'eau, en déposant au fond du vase des graviers; de se durcir un peu au feu, étant mise en pelotte, sans se changer en brique; d'etre absolument insipide au goût; de verdir le syrop de violette. Voy. *Terres marneuses.* 376. Dépôt encrouté de Marle dans le fond de la chaudiere de la machine de S. Gilles à Liege. 1088.

Marnois, (*Bateau*) ou *Chalan.* Voyez *Chalan.*

Marque de contenance d'alleges à apposer dans le port de Newcastle sur les alleges. 433. L'Art. I des Placards du Hainaut sur le Charbon de terre, ordonne que les bateaux auront deux marques ou griffes, l'une pour l'hiver, l'autre pour l'été, afin de limiter les charges & voitures que chacun pourra mener, fixées du premier Novembre au premier Avril, douze cents ways de gros Charbon ou trois kerkes de menu pour le plus, dont le poids peut revenir à cent-quatre-vingt milles livres, & depuis ledit jour premier Avril jusqu'au premier Novembre, mille ways de gros Charbon ou deux kerkes & demie de menu, & point davantage, dont le poids revient à cent cinquante mille livres. L'Article III ordonne que les marques ou griffes soient en vue sur le côté de chaque bateau, vers la proue & la poupe.

Marquer les enseignes des Maîtres. LE. 229. *Marquer les heures.* Voyez *Boussole.* Voyez *Heures.*

Marqueur. Lugd. 517. Voyez *Compteur. Marqueur de quilles* de Navire dans le port de Newcastle. 433.

Marrons. (*Mines en*) Voyez *Mines.*

Marteau. AN. Smith's Sledge. 366, 388, *à brondir*, 461, *à caillou*, 542, *d'éplucheur*, ou *à pointe*, 463, 542, *à main*, ainsi nommé parce qu'on ne s'en sert que d'une main, *à tête*, 463, *à veine*; espece de *pic*, 54, 42.

Martelle. Marteau pour enfoncer un coin. 510.

Martinet, espece d'usine, ainsi nommée dans les grosses forges, du nom du marteau qui s'y meut par la force des roues du moulin, ou du nom de la Paroisse de S. Martin à Vienne, où sont tous les grands marteaux de forge, servant à battre le fer & l'acier, & à forger les excellentes lames d'épées, que l'on appelle *Lames de Vienne. Barres à Martinet.*

Masse pour abbatre les Mines. 542, 579. *Grosse Masse.* 559.

Masse. Nom donné à la Mine ou Veine. 584. Masse de Charbon, Carpe à Charbon.

Massifs. Piliers d'appui. Masse de Minerais qui se laisse de distance en distance dans les souterrains de Mines pour les soutenir; leur hauteur est de deux, trois toises, & même davantage. M. Delius remarque très-judicieusement que l'art d'épauler les souterrains, porté aujourd'hui à une grande perfection, sauve la perte résultante de ces piliers, & que le plus souvent même on peut laisser pour massif des portions de Mines stériles, pour soutenir la couverture & le chevet. Voyez *Estoc. Stappe. Epaulement.*

Master of Ships. AN.

Mat. 221. *Mat de Fer.* 220.

Matériaux dont on doit faire provision, & dont il faut à la fin de chaque année faire un état pour l'année suivante, afin de s'en pourvoir, & de connoître la dépense qu'occasionnent ces approvisionnements, les appointements des Préposés, les salaires des Ouvriers, les réparations des bâtiments, des machines, &c. Avoir attention de ne pas les acheter trop cher, & qu'ils soient de bonne qualité, même jusqu'à ne point toujours s'arrêter au bon marché. Ces approvisionnements doivent aussi être faits dans des temps favorables par la longueur des journées, & par la bonté des chemins. *Matériaux* de Mines en *Briques* & en *Pierres.* 860. Voyez *Approvisionnements, Bois, Fer, Suif, Poudre.*

Materies. DOSSES. Voy. *Dosses.*

Mathématiques, Science qui s'attache à connoître les quantités & les proportions. Indispensable pour guider les opérations des Mines. Application des Mathématiques aux travaux de Mines. 776. Mesures mathématiques. Voyez *Mesures.*

May. Met. Voyez *Met.*

Matinal. (*Filon*) SAX. Morget Gang.

Matrice du Charbon de terre. 750.

Matrice des Mines. Matrice métallique. G. Bergmutter, est, selon M. Delius, le Roc des montagnes; c'est selon cet Auteur ce roc qui a donné naissance tant aux pierres de gangue qu'au minerai: ce Savant pense que lorsqu'on voudra examiner par principes la substance des montagnes, des rocs qui servent d'envelope aux Veines, on parviendra à acquérir sur la connoissance des Veines des regles plus claires, plus certaines que celles par lesquelles on se conduit, & par conséquent plus utiles à l'exploitation. Voyez *Roc de Montagnes.*

Matrice. (*Mesure*) 544. Boisseau matrice. V. *Mesure.*

Matte. Fonte de fer, laquelle dans cet état n'est propre à aucun ouvrage, & demande à l'affinerie beaucoup de travail pour en faire un très-mauvais fer. Premiere Matte ou Matte crue. G. Spurstein. 1201, 1238. Pierre de Cuivre. G. *Spurstein.* Matiere moyenne entre le minéral & le métal, d'où on l'appelle en quelques pays *Métal crud.* 1201, 1221. Raffinage des mattes, peut s'exécuter avec les braises de Charbon de terre. 1227.

Mattoks. AN. *Hoyau. Bêche. Marre.* 388.

Matutina Vena. G. Morgen-gang.

Maugtrad. G. *Machina.*

Mauvais air des Mines. Mauvais Brouillard. Lugd. *Touffe. Force.* G. Boese Wetter. 513. N'est pas décidé si, pour remédier à ses inconvénients, il faut expulser l'air de la Mine, ou lui en substituer un autre de dehors. 946. Voyez *Air.* Moyen usité dans les Mines du Saumurois pour se débarrasser du mauvais air. 577.

Maxhay. Mahay. LE. Canal de Mine. Voyez *Mahay.*

Measure (Watter.) AN. Mesure de quai. Voyez *Mesure.*

Méchanique, (*Nécessité de la*) ou Science des forces pour les travaux de Mines. 909. Méchanique pratique & usuelle. 910. Puissance méchanique ou force mouvante. 911. Le succès des machines est fondé sur les loix de la Méchanique. 909. Principe fondamental. 923. *Méchanique* proprement dite, ou *Dynamique.* Voyez *Dynamique.* Usages méchaniques du Charbon de terre. Voyez *Usages.*

Médecine, (*Notions de*) nécessaires à un Ingénieur de Mines. 740. Conseils & recherches de Médecine sur les maladies & accidents qui mettent en danger la santé & la vie des Ouvriers de Mines. 977. Attention du Gouvernement Suédois, & de la législation Françoise pour procurer aux Ouvriers de Mines des secours. *Ibid.* Le Charbon de terre fournit des ressources à l'art de la Médecine. 1115, 1118. Epilepsie guérie par une espece de Charbon de terre. 1122. Voyez *Eaux. Exhalaisons intérieures. Propriétés médicinales.*

Medjeux, *Charbon ferru*, ou *feuilleté.* 589.

Megecote. Mine de Basse-Auvergne qui brûle. 595.

Mines en Couches ou *par Dépôt*, font ordinaire-ment formées par des décompositions, & ne don-nent que des terres métalliques. 53, 59.

Mines dilatées, Gang Thut Sich auf. ou plutôt *filons dilatés*; c'eſt-à-dire, qui, après un étrangle-ment reprennent leur premiere dimenſion; on les appelle de ce nom, parce qu'elles occupent fou-vent beaucoup d'eſpace ou de largeur. Voyez *Mines par fragments*. Mine pyriteuſe dilatée par couche. 748, 749.

Mine égarée. Mine tranſportée. G. Seiffen Werk. Mine par fragments réunis enſemble, & formant une grande maſſe. 748. Voyez *Minera cumulata*. Seiffen werk, parce que les métaux qui ſe tirent de ces ſortes de Mines ne s'obtiennent que par le lavage.

Mines égarées, Mines par maſſes détachées, que l'on appelle *Roignons, Marrons, Nids.* Nieren, *minera nidulans*. Ayant une coque ou enveloppe, mais n'ayant aucune liaiſon ni communication avec les filons voiſins, ni même entr'elles; il y en a quelquefois pluſieurs dans un même Canton.

Mine entiere, c'eſt-à-dire, *bien pure*. G. Berg Mutter.

Mines par fragments détachés. AN. Schoads. G. Neſterweis. Nieren. Geſchiebe. Roignons, frag-ments. Mine entraînée. Les Mines par fragments font des éclats détachés des montagnes; ordinai-rement elles ſe trouvent placées ſuperficiellement. Voyez *Mines égarées*.

Amas. Mine en maſſe. Stock werk. Minera. Vena cumulata. Il arrive quelquefois, dit Agricola, quoique rarement, que pluſieurs morceaux de foſſile ſe trouvent entaſſés dans un même endroit d'une épaiſſeur d'un ou deux *pas*, & d'une lar-geur de 4 ou 5, dont un eſt éloigné de l'autre d'environ trois ou pluſieurs pas, leſquels ſe trou-vent préſenter d'abord dans leur diſpoſition cor-reſpondante la figure d'un *Diſque*, & s'écartent enſuite davantage. Ce qu'Agricola appelle *Vena cumulata*, eſt une Veine partagée en pluſieurs parties, & qui occupe un grand eſpace dans une étendue de terrein, & n'eſt autre choſe, dit cet Auteur, qu'une place remplie d'un genre de foſſile quelconque.

M. Delius décrit une Veine en maſſe *un filon ou fente très-longue, mais dont la largeur n'eſt point proportionnée à la longueur*; telle, par exemple, qu'une maſſe de 5 à 7 verges, ou de 50 à 70 pieds d'épais; ce n'eſt autre choſe, pour ne rien changer à l'expreſſion de cet Auteur, qu'une Veine puiſſante, très-courte dans ſa direction. Les Mi-neurs regardent ce qu'on appelle amas, *Cumulus*, comme la jonction ou la réunion de pluſieurs veines & filons; M. Delius penſe qu'un amas peut ſe former par cette réunion, mais que cela eſt rare; il con-noît pluſieurs de ces amas où il ne ſe trouve rien moins qu'un aſſemblage de Veines; mais ils ſont entourés d'une roche pure qui renferme le minéral dans ſon centre de la même maniere qu'une amande eſt placée dans ſa coque: au reſte, ajoute-t-il, quand il ſe préſente une Veine qui a trente ou quarante toiſes de longueur, ſur une largeur ex-traordinaire de quinze à vingt toiſes ou plus, & qui ſe rétrécit vers ſa fin, c'eſt ce qu'on appelle *Cumulus*, dans l'expreſſion Françoiſe, *Amas*, Mine en maſſe.

Ce qui ſe trouve dans cet Ouvrage, & dans ce que nous avons rapporté d'Agricola, ſpécifie bien clairement ce genre de Mines, ſoit en grande, ſoit en petite maſſe. M. Delius obſerve même que

la rencontre que l'on fait quelquefois de blocs de Minerais irréguliers, c'eſt-à-dire, auxquels on n'apperçoit rien de ce qui ſe trouve dans les veines & filons diſperſés çà & là dans le roc, & dont on ne voit ni la direction, ni la pente, ne doivent point pour cela être nommés *Amas*, Stock werk, mais plutôt un bloc; car les véritables amas ont, ſelon M. Delius, une direction & une chûte ré-glée, il fait mention d'un amas ſitué à Degnaczka: dans le Bannate, qui s'étend de 40 toiſes au Levant en longueur, & qui incline du Midi vers le Nord en pente réglée, en conſervant 20 toiſes de puiſſance. Sa *couverture* eſt une pierre calcaire blanche; ſon *chevet* une roche ardoiſâtre en feuil-lets épais de couleur griſe. Le fameux amas, près de Goſlar au Hartz, dans le Kammelſberg, a une direction & une chûte réglée, une *couver-ture* & un *chevet*; quoique, ſelon la remarque de M. Delius, on ajoute communément à la défini-tion d'un amas, qu'il eſt ſans direction, ſans cou-verture ni chevet.

De cette opinion adoptée parmi les Mineurs, rapprochée du ſentiment de M. Delius, il réſulte clairement, ou bien qu'il n'eſt point ordinaire que les Mines en maſſe aient une direction réglée, ou du moins qu'elle eſt difficile à reconnoître. 1149. Il réſulte encore que la différence eſſen-tielle d'une veine à un amas, eſt que la direc-tion d'une Mine en maſſe n'eſt pas continuée auſſi loin que celle d'une Mine par veine, & qu'elles ont, à proportion de leur longueur, une largeur démeſurée, ce qui ne ſe voit pas dans les filons: c'eſt à ce titre que je regarderois la Mine de Charbon de Wettin, 124, la Mine du dépar-tement d'Altemberg, 1149, de ce genre.

Il n'eſt donc point étonnant que les différents lits, que ces maſſes font encore voir quelquefois, ne ſoient pas ſéparés les uns des autres par des *ſtampes* régulieres d'une ſubſtance autre que le Charbon, & ne forment point alors des ra-meaux diſtincts, comme dans les Mines par veines.

La partie intermédiaire entre deux veines, dé-ſignée dans Agricola par le mot *intervenium*, eſt entiérement cachée ſous terre lorſqu'elle eſt entre des veines dilatées; dans les veines profondes, ſa partie la plus élevée vient au jour, le reſte s'a-bime en profondeur.

L'idée que l'on doit ſe former de ces Mines en général, doit porter, à mon avis, ſur ce que le Charbon de terre ou le Minerai (ſi c'eſt une Mine métallique), au lieu de former alors autant de rameaux diſtincts, comme il ſe voit dans les Mines par veines, ces différents lits de Charbon ou cordons de Minerais ſont accumulés immé-diatement les uns ſur les autres, de maniere qu'ils ne préſentent enſemble qu'une ſeule & même maſſe, plus remarquable conſéquemment que les Mines en veine, quant à leur épaiſſeur & volume, d'où ſans doute elles tirent le nom de *Mine en maſſe*, du mot Latin *Maſſa*, par lequel on entend, *quidquid eſt ſpiſſum denſumve*, ou des Verbes *Maſſo, Maſſare*, c'eſt-à-dire, *in maſſam conglobata condenſata*.

A juger des Mines en maſſe proprement dites, par comparaiſon avec les Mines qui ſe continuent de ſuite dans des fentes régulieres en cordons ou filons prolongés entre deux enveloppes qui leur ſervent dans toute leur marche de couverture ſupé-rieure & de couverture inférieure, 1149, il eſt difficile de ne pas ſoupçonner que l'eſpece de Mine en grande maſſe ne ſoit dans un genre particulier, ce que sont dans l'intérieur des montagnes les failles pierreuses des Liégeois, ou les Rubbish des Anglois & autres écroulements pierreux, c'est-à-dire, des amas résultants d'un éboulement survenu dans le corps de la Mine même, dont les matériaux ont été dérangés en totalité, au point que ces Mines ne sont plus ni dans le même état, ni dans la même disposition où elles avoient été dans leur premiere formation. 1149. L'œil du Physicien familiarisé avec les minéraux, je ne dis point, assemblés curieusement dans un cabinet d'Amateur ou de Naturaliste, dans lequel on ne trouve que des échantillons isolés, mais considérés en grand dans les fouilles de recherches, dans les pourchasses de travaux souterrains, seuls endroits propres à connoître l'organisation d'une Mine, jugera facilement d'une Mine en grande masse. On y observe que ces Mines en masse ne se trouvent pas enveloppées de leur véritable gangue, c'est-à-dire, distinguées d'une façon marquée de la pierre ou de la roche supérieure, ni de la roche inférieure qui peut être dans l'écroulement de la Mine, n'ont pas suivi ces blocs lorsqu'ils ont été déplacés, & qui peut-être se sont détruits & confondus parmi les substances dans lesquelles elles ont été mêlées depuis: ce qui explique assez raisonnablement le mélange qu'on y reconnoît dans la masse dont ces Mines sont composées, de fragments de gorre, de grès, de nerfs dispersés au hasard & confusément, & qui y annoncent une subversion en grand, un bouleversement, une Mine nouvelle formée de la démolition d'une autre Mine. Dans les Mines de Charbon en masse on remarque un défaut d'égalité dans la qualité de Charbon qu'elles donnent dans tout le cours de leur exploitation. 1149.

Mine en Nyaie. Minera nidulans.

Mine en Taye. En *tas*, *bouillon*, ou *bouillaz*. Tas irrégulier & par roignon de Minerai de bonne qualité. 589. Voyez *Bouillas.*

Mine riche. Pauvre Mine de plomb d'Ecosse. 1233. *Douce. Chaude.* 1173. *Froide.* Id. *Seche.* Id. *Tendre, vive* ou *pliante.* 1172.

Mines arsénicales. Description d'un fourneau imaginé par M. de Genssane pour les calcinations que demande le traitement de ces Mines. 1239.

Mine de cuivre ferrugineuse & réfractaire. Voyez *Fourneau mixte.*

Fer à Mine. Voyez *Pyrite des Glaisieres.*

Mine de Fer. Voy. *Ocre rouge.* Les *Mines de fer*, du moins les *Mines en grains* sont toutes également fusibles, ne different les unes des autres que par les matieres dont elles sont mélangées, & point du tout par leurs qualités intrinseques qui sont absolument les mêmes, d'après l'observation de M. de Buffon. 1170. *Mines de fer en grain*, qui sont celles dont on fait nos fers en France, ne contiennent point de soufre comme les *Mines en roche.* *Ibid.*

Mine de fer travaillée avec le feu de Houille. Pourquoi la même Mine donne-t-elle un fer de qualité inférieure à celui qu'on en retire, lorsqu'elle est travaillée avec le feu de Charbon de bois? Quels sont les moyens d'approprier le Charbon de terre aux minéraux ferrugineux, quels qu'ils soient, pour en tirer du fer propre à tous les usages économiques, & pareil à celui qu'on retire au moyen du Charbon de bois. Sujet d'un prix proposé pour l'année 1776, par la Société Royale des Sciences de Montpellier, en conséquence d'une délibération des États généraux de la province de Languedoc.

Mine à gallet. (*Mine de fer.*) Schiste ferrugineux ou minéral, ainsi appellé dans quelques forges de France, & qui se fond à Sultzbach. 1210.

Mine de George. Mine Géorgienne.

Mine de plomb en cubes, *Galene*, nommée dans le commerce *Alquifoux.* 1233.

Mine de plomb striée. AN. Sweling Lead. Smethom. *Ibid.*

Mine en Roignons. Tête vitrée. AN. Kidney oar, iron oar, espece d'hématite. G. Glass-Kopsl. de différente espece. 1203, 1205.

Mines inflammables ou *combustibles*, qui s'allument au feu, telle que la Mine de cuivre bitumineuse de Bisbergen en Suede; Mine de poix de Bannat en Hongrie, les *Branderz* des Allemands. 446.

Mines ou *Carrieres de Charbon de terre.* SU. Grufva. Comme ce fossile a une même origine que les métaux & autres substances terrestres, les Réglements qui ont lieu pour les Mines précieuses s'étendent tous à ce fossile, dont les Carrieres sont quelquefois appellées *Mines*: Mines de Charbon de terre, matiere à occupation depuis le premier instant qu'on en soupçonne dans un endroit, jusqu'à l'instant qu'on va chercher le Charbon à des profondeurs considérables. Occupation du Propriétaire, d'un Entrepreneur, des Ouvriers employés, du Physicien, de l'homme de Commerce ou de Finance, du Politique, de l'homme d'Etat. 1115.

Mine exploitée en grand. Ce que l'on doit entendre par cette expression. 954. *Mines par veines*, demandent une exploitation dirigée sur des regles particulieres, ce qui n'est pas absolument de même des Mines en masse. 508. Contiennent dans tout leur sillage, Houille & Charbon de même qualité, 1149, ce qui n'est point dans les Mines en masse. *Mine azurée de Charbon.* Glass. Glasur Kohlen. *V.* Charbon Verron ou panaché. *Bâtarde.* 508, 703. *Bonne.* 506. *Grande Mine, grande Veine.* 579. *Mine de la découverte.* 589. *De hasard.* 505. *Mine du milieu.* 589. *Mine du grand milieu*, *Ouvrier du grand milieu.* 457. *Mine du petit milieu*, *Ouvrier du petit milieu.* Ibid. *Mine inférieure.* 703. *Du Maréchal.* 507, 703. *De dessus. Somba.* 508. *De dessous. Rafon.* 508, 703. *Mine de la Solle. Semelle du Charbon.* AN. *Slipper Coal.* 589. *Vraie Mine.* 506.

Mines de Charbon de terre en différentes parties du globe, autres que celles détaillées dans le cours de l'Ouvrage. 440. *Mine de Charbon de Wittehaven.* Voyez *Wittehaven.*

Mines de Charbon en France. 461. *Mine embrasée*, appellée *Montagne de feu* dans le Rouergue. 532. En Auvergne appellée *Megecote.* 596. Mine d'*Auza* en Auvergne. 196. Mine *Sainte-Françoise*, à Roche-la-Moliere. 586. Mine *Royale*, ou de *Roche-la-Moliere*, qui fournit à Paris. *Ibid.* Voyez *Sainte-Croix.*

Minera. Minerai. Mine. Minera Ferri Saxea. AN. Iron. Ston. 105, 1202, 1205. Fréquente dans les Mines de Charbon. Celle des Mines de Lytry en Basse-Normandie. 1203. De la Vallée de Trépalon en Languedoc, 1218, sont peut-être de cette espece. 1203. Voyez *Pierre métallique.* *Minera nidulans.* G. Nesterweis. Mine en Marrons. Mine en Nyaie.

Minerai. (*Filets de*) Veinules très-minces. (Compagnes du). Voy. *Socia Vena.* Minerai pur, sans mélange. G. Derb Ertz. Dispersé. G. Poch Ertz.

Eingefprengt Ertz. *Tas de Minerai.* G. Fall Ertz. 26.
Minerai parfemé ou difperfé. Tas de Minerai mélé avec beaucoup de pierres de gangue.
Minerais de fer qui fe traitent au feu de Charbon de terre dans la Grande-Bretagne. 1202.
Minerai en poudre. (Métallurgie) G. Schlich. Chlique. 1233.
Minéral. (*Bloc ou amas de*) Fente d'une largeur proportionnée à fa longueur. Voy. *Amas.*
Minérales. (*Subftances terreftres &*) 610.
Minéralité. Qualité propre & particuliere à chaque minéral : je me fuis permis cette expreffion, pour défigner la partie conftituante, bitumineufe, du Charbon de terre qui paroît affoiblie dans les Mines en maffe. 1149.
Minéraux quelconques, confidérés indiftinctement comme richeffes appartenantes en commun à l'Etat & au particulier, méritent les regards attentifs du Souverain pour corriger les négligences des Propriétaires, des Extracteurs, écarter ou prévenir les abus, & conferver le bien public. 615.
Mineurs. (*Ouvriers*) AN. Miners. Pitman. 395. G. Berg-mann. Bergleute, in Berge Werften Arbeifen. *Aiguille des Mineurs.* 388. *Rouet à fufil des Mineurs.* Moulin à Silex. AN. Flint Mill. 412.
Minium. Voyez *Calcination du plomb.*
Minot, (mefure) fe dit tant de la mefure que de la chofe, faifant à Liege trois boiffeaux. Poids de cette mefure dans la vente du Charbon à Paris. 680. Son épalement fe fait à l'Hôtel-de-Ville de Paris. 681. Doit, outre le droit principal, les fols pour livre. 667, 668. *Demi-minot,* mefuré fur l'étalon original. 681. Le Charbon de terre doit fe vendre à cette *mefure comble.* Id. Contravention à loi, en vendant quelquefois par paniers. *Idem.*
Minute. (Géographie & Aftronomie.) Soixantieme partie d'un degré ou d'un tout, venant du mot Latin *minutus,* petit. 755. Comment elle fe marque dans les calculs. 756. Dans la Trigonométrie les Arpenteurs de Mines emploient auffi ce mot, & quelquefois celui de *Prime* ou *Scrupule,* pour défigner la divifion par lignes du doigt de la perche des Mineurs. 782. Comment s'indique la minute dans la Géométrie pratique. 782.
Mife en forme. Quantité de pelottes que donne la mife en forme dans la fabrication d'une mefure fixée ; nombre de pelottes que l'on peut obtenir dans un efpace de temps déterminé. 1344. Voyez *Briques, Pelottes, Boulets.*
Mittel. G. L'entre-deux. *Mittel Berg.* Montagne où la matiere minérale fe rencontre vers le milieu de fa hauteur ; c'eft auffi pour exprimer une montagne moyenne entre deux montagnes plus hautes. *Mittel geburge.* G. Montagnes qui fe trouvent entre celles nommées *Vorgeburges,* & les plus hautes chaînes. Voyez *Montagnes. Edle Mittel.* Le fort du filon. *Mittel Schiefer.* Banc ou couche d'ardoife, qu'on rencontre entre deux couches de matieres minérales, foit de même, foit de différente nature.
Mitzngehohr. Leupold. *Berk borer.* G. Awger. AN. Tarriere Angloife. 389.
Mo. SU. Terre nourriciere du fable.
Mobilis. (*Glarea*) 1318. Voyez *Glarea* (*Valvula*) *feu verfatilis.* Soupape, clapet. Voyez *Soupape.*
Modérateur. Dans le Baritel à eau : on nomme ainfi une roue adaptée à l'arbre du tambour, & dont l'ufage eft d'arrêter tout court la machine

lorfque l'on veut décrocher le fac qui arrive, & en accrocher un vuide ; cette roue eft décrite par M. Delius.
Modiolus (*rotæ.*) G. Nabe. Moyeu.
Moetorp. en Weftrogothie : le Charbon de terre de cet endroit eft argilleux & alumineux ; fe polit aifément, & eft employé à faire des tabatieres & des boutons ; au feu il fe réduit en fcories. 415.
Moffettes. Mouffettes. Vapeurs ou exhalaifons fouterraines dans les Mines de Charbon de terre. 264, 575. Dans celles du Saumurois. 545.
Moffettes des Mines métalliques, ne font pas comparables dans tous les points aux moffettes de Mines de Charbon, fi on enexcepte les Mines de ce foffile qui font pyriteufes ; néanmoins les phénomenes de fuffocation dans toute efpece de fouterrains, fe rapportent affez entre eux dans les points effentiels. 1002. Voyez *Suffocation dans les Mines métalliques.*
Moifes. (Charpenterie.) 1016.
Moiffonner la taille dans les mines d'Ajou. 561.
Molécules du Charbon de terre. Leur forme. 539. Maniere de la découvrir. 1141.
Mollettes. Moulettes. Nom donné communément dans les travaux de Mines aux poulies. 1077. (*Machine à*) de la Mine de Montrelay. 543. Voyez *Poulies.*
Moment. (Méchanique.) Quantité du mouvement d'un mobile. Le mouvement de tout mobile peut auffi être confidéré comme la *fomme des moments* dans toutes fes parties. 1077. Voy. *Somme des moments.*
Moment. (Statique.) S'emploie proprement & particuliérement pour défigner le produit d'une puiffance par le bras du levier auquel cette puiffance eft attachée, ou ce qui eft la même chofe, par la diftance de fa direction au point d'appui. Une puiffance a d'autant plus d'avantage, toutes chofes égales d'ailleurs, qu'elle agit par un bras de levier plus long. Voyez *Levier.*
Monde. (Pôles du) 756.
Mondique. Pierre à fer. Pierre d'arquebufade. *Lithos pyrites. Lapis pyrites.* Pierre à feu. Voyez *Pierre à feu.*
Monnoies. (*Cour des*) Dans les Lettres-patentes du 16 Septembre 1557, concernant les Mines d'argent découvertes dans une partie du Piémont, l'attribution des différends & conteftations, a été donnée à la Cour des Monnoies de Paris.
Monogramme. Monochroma. Monogramma. Icon. Delineatio iconica. Orthographie. Voyez *Profil.*
Monopole. 425. *Monopoleurs,* (*Compagnie de*) formée en Angleterre par les Maîtres de Navires en 1638, pour acheter tous les Charbons. 431. Autre formée à Paris. Voyez *Accaparement.*
Monofpaftos. Trochlea fimplex. Poulie fimple.
Monreffe. Meneufe. Rakoyeux. Benvettreffe. LE. 212.
Mons Carbonum. Arena Carbonum. 504.
Mons, Ville du Hainaut Autrichien : (Maîtres Batteliers de). 737. Droit du Charbon de Mons. V. *Droit.* Le Charbon de terre de France entre dans le pays de Mons, au moyen d'un Paffeport qui fe délivre à Arras, par un Contrôleur *ad hoc.* Ce que le Charbon de Mons acheté aux foffes paie de droit. Voyez *Muid.*
Montagnes. G. Gebürge. La pourchaffe & la conduite des travaux de Mines ne peuvent jamais être exécutées avec fruit & avec intelligence, fi en particulier on ignore la nature du terrein que

l'on a à fouiller dans un pays où l'on fait ces sortes d'expériences. La connoissance générale des montagnes n'est pas moins importante. 740. M. Delius dans son Ouvrage s'est occupé de cet objet fondamental ; on y trouve non-seulement sur cet article la premiere épaisseur du globe ; mais encore sur les veines & les substances qui la parcourent , des vues & des observations entierement neuves. Il en est de même de la division des montagnes du premier & du second ordre , dont l'Auteur établit , d'après les expériences, des caracteres particuliers , afin d'éviter les méprises dans lesquelles nous avons fait remarquer qu'on peut tomber en prenant pour montagne primitive une chaîne de montagnes qui ne l'est pas. 748. Nous n'emprunterons ici , relativement à cet objet , que ce qui peut être généralités.

On appelle *Montagne* , la surface du nouveau globe formée en élévations & en collines , laissant entre elles des profondeurs continues , nommées *Fonds* & *Vallons*. A cette définition , le savant Ecrivain ajoute celles de toutes les parties qui sont dépendantes de montagnes , & qui ne sont point ici hors de place.

Une Contrée dans laquelle plusieurs montagnes s'étendent en long , est ce que l'on appelle chaîne de Montagnes. *Geburge Kaette*.

L'enfoncement qui est entre deux rangs de chaines de montagnes , est *Vallée* , *Thall*.

Les petites montagnes qui tiennent par les côtés aux grandes & longues montagnes. *Riegel*. 751.

Leurs profondeurs intermédiaires, *Grunde*.

L'endroit où ces fonds se réunissent au haut de la montagne formant un coude. G. *Sincken*. *Schluchtten*.

La pente oblique d'une montagne par laquelle on peut arriver à sa cime, le *dos*. *Gehaenge*. Cette partie inclinée , prolongée en hauteur sur le dos *Sommet*. L'élévation au-dessus de son dos , la *tête*.

Montagnes qui s'écartant de deux côtés d'une grande chaîne de montagnes, se perdent dans la plaine. *Vorgeburge*. Les montagnes placées entre celles-là , & les plus hautes chaînes. *Mittel geburge*. Moyennes. Celles qui parvenent à leur plus grande hauteur , s'étendent dans le milieu. *Hohe geburge*.

Caracteres distinctifs entre les inégalités montueuses qui traversent & qui coupent la superficie de la terre dans les continents. 744.

Montagnes déchirées. Zer. *Zerrissene Geburge*.

Montagnes. (*Hautes*) On ne doit entendre par cette expression que la chaîne primitive des montagnes , qui , au seul aspect , présentent l'idée d'une forte digue destinée à servir de soutien aux montagnes du second ordre. 745.

Montagnes à pente douce , qui s'élevent de leur pied en pente douce. 751.

Montagnes rapides ou *escarpées* , qui s'élevent de leur pied en pente roide. 752. M. Delius observe que ce n'est point parler en Mineur , ou conformément à l'art de l'exploitation des Mines , d'appeller montagnes rapides celles qui sont isolées , & qui tirent vers la plaine ou qui sont dans la plaine, attendu que bien souvent elles ne sont rien moins que roides , ayant une pente décidément oblique. Voyez *pente des Montagnes*. Ce qu'on remarque dans les vallons étroits que forment les montagnes escarpées. *Ibid.*

Contours & angles correspondants des montagnes.

Observation très-importante pour la théorie de la terre , faite d'abord par M. Bourguet , & qui consiste en ce que les montagnes ont des directions suivies & correspondantes entre elles, ensorte que les angles saillants d'une montagne se trouvent toujours opposés aux angles rentrants dans la montagne voisine qui en est séparée par un vallon ou par une profondeur ; observation générale & universellement reconnue , & dont tout le monde peut se convaincre par ses yeux. Cette singularité , aujourd'hui reconnue universellement , ne demande , pour s'en convaincre par les yeux, autre attention que celle d'examiner en voyageant la position des collines opposées , & les avances qu'elles font dans les vallons ; on se convaincra alors que le vallon étoit le lit d'une riviere , & les collines les bords des courants ; car les côtés opposés des collines se correspondent exactement comme les deux bords d'un fleuve. Dès que les collines à droite du vallon font une avance , les collines à gauche des vallons font une gorge ; les collines , à très-peu-près, ont aussi la même élévation , & il est très-rare de voir une grande inégalité de hauteur dans deux collines opposées & séparées par un vallon. 745 , 752.

Gissement de montagne. 751. *Adossement*. Ibid.

Toise de Montagne. Voyez *Toise*.

Montagnes & Collines. (Substances qui font la base des) dont le sommet est compact , ou formé de matiere calcaire. 742.

Vues générales sur la superficie extérieure de la terre , comparée avec sa superficie intérieure. 742.

Division des Montagnes. *Montagnes du premier ordre* , nommées aussi *Montagnes primitives*, ou *de la vieille roche* , c'est-à-dire , d'ancienne formation. *Montagnes à Filons*. 745. Pourquoi ainsi nommées. 746. Leur structure intérieure homogene & sans interruption. 743 , 746.

Montagnes du second ordre. *Montagnes par couches* , ou par dépôt. 746 , 747. Pourquoi ainsi nommées ? Ibid. Seules propres aux Charbons de terre. Ibid. Viennent quelquefois s'appuyer contre les montagnes primitives , avec lesquelles elles semblent se confondre & se perdre insensiblement dans les plaines. 755 , 748. Leur description. 746. Principal caractere des montagnes à couches. 747. Leur caractere distinctif & particulier. 746. Différences entre elles. 747. Structure intérieure des montagnes à couches. 746. Composition de la montagne de S. Gilles , selon M. Genneté. 868. Soixante-une veines , leur épaisseur totale, selon cet Auteur. Id. Couches différentes des montagnes du second ordre. 750. Schistes , ardoises , ou pierres feuilletées. Id. Disposées horisontalement. Id. Marche des lits terreux. 751. Substances qui sont propres aux montagnes à couches ; substances qui leur sont étrangeres , & qui forment une partie de leur masse. 748. Pierres qui se rencontrent dans les montagnes à couches , outre les bandes terreuses 749. On trouve dans l'Ouvrage de M. Delius , sur les montagnes à couches , & sur les montagnes moyennes ou à veines , un détail intéressant & des observations qui sont particulieres à ce Savant , & qui méritent grande attention.

Principaux phénomenes , tant intérieurs qu'extérieurs des montagnes à couches , rapprochés les uns des autres , afin de donner de ces montagnes une idée exacte & précise qui aide à les reconnoître infailliblement , à les distinguer entr'elles , & à juger de la profondeur à laquelle y sont

placés les Charbons de terre, 747, dont la pofition y eft toujours telle que ces maffes de Houille
occupent la partie la plus baffe du terrein fur
lequel les couches font portées, & les bancs fchifteux occupent la partie du milieu. Voyez Montes.

Les Allemands appellent *Banck Berge* les montagnes dans lefquelles les Mines fe trouvent par
des couches en échelons. Voyez *Berge Banck*.

Dans la pratique de l'exploitation, les montagnes apportent à plufieurs recherches des obftacles
& des difficultés, qui fe levent par le calcul aidé
de plufieurs inftruments: on trouve, dans tous les
ouvrages de Géométrie fouterraine, la folution des
différentes queftions auxquelles donne lieu la différence de l'inégalité du terrein fuperficiel. La Géométrie de M. de Genffane renferme entr'autres les
problèmes énoncés comme il fuit. PROBLÈME IX.
*Trouver fur les côteaux d'une montagne les points
qui correfpondent perpendiculairement aux contours,
ou à tout autre point donné d'une galerie pratiquée
au pied de cette montagne.* PROBLÈME XV. *Le fommet d'une montagne formant les limites de deux
états limitrophes, déterminer ces mêmes limites dans
l'intérieur de la montagne, & connoître fi les travaux pratiqués dans cette montagne anticipent fur le
territoire voifin.* PROBLÈME XIX. *Connoiffant l'inclinaifon à la direction de deux filons collatéraux,
dont l'un penche ou eft plus incliné que l'autre, déterminer la profondeur du lieu de leur croifée dans
l'intérieur de la montagne.*

Montagne brûlée, montagne de feu. Carriere de
Charbon embrafée il y a 29 ans dans le Lyonnois, à ¼ de lieue de S. Genis-terre-noire, à demi-lieue de Rive-de-gier, & une lieue & demie
de S. Chaumont. 499, 702. Autre dans le Rouergue, dite *Montagne du Montet. Scedali. Del puech
ardent.* 531.

Montant, (Tuyau) ou tuyau d'afpiration. Voy.
Tuyau. Montant, efpece de bafcule dans le Feld-
geftange. Ouvrage ou échelon en montant. 944.

Montcenis, (Charbon de) en Bourgogne. Lit de
Charbon à onze pieds de profondeur, bon. 572.
Sa qualité. 574. Rangé par M. de Morveau dans
la claffe des Charbons durs, quoiqu'affez légers
& très-friables; felon M. de Morveau, ne contient
pas de foufre. 1185. Réfidu de fa combuftion au
feu. *Id.* Odeur qu'il exhale au feu. *Id.* Charbon de
la montagne de Chatelaine; fa qualité. 573. Ce
qu'il coûte à la Mine. *Ibid.*

Monthieu en Auvergne, qualité de ce Charbon.
584.

Montluel, près du Rhône. Mine de Charbon.

Montée. (Ouvrage par) LE. 895. *Montée.* 258,
299. *(Premiere.) (Seconde.) Coiftreffe,*
queftreffe de montée. *Ibid. Demie montée.* 259. *Montée des niveaux du bure.* 895. *Airage des montées.*
267. *Lever des montées.* 292.

Monter une Rule. Monter directement en pendage de Veine. 369, 373. *Monter une Taille.* LE.
560.

Montes primarii. M. Ferberg, dans fes Lettres
fur la Minéralogie & fur l'Hiftoire naturelle de
l'Italie, qualifie de ce nom les montagnes inférieures formées de Schifte, qui s'étendent par
deffous les montagnes calcaires auxquelles elles fervent de bafe. *Montes fecundarii,* les Alpes calcaires. *Montes tertiarii,* les collines.

Montet. (Montagne du) Del puech Ardent.

Montrelay (Mine de) en Bretagne. 541. Deux
puits, favoir le puits d'Hérouville, profond de 95
toifes, & le puits de la Peignerie, profond de

57 toifes, avec deux machines à feu. 543.

Montres utiles pour quelques opérations de
Mines. 764, 805. Comment elles fe reglent.
773. Attention pour avoir une montre bien réglée.
774, 775. Maniere de régler les montres en fe
fervant d'un Cadran à bouffole horaire. 776.

Morbus attonitus. Morbus fyderatus. V. *Afphyxie.*

Morgen Gang. G. *Vena matutina.* Morgret
Gang. SAX. Filon du matin.

Mort abfolue des Ouvriers fuffoqués ou noyés
dans les Mines. Tentatives à faire pour conftater
cet état; ou pour rappeller la vie. 1001. Obfervation fur les yeux de l'Ouvrier réputé mort,
pour fe bien affurer s'il eft mort véritablement,
& difcontinuer les fecours. 1005.

Mort apparente. Mort imparfaite des Ouvriers
fuffoqués ou noyés dans les Mines. Secours à
apporter à cet état, de deux efpeces, intérieurs
& extérieurs. 986. Procédés regardés infaillibles
par les Mineurs. *Id.* Le court efpace de temps
donné à ces fecours, ne doit point faire défefpérer
de la vie du malade auquel ils n'ont pas réuffi.
987. Symptômes qui fe remarquent fur le corps
des Ouvriers réputés morts à la fuite de la fuffocation. *Id.* Toutes les apparences de mort ne
décident rien. 994. Confidérations fur la poffibi-
lité de rappeller d'une mort apparente à la vie
les Houilleurs fuffoqués ou noyés dans les Mines.
990. Confidérations puifées dans le fentiment de
l'humanité. 991. Conféquences tirées de faits &
d'exemples. *Ibid.*

M. Winflow, Médecin de la Faculté de Paris,
& M. de Réaumur, de l'Académie des Sciences,
premiers Auteurs, en 1740, de l'attention qui s'eft
tournée fur les Noyés, auxquels on a été des
fiecles fans donner aucun fecours. 992, 993,
994. Empreffement du Bureau de Ville de
Paris, dès l'année 1758, pour rendre utile &
profitable l'avis rédigé par M. de Réaumur. 993.
Société formée par les habitants d'Amfterdam en
1767, en faveur des Noyés. *Id.* Encouragement
& prix propofé par cette Société. *Id.* Etabliffe-
ments femblables formés à Paris & en Angleterre.
993, 995. Motifs pour porter les mêmes foins
officieux aux Ouvriers de Mines. *Id.* Voyez *Avis.*
Voyez *Boëte portative.*

Morte-charge. (Commerce de mer.) 633.

Mortier ou *Ciment.* Une mefure de chaux & deux
mefures de machefer, broyées avec de l'eau,
font un mortier très-dur. Mortier avec de la chaux,
& de la cendre de Houille. 479. Mortier avec la
cendrée de Tournay. 1131. Différents procédés.
1130. Mortier ou Maçonnerie de Beton. 1134.
Voyez *Maçonnerie.* Voy. *Terraffe de Hollande.*

Moteur. (Méchan.) Ce qui meut ou met en
mouvement. Voyez *Mouvement.* Dans toutes les
machines il ne s'agit que de bien connoître ce
principe. *Moteur.* (Hydraulique.) Puiffance par
laquelle agit une machine hydraulique.

Motte, (la) Eaux minérales de) tiennent peut-
être une partie de leurs propriétés du bitume de
Charbon de terre. 528.

Mottes à brûler. Etendue de leur Commerce dans
Paris. 1328. *Mottes* ou *quartiers de Glaife.* Voyez
Quartier.

Mouche. Moxhe de Veine. LE. Languette, meche du tarré. 216. Sa Defcription, fon ufage. *Id.*

Moufle. Poulie à Moufle. Polyfpaftos. 232. Affemblage de plufieurs poulies, les unes *fixes,* les autres
mobiles ou *fimples.* 920. Toutes embraffées par
une même corde. 1138. Les *Poulies fixes* font

portées par une même chape, & les poulies *mobiles* par une autre chape ; elles peuvent avoir différentes dispositions. Leur principal usage est de faire gagner de la force. *Machines à moufle.* 916. On appelle aussi *Moufles* des barres de fer à l'extrémité desquelles on a pratiqué des yeux pour contenir les barres, (dans les feldgestangen) par des clavettes qui passent dans les yeux. 1044.

Mouillon. (*Charbonnieres du*) Voy. *Charbonnieres.*

Moules. Lunettes, formes pour donner au Charbon de terre, empâté avec des argilles, une forme particuliere. 357, 487, 1333. Sable à faire des moules. Voyez *Sable des Fondeurs.*

Moulin à vent. LE. *Hernaz à vent.* Voyez *Hernaz. Moulin à silex. Rouet à fusil des Mineurs.* AN. Flint Mill, usité dans la Mine de Workington. 402.

Moulinet. (Méchanique) Treuil ou Tour. *Axis in peritrochio.* Gros rouleau ou cylindre, ou essieu traversé de deux leviers qui s'appliquent aux grues, aux cabestans, aux engins, & autres machines semblables destinées à enlever des fardeaux ; se meut quelquefois avec une roue. 581, 591. Dans l'appareil de la tarriere Angloise, le moulinet est appellé *Devidoir.* 886.

Moulettes. Mollettes. Poulies. 564. (Machines à) 238, 543, 563.

Moulins en Bourbonnois ; dépôt du Charbon de la Mine de Fims au Port de Moulins. 581. Jugement que les Serruriers de Paris portent de ce Charbon. 1160.

Mourant. (Lit) Voyez *Lit.*

Mouvement. (Loix du) Voyez *Machines.* Comme toute machine est destinée à se mouvoir, on doit la considérer dans l'état de mouvement, & alors avoir égard à plusieurs choses. 924.

Mousse pour servir d'étoupes ou de calfatage dans certaines occasions. 270, 479.

Mouton. Piece d'un équipage de sonde, de laquelle M. de Genssane fait mention dans son Discours préliminaire de l'Histoire naturelle de Languedoc ; il dit que le mouton ne ressemble pas mal à un poids d'horloge ; sa base est circulaire, & son diametre est d'environ deux lignes plus grandque celui de la tarriere ; la surface de sa base est un peu enfoncée en forme de calotte renversée, de maniere que sa circonférence forme une espece de tranchant circulaire ; l'extrémité opposée à sa base est garnie d'un manche entiérement semblable à celui des pieces précédentes ; son usage est d'arrondir les trous qu'on a faits au travers des bancs de roche avec les autres pieces, de briser & égaliser les éminences qui pourroient arrêter le libre passage de la tarriere, pour pénétrer dans les terres qui sont au-dessous de ces roches. *Saut de Mouton.* LE. Rihoppement. 309.

Moxhe de Veine. Mouche. Aiguille. 216.

Moyen proportionnel. Est une quantité qui occupe le milieu d'une proportion ; ainsi 6 est moyen proportionnel entre 4 & 9, parce que 4 est à 6 comme 6 est à 9 ; le quarré d'un moyen proportionnel est égal au produit des deux extrêmes.

Moyen. (*Charbon*) Voyez *Charbon.*

Moyenne. (*Houille*) Voyez *Houille.*

Moyenne. (*Veine*) Dans les Houillieres de Dalem est grande *Veinette.*

Moyeu de Roue. Modiolus rotæ. G. Nabe.

Muhle (*Berg*). Démolition, éboulement de roc, excavation souterraine qui se pratique dans les mines métalliques lorsqu'on manque de décombres toujours nécessaires soit pour remplir des vuides, soit pour former des massifs ou des murailles ; les endroits de Mines les plus favorables, & qu'on doit préféreren conséquence, lorsqu'on veut avoir de ces déblais, sont les parties où le roc est mol, & qui prête le plus à cet éboulement.

Muid. Mui. Grande mesure de choses liquides, diversement appellée dans plusieurs Provinces ; en Champagne, *Queue* ; en Bourgogne, *Feuillette* ; en Touraine, *Poinçon* ; en Berry, *Tonneau* ; en Poitou, *Pipe* ; en Lyonnois, *Asnée* ou *Botte* ; à Bordeaux, *Barique*, dont les quatre sont ce qu'ils appellent le *Tonneau.* Le mot de *Muid*, pris aussi pour la futaille de même mesure, ne signifie pas toujours une mesure certaine & déterminée, y ayant des muids plus grands les uns que les autres.

La mesure du muid, pour être exacte, doit être celle des Géometres, savoir huit pieds cubiques. Voyez *Muid de Charbon de terre à Bois-Bossut.* Le muid de choses liquides à Paris contient huit pieds cubes d'eau ; chaque pied cube contient 36 pintes mesurées au juste, & lorsque l'eau ne passe point les bords ; quand elle les passe, le plus qu'il est possible sans verser, le muid ne contient que 35 pintes, dont chacune pese deux livres, & chacune des premieres pese deux livres moins sept gros. Le muid contient deux cents quatre-vingt-huit pintes, de celles qui pesent deux livres moins sept gros, & deux cents quatre-vingt de celles qui pesent deux livres chacune.

Le *Muid* ou la *Barique* revient à 63 *gallons.* 543. Voyez *Baille.* A *Liege* le muid fait deux stiers. A Bois-Bossut le muid de Charbon de terre est de 13 pieds cubes. 1102. Muid de Charbon de terre, poids de *Mons.* 1283. Voyez *Wague.* Dans le Hainaut Autrichien, tout Charbon qui s'achette aux fosses doit généralement le droit à proportion du muid ou de la *Waye* (comme il a été rapporté au mot *Marchandise*), n'y ayant, outre les Privilégiés, que celui qui se donne en aumône aux Ouvriers & Sclanneurs pour se chauffer, qui soit exempt des droits de l'Etat. Voyez *Mons.*

A *Arras* le muid de quatre *Rasieres* des Charbons de Fresnes & de Vieux-Condé, est fixé à trois florins huit patards de droits d'entrée, sans compter les droits de Mesureurs. Voyez *Mesureurs.*

Le muid de Charbon à *Fresnes* est évalué à environ 14 pieds cubes. 1103.

A la *Rochelle* le muid pour les droits de Charbon d'Angleterre & d'Ecosse, évalué à 80 Bailles ou paniers. 724. Voyez *Bailles.*

A Paris, pour la vente de Charbon de terre, le muid ou la voie composée de trente demi-minots. Voyez *Voie.* Voyez *Minot.*

Muletiers de Rive-de-Gier, contribuent beaucoup au désordre dont on se plaint sur ces mines. 709.

Mumia vegetabilis. Momie végétale de Cromsted, espece de terre d'ombre friable, très-commune dans les couches de Charbon de Boserup, ou plutôt imprégnation de matiere charbonneuse diversement colorée, & quelquefois ressemblante à la terre d'ombre à laquelle elle peut suppléer. 444.

Mundloch. G. Entrée, embouchure d'une galerie de Mine. Voyez *Galerie.*

Muraillement. Ouvrage de Maçonnerie qui se construit dans les travaux souterrains, & qui se fait ou à chaux ou sans chaux, ou à sec, selon que les endroits où il se pratique sont humides,

ou

ou selon que les endroits où l'air circule librement : on conçoit encore que le local exige une différence dans le muraillement, selon que les ouvrages sont en voûte, à plomb ou en entaille, selon la nature des Veines, des rocs qui leur servent de toit & de semelle ; de même différent dans les bures, selon qu'ils sont profondés en pillant, ou perpendiculairement. Ce travail de muraillement est particuliérement nécessaire pour les endroits qui doivent toujours servir ; on ne peut sur-tout s'en passer par-tout où il y a de la part des rocs une pression considérable qui détruiroit les *boisages*, comme dans les grandes galeries de passage, les stappes & autres ouvrages de cette nature. Les Articles 19, 20 & 21 du Réglement de M. de Gensfane, renferment des détails sur ce muraillement des puits. M. Delius dans son ouvrage a particuliérement enchéri pour cet article, sur celui de l'Académie de Freyberg. Voyez *Murray*. Voyez *Puits*.

Murailler. Lɪ. 250, 253.

Murray. Lɪ. Petit mur bâti sans ciment pour étayer les staples, ou pour restapler les serres. 274. On donne encore ce nom à une Maçonnerie de brique, pour ajouter au feu de Charbon de terre une chaleur de reverbere. 291, 362, 364, 1272. Sa distance de la grille dans les cheminées de chauffage. 694. Dans les cheminées de cuisine. *Id.* Sa construction. 1273. Manieres de le terminer dans le haut. 695. Son épaisseur, sa hauteur. 694. On peut y substituer une plaque de fonte percée de plusieurs trous, pour qu'elle ne se fende pas. 1273.

Mutter (Berg). Matrice des Mines.

N

Nabe. G. *Modiolus rotæ*. Moyeu. Voyez *Moyeu*.

Nadir. Nom Arabe donné au plan immobile de la Sphere qui est perpendiculairement audessous de nos pieds, & éloigné de 180 deg. du Zénith, tous deux pôles de notre horison ; ils tombent par conséquent sur le Méridien, l'un audessus, l'autre au-dessous de la terre ; à quelque distance que l'un de ces points soit de l'équateur & des pôles du monde, l'autre se trouve toujours dans la partie opposée du monde, à la même distance de l'équateur & des pôles. 756.

Naf-ware. Sv. Cuiller de la tarriere. Nafware Hol. Trou de Tarré. 897.

Nailles. Lɪ. Agrafes plates, ou lames de fer qui lient ensemble les pieces de bois dont les cuves sont composées. 227. *Nailleler*. Maintenir avec des nailles les tinnes ou autres ustensiles de ce genre. 227, 230.

Nantoise (Charge) est de 300 livres Nantoises. 725.

Naturalistes, Physiciens. Leurs observations multipliées & combinées sur la superficie de la terre, fournissent des vues, forment un corps de préceptes sur la véritable structure intérieure. 742.

Naturalisation accordée aux Etrangers, Associés & Ouvriers, leurs hoirs & successeurs, pour récompense des talents, & de la part dans laquelle ils concourent à l'entreprise des Mines du Royaume, à l'effet de jouir en France de tous les droits civils, c'est-à-dire, d'être à tous égards assimilés aux naturels François, sans être tenus de payer aucune finance, ni prendre d'autre Lettre de naturalité que le *Vidimus*, à la seule condition d'exhiber un certificat du Grand-Maître. Ce privilege est concédé, dans toutes ses dépendances, par l'Ordonnance de François II, du 10 Juillet 1560, confirmée par Charles IX en 1561, & plusieurs autres enregistrées dans les Parlements, & dans les Chambres des Comptes ; dans les Lettres-patentes de Henry II, du 11 Octobre 1152, ce privilege est restraint à 40 Ouvriers par chaque Mine. L'Arrêt du Conseil du 14 Mai 1604, portant nouveau Réglement sur le fait des Mines & Minieres du Royaume, développe ce privilege d'une maniere propre à encourager les Etrangers à s'intéresser dans les travaux de Mines ; & aucune loi postérieure n'y a encore dérogé. Le Sieur Harrisson, les Sieurs & Demoiselle Brurchie intéressés dans les Mines de Bretagne, en ont jouis par Arrêt du Conseil du 17 Septembre 1743. Le sieur Peister, intéressé dans la Compagnie formée pour l'exploitation des mêmes Mines, a été réputé *Regnicole* par Arrêt du deux Décembre 1755, revêtu de Lettres-patentes ; le tout néanmoins pour le temps que le sieur Peister resteroit employé à l'exploitation des Mines de France, & domicilié dans le Royaume.

Naturalité (Droit de) & d'Aubaine. Voyez *Naturalisation*.

Naturelle, (Terre) ou *neuve*. Lɪ. Plein Visthier.

Naulage. *Nolis*. Voyez *Nolis*.

Nautæ Parisiaci. *Nautes*. Ancienne & premiere Communauté que faisoient les Marchands de Paris fréquentants la riviere de Seine, 644, à laquelle vraisemblablement a succédé la Compagnie appellée ensuite *Mercatores aquæ Parisiaci*. Ibid.

Nautes. Voyez *Nautæ Parisiaci*.

Navée. Charge de *bateaux*, *nefs & navires* sur la riviere de Haisne. 725, 735, 736.

Navette (Huile de) pour graisser les mouvements des Machines.

Navigation dans l'intérieur des Terres en Angleterre. Canal de Bridg-water. 428.

Navigation de Condé en Hainaut, réglée pour la perception des droits Domaniaux, par les placards du Hainaut, imprimés à Bruxelles en 1704, confirmés dans tous leurs points au nom de Sa Majesté Impériale, par Ferdinand Gaston Lamorald de Croy, Comte de Rœux, Gouverneur, Capitaine général, Grand-Bailly & Officier souverain du Pays & Comté du Hainaut. *Arrêt du Conseil d'Etat du Roi*, en forme de Réglement, concernant cette Navigation de Condé, du 4 Novembre 1718, 735. *Chambre de navigation*. Id.

Navigation de la riviere d'Aroux pour les Charbons de Montcenis, jusqu'à Digoin, dans la Loire. 373.

Navigation ou Canal de communication de la riviere du Layon, depuis S. Georges de Chatelaison, avec la Loire à Chalonnes, projetté depuis 1740, 554, exécuté aujourd'hui sous le nom de *Canal de Monsieur*, qui a daigné honorer de sa protection cette entreprise favorable à la circulation du Charbon, entamée à la fin de 1774 ; l'ouverture de ce Canal, contenant 27 éclus es, 12 ponts & 6 gués, a été faite le 26 du mois de Décembre 1776.

Navigation des Charbons d'Auvergne, depuis l'endroit de l'embarquement jusqu'à la jonction de l'Allier à la Loire, ensuite jusqu'à Briare par le Canal, 597 ; ensuite depuis Briare jusqu'à Montargis. 637. *Navigation du Canal de Loing*. 643. Voyez *Loing*.

Navigation du Charbon du Forez, du Bourbonnois & autres par le Canal de Briare jusqu'à Nemours. 637. Deux Jurisdictions & Polices sur le

Noblesse. Par Lettres du Roi du 30 Septembre 1548, les Commis, Associés & Entremetteurs ne dérogent au droit & privilege de noblesse, dignité ou état: par un autre Edit confirmatif du 10 Octobre 1552, il est non-seulement permis à toutes personnes, de quelque état & condition qu'elles soient, de rechercher & travailler les Mines, de s'associer qui bon leur semblera, sans que lesdites associations dérogent à la noblesse, ni aucune dignité ou qualité, en prêtant par l'Essayeur & Affineur le serment accoutumé entre les mains du Grand-Maître. L'Article XII de l'Edit du mois de Février 1722, portant établissement d'une Compagnie pour travailler pendant trente ans les Mines du Royaume, est précis sur cet objet, en faveur des Gentilshommes, Officiers & autres, comme Directeurs ou Interressés dans ladite Compagnie.

Nocs. Dans la mine de Pontpean, Canaux de bois pour conduire les eaux.

Nofft (*Barq.*) Intéressé dans les Mines.

Noir. Swartor. V. *Swartor. Swart mylla.* Su. Terre noire, commune dans les Mines de Charbon de Suede. 447. Voyez *Fierstad.* V. *Marne noire.*

Noir de terre. Espece de fossile noir, dont les Peintres se servent après l'avoir bien broyé, pour travailler à fresque, & qui n'est qu'une espece de de terre d'ombre calcinée. 1137. V. *Terre d'ombre.*

Nolis. Nolissement. Naulage. V. *Fret. Frettement.*

Noisetier. Au lieu de l'aiguille qui s'introduit dans le patron pour faire jouer la poudre à canon, on emploie quelquefois des baguettes de noisetier ou d'autres especes de bois, creusées endedans. M. Delius décrit les manieres de se servir de ces baguettes, moins sujettes à manquer, mais plus dangereuses que les trous de l'aiguille, parce qu'elles peuvent s'allumer par la poudre, & brûler long-temps avant de communiqner le feu à la poudre.

Nombres. (*Résolution des nombres trouvés dans la mesure des souterrains*), définie par Weidler. L'art de chercher, par le moyen des hypothénuses & des angles donnés, les perpendiculaires & les bases, & de les exposer avec leurs angles sur les tables.

Nombre quarré. Produit d'un nombre multiplié par lui-même, comme quatre est le produit de deux multiplié par deux.

Ligne des nombres. Voyez *Echelles.*

Nord ou *Septentrion.* Plage du pôle Boréal, appellé *Pôle Arctique.* 762. Voyez *Septentrion.*

Norma. Regle. Equerre.

Normalis. (*Linna.*) *A-plomb.*

Nort (Mine de Charbon de) en Bretagne, dont le privilege accordé d'abord en 1746 au sieur Jarry, a été renouvellé en 1774 pour 30 ans. Qualité des Charbons que donne cette Mine. 544.

Notification dans la coutume de Liege, doit être faite au Propriétaire ou Terrageur par une Société ou un Entrepreneur avant de travailler, parce qu'alors le Propriétaire envoie faire l'examen des ouvrages aux frais de la Société, afin de reconnoître si l'on observe les regles établies pour la direction des ouvrages. En fait de priviléges en France, pour qu'ils soient connus de tous ceux qui peuvent y avoir intérêt, l'Article VII de la Déclaration du Roi, du 24 Décembre 1762, ordonne qu'après l'enregistrement desdits privileges dans les Cours, il soit, à la diligence des Procureurs généraux, envoyé copie collationnée d'iceux aux Baillages, dans le ressort desquels ils doivent avoir leur exécution.

Notulant, à Dalem. *Compteur* à Liege. 327. Voy. *Compteur.*

Nourritures. Les Sources d'eaux souterraines. 270. Reconnoître la force de la nourriture de l'eau. (Opération pour). 334. Voyez *Xhancier.*

Noyan (*Mine de*) en Bourbonnois. 582. Qualité de son Charbon. *Ibid.*

Noyées, (*Veines*) c'est-à-dire, qui sont d'un niveau plus bas que l'Areine. 289. V. *Levays d'eaux.*

Nudare (*Venas corio*) G. Genge ente blossen. 200. Voyez *Décharner.*

Nuit. (*Garde-*) Voyez *Garde-bateau.*

Nyaie, (*Mine en*) ou en *Bouroutte.* Voyez *Nid.*

O

OBER bett. G. Couverture.

Oberg, *Nober. Uber.* G. La premiere expression désigne la croûte supérieure; la seconde une pierre molle; la troisieme une espece de pierre pourrie: mais ces mots peuvent avoir d'autres significations suivant la construction des phrases.

Ober faule. Pierre fort mollasse & pourrie, qui souvent coupe & & écrase les veines & filons des Mines.

Obligations des Maîtres de fosses vis-à-vis les Propriétaires; plusieurs cas. 331, 335.

Obliqua Vena, ou *devexa.* G. Doulegter Gang.

Oblique. (*Ligne*) G. *Flach.* Ligne selon laquelle une veine ou filon s'incline en profondeur, & qui se détermine par le demi-cercle partagé en degrés; de maniere qu'une veine, depuis le 15e jusqu'au 45e degré, est une veine oblique.

Oblique. (*Pente*) Voyez *Pente oblique.*

Oblique. (*Veine*) Ce qui est à remarquer par rapport à ces veines, lorsqu'il s'agit d'en prendre l'heure par les opérations de Géométrie. Voyez *Piquer.*

Obliquité. G. Doulege. On observe que dans les profondeurs la plupart des veines gardent une obliquité réglée.

Observations sur les vapeurs des Mines, par Agricola. 928, 929. Par différents Savants dans les Mines de Newcastle. 403. Du Lyonnois. 513. Dans les Mines du Saumurois. 545. D'Anjou. 562. Du Nivernois. 575. D'Auvergne. 590. Dans une Mine d'étain en Cornouaille. 929, 930. Résumé des principaux points d'observations à faire sur ce sujet. 931, 932, 933.

Observation barométrique faite dans les Mines de Copperberg. 942. Dans les Mines de *Clamthal.* 944. De *Norvege.* Id. *Observation thermométrique* & *barométrique* faite en hiver dans la Mine de *Cheissy* en Lyonnois. 944, 945. Dans les Mines d'*Auvergne.* 158. Dans les fonds de puits de Mines abandonnées depuis quelques temps. 945. Procédé employé pour faire commodément & avec justesse des observations de ce genre. *Id.*

Observations barométriques & thermométriques faites dans plusieurs Mines métalliques, & dans quelques Carrieres de Charbon de terre. 940, 945. Précautions à apporter pour parvenir aux différentes recherches qu'on se propose avec le secours de ces différents instruments. *Ibid.* Observation thermométrique faite par l'Auteur dans la Mine de *Fims* en Bourbonnois. 940 Dans la Mine d'*Ardinghem.* 941, 945. *Ibid.* Observation barométrique faite dans la Mine de Shalberg en Suede. 941. Voyez *Expériences barométriques.*

Obstructions. Pâles couleurs. Préparation du Machefer pour guérir ces maladies du Sexe. 1124.

Occident. D'été. 763. *D'hiver.* Ibid.

Occident. (*Vrai*) 757.

Occidentales horæ.

Occultus transitus. Dégagement.

Ocre Martial charrié par les eaux qui sortent des Mines de Charbon de terre. 580. *Ocre* dominant dans les Charbons d'Auvergne. 593. La portion terreuse, de l'espece de Charbon du Périgord, 539, est une terre d'ocre qui, par la calcination au feu, devient un tripoli foncé en beau rouge, happant à la langue. L'espece d'*Ocre rouge* de la forêt de Dean en Angleterre, *page* 103. Il se trouve d'une espece nommée *Smitt*; est quelquefois assez ferrugineuse pour qu'on fasse l'extraction de ce métal, & même on la nomme *Mine de fer*. L'*Ocre de fer rouge*, qui se trouve dans quelques puits de la Mine du Roi Adolphe Frédéric, est en partie séparée & amenée par l'eau de la Mine, & vraisemblablement de même espece que le sable rouge de la Mine de Wintercastle. En partie amasséedans quel ques endroits où elle se durcit & se pétrifie. *Ocre factice.* Terre jaunâtre dont on fait par la calcination un crayon rouge, & une couleur propre aux Peintres. 1119.

Oculé, (*Charbon de terre*) ainsi désigné par M. Sage (dans la seconde Edition de ses Eléments de Minéralogie docimastique), par rapport à la forme des petites empreintes qu'on y remarque, & qui sont des cercles de quatre ou cinq lignes de diametre dans le milieu, desquels sont d'autres cercles plus petits & concentriques; ces vestiges circulaires sont éloignés les uns des autres de six ou sept lignes: M. Sage ajoute qu'en cassant des morceaux de ce Charbon il a trouvé des lames circulaires du diametre des cercles qui semblent n'en être que les empreintes. Ces lames sont fragiles, & ont paru à M. Sage d'une nature argilleuse. M. Reinhold Forster prétend que ces yeux prétendus sont formés par une Méduse. M. Sage m'a fait voir l'échantillon qu'il à décrit venant de la Mine de Nassau; l'examen que j'en ai fait d'après la grande quantité de Charbons de tous pays qui m'ont passé par les mains, d'après l'habitude suivie où je suis de les considérer dans l'abondante collection que j'en ai fait, ne m'a donné sur cet échantillon que l'idée d'une ressemblance absolue avec les facettes, qui ont fait donner, par les Liégeois, à quelques Charbons le nom de Charbon à œuil de crapaud, différente seulement dans le Charbon de Nassau, en ce qu'il est sec, & n'approche point des Charbons gras, où ces écailles à facettes applaties sont multipliées à l'infini les unes sur les autres, & tout à côté les unes des autres.

Octroi, en Jurisprudence, signifie Concession de quelque grace ou privilege faite par le Prince. Les Octrois ou deniers d'octrois sont des levées de certains droits en deniers que le Prince permet à des Communautés de faire sur elles-mêmes, pour leurs besoins & nécessités. Ces octrois se levent sur la vente des denrées & marchandises, selon ce qui a été octroyé par le Prince.

Oder. Su. Veine.

Odeur, ou *exhalaison du Charbon de terre lorsqu'il brûle*, différente selon la différence du phlogistique qui fait la partie constituante de tel ou tel Charbon, & à raison de la proportion dans laquelle il s'y trouve. 1154. Voyez au mot *Application* du feu de Houille au chauffage, ce que conseille Guiccardin pour correctif.

Odeur fétide de quelques Charbons de terre dans la combustion. Houille d'*Aubaigne* en Provence. 1155. De *Cantabre*, Diocèse de Vabres. *Id.* D'une Veine qui s'exploite près du Pont-Saint-Esprit. *Id.* De *Zuickaw*, de *Wettin*. 1153. Du *Bois-pede*, au Duché de Limbourg. 1156.

Œconomie, œconomie que procure le Charbon de terre dans les établissements où l'on a besoin de s'approvisionner de combustible. 1240. Pour le chauffage ordinaire. 1258. Economies particulieres. 1260. Voyez *Ménage*. Voyez *Coaks*.

Œconomie, œconomie dans les extractions, consiste à élever dans un poste le plus de matieres qu'il est possible, sans forcer les chevaux; M. Delius entre sur cet article dans un détail extrêmement intéressant, par un exemple calculé d'après ce qui se tire du puits de Sigisberg, & par le calcul de la machine d'extraction; nous ne pouvons à chaque instant que désirer de voir cet Ouvrage traduit en François. *Economique, œconomique* (*Administration civile, politique &*) *de Mines*. V. *Administation*.

Œgla. Su. Nœud de corde.

Oer. Monnoie de Dannemarck, dont trente-deux font un dacler. Voyez *Dacler*.

Oerdrorna. Su. Charb. qui n'ont point de veine. 900.

Oertung. An. Tag ausbrigen. G.

Oertungen. G. *Loca.*

Œufs de Charbon dans les Mines de Rive-de-Gier. 504.

Œusvre. Su. Supérieur.

Œuil de Crapaud, (*Charbon de terre à*) du même nom donné au fer à gros grains, composé de petits feuillets, ou de petites écailles à facette ou spéculaire. 585.

Œuil du Bure, bouche du Bure. 244.

Œuil de la Galerie-Maître ou de l'*Areine*. 280. Ne sauroit être placé trop bas au pied de la montagne, lorsque la Veine se plonge à une grande profondeur en terre.

Œuil. (Arts). Trou qui sert à emmancher les outils; dans les grues, angins & autres machines à élever des fardeaux, on appelle *Œuils*, les trous par lesquels passent les cables. *Œil de Manivelle.* 1018.

On appelle aussi *Œuil* en Métallurgie l'ouverture située au bas d'un fourneau, & par laquelle la matiere fondue est reçue dans le bassin.

Œuil de Bœuf. (*Cheminée en*) 364.

Œuvre. G. Wek. Ce qui résulte d'une fouille.

Œuvre de bras. (*Tranche par*)

Œuvres de Veine. Travaux qui s'exécutent dans le corps d'une veine. 288. Travailler l'areine par œuvre de veine. 280, 281.

Œuvre. (Métallurgie.) Quand dans une fonderie on traite des Mines qui contiennent de l'argent, ces Mines où renferment déja du plomb par elles-mêmes, ou bien on est obligé d'y joindre ce métal avant de faire fondre la Mine: après le mélange fait, on fond le tout, & de cette fonte il résulte une matiere qu'on appelle *Œuvre*, en Allemand *Werk*, qui n'est autre chose que du plomb qui s'est chargé de l'argent que contenoit la Mine avec laquelle on l'a mêlé, & des substances étrangeres qui se trouvoient dans la Mine d'argent. On nomme encore *Œuvre* ou *plomb d'œuvre* le plomb qui a été fondu avec le cuivre dans le fourneau. 1235. Voyez *Liquation*.

Œuvres blanches. Gros ouvrages de fer tranchants & coupants qui se blanchissent, ou plutôt qui s'aiguisent sous la meule.

Officiers des intéressés dans les Mines. Les coutumes d'Allemagne donnent aux Intéressés dans les Mines le pouvoir de prendre des Officiers pour leurs opérations, pour la manutention des fonderies, leur économie & leur comptabilité, en les payant de leur fonds : il en est de même des Entrepreneurs de Manufactures & Fabriques.

Offices de Houillerie ou *Office d'une fosse au pays de Liege.* 3-0. Officiers, Jurés & Suppôts du corps des Houilleurs. 340. Officiers préposés à ce Corps. 341. Gouverneurs & Jurés. *Ibid.* Leur élection. *Id.* 343. Leurs Départements. 342. Leurs fonctions. *Id.*

Officiers du Grand-Maître des Mines, en France. Lieutenant général, Contrôleur général, Receveur général, qui tous avoient des gages fixés par l'art. VIII du Réglement de 1601; le Lieutenant général, mille écus; le Contrôleur général, tant pour lui que pour ses Commis, mille écus; le Receveur général, tant pour lui, ses Commis, que pour le port & les voitures des deniers dans ses mains à Paris, semblable somme de mille écus, avec quatre deniers pour livre de la recette annuelle, à l'instar des Receveurs généraux des bois. 133 écus un tiers au Greffier, & à chacun de ceux qui seront commis dans les Généralités du Lieutenant particulier, un écu & demi par jour dans leurs tournées, pour réformations & établissements à faire sur lesdites Mines.

Officiers du Lieutenant général du Grand-Maître. Voyez *Lieutenant général*, *Contrôleur général*, *Receveur général.*

Officiers Mesureurs & Marqueurs de quilles de Navire à Londres, à la nomination du Roi; leur création en 1241. 434.

Officiers Chableurs & Maîtres des Ponts sur la riviere de Seine. Leurs fonctions, &c. 652, 653.

Officiers, crées par Charges en différents temps sur les Ports, Quais, Halles, Marchés & Chantiers de Paris, pour la Police des Marchandises, & pour le service du Public. 656. Anciens. 658. Nouveaux. 661. Supprimés, rétablis en différents temps, selon les circonstances. 1328. Epoques de ces créations & de ces suppressions successives. 659, 660, 661. Obligations de ces Officiers. 662. Nature des droits à eux attribués. 660, 681. Nommés depuis 1771 par le Roi, en exécution d'un Edit du mois de Février.

Extinction de ces Offices en 1776. 1329, & réunion des droits dans la main du Roi. *Ibid.*

Old Man. AN. Vieux ouvrés. LE. Vieil homme. G. Vieux ouvrages. 270.

Ombre. (*Terre d'*) Solide. Voyez *Terre.*

Operarius. G. Pumper.

Orbiculus. Trochlea. Poulie. Rolle. Rollette. Moulette. Molette. G. Scheiben. Voyez *Rolle.*

Orbis. Agric. *Platteau* des Liegeois.

Ordinaires (*Levays*) de l'eau. LE. 270. *Mesures ordinaires* du Charbon de terre. Voyez *Mesure.*

Ordonnances, *Edits*, *Arrêts & Réglements* sur le fait des Mines & Minieres de France, recueillis en *in*-12 qui a eu plusieurs éditions.

Ordonnance du Grand-Maître des Mines, Minieres & substances terrestres de France, pour vérifier un Arrêt de Concession. Le Recueil précédent en renferme une du Prince Louis Henry de Bourbon, revêtu de cet Office, à la suite du privilege donné à M. de Blumenstein, le 9 Janvier 1717. *Ordre* ou *Concession simple* donné par le même en sa qualité de Grand-Maître, pour les Carrieres de Charbon d'Anjou en 1737. 546.

Ordre, (*Montagnes du premier*) ou *Montagnes primitives.* 745. *Montagnes du second ordre*, ou *Montagnes par couches. Id.* Voyez *Montagnes.*

Orfévrerie Cinders employés avec avantage en Angleterre par un Orfevre. 1231. Maniere dont il procédoit. *Ibid.*

Organisation les Mines de Charbon de terre. Bandes terreuses, pierreuses, & de Charbon dans les Mines d'Angleterre. 380, 381, 384, 385, 386, 387. V. Newcastle. Organisation des Mines de *Brassac.* 588. De celles d'*Auzat*, dans la même province. 596.

Organisation du Charbon de terre, paroît différente dans un certain nombre. V. *l'explication de la Pl.* I. Aisée à reconnoître, en suivant attentivement des yeux la maniere dont il se détruit en brûlant. 554, 1141. Voyez *Epreuve pyriques.*

Orgya. Ulna. Brasse. Mesure de six pieds, ou l'étendue des deux bras. V. *Brasse. Passus.* G. Lachter.

Orient. D'été. 763. *D'hiver. Ib.* Orient vrai. 757.

Orientales. (*Horæ*) Voyez *Heures.*

Orientement. 753.

s'Orienter, prendre orientement. Instruction pour s'orienter de jour & de nuit. 763, 764.

Ort. G. *Locus*

Ort. (*Gauz.*) G. *Locus terminatus*, Cul de-sac.

Ortpflook. Ortpfahl. G. *Palus localis. Pieux.*

Orthe. G. Cul-de-sac, extrémité du *Streche.*

Orthographie. Profil, *Plan élevé*, ou *Coupe d'une Mine.* 802. Voyez *Profil. Ortographia Venarum seu profilus.* Description orthographique d'une Carriere de Charbon considérée en exploitation. 821.

(*Osver.*) (*de Naald*) Belg.

Ostiolum. Embouchure. *Ostiolum Cuniculi.* G. Thorlein. 266.

Ouf. (*Roisse*). 373.

Outils de Houillerie pour la premiere, seconde & troisieme fouille. 201. Dans le pays de Liege se fabriquent à bon compte, à Theux; outils en fer pour faire jouer la poudre à canon. 221, 558. Dangereux dans leur usage, pouvant faire partir mal-à-propos les coups de Mine.

Ouvertures. Fentes. Su. Klyft.

Ouvertures. Enfoncements, approfondissements des Mines, (temps des) à Brassac. 589. Raison du temps. *Id. Ouvertures* des bures abandonnés. 314, 338, 336.

Ouverture du Canal de Briare. Voy. *Canal.*

Ouvrage. Terme générique employé dans les travaux d'exploitation comme dans les travaux de fonte. *Res Metallica*, traité sous ce titre en Latin par Agricola. 740. De nos jours, par l'Académie des Mines de Freyberg, en Allemand, défiguré par une traduction Françoise publiée il y a quelques années. 744. Traité depuis en Allemand par M. Delius. Voyez *Exploitation.* Cité en extrait dans beaucoup d'articles de cette Table des Matieres. M. Schreiber en a fait une traduction qu'il a présentée nouvellement à l'Académie, & dont l'impression mériteroit d'être secondée par le Gouvernement : l'Art de l'exploitation risque toujours d'être un art de pure tradition; l'ouvrage de M. Delius nous fera connoître cet art aussi parfaitement qu'il est connu des Allemands ses premiers Inventeurs.

En exploitation, on appelle *Ouvrages* de Mines, & communément *Ouvrages souterrains*, G. Schicht, les travaux qui s'exécutent, à commencer par l'enfoncement du bure profondé sur

les Houillieres de Houfe & de Sarrolay. 373.

Pantocofme. Inftrument univerfel, *Cofmolabe.* Voy. *Cofmolabe.*

Paon. (*Charbon queue de*) An. Peak Coal. Charbon chatoyant , agréablement panaché. *Lithantrax , fplendidè variegatum.* 585 , 586. Ufage de ce Charbon. 585. Voyez *Charbon panaché.*

Papin. (*Fin*) Voyez *Fin Papin.*

Parc des Uftenfiles dans un attelier de fabrication de Houille apprêtée. Voyez *Uftenfiles.*

Parchon. Parchonnier. Voyez *Comparchonniers.*

Parement. (Architecture.) Dans un ouvrage de Maçonnerie , on défigne fous ce nom ce qui paroit d'une pierre ou d'un mur au-dehors , & qui , felon la qualité des ouvrages , peut être layé, traverfé & poli au grès.

Parere, ou Avis & Confeils fur les Sociétés pour les entreprifes de Mines. 818.

Pareuffage. Pareuffe. Le. 215 , ou trous de Tarré , 215 , faits le long des Voyes ou des Airages reftants dans les Serres , à côté des tailles. 271. *Pareuffer.* Ibid. *Pareuffes,* c'eft-à-dire , parois , ou côtés des ouvages. *Ibid.* De l'airage. 266. *De Stappe.* Voyez *Stappe de la Veine. Pareuffe de la Voye.* 292. Découverte fur les côtés. 290.

Paris. (*Commerce de Charbon de terre à*) 643. Se fait pour le premier achat , par les Mariniers du Forez , du Bourbonnois. Voyez *Commerce.* Prix des Charbons. 593. Voyez *Police.*

Parifiaci. (*Mercatores aquæ*) 644. *Parifiaci* (*Nautæ.*) Voyez *Nautæ.*

Parifienne. (*Beche*) Pioche dont on fe fert dans les fouilles de Charbon d'Ingrande. 542.

Parmentier, ancien Apothicaire-Major de l'Hôtel Royal des Invalides , Membre des Académies de Lyon & de Rouen , qui a remporté le prix des Arts , fur une queftion propofée en 1773 par l'Académie de Befançon. Le Public ne lui eft pas feulement redevable de plufieurs ouvrages qui lui affurent comme Auteur , comme Traducteur , comme Editeur , la reconnoiffance de la poftérité ; il a bien voulu me feconder avec MM. de Machy & Defyeux dans les recherches chymiques fur le Charbon de terre , qui ajoutent à la connoiffance que l'on avoit de ce foffile.

Paroy. 271. Voyez *Pareuffe. Parois découverts.* 336. Voyez *Airage.* Montrer les parois découverts. *Idem. Jufqu'à Vif thiers.* Id. *Paroi. Muraille.* An. Wall. *Indice de Paroi. Guide.* G. *Wegueifer.* 311. *Paroi de la Veine ;* lorfqu'il eft deffous la main, c'eft montant au jour.

Pars Venarum jacens. Partie qui fert d'affife aux Veines. (*pendens*) qui leur fert comme de couverture.

Part des Maîtres en faifie, dans la Coutume de Liege. 327. En fequeftre. *Idem.* Formalités à remplir pour y rentrer. *Id.* Les Maîtres font obligés de contribuer en proportion de leur part. *Id.*

Partage , répartition des Mines. V. *Hercifcere.*

Parti-Bure. Le. Pour empêcher que les paniers , feaux & coffres qui montent dans les bures , ou qui y defcendent , ne viennent à fe rencontrer , on forme dans le commencement de l'œil du bure une féparation ou cloifon en planches , qui écarte les cordes & feaux ; c'eft ce qu'on nomme à Liege Parti-bure. 232, 237, 246, 251. Voyez *Bure.* Bois de *Parti-Bure.* 246.

Parties. Degrés de la Bouffole. Voyez *Degrés.*

Pas. (Mefure.) *Paffus.* Mefure de deux pieds. 903. Voyez *Paffus metallicus.* Pas commun ou démarche , deux pieds & demi. *Pas géométrique.*

Pas Allemand. 903. *Pas géométrique* de France , cinq pieds de Roi.

Pas d'Aube. Le. 236.

Pas du Bure. Le. *Trottoir , Manege.* 210, 244, 1113. *Anfinnes du pas.* Le. Fumiers que les chevaux laiffent fur le pas du bure , appartiennent au Hurtier. 322.

Pas de vis. Intervalle qui fépare deux fpires confécutives. 916. Voyez *Vis.*

Pâles couleurs. Obftructions. Voyez *Obftructions.*

Paffage à chûte. Entaille en defcendant. Approfondiffement , *Tourniquet ;* noms donnés dans les Mines métalliques aux puits fouterrains. Voyez *Puits Souterrain.*

Paffage. Taille. Voie. Via. 251. Voie de dégagement. *Paffage.* (*Galeries de*) Chemins fouterrains pour le tranfport des matieres, pour la circulation de l'air, pour l'écoulement des eaux ; dilatements horifontaux dans l'intérieur des Mines qui fe communiquent enfemble , ou qui vont aboutir , foit à une galerie qui débouche au jour , ou même à des tourniquets feulement , ou à des puits de décharge. Comme ce font des routes de charriots , de traîneaux , ces galeries de paffage ont les dimentions , leur pente proportionnées. Voyez *Galeries.* V. *Pente.* Elles ne different des galeries principales & des galeries de recherche , qu'en ce qu'elles ne vont point déboucher au jour. Elles fe pouffent ordinairement fur les veines mêmes , & font communément éloignées les unes des autres de 8 , 10 , 12 toifes , & davantage. Doivent être tenues proprement pour que le chariage ne foit point gêné. Les galeries de paffage ne font autre chofe que des galeries d'allongement , quand on ne les conduit point , & qu'elles font entretenues pour l'ufage continuel ; on les nomme des *affages ,* parce que le tranfport des matieres fe fait par des charriots.

Paffage de communication. Alveus. G. Berg. trop.

Paffages dangereux fur l'Allier. 597.

Paffavent. (Finance.) Billets que donnent les Commis aux recettes des Bureaux d'entrée. 641.

Paffe-debout. (*Bateaux en*) Commerce de riviere. 665. Exempts des droits attribués aux Officiers-Mefureurs & Porteurs de Charbon. 670 , 673 , 674. Formalités. *Ibid.* Police. 673, 675.

Paffe-Partout. Efpece de Beche , d'ufage dans les Mines de Charbon de Montrelays. 542.

Paffel, près Noyon. Fouille , qui y a été faite en 1740. 602.

Paffer (*faire*) le vent. 252, 265. Paffer au travers des prifes d'autrui. Le. Voyez *Chambray.* Voyez *Prifes.*

Paffus metallicus. Ulna. Orgya. Lachter. Voyez *Braffe. Pas.*

Pafte. Terme de Manufacturiers en Poterie , pour défigner l'argile qui fe prête fous la main comme de la pâte. 1306. Pâte courte , pâte longue. *Ibid.*

Patard. (*Houille à*) 18, 485.

Patte. Lien de fer qui tient lieu de Griffes pour contenir quelque chofe en place. 1084. *Patte d'écreviffe* dans la Machine à vapeur. 1093.

Patins & traverfes. (Charpenterie.) 483.

Pâtiffier. Peut employer le feu de Charbon de terre à fon four. 1247. Voyez *Boulanger.*

Patron , Cartouche. Petard. Efpece de boîte en parchemin ou en papier, en plufieurs doubles , ou en fer-blanc , ou même de bois , qui renferme la charge de poudre que l'on veut faire jouer dans un trou de fleuret. 222, 558. Pourroit être en

cuir, dans les cas où les trous donnent beaucoup
d'eau. 559.

Paule. Pele. Trivelle. Truelle. Le. Louchet de
fer. 223.

Pauvres. (*Mines*) Voyez *Mines.*

Paving Stone. Frée Stone. An. 385. Voyez
Pierre de taille.

Pahage Le. Puifard ou réfervoir. 271, 273,
275. Communication des pahages dans le bougnou. 274. Attention pour bien faire les pahages.
Idem. Comment ils font féparés. *Id.* Serres pour
foutenir les eaux des pahages, 259, appellés dans
certains cas *Serrements.* 274.

Paxhiffes Le. Vuides inférieurs fervant de repos ou
de réfervoirs. 274, 296. Comment on vuide leurs
eaux. *Id.* Paxhiffes de la Vallée. 294.

Paxilli lignei. Pieux.

Péage. Droit Domanial qui fe paie au Roi, ou
par fa permiffion, à quelqu'autre perfonne,
pour paffage fur un pont, fur un chemin, fur
une riviere, ou à l'entrée de quelque ville; &
qui, dans l'origine, a pour motif & pour objet
l'entretien des ponts, ports, paffages & chemins. Voyez *Eclufes.*

Peinture à frefque. 1137.

Pelare. Su. Piliers d'appui. 388.

Pel-don. Fire Stone. An. 381.

Pelée. Treque grife. Dans les Mines de Charbon
de Rolduc, panier remontant au jour, chargé
feulement de Charbon. 374.

Pelle. An. Schwel. 217, 388. *De Bois.* Scauffel.
Batillum. Pelle à feu. *Palette.* Pour ramaffer les
cendres. 366. *Garçons de la pelle.* (Commerce de
Charbon à Paris) pour mefurer les Charbons
devant les Officiers-Mefureurs. 660.

Pelotes, Boulets, Briques, Hochets de Charbon
de terre, empafté avec des argiles & mis en forme de pelote, foit pour économifer fur la matiere
premiere, 354, foit pour diminuer & corriger
l'odeur du Charbon de terre. *Idem.* Propofées
par M. Venel pour le fecond objet. 1268. Propofées par M. de Morveau pour remplir un autre
objet. 1186.

Le mélange du Charbon de terre avec de
l'argille n'eft point inconnu dans la Mine de Bo-
ferup en Suede. On fépare au moyen du farclage
les gros morceaux de Charbon d'avec les petits,
que l'on trie encore par le lavage du pouffier
argilleux de la Mine; on tire par ce moyen parti
de tout ce Charbon, en le mouillant, avec de l'argille, & en le mettant en pelotes qu'on fait
fécher; on s'en fert fous cette forme dans les
Salpêtrieres. Fabrication de pelotes en grand à
Liege. 356, 1343.

Quantité de *hochets,* réfultants à Liege de 92
livres de Charbon apprêté dans les moules ordinaires. 1350. Leur poids quand ils font frais.
Idem.

Poids, dimenfions des pelotes ou boulets, tels
qu'on les fabrique dans le pays Montois. 1283.
Combien elles s'y vendent. *Idem.* Peuvent être
employées fraîches. 1343. *Volume* de pelotes mifes
en vente dans l'entreprife formée à Paris en
1770, 1347. La pelote feche pefoit deux livres
trois onces & demie.

Cette fabrication peut être faite ou à pieds
d'hommes ou à la main, ou dans des moules. 357.
Avantage de ces dernieres, particulierement lorfqu'elles doivent être tranfportées. 1345.

Supériorité des *Briques* volumineufes fur celles
qui le font moins en particulier lorfqu'elles doi-

vent être mifes en vente. 1346. Les perfonnes curieufes d'un beau & bon feu, emploient des hochets plus petits que ceux qui ont été adoptés
dans la tentative faite à Paris; ils brûlent mieux,
mais il y a plus d'économie à les faire volumi-
neux. 1346. Inconvénients des *petits hochets.*
1346, 1347.

Confidérations fur *le tranfport* de ces pelotes
par charrois. 1354. Sur le parti que l'on peut tirer
du pouffier qui en réfulte. 1355.

Pendage ou *inclinaifon des Veines.* 65, 876.
Manieres dont il fe défigne par les degrés de la
bouffole. 877. Voyez *Filon.* Extrémités oppofées
des pendages. 63, 63, 205, 880. *Pendage de
Platteure.* Planeure. 205, 877. *Tiers, quart, demi-
platteure.* 206. *Oblique dans les Mines d'Anjou* 556.
Aval pendage. 206. *De Roiffe.* 206, 877. Très-
rare dans les Mines. *Idem.* D'Anjou. 556. *Demie,
tiers, quart de Roiffe.* 206. Maniere d'exploiter
avec avantage une platture, dans un cas. 898.
(*D'Amont*) *Mahire,* ou *d'Athier.* 247. D'*Aval.*
(*Mahire*) *d'avallée, de defcente ou defcendante.*
247. *Foffe d'amont-pendage.* 300, 248. *D'aval.*
Idem. Ouvrages *d'amont-pendage, d'aval-pendage.*
Voyez *Ouvrages.*

Pendens. (*Vena*) G. Langende. Liegende. Schwebend gang. *Pendens* (*pars Venarum.*) Caput. Toit.

Pente. Terme relatif à la fituation horifontale.
Tout ce qui s'en écarte, enforte qu'une des parties du plan refte dans la ligne horifontale, & l'autre defcende au deffous, eft en pente. *Pente des
montagnes,* des plaines, des vallons. Leur conftruction influe fur les mêmes circonftances pour
les lits dont elles font compofées. 743, 751.
Pente perpendiculaire des montagnes. Sax. Seukrecht.
Idem. Pente dans des galeries de Mines doit être
difpofée favorablement pour le charriage en montant & en defcendant, doit auffi particulierement
être bien déterminée par rapport aux eaux auxquelles elles fervent de conduite. 253. Pente à donner
au chenaz. 334.

Percée. Lugd. Toute efpece de jour pratiqué
pour la circulation de l'air 513.

Percement. Perforatio. Apertio. Terme d'Architecture qui fe dit de toute ouverture faite après
coup pour la baye d'une porte ou d'une croifée,
ou pour quelqu'autre fujet; dans les ouvrages de
Mine, le même nom *percement de jour* fe donne à
une fouille entamée & continuée dans le cœur
d'une montagne, par le flanc de la montagne, au-
deffous du niveau de l'endroit où l'on travaille:
ce qui s'appelle dans quelques endroits *Galerie de
pied, Fouille couverte;* c'eft un des ouvrages fouterrains le plus propre à fe débarraffer d'une
grande quantité d'eaux, & à renouveller l'air des
Mines; mais cette galerie n'eft pas toujours pra-
ticable, foit parce que la veine ou le filon font
trop éloignés du flanc de la montagne, foit parce qu'ils font au-deffous du niveau de la Vallée.
Voyez *Areine.*

Quand un percement demande une certaine
étendue & une certaine profondeur, à prendre
depuis la furface jufques dans l'intérieur d'une
montagne, ce qui varie dans les différents pays
qui forment l'Allemagne. Cette étendue eft de
9 ½ verges à Joachimfthal, de 14 dans l'Electorat
de Treves, de 10 verges & un empan en Saxe.
Le Propriétaire d'un tel percement, quand il eft
parvenu à l'endroit où commence le terrein d'une
portion de Mine appartenante à une autre, ou
lorfqu'il rencontre un filon, quand même il

appartiendroit

appartiendroit à la Mine assignée à une autre Compagnie, ce Propriétaire a la liberté de faire détacher du minerai pour son compte, dans une étendue de 5 ½ verges, à compter depuis le niveau de l'écoulement des eaux jusqu'à la voûte, & d'une demie toise d'épaisseur.

Toutes les ouvertures qui se pratiquent dans l'intérieur d'un passage à l'autre, soit par des entailles en montant & en descendant, & qui communiquent à ces passages, soit d'un approfondissement à l'autre, par le moyen de passages horisontaux, se nomment *Percements de communication*. Le principe sur lequel on doit se régler pour établir ces percements de communication, est que la circulation de l'air dans les Mines dépend de deux embouchures superficielles ; car à ce défaut les percements, ordinairement très-dispendieux & très-longs à établir, ont peu d'avantage. M. Delius s'étend beaucoup sur cet objet.

Perception des droits attribués aux Officiers-Mesureurs. 666. Jugement qui confirme ces Officiers dans cette perception. 667.

Percer au pic. Le. Donner dans une baigne. 290.

Perche des Arpenteurs de Mines. G. Lachter. Brasse. 782. *Mesurer à la perche.* 808.

Perçoir de montagne. Su. Jord Booren. Grande sonde très-utile dans les montagnes à couches. 888. Sa description publiée en Allemand. 884. Développement de la Planche XXXIV. *Idem & suiv.*

Perdre la Veine ; c'est ne plus appercevoir la veine *Rihoppée* ou entiérement discontinuée & amincie au point q'elle est confondue avec la couche qui l'environnoit. Voyez *Retrouver la Veine.* Voyez *Rihoppement.*

Perdues, (*Pierres*) détachées des montagnes primitives. 749.

Périgord, (*Bas*) ou noir, province de France. Espece de Charbon de terre. 539.

Peritrochium. Tympanus. Tambour ou cylindre : dans le cabestan, l'axe ou l'aissieu sont les leviers ou barres. Voyez *Treuil.*

Permission du Juge, (à Liege) nécessaire pour travailler par *chambray*. Permissions, déclarations, attestations de la Cour du Charbonnage. 317.

Permission ou *consentement* du Propriétaire du fonds, à Liege, pour exploiter. 323. Voyez *Terrageur*. Usage établi sur cet objet. 323, 330.

Permission de traverser les fonds.

Permission des Seigneurs Arniers nécessaire. Dans quels cas ? 330.

Permissions différentes pour s'immiscer dans le métier de Houilleur à Liege. 342.

Permission de fouiller en Anjou, donnée anciennement par tout Propriétaire à un Ouvrier, pour ouvrir & fouiller dans son terrein des Mines de Charbon, au moyen du bénéfice d'un cinquieme sur le prix de ce qu'il se vendoit. 546.

La demande de permission de fouiller une Mine qui est ordonnée dans les plus anciennes loix. 609. & à laquelle tout Propriétaire de Mines de Charbon n'étoit point tenu, en conséquence d'un Arrêt du Conseil d'Etat du 13 Mai 1698, ne paroît, à la considérer dans toute son étendue, qu'un acte de pure police pour la conservation des droits faisant partie de domaine inaliénable de la Couronne, que quelques Propriétaires pouvoient éluder : elle n'emporte point du tout un pouvoir réel de permettre ou d'empêcher la fouille ; ce n'est qu'un acte de justice & de protection par lequel le Souverain permet authentiquement au Propriétaire d'exercer le droit qu'il a sur son propre terrein, & qui ne peut lui être contesté ; c'est sans doute une grace du Prince, mais qui, pour avoir besoin d'être demandée & octroyée, ne change rien à la nature & à la propriété ; elle est au contraire fondée sur la justice qu'il y a de mettre le Propriétaire en état de retirer seul les fruits de son travail & de ses dépenses. 622. Voyez *Souveraineté*. Inconvénients de ces permissions données à d'autres personnes que les Propriétaires. 503, 534, 549, 568, 569. Manieres dont ces permissions doivent être motivées. 551.

Permission du Bureau de la Ville, nécessaire à tous Voituriers, Marchands de Charbon de terre, leurs Commissionnaires, pour faire aborder, séjourner, & décharger les Charbons de terre destinés à la consommation de Paris & banlieue, &c. 668. Permission pour faire lâcher un bateau pardessous les ponts. 675.

Permission aux Officiers-Mesureurs & Porteurs d'établir des Bureaux & des Commis dans les lieux nécessaires, pour la perception des droits attribués à leur Office. 667.

Perpendiculaire. Il est à propos dans la pratique de l'exploitation de se rappeller l'évaluation reconnue par l'expérience de la perpendiculaire qui appartient à chaque degré de pendage. 115, 299, 877, 878.

Perpendiculaire. (*Veine*) Attention à avoir quand on veut reconnoître une veine de cette espece avec des piquets. Voyez *Piquer.*

Perpendicule. Ligne verticale & perpendiculaire qui mesure la hauteur d'un objet ; on dit la perpendicule de cette Tour est de 50 toises. On nomme encore *Perpendicule* le fil qui dans une équerre est tendu par le plomb, & qui donne la perpendiculaire à l'horison.

Pertica. G. Stab. Perche. Pieux. Stippeaux.

Personiers. Copersoniers. Comparchons. Voyez *Comparchoniers.*

Pesanteur de l'air. Voyez *Ressort.*

Pesanteur spécifique du Charbon de terre. 1151. Selon M. Venel, le Charbon Peyrat de Rive-degier a une pesanteur spécifique qui est à celle de bonne espece du même pays, comme 27 est à 17, c'est-à-dire, qu'une mesure qui contient 270 livres du premier, n'en contient que 170 du dernier.

Pestilens aura. Vergifte Luft. Boese-Wetter. Mauvais air. Voyez *Air.*

Peta. Stiket. Stikay. Le. Bâton ferré aux deux extrémités. Son usage. 229.

Petard. Patron. Cartouche. Voyez *Patron.*

Petit Athour. (*Fosse de*) Voyez *Athour.* Voyez *Fosse.*

Petit Bougnou. Le. Petit pahage ou puisard, ménagé dans le pied de chaque Torret. 262.

Petits chargeurs au bure. Le. Leurs fonctions, leurs obligations. 211. *Petit Houilleur, Regratteur.* Le. 68.

Petit Torret ou *petit Tourret.* Le. 242, 275.

Petite Buse. Le. Boîte ou baguette de fer-blanc. 222. *Petite Houille.* Voyez *Houille.* Voy. *Smegruis.* *Petite Varicelle.* Mine du Lyonnois. Voyez *Varicelle.* *Petite Veine.* Veine ainsi appellée dans la Mine de Charbon de Fims en Bourbonnois. 579.

Peyrat. (*Charbon*) Voyez *Charbon peyrat* à écailles brillantes, se réduit en cendres après s'être boursoufflé en champignons & bourgeons. Voyez *pesanteur spécifique.*

Phares. Tours élevées sur les bords de la mer, & sur lesquelles on allume de grands feux, pour servir de guide aux Vaisseaux ; Charbon de terre employé à cet usage en 1772. à Ostende. Voyez *Fanal.* La Gazette des Banquiers, des Négociants & des Marchands, du 13 Juillet 1775, N°. 10, porte que la Chambre du Commerce de Rouen avoit obtenu le 10 Décembre 1772 un Arrêt du Conseil qui lui permet de faire élever sur les côtes de cette province quatre Tours ou Phares qui ont été construits, & sur lesquels on a dû commencer, au premier Novembre 1775, à brûler du Charbon de terre.

Pharmacie (Opérations de) *& de Chymie* ; peuvent s'exécuter au feu de Charbon de terre, selon M. Venel, en cela d'un sentiment différent de M. Spielmann. Raisons de chacun de ces Savants. 1256.

Pharmacie portative, ou Boîte contenant les remedes propres à secourir les Ouvriers noyés ou suffoqués dans les Mines. 1007. Meuble indispensable de Houillerie. 1006. Prix de son premier achat. 1009.

Phénomenes, (*Principaux*) tant intérieurs qu'extérieurs des montagnes du second ordre. Voyez *Montagnes. Phénomènes* particuliers, ordinaires aux vapeurs souterraines. Voyez *Vapeurs souterraines.*

Phlogisticatus Schistus. Cronstedt. 443, 444.
Phlogisticata (*Minera ferri.*) 446.

Phlogistique. (Chymie.) Principe inflammable le plus pur & le plus simple, & qui paroît être le feu élémentaire combiné, devenu un des principes des corps combustibles, ayant beaucoup de disposition à s'unir aux matieres seches, terreuses, & même à y adhérer fortement. Voyez *Vapeurs souterraines.* M. de Genssane estime que le phlogistique renfermé dans le Charbon de terre est pour le moins aussi analogue aux métaux que le Charbon de bois, 1176, & sur-tout très-propre à l'affinage des mattes. 1227.

Phtysie pulmonaire, maladie de poitrine. Reproche que l'on fait ordinairement au feu de Charbon de terre, de donner cette maladie. 1265. Discussion approfondie sur ce préjugé, ou les autres mauvais effets relatifs à la santé attribués à ce chauffage. (*Mém.* 8.) Lettre de M. Dell-waide, Licencié en Médecine de la Faculté de Louvain, ancien Préfet du College des Médecins de Liege. (*Mém.* 33.)

Physique. Rapport des opérations qui concernent l'airage des Mines, l'épuisement des eaux & l'enlévement du Charbon au jour, avec la Physique. 910.

Généralités physiques sur l'air, appliquées aux vapeurs ou exhalaisons souterraines, & au choix des moyens propres à établir dans les Mines un libre courant d'air. 948. La Physique peut donner des lumieres pour vaincre ou diminuer les obstacles qu'apporte aux succès des travaux de Mines l'air qui séjourne dans les souterrains. 933.

Physiques. (*Cartes*) A juger de l'abondance des Mines de Charbon de terre, dans beaucoup de pays, à juger de la maniere dont ce fossile s'y trouve irréguliérement épars en monceaux énormes, ou disposé en cordons ou bandes, dont la suite se perd dans la profondeur de la terre, il est permis de soupçonner que ce fossile distribué dans toute l'étendue superficielle du globe en compose une bonne partie ; sous ce point de vue ce fossile dont l'existence est prouvée dans beaucoup d'endroits, où on l'extrait à différentes profondeurs, est de nature à fournir seul une Carte physique appliquable à la Géographie naturelle, & qui m'a semblé pouvoir être présentée à part, & devoit être goûtée des Naturalistes. Soit qu'on l'envisage sous le point de vue qui forme de ces Cartes physiques une véritable Géographie souterraine, & pour ainsi dire l'anatomie de cette substance, soit qu'on l'envisage politiquement du côté de l'utilité à retirer de la connoissance de la présence du Charbon de terre dans tels ou tels endroits, de la connoissance de sa position en tas, de sa distribution par bandes continuées sous les couches terreuses ou sous les couches pierreuses, qui composent les entrailles de la terre, de la connoissance même des différentes profondeurs, auxquelles ce fossile se trouve en différents pays, les Cartes ajoutées dans cet Ouvrage, & annoncées au Public dès l'année 1761, dans une séance de rentrée de l'Académie, à mon retour de Liege, doivent être regardées absolument neuves.

M. Guettard a déja publié sur la France & sur l'Egypte des Cartes minéralogiques dressées par M. Buache, dont le plan considéré par les fleuves, rivieres & chaînes de montagnes, formant ce qu'il a appellé l'espece de charpente du globe, a été adopté par l'Académie en 1762 ; les soins que ce Géographe a bien voulu donner à celles-ci, achevera de leur donner un suffrage universel ; il sera utile d'y ajouter la Carte du même Auteur, ou Géographie naturelle de la France, divisée par terreins de fleuves & rivieres, présentée à l'Académie, en 1744 & en 1762, & publiée en 1768, avec l'approbation & sous le privilege de l'Académie. Voyez *le Rapport des Commissaires de l'Académie sur ces Cartes physiques, à la fin de l'explication des Planches de la premiere Partie.*

Pic. Podium. Pogium. Collis. Mons. Puteus. 742.
Pic de Terrassier. 218. An. Beel. Cornish. *Idem. Pic, Pioche.* 219. Tubber. 388. *Pic à Hoyau.* 217. *Sarissa. hoyau*, ou *beche à pierre.* 542.

Pics à Roc, leur usage. Leurs dimensions. 217, 463. *Pics à tête.* 217.

Gros Pic *d'Avalleur* ou d'Avalleresse ; ses dimensions. 219. Voyez *Pioche à pré.* Hoyau. Pic de Veine. Le. 222, nommé dans les Mines de Montrelay *Marteau à Veine.* 542. Percer au pic. 290. Voyez *Baigne.*

Picole. (*Scintille Di*) Ital.

Pictura (*recta.*) *Profil, coupe d'une Mine. Orthographie.* Voyez *Profil.*

Pieces. (*Houille en*) *Charbon fin, Charbon net.* 485.

Pieces de rechange pour différents outils & agrès de Houillerie. Voyez *Rechange.*

Pied droit, (*Veine de*) ou perpendiculaire.

Pied. (*Galerie de*) Fouille couverte. *Percement.* Le. Areine. 556.

Pied de Veine. Laye d'en-bas. 206. Trouver la Veine sous le pied. 99, 870.

Pied de biche. Le. Espece de hamaint ou de levier. 220.

Pied (*mesure.*) *Pied de Roi* de 12 pouces, chaque pouce ayant 12 lignes ; chaque ligne, 12 points ; *Charbon d'un pied.* Foot-coal. Voyez Newcastle. Division du pied par les Suédois. 941, 942.

Pied de Freyberg, comparé au pied de Roi, à 10 pouces 4 lignes $\frac{4}{11}$.

Pied cube d'eau. 1022, 1109, 1110.

Pied cylindrique, ou *Cylindre d'eau.* 1110, 1022.

Piercure. Recoupure. Ruwalette. Le. 248.
Pierre. (*Aiguille à*) 220. *Queufnier.* 463. (*Beche à*) *pierre.* 542.
Hurre de Pierre. (*Conduire la xhorre en*) Le. ou *par Maxhais*, c'est-à-dire, au travers de la pierre 281.
Pierre d'Aimant. Voyez *Magnes. D'arquebusade Pyrites sulphureus nudus. Waller. Pyrite solide* V. *Pyrite. Pierre de devant. Faille.*
Pierre Calcaire. Parmi les échantillons du Cabinet de M. Davila, on voyoit un morceau de Charbon de terre de Gioerarpemolla, près de Helsimborg, dans une matrice de pierre calcaire.
Pierre à chaux pour les maçonneries, à ne point confondre avec les pierres à plâtre. 860. V. *Pierre de Roche.* V. *Plâtre. Pierre à chaux noire*, *Calcareus æquabilis niger* Waller, commune en Europe. Se trouve dans les Mines de Charbon de terre, selon M. Beguillet, au-dessus du Schiste : il croit que le roc noir qui se trouve dans quelques Mines de Houille, pourroit être propre à faire ce que les Chinois appellent *Chaux noire.* V. *Chaux noire.*
Pierre de Choin venant des Carrieres du Bugey. 522. Leur usage pour faire de la chaux. 523.
Pierre cornée. Sous les couches des Veines horisontales, il se présente ordinairement un lit pierreux de la nature des pierres cornées.
Pierre feuilletée. Schiste, gangue, ou matiere schisteuse du Charbon de terre. 750.
Pierres de Gangue ou *de Veine ;* pierres qui se trouvent dans les veines, filons & amas, soit qu'elles soient ou soit qu'elles ne soient point métalliques, & qui se distinguent aisément du roc formant la masse de la montagne. Voyez *Quartz*, *Spath. Limon. Fluor. Pierres cornées. Ocre. Mica. Glauch. Pierre calcaire.*
Pierre Hématite. Sanguine. Craie rouge. Tête vitrée.
Pierre métallique très-compacte, & d'un bleu foncé. 384.
Pierre noire des Mines d'Irlande. Voyez *Epilepsie.*
Pierres perdues. Portions détachées des montagnes primitives, sur-tout lorsqu'elles servent d'appui à une montagne du second ordre. 749.
Pierre-ponce. Pumex.
Pierre pourrie. An. Rotten stone. 386.
Pierre de Roche. Matiere pétrifiée, qui, suivant l'opinion commune, doit consister en pierre de Granite, & qui n'est qu'une pierre à chaux pure selon M. Delius. Voyez *Pierre à chaux.*
Pierre sablonneuse. Pierre de sable. An. *Sand Stone* dans la Mine du Roi Adolphe Frédéric, est d'un gris-clair, friable & à gros grain, quartzeux & argilleux, dont une portion est dans sa partie supérieure à moitié transparente, & de la grandeur d'un petit grain de chenevis ; mais à grain fin & solide dans son enfoncement. Elle se coupe aisément, & ne fond qu'à un très-grand feu, en se durcissant d'abord, se retirant à la chaleur, devenant friable, & se séparant lorsqu'on la chauffe & qu'on la refroidit à plusieurs reprises : la masse de cette couche paroît être formée de cinq lits feuilletés argilleux différents, durs, & de couleur cendrée ou rougeâtre, ou rouge-brun, ce qui provient du fer dont elle est mêlée ; l'Auteur compare sa nature à celle des Mines de *Flots malm.* Voyez *Malm.* Voyez *Sable pierreux.* Voyez *Frédéric.*
Pierre de taille. Frée Stone. Paving Stone. 385.
Pierres résultantes de l'enfoncement d'un bure, à qui elles appartiennent dans la Coutume de Liege. 322
Pierres propres au muraillement. Pierres à chaux friables, pierres cornuaires, & toutes celles qui ne sont point sujettes à se dissoudre ou à se réduire en terre. 840.
Pierre. (*Terre*) Castine. Voyez *Castine.*
Pierre de cuivre. [*Métallurgie.*] Matte crue. V. *Matte crue.*
Pieux. Palus. Stipes. Stipeaux. Piquets.
Pignon, nom donné à toutes petites roues, 924, qui s'engrenent dans de grandes roues : ces roues, dont la *lanterne* est une espece de pignon, 1112, servent beaucoup à accélérer le mouvement. 924. Différence du pignon à la lanterne. 925. Rapport des dents des roues au pignon, n'est pas le seul objet à calculer pour connoître le véritable effet d'une machine. *Idem.*
Pile ronde. Pile du puits. Dans les Mines du Lyonnois, on appelle ainsi un massif servant de soutien aux mahires du bure. 510.
Piliers d'appui ; dans les voies souterraines, massifs ; en Charbons massifs ; en Anjou, *Estoc* ; en Suede, *Pelare.* Voyez *Epaulemement*, *Etançonnage*, *Eboulement.* M. de Genssane, dans l'Article XLVI & dernier de son Réglement, décrit la maniere de tirer parti de ces piliers, lorsqu'on n'a plus rien à tirer de la Mine qu'il s'agit d'abandonner : c'est toujours, dit-il, dans la veine supérieure qu'il faut commencer cette besogne, & par les endroits les plus éloignés & de la galerie & du bure d'extraction, en revenant en arriere à mesure qu'on les a abbatus, en portant sur-tout une grande attention à ce que les piliers que l'on va rencontrer dans cette marche ne fléchissent point sous la charge du toit : dans ce cas, il conseille sagement d'en laisser quelques-uns pour soutenir ceux qui foiblissent, & profiter des autres. Après avoir ainsi *moissonné* la veine supérieure, on vient à la veine qui est dessous, principalement lorsque le rocher qui forme le *Stampe* est solide & d'une certaine épaisseur ; même façon suivie dans les Mines du Lyonnois. 511.
Pince. Levier. Barre de fer. Le. Hamente, Hamainte. 220, 542.
Pinces à feu. Pincettes ; leur usage fort restraint dans le chauffage avec le Charbon de terre. 1257.
Pinnes. (Géométrie pratique.) Petits bâtons de la longueur environ d'un pied, dont on se sert dans l'arpentage pour marquer le nombre des changemens de chaîne.
Pinnules Petites pieces de cuivre, au nombre de deux ; minces, à peu-près quarrées, élevées perpendiculairement aux deux extrémités de l'alilade ou d'un demi-cercle, d'un graphometre, ou de tout instrument de ce genre, & dont chacune est dans son milieu percée d'une fente qui regne de haut en bas. 786.
Pioche. 217, 542. *Pioche platte* des Jardiniers. Haw. 219, 463. *Pioche Parisienne.* 542.
Pipe. Mesure particuliere pour la vente de Charbon de terre, est une barique pesant environ 1500 livres. 543, 544. Cent vingt-six gallons font la pipe. La pipe (mesure de Bretagne) contient dix charges. Chaque charge contient quatre boisseaux ; chaque boisseau différent de celui de Paris. Aux Mines de Charbon de Nort en Bretagne, la pipe pese de 1000 à 1100 livres. 544.
Pipe, (*Terre à*) *Fouille de*, au-dessus & au-dessous de Rouen. 570.

Piquer. (Géom. Souterraine) Marquer avec des piquets l'heure de la direction d'une Veine, depuis la superficie de la montagne qu'elle parcourt, jusque dans une autre montagne où on voudroit la reconnoître. M. Delius fait remarquer pour cette opération, que pour une veine perpendiculaire, on peut toujours continuer à piquer la ligne de direction, soit que les montagnes s'élevent, soit qu'elles s'abaissent, attendu q'une ligne perpendiculaire qui se prolonge en longueur reste toujours dans une même position du monde, n'importe qu'elle soit courbe ou qu'elle soit droite à sa tête; il n'en est pas de même pour les veines dont l'inclinaison est une ligne oblique, parce qu'une veine de ce genre, placée dans des montagnes qui s'élevent & s'abbaissent, fait décliner très-considérablement des heures de la ligne horisontale; on doit, par conséquent piquer avec soin cette déclinaison produite par l'élévation ou l'abbaissement des montagnes à la superficie.

Pictura. (*Recta*) Coupe d'une Mine. Profil. Orthographie. Voyez *Profil.*

Piece. (*Houille en*) *Charbon fin.* *Charbon net.* 485.

Pieces de Rechange pour différents outils & agrès de Houillerie. Voyez *Rechange.*

Piquets pour les mensurations. 903.

Piqueur. Lugd. 511. Lɪᴇ. *Royteu.* Voyez *Royteu.* *Piqueur de Veine.* Sᴀx. *Haver.*

Pistons de Pompe. Appareil de Pompe. Barillet, tantôt en bois, tantôt en bronze; les premiers se gonflent, s'épaississent dans l'eau; & quand la machine n'agit point, se sechent & se rétrécissent. Les pistons faits de bronze sont plus de durée, & n'ont aucun inconvénient. Cette préférence n'a cependant lieu, que dans les puits perpendiculaires; car comme dans les puits obliques les pistons traînent, ils s'usent beaucoup dans les cylindres; & afin de ménager les cylindres, on se sert des pistons en bois, malgré leurs inconvénients. Voyez *Appareil de Pompe.*

Quoiqu'il y en ait de différentes especes, on peut néanmoins en distinguer deux classes; Pistons *avec des Assiettes* ou platines de cuir; quand elles sont en bois, leur extrémité est en forme conique tronquée; ils sont garnis de cercles de fer échancrés dans le bois, & suivant leur grandeur, percés comme ceux de bronze de sept à huit trous ronds, de maniere qu'ils soient tous éloignés du centre.

Pistons avec des clapets ou soupapes. On distingue encore les pistons en deux autres especes. Pistons pleins. 1013. Pistons percés. 1014. Leurs inconvénients. *Idem.* Comment ils doivent être percés. *Id.* Position du piston dans la pompe aspirante. 1015. Dans la pompe refoulante. *id.*

Diametre du piston; le même dans les pompes ordinaires que le corps de pompe dans lequel il se meut. 1022.

Grand Piston, ou *Piston du Cylindre.* 408, 468, 470. Platine épaisse de cuivre avec un manche de fer qui la prend au milieu, & qui est attachée en dessous par un écrou ou par une clef, afin que l'air n'y passe point. 1090. Son diametre. 1057. Sa tige. 470. Son Cadre. 468. Son manche. 408, 1084. Sa construction pour empêcher qu'il ne fasse aucun dommage, si l'arc du levier venoit à descendre trop bas. 1075. Précaution pour que le cuir n'abandonne pas les côtés du cylindre, & ne se resserre de lui-même. 1090. Meche ou étoupe substituée quelquefois au cuir, pour tenir le piston du cylindre serré. Voyez *Platines de plomb.* Représentation du piston. 1090. Construction, plans & profils d'un piston qui joue dans le cylindre. 1091. Tige des pistons. 1092. Cours & vîtesse des pistons du cylindre. Piston du cylindre vu en haut du cylindre. 1068. Piston qui descendoit avec une force de 20000 livres chaque fois. 1075.

Piston de la pompe de *York Buildings. Idem.* Levée du piston de la machine à feu établie à six mille de *Newcastle*, 8 pieds; c'est la premiere à laquelle on en ait donné autant. 1060. Construction du Piston de la machine de *Walker.* 1061. Levée de ce piston. 1062. Levée du piston à *Montrelay. Idem.* Levée du piston de la machine appellée le *Corbeau*, aux *fosses d'Anzin*, selon M. Lavoisier. 1064. Voyez *Machines à répétition.* Jeu de ce piston dans la machine de Fresnes, selon M. le Chevalier de Buat. *Idem.*

Dans la grande machine de Montrelay la surface du piston du cylindre est de 52 $\frac{1}{2}$ pouces de France; & dans la petite, ce piston est de 49 pouces Anglois. Diametre du piston de la machine de Bois-Bossu, selon les Auteurs de l'Encyclopédie. 1064. Jeu du piston dans cette machine. *Idem.* Jeu de celui de la machine de Fresnes, selon M. le Chevalier de Buat. *Id.* Diametre de celui de la machine de Montrelay, selon M. le Chevalier de Borda. *Id.* Son jeu. *Id.* Diametre du piston de la machine de Fresnes, selon M. Belidor. *Id.*

Pistons à deux clapets. M. Delius fait mention de la disposition de ces pistons, dont on faisoit usage dans les *machines à vapeur*, comme étant en général meilleurs que ceux à un seul clapet, les autres fermant l'ouverture trop tard, & laissant par conséquent tomber trop d'eau; ils consistoient, selon cet Ecrivain, en une assiette de cuir, qui couvroit entiérement le piston, & on arrêtoit par-dessus deux pieces de tôle en demi-cercle, avec des vis. L'assiette de cuir se serroit sur la traverse du piston par une fourche formée en croix, qui devançoit un peu, en servant de fiche au piston. L'assiette se séparoit ainsi en deux Soupapes. Comme les grandes ouvertures de ces especes de pistons laissent passer l'eau sans une forte pression, ils évitent les inconvénients qui existent dans la premiere espece de piston. Il faut seulement avoir soin que les clapets soient forts & faits avec exactitude, afin qu'ils ne ploient point, & qu'ils joignent par-tout également. Ils valent beaucoup mieux en cuir qu'en bronze; il faut éviter qu'ils se renversent en s'ouvrant, ce qui les empêcheroit de se fermer.

Cette piece (le grand piston) & la cucurbite sont les pieces les plus capitales d'une machine à vapeur: la premiere comme considérable par son poids & par sa grandeur; la seconde, par la précision qui lui est essentiellement nécessaire. Construits autrefois en Angleterre seulement, actuellement à Liege.

Pitch. Coal. (Voyez *Coal.*)

Pit Men. Ouvrier Mineur. Gens, ou équipage de Mine.

Pittant. Pitter. Bure qui va en pittant. 302. Trou de tarré qui va en pittant. 242.

Pivot. Morceau de fer ou d'autre métal, dont le bout est arrondi en pointe, pour tourner facilement dans une crapaudine ou dans une virole.

Pivots. Tourillons. 468, 1084.

Pixhas. Lɪᴇ. Filtrations d'eaux, qui produisent des sources. 270.

Placards. (Jurisprud.) Signifie ordinairement

quelque

quelque chose qu'on affiche publiquement à la Chancellerie & dans les Greffes; un Acte en placard est celui qui est écrit sur une seule feuille de parchemin non ployée, & qui n'est écrite que d'un côté: les Affiches de Hollande sont de même appellées *Placards*, ainsi qu'en Flandres & en Brabant les anciennes Ordonnances des anciens Souverains, & auxquelles les sujets de chaque Province ne sont obligés qu'autant qu'elles ont été publiées: la plupart sont en Flamand; il y en a cependant quelques-unes en François. 634. Les Placards qui ont précédé la Cession des Places des ressorts des Parlements de Flandres, sont observés, à moins que le Roi n'y ait dérogé depuis. 735.

Places pour entrepôts & magasins de Charbon de terre dans la Banlieue de Paris; Police sur ce point. 669, 670. Dans les Gares & Ports, au-dessus & au-dessous de Paris. 672, 677. Places pour décharger. 678.

Plaines voisines des montagnes & collines. Substances que l'on doit s'attendre à y trouver. 742. Voyez *Montagnes du second ordre*.

Plan incliné. Ce que l'on appelle de ce nom. 911. Son avantage pour élever des fardeaux très-pesants. *Id.*

Plan. (*Géométrie.*) Représentation faite sur le papier, de la figure & de différentes parties d'une maison ou d'autre chose semblable. La connoissance du plan est essentielle pour plusieurs pratiques des opérations de Mines, ou relatives à ces travaux, telles que le mesurage, quelques points contentieux, même pour la solution de quelques problêmes. 802. Voyez *Profil*. Tout l'art du Nivellement consiste à déterminer de combien un plan donné s'éloigne du plan horisontal. Nécessité de lever avec soin le plan dans plusieurs occasions. 806.

Plan Géométral d'une Mine, Ichnographie. 802. Le Problême VI de Weidler est *faire l'Ichnographie des Souterrains où l'on a employé la boussole*. Le VIIe est *lever le plan des Mines de fer*. Le IXe, *tirer le plan d'une mesure à découvert*.

Plan de Régie. Voyez *Régie*.

Planchéïage.

Planchéïé. Couvert de planches. Plancher. Voy. *Plancher*.

Planchéïeurs. Déquipeurs. Boueurs, Officiers sur les Ports à Paris, formant une même Communauté, avec les Metteurs à Port, les Débacleurs, les Gardes-bateaux. 656, 657. Leurs Droits. Voyez *Droits*.

Plancher. Voyez *Fundamentum*. *Tabulatum*. *Plancher* construit pour l'airage. 948. Plancher de charriage ou de roulage, dans l'intérieur des Mines. 233. Voy. *Bache*. A l'extérieur, pour la conduite des Charbons du bure aux paires à Liege. Voyez *Menèche*. Plancher pour la conduite des charriots à levier dans les Mines de Workington. 866.

Planches. Ais ou pieces de bois de sciage, le plus ordinairement faites de chêne, de hêtre, de sapin, de noyer, de peuplier.

Planches ou *Gravures*, au nombre de soixante & dix-sept en tout dans cet Ouvrage; treize pour la premiere Partie, & soixante & quatre pour la seconde, dans laquelle il y en a plusieurs comptées sous un même N°. Voy. *l'Avertissement sur les Planches, & sur l'ordre gardé dans leur distribution*. Il est sur-tout important, pour tout ce qui est machine, d'observer que les Planches les mieux faites & les mieux développées, même accompagnées des descriptions les plus exactes & les mieux détaillées, ne peuvent être regardées que comme des esquisses grossieres, bonnes seulement pour donner une idée; mais incapables de guider dans la construction, si à cette construction on n'applique pas les loix de l'équilibre & du mouvement. 909.

Plaquettes. *Clous*. Pyrite des glaisieres. 1320. Voyez *Pyrites*.

Plâtre. (Pierre propre à faire du) Quelques especes pourroient être employées aux muraillements des ouvrages souterrains. Voyez *Pierres à chaux*.

Platine; toute plaque de métal d'une épaisseur suffisante pour que la piece ne ploie pas.

Platine de fer ou *de cuivre*, d'usage dans les feux de cuisine avec la Houille; leur effet. 368, 365.

Platiner le fer avec moitié charbon de bois, & moitié Charbon de terre. 453.

Plate. (*Pioche*) Haw. Pour attaquer les couches terreuses dans les Mines du Hainaut François. 463. *Plate Cowe*. Le. Charpenterie ou plancher de Cuvelage. Sa construction. 277. Son usage. 297.

Plateau. Le. *Boussole*. 213.

Plate-forme de maçonnerie, en dehors du bâtiment de la machine à vapeur, au niveau du troisieme étage. 472. Voyez *Réservoir provisionnel*.

Platteures, (*Veines en*) ou *à pendage* de, qui dès leur tête commencent à marcher en avant & se prolongent dans une situation horisontale. Sont plus ou moins décidées selon les pays montueux. 878. Travail des Platteures à la Liégeoise. , 300, 301, selon la méthode de M. Triewald. 898. Observation de M. de Voglie sur l'article du Réglement de 1744. 624. *Platteure* ou *grande Veine*. Le. Platteure succédante à un pendage Roisse, 207; qu'il ne faut point du tout confondre avec une Platteure, c'est-à-dire, avec une veine qui commence par un pendage de platteure, ce qui n'a pas été assez distingué par les Auteurs de l'Edition de l'Encyclopédie imprimée à Neuf-châtel; qui, pour toute définition d'une Platteure, ont adopté, d'après le Mémoire de M. de Tilly, une définition appartenante à une *platteure de Roisse*.

Plebe Stone. An. Petits cailloux servant à lester les Vaisseaux, & que les Marins dans ce cas appellent *Singel*.

Plein. (*Charbon en*) Expression employée dans les Mines de Fims en Bourbonnois. 580.

Plein Vif Thier. Le. Terre neuve. Veine qu'on n'a jamais travaillé. 285.

Pliantes. (*Mines vives* ou) Voyez *Mines vives*.

Plomb. (*Ligne à*) *Linea normalis*. Voyez *Ligne*.

Plomb de Bure. Le. Stampe. 243, 259.

Plomb (*Mine de*) à S. Julien en Forez, près du Bourg d'Argental. 585. On connoît plusieurs Mines de Charbon tenant plomb; il s'en voyoit un échantillon de cette espece dans la collection de M. Davila; il étoit dans une matrice sablonneuse, & venoit de Hartgarthen, Lorraine Allemande; la Mine de plomb étoit jugée celle dite *savonneuse*, que M. Henckel regarde comme rare: il y avoit aussi de la *Galene à facettes*.

Plomb jetté en table pour former le dôme de la chaudiere de la machine à vapeur. 1061.

Plomber. *Plumer* un bure. Le. Prendre l'à-plomb du bure, ou mesurer sa profondeur. 332. Maniere d'y procéder. *Id.* Plomber dessus la main. 904. Dessous la main. *Id.*

aver du poids pese 7004. Ces proportions des poids Anglois avec notre livre de Paris, plus précises que celles indiquées dans le Dictionnaire du Commerce, ont été données à M. le Roi, par le célebre M. Graham, Horloger, Membre de la Société Royale de Londres. Voyez *Quintal.*

Poids de la charge qui s'enleve d'une machine. 838, 890. Dans l'idée que nous avons essayé de donner de ce poids, & de la force de différentes machines, on doit faire attention, comme le remarque très-judicieusement M. Délius, que la force d'une machine change à tout instant à raison de la proportion de la charge, & que le poids véritable n'est qu'instantané; qu'il change de seconde en seconde, à mesure que le sac ou le couffat montent dans le bure; qu'il est nécessaire en conséquence pour connoître la force à employer, de calculer le poids & les frottements: ainsi les changements de la charge étant momentanés, il faut absolument calculer le plus grand poids; c'est-à-dire, par exemple, le couffat rempli & étant au bas du puits, & commençant à être élevé.

M. Délius, dans le Chapitre VIIe de la seconde Partie de son Ouvrage, présente sur l'élévation de ce poids enlevé des Mines par différentes machines, des calculs très-intéressants, dans lesquels il n'a omis aucune des circonstances propres qui doivent entrer en ligne de compte.

Poids, (*Charbon de*) ou qui se vend au poids. 483.

Poids du Charbon de terre. Circonstance de marque pour juger de la qualité. 1151. L'air contenu dans le Charbon de terre ne laisse pas de contribuer à son poids. *Idem.* Les Pyrites y contribuent aussi. 1152. Quantité d'air contenue dans le Charbon de Newcastle. 1151. Pesanteur spécifique du Charbon de terre. *Idem.*

Poids du Charbon de terre, différent selon qu'il est plus ou moins sec. Voyez *page* 637. Les Marchands en sont si convaincus, que leur principal travail pendant la route est de faire jetter tous les jours de l'eau sur la superficie des charbons; c'est ce qui forme le travail des Manœuvres voisins du Canal de Briare, ainsi que ce qu'ils appellent jetter en mer, c'est-à-dire d'un bateau dans l'autre. Voyez aussi *page* 548. Poids moyen d'un pied cube de Charbon de terre. 722. Poids du Charbon de terre de *Newcastle.* 570. Du Charbon de *Fresnes*, comparé avec le poids du Charbon d'*Anzin.* 483. Voyez *Querque.* Poids du Charbon du Saumurois. 546.

Poignée. LE.

Poinçon. (Commerce) Mesure pour les liquides, différente en plusieurs endroits, & qui, à Paris, est la même chose que la demi-queue.

Poinçon. (Charpenterie) Longue piece de bois élevée à-plomb, & terminée par le haut en pointe, sur laquelle est appuyé le fauconneau. Voyez *Fauconneau.*

Point, (*Manivelle*, *Machine à Tiers*) à *Tire-point.* 238.

Pointal. (Charpenterie) *Trabs arrecta.* Toute piece de bois qui, mise en œuvre d'à-plomb, sert d'étai aux poutres menaçant ruine, ou à quelqu'autre usage. 1111.

Pointe. (*Marteau à*) 463, ou *Marteau d'Epluchеur.* 542.

Pointrole. Marteau pointu, en usage dans quelques Mines pour entailler la Veine. 108, 542.

Points Cardinaux du Monde. Voyez *Points Cardinaux. Point du vrai Orient.* 757. *Du véritable Occident.*

Poitou. (*Bas*) Voyez *Puitincent.*

Poitrine. (*Maladie de*) Voyez *Phthysie.*

Poiteroles. Dans les Mines de Pontpéan on appelle ainsi des pour faire des excavations.

Poittes. (Charpenterie de Mines) Bâtis de bois en maniere de portes, pour étayer les voies. 371. *Jambes de Poittes*, poteaux posés à-plomb sur la main. *Idem. Tyesses* ou *têtes de poittes* Id.

Poix, Goudron. *Pix navalis*, composition de poix noire & de suif pour goudronner les cables, mêlée avec du suif, afin que cet enduit ne brûle point les cables. Quatre quintaux de poix, 70 livres de suif dissous à un feu modéré, on y trempe chaque *touron*, ensuite on les corde ensemble.

Poix-résine. Résine de Pin, privée de son aquosité, pour la sécher. Dans les rocs, où les trous de fleuret donnent beaucoup d'eau, l'argille employée communément à enduire les patrons ou cartouches n'est pas suffisante, on est obligé de les enduire de poix chaude, afin qu'ils soient impénétrables à l'eau. Voyez *Patrons. Cartouches,*

Poix minérale. Maltha. Kedria terrestris. G. Teuffels Dreck. Bitumen. *Bitume demi-liquide*, tel que le *Naphte*, la *poix des Barbades*, le *pétrole d'Auvergne*, de *Gabian. Bitume concret*, tantôt grossier & fétide, tantôt dans un état de pureté & de finesse, sans mauvaise odeur au feu: on pourroit suivre ces deux nuances différentes d'abord dans les terres-tourbes, ou tourbes terreuses, 606, 607, puis dans les tourbes en masse ou ensuite dans les Holtz Kohlen ou Charbon de bois-tourbe, que j'ai ainsi distingué des bois fossiles, à raison de la grossiéreté du bitume, formant, avec les parties hétérogenes, un mastic sec dénué d'onctuosité, & exhalant au feu une odeur désagréable & pénible; & pour le différencier du bois fossile conservé simplement dans un état de siccité. Ce bitume concret commençe à se rencontrer plus épuré dans les Charbons de terre qui peuvent former après ces bitumes une série marquée, en commençant par quelques schistes phlogistiques, tels que les Brand Skiffer. 443. Le *lithantrax lucidum friabile*, HILL. *seu lithantrax bituminoso sulphureum*, ou Charbon de terre sec, léger, friable, & se réduisant dans sa casse en petites parcelles de peu de consistance, donnant plus de terre que de bitume, 1154, & fournissant, par rapport à sa base alumineuse, glauberienne, pyriteuse ou vitriolique, des variétés sans nombre. 1119. *Lithantrax lucidum durius*, *lithantrax sulphureo acidum.* Charbon gras, pesant, d'un noir foncé, luisant, dur, compacte, se cassant difficilement, & se séparant en pieces solides, qui dans les bons Charbons de Liege de cette espece affectent pour l'ordinaire une forme quarrée, & qui se coagule au feu. 1154. La pureté de ces Charbons gras & bitumineux les rapproche d'un ordre de fossiles remarquables par leur légéreté & leur texture plus affinée, tels que la pierre à bouton, Knopffstein. L'Ampelitis, le Jayet, dont la masse féculente qui s'obtient par la distillation, a entierement le coup d'œil du Kennel coal, plus dur, moins doux au toucher, tous trois différents les uns des autres par la continuité de leurs lits; nous excluons de ce tableau, que nous présentons ici comme une étude de Charbons de terre, le Succin, rangé par quelques Auteurs parmi les bitumes, ce que l'on peut encore regarder comme très douteux, lorsque l'on envisage la grande identité avec la gomme copale.

Poix. (*Charbon de*) AN. Pitch Coal. Pourquoi ainsi nommé ? Voyez *Charbon de forge. Charbon de Maréchal.*

Poker. Fire Fork. AN. *Fourgon.*

Polarité. Propriété particuliere à l'aimant ou à une aiguille aimantée de se diriger vers les pôles du monde.

Pôles de l'aimant. Voyez *Aimant.*

Pôles de l'Ecliptique. Deux points sur le plan mobile de la sphere du monde, duquel tous les points de l'écliptique sont éloignés de 90°. L'un est appelé *Pôle septentrional* ou *boréal*, parce qu'il est dans la partie septentrionale du monde ; & l'autre pôle, *méridional* ou *austral*, parce qu'il est dans la partie méridionale. Ces pôles sont éloignés de 13° ½ des pôles du monde.

Pôles du monde ou *du globe.* 756, 761. *De l'horison.* 756. *Du méridien.* 757.

Police de l'exercice du métier de Houilleur à Liege, est assurée dans toutes les parties qui en dépendent, par des Réglements très-circonstanciés. 315, 350. Voyez *Statuts.* Fausse idée que quelques Voyageurs mal instruits ont donné de la police générale du pays de Liege. 315.

Police entre les Maîtres de fosses, leurs Fournisseurs & les Ouvriers Houilleurs à Liege. 345.

Police pour contenir les Ouvriers dans leurs devoirs. 346.

Police en faveur des différents Fournisseurs. 348.

Police de Vente ou de Commerce à Liege. 349, 352.

Police qui s'observe relativement aux Houillieres abandonnées, pour que les bures ou puits n'occasionnent aucune sorte de malheurs. 241.

Police des Mines en France, fixée par les anciennes Ordonnances du Royaume, changée ou inconnue depuis la suppression de l'Office du Grand-Maître. 610. Attribuée dans quelques occasions à des Commissions, & aujourd'hui, pour la plupart du temps, aux Intendants & Commissaires départis pour l'exécution des ordres du Roi dans les Provinces & Généralités du Royaume. 611. Le Tome II du Dictionnaire des Arts & Métiers renferme, *page 266*, un projet de Réglement de police, dans lequel plusieurs Articles mériteroient considération.

Par Edit du 14 Mai 1604, toutes personnes ayant contracté & pris réglement du Grand-Maître & Général Surintendant, pour ouvrir & travailler une ou plusieurs Mines, sont d'abord tenues, un mois après leur Contrat, d'ouvrir & travailler ces Mines, avec le nombre compétent d'Ouvriers.

Ce terme d'un mois expiré, sans avoir entamé l'ouvrage, ces personnes étoient déchues de leur obtention, & le Grand-Maître pouvoit la faire passer à d'autres, aux *Conditions* utiles à la conservation des droits du Roi & au bien public ; à moins que les Entrepreneurs n'ussent quelqu'excuse raisonnable & suffisante pour les décharger du retardement de leur entreprise ; & si, après la premiere ouverture, le travail discontinuoit plus de quinze jours la premiere fois, huit jours la seconde, & quatre pour la troisieme, avec le nombre compétent d'Ouvriers ; il étoit pourvu par le Grand-Maître aux places de celui qui étoit en faute pour la part qu'il avoit dans ladite Mine.

Dans le cas où il arrive quelqu'accident qui empêche la continuation de l'exploitation, le Facteur général est obligé d'en avertir. Voyez *Facteur.*

Par l'Article XXIII de l'Edit de réglement sur le fait des Mines & Minieres du Royaume, portant en même temps création de grands Officiers, il est permis aux Maîtres, Entrepreneurs & Ouvriers de travailler sans aucune interruption, excepté les Dimanches, les quatre grandes Fêtes de l'année, l'Ascension, la Fête-Dieu, les quatre Notre-Dame, les douze Apôtres, les quatre Evangélistes, les Fêtes de Paroisse où il y a des Mines ; & défenses expresses à tous Justiciers, Prélats, ou autres Officiers & sujets de les troubler les autres jours de fête.

Nul ne peut quitter la Mine commencée à travailler, qu'il n'en ait averti le Grand-Maître ou son Lieutenant particulier sur le lieu, afin qu'il pourvoye à la conservation des droits de S. M. & du Public ; &, en ce cas, celui qui quittera l'ouvrage d'une Mine commencée ne pourra transporter que les ustensiles qui lui appartiennent, non attachés à clous ni scellés.

Si les Créanciers de quelqu'Associé ou Maître Entrepreneur faisoit arrêt sur une Mine pour dettes, tous les Ouvriers, Marchands, Charpentiers qui la travailleront, seront préférés & les premiers payés, ensemble les Marchands qui auroient fourni du bois, du suif, fer pour les travaux ; le tout après que le droit de Sa Majesté aura été préalablement & avant toutes choses payé & satisfait entre les mains du Receveur général. Voyez *Receveur général.*

Toute la Police anciennement d'usage relativement au droit de Mine & d'Areine est très-amplement détaillée dans le quatrieme Livre d'Agricola.

Police de Navigation sur le Canal de Briare. 639. *De Commerce sur ce Canal*, ou *Jurisdiction* du Bureau de l'Hôtel-de-Ville sur la navigation de ce Canal. 642.

Police pour la sûrete des bateaux de Charbon & autres dans les Gares & Racles de S. Mamès & de Moret. Du Canal de Loing, fixée par un jugement du Bureau de Ville le 14 Août 1758, & ensuite par une Ordonnance de Police de la Ville de Paris, du 5 Juillet 1759. Voyez *Racles.*

Police des Ponts & Quais de Paris, fixée par une Ordonnance du Prévôt des Marchans & Echevins du 15 Janvier 1720.

Police établie pour les Chableurs. 653.

Police des Gares. 671.

Police de Vente pour les Charbons de terre dans Paris. Voyez *Vente.*

Poly. LIMB. *Areine. Mahay.* 371.

Polyspastus. Mouffle. 232.

Pomme en forme d'équerre d'Arpenteur. 785. Usage de cet instrument. 806.

Pommiers, Village au-dessous de Voreppe en Dauphiné. Mine de Charbon prétendue. 529. M. Sage, de l'Académie des Sciences, m'a procuré un morceau de Charbon provenant de Pomerays en Dauphiné, & qui n'est absolument qu'une écorce de Holtz kohlen, semée de portions de coquilles de riviere ; je présume que cet échantillon vient de Pommiers, dont le nom est altéré.

Pompes (*des*) en général. 1012. Ce qui compose une pompe. *Idem.* Voyez *Piston. Corps de Pompe. Id.* Proportions des pompes. 1020, 1022. Dimensions d'une pompe. Doivent être combinées avec la vîtesse & le jeu du piston. 1022. Théorie fondamentale sur l'action des pompes.

1020. Trois choses peuvent concourir à déterminer ces dimensions. 1027. Variées à l'infini, se réduisent néanmoins à trois especes qui ont chacune des avantages particuliers, ou même à deux especes ; la pompe foulante & la pompe aspirante. 1012. Voyez *Equipage de pompe*. Voyez *Appareil de pompe*. Voyez *Piston*. Voyez *Tuyau*. Pompe aspirante commune. 1012.

Pompe aspirante & foulante, composée de la pompe aspirante & de la pompe foulante : sujette aux inconvénients propres aux pompes foulantes. Il y en a cependant une établie à Schemnitz ; ne peut servir que dans un puits qui ne s'approfondit plus, & dans lequel il ne descend point d'eau des ouvrages supérieurs, ou lorsque les eaux sont élevées par d'autres pompes ou machines en même temps. 1012, 1021. Voyez *Aspirante & foulante*. Pompe foulante & aspirante de la machine à vapeur de Griff en Angleterre. 1071.

Pompes foulantes, n'ont point de tuyau aspirant, & consistent uniquement en un seul cylindre & un tuyau supérieur adjacent ; la différence entre eux est que le piston garni de cuir & sans clapet, est massif ; dans le tuyau aspirant, il y a une soupape à son orifice, où l'eau s'aspire au-dessous de lui, & est refoulée par la descente du piston jusqu'au-dessous du clapet, dans les tuyaux supérieurs dans lesquels elle monte par la répétition des levées du piston, jusqu'à ce qu'elle se décharge à leur orifice. Elles n'ont pas lieu dans toutes les Mines, à raison d'un réservoir profond, qui est nécessaire aux pompes foulantes ; de la difficulté du rechange des cuirs, & à raison de plusieurs autres circonstances. 1021, 1012. Voyez *Pompes foulantes*.

Dans la seconde machine de Montrelay qui n'a qu'une seule pompe refoulante, cette pompe est de 7 ½ pouces ; & il y a de l'avantage à n'employer qu'une seule pour enlever l'eau d'une grande profondeur. Voyez *Elévation de l'eau*.

Les parties d'une pompe foulante, d'une pompe aspirante, & d'une pompe aspirante & refoulante sont les mêmes, n'y ayant de différence que dans leur position. 1012. Le défaut commun dans presque toutes les pompes, est le manque de proportion entre les corps de pompes. 1033. Pour les grandes pompes il n'est rien de mieux imaginé que le piston percé, tel qu'il est employé dans la machine de Fresnes. 1064.

Différentes forces peuvent être appliquées aux pompes. 1029.

Pompes à chevaux. Leur comparaison, par la quantité d'eau qu'elles enlevent. 1032.

Pompes des Torrets. Petites Pompes à bras. 278. Voyez *Torrets*. 261.

Moulins à Pompe à la Hollandoise. Voyez *Machine à Vent*.

Pompe à air. Machine aspirante avec laquelle on pompe l'air, de la même maniere que l'on pompe l'eau dans les machines hydrauliques, au moyen d'une ventouse par laquelle l'air est conduit à la superficie ; cette pompe à air, qui peut à volonté devenir une machine soufflante, se place dans un puits où il y a une machine hydraulique, à laquelle on peut en adapter plusieurs. M. Délius a représenté & décrit une de ces machines, avec une autre pour y suppléer.

Pompe ou *Machine à vapeur*, dont la force motrice est empruntée du feu. AN. Steam Engine, en François *Pompe à feu*, qui, en remplissant ses opérations, donne une puissance égale à tel poids que ce soit ; car si le diametre du cylindre, par exemple, de deux pouces & demi, étoit augmenté de 10 ou de 100 fois, son mouvement seroit aussi facile, quoique sa puissance fût augmentée, comme les quarrés de ces nombres. Autres parties qui composent une pompe à feu. Voyez *Alambic*. Voyez *Chaudiere*. Voyez *Machine à vapeur*. Application de ces machines à l'épuisement des eaux de Mines. 239. A Fresnes dans le Hainaut. 468. A Montrelay. 543. En Angleterre. 405. A la Mine de Griff. 408. Au nombre de six dans Londres, pour élever les eaux de la Tamise dans différents quartiers ; une à Eslington sur la Newriver, au Nord ; une à York-Buildings, sur la Tamise, dont la situation est au Midi, relativement à la premiere, 1056 ; une à l'Hôpital de Chessey, au Sud-Ouest, 1102 ; une au pont de Londres, au Sud-Est ; une à Bozh Southwark, Sud-Sud-Est, & la troisieme à Shadwell, près la Maison à chaux, à l'Est.

En 1775, le 9 Juin, un jeune éleve de l'Ecole de Dessin de la ville de Liege, âgé de 14 ans, (Henry Ophoven), a présenté & dédié au Magistrat le plan d'une machine à vapeur d'une des Mines de Liege, qui, par un récès du Conseil de la Cité, a été joint dans la Bibliotheque à la description de l'art d'exploiter les Mines de Charbon de terre.

Pompe en usage sur les vaisseaux Hollandois, pour jetter de l'eau dans des endroits éloignés. 1331. Sa commodité pour fournir de l'eau dans les différents quartiers d'un attelier de fabrication, & arroser les tas de Houille empastés & soumis au triplage. 1331, 1338.

Pompe. (Angin à) Bouriquet. LE. 235, 238.

Pompe. (Bure à) LE. Voyez *Puits à Pompe*.

Pondage. Poids. Pondus. Dans les anciennes Archives d'Angleterre, signifie un droit que l'on paie au Roi suivant le poids des marchandises.

Pont. (faire un) Expression usitée dans les Mines d'Anjou. 562. Voyez *Pont*. Mines de Workington.

Pontage. Pontenage. Péage de riviere qui se paie à un Seigneur pour le passage sur un pont, par le bateau & non par la marchandise. *Pontaticum. Pontagium. Pontonagium*. 711.

Ponte, Eponte. Salband. Toiture. Du mot Italien *Pont*, parce que la Salband est élevée au-dessus de la veine, comme un pont au dessus d'une riviere.

Ponts d'une construction particuliere, établis dans les angles des chemins du charriot à levier des Mines de Workington. 866, 867.

Ponts. (Maitres des Ponts). Voyez *Maîtres*.

Porcelanea alba. Porcelaine. Pierre argilleuse fort tendre, qui se durcit au feu, & prend au tour toutes les formes que l'on veut. 444. Entre parmi les parties constituantes du Charbon de terre de la Mine de Boserup en Suede. 444. Sentiment de M. Venel sur plusieurs préparations de porcelaine au feu de Houille. 1248.

Porion, à Gosselies dans le Hainaut Autrichien on nomme ainsi le Maître ou Gouverneur des Ouvriers & des travaux de Houillerie.

Porrecta Vena. G. flacher Gang. *Vena æqua*.

Port d'Armes. Par un Article des Lettres de Henri... du 10 Octobre 1552, permis au sieur de Roberval de même qu'à ses Commis ou Députés, ou ayant-cause.

Port, ou portée d'un Vaisseau. 723.

Port de charge ou de vente, port où les Voituriers par eau doivent conduire les marchandises chargées dans leurs bateaux pour être vendues; entrée des baterux au port.

Ports de Normandie, de Flandres, de Picardie. Droit de 30 sols par baril, rétabli par Arrêt du 5 Février 1761. 630. *Port* de Bretagne. *Idem.*

Port de Vial (en Auvergne) où l'Allier commence à être navigable. 597.

Porteurs d'actions de Mines. 1439.

Ports, Offices sur les Ports, Quais, Halles, Marchés & Chantiers de la ville de Paris, supprimés définitivement par un Edit du mois de Février 1776. 1329. Remboursés en 1777. Voyez *Remboursement.* Voyez *Suppression.*

Ports. (Boutes à) Officiers de riviere chargés de l'inspection pour l'arrangement des bateaux dans les ports, chargés aussi du rembourssage de la garde, & du renvoi des bateaux. 656. A cet Office on a réuni celui de Débacleur. 657. Voyez *Débacleur.* Metteurs à port; leurs fonctions. 656, 657. Ordonnance de 1672; Sentence du Bureau de Ville du 20 Août 1751, confimée par Arrêt du Parlement, qui fixe les fonctions de ces Officiers des ports. *Idem.* Arrangement des bateaux dans les ports. 672. Ports de destination pour la vente du Charbon de terre dans Paris, ne doivent être occupés par les bateaux que suivant l'ordre de leur arrivage. 673.

Porte, (fermer la) ou *les niveaux par des sloupures.* Le. 266.

Porte-faix. Nommé *Crocheteur*, lorsqu'il se sert de crochets; & ailleurs, *Fort*, à cause de la force qu'exige ce métier. 651. Voyez *Force.* A Liege, *Botteresses.* Voyez *Botteresses.*

Porte-feu. Le. *Fer à feu.* J'ai déja adopté dans mon Ouvrage le premier nom plus propre à exprimer le grillage de fer, dans lequel on brûle le Charbon de terre dans des cheminées. 1272, 1273.

Porte-lumiere, dont se servent les Houilleurs du Hainaut dans les travaux souterrains, au lieu de lampes. 464.

Porte-vent. Voyez *Tuyau à air.*

Portée. (*chaude*) Forgerie. Voyez *Chaude.*

Porteurs. Bois de Charpenterie dans les Mines d'Anjou. 559.

Porteurs de Charbon. Commerce de Paris. 660. Voyez *Mesureurs.* Leur attribution. *Idem.* Leurs droits. 660, 679. Anciens Jurés-Porteurs. 665. Augmentation du nombre de ces Officiers. 660, 665.

Portoires. Mesure particuliere aux Mines de Charbon d'Ingrande. 543. D'après un Mémoire des Intéressés dans la Verrerie Royale d'Ingrande, contre les Intéressés dans les Mines de Charbon de ce même endroit en 1764, il paroît qu'il falloit 192 portoires pour former une fourniture Nantoise de Charbon, & qu'on ne peut la fixer à moins de 189 portoires, ou 21 bariques; il paroît encore, qu'en conséquence d'un contre-mesurage fait sur la barique Nantoise de nouvelles portoires substituées aux anciennes, il en falloit 171 & demie pour faire une fourniture Nantoise. Voyez *Fourniture.* 713.

Possclays. Vraisemblablement pour Potelets, petits poteaux qui garnissent les pans de bois sous les appuis des croisées, sous les décharges, dans les fermes des combles & les eschiffres des escaliers. 370. Voyez *Potelets.*

Possesseurs, ou *Seigneurs de la superficie.* V. Hurtiers. Possesseur de la superficie du fonds. 329

Possesseurs, ou *Maîtres-Seigneurs du fonds, & Propriétaires.* 323, 331. Leur consentement nécessaire. *Id.* 324. Cas d'exception. *Idem.*

Possession des Propriétaires, reconnue par l'Edit de Henri IV par l'Arrêt de 1698, & dans le préambule du Réglement du 14 Janvier 1744. 622.

Prise de possession à Liege. 323. Les formalités à Liege pour cet objet, sont différentes selon que le droit d'exploiter a été acquis par convention, rendage ou permission. Voyez *Rendage, Permission*, ou par conquête. Voyez *Conquête*, ou par prescription, dite aussi *possession de quarante jours.* La forme qui tient à cette possession des 40 jours, a été expliquée & développée en 1593, par une attestation de Messieurs les Jurés du Charbonnage: teneur de l'attestation. 325. Dans quel cas cette possession est nulle. *Idem.* Voyez *Prescription.*

Pot Vein Coal. Seconde couche de Charbon de terre d'une Mine du Comté de Sommerset. 386.

Potager. Fourneau de cuisine où il y a des réchauds scellés, pour chauffer casseroles & autres ustensiles. 365, 366.

Potasse. Cendre de pot. Sel alkali fixe qui se tire des cendres de différents bois; on donne aussi le nom de potasse à la cendre noire qui contient ce sel alkali, & qui a été rendue compacte & solide comme une pierre, par le moyen d'une humectation préliminaire avec de l'eau, ce qui, par la calcination qui suit, la durcit; la potasse ne differe de la soude que par ce que cette derniere est mêlée de sel marin, & est tirée d'une espece particuliere de plante, appellée *Kali*, *Varec*, *&c.* La potasse est employée dans la Verrerie, dans la fabrication du Smalt bleu, dans les Teintures, dans les Blanchisseries de toile, & est quelquefois désignée sous le nom de *Cendre de Moscovie.* Voyez *Smalt.*

Les fourneaux dont on se sert en Angleterre pour faire le *Minium*, avec le feu de Charbon de terre, & décrits par M. de Genssane, Tome II, Chap. XXI, page 191, sont réputés par cet Auteur propres à la calcination de la potasse; ils ont ordinairement 4 pieds de longueur sur 8 de largeur, & 5 de hauteur. Comme le feu n'y est pas considérable, ils ne demandent point grande précaution dans leur construction, mais seulement une certaine attention pour les proportions qui leur conviennent, & pour le degré de chauffe, afin d'éviter la fusion des matieres par elles-mêmes très-aisées à fondre, & qui doivent néanmoins y acquérir un certain degré de chaleur égale & uniforme pour se réduire en grumeaux, & prendre une couleur blanche, tachetée d'un bleu céleste.

Poteaux. Bois taillés & assemblés différemment selon leur destination; ceux qui sont courts, de deux pieds de longueur, employés à soutenir le second *quarré* aux quatre coins du bure où ils regnent sur toute la profondeur du puits, sont appellés *Chandelles.*

Pottelle. (Charpenterie souterraine.) Trous dans lesquels on enchâsse des bois avec de la pierraille, pour assujettir une charpenterie. 559, 560.

Potelets. (Charpenterie.) Petites poutrelles qui garnissent les pieux de bois sous les appuis des croisées, sous les décharges, dans les fermes de combles.

Potelot. Mine de plomb. Crayon.

Potence. (Charpenterie.) Piece de bois debout comme un *pointal*, couverte d'un chapeau ou d'une semelle par-dessus, & assemblée avec deux liens ou contrefiches, & qui sert à supporter une poutre trop longue, ou à en soutenir une autre. 1111.

Potence. (Crémaillere ou Broche en) Le. 366.

Poter. (Humphry). Potier de Humphry. 405.

Potes à piliers, ou poteaux élevés d'à-plomb pour soutenir une poutre transversale. 233.

Poteresse. Couche de cailloux, ou galets entre l'argille & la craie, mêlée de sable & de terre grise.

Potier de terre. 1245. Voyez *Briquetier.* Terre à Potier. Terre à Tuile. Terre à Brique. Voyez *Terre à Briques.*

Potin. Espece de composition de cuivre, de deux especes. 1012.

Pottey. Excavation dans laquelle on assujettit le pied des bois d'étançonnage. 370.

Pottle. Mesure d'Angleterre pour les matieres seches comme pour les liquides; pour les matieres seches, trois Pottles font un gallon.

Pottier, encombrier. Le.

Pots, (*Roues à*) ou *à Augets*, sur lesquelles l'eau tombe en chûte dans les augets. 1034.

Pouce (*d'eau*) quarré. 334.

Poudre à canon que l'on introduit, & à laquelle on met le feu dans les trous *de fleuret*, pour faire sauter le roc. Le trou que l'on a d'abord laissé refroidir, de la chaleur produite par l'action du foret, rempli à force de poudre à canon ou d'une cartouche, est rebouché avec une cheville, afin que le coup fasse plus d'effet; on enfonce ensuite un petit tuyau qui va jusqu'à la cartouche; ce tuyau est rempli de poudre pure, afin de s'en servir pour allumer la cartouche. Voyez *les outils propres à cette manœuvre.* 558. Méches. Souffre. Bourroir à poudre. 542. Quantité pour un trou de fleuret. 861. La qualité de celle que l'on emploie est un autre article de considération. La poudre fine n'est point la meilleure, ordinairement on emploie la poudre à canon; il est bon de la garantir de l'humidité qui lui ôte sa force, & de connoître les degrés de force de celle dont on se sert, pour se conduire en conséquence, autant qu'il est possible, dans les opérations de Mines, dont le roc qui change de dureté, ou d'autres circonstances, ne permettent point de pouvoir calculer juste la force du coup. Cette opération est une des plus dangereuses de toutes celles qui se font dans les opérations de Mines; car souvent l'outil employé à charger la poudre dans le trou, fait partir de la roche des étincelles qui, en allumant la poudre, peuvent blesser ou même tuer les Ouvriers.

M. Lehmann estime qu'un coup ordinaire peut, en proportion de la poudre qui a été employée, faire sauter ou détacher à la fois trente, quarante, cinquante quintaux de roche, & même davantage, sans compter la masse qui s'ébranle sans tomber, & que l'on acheve de détacher à coups de pics avec des leviers de fer, des pieds de chevre, &c.

Lorsque le coup donne dans un roc très-dur & très-compact, il produit un très-grand effet; mais si, à l'occasion de quelque fente, des eaux, des *Drusen*, ou par quelqu'autre cause, la poudre a pris l'air, l'effet est très-peu de chose, ou même nul.

Pour bien diriger un coup, & lui faire produire tout son effet, le principal Ouvrier introduit un petit morceau de bois dans de la terre-glaise, qu'il attache précisément à l'endroit où on se propose de percer un trou, & indiquer de cette maniere au Foreur la direction qu'il a à suivre.

Pouilleuse. (*Laye.*) Le. 372.

Poulies. Moulettes. Roues. Le. *Rolles. Trochlidium Monospastus orbiculus.* Désag. pag. 556. *Trochlea simplex.* 232, 507, 564. Voyez *Mollettes.* Voyez *Rolles. Poulie fixe.* 913. *Poulie mobile* ou *Mouffle simple.* 914, 920. Voyez *Mouffle*, *Poulies moufflées.* 913. La multiplication des poulies ou roues est extrêmement utile en Méchanique, soit pour aider, soit pour accélérer le mouvement, mais elle a aussi ses inconvénients. 914. Voyez *Frottemens.* Charpente qui renferme des poulies. Voyez *Chat* ou *Winday.* 278. Probléme curieux sur la force nécessaire pour élever un poids donné, avec une poulie fixe d'un diametre donné, & une corde d'une épaisseur ou d'un diametre donné. 921. Voyez *Manivelle.* Poulie de renvoi. 237. Hernaz de Valée. 914, 308.

Pound. Aver du poids. An. Voyez *Poids.*

Pourchasses. Poursuites. Courses d'ouvrages. (*Asseoir*) 285. *L'Hurtier* seul en droit de pourchasser partout où personne n'a prise. 323. *Pourchasse des ouvrages*, quand les veines sont interrompues. 309. Formalités à observer pour pourchasser à volonté. 329.

Pourrie. (*Terre*) Argille pure & simple. 587. *Pierre pourrie.* An. *Rollen Stone.* 386.

Poursuite. Course d'ouvrages. 285. *Poursuite du travail d'une Areine.* 896, 897. *Poursuivre* (*pouvoir de*) une Areine prise par Ordonnance de Justice.

Pousse. Moffette de Mine; observations sur cette exhalaison. 264, 590.

Pousser au niveau. Le. Recouper le niveau exact, afin de procurer à l'eau un écoulement insensible. 290.

Poutnures. Le. *Fumeron. Nerfs*, mêlés dans quelques Charbons de terre, & qui répandent une très-mauvaise odeur, comme ce qu'on appelle *fumerons* dans les Charbons de bois. 1155.

Pozzo. Ital. Puits de Mine.

Pozzolane. Pouzzolane. Débris graveleux & grenelés des pierres de Volcans, diversement colorées; & qu'il ne faut pas confondre avec les cendres volcaniques fines & farineuses. Voyez *Rapillo.*

Præcipitata Vena. Voyez *Veine précipitée.*

Præfectura. Intendance, Préfecture, Gouvernement de plusieurs especes dans les opérations de Mines, dans lesquelles on désigne chaque Officier chargé de différent District, sous les noms de *Præfectus*, tel que celui appellé *Præfectus fodinæ vel cuniculi*, dont l'office est décrit dans le quatrieme Livre d'Agricola.

Præfectus Metallorum. G. Bergampt Mann. Officier chargé de la Police de plusieurs Mines. 816.

Præfectus Rationibus. G. Ezchicht Meister.

Præses. Præsidens Fodinæ. G. Steiger Meister, oder Huttman, qui préside à quelques fonctions de Lieutenant de Mine.

Précipitée, (*Veine*) qui se perd dans la profondeur de la montagne. *Præcipitata Vena.* G. Su. Fartzen Sich und fallen. Sax. Schewchente gang.

Préférable (*Charbon*) pour les feux de cuisines. 1158. Pour les feux de Poëles. 362. 1276.

Préférence (Moyens employés pour faire tomber la) sur les Mines de Charbon de terre du Royaume. 630.

Prélocuteurs, ou *Procureurs* à Liege, fervant d'Affeſſeurs aux Jurés du Charbonnage. 316.

Premier ou *principal chargeage*. LE. Dilatement ou chambre pratiquée au pied du bure, mais un peu de côté, ou à côté de la Vallée. 2,4.

Premier Maître des Mines.

Premier niveau des eaux dans les Mines du Hainaut François. 465, 478. *Eaux du premier niveau.* 465.

Premier ordre, (Montagnes du) ou primitives. 745. Voyez *Montagnes.*

Prem Scheibe. G. *Tympanum. Harpago.*

Préparation du Machefer, uſitée autrefois dans l'Hôtel-Dieu de Paris, pour les pâles couleurs & toutes fortes d'obſtructions. 1124. Teinture ou liqueur aſtringente, obtenue du machefer, par le moyen de l'eſprit-de-vin. *Idem.* Eau minérale de machefer. 11.5.

Preparation, *apprêt*, *fabrication du Charbon de terre avec des argiles.* 694. Tantôt avec deux Charbons mélés enſemble, tantôt avec un ſeul. 1157. Proportion de Dieille ou d'Arzée dans ce ſecond cas. *Idem.* Voyez *Apprêt. Fabrication.*

Prépoſés, *Directeurs de Mines*, dans le cas, par les connoiſſances qu'ils doivent acquérir, d'aug- menter les talents des Ouvriers, & d'améliorer les exploitations. 740 Voyez *Directeurs, Entrepre- neurs, Ingénieurs de Mines.*

Prérogatives du Seigneur Arenier. 328. Voyez *Arenier.*

Préſcription de 40 jours, dans le droit, de tra- vailler les Houilles, ſur le terrein d'autrui, au pays de Liege. Une Société qui auroit enfoncé un puits ou bure dans un héritage appartenant à autrui, & au ſçu du Propriétaire, & qui ſeroit parvenu à la Veine, ſans s'être mis vis-à-vis de lui en regle au préalable, c'eſt-à dire, ſans en avoir eu la permiſſion, ni lui avoir fait aucune ſignification pendant le laps de quarante jours, acquiert le droit de continuer ſes ouvrages ſur la veine ren- contrée, ſi le Poſſeſſeur ne lui a fait aucune défenſe dans ce délai, en payant toutefois le droit de Terrage accoutumé. 324.

Dans un pays, où la propriété eſt auſſi pro- tégée, 831, on conçoit qu'une loi telle que la préſcription, dont la légitimité n'eſt pas éga- lement admiſe par tous les Juriſconſultes, eſt bien cimentée ſur des principes de l'équité la plus ri- goureuſe. Cette poſſeſſion par preſcription n'étant abſolument qu'une interprétation forcée du ſilence, de la négligence du Propriétaire légitime en fa- veur d'un étranger, qu'il ſeroit injuſte néanmoins de troubler lorſqu'il auroit mis les ouvrages en état. 619. La loi reſtraint le droit de ce dernier à la ſeule veine travaillée pendant quarante jours, au vu & au ſçu du Propriétaire, & la Société ne peut étendre ſes ouvrages à d'autres veines ni ſupérieures, ni inférieures, même dépendantes du bure par lequel elle eſt parvenue à cette veine preſcrite; elle ne peut même y travailler par l'enfoncement d'un autre bure, le Propriétaire étant en droit de faire ſignifier une défenſe: la déciſion du pays de Liege a toujours été invaria- ble ſur ce point; &, par un record de la Cour des Voires-Jurés de l'an 1593, la Société eſt même tenue de payer au Propriétaire le *droit de Terrage* avant l'expiration des 40 jours. Voyez *Droit de Terrage.* Encore la loi porte expreſſément que cette preſcription de 40 jours n'a lieu qu'après que le Propriétaire du fonds a affirmé par ſer- ment qu'il a ignoré que la Société a travaillé à la

veine ſous ſon fonds pendant 40 jours conſécu- tifs; &, dans ce cas, la Société eſt obligée de faire preuve que le Propriétaire en a eu entiere connoiſſance. 325.

Un cas particulier de preſcription de 40 jours, eſt lorſque trois Aſſociés ayant exploité pluſieurs des couches dont on leur a fait la ceſſion par un puits profondé à frais communs, deux de ces Intéreſſés viennent ouvrir un autre bure dans l'étendue de la Conceſſion commune, ſans inter- peller le troiſieme Aſſocié; ce dernier, pour con- ſerver ſon droit, eſt obligé de concourir avec les deux autres, & ne peut agir par voie de défenſe, l'ouvrage étant ouvrage qui tient au bien public; & il eſt entiérement déchu de tous ſes droits, à l'égard de ce puits & des veines qui en dépen- dent, s'il laiſſe travailler ſes deux Aſſociés à la veine par l'enfoncement d'un nouveau bure pen- dant 40 jours, à ſon vu & ſçu, ſans avoir re- clamé ſa part.

Preſcrites. (*Houilles*) LE. Acquiſes par droit de preſcription. Voyez *Preſcription.*

Preſſion. En Méchanique on diſtingue des for- ces motrices les forces de preſſion qui tendent ſeulement à imprimer du mouvement, & qui n'en produiſent pas, attendu que leur effet eſt diſtrait par la réſiſtance de quelqu'obſtacle, ou par d'au- tres forces oppoſées; la ſcience des forces de preſſion conſidere ſur-tout l'équilibre dans les machines. Voyez *Equilibre.* Voyez *Puiſſance.*

Preſſion des terres & des rocs dans les puits, différente ſelon que ces foſſes ſont perpendicu- laires, ou en pillant.

Preſſion ou *poids de la colonne d'air* ſur le piſton de la machine à vapeur. 469. De l'athmoſ- phere, regle la hauteur de l'aſpiration des pom- pes. 1021.

Prêtre. (*Bonnet de*) Outil à manche quarré dans ſon extrémité, évidé dans ſes quatre faces, ainſi que par le milieu, enforte qu'il forme quatre eſpeces de tranchants obtus aboutiſſant aux qua- tre angles, & dont l'enſemble repréſente à peu- près la figure qui lui a fait donner le nom. Son diametre ſur les angles eſt égal à celui de la tarriere.

Prévôt des Marchands à Paris. *Præpoſiti Mer- catorum aquæ*, Prévôt de la marchandiſe de l'eau, ou par eau. 645, 646. Voyez *Bureau de l'Hôtel de Ville de Paris.*

Primage, ou premier achat d'une marchandiſe. Le nombre prodigieux des droits ſur le Charbon, joint aux frais de l'exploitation, pour peu qu'elle s'étende au loin, augmente énormément le prix du primage. 685.

Primarii. (*Montes*) Diviſion d'un ſavant Mi né- ralogiſte d'Italie M. Arduini, des montagnes du Vicentin & du Véronois, en montagnes primaires, ſecondaires & tertiaires, relativement à la poſi- tion ſupérieure ou inférieure de ces montagnes, & à la différence de leur ſtructure intérieure. M. Jean Arduini nomme *Montagnes primaires* les mon- tagnes inférieures formées de ſchiſte, qui s'éten- dent par-deſſous les montagnes calcaires aux- quelles elles ſervent de baſe, & qui, par conſé- quent, doivent avoir exiſté avant elles. Voyez *Montes ſecundarii. Montes tertiarii.*

Prime. (Arithmét.) Dixieme partie de l'unité. Voyez *Minute.*

Primitive. (*Terre*) AN. Schelf.

Principalis Directio. G. Hampt Streichen.

Principalis Vena, ſeu latior. 878. Voyez *Veine.*

Principatus,

Principatus, seu prædria. (*Jus*) Droit de Souveraineté ou Droit Régalien.

Principe moteur. V. *Moteur.*

Principes constituants du Charbon de terre, diversement combinés, influent sur la différence de vivacité dans sa flamme, dans sa chaleur, &c, & rendent, par conséquent, tel ou tel Charbon plus ou moins convenable à quelques-unes des opérations qui s'exécutent par le feu. 1141.

Prises, dans la Coutume de Liege, a deux significations différentes. 319, 320, 336. Prises d'une fosse sur un bien. 320. Prises d'en haut ou de dessus. *Idem.* Prises d'en-bas ou de dessous. *Id.* Droit de prises. *Id.* Dessaisir les Maîtres de fosses de leurs prises. *Id.* Cession des prises par les Maîtres du fonds. 321. Reddition ou rendage de prises. 319. *Déhouiller les prises.* 335. Voyez *Passer au travers des prises.*

Privation de la Bourgeoisie & du métier; cas où elle est encourue à Liege. 346, 352.

Privileges & exemptions pour l'exploitation des Mines. M. Delius dans son Ouvrage insiste beaucoup & avec raison sur la nécessité d'encourager ces sortes de travaux par différentes exemptions & privileges; il pense que le fonds des terres sur lequel se trouvent les Mines, doit être exempt de toute espece d'impôts & subsides; les Intéressés & Ouvriers libres de toutes charges & impôts, de Service militaire; il veut que les vivres, en toutes choses nécessaires à l'exploitation, soient exempts de droits de Péages & de Douanes; on accorde aux Compagnies qui exploitent avec perte l'exemption du Dixieme, &c. Voyez *Franchises*, *Immunités*, *Tailles.*

Privileges (*Chartres &*) *dumétier des Houilleurs de la Cité, franchise & banlieue de Liege, concernant la police du Métier & du Commerce.* 340. V. *Commerce.* V. *Police. Privilege* particulier donné à la ville de Liege, par l'Empereur Maximilien II. 316. V. *Jurés du charbonnage.*

Privilege des Alleges de Newcastle. 433. Privilege particulier accordé en Angleterre sous Charles I, pour faire valoir un secret, de priver le Charbon de terre de fumée & d'odeur en brûlant. (*Mém.* 13.)

Privileges accordés aux Marchands fréquentants la riviere de Loire. 714. Voyez *Droit de boîte, ou fait des Marchands.*

Privileges pour l'exploitation des Mines, en *France* ou Concessions, accordées aux Propriétaires des terreins, ou aux Seigneurs, ou à des particuliers n'ayant aucun droit à la chose. Les Propriétaires ou Seigneurs de terrein peuvent aisément en abuser, pour empêcher que personne ne puisse venir exploiter; ce cas a été sagement prévu par la déclaration du Roi, qui va être citée.

Privileges ou Concessions à des Particuliers n'ayant aucun droit à la chose; très-multipliés en France au Duc de Montausier. 550. Clause essentielle & remarquable de l'Arrêt. *Idem.* Concession des Mines de Montcénis. 573. De Rive-de-Gier, dans le Lyonnois, 710; au Sieur Baron de Vaux, dans le Forez, par Arrêt du Conseil du 10 Juin 1738. 675; au Hainaut François en 1717: ce dernier, le seul qui ait été légal. Ces Privileges toujours accordés sous l'offre & la promesse obligatoire d'une exploitation bien conduite. 549, 550. Souvent affermés à des Particuliers aussi ignorants que les Propriétaires, & qui n'envisagent dans les privileges que le moyen de faire fortune. 817. Attentions à faire vis-à-vis d'une Compagnie soutraitante. 823, 824. Voyez *Entreprises de Mines par privileges.* V. *Concessions.*

Déclaration du Roi concernant les privileges en fait de Commerce, du 24 Décembre 1762; par l'Art. XI fixés au terme de quinze années de jouissance, sauf prorogation de ce terme. Voyez *Notification.* Par l'Art. IV les Privileges peuvent être cédés pendant la vie des Privilégiés aux enfants, & non à d'autres, sans une permission spéciale; ne peuvent, en conséquence de l'Art. V, appartenir (en cas de décès du Privilégié pendant la durée de son privilege) à ses héritiers directs ou collatéraux, légataires universels, ou autres ayans cause, à moins qu'ils n'obtiennent une confirmation après avoir justifié de leur capacité, &c. Par l'Art. VI, tous les privileges qui n'ont abouti à aucun succès de la part des Concessionnaires, ou dont ils auroient négligé l'usage & l'exercice pendant le cours d'une année entiere, ainsi que les Arrêts & autres titres sont nuls & revoqués.

Privilege exclusif enregistré en Parlement, pour la ville de Paris & toute l'étendue du Royaume, annoncé en 1770 pour la vente du Charbon de terre apprêté à la Liégeoise. 1291. Faux motifs sur lesquels ce privilege a été sollicité & obtenu par un Particulier. 1297, 1298. Véritable & seul point de vue sous lequel l'exécution de cette fabrication en grand est légalement susceptible d'un privilege. 1295, 1297. Premieres idées de l'Auteur sur la maniere de faire connoître & d'adopter ce chauffage, sans recourir à un privilege. 1295. Considérations qui les lui avoient fait naître. 1292. Obstacles à la continuation de l'entreprise, dans la gestion de l'Associé titulaire du privilege. 1299. Dans le prix excessif du Charbon de terre à Paris. 1298, 1302. Tentatives du Ministere, pour aider cette entreprise. 1301.

Prix des Houilles & Charbon à Liege en 1775. La charrée ou coufade de Charbon gros & menu, depuis sept jusqu'à huit escalins; la *charrée* ou *coufade*, mêlée de Houille, dix escalins; la charrée ou coufade de pure Houille sans Charbon, vingt escalins. 351.

Prix des Charbons de terre en différents endroits de la Grande-Bretagne. 434. A Londres. 437.

Prix des Charbons de Fresnes en 1742; le menu, pesant poids du pays 234 livres, 13 patards, qui font 16 sols 3 deniers, diminué ensuite d'un patard, & on le vendoit 12, ce qui faisoit 15 & 7 sols 6 deniers le cent pesant, poids de marc, gros poids. Du gros Charbon d'Anzin en 1742, 12 sols 6 deniers le quintal, & 10 sols le menu.

Prix du Charbon d'Ingrande dans les magasins, 270 livres la fourniture. Voyez *Portoir, fourniture.* Prix des Charbons de terre d'Ingrande, de S. Etienne en Forez, à Tours, quarante livres le cent de boisseau comble, & on donne les quatre au cent; ce boisseau pese dix-huit livres sans comble. Prix des différents Charbons de terre d'*Anjou.* 566. Dans le *Saumurois.* 546. Prix du Charbon de Rive-de-Gier. 709. Prix du Charbon de terre venant de l'Etranger à Paris. Voyez *Charbon.*

Prix des Charbons de terre à Paris, augmente beaucoup entre les mains du Marchand détailleur, par la raison des crédits considérables que ces Marchands font aux Ouvriers, qui en abusent souvent sous le prétexte de préférence qu'ils accordent à celui des Détailleurs auquel ils doivent, & qu'ils pourroient quitter par les facilités qu'ils

pagné

pagnée d'une fumée qui n'est point désagréable ; il s'est converti partie en cendre, partie en scorie, assez ressemblante à la pierre-ponce.

Pyrite solide. Pierre d'Arquebusade. Pyrites sulphureus nudus. Waller. 1323. Indice ordinaire de soufre. 1153. Voyez *Pyrite des Glaisieres.* M. de Machy, dans ses procédés chymiques, démontre que le soufre n'existe pas dans les pyrites, mais qu'il y est produit par le feu qui acheve de charbonner les matieres à phlogistiquer, & de les combiner avec l'acide vitriolique ; tandis que par la décomposition humide ces mêmes pyrites ne donnent pas un atôme de soufre. Quelques Charbons paroissent devoir à la pyrite presque seule leur inflammabilité. 1153. Voyez *Charbon pyriteux.* M. Parmentier & M. Desyeux ont cherché à reconnoître la nature de petites lames brillantes & pyriteuses, remarquables dans le Charbon de terre de S. Georges ; ces lames détachées & rassemblées ont été mises dans le creux d'un charbon embrasé, & ont présenté à l'obscurité une petite flamme bleue, accompagnée d'une légere odeur jugée appartenante au soufre. Voyez l'*Analyse à feu nud du Charbon de S. Georges, au mot* Analyse.

Pyrite de couches, ordinairement martiales ; en quoi elles different des pyrites propres aux filons. 749.

Pyrite cuivreuse par couches, renfermée dans une terre molle bleue, compacte. 384. Voyez *Teston du Diable.*

Pyrite des Charbons d'Horge en Suisse, 1125, tombant à l'air en efflorescence atramenteuse cendrée, vitriolique, qui, par différents procédés, fournit du vitriol verd, comparable au vitriol de Hongrie, & à celui qui se tire aussi à Kap-feu en Suisse ; ayant néanmoins une saveur douceâtre, d'après l'examen de M. Scheuzer dans son voyage des Alpes.

Pyrites dans les Houillieres de Liege, nommées *Bouxteures*, en masses irrégulieres, la plupart du temps *Martiales.* Voyez *Bouxteures.* Par l'examen que j'en ai fait, & que M. Parmentier a vérifié depuis, j'ai reconnu que cette pyrite a donné à la cornue un peu de phlegme de l'alkali volatil, mêlé de quelques gouttes d'huile, du soufre, dont une partie s'étant combinée avec l'alkali volatil, s'est présenté sous un état d'hépar. Quelques expériences auxquelles le résidu a été soumis, n'ont présenté que des phénomenes qui caractérisent la présence d'une terre en partie martiale.

Pyrite des Glaisieres. Fer à Mine. Plaquettes. Opinion de M. Bomare sur ces pyrites. 1323.

Pyriteuse (Mine) dilatée. Voyez *Mine.*

Pyriteux (Charbon) tombe en efflorescence à la longue étant même enfermé, ce qui fait que les Charbons de ce genre, tels que celui de Monthieu, de Littry, 570, & autres, quoique bons d'ailleurs, ne sont point propres à emmagasiner. Voyez *Charbon pyriteux.*

Q

QUADRE. Bordure, ou chassis pour l'ordinaire de forme quarrée. *Quadre du piston d'une pompe refoulante*, auquel aboutit une chaîne dans la machine à vapeur. 468. Quadre du piston du cylindre. 1090.

Quadrilatere. Géométrie. Figure terminée par quatre lignes droites, & qui prend différents noms selon le parallélisme de ses côtés, ou de quelques-uns des côtés ; le quadrilatere dont chaque côté est parallele au côté opposé, est appellé *Parallélogramme*, en observant que tout parallélogramme est bien quadrilatere, mais que tout quadrilatere n'est point parallélogramme.

Quai, (Mesure de) ou mesure d'eau. 437. Voy. *Mesure.*

Qualités différentes du fer. 843. Qualités relatives. 1170.

Qualité du Charbon de terre d'une Mine, ne peut être bien jugée à la vue que dans les magasins, ou par de grands envois. Circonstances d'où dépend sa différence. Voyez *Eaux, profondeur.* M. de Genssane prétend que dans les *Mines seches*, c'est-à-dire, où l'on ne trouve point d'eau, il ne faut pas compter sur la bonne qualité du Charbon de terre ; la raison qu'il en donne est que l'eau empêche & arrête l'évaporation de sa substance inflammable. Voyez *Pluies.*

Qualité de la Houille à déduire de la maniere dont elle s'embrase au feu, de la fumée, de l'odeur qu'elle répand, & du résidu de sa combustion. 1152. Voyez *Fumée, odeur, exhalaison. Expériences pyriques.* Qualité (*Charbon* dit *de premiere*) 570 ; de seconde qualité. *Idem. Qualité des Charbons d'Angleterre.* 412, 413, 414, *de Liege.* 1157. Des Charbons d'*Auvergne*, 591, mêlés tant en route qu'à Paris. 678. Des Charbons de *Fims* en Bourbonnois. 581. De *Noyan.* 589. Du *Saumurois.* 546.

Quantité. C'est l'objet de toutes les Mathématiques ; on y comprend tout ce qui peut être augmenté & diminué. Les quantités peuvent être définies selon le nombre ou selon la mesure, ou selon le poids ; elles ne sont cependant que des nombres indéterminés, dans lesquels on n'établit pas encore d'unité fixe avec laquelle elles aient de relation. En Algebre on calcule avec des quantités connues, de même qu'avec des quantités inconnues ; celles-là se représentent par les premieres lettres de l'Alphabet *a b c*, &c, & celles-ci par les dernieres. Voyez *Equation.* Les quantités n'étant point des nombres indéterminés, il est évident que tout ce qu'on démontre des nombres en général leur doit également convenir. Voyez *Nombre.* Ainsi une *Quantité algébrique* est une ou plusieurs grandeurs désignées par une ou plusieurs lettres de l'Alphabet prises ordinairement dans les minuscules. Voyez *Algebre.*

Quantité de mouvement dans les méchaniques est de deux sortes, celle du *mouvement momentané*, qui est le produit de la vitesse par la masse toujours proportionnelle à l'impulsion qui fait mouvoir le corps, voyez *Impulsion* ; & celle du *mouvement impulsif.* 423. Voyez *Mouvement.*

Quantité de Charbon qui se tire en un jour par sept Ouvriers dans les Mines d'Anjou. 548.

Quantité de charbon ou de bois pour l'entretien du fourneau d'une machine à vapeur, 1101, quantité pendant 24 heures. 1102.

Quarantieme denier dû pour tout droit foncier aux Seigneurs Hauts-Justiciers. Par l'Arrêt du 14 Mai 1604, ce droit leur est payé après que celui du Roi est satisfait ; il doit être pris sur la part qui reste aux Entrepreneurs ; c'est le *Facteur général* qui le perçoit. Mais ce droit ne paroît appartenir aux Seigneurs qu'à la charge d'assister les entreprises de Mines, conformément à ce qui est porté par l'Edit d'Octobre 1552. Voyez *Facteur.*

Si après l'ouverture faite d'une ou plusieurs Mines, dans la terre d'un Haut-Justicier, le filon ou la poursuite du travail conduisoit les Ouvriers dans les terres de la Justice d'un autre Haut-Justicier, le Seigneur de cette Haute-Justice ne peut, en conséquence de l'Article suivant de l'Arrêt de 1604, prétendre aucune part au droit de quarantieme ni autre, à moins qu'il ne fût besoin de faire de nouvelles ouvertures & de nouveaux chemins en ladite Justice, auxquels cas le Grand-Maître ou son Lieutenant général appelle avec eux le nombre de Juges portés par les Ordonnances, pour régler & départir le droit qui doit appartenir à chacun des Hauts-Justiciers, aux charges portées par les vérifications de l'Edit.

Quarré. Chassis, assemblage en quarré, formé de quatre pieces de bois d'équarrissage, pour soutenir les parois d'un bure de forme quarrée. M. de Genssane, dans l'Article XIX du Réglement sur les Mines de Houille, décrit la construction de ce quarré. Voyez

Quarré de terrein pour les Concessions. *Clausтrum.*

Quarré (*Nombre*) Voyez *Nombre.*

Quarré. (Algebre) Le poids de la colonne de l'atmosphere qui presse sur le piston de la machine à vapeur, est toujours proportionnel au quarré du diametre du cylindre. 1076. Voyez *Puissance.* Voyez *Cube.*

Quarrée. (*Racine*) Algebre. Racine d'un quarré. Voyez *Racine.*

Quarré quarré. Quatrieme puissance qui est immédiatement au-dessus du Cube.

Quarré. (*Fleuret*) employé dans les travaux de Mines de Montrelais. 542.

Quarrer une poutre, c'est l'équarrir.

Quart, ou *quatrieme partie du Dixieme Royal*, attribué par l'Edit du 10 Octobre 1552, à tous les Seigneurs, *sur les minéraux*, & *sémi-minéraux*, pour raison d'encouragement à favoriser les travaux; refusé en même temps à ceux qui n'aideroient point les opérations des Mineurs, & diminué au *prorata* de la diminution du Dixieme du Roi.

Quart franc dans la Mine de Littry, dû aux Propriétaires, par arrangement avec les paysans avant la Concession. 369.

Quart de Cercle. Quatrieme partie d'une circonférence, c'est-à-dire, de 90 degrés. 755, 761. Instrument nommé *Quart de Cercle.* Par Pline, *Dioptra.* 784.

Quart de Roisse. LE. Degré de pendage, Roisse. 206, 207, 208. Voyez *Roisse.*

Quartier des Clayes. Quartier de Remuage dans un attelier de fabrication de Houille apprêtée à la Liégeoise. 1338. Voyez *Attelier.*

Quartier de Réduction. Instrument employé sur mer pour résoudre plusieurs problêmes de pilotage par les triangles semblables; peut être regardé comme une invention plus simplifiée que l'astrolabe. Cette merveilleuse invention est fondée sur cette propriété du cercle, que le cosinus est au rayon comme le rayon est à la sécante, & le second rapport supplée généralement à l'autre, & s'opere facilement sur le quartier de réduction. 791. Voyez *Cosinus.* Voyez *Rayon.* Voyez *Sécante.*

Quartier. (*Roc de*) Roc cendré, ondé, compacte, quoique feuilleté, servant de toit à ce qu'on appelle dans les Houillieres d'Auzat, *la grande Mine.* 596.

Quartiers ou *membres de Charbon.* V. *Membres.*

Quartier ou *motte de Glaise*; de combien la voie de glaise est composée. 1321.

Quartiere. Mesure usitée dans quelques endroits d'Angleterre, particuliérement à Newcastle & à Morlaix en Bretagne. 723.

Quartzeux, (Hornstein) formant le corps des montagnes primitives. 746. (*Rocher*). Voyez *Rocher.*

Quatre sols pour livre. Voyez *Droit.*

Quatre-vingt-unieme trait de Charbon. *Droit de terrage* dû pour les Veines sous eau, par un Entrepreneur par action de Conquête au Propriétaire du fonds. Voyez *Trait.*

Quatrieme niveau. (*Eaux du*) HAIN. Grandes ramasses d'eau au fond du bure. 465.

Quergestein. (*Taube*). Couche de pierre à vuide. Pierre rude.

Querque. Kerke. Charge ou mesure de Charbon de terre & autres marchandises des bateaux navigeants entre Mons & Condé. Par l'Ordonnance du 17 Mai 1556, concernant la navigation d'entre ces deux Villes, *une Querque de menu Charbon* doit peser soixante mille livres, & une Querque & demie, quatre-vingt-dix mille livres au plus.

Querschlag. G. Traverse, ouvrage.

Quester. 256. LE. Sonder en questant. 271. V. *Questresse.*

Questresse. Coistresse. LE. Etymologie de ce terme. 256. Coistresse du niveau de bure; borgne levay, borgne niveau. 258. De montée. *Idem.* Fausse Coistresse. 373, 259. Demie. LE. Fausse Questresse. *Idem.* Coistresse de gralle. 261.

Queue d'aronde. Troisieme outil du fleuret, décrit par M. de Genssane. Ciseau dont le taillant est échancré au milieu, & qui forme une espece de fourche assez semblable à celle de la queue de certains oiseaux de proie; il est garni d'un manche de même longueur, & de mêmes dimensions que ceux de la cuiller de la tarriere & de la langue de bœuf; il est également employé à briser les rochers qui ne peuvent être percés avec la tarriere.

Queue de l'alluchon. Voyez *Alluchon.*

Queue de filon. G. Tauben.

Queue de Mine. (Mesure.) Devroit naturellement être de même dimension qu'une queue divisée en muid & feuillette. *Demi-queue.* Voyez *Poinçon.*

Queue de Paon. (Charbon) AN. *Peak Coal. Lithantrax splendide Variegatum.* Charbon panaché comme les pyrites sulphureuses, de couleur verdâtre, bleue, violette ou pourprée, à peu-près comme les couleurs de la gorge de pigeon, ou celles des plumes de paon, ce qui lui a fait donner par les Anglois le nom de *Peak Coal.* 585. Comment ce Charbon se comporte au feu. 586. Voyez *Pyriteux.*

Queusnier. Aiguillon. Aiguille à pierre, à Caillou. 463, 643.

Quille. Terme de Marine, par lequel on désigne la plus grosse piece de bois des Vaisseaux, qui regne de poupe en proue, & qui sert de fondement & de base à tout le bâtiment, parce que c'est sur elle que sont assemblées toutes les pieces sur lesquelles le bâtiment est construit. C'est elle, par conséquent, qui donne la longueur des autres pieces qui doivent lui être proportionnées.

Quincelage. Quintlage. Quintelage. V. *Quintelag*

Quint, droit de régal, remis quelquefois pour faciliter les établissements de Mines, ainsi qu'il a été fait pour le Sieur François de Blumenstein, par l'Arrêt du Conseil du 9 Janvier 1717, qui lui accorde pendant vingt ans le privilege d'exploiter la Mine de plomb de S. Julien, Molin, Molette en Forez.

Quintal. AN. Hundred. Cette mesure qui se marque dans le Commerce par ce signe $\frac{.}{.}$, varie en différents endroits, depuis 100, 102, 108, 112 livres; le cent fait à Paris le quintal, & cent douze livres d'avoir du poids, font le hundred ou quintal d'Angleterre. Les cent livres de Liege ne font à Paris que 95 livres; *charger en quintal.* 570.

Quinte, Coutume d'Angers, est la septaine, le territoire, la Banlieue, la Voirie, l'étendue de la Jurisdiction du Prévôt ou autre premier Juge ordinaire; ce terme vient de ce que les Poitevins & les Angevins donnoient aux Banlieues de leurs Villes l'espace de 5000 mille pas (Coutume d'Anjou); quelques-uns pensent que ce terme vient de ce que le Juge a droit de faire tirer la quintaine dans sa Jurisdiction; Ménage croit que ce mot *quinte* vient de ce que la Jurisdiction du Prévôt d'Angers est composée de cinq Chastellenies. 718.

Quintelage, *Quintlage* en Flamand. *Quincelage.* Terme de Commerce de mer usité dans quelques endroits, pour signifier ce qu'on nomme plus ordinairement *Lest.* Voyez *Lest.*

Quittance. (Finance.) Billet donné par le préposé du Roi, pour les deniers que paie le Particulier. *Quittance du Receveur des droits dans Paris.* 687.

Quitter l'ouvrage. Formalités à observer sur cela par les Ouvriers ou Employés à Liege. 347.

Qvist Andersson. (M. Benoist,) Directeur des Fabriques de fer à Stockolm, Auteur de quatre Mémoires sur les Mines de Charbon d'Angleterre, insérés dans les Actes de l'Académie de Suede. 1e, 2e, 3e & 4e trimestre de l'année 1776. Voyez *Exploitation.*

Quote-part. (Cas où les Maîtres de Fosse sont obligés de contribuer chacun pour leur) 327.

Quoter. Défaut des dents de Rouage. 926.

Quotient. (Algebre.) Grandeur qui marque combien de fois le diviseur est contenu dans le dividende. Voyez *raison Geométrique.*

R

RABAIS du prix fixé au Charbon dans la vente, fait par les Mesureurs. 663. Par le Marchand, doit être continué sur le même prix du rabais. 679.

Rable. Fer emmaché pour remuer les tisons ou manier la braise dans le four. *Fourgon. Contus Furnarius.* V. *Raker.* 524.

Raccordement. (Hydraulique.) Deux significations. 102.

Racine de puissances. (Algebre.) Grandeur qu'il faut multiplier par l'unité ou par elle-même, afin d'avoir ses différentes puissances, d'où elle prend les noms de *premiere* ou *seconde*, selon les puissances dont elle est la racine. On dit racine de la premiere puissance, racine de la seconde puissance, plus souvent racine quarrée: la troisieme s'appelle plus souvent *Racine cubique.* On doit remarquer que la premiere puissance & la racine premiere d'une grandeur sont la même chose, parce que l'une & l'autre sont la grandeur elle-même; on doit encore remarquer, qu'en parlant de la racine quelconque d'une grandeur, cette grandeur est une puissance semblable.

Racles. Terme de riviere; endroits où le terrein pendant un certain espace a plus de profondeur, & qui sert de garre pour les bateaux; il s'en trouve deux dans l'étendue du Canal de Loing; celle dite de l'*écuelle*, pouvant contenir à peu-près 20 ou 25 bateaux. Celle qui est de plus de conséquence est dans la partie au-dessus des écluses de Moret, vulgairement nommée *Roche S. Mamès*, formée par la nature, & qui est une portion de la riviere de Loing, sur un quart de lieue de long, d'une largeur presqu'égale à celle de la riviere de Seine, de maniere qu'on peut facilement y garer jusqu'à 150 & 200 bateaux, sans nuire à l'avalage & au montege des bateaux sur le Canal; au bas de cette racle il y a pour la retenue de l'eau des coulisses, qui s'ôtent & se levent dans le cas de crues d'eau & d'innondations. On peut commodément faire dans cette racle le rinsage des bateaux, le volume d'eau en Seine leur permettant un plus fort chargement que sur les canaux. Cette racle facilite beaucoup la circulation du commerce des denrées de toute espece venant de la riviere de Loire, des canaux de Briare, d'Orléans & même de celui de Loing, en ce que ces canaux étant mis en chommage en différents temps de l'année, les Marchands Voituriers rassemblent dans cette racle une grande partie des bateaux chargés desdites marchandises, soit avant la fermeture du Canal, soit immédiatement après son ouverture, étant à la proximité de la chûte de la riviere de Loing en Seine, ils en peuvent sortir aisément les bateaux pendant le chommage du Canal, & à la premiere fonte des glaces, ce qui assure la provision de Paris des Marchandises venant de la Loire & des trois canaux; c'est ainsi qu'à la faveur de cette racle, les Voituriers ne sont pas nécessités de descendre directement à Paris leurs marchandises, ce qui consommeroit beaucoup de temps par le trajet de la Bosse de S. Mamès à Paris, & le retour des Compagnons au Pays.

Rad Haspel. G. Machine. *Stube.* G. Chape, écharpe.

Radii. Scytalæ. Barres.

Radius. Semi-diameter. G. Speiche. Voyez *Rayon.*

Radoir. Rouleau en bois servant à racler la mesure rase. 681.

Raete. Rate (grande) du métier. LE. Incorporation au moyen de laquelle on est Compagnon du métier pour les ouvrages tenant à l'Art. 342. *Petite Raete.* Permission d'exercer les ouvrages qui concernent la Houille sortie des bures. 342, 345. Comment s'acquierent ces deux permissions. 342. Conditions prescrites pour acquérir la grande Raete. 343.

Raf. Ratteau. LE. *Graiteux.* LEM. Pour séparer les Krahais des cendres, & les faire rentrer dans le feu. 356. *Raf. Garde-cendres* pour amasser les cendres des grandes cuisines. 367.

Raffinage du cuivre. Voyez *Cuivre.*

Raffou. Mine de dessous. 508. Voyez *Mine.*

Rag Stone. Ragged Stone. AN. Pierre en Blocaille.

Rail, (*False*) ou *jack Rail.* AN. Poutre de bois en longueur, dans le trajet du chemin pour les charriots à Charbon, servant à droite & à gauche de fausse barriere dans les coudes des Ponts.

Raison en *Arithmétique* & en *Géométrie*, est le

résultat de la comparaison que l'on fait entre deux grandeurs homogenes, soit en déterminant l'excès de l'une sur l'autre, ou combien de fois l'une contient l'autre, ou y est contenu.

Cette comparaison de deux grandeurs entr'elles peut se faire de deux manieres, ce qui fait distinguer la *raison arithmétique*, ou *exposant* du rapport arithmétique, & *raison géométrique*, ou simplement *raison*.

Les choses ainsi comparées s'appellent les *termes* de la raison ou du rapport. Voyez *Terme*. La chose comparée s'appelle l'*antécédent*; celle à laquelle on la compare, se nomme le *conséquent*. Des notions des raisons géométriques, il suit, qu'en *Géométrie* la valeur d'une raison est le quotient de l'antécédent divisé par le conséquent, & qu'une fraction est une raison géométrique, son numérateur en est le conséquent, & son dénominateur est l'antécédent.

Souvent on confond le mot de *Raison* avec celui de *Proportion*, quoiqu'ils soient tout-à-fait différents l'un de l'autre. En effet, la proportion est une identité ou similitude de deux raisons; la raison peut exister entre deux termes, mais il en faut un plus grand nombre pour former une proportion. Voyez *Proportion*.

On se sert aussi du mot *raison*, & plus communément sur-tout lorsque ce mot est joint à un adjectif, comme *raison composée*, qui est le produit de deux ou plusieurs raisons. *Raison inverse*, &c.

Raison d'égalité. (Géométrie.) *Raison* ou *rapport* qu'il y a entre deux quantités égales.

Raison de nombre à nombre, c'est-à-dire, qui peut être exprimée par des nombres. Voyez *Rapport d'une toise à un pied*.

Raisons. Rationes. Part des Associés : en vertu du dernier Article de l'Arrêt donné par le Roi séant en son Conseil, sur l'ordre & le réglement concernant les Mines & Minieres de son Royaume, du 14 Mai 1604, tous ceux qui ont part dans les Mines sont conservés en leur bien, part & portion, sans qu'ils puissent être déclarés vacants à leurs décès, & ce sans même avoir besoin de lettres de naturalité.

Rameaux de Mines. Cordons, quelquefois galeries, voies souterraines.

Ramures. Estanfillonage avec fascines. 559, 560.

Rancher. Bec d'une grue. Forte poutre soutenue obliquement par le moyen de différentes pieces. 876.

Rang. *Run* ou tour des bateaux en pleine riviere, réglés par quelques Articles de l'Ordonnance du mois de Décembre de 1672. 651. *Rang d'arrivage*, doit être observé par les Marchands lorsqu'ils font descendre leurs bateaux. 677.

Range. Grate in a Kitchin. AN. Grille pour le feu de cuisine en particulier; en général *iron Cradle*. Grille de feu.

Raker. Coal Rake. Fork. Ruble. AN. Rable, Fourgon, Fergon 366. Voyez *Fourgon*.

Rakoyeux. Berwettresses. Monresses. Meneuses. LE. 212.

Rapeheu. Tireboux. LE. Piece du Tarré Liégeois. 217.

Rapeyter. LE. Rechercher dans de vieux ouvrages les pilliers, serres ou stapes qui y sont restés. 314.

Rapillo. Ital. *Cineres conglomeratæ*. Matieres terreuses brûlées & réduites en cendre. Espece de Pozzolane. Voyez *Pozzolane*.

Rappointis. (*Feronnerie*.) C'est ce qu'on nomme proprement *Ferrailles*.

Rapport fait au Roi des Mines qui se trouvent dans le Royaume. En conséquence, Lettres de Charles VI, le 30 Mai 1413, portant ordonnance sur le Dixieme, sur l'assistance que doivent donner aux opérations de Mines les Justiciers, sur les Juges des contestations de Mines, les franchises des tailles & autres subsides, sur la sauve-garde accordée aux Mineurs; lesdites Lettres de Charles VI confirmées par Charles VII, le premier Juillet 1437, ratifiées au mois de Février 1483, confirmées consécutivement par Louis XII en Juin 1498, & au mois de Juin 1515.

Rapport, *Raison*, en Géométrie & en Arithmétique, c'est le résultat de la comparaison de deux quantités l'une avec l'autre, relativement à leurs grandeurs; les *rapports géométriques* sont ceux que l'on considere le plus souvent dans les grandeurs. V. *Grandeur*. Moindre rapport. 811. *Rapport l'effet de la puissance à la résistance avec laquelle elle est en équilibre*. 923. Regle pour trouver ce rapport. *Idem*. Maniere de faire l'application de cette regle à une machine compposée. *Id*. Rapport des roues au pignon. Voyez *Pignon*.

Rapport d'une toise à un pied, conséquemment à la définition de la raison de nombre à nombre, est une raison de cette espece, parce que la toise est au pied comme 6 à 1.

Rapport entre l'entrée & la sortie des vapeurs souterraines par les puits de Mines, & entre l'élévation & le refoulement de la fumée, ou de l'air dans les cheminées. 949. Induction sur ce qu'il convient de faire dans les puits de Mines, pour y avoir un air frais & salubre, & qui se rapproche beaucoup de la pratique reçue de tout temps au pays de Liege. 248, 950, 951.

Rapport entre les vapeurs des Mines & les eaux qui se rencontrent dans les souterrains. 932, 933.

Rapport. (Commerce de mer.) Déclaration d'un Maître de Vaisseau Marchand à l'Amirauté. Voy. *Déclaration*.

Rapport d'Experts. Procès-verbal dans lequel des Experts font la relation de ce qu'ils ont vu ou observé, & où ils donnent leurs avis. *Rapport des ouvrages souterrains*; ce dont un Ingénieur doit être instruit au préalable, pour pouvoir faire ces rapports avec exactitude. 902.

Rapport du Maître Foreur (dans les exploitations en Angleterre) sur le nombre & l'épaisseur des couches traversées par la tarriere. 397.

Rapport des Officiers Mesureurs à la Ville, sur les Ports de Paris, touchant les fraudes. 663.

Rapports sur l'innocence du chauffage avec le Charbon de terre. 1267.

Rapporteur, (*Petit*). *Demi-cercle gradué. Transportatorium circulare*. 786. Usage de cet instrument. *Idem*.

Raréfaction, action de raréfier un corps; c'est lui faire acquérir un plus grand volume, sans lui ajouter aucune nouvelle matiere; ainsi l'air raréfié est l'air dont le volume est augmenté. 935. La chaleur agit sur l'air de cette maniere. *Idem*.

Raréfié, (Air de l'atmosphere) différemment raréfié dans les parties supérieures, que dans les parties inférieures, qui le sont toujours moins.

Rareté ou *disette premiere de matieres combustibles à Londres*, 422; a donné lieu au remplacement du bois par le Charbon de terre. 424.

Rareté ou *cherté du bois de chauffage dans la plupart des provinces de France*, menace d'une disette absolue, & avertit que le moment est venu de s'occuper des moyens propres à y remédier. 1302.

Ras. (*Mesurer*) Voyez *Mesurer.*

Rasiere. Mesure d'Anzin. 484. Son poids. *Idem.* Combien il en faut pour faire le muid. *Id. Rasiere de terre.* 725.

Rasiere de Dunkerque. 1103. Diametre, poids de cette mesure. *Idem. Demi-rasiere de Dunkerque.* 725.

Rasiere de Flandres, nommée *Audi. Idem.* La Rasiere de menu Charbon vaut à Arras quarante sols, & six deniers aux Mesureurs, payables par l'Acheteur. Voyez *Baril*, *demi-baril.*

Rascoudre. Expression des Mines d'Anjou. 560.

Rationes. Raisons. Parts des Associés. Voyez *Raison. Rationes accepti & expensi.* Compte de recette & de dépense. Voyez *Recette. Rationibus præfectus.* G. Eichtmeister.

Rateau pour remuer les Charbons dans les magasins à Montrelais. 543.

Rateler, *discombrer* au vieux bure. LE. 314.

Rauwache. G. Roc très-solide qui se trouve à la superficie, & qui est encrousté d'un tuf très-dur.

Rawhieu. Ouvrier dans Houillieres de Dalem, qui supplée au Maréchal. 369.

Rayetray. LE. Bâton ferré & crochu à son extrémité. 228. Deux especes à l'usage des Trairesses. 229.

Rayon. (Géométrie.) Demi-diametre d'un cercle ou d'une ligne tirée du centre à la circonférence. *Radius. Semi-diameter.* On l'appelle autrement *Sinus total.* Voyez *Sinus total. Inclinaison d'un Rayon*, ou *Angle d'inclinaison d'un Rayon*, angle que fait ce rayon.

Rayons. (Méchanique.) Bârons qui s'écartent d'un point central en forme de rayons, & qui sont en effet des demi-diametres d'un cercle. On donne le nom de rayons, *Scytalæ*, aux leviers adaptés au cylindre, sans quelquefois qu'il y ait de tambour. 915. Dans les rouages, lorsqu'on veut élever un poids par le moyen de plusieurs roues dentées, les rayons des roues doivent être pris pour les bras des leviers qui sont du côté de la puissance, & les rayons qui sont du côté du poids ou de la résistance. 926.

Rebord. Partie saillante dans un ouvrage. Il est nécessaire de ménager un rebord à l'alambic de la machine à vapeur, afin de recevoir la chaleur du feu, qui n'a besoin que d'être au même point convenable pour faire la liqueur dans une Brasserie.

Rebrocquer. LE. Voyez. *Brock.*

Recez, *Recès.* G. Reisch. *Recessus.* En Allemagne ce terme est employé pour désigner le Cahier des délibérations, qui se rassemblent toutes à la fin d'une assemblée avant de se retirer, & que l'on rédige par écrit; l'Acte qui les contient s'appelle *Recès* : c'est aussi la délibération même. 316, 317.

Recès de la Cour du Charbonnage, à Liege, du 15 Janvier 1687, qui regle plusieurs Articles concernant la visite des fosses de grand & petit athour. 375.

Recette (*Compte de*) *& de dépense.* La forme de cette partie d'administration politique & économique des Mines, du temps d'Agricola, est décrite au Livre XIV du Traité *De re metallica* de cet Auteur : le compte de la dépense se rendoit toutes les semaines par le Préfet des Mines, assisté du Président ou Maître, & des Jurés; celui de la recette de trois mois, quatre fois l'année.

Recette du Dixieme du Roi, dont, par les lettres de Henri II du 10 Octobre 1552, le S. Roberval, ses Entremetteurs ou ses Commis étoient chargés à leur foi & serment, sur leur registre & serment, sans autrement en être comptables : par l'Article VI de l'Edit de 1601, il devoit être dressé un Procès-verbal de cette recette du Dixieme & un autre du Contrôle, comme des Visites de Mines; un de ces Procès-verbaux devoit être envoyé au Conseil d'Etat, un autre étoit remis entre les mains du Receveur général. Voyez *Receveur général.* V. *Résidence.*

Receveur. Steward. *Contrôleur.* AN. OVERMAN, Compteur. Voy. *Compteur.* 395. *Receveur.* LE. *Maquilaire.* Voyez *Maquilaire.*

Receveurs ordinaires & généraux, chargés de la recette du droit de dixieme denier au profit du Roi : par Lettres-patentes de François I, du 29 de Juillet 1560, tenus de se trouver chacun sur les lieux à la premiere fonte, pour tenir registre du jour de cette opération; le Receveur général étoit obligé, par l'Art. IX de l'Edit de 1601, de donner caution par-devant les Trésoriers de France. Voyez *Trésoriers.* Par l'Article XV, le Receveur général devoit faire vérifier l'état du Contrôleur par le Grand-Maître. L'Art. XI de la même Ordonnance porte que ce qui aura été payé par le Receveur général ou ses Commis, sera passé & alloué en la dépense de ses comptes, & rabattu de la recette d'iceux, par-tout où il appartiendra. L'Arrêt du 14 Mai 1604, sur l'ordre & réglement que S. M. veut être gardé au fait des Mines & Minieres du Royaume, pourvoit à la rentrée du Dixieme, qui doit au préalable être payé & satisfait entre les mains du Receveur général, dans les cas où il s'agit de payer les Créanciers de quelque Associé ou Maître Entrepreneur.

Receveur des droits du Canal de Briare, résidant à Briare & à Montargis. 640, 641.

Receveurs des droits sur le Charbon de terre dans Paris. Voyez *Quittance.*

Rechange. (*Pieces de*) Comme tous les outils, ustensiles, ainsi que les machines dont on se sert pour les travaux de Mines, ont sans cesse besoin d'être réparés, il est indispensable d'être fourni de toutes sortes de pieces en état d'être substituées à celles qui se dégradent ou qui se brisent; de ce genre sont les cuirs, des pistons garnis, des clapets, des tuyaux aspirants, des tuyaux supérieurs, des barres, des tirants, & toutes sortes de ferrures; de cette maniere on remédie à l'instant à tous les dérangemens, & les ouvrages ne chomment point. V. *Réparations.*

Recharge. LE. *Avis*, (*prendre*) (*demander*) 317. Droits des Jurés du Charbonnage pour les recharges. *Idem.* Demi-Recharge. 317.

Recherche de Mines, permise par les lettres de François I, du 29 Juillet 1560, au Sieur Claude Grippon de Guillem, Seigneur de S. Julien, dans le Languedoc, avec défense à tous Gentilshommes de le troubler, sous peine de désobéissance & d'amende arbitraire; les obligations différentes de ceux qui s'occupoient de ces sortes de recherches & entreprises sont fixées par plusieurs Articles de l'Edit de 1601. Voyez *Réglement* ou *Permission.* Par l'Art. XX, les métaux provenants des Mines ne pouvoient être vendus sans la marque du Grand-Maître.

Recherche des Mines de Charbon de terre, 741, à l'aide de renseignements tirés des phénomenes de la surface, comparés avec l'économie naturelle de l'intérieur du terrein. 743. Recherche avec la tarriere, ou par le moyen de bures. 883. Recherche dans les endroits où on ne connoît point de Charbon de terre pratique de M. Triewald. 874.

Récipiangle. Mesure-Angle, *Fausse-Equerre*. Instrument de Géométrie souterraine, servant à prendre les directions & les mesures des travaux souterrains. On l'emploie sur-tout pour vérifier les opérations faites avec la boussole, à laquelle il peut suppléer; il faut seulement observer que, pour cet effet, on doit avoir soin de marquer les stations qu'on a faites avec la boussole, afin de placer le récipiangle aux mêmes endroits. 785.

Récipient, dans une machine à vapeur; la grandeur de cette partie doit être proportionnée à la grosseur du cylindre, afin d'avoir une quantité de vapeur suffisante pour le jeu de la machine; dans la machine à vapeur de Savery, le récipient est une espece de cylindre sans piston. 1054.

Récipient à air dans la machine d'Agricola. 962. Voyez *Machine à air*.

Record. (Jurisprudence.) Récit, témoignage, attestation d'un fait Le. Déclarations, attestations de Justice. 323, 324, 325, 327, 329, 348. Les Jurés du Charbonnage sont obligés d'en donner toutes les fois qu'ils en sont requis. 316. Leurs droits dans ces cas. *Idem*. Record de MM. les Echevins, en explication de la Paix de S. Jacques concernant le cas où entre deux endroits les Maîtres ont droit de prises; il y a une place où ils n'ont point ce droit. 321.

Recoupure. Pierçure. Le. 248.

Recousse. *Reméré*. Dans quelques Coutumes, on appelle ainsi le retrait lignager, & les rentes rachetables. Voyez *Reméré*.

Recouvrement du droit du Dixieme pour le Roi, paroît avoir été le principal & unique objet de la législation Françoise sur le fait des Mines; a en juger par les Articles VI, VII, VIII, IX, X, XI de l'Edit de 1601. Voy. *Maître des très-fonds*.

Recouvrement de ce qui est dû aux Fournisseurs d'une Société de Maîtres à Liege à un terme prescrit. 351.

Recta Vena. G. Stehender Gang. Veine qui continue toute sa marche ou son allure, sans se détourner, sans faire aucune tortuosité, telle que la Veine en *platteure*. *Recta descendens Vena*. Veine qui descend ou qui monte debout, ou d'à-plomb. Le. *Roisse*.

Rectangle. Parallélogramme dont les angles sont droits, & par conséquent égaux, comme l'est ordinairement l'ouverture des bures. 286.

Rectangle, (*Angle*) dont les deux côtés sont d'équerre. Les coudes ou courbures que forme une Veine métallique, en se détournant de l'heure de sa direction, V. *Filons*, sont quelquefois tels, qu'elle s'écarte de son heure presque, tout à fait ou en entier, en angle rectangle, ce qui s'exprime en disant que la *Veine a fait un crochet*.

Rectangle, (*Triangle*) qui a un angle droit ou égal à 90 degrés. Dans cette espece de triangle, le côté opposé à l'angle droit est nommé *Hypothénuse*. Ce sont ces sortes de triangles que l'on a le plus communément à résoudre dans la Géométrie souterraine: en connoissant l'hypothénuse & un des angles aigus, on parvient aisément à cette solution, au moyen d'une *Table des Sinus*. M. de Genssane en a inséré une dans sa Géométrie souterraine. V. *Table*. On y parvient encore par une méthode méchanique pratiquée par les Mineurs, comme étant plus courte & plus aisée, mais qui n'est pas de la derniere précision, elle s'exécute avec une regle servant d'échelle, divisée en deux ou trois cents parties parfaitement égales. V. *Regle*.

Rectiligne, (*Triangle*) formé par des lignes droites; leurs angles se mesurent par des portions d'arc connues, par leurs sinus & par des cordes qui sont moitié de leurs côtés.

Rector Machinæ. G. Hengsiker. *Gouverneur de la Machine*.

Rectus (*Puteus*.) Puits profondé en ligne perpendiculaire. (*Sinus*.) *Cathetus*. *Cathet*. V. *Sinus*.

Recuits. *Gresillons*. Lugd. braisons de Charbon de terre. 518, 854.

Redevance ordinaire des Maîtres & Possesseurs des Héritages dans la Coutume de Liege; cas où ils sont obligés de s'en contenter. 329. *Redevance de l'Arnier*. 331.

Rédiguer. Le.

Reddition de Prises. Voyez *Prises*.

Rediscombrer, *rateler* un vieux bure. Le. 331, 340.

Réduction. (*Quartier de*) V. *Quartier de réduction*.

Réduction des Bateaux de Charbon à S. Rambert. 586. *A Roane*. *Idem*.

Refendement, Le. pour le passage de l'air & des Ouvriers. 274. *Refendement de Serre*. Voyez *Serres*.

Refendues. (*Serres*) 252, 301.

Refonte de la litharge fraîche. Voyez *Litharge*.

Réformateur général, *Grand-Maître*, *Surintendant des Mines & Minieres de France*; Charge ou Office dont ont été revêtus le Sieur Jean-François de la Rocque, Chevalier, Seigneur de Roberval en 1548, avec pouvoir de s'associer telles personnes que bon lui sembleroit, étrangers ou non, & de toute qualité & condition.

Ensuite le Sieur Claude Grippon de Guillem, Ecuyer, Seigneur de Saint-Julien, d'abord Associé du Sieur de Roberval, en vertu de Lettres de permission du Roi, du dernier Avril 1556, confirmées par une Déclaration donnée à Compiegne en 1557, mis en possession définitive par Lettres du 29 Juillet 1560, vérifiées en Parlement.

Le Sieur Antoine Vidal, Seigneur de Bellesaignes, précédemment Receveur général des Finances à Rouen, par Lettres du 28 Septembre 1568, après la résignation du Sieur de Saint-Julien, confirmées par Lettres du 21 Octobre 1574.

Un Sieur de Beringhen, pour les Mines du Duché de Guyenne, antérieurement & dans le même temps que l'Edit de réglement général du mois de Juin 1601.

Antoine de Ruzé, Marquis d'Effiat, Chevalier des Ordres de S. M. Maréchal de France, par Lettres du dernier Décembre 1626, registrées l'année suivante dans les Parlements de Toulouse, de Bordeaux, de Provence.

Charles de la Porte, Marquis de la Meilleraye,

Chevalier des Ordres de S. M. Lieutenant général au Gouvernement de Bretagne, Capitaine général & Grand-Maître de l'Artillerie, aussi Grand-Maître, & Surintendant général des Mines & Minieres de France, vers l'année 1634.

Louis-Henry, Duc de Bourbon, Prince du Sang, par Lettres du 30 Août 1717.

Louis, Prince de Condé, son fils. Voyez *Grand-Maître. Gouverneur.* Voyez *Jurisdiction.* Voy. *Remboursement.*

Refuser le travail. **Le.** *Faire fêter,* ou *fêtoyer une fosse.* 348. Mutinerie des Ouvriers. *Idem.* V. *Bouter le Kauchet.* V. *Kauchetays.*

Regale (Jus) Metallorum. Droits particuliers sur les Mines d'or, levés par les Souverains, qu'ils nommoient χρυσάμμους, mis au nombre des droits qu'ils appelloient *Royaux.* Les Ordonnances de Charles IX de 1563 & de 1567 ne font mention que du Dixieme, & il n'y est pas question du Charbon de terre; par l'Art. II. de l'Edit de 1601; ce droit est restraint sur l'or & sur l'argent.

Régalien. (Droit) Par ce terme qui est le plus usité de tous, pour ce qui est du droit de Souveraineté en fait de Mines, on entend les droits du Seigneur d'un pays, sur les objets qui n'ont pu de leur nature être mis en la possession de ses sujets; ils ont été par cette raison attribués au bien public, & soumis à l'administration du Seigneur, comme lui tenant lieu de propres pour en faire usage suivant l'exigence des cas, par des dispositions relatives au bien public. Telle est la définition que M. Delius donne de ce droit.

Sur ce fondement les exploitations de Mines (voyez *Vectigale*), sont de droit Régalien, parce que la répartition de la propriété n'a pu se faire que relativement à l'agriculture & aux besoins de la vie; & ce qui est resté enfoui sous terre n'ayant dû faire partie de cette même répartition, on y a attaché des soins particuliers réservés au bien commun, ou à celui qui le dirige, comme Administrateur de l'Etat, pour en faire un usage qui tournât à l'avantage public.

Il résulte de là qu'il n'appartient qu'au Souverain d'un Pays d'exploiter les Mines d'or & d'argent, de faire monnoyer leur produit, pour le rendre propre à la circulation dans l'Etat, & de faire extraire des entrailles de la terre les métaux de moindre qualité pour le bien public.

Il paroît que tous les Etats policés se sont entendus sur la nécessité de ne pas laisser les Mines au pouvoir des sujets, dont le droit a été restraint à la superficie, & de réserver l'autre propriété à l'autorité souveraine; chez la plupart des peuples les loix sont positives à cet égard; en Hongrie ce droit Régalien exprimé d'une maniere précise & expresse dans l'Article I de l'Ordonnance des Mines par l'Empereur Maximilien, s'étend bien plus loin; car le Seigneur du pays est en droit de s'approprier les terres de la Noblesse dans lesquelles il se trouveroit du minerai; il est vrai qu'alors le Seigneur dédommage & donne d'autres terres.

De là, le droit du Souverain ou d'exploiter par lui-même, ou de donner à titre de Fief & de Bail ces Mines, moyennant une certaine redevance; ce qui comporte le droit de donner la permission d'exploiter & de se réserver quelque portion, comme la chose se pratique, mais uniquement pour s'assurer *cette redevance de Souveraineté*, qui est différente selon les pays: en Saxe, l'Electeur tire le dixieme de tout le métal que produisent les Mines; les neuf autres dixiemes sont partagés entre les Actionnaires, les frais de l'exploitation prélevés; voyez *Souveraineté*, où nous entrerons dans de nouveaux détails sur cet objet, comme pouvant être envisagé sous différents points de vue.

Régie, (Plan de) intimement lié avec le succès de l'exploitation: il est difficile à asseoir si l'on n'a pas d'abord pris la précaution de s'instruire de ce qui se pratique en plusieurs pays sur les différentes ou principales parties qui composent cette administration, & relativement au prix des journées. 835.

Régie (Nouvelle) des droits aliénés aux Communautés des Officiers sur les Ports, sous les ordres du Roi. Voyez *Suppression de ces Offices.*

Régions vers lesquelles les Charbons se répandent, 480; doivent être observées. 874. V. *Allure.*

Régistration. Enregistrement des Sentences; leur forme à Liege, 318; leur taxe. *Idem.*

Registre. Codex, comme si l'on disoit, *rerum gestarum tabula, descriptio*: Tout ce qui se pratiquoit autrefois relativement à cette partie de l'administration des Mines, se trouve décrit dans le Livre IV du Traité d'Agricola, *de Re metallicâ*; cet Auteur y détaille ce que comportoient les différents registres de Mines, dont voici les principaux.

Registre du Greffier des Mines, sur lequel ce Préposé enregistroit chaque Mine; il avoit un registre des nouvelles, & un registre des anciennes, dont on reprenoit les travaux.

Registre du Greffier des Intéressés, sur lequel étoient inscrits les Maîtres de chaque Mine qui lui ont été indiqués par celui qui a le premier découvert la Mine; remet les nouveaux Actionnaires à la place de ceux qui avoient vendu leur action.

Registre du Préfet des Mines.

Registre du Receveur du Dixieme.

Registres de Mines dans l'ancienne législation Françoise.

Registre du Contrôleur général des Mines. Par l'Art. XIX de l'Edit de Réglement général du mois de Juin 1601; cet Officier du Grand-Maître ou ses Commis, pour prévenir tous abus, étoient obligés de tenir bon & fidele registre des noms, lieux & pays, de la naissance & demeure de chaque Employé, quel qu'il fût, des gages, journées & arrivée des Ouvriers, des jours & journées qu'ils travailleront, de paiements qui leur seront faits, lesquels doivent être exactement de jour en jour, de semaine en semaine, de mois en mois, d'an en an: ensemble tous les marchés, achats, acquisitions quelconques, ainsi que de tout ce qui provient de la Mine. On y enregistroit aussi l'Action de chaque Intéressé dans l'affaire. Voy. au mot *intérêt de Mine.* Modele d'Action. 1439.

Registre du Greffe des Mines. Par l'Arrêt du 14 Mai 1604, tous Contractants avec S. M. & travaillants aux Mines, sont tenus d'y déclarer & faire registrer les noms de leurs Associés, & pour quelle part chacun est entré, sans que les uns ni les autres puissent vendre ni changer lesdites parts, sans en avoir préalablement averti le Grand-Maître ou ses Lieutenants, & fait enregistrer leurs ventes ou échanges au Greffe, afin d'y avoir recours au besoin.

Registre des Actionnaires, devoit être tenu par

Regiſtre-Journal de l'Inſpecteur. Par l'Arrêt du Conſeil du 26 Avril 1727, portant Commiſſion d'Inſpecteur dans les Mines des Pyrenées, en faveur du Sieur François Morel, il devoit y avoir un Regiſtre-Journal duement coté & paraphé de l'exploitation de toutes les matieres qui ſe tireront deſdites Mines, diſtinguées par leurs qualités, & tous regiſtres particuliers néceſſaires pour faciliter la connoiſſance du produit de ces Mines, & de l'emploi des matieres.

Regiſtre (Droit de) & de Contrôle pour le Canal de Briare. 659.

Regiſtres des Compagnons du métier de Houilleur à Liege, où ſont inſcrits par le Greffier du métier tous ceux qui veulent voter ſur les affaires de Houilleries, ſur les élections des Offices, &c. 543.

Regiſtre du premier prix, & du rabais dans la vente de Charbon à Paris, tenu par les Officiers-Meſureurs, pour y avoir recours au beſoin. 679.

Regiſtre, Gueulard. MÉTALLURGIE. 1186. Voy. *Gueulard.*

Regle. Inſtrument le plus en uſage dans tous les Arts méchaniques, diviſé en un nombre de parties égales, & ſervant d'échelle, pour dreſſer des plans, &c. *Equerre. Norma.*

Celle dont ſe ſert M. de Genſſane eſt de cuivre & pliante, pour la commodité du tranſport, & ſes parties aliquotes ſont diviſées en pouces & en lignes, auxquelles il donne la valeur fictice qu'il veut, ſuivant l'étendue des ouvrages. Dans la ſolution du Problême IX, *niveler un terrein quelconque*, il emploie deux regles de même longueur & de différente eſpece; l'une *fixe*, ayant 8 à 10 pieds de longueur, & diviſée ſeulement par pieds, dont les Numéros de diviſions ſe comptent de bas en haut; l'autre *mobile*, diviſée par pieds, pouces & lignes dont les numéros ſe comptent de haut en bas, parce qu'alors ſi l'on veut ſavoir la hauteur du niveau, il n'y a qu'à joindre la ſomme des deux nombres. La premiere regle, c'eſt-à-dire la regle fixe, eſt évidée ſur toute ſa longueut, & on place dans cette échancrure la regle mobile, que l'on fait hauſſer ou baiſſer le long de la rainure, & qui eſt percée d'une petite fente ſur toute ſa longueur, excepté à chaque extrémité dans une longueur de trois pouces; cette fente ſert de couliſſe à un bouton de cuivre, ſur lequel eſt ſoudée une petite plaque de fer blanc quarrée, dont le bord ſupérieur ſe place toujours ſoigneuſement ſur une diviſion de pied; cette plaque peinte en-dehors, afin de ſervir de point de mire, eſt placée en la faiſant jouer le long de la fente plus ou moins haut, ſuivant la pente du terrein que l'on ſe propoſe de niveller. De cette maniere on peut prendre une hauteur de quinze à dix-huit pieds à chaque ſtation, ou à chaque coup de niveau, parce qu'on ſouleve la regle mobile avec la pointe d'un bâton, quand on ne peut plus y atteindre avec la main, ce qui eſt très-commode dans les terreins rapides.

On peut mettre au nombre des regles mobiles en général, l'index qui part du centre d'un inſtrument aſtronomique ou géométrique, pour, en parcourant tout le limbe, montrer les degrés qui marquent les angles par leſquels on détermine les diſtances, les hauteurs, &c. C'eſt cette piece appellée *Alilade*, *Alidade*, qui porte deux pinnules élevées perpendiculairement à chaque extrémité. Voyez *Alilade.*

Regle ou *Echelle logarithmique.* 792. Uſage de cet inſtrument. 809. Voyez *Echelle.*

Regle de Niveau. 514.

Regles d'Arithmétique. On donne ce nom à certaines manieres de calculer, ſur leſquelles eſt fondée l'Arithmétique, pour parvenir à la réſolution des triangles rectilignes; il eſt inévitable d'être inſtruit de ces regles, particuliérement de la regle de Trois, par laquelle on trouve à trois nombres donnés un quatrieme nombre proportionel.

Regle de Trois ou *de proportion*, appellée auſſi en arithmétique *Regle d'Or*, *Regle de Compagnie*, *Regle d'alliage*, *Regle de fauſſe poſition.* On appelle ainſi la Regle générale contenue dans la ſolution du Problême: *Trouver un des quatre termes d'une proportion dont on ne n'en connoît que trois;* & d'où l'on tire après l'avoir réſous cette Regle *générale: Un terme quelconque d'une proportion eſt égal au produit des extrêmes diviſé par un des moyens, ou au produit des moyens diviſés par un des extrêmes.*

Dans la pratique de la Regle de Trois on a attention à prendre garde ſi les termes donnés ſont en raiſon directe ou en raiſon réciproque avec le terme inconnu, ce que l'on connoît par l'état de la queſtion, & ce qui donne dans le premier cas la Regle de Trois, nommée *Regle de Trois directe*, qui ſert à trouver les termes inconnus de pluſieurs proportions.

Il eſt des queſtions compoſées, dont les ſolutions nommées *Regles de Compagnies*, & par leſquelles il n'eſt pas beſoin d'autre regle, que de les diſtinguer en pluſieurs proportions, dont on trouvera les termes inconnus par la Regle de Trois *directe*, dans laquelle les deux derniers termes homogenes ſont entre eux comme les deux premiers. Voyez *Profondeur des puits, relative à l'enfoncement d'une Veine.*

Réglements, Droits, Loix, Ordonnances des Mines. G. Bergrecht. Bergordnung. Collection à faire des différentes Conſtitutions établies dans les pays où les travaux de Mines ſont en vigueur. 828. Voyez *Code civil, politique & économique ſur les Mines.*

Réglement général en matiere de Houillerie pour la province de Limbourg. 727.

Réglements en vigueur dans le pays de Liege ſur le fait de Houillerie. 314. Obvient à la fréquence des procès, & ont l'avantage de bannir de ces conteſtations les lenteurs que l'avarice & la mauvaiſe foi cherchent toujours à appeller à leur ſecours. 314. Principaux points & articles qui compoſent le fonds des Réglements obſervés à Liege. 830.

Réglement (Edit de) général en France ſur le fait des Mines & Minieres du Royaume, & création d'un Grand-Maître, Superintendant & général Réformateur, un Lieutenant, un Contrôleur & un Receveur général; enſemble un Greffier aux gages, taxations, privileges & exemptions portées en icelui; régiſtré en Parlement le dernier Juillet, & à la Chambre des Comptes le treizieme Août mil ſix cent trois. 612. Cet Edit de réglement, compoſé de 27 Articles, dont nous avons porté les principaux ſous différentes Lettres, a été *enregiſtré du très-exprès commandement du Roi, réitéré par pluſieurs Lettres de Juſſion, ſans que le Grand-Maître & ſon Lieutenan*

à la claie. 1340. Son étendue. *Idem*. Sa clôture.

Déchet provenant du remuage du Charbon de terre mis en hochets ou pelotes, , à considérer, dans le cas où il s'agiroit de transporter ces briques ou pelotes dans des charrettes, 1354, dont le mouvement & le cahotage ne laisse pas que d'en détacher une quantité en menu poussier, *Idem*, qui devient un bénéfice pour les magasins en entrepôts de vente. 1355.

Renchérissement de la marchandise par Monopole. Réglement du Prince Théodore à Liege, pour empêcher cette malversation. 352. V. *Monopole*.

Rencontre. (*Fers de*) Stroffeifen.

Rendage. (Jurisprudence), se dit de ce que l'on rend quelque chose au Seigneur, au Maître, le profit qu'il en retire; *Rendage* se prend aussi pour la ferme, le profit & revenu qu'on retire d'un héritage; dans la Coutume de Liege les rentes créées par *rendage* sont les rentes foncieres, reversées lors de l'aliénation du fonds. En Houillerie on nomme *rendage de prises*, l'acquisition du Domaine utile de Mines de Charbon; ce terrein, en vertu de cette acquisition, peut être travaillé par autant de bures où l'Acquéreur juge nécessaire d'approfondir dans l'étendue des prises ou mines cédées, & il ne peut pas être dépouillé de ce droit, sans être dessaisi par l'autorité du Juge dans la forme prescrite. Mais cette espece de décret du Juge, que l'on nomme *semonce*, *saisine*, ne peut avoir lieu que lorsque la Société ou Compagnie des Maîtres des fosses Entrepreneurs, est en défaut de travailler, par exemple, lors d'une cession de travail pendant six semaines, à moins qu'il n'y ait des causes légitimes de suspension, comme le manque d'air, l'abondance d'eau ou la guerre.

Rendeur. Terrageur. LE. Propriétaire du fonds, qui peut être en même temps, *Hurtier*, c'est-à-dire, Propriétaire de la surface. Voyez *Hurtier*. Voyez *Terrageur*.

Renettoyeux. Rinetieux. LE. Outil qu'il se substitue au fer de Mine. 221.

Reniflante (*Soupape*) ou *d'injection*. Voyez *Soupape*.

Renouvellement d'air. Voyez *Changement d'air*.

Renseignement & Ordonnance des Voirs-Jurés du Charbonnage à Liege, sur des points relatifs aux Areines. 328. Voyez *Enseignement de Justice*.

Repaire, (Terme d'Artisan) marque que ls Ouvriers font sur les pieces d'un ouvage qui se démonte ou se rassemble, afin de les remettre chacune à leur place quand il en est besoin. Ce qui fait le même effet en écriture, *Notæ*; en ce sens, Repaire vient du mot Latin *reperire*, parce que ces marques servent à retrouver, à reconnoître l'endroit où chaque piece doit être replacée. Repaire, en Architecture, est une marque qui se fait sur un mur, pour donner un alignement & arrêter une mesure de certaine distance, ou pour marquer les traits de niveau sur un jallon ou sur un endroit fixe; ainsi, dans les travaux de Mines, toute espece de marque, même linéaire, pour reconnoître l'ouvrage où on en étoit resté lorsqu'on l'a repris, est quelquefois nommé *Repaire*, *Repere*.

Réparations. Y veiller continuellement, pour obvier aux grandes dégradations; ne point les différer lorsqu'elles sont peu de chose. V. *Rechanges*.

Réparations des dommages. LE. *Remettre l'héritage en son pristine gazon.* 322. Les Echevins de Liege sont Juges lorsque les Experts ne sont point d'accord entr'eux sur l'estimation des dommages faits à l'Hurtier. 326.

Répartition. V. *Hercifcere*. Voy. *Part d'Actionnaire*. Voy. *Intérêt de Mine*. 1439.

Repasseur d'Airage. Waxhieux. V. *Part*. 211.

Reperes. (*Lignes de*) Voy. *Repaire*.

Repos. Chargeage. Voyez *Chargeage*. Défendu. V. *Repaire*. aux Hiercheux de se reposer tous à la fois. 348.

Repos. Fourneau. Chambray. 373.

Représentations patibulaires, *Carcans*, *Estrapades*, par l'Arrêt du Conseil du 14 Mai 1604, sur l'ordre & réglement que S. M. veut être gardé au fait des Mines & Minieres de son Royaume; il doit y avoir dans les endroits où travaillent les Ouvriers, de ces représentations pour la punition, au jugement du Grand-Maître & Superintendant général des Mines, ou de ses Lieutenants, auxquels la connoissance des délits doit appartenir en premiere instance. V. *Justice*.

Reproduction de la Houille dans les anciens souterrains de Mines. Alléguation de M. Genneté sur ce point, plus que douteuse. 929. Ce qui a pu se rencontrer dans de vieux ouvrages, & être regardé par les Ouvriers de Mines comme houille ou minerai de nouvelle formation, est bien plus vraisemblablement quelque portion ancienne laissée ou oubliée lorsqu'on en a quitté les travaux, ou quelqu'éboulement de masse de Charbon qui occupoit le ciel des galeries, & qui y étoit ignorée, qui s'est ensuite retrouvé lorsqu'on est venu travailler dans des temps postérieurs.

Reservoir d'air. (Hydraul.) Tambour creux, ménagé dans le tuyau montant d'une pompe foulante. Sa construction, son usage. 1013.

Réservoir ou *fontaine* dans les Mines du Bourbonnois, servant de Bougnou. 579.

Réservoir. (*Puits de*) SU. Wattu Dunt Skakt.

Résidence (Obligation à) de toute espece d'Officiers en général, dans le lieu où se fait l'exercice de leur Office; on l'emploie du moins lorsqu'il exige un service continuel ou assidu. Par l'Ordonnance du Roi Charles VI, du 30 Mai 1413, il est enjoint aux Marchands, Maîtres faisant l'œuvre, & aux Ouvriers de Mines de faire leur résidence sur les lieux du Martinet & des Mines; semblable injonction par l'Ordonnance du Roi Henri II, du 10 Octobre 1552, aux Officiers, Commis & Députés à la recette du Dixieme.

Résidu du Charbon de terre après son ignition à l'air libre, 1260. 1188, de différentes especes. 1156. Indique trois especes générales de Houille. 1156. Les Charbons d'ardoises donnent beaucoup de machefer. 1157. Voyez *Machefer*. Résidu de l'ignition de quelques Charbons de terre de S. Etienne, ou *Escarbilles* semblables dans quelques-uns à une vraie ponce; dans d'autres, au tripoli. 586. *Résidu cendreux*. 1261. Paitri avec de l'eau, donne un chauffage 1262. V. *Cendres*. Sa quantité évaluée sur une quantité donnée de Charbon. 1355. ne contient point de substance saline.

Résine. Poix. Matiere visqueuse qui coule spontanément ou par incision de plusieurs especes d'arbres appellés par cette raison *résineux*; tels que les pins, thérébinthes & autres, dont la résine liquide qui est le pissaleon, est souvent appellée du même nom *thérébenthine*, par rapport à sa ressemblance, & l'autre plus grossiere, séchée & épaissie au feu ou au soleil, souvent mélangée & distinguée alors par les noms de *poix*.

réfine, colophone, *poix noire*, poix de Bourgogne.
Une des parties conftituantes, inflammables des
Charbons de terre eft une forte de réfine. Voy.
Poix minérale.

Réfineux. Arbres qui fourniffent de la réfine,
appellés en Allemand *Bois à aiguille.*

Réfinifié. Efpece de régénération continuelle de
cette réfine dans les cendres du feu de Charbon de
terre, qui s'en engraiffent fans ceffe. (*Mém.* 3.)

Réfinifiée. (*Suie*) ou bitumineufe. (*Mém.* 2.)
Voyez *Suie.*

Réfiftance. Poids ou obftacle à vaincre. 911.
Se dit en général d'une force ou d'une puiffance
qui agit contre une autre, de forte qu'elle détruit ou diminue fon effet. Voyez *Puiffance.* Il y
a deux fortes de réfiftances, lefquelles dépendent
des différentes propriétés des corps fluides ou folides réfiftants; & ces réfiftances font réglées par
différentes loix. Voyez *Puiffance.* Voyez *Rapport.*

Réfiftance des cordes. Conféquences qui fe dé-
duifent de la réfiftance des cordes. 920. Réfiftance d'une corde d'un pouce de diametre. 1109.

Réfolution. (Jurifprudence.) Signifie quelquefois
décifion d'une queftion, quelquefois la délibération prife par une Compagnie. *Réfolutions de la
Cour du Charbonnage à Liege,* fur différents points
de Houillerie. V. *Records.*

Réfolutions & Placards. (Commerce.) On appelle ainfi en Hollande les Ordonnances des Etats
généraux des Provinces-Unies, foit pour la police, foit pour la politique, foit enfin pour le
commerce. Quelques-uns mettent une différence
entre réfolution & placards, regardant la réfolution comme l'Ordonnance même, & le placard
comme l'affiche expofée en public pour promul-
guer des Réglements. Voyez *Placards.*

Réfolution, plus communément *Solution.* (Mathématiques.) Enumération des chofes qu'il faut
faire pour obtenir ce que l'on demande dans un
problème. Voyez *Problème. Réfolution algébrique* de
deux efpeces; une qui s'exerce fur les *Problêmes numériques,* une fur les *Problêmes géométriques. Réfolution des nombres trouvés dans la mefure
des fouterrains,* ou l'art de chercher par le
moyen des hypothénufes & des angles donnés,
les perpendiculaires & les bafes, & de les expofer
avec leurs angles fur leurs tables. Voyez *Hypothénufes.* Voyez *Tables. Réfolution d'un triangle,*
réfoudre un triangle, c'eft chercher la valeur des
parties dont le triangle eft compofé, c'eft-à-dire,
de fes angles & de fes côtés.

Refponfable. Ouvrier faifant fétoyer les foffes,
fans raifon valable, eft refponfable du dommage
qui en réfulte. 347, 348.

Reffaigner, Saigner une Areine. LE. 351.

Reffaifir ou dépoffeder les Maîtres dans leurs
prifes. LE. 320, 331.

Reffaifer au jour. LE. 332.

Reffort. (Phyfique.) Effort que font certains
corps pour fe rétablir dans leur état naturel,
après qu'on les en a tiré avec violence, foit en
les comprimant, foit en les étendant; c'eft auffi
ce qu'on nomme *force élaftique* ou *élafticité.* Voy.
Elafticité. Cette qualité dans l'air, ainfi que fa
pefanteur, influent confidérablement fur l'action
des machines hydrauliques. 1020. *Reffort* fe dit
quelquefois & affez fouvent du corps même doué
de cette élafticité; de là il s'emploie plus ordinairement dans les Arts pour fignifier toute piece
élaftique employée dans un grand nombre de
différentes machines, pour réagir fur une piece,

& la faire mouvoir par l'effet qu'il fait pour fe
détendre; pour cela une des extrémités du reffort s'appuie ordinairement fur la piece à faire
mouvoir, & l'autre eft fixement attachée à quelque partie de la machine. Ces refforts font quelquefois de laiton très-écroui, mais communément
ils font de fer forgé ou d'acier trempé, & un
peu revenu ou recuit, afin qu'ils ne caffent point.
Dans la machine à vapeurs, on voit plufieurs pieces de ce genre, comme le reffort deftiné à
preffer le régulateur contre l'orifice du collet.
Un autre contre lequel le bouton du régulateur
s'appuie en allant en avant, lorfqu'il fe ferme.

Reffources que l'art a fu tirer du feu, & de
l'expanfibilité de l'air, pour vaincre la nature
dans quelques opérations de Mines. Voyez *Machines à vapeur.*

Reftaper dans la taille; ce que l'on entend par cette expreffion dans les Houillieres d'Anjou. 561.

Reftapler. LE. Etayer une ftappe avec une autre.
291. Voyez *Muray.* V. *Stappe.* V. *Riftapleur.*

Reftitution des denrées à Liege, infligée avec
une amende, par Réglement du Prince Théodore,
aux Ouvriers de foffes qui en portant des Houilles aux paires, en détournent quelque partie. 352.

Rétablis (Droits) 675.

Rétabliffements des Offices fur les Ports en diffé-
rents temps, notamment par Edits de Janvier &
Juin 1727 & 1730. Voyez *Rembourfement.* Voy.
Suppreffion.

Retardement d'ouvertures & de travail de Mines:
par l'Arrêt du 14 Mai 1064, toute perfonne
qui a contracté & pris réglemens du Grand-Maître, eft tenue, un mois après le contrat de fe
mettre à l'ouvrage, fous peine d'etre dépoffédée,
à moins que lefdits Entrepreneurs n'ayent une excufe raifonnable & fuffifante; font de même dé-
poffédés, ainfi que tous Employés en faute dans
le cas d'interruption de travail par négligence, ou
autre motif dont ils ne puiffent donner excufe légitime.

Retenue des eaux par le carihou. 287. Par le
Cuvellement. 276. 287. 479. Obfervation fur cette
force. 297.

Retour de la vapeur inflammable ou de l'air.
Voyez *Vapeur.*

Retourner le Vent. 251, 259.

Retrailles. Déchet. Rognures. 1163.

Retrait. (Droit de) V. *Droit.*

Retrécie. (Veine) G. STEINDURE. Veine étranglée par quelque kroufte ou koumaille.

Rétributions des Officiers de Houillerie à Liege.
342. *Des Metteurs-à-Ports* dans Paris. Voyez
Metteurs-à-Ports.

Retroffeux. (Houillieres de Dalem) Ouvriers
des paires. 369.

Retrouver la Veine étranglée ou coupée par un
filon croifé ou divifé dans la couverture ou dans
le chevet. De ces différents cas, le plus difficile
eft celui où la veine fe trouve étranglée au point
qu'elle ne s'apperçoit plus du tout. M. Delius
confeille alors de fuivre la recherche dans l'heure
de la direction, & la veine fe retrouve le plus
fouvent dans la premiere puiffance, après avoir
traverfé la partie du roc qui la coupoit; mais
quand cela n'arrive pas dans la diftance de quelques toifes, il faut chercher la veine par des galeries de traverfe. M. Delius emploie la fin du
quatrieme Chapitre à difcuter toutes les différentes manieres dont les veines peuvent fe perdre & fe retrouver.

L'accident le plus fréquent, est l'étranglement, c'est-à-dire, que la couverture & le chevet se rapprochant, se réunissant, détruit absolument dans cette partie la veine, qui alors est perdue jusqu'à une certaine distance; mais rien n'est plus facile, selon M. Delius, à retrouver, en poursuivant les extrémités des allongements, ou les approfondissements dans l'intervalle des deux especes de rocs, jusqu'à ce qu'ils commencent à se rétablir dans leur premiere forme. Voyez *Pourchassè des ouvrages quand les veines sont interrompues.* 309, & *suiv.*

Revelet. Rifvelaine. Le. Outil de fer employé par les *Xhaveurs.* 223.

Réverbération. (Physique.) 1147.

Reverbéré (Feu) par le Forgeron dans sa manœuvre. 1147. Propriété ou effet de ce feu. *Idem.*

Revêtissement des puits de Mines, différent selon différentes circonstances. 245. En Maçonnerie, en partie ou en totalité. 245, 248. En brique, *Idem;* quelquefois à chaux, d'autre fois sans chaux ou à sec, selon que les endroits sont humides; en fascines, appellées *Roissès*, pour les fosses de petit Athour. *Id.* En gros bois, pour les fosses de grand Athour. *Id.* comme il se pratique dans les Mines de Newcastle. 892. Revêtissement des puits quarrés, & quarrés longs, fixés par l'Article IV de l'Arrêt du Conseil portant Réglement pour l'exploitation des Mines de Houille, du 14 Janvier 1744.

Révocation générale (portée par l'Art. XII de l'Edit de Réglement général de 1601) de toutes provisions, commissions & dons des Offices faits antérieurement à cet Edit, à l'exception néanmoins, spécialement, des Commissions données par un Sieur de Beringhen.

Révolutions, ou basses de veines, de couches. Voyez *Saut.*

Revillon. Coupure. Rayon. Le. 247, 248.

Reuillon, dans les Mines de Decize, petit puits à-plomb, établi à côté du bure d'extraction, & moins large que ce bure. 576.

Rexhaver une fosse. Le. Travailler de nouveau une fosse qui avoit été abandonnée, & à laquelle on donne alors plus d'étendue qu'elle n'en avoit. 314.

Richon-fontaine, (*Areine de*) l'un des quatre conduits de décharge privilégiés dans la Cité de Liege. 317.

Ridge. An. Faille, nature de ce roc qui fait varier l'allure des Veines. 383, 401.

Riegel. G. Petites montagnes longues par les côtés, & qui tiennent à de grandes montagnes.

Rifvelaine. Voyez *Revelet.*

Rigole. Coupure pour les eaux. *Aquarius sulcus.*

Rihoppement de Veines, produit par une faille, dans une Mine de Charbon, à Bishop Sutton près Stowi en Sommertshire. 100. Rihoppement en saut de mouton. 309.

Rilegatura. (Ital.) Fente remplie de quartz ou de spath. On entend aussi quelquefois par cette expression une veine métallique.

Rinitieux. Renettoyeux. Le. 221.

Ring. (*Eiserner*) G. *Circulus ferreus.* Anneau.

Ringard. Barre de fer ronde, plate par un bout en forme de lance; elle est destinée, suivant sa longueur & sa grosseur, aux différents ouvrages d'une forge.

Rinsage des bateaux. Versage des marchandises d'un bateau dans un autre, ou de trois bateaux en deux seulement. 581, 586, 593. Abus qui se commet dans ce rinsage. 582, 586.

Ripasseur. Le. Ouvrier de Mine, qui succede dans le travail au Boisseur. 210. Autres fonctions de ces Ouvriers. 291.

Ristapleur. Le. Ouvrier qui succede dans le travail au Ripasseur. 211. Son Office. *Idem.*

Ristay. Rastau. Le. Rateau tout en fer, à l'usage des Hiercheux & des Stanseurs. 223.

Riviere navigable. Considération générale sur cet objet, dans les spéculations de Mines, pour la facilité du débouché. 863.

Riviere donnant matiere à quelque probléme de Géométrie souterraine; tel, par exemple, que celui de l'ouvrage de M. de Genssane. N°. XVI. *Un point étant donné dans un vallon, déterminer, s'il est possible, d'y amener une riviere qui en est séparée par une montagne, & le nombre de toises de percement qu'il y auroit à faire.*

Riviere, (*Droit de*) ou *de contribution* à Paris. Voyez *Droit.*

Rixhdaler. Monnoie étrangere valant 2 liv. 10 sols.

Robinet, ou clef de tuyaux par lesquels se déchargent les eaux dans différentes opérations de Mines, appellé à Liege *Cranon.* Robinets multipliés dans la machine à vapeur, & distingués par le nom de la fonction du tuyau, 1096, comme Robinet d'injection. 1093, 1096, &c.

Roc de Montagne. Roche. Un champ négligé dans la pratique de l'exploitation des Mines, & dans lequel M. Delius a perfectionné les connoissances; c'est ce roc des montagnes, dans lequel les veines & filons ont ordinairement leur marche & leur direction. Jusques à présent on ne s'est point mis en peine d'en déterminer la nature par l'examen & l'analyse chymique; les pierres de veines, les pierres de gangue, comme quartz, spath ont seules fixé les vues des Physiciens Minéralogistes, qui les ont regardées comme matrice des métaux; les Chymistes seuls se sont exercés sur ces pierres uniquement par rapport aux opérations métallurgiques. Selon M. Delius, ce roc des montagnes est la vraie matrice métallique. Voyez *Matrice métallique.* Cet Auteur ne s'est pas moins attaché aux pierres qui se trouvent dans les veines, filons & amas, mêlées avec du minerai, ou sans minerai, & qui sont différentes du roc formant la masse de la montagne, ainsi que sur les différents changements qui se rencontrent dans le roc de la couverture & du chevet des veines, & qui déroutent fréquemment les Mineurs. M. Delius insiste fort sur l'importance dont il est pour les Mineurs, de bien observer & connoître les rochers dans lesquels les veines & filons ont ordinairement leurs marches ou directions; ce Savant en distingue cinq especes, les roches-ardoises, les roches sablonneuses, les roches cornées, les roches calcaires & les roches mixtes.

Roc argilleux. 589.

Roc. Roche entiere qui est pleine dans toutes ses parties, qui est sans ouvertures, & qui est par-tout de même nature.

Roc à gros bancs. Roc dont les feuilles sont grosses.

Roc boisé. Roc dont les feuilles sont petites.

Roc confus, dont les feuilles n'ont pas de bancs réglés, mais dispersés au hasard.

Roc fêlé. Roche fendue: qui n'est pas entiérement lié par les fentes, mais qui a quelques vuides, ou qui eſt rempli d'une eſpece de terre molle; dans ce dernier cas, ce roc ſe nomme *Roc plein de filons pourris.*

Roc feuilleté, dont les bancs ſont compoſés.

Roc à filon ſavonneux, c'eſt-à-dire, rempli de matiere ſavonneuſe.

Roc ou *Grès*. *Roc machuré*. 578. Rocher gris. Granite blanc. 596. Griſâtre, très-dur. 588.

Roc noir ardoiſé, brouillé. 596.

Roc pourri, dont les bancs ſont déſunis, & dont les intervalles ne ſont occupés que par des matieres molles, ſavonneuſes, ou des filons pourris. *Roc de quartier*, ſervant de toît à la grande Mine. 596.

Roc ſolide. Roc entier. Roche dans laquelle on ne reconnoît ni banc, ni couche.

Roc à trouer. Mines métalliques. Couche d'ardoiſe pauvre, placée dans le toît, au-deſſus de la couche du minerai, & ſur laquelle on prend quelquefois la hauteur que l'on veut donner aux gradins.

Roc (*Pic de*) 413.

Roche. (*Montagnes de la vieille*) Voyez *Montagnes*.

Roches. On appelle ainſi des pierres compoſées de caillou, de ſpath, de mica, & quelquefois même d'autres pierres.

Roche cornée. Su. Graeberg. Pierre que l'on confond ſouvent avec le granit, le ſchiſte corné, le geſtell-ſtein : ſes parties eſſentielles, ſelon les remarques de M. le Baron de Dietrich, dans ſes notes ſur les Lettres de M. Ferber, ſont du quartz, dans lequel il y a des taches ou des raies groſſieres de mica, ſéparées les unes des autres; mais lorſque ces raies de mica ſont très-rapprochées, & que par là cette roche devient ſchiſteuſe ou feuilletée, l'uſage auquel on l'emploie pour les foyers lui fait donner le nom *Geſtell-Stein*, ſans pouvoir néanmoins appliquer cette même dénomination à la roche cornée, employée au même uſage, au défaut du vrai Geſtell-Stein.

Roche de Corne. Argille endurcie qui fait la liſiere de quelques filons; on déſigne auſſi quelquefois par ce nom des cailloux ou pétro-ſilex. Voyez *Petro-ſilex*.

Roche. (*Fer de*) Voyez *Fer*.

Roche-la-Moliere en Forez, où eſt la Mine de Charbon appellée *Mine Sainte-Françoiſe*, dont le Charbon ſe vend à Paris, ſous le nom de *Mine Royale*. 586. Nature & qualité de ce Charbon. *Idem*. Par arrêt du Conſeil du 27 Septembre 1747, il étoit permis aux Entrepreneurs de la Verrerie de Seve de tirer de cette Mine la quantité de Charbon néceſſaire pour l'exploitation de ladite Verrerie. 675.

Roche. (Territoire d'Auzat en Auvergne): expérience pyrique ſur le Charbon de cette Mine. 596. Au dire des Marchands, il eſt d'une qualité très-inférieure à celui des autres Mines du même Canton, & ne peut être employé dans la conſommation de Paris.

Roche faiſant Carpe. 589.

Rocher, ou *terre verte*. *Tourteau*. Terre compacte dans les Houillieres du Hainaut. 462, 480.

Rocher calcaire, ou *ſpatheux*, ou *calcinable*, très-commun dans une partie du pays de Liege, appellé, par les Ouvriers de Mines de Fer, *Pays blanc*.

Rochers Quartzeux, très-volumineux, arrangés en lames paralleles, variés d'ailleurs, & entremêlés dans toutes les autres circonſtances de couches de pierres, de grès ou ſablonneuſes, de ſchiſtes noirâtres, de pyrites & de houilles. Ces rochers d'une ſubſtance vitrifiable & inattaquable par les acides, forment la maſſe générale des montagnes & des vallées du côté de Franchimont au pays de Liege, & ſont d'une matiere analogue à l'argille; les plus tendres ſe réduiſent même en argille avec le temps. Tous les rochers du pays, tant les calcaires que les quartzeux, à l'exception de quelques portions ſuperficielles renverſées accidentellement, y ſont dans un ordre très-régulier, ſelon l'obſervation de M. de Limbourg le jeune, & ils y gardent une ſituation aſſez conſtante; le bord ſupérieur de leurs lames ſe dirigeant en longueur de l'Eſt à l'Oueſt, & leur plan étant à peu-près perpendiculaire à l'horiſon, comme ſi ce n'étoit qu'une ſeule & même maſſe très-étendue au loin dans le pays, & très-enfoncée en terre.

Rocher ſchiſteux, dit par le même Auteur, rocher de matiere vitrifiable, formant une partie du Pays belgique, qualifié par les Ouvriers de Mines de fer, *Pays noir*.

Roches qui accompagnent les Veines de Charbon dans le pays de Liege. V. *premiere Partie*. M. de Limbourg le jeune obſerve dans un Mémoire préſenté à l'Académie de Bruxelles, que les rochers à Houille de ce pays ſont à la proximité des rochers calcaires, qu'ils ſont compoſés de lames paralleles entr'elles. *Roches qui accompagnent les Veines de Charbon* dans le *Forez*. 583. En *Auvergne*. 588. En *Bourbonnois*. 578. Dans le Comté de *Durham*. 382. De *Tipton*. 380. Dans la Mine de *Wettin* en Saxe. 447. Dans les Mines du *pays Montois*. 457. Du *Hainaut François*. 462. Du *Lyonnois*. 506. D'*Anjou*. 547.

Rochers. (*Forage des*) en Angleterre. Marché avec celui qui l'entreprend. 397.

Rock Sande. An. Roc ſablonneux.

Roed Brecht. Su. Fer caſſant à chaud.

Roh-Smalzen. G. Premiere fonte, ou fonte à dégroſſir.

Roh-Stein. (Métallurgie.) Matiere impure & mélangée, qui s'obtient dans la fonte après le Roh-Smalzen.

Roignons. 375. Voyez *Mines*. Roignons informes. Bouillons. Voyez *Mines*.

Roiſſe. Le. Armement de faſcines, maintenues par des planches, pour ſoutenir quelquefois l'intérieur des bures. 232.

Roiſſe Le. (*Pendage de*) perpendiculaire ou à peu-près. 245. Dans la Mine de Littry. 569. *Demi-Roiſſe*. Idem. *Tiers & quart* de Roiſſe *Id*. *Fauſſe Roiſſe*. Le. 207. *Roiſſe oblique*. *Roiſſe ouf* dans les Mines de Dalem. 373. *Faux Roiſſe*. Le. 207. *Maître-Roiſſe*. *Roiſſe*. Idem. *Platteure de Roiſſe* Id. Les *Roiſſes* appellées *Dreſſans*, ſe forment promptement en pendage de platteure : afin de parvenir à cette platteure d'une Roiſſe ou d'une Veine oblique, nommée *Tiers de Roiſſe*, il faut en ſuivant cette platteure approfondir au moins de 300 ou 400 pieds en ſuivant la Roiſſe, avant qu'on arrive à l'endroit où elle ſe dévoye en *platteure*; Charbon provenant des Roiſſes, 1150, ſont les meilleurs pour l'uſage des feux de Cuiſine.

Rokter. *Hacher menu*. 372.

Role ou plan minuté, pour procéder aux Viſites d'ouvrages ſouterrains. Voyez *Experts*.

Rolle. Deſcente du puits. Buſe du bure.

Rollen. G. *Longa Capſa patens*.

Rolles. *Rollettes*. *Orbiculi*, Poulies, en bois de

chêne, 322 , ou de hêtre. *Idem.* Bois de Rolle. 371 *Rolles du Bure.* LE. 234, 237. *Rolle du chat de Vallée.* LE. 309.

Roly en Boulonnois, avoifinant les Mines de Charbon de terre concédées par Arrêt du Conſeil au Duc d'Humieres, le 6 Juin 1741 : par un autre Arrêt du Conſeil du 28 Septembre de de la même année , défenſe au Sieur Bucamps d'ouvrir dans ſes terres de Roly & Aulnay, des Mines de Charbon de terre , à la diſtance de deux cents perches de celles du Duc d'Humieres.

Rombaum. G. *Sucula.* Méchanique. *Rouleau.*

Romaine (*Bureau de la*) à Rouen & au Havre, où les Maîtres de Navires, en vertu de l'Arrêt du Conſeil du 11 Septembre 1714 , font leur déclaration, & repréſentent leurs connoiſſements & chartes parties. Cette Douane eſt appellée *Romaine* , de ce que cette ſorte de balance y eſt particuliérement en uſage.

Rond. (*Nombre*)

Rondelle. Virolle. (Hydraulique.) Voyez *Bride.* Voyez *Virolle.*

Rondelot. (*Houille en*) *Rondelot. Gros Charbon. Gaillette.* 484, 485. Se vend à Arras à la même meſure que le menu Charbon, cinquante-quatre ſols , & neuf deniers aux Meſureurs.

Roſette (*Cuivre de*) de Suede , entre dans la compoſition de pluſieurs agrès de Mine.

Rôtiſſage. Grillage. Uſtulatio. G. *Roſtung.*

Rotte. (*Bois de*) Dalem. 271. Voy. *Clige.*

Rotten Stone. AN. Pierre pourrie. 386.

Rottices , ou routes de l'Areine. LE. 273. Fourches de l'Areine. 280.

Rouage. Rouet. Machine compoſée , dont l'effet eſt très-conſidérable. 928 ; les rouages ne ſont autre choſe que des Treuils , dans leſquels la puiſſance agit ſur la grande roue , à l'aide de ſes propres dents ; ce qui tient alors lieu du cylindre , eſt une roue dentée, beaucoup plus petite , adaptée ſur l'axe ou tige de la grande roue , de maniere qu'elle ne peut tourner que la grande roue ne tourne auſſi. Pour diſtinguer l'une de l'autre , on nomme la petite , un *pignon* ; ſes dents s'appellent des *ailes.* 925. Voyez *Leviers.* Voyez *Ailes.* Voyez *Pignon.* Sous ce nom de rouage , on comprend dans une machine toutes les parties qui regardent les roues , les lanternes , les fuſeaux , les pignons. *Hernaz* ou *Machine à Rouage* pour l'enlevement des denrées de quelques bures ; mu à bras , 236, par des chevaux. 237, 696. V. *Machines d'extraction. Machines à Moulettes.*

Roue. (Méchanique.) Machine ſimple conſiſtant en une piece ronde de bois , de métal , ou d'autre matiere , & qui tourne autour d'un aiſſieu ou axe. Voyez *Axe.* Le même nom de roue eſt ſouvent donné aux *poulies* ou *moulettes.* Voyez *Mollettes.*

Roue dans ſon aiſſieu. Machine compoſée d'une roue attachée par les rayons à un *Cylindre* ou *Rouleau* , que l'on nomme *Treuil* , & qui eſt appuyée par les extrémités. La puiſſance eſt ordinairement appliquée à la circonférence de cette roue , qu'elle fait tourner par le moyen de pluſieurs chevilles perpendiculaires à ſon plan ; le poids eſt attaché à une corde qui tourne autour du treuil. Tel eſt l'effet ou la propriété de cette machine. Voyez *Rouleau.*

La Roue eſt une des principales puiſſances employées dans la Méchanique , & eſt d'uſage dans la plupart des machines ; on lui donne différentes formes ſuivant les mouvements qu'on veut faire donner , & ſuivant l'uſage qu'on veut en faire. Les roues ſont diſtinguées en *Roues ſimples* , & en *Roues dentées.*

La *Roue ſimple* ou proprement dite , eſt celle dont la circonférence eſt uniforme , ainſi que celle de ſon aiſſieu ou arbre, & qui n'eſt point combinée avec d'autres roues. Telles ſont les roues de voitures. *Roues des Voitures* pour tranſporter les Charbons de la Mine aux Magaſins. 698. 862. Remarques générales ſur la grandeur avantageuſe de ces Roues. *Idem.* 863. Motifs de préférence pour les grandes roues. 864. C'eſt pour les roues de voitures la même regle que pour la machine appellée Tour ou Treuil , *Axis in peritrochio* ; en effet, la roue ſimple n'eſt autre choſe qu'une eſpece de treuil, dont l'aiſſieu ou axe eſt repréſenté par l'aiſſieu même de la roue, dont le tambour ou *peritrochium* eſt repréſenté par la circonférence de la roue ; les grandes roues (il faut entendre par là celles qui ont cinq ou ſix pieds de diametre) , 864, ont l'avantage d'avoir leur centre à peu-près à la hauteur d'un trait de cheval , ce qui met ſon effort dans une direction perpendiculaire au rayon qui porte verticalement ſur le terrein , c'eſt-à-dire , dans la direction la plus favorable , au moins dans les cas les plus ordinaires ; c'eſt une remarque faite par M. l'Abbé Nollet , dans ſes Leçons de Phyſique.

Roues en Couronne , & *Roues plattes* & *de champ.* Roues dont le plan eſt perpendiculaire à la partie regardée comme la baſe de la machine. 525.

Roues dentées. On nomme ainſi celles dont la circonférence ou les aiſſieux ſont partagés en dents qui engrenent dans des pignons , afin qu'elles puiſſent agir les unes ſur les autres , en s'engrenant dans des pignons , & ſe combiner ; ce qui forme une machine compoſée très-propre à élever de grands fardeaux. 924.

La Théorie des roues dentées peut être renfermée dans la regle ſuivante : la raiſon de la puiſſance au poids , pour qu'il y ait équilibre, doit être compoſée de la raiſon du diametre du pignon de la derniere roue au diametre de la premiere roue , & de la raiſon du nombre de révolutions de la derniere roue au nombre des révolutions de la premiere , faites dans le même temps ; ou plus ſimplement , *le rapport de la puiſ-ſance eſt comme le produit des rayons des pignons au produit des rayons des roues* : en effet , dans chaque roue & ſon pignon la puiſſance eſt au poids comme le rayon de la premiere roue eſt au rayon du pignon. Voyez *Roue dans ſon Aiſſieu.* Ainſi chaque roue donnant ce produit , le rapport de la puiſſance ſera au poids comme le produit des rayons des roues. 926. On voit par là combien une machine de roues dentées peut augmenter l'effort d'une puiſſance. id.

Les Roues multipliées ſont ſouvent d'une grande utilité , ou pour aider , ou pour accélérer le mouvement ; néanmoins l'inconvénient qui en réſulte d'un autre côté par une plus grande quantité de frottements , peut quelquefois être tel, qu'alors cet inconvénient égale ou ſurpaſſe même l'avantage qu'on pourroit retirer de la multiplication des roues. 914. Les dents de ces roues ſont de hêtre pour l'ordinaire. M. Delius préfere le bois de chêne très-dur.

Machines compoſées de roues dentées. La plus grande perfection de ces machines eſt , en général, un point très-difficultueux; on ne peut dans ces machines compter sur une précision bien exacte; il faut, pour ainsi dire, que le pignon & la roue ne fassent simplement que se toucher. 925. Voyez *Roues dentées.*

M. Camus s'est attaché, dans son Cours de Mathématiques, à déterminer la meilleure figure qu'on puisse donner aux dents de ces roues; ainsi que le diametre que deux roues qui engrenent ensemble doivent avoir relativement au nombre de leurs dents, & à la quantité de leur engrenage. 1113.

Roue, dans les machines hydrauliques. G. Kunst Rad. De différentes especes. *Roues à aubes.* 1034. *Roues à pots*, ou *à augets.* 1048. La roue considérée dans la méchanique comme un levier continuel, plus elle est grande, plus son demi-diametre ou rayon est éloigné du point de la charge, c'est-à-dire, de l'anse de la manivelle; car plus le bras de la manivelle est contenu dans le rayon de la roue, ou dans les distances instantanées de l'éloignement des godets, plus la puissance de la roue devient considérable, ou, ce qui est la même chose, plus la charge adaptée au tirant diminue; & comme une grande charge contient beaucoup plus d'eau, que le poids de l'eau & son éloignement de la charge, composent toute la force de la roue; il est évident qu'une grande roue a beaucoup plus de force qu'une petite, toutefois lorsque les manivelles sont d'une même proportion; par cette même raison les roues des machines hydrauliques dans les Mines, sont presque toutes de cinq ou six toises de hauteur.

Roue à chûte supérieure, & Roue à *chûte inférieure*; ne different les unes des autres, qu'en ce que les premieres reçoivent leur mouvement de l'eau qui tombe dans les godets supérieurs, & qui y reste jusqu'à ce qu'elle se décharge inférieurement. L'agent des roues à chûte inférieure est l'eau venant à choquer obliquement contre les godets; mais comme dans ce cas il faut un plus grand volume d'eaux, ce qui est rare à avoir auprès des Mines, les roues à chûte supérieure sont les plus ordinaires. L'établissement de ces machines demande donc au préalable un nivellement exact de la pente de l'eau, pour déterminer à quelle hauteur on peut s'en procurer pour déterminer le choc de l'eau contre les aîles, connoître la quantité d'eau qui arrive dans un temps donné, afin de construire l'écluse en conséquence. Les différentes constructions des roues à chûte inférieure, sont décrites dans M. Delius; elles different principalement de la construction des roues à chûte supérieure en cel que leurs aîles sont dressées en ligne droite, & correspondent aux rayons.

Roue à soufflet. Roue centrifuge du Docteur Etienne Halès. Voyez *Soufflet.*

Roue à vent. G. *Focher. Tambour à vent.* Machine usitée depuis long-temps en Allemagne pour porter de l'air dans les Mines, & représentée dans toutes ses parties parmi les Planches de M. Delius; composée d'une cage ou d'une caisse renfermant dans son intérieur une roue à aîles, adaptée à un arbre cylindrique, dans lequel il y a une manivelle enchassée qui se meut à bras d'hommes. L'air est mis en mouvement circulaire, & en s'éloignant vers la périphérie, s'introduit dans des tuyaux adaptés à la cage; l'air contenu dans le milieu étant exténué, l'air extérieur entre sans cesse par des ouvertures placées latéralement, & est toujours porté dans les tuyaux. Lorsque cette caisse sert d'aspirateur, on adapte ces mêmes tuyaux à l'ouverture où elle aspiroit dans le premier cas, & à la superficie, ainsi que le tuyau par lequel est poussé le mauvais air aspiré. Cette machine a aujourd'hui la préférence sur toutes les autres, parce qu'elle peut être placée par tout sans grands inconvénients, que son mouvement demande peu de force, & qu'on peut, avec elle, se procurer de l'air frais sans interruption.

M. Delius remarque qu'il est nécessaire qu'elle soit placée dans des endroits où elle puisse aspirer & pousser toujours un air frais; car si elle aspiroit un air mauvais, elle augmenteroit celui que l'on veut extraire de la Mine. Lorsqu'au contraire, ces machines doivent être aspirantes, il est essentiel de les placer de maniere que l'air aspiré puisse se communiquer tout de suite avec celui de la superficie, sans pouvoir s'introduire de nouveau dans la Mine; en conséquence il faut, quant aux machines soufflantes, les placer dans l'endroit où l'air de la superficie entre dans la Mine, & les machines aspirantes dans l'endroit par lequel l'air sort de la Mine.

Rouergue, Province de France, abondante en Charbon de terre. 531. En 1763, il y en avoit une quarantaine de Mines ouvertes, dont la fouille datoit, pour la plupart de 30, 40 ou 50 ans; le Charbon s'y maintenoit alors à un prix plus modique que dans aucunes Mines connues; elles sont travaillées par percement de jour. Les Concessionnaires qui, aux termes de l'Arrêt du 15 Février 1763, devoient se mettre en état dans un an, à compter de cette date, de faire le service du public, se sont trouvés convaincus par procès-verbal fait en vertu d'un Arrêt du Parlement de Toulouse, n'avoir extrait, dix-huit mois après l'obtention de leur Concession, que 778 comportes de Charbon, dont 300 seulement étoient d'assez bonne qualité, malgré le travail de soixante hommes par jour, depuis le mois de Février 1774, jusqu'au 4 Septembre; voyez la différence de ce que les habitants faisoient charger année commune. 538.

Rouet. Rouage. Voyez *Rouet.*

Rouet. Charpenterie, assemblage de madriers, sur lequel on asseoit la maçonnerie des puits, que l'on assied bien de niveau dans un puits que l'on approfondit, & sur lequel on établit la maçonnerie: dans la construction indiquée par M. de Genssane, Article XXI du Réglement qu'il propose. Les madriers dont il est composé ont quatre pouces d'épaisseur sur une largeur à peu-près égale à celle du mur que l'on construit dans le puits, & d'un diametre pareil au diametre de cette fosse, selon que le puits doit être profondé en dragans; ce rouet doit être double & assemblé avec de fortes chevilles: si au contraire on veut faire le puits par un travail en sous-œuvre, le rouet doit être simple; & pour un puits de six pieds de diametre, il doit nécessairement être composé de six madriers de trois bons pieds de longueur en-dedans, & de la largeur du mur, & ces pieces ne doivent pas être assemblées.

Rouet à fusil des Houilleurs Anglois. *Flint Mill.* 402, 699.

Rouge, (*Craie*) *sanguine. Hématite*, *tête vitrée.* Voyez *Tête vitrée.*

Rouge fin d'Angleterre. Brand. Voyez *Mica ferrugineux.*

Rouille ferrugineuse, (Teinte nuancée de) formant le fond de la couleur de la premiere couverture de la Veine de Fims, appellée *Baume*. 578. Voyez *Baume*. Voyez *Ocre*. Voyez *Safran de Mars*. Voyez *Tabac*.

Rouilleux. (*Charbon*) *Panaché*. *Lithantrax rubiginosum, seu rubigine obsoletè variegatum*; à Grace, près Monteignée, au pays de Liege, on tire une Houille maigre de ce genre; c'est la seule que je connoisse

Rouleau. *Radoir*. Outil. Voyez *Radoir*.

Rouleau. 696, 697. *Tambour* sur lequel tournent les cordes, cables ou chaînes; les plus petits ont ordinairement de quatre à cinq pieds de diametre, de sept pouces d'épaisseur, & la canelure cinq pouces de large, fortifiés de cercles de fer. Voyez *Moulinet*. Voyez *Treuil*. Les rouleaux de grand diametre causent de petits frottements; les petits rouleaux, au contraire, en produisant de grands, on doit éviter de les employer. Les conséquences du frottement des cordes sur les poulies fixes, influent sur la résistance que font les cordes à être pliées. 917. Des expériences faites par M. Amontons, pour connoître ce frottement, il résulte principalement que la résistance qui vient des rouleaux diminue en raison inverse de leur diametre. Si on a une corde d'une ligne de diametre à laquelle soit suspendu un poids d'une livre, & que cette corde fasse un tour sur un rouleau d'un pouce de diametre, il faudra le poids d'une once, ou la sixieme partie du poids que soutient ici la corde pour surmonter la résistance à se courber: d'où il suit que si, par exemple, le poids étoit de 400 livres, la corde de 8 lignes de diametre, & que le diametre du rouleau ou de la poulie fixe eut 5 pouces, on auroit pour la résistance 640 onces ou 40 livres, qu'il faut ajouter au poids de 400, pour surmonter cette résistance. 920. La raison de cette regle est que la résistance d'une corde d'une ligne de diametre, avec un poids d'une livre sur un rouleau d'un pouce, est à la résistance d'une autre corde, comme une once est au produit du diametre de l'autre corde par le poids qui la soutient divisé par le diametre du rouleau, puisque, suivant les expériences, *les résistances sont en raison composée de la raison directe des poids, & de la raison inverse du diametre des rouleaux*. Voyez *Cordes*.

Round House. AN. *Hutte à air*.

Rouverain. (*Fer*) Fer plein de crasse, difficile à souder, qui se casse à chaud lorsqu'on le travaille. Voyez *Fer*.

Royal. (*Dixieme*) AN. *Royaltie*. *Droit Régalien*. *Privilege Royal*. *Jus Proædriæ*. Droit du Roi sur métaux. V. au mot *Souveraineté*. Ordonnance du Roi Charles VI, faite au Grand Conseil en 1413 sur ce sujet, & sur l'exclusion des Seigneurs à y prétendre. Voyez *Permission indéfinie par les mêmes Lettres d'exploiter par-tout, à la charge de satisfaire au droit du dixieme*.

Don du Dixieme pendant les cinq premieres années, déterminé au Sieur de Roberval dans les Lettres de Henry . . . du dernier Septembre 1548; au Sieur Julien pendant les quatre premieres années, par Lettres de François du 29 Juillet 1560.

Toutes personnes contraintes au paiement du Dixieme, & pour cela soumises à la jurisdiction des Juges députés pour le fait des Mines par les mêmes Lettres. Défenses à tous Officiers & Particuliers de s'approprier le droit du Dixieme, & de s'exempter de le payer, par Lettres de Charles IX du premier Juin 1562. Ordonnance du même, du mois de Mai 1563, qui soumet toutes sortes de personnes au paiement du Dixieme. Les droits de Dixieme qui n'ont pas été payés, déclarés usurpés, par Lettres de Charles du 26 Mai 1563.

Ordonnance de Charles IX du mois de Septembre 1563, qui défend au Parlement & à tous autres Juges de connoître des différents sur le droit de Dixieme.

Don du Dixieme pour six ans au Sieur Vidal, par Lettres de Charles du 28 Septembre 1568. Don & octroi du Dixieme à la Compagnie Galabin, par Edit de Février 1722. Arrêt du Conseil du premier Mai 1731, qui révoque ce droit. Arrêt du Conseil du 14 Mai 1746, qui dispense le Sieur Blalon de payer pendant cinq ans, à compter du 3 Décembre 1744, au Fermier du Domaine le quint denier au muid du gros Charbon de terre, & le Dixieme au muid du même, provenant des Mines qu'il fait exploiter dans sa Seigneurie de Blalon.

Royaltie. *Privilege Royal*. *Droit Régalien*. *Jus proædriæ*. 398.

Royaux. (*Chemins*) On doit s'en éloigner dans les ouvertures de Mines.

Royon. *Coupure*. LE. *Reuillon* pour suppléer au peu d'épaisseur des Veines dans l'exploitation, quelquefois pour servir de canal aux eaux, &c. 251, 272, 248.

Royons. LE. Cerceaux, bandes de fer destinées à renforcer différentes caisses qui entrent parmi les agrès de Houillerie, comme les baches & autres ustensiles de ce genre. 224.

Royteu. *Piqueur*. 210, 509. Voyez *Piqueur*.

Rubble. *Rubly*. AN. Pierreux.

Rubiginosum. (*Lithantrax*) *Versicolor*. Voyez *Charbon Rouilleux panaché*.

Rubish. AN. 750.

Rubly. *Rubble*. *Jam*. 378.

Rubord. Charpenterie, premier rang de planches ou bordages d'un bateau qui se joint à la semelle, & qui est la premiere piece du fond du bâtiment.

Rule. AN. *Ruler*. *Squere*. *Equerre*. 213. *Rulle*. 373. *Monter un Rulle*. LE. 369, 21, c'est-à-dire, monter directement en pendage de Veine. 213, 373. (*Bouteur de*) 350.

Run. Commerce de riviere. Terme employé dans les anciennes Ordonnances pour signifier rang. Voyez *Rang*.

Rupture de Gazon. 285. LE. Espece de Dernier-adieu que donne au Hurtier ou Maître de la superficie, celui qui entreprend un nouveau bure; c'est ordinairement une piece d'or, qui est un ducat. Cela s'appelle *donner quelque chose pour la rupture du gazon*. 322.

Rusbruch. G. Premiere entaille ou entame dans une veine attaquée avec l'outil; ce qui revient assez à ce que les Houilleurs Liégeois nomment *choxque*. Voyez *Choxque*.

Rustine. *Tuyere*. *Timpe*. (Métallurgie.) Voyez *Timpe*.

Rutrum. *Bêche*. *Hoyau*. G. *Fruck*.

Ruwalette. LE. Ouverture de *taillements*. LE. *Petit canal pour l'airage* dans un burtay, 248, ou petit canal pour l'airage. 255.

SABLE

S

SABLE, mélangé ordinairement dans les glaises & dans les argilles, 378, & dans les Mines de Charbon. Voyez *Claylands*.

Sables. (*Argilles*) Voyez *Argilles-Sables*.

Sable d'Alluvium des bords de l'Escaut, employé à faire des briquettes. 487.

Sable bouillant. Les Travailleurs en terre nomment ainsi une espece de sablon qui se trouve dans les marais, & au travers duquel l'eau se fait jour quand on marche sur ce sable.

Sable gras. *Sable coulant*. *Glarea mobilis*. 378, 1317. *Sable des Fondeurs*. *Sable à faire des moules*. AN. Form Sand. *Idem*.

Sable à mouler. *Sable des Fondeurs*.

Sable pierreux de la Mine du Roi Adolphe Frédéric, fin, d'un jaune clair, de six à neuf pouces d'épaisseur, entrelardé de molécules d'ardoise noire ou charbonneuse; cette pierre de sable ne se fond point, mais se divise lorsqu'elle a été chauffée & refroidie. Voyez *Lapis Arenaceus glutine argillaceo*.

Sable soufreux qui se trouve quelquefois dans le Charbon de Wettin. 447.

Sable verd, *noirâtre*, composant une couche solide des Mines de Charbon du pays Montois, & qui a l'air d'être volcanisée. 456. Autre sable verd dans les mêmes Mines. 457.

Sable vitrifiable, anguleux, & rude au toucher, commun dans quelques plaines de la banlieue de Liege, & notamment dans celle où est placée la Citadelle. M. de Limbourg le jeune, dans un Mémoire envoyé à l'Académie de Bruxelles, remarque que ce sable & le *fleny* y sont arrangés en couches horisontales de peu d'épaisseur, sous le rocher; dans cette partie du pays, c'est-à-dire, près la Citadelle, les sables y sont mêlés d'une sorte de craie.

Sable (*Construction à chaux & à*) pour les murs d'étai des galeries. M. de Genssane conseille de faire usage du mortier de M. Loriot.

Sablonneuse (*Argille*) ordinaire dans les Mines de Charbon. 456. (*Couche*). 872.

Sablonneuse (*Pierre*) d'un gris-blanc, souvent mêlée avec du mica ferrugineux noir; elle n'a pas ordinairement de feuilles, ou elles sont fort épaisses; dans sa rupture elle est très-seche au toucher, & grenue; tantôt elle est peu dure, tantôt moyennement dure, & donne du feu quand elle est décidément dure. (*Terre*.) Ainsi nommée de la quantité de sable dont elle est composée: elle admet facilement l'eau; mais elle s'y filtre, & n'y reste pas. Voy. *Sand Stone*.

Sac pour extraction. Sorte de poche, faite d'une piece de toile ou de cuir cousu par le bas & par les côtés, ouvert seulement par le haut pour mettre dedans ce que l'on veut.

Dans quelques Mines métalliques, les sacs employés à l'enlevement du Minerai du fond du puits, sont de cuir de bœuf & garnis de leurs poils, ce qui les rend d'un service d'assez de durée. M. Delius estime qu'ils sont à employer de préférence à des caisses dans les puits larges, perpendiculaires, qui ont peu ou point de boisage, & qui ont peu de profondeur. Il y a de ces sacs, de deux grandeurs différentes; les grands contiennent deux quintaux, & les petits, six.

Dans les *Baritels à eau*, le nombre de sacs à extraire ne peut point se fixer, comme on fait avec le baritel à chevaux, attendu la nécessité où l'on est d'économiser très-soigneusement les eaux pour l'usage de beaucoup d'autres machines; car plus les godets se remplissent promptement, plus l'eau suit ou court, plus la roue tourne, & plus on enleve de sacs. Voy. *Seaux*.

En Angleterre on se sert pour vuider les eaux de *sacs de cuir*, qui s'enlevent avec des cordes: il est de ces sacs qui contiennent 8 ou 9 gallons.

A Brassac le Charbon s'enleve de la Mine dans des sacs qui se transportent, à dos d'âne, au Port d'embarquement. 591. M. de Genssane, Article XXXVI de son Réglement, improuve l'enlevement des Charbons dans la Mine avec des sacs; cette maniere est, selon lui, dispendieuse à la longue, & il observe qu'elle brise le Charbon.

Sac, *pour Mesure*. A Nort ou Niord en Bretagne, on compte que la pipe est composée de trois charges de chaque cheval, ou six sacs. 544.

Le chaldron de Charbon de terre sur la Tamise, pour y être vendu, doit être composé de 12 sacs ou 36 boisseaux. 437. Voyez *Boisseau*.

Sacrée (*Houilliere*) dans le Comté de Namur, près Charleroy, ainsi nommée du nom du Propriétaire qui en avoit aussi fait la découverte. 453. Elle est aujoutd'hui la moindre du pays, & tire à sa fin.

Sacuka. SU. Pancher, incliner, pendre.

Sadourny. Voyez *Mine de la fosse* en Auvergne.

Saflor. Voyez *Safre*.

Safran de Mars, *Ocre*. Fer ainsi réduit par l'humidité.

Safre. *Saflor*. Cobalt réduit en terre pulvérisé; on vend aussi sous ce nom le cobalt après qu'il a été rôti, mais mêlé avec deux ou trois parties de cailloux ou de quartz calcinés. Sa calcination peut s'exécuter au feu de Charbon de terre, 1251, qui ne peut pas non plus nuire à sa vitrification. 1252. Moyen proposé par M. de Genssane pour remédier à cet inconvénient, dans le cas où il auroit lieu. *Idem*.

Safft. (*Ert*) G. *Guhr*. *Succus mineralis*. V. *Guhr*.

Saignée dans les Mines du Hainaut François, eaux sortant des rochers par des fentes ou coupes. 465. *Saigner les eaux*. LE. 287. Saigner l'areine. 281.

Saignée (*Médecine chirurgicale*) à la jugulaire & au bras, utile, selon quelques cas particuliers, pour secourir les Houilleurs noyés, ou suffoqués dans les Mines. 996, 1001.

Saint-Andeol. (*Charbonnieres de*) Voyez *Charbonniere*. *Sainte-Croix*, près Sainte-Marie-aux-Mines, endroit où l'on a découvert du Charbon de terre vers 1772. Voy. *à l'explication de la Planche XIII*. *Saint-Etienne* en Forez. (*Charbon de*). Comment il se comporte au feu. 586. *Sainte-Florine*, Territoire de Basse-Auvergne, riche en Charbon de terre, où étoit établie une Compagnie Royale. 588. *Saint-Genis-terre-noire*, dans le Lyonnois, où est la *Montagne de feu*. 583. *Saint-Jean-de-Bonnefond*, en Lyonnois: le Charbon de cet endroit est très-mélangé de matieres terreuses, qui le rendent plus difficile à brûler. *Saint-Hubert*, près Sarbruck en Alsace, Mine de Charbon. *Saint-Georges* (*Charbon de*) en Anjou. Son poids. 1162. Sa netteté. 1163, 1164. Sa qualité, 564, inférieure pour les Verreries à celui du Forez.

Saint-Leger-des-Vignes, (*Paroisse de*) sur le bord de la Loire, en Nivernois, où sont les magasins de Charbon des Mines de Decize. 577.

Saint-Severe. (*Carreau de*) Espece de granite

assez fréquent dans les Mines de Charbon. 578.

Saisie, Confiscation prononcée (par l'Edit de Henri, du 10 Septembre 1557) des Mines travaillées & exploitées sans privilege, congé & permission expresse du Roi, toujours *relativement au droit de Souveraineté*, c'est-à-dire, afin que les droits de Dixieme, comme il est porté dans ce même Arrêt, soient pris, perçus & reçus franchement à l'avenir. Voy. *Usurpation.* Confiscation de Charbon de terre; cas où elle a lieu à Liege. 327. A Paris. 671, 67).

Saisine. (Jurisprudence). *Possession. (Décretement de Saisine)*. Le. 319, 321, 327. (*Obtention de*) 321, 327.

Salaire des Ouvriers de Mines de Charbon, en différents pays. *Dans la Mine de Boserup* en Suede, varié à raison des circonstances. 836. *De Newcastle*, 395. Dans la Mine de Carron, 396. Dans celle de *Walker*. 836. Salaire des *Ouvriers foreurs* en Angleterre. 397. *Au pays de Liege*. 836. Réglement du Prince Jean Théodore, pour la régularité du paiement des Ouvriers, sans qu'il puisse leur être retenu. 346. Dans les Mines du pays *Montois*. 458. Dans les Mines du *Saumurois*. 546. Observations pour se régler sur cet objet. 8,6, ,46.

Salaire des Chableurs. Voyez Chableurs.

Salband. G. *Lisiere de veine*, *ecorce du filon*. *Lapis tunicatus* 258. Les Mineurs Allemands appellent *Salband*, la substance fossile placée entre le filon & la roche, ce qui donne l'idée de l'enveloppe ou de l'écorce du filon ; il signifie aussi la disposition ou l'arrangement des pierres en général ; mais le mot salband désigne plus particulierement la partie de roche qui borne les filons par les deux côtés, que l'on exprime par le mot *Lisiere*. C'est une espece de pierre qui n'est ni trop dure, ni trop tendre ; il y en a cependant qui se trouvent être de la nature de la *pierre cornée*, 746, & alors on l'appelle *Besteg*. Voyez *Besteg* ; ou du *jaspe*. Mais communément les *alland* sont argilleuses & terreuses. Elles renferment & contiennent souvent des métaux, & reçoivent les exhalaisons & les vapeurs métalliques.

Suie. (*Houille*) Le. Charbon menu. 485.

Suler. Le. Journée du Maitre Ouvrier. 5C. Voy. *Schicht*.

Salines ou Saulnerie. On peut y employer le feu de Charbon de terre, 1256, comme cela se pratique dans quantités d'endroits. *Idem.* Qualité de Houille convenable à cet usage. *Id.*

Salpêtrieres. En Suede on se sert du menu poussier du Charbon de Boserup, mis en pelottes, pour les Salpétriers, & on observe qu'elles y entretiennent une cuisson plus égale que le feu de bois ; on y a l'expérience que dans un chaudron de Salpêtriere, de la teneur de 8 tonnes, 18 seaux de liqueur, peuvent être réduits dans l'espace de vingt-quatre heures en salpêtre, avec une & sept neuviemes de tonnes des plus petits Charbons.

Salsioestrand (en Suede.) A 50 brasses vers l'Est du côté de cet endroit, & à 19 cents brasses au Nord de Helsenborg, des Ecossois ont exploité une Mine de Charbon vers le milieu du siecle dernier ; ces travaux ont été ruinés par les troubles de la guerre. On y voit encore des puits de 16 à 18 brasses de profondeur.

Sand (*Form.*) Sable des Fondeurs. Sable à mouler, ou à faire des moules.

Sand Stone. Pierre de sable.

Sanguine. *Craie rouge. Pierre hématite. Tête vitrée.*

Santé. Les inconvéniens qu'éprouvent du côté de la santé les Ouvriers de Mines, souvent éloignés des Paroisses & des Villages, ont été prévus par l'Arrêt du Conseil du 14 Mai 1604, pour l'entretien d'un Chirurgien, & les différents secours. 977. Cet Arrêt fixe sur la masse entiere de tout ce qui revient de bon & de net, la retenue d'un trentieme pour l'entretien d'un ou deux Prétres, à l'effet de dire la Messe, d'administrer les Sacrements, &c. Recherches & conseils de Médecine sur les maladies & accidents qui mettent en danger la santé & la vie des Ouvriers de Mines. 977. Voyez *Secours*. Effet du chauffage de Charbon de terre sur la santé. (*Mém.* 8.) Réflexions sur quelques Artisans exposés journellement à la fumée de ce feu. (*Mém.* 9.) Voyez *Vapeur.*

Sapin (Bois de) employé quelquefois à l'étançonnage des puits, désapprouvé par M. de Gensane. (Art. XIX de son Réglement,) comme ayant le défaut de se pourrir.

Sapine. Sapiniere. Bateau pour voiturer le Charbon de terre. *Sapine d'Auvergne* sur l'Allier. 598, 688. Leur construction, leur dimension, leur premier prix de construction. *Idem.* Leur charge en partant de Brassager. *Id.* Leur contenance. 688. Ce qu'ils rendent à Paris. 598. *Sapines du Forez.* Leur charge. *Idem.*

Sappe. Haway. Le. 219.

Sarbruck en Lorraine. Près de cette ville, il y a eu une Mine de Charbon qu'on a été obligé d'abandonner à cause du feu, que l'on prétend être encore dans son intérieur.

Sarissa. Hou. Hoyau. Voyez *Hoyau.*

Sarrolay, au pays de Dalem. Couches qui couvrent les Mines de Charbon de ce quartier. 371. Détails particuliers sur les membres de Charbon, 372, sur leur exploitation. 373.

Saverien. Membre de la Société Royale, aujourd'hui Académie Royale des Sciences, Arts & Belles-Lettres de Lyon, Auteur du Dictionnaire Universel de Mathématique & de Physique, où l'on traite de l'origine, du progrès de ces sciences, & des arts qui en dépendent, &c, 2 Vol. in-4°. Ouvrage dont nous avons emprunté beaucoup de définitions de Mathématique & de Physique.

Savon. (Ecaille de) An. *Soupe, Sope Seal.* Terre argilleuse qui se trouve dans les Mines de Charbon. 378.

Savon noir. Savon liquide, désigné par sa couleur, afin de le distinguer des savons blancs ou solides, & dont la fabrique differe particuliérement, quant à la partie grasse employée dans sa composition, en ce qu'au lieu d'huile d'olive, on y fait entrer différentes especes de graisses communes que fournissent les cuisines, le flambart des Chaircuitiers, ou des huiles de poisson, des huiles de colsat & autres de cette espece, qui le rendent d'un prix médiocre, & plus propre par sa consistance que les savons solides, à servir de cambouis pour graisser. 926.

Savonneux. (*Bitume factice*) Eau minérale savonneuse factice. 928. Masse savonneuse minérale factice 1121.

Savonneries. Rondelot ou gros Charbon favorable pour ces Manufactures. 484.

Saumurois, (*Mines du*) donnent deux qualités de Charbon. 546.

Saut d'une Veine, changement de position de couche, de maniere qu'une de ses parties s'éleve, & l'autre s'abaisse, ce qui s'exprime en disant que la couche ou la veine *fait un saut*. M. Delius observe qu'en général les étranglements, écarts & sauts de veines se rencontrent rarement ou point du tout dans les veines qui suivent leur direction entre deux especes de roc; qu'ils n'ont pu arriver que dans deux especes de rocs, puisque la crevasse a toujours dû suivre l'intervalle des deux rocs qui n'ont pu être liés intimement, & que les crevasses n'ont pu les croiser, mais ont dû nécessairement finir à sa rencontre; de cette maniere il est évident que le saut de la veine n'a pu avoir lieu. 506, 870. *Saut de mouton. Rihoppement.* 309.

Sautereau. Table de bois, dont on se sert pour le *boulage* dans les Mines du Lyonnois. 514. Son usage. *Idem.*

Sauve-garde. Lettres par lesquelles un particulier est mis sous la protection du Roi, avec défenses à toutes personnes de le troubler. Le Roi Henri II, par son Ordonnance du 10 Octobre 1552, après avoir attribué à son Conseil privé la connoissance de tout le contenu dans ladite Ordonnance, déclare prendre & mettre le Sieur Roberval, ses Commis & Députés, Associés, & tous ouvrants, besognants & trafiquants les Mines & ce qui en dépend, tant leurs personnes, familles, que biens quelconques en sa protection & *sauve-garde spéciale*, & afin que le Sieur Ro-Roberval puisse en toute sûreté & liberté continuer lesdits ouvrage, le Roi défend à tous ses sujets & autres qu'il appartiendra, de violer ni enfraindre cette sauve-garde, sur peine d'être punis comme désobéissans & rebelles.

Saz, Bied. (Construction d'écluse). Comme les bieds & les écluses forment un niveau toujours le même, il est impossible de ménager l'eau, & on est obligé de remplir ou vuider l'écluse, suivant la route des bateaux jusqu'à la hauteur, ou le bas du bied dans lequel ils entrent; le seul ouvrage pratiquable, est (quand il se présente des bateaux montants & descendants) d'emplir l'écluse pour les bateaux descendants, & de la faire servir vuide aux bateaux qui montent.

Scabini, Officiers représentants autrefois les Echevins pour ce qui concernoit les marchandises venant par eau à Paris. 645. *Magister Scabinorum*, ancien Chef des Officiers de la Confrairie des Marchands fréquentants la riviere de Seine. *Idem.*

Scalæ. G. Farten. *Scansoriæ Machinæ.*

Scandulares (*Funes.*) Cordages.

Scansoriæ (*Machinæ.*) Echelles.

Sceau. Scel. Sigillum. Par l'Arrêt du 14 Mai 1604, les signatures & scels du Grand-Maître étoient approuvés & authentiqués, comme seings & scels des Officiers du Roi : il étoit défendu en conséquence à tous Tabellions & Notaires de passer aucun Contrat pour le fait des Mines & ce qui en dépend, sans que le Grand-Maître eût signé à la minute.

Sceau, (*Frais du Sceau*) à la grande Chancellerie, pour les Arrêts du Conseil : l'Auteur de la découverte d'une Mine de Charbon dans la montagne de Soyeres, en 1770, en a été exempté, & du droit de marc, qui étoit alors établi. 528. Voyez *Soyeres.*

Scédalie. Montet. Del puech ardent. 531.

Scédule. Dans les Coutumes *Schedule*; dans l'usage ordinaire *Cédule* ou *Scédule. Instrumentum*, signifie en général toutes sortes de signatures ou d'obligations sous seing privé, & même des brevets d'acte passé par-devant Notaire. *Scédule.* Style de Liege. *Asllalle. Mémorial. Tableau.* Donner scédule. 349. Fournir à la scédule. 326, Envoyer scédule. *Id.* 340. quand elle est envoyée à plusieurs, c'est ce qu'on nomme *Alage à tou*, *Alage à l'entour.* 327. Voyez *Asllalle.*

Scénographie. (Terme de perspective.) Représentation d'un objet élevé sur le plan géométrique. On ne voit pas qu'elle puisse être d'usage pour donner une idée nette des travaux souterrains; la Scénographie ne peut bien s'exprimer ou être suppléée que par une masse d'argille fraîche, dans laquelle on entailleroit les différentes routes, comme elles le sont dans la Mine. Voyez *Perspective.*

Schacht. SAX. Puits. *Schacht.* (*Kunst.*) Puits à machine. Waffer Schacht. Puits pour tirer les eaux. LE. Puiseux. 251.

Schaft. G. (*Air.*) Puits à air. 388.

Scallen. G. *Crusta.* Ecaille.

Schauffel. Batillum. Pelle de bois.

Schedule. Scédule. Cédule. Asllalle. V. *Scédule.*

Scheibe. G. *Orbis. Scheiben daruf-die augh gehn. Orbiculi.* Poulies.

Schelf. AN. Terre primitive.

Schelly Veine. AN. 1156.

Schicht. G. *Work.* Journée d'Ouvriers. Ouvrages. Tâche d'Ouvriers.

Schicht-Wasser. G. Eaux de couches superficielles.

Schiffer Stein. Charbon de terre ardoisé. 420.

Schiste. Pierre feuilletée. 750. M. de Limbourg le jeune, dans son Mémoire pour servir à l'Histoire Naturelle du pays Belgique, remarque qu'entre Liege & Franchimont, les lames de schistes bruns sont souvent renversées presque perpendiculairement sur les lames *des Schistes calcaires.*

Schiste corné. M. le Baron de Dietrich, dans sa traduction des Lettres de M. Ferber sur la Minéralogie & sur l'Histoire Naturelle d'Italie, pense qu'on ne devroit appeller schiste corné que l'espece de pierre dans laquelle le quartz est intimement lié avec le mica, de façon qu'on ne peut les distinguer l'un de l'autre à la vue.

Schisteuse (*Gangue* ou *matrice*) du Charbon de terre, n'est toujours qu'une argille durcie, alumineuse & feuilletée; bitumineuse, lorsqu'elle a été imprégnée d'un acide vitriolique, & fétide, lorsqu'elle a été imprégnée d'acide marin.

Schistus Phlogisticatus. G. Brand Skiffer.

Schlachten. G. Voyez *Sincken.*

Schlauch. SAX. Embouchure.

Schleff. Traha. Schlite. Traineau.

Schlich. Chlique. G. Minerai en poudre lavé & préparé de maniere qu'on n'a plus qu'à le faire passer au *grillage* pour le porter au fourneau. 1232.

Schlite. G. *Schleff. Traha.* Traîneau.

Schluter, Auteur du Traité de la fonte des Mines, (traduit par M. Hellot) nommé Receveur du Dixieme des Mines, pour récompense de ce qu'il avoit trouvé le moyen de diminuer la consommation du bois pendant qu'il étoit Directeur des Fonderies du bas Hartz.

Schmirgel. G. Pierre d'Emeri.

Schoads. Voyez *Mines.*

déclarés par l'Article V d'un Mandement du Prince Jean Théodore, coupables de rebellion, & traités comme séditieux. 348.

Seet (over.) Man. Over man. AN. Intendant, Compteur, Inspecteur. 395.

Segment de Cercle, est la partie d'un cercle, c'est-à-dire, un arc & une ligne droite qui ne passe pas par le centre. 790.

Segulum. Merga. Manne.

Seiffen Werck. G. Lits de sable & de silex sous les *tetreaux*, dans le fond des vallons, au pied des montagnes; ils s'étendent quelquefois, selon la remarque de M. Delius, à de grandes distances le long des vallons, & sont quelquefois épars; ils contiennent dans leur mélange des métaux & des minéraux.

Seiger. G. Ligne à plomb. 784.

Seigneurage. Seigneuriage. (Jurisprudence.) Est en général un droit appartenant au Seigneur à cause de sa Seigneurie. En France le terme de Seigneuriage n'est gueres usité que pour exprimer le droit qui appartient au Roi, pour la fonte & pour la fabrication des monnoies. Ce que l'on entend à Liege par cette expression en matiere de Houillerie. 323, 326, 329, 331. L'Areine est Seigneurage.. Voyez *Seigneurs.*

Seigneur Arenier. Hurtier de l'Areine. LE. 328. Voyez *Hurtier de l'Areine. Seigneurs de Village*, obligés dans la Coutume de Liege, de faire exécuter l'Ordonnance de Police touchant les bures abandonnés. 339. Ne peuvent exiger de cens des Maîtres de fosse.

Seigneurs. Leurs droits au pays Montois, lorsqu'ils veulent exploiter par eux-mêmes. 458. Cas où ils ne peuvent plus vendre leurs Mines. *Idem.*

Seigneurs hauts-justiciers & fonciers en France. 610. Voyez *Justiciers & Fonciers.* L'Art. XXV de l'Edit de Réglement général du mois de Juin 1601, enjoint expressément à tous Lieutenants généraux, Seigneurs, tant Ecclésiastiques ayant Justice, que Seigneurs temporels, de prêter aux Officiers, Entrepreneurs, à leurs Commis & Associés, tout confort, assistance, & telle faveur que requis en seront, & que besoin sera, à peine de tous dépens, dommages & intérêts des parties intéressées; leur enjoint de faire en leur pouvoir inviolablement garder & observer le contenu dans ce Réglement, sans souffrir qu'il y soit contrevenu, sous les mêmes peines, & de privation de leurs droits & justice.

Seigneurs du Canal de Briare. Leurs droits, 639, sont devenus Seigneurs de la Terre de Briare; ils y ont haute, moyenne & basse Justice, sous le titre de Prévôté ressortissante au Baillage Royal de Gien, & de là au Présidial d'Orléans, pour tous les cas présidiaux seulement.

Seil. Gepel. G. *Funis Ductarius. Seil hacte.* G. *Uncus ferreus.*

Seilles. Seaux. Scitulæ. 227.

Sel Alkali. Nommé aussi *Alkali minéral*, qu'on trouve dans quelques eaux minérales, est la base du sel marin; on la trouve dans la soude: combinaison imaginée par M. Navier de l'alkali minéral avec la partie bitumineuse du Charbon de terre, pour obtenir une concrétion savonneuse médicinale. 1124. Voyez *Savon minéral.*

Sel Alumineux. M. Bomare, dans son Mémoire sur les Mines de Bourgogne, *Volume des Sav. étrangers, page* 624, prétend que dans les Houillieres de Liege il y a une couche alumineuse.

Sel Ammoniacal. Ce sel est mis par la plupart de ceux qui ont examiné chymiquement les Charbons de terre, au nombre des produits que l'analyse chymique fait reconnoître dans ce fossile. Voyez *Suie de Charbon de terre.* Voyez *Liqueur.* Voyez *Distillation. Sublimation. Sel ammoniac secret de Glauber*; sel neutre, aiguillé, résultant de la combinaison de l'acide vitriolique avec tout alkali volatil, soupçonné par M. Kurella dans les Charbons de terre qu'il a examiné.

Sel d'Epsom. Acide vitriolique combiné avec une terre calcaire de l'espece de la magnésie. 1119. Voyez *Epsom.*

Sel Glaubérien. 1119. La surface des Houilles provenant de la Houilliere, entre Flemalle & Jemeppe se recouvre d'efflorescence, dans laquelle on retrouve distinctement le sel d'Epsom, le sel de Glauber, & de la sélénite.

Sel marin à base terreuse alkaline, de la nature de la magnésie. 1121.

Sel séléniteux. Combinaison de terre absorbante & calcaire avec l'acide vitriolique reconnu par l'analyse, non-seulement dans les eaux qui traversent les Mines de Houille, 1118, mais encore dans quelques Charbons même, comme dans le Charbon de terre vitriolique de Sevrac-le-Castel en Rouergue, qui a été examiné chymiquement d'abord par M. Cadet, ensuite par M. Sage, de l'Académie des Sciences. Les cendres du Charbon de terre de Fims, dans l'analyse faite aux Invalides par MM. de Machy, Parmentier & Desyeux, verdissant légérement le syrop violat, ont donné des marques frappantes d'une sélénite.

Sélénite gypseuse, dans les Charbons d'Irlande. 421.

Sel de Succin, reconnu dans quelques Charbons par MM. Junker, Vallerius & Hoffinan; n'a été trouvé dans aucun par MM. Kurella & Sage.

Sel vitriolique. Voyez *Vitriol.*

Selouleurs. Chargeurs de Selys. 452.

Sellette. Petite sellette de quatre à cinq pouces de haut, dont on se sert dans les Houillieres de Liege pour former les Hiercheux. On la leur attache à chaque main: l'Auteur des Délices du pays de Liege qui parle de ces ustensiles dans l'Histoire de l'invention du Charbon de terre à Liege, n'en fait pas d'autre mention, que de dire qu'on attache cette espece de banc à chaque main des *Hiercheux.*

Sely. Petit traîneau. 211. *Chargeur de Sely* au pays de Liege. 347. Au Comté de Namur, *Seloueur.* Voy. *Seloneur.*

(*Semblables.*) (*Termes, quantités*) Algebre. Quantités qui contiennent les mêmes lettres, & précisément le même nombre de lettres.

Semelle. AN. *Slipper.* G. *Sohle. Liegende.* Chevet. Plancher, lit sur lequel repose la couche la plus inférieure, ou de dessous.

Semelles d'un bateau. Pieces de bois qui forment le pourtour du fond, & qui servent à encouturer le bord.

Semonce. LE. Assignation, adjournement. 320. *Semonce des Ouvriers par le Terrageur*, 326, doit être notifiée à tous les Associés qui dépendent du Seigneurage. 320. Forme qui s'observe lorsque c'est faute de paiement. 321. Forme suivie lorsqu'il s'agit de dessaisir une couple de Maîtres. *Idem.* Cas où le Terrageur est ajourné. 325. Semonce dressée par le Compteur, 327, dans différents cas particuliers. 331, 335. Les Maîtres d'une fosse travaillants dans un héritage appar-

Singe. Virevaut. Angin. Treuil. (Architecture.) Machine composée de deux croix de S. André avec un treuil à bras, ou à double manivelle, & qui sert à enlever des fardeaux, à tirer la fouille d'un puits. 135. *Singe volant.* 236.

Singel. Singer. AN. Voy. *Stone.*

Sinter. Espece de terre argilleuse délayée, ou mollasse qui se trouve dans les Mines. 746.

Sinus, (Géométrie) que les anciens nommoient *Corde.* Ligne droite, tirée des extrémités d'un arc, perpendiculairement sur le diametre qui passe par l'autre extrémité; ou bien le sinus droit d'un arc est la moitié de la corde du double de cet arc. Les sinus s'emploient dans la Trigonométrie pour connoître dans un triangle le rapport des angles à ses côtés, & celui de ses côtés aux angles. Voyez *Trigonométrie.* A cette fin, & pour en faciliter l'usage, on a supposé un rayon divisé en 10000000, ou en plusieurs parties; & on a calculé combien de ces parties vaut le sinus de chaque degré du quart de cercle, & pour chaque minute de chaque degré, même de 10 en 10 secondes, dont on a construit des Tables appellées *Tables des Sinus.* Voyez *Tables.*

Sinus Artificiel. Quelques Géometres appellent ainsi les logarithmes des sinus.

Sinus de Complément. Sinus droit d'un arc qui forme le supplément à 90°, avec un autre angle ou arc donné.

Sinus droit. Sinus rectus. Cathet. Cathetes. Demi-corde double de l'arc, ainsi nommé pour le distinguer du sinus artificiel, du sinus de complément, du sinus total, & du sinus verse.

Sinus total. Demi-diametre ou rayon du cercle, divisé aujourd'hui en 10000000 parties.

Sinus verse, que les Anciens appelloient *Fléche* ou l'*extrémité du rayon.* Partie du demi-diametre, ou rayon intercepté entre l'arc & son sinus: tous les problêmes de Trigonométie pouvant se résoudre par les sinus droits & par les tangentes, on insere rarement les sinus verses dans les Tables ordinaires dont on se sert en Trigonométrie, avec d'autant plus de raison, qu'on peut aisément trouver le sinus verse par les Tables des Sinus, quand on en a besoin.

Siphones. Pompes.

Situation d'une Mine pour le voisinage de grands chemins ou de rivieres, à considérer dans une entreprise d'exploitation, ou dans tous autres établissements y relatifs, comme forges, fourneaux, &c. par la facilité des débouchés, & de se procurer tout ce qui est nécessaire pour les travaux. 862. M. Blakey n'ignoroit point la conséquence de ce principe, pour l'exécution qu'il proposoit aux Etats de Liege, 1216, & dont il paroissoit s'écarter. Voyez au mot *Secret.* Il s'en est expliqué dans sa lettre imprimée, & en a donné la raison.

Situlæ. G. Tannes.

Situlus. Seau à puiser de l'eau. G. Wasser Tanne.

Skadeliga Loft. SU. Mauvais air.

Skaer. Fouilloir.

Skakt SU. Puits. Wattu dunt Skakt. Puits de réservoir.

Skiffer Bedd. SU. Couche d'ardoise.

Skiffer Brand. Pierre à bouton, espece de jayet. 445. Dans un puits de la Mine du Roi Adolphe Frédéric, nommé *Konst-Schachtet*, on a tiré des masses dures de Brand Skiffer, & des arbres entiérement jayetés, dont quelques-uns portoient encore des marques de l'écorce; quelques-uns encore moitié ligneux, moitié charbons, & semés de *Mumia vegetabilis.*

Skiferic. 447.

Slachten. G. Voy. *Sincken.*

Slage. SU. *Schlag.* G. (Métallurg.) Ecaille. Feuillets écailleux. Pailles, que le marteau fait éclatter du fer que l'on forge. Voy. *Pailles.*

Slate. AN. 400. *Slate Coal clives.* AN. 385, 387.

Slidge. AN. Traîneau.

Slipper. (*Coal*) 589. Voyez *Coal.*

Sluttand. SU. Descente de veine. 879.

Smalt. Schmalt. Union de la Chaux de cobalt avec du quartz, qui a été à demi vitrifié. 1251.

Smegruis. Petit Charbon, Charbon de chaux, Charbon de forge.

Smethorn. Sweling lead. AN. Mine de plomb triée, qui se vend aux Potiers de terre pour vernir leurs poteries. 1233.

Smitz. G. Graisse.

Smrigel Steen. B. *Smyris.*

Smyris. Smirillus officinarum. Eméril, pierre d'émeri.

Socia, (*Vena*) *seu strictior*, par opposition à la veine désignée par l'expression *Vena latior*, ou *Vena principalis.*

Société ou *Confrairie de la très-glorieuse Trinité & de S. Clément*, appellée communément *Maison de la Trinité.* Premiere Compagnie de Gens de mer ou Mariniers formée en Angleterre pour la police de la Tamise, depuis le port de Londres, jusqu'à la mer, & au-delà. 430.

Société Royale des Sciences de Montpellier, établie en 1706 par Louis XIV, & sous la protection du Roi, comme l'Académie Royale des Sciences de Paris, à laquelle elle est associée. Prix qu'elle a proposée en 1777 sur l'usage du Charbon de terre, pour les travaux métallurgiques du fer.

Société libre d'émulation pour l'encouragement des arts, métiers & inventions utiles, nouvellement formée à Paris (en 1776), sous la protection de Sa Majesté. En proposant en 1777, au mois de Juin, un prix sur les *moyens les plus avantageux & les moins coûteux de pourvoir au chauffage du pauvre & du peuple, autres que ceux qui s'emploient actuellement*, a annoncé que les moyens devoient entre autres se réduire à suppléer le bois par le Charbon de terre, ou seul, ou combiné avec d'autres substances qui rendront le chauffage moins coûteux, & d'un usage à peu-près égal & facile.

Société Royale de Londres, Académie formée dans la Capitale d'Angleterre, vers l'an 1658, comme Société libre, revêtue de Lettres-patentes du Roi Charles II en 1663, pour s'occuper de toutes les parties de la Physique, de l'Histoire Naturelle, de la Médecine, des Mathématiques, de l'Antiquité, de la Chronologie, &c. Cette Compagnie tient un des premiers rangs parmi les Sociétés savantes de l'Europe, & est célebre sur-tout par le Recueil périodique de ses Mémoires, connus sous le titre de *Transactions philosophiques*, généralement estimés, & qui renferment un grand nombre de Mémoires sur le Charbon de terre.

Société de Mines. Compagnie établie par Edit du mois de Février 1722, enregistré au Parlement, pour travailler les Mines du Royaume pendant trente années, à l'exception des Mines de fer, sous le

ou les pieds, ou les bras d'un homme, ou des roues hydrauliques, ou des animaux, demandent des attentions particulieres, fur lefquelles on trouve dans l'Ouvrage de M. Delius des détails intéreffants. Plufieurs des machines employées à l'airage ne font autre chofe que des foufflets auxquels on a donné une perfection relative à l'objet.

Soufflets fimples pour conduire l'air dans les Mines, par des hommes ou des chevaux, ou par un courant d'eau. 965. Employés dans les Mines de cuivre de Herngroundt en Hongrie. 965. Effayés dans la Mine de Château-Lambert, en Franche-Comté, par M. de Genffane. 965. Remarque de M. de Genffane. *Idem.*

Espece de Soufflet imaginé par M. de Genffane, qui, au lieu de refouler l'air, faifoit l'effet d'une pompe afpirante. 965. Décrit depuis dans l'Art. XLIV. de fon Réglement inftructif. Remarques fur les inconvéniens des foufflets pour l'airage des Mines. 966.

Soufflets corrigés, appellés *Ventilateurs.* Voyez *Ventilateur.*

Soufflets de fourneaux de Forge, que M. Blackey fe propofoit d'employer aux forges & fourneaux dans lefquels il devoit exécuter à Liege le fecret de fondre la mine de fer au feu de Houille. 1217. Cet Artifte, dans une Lettre imprimée, & datée d'Amfterdam le 20 Octobre 1777, a relevé ce qui m'avoit été écrit, touchant la force de ces foufflets : comme ils étoient annoncés devant être d'une toute autre forme que ceux ufités, leur effet prodigieux, quelqu'extraordinaire qu'il parut, ne pouvoit fournir aucune réflexion ni critique, ni autre ; je m'étois contenté de rapporter fimplement la chofe telle qu'elle m'étoit mandée de Liege.

Soufre. Subftance folide, friable, néanmoins très-inflammable, qui eft ou native ou tirée par différens procédés de différentes matieres foffiles qui en font chargées naturellement ; n'eft autre chofe qu'une fubftance combinée de l'union intime de l'acide vitriolique, avec le principe phlogiftique ou inflammable. Ce que les anciens Chymiftes entendoient par ce mot *Soufre.* 1147.

Le foufre ne fe trouve point dans les Mines de fer. 1170.

Fleurs de Soufre, foufre fublimé qui ne differe que par plus de ténuité & de légéreté. M. de Fleurieu, ainfi que M. de Fougeroux, ont reconnu à la fuperficie des fchiftes de la Mine de Charbon de terre de S. Genis, terre noire, dans le Forez, des fleurs de foufre en couches affez épaiffes. 501.

Foye de Soufre. Hepar. Soufre fondu avec un alkali fixe ; il eft d'un rouge foncé, attire l'humidité & eft âcre ; fon odeur fe fait remarquer dans la combuftion & dans l'analyfe de quelques Charbons. 1263. Dans les Charbons de terre d'Aubaigne, ce foye de foufre eft ammoniacal. M. Sage juge que c'eft le foye de foufre exiftant dans tous les Charbons de terre, qui peut nuire dans l'ufage économique du Charbon de terre comme combuftible, & qui produit l'altération des métaux qu'on chauffe avec du bitume.

Soufre dans le Charbon de terre. (Odeur de) 1154. (*Mém.* 13.) Opinion de M. de Genffane. 1154. De M. Zimmermann & de M. Kurella. (*Mémoire* 13). L'idée où l'on eft affez communément de l'exiftence du foufre dans le plus grand nombre de Charbons de terre eft abfolument un faux préjugé. 980, 981. Il a été conftamment remarqué dans les analyfes citées

page 1154, que l'alkali volatil, le fel ammoniac, l'acide fulphureux, le foufre uni à l'alkali, ou avec l'huile dans l'état d'hepar ou de rubis, font formés dans les vaiffeaux qui renferment les Charbons de terre foumis à la diftillation ; il ne s'enfuit point pour cela que dans la combuftion du Charbon de terre, les vapeurs qui s'en exhalent foient de la même nature ; les phénomenes de la combuftion ne pouvant jamais être comparés avec ceux de l'analyfe dans les vaiffeaux clos ; fi dans le premier cas il y a une décompofition prefque totale, une partie de cette décompofition a lieu effectivement dans le fecond cas ; mais il s'opere des recompofitions d'où proviennent l'alkali volatil, le fel ammoniac, le foufre, qui ne fe trouvent point ainfi formés dans la fuie de Charbon de terre. Voyez *Suie de Charbon de terre.* Voyez *Acide fulphureux.*

Evaporation de ce qu'on appelle foufre dans le Charbon de terre à Sultzbach. 1138, 1181.

Extraction du foufre des pyrites, avec le feu de Charbon de terre. 1239. *Extraction du foufre des Mines arfénicales,* dans un fourneau propofé par M. de Genffane. *Idem.*

Soufrées, (*Meches*) néceffaires parmi les approvifionnemens d'une Mine, pour mettre le feu à la cartouche lorfqu'on veut faire fauter le roc avec la poudre à canon : on prend ordinairement trois de ces meches, on les amollit en les paffant par-deffus la flamme d'une lampe, & après les avoir entortillés enfemble, on les attache par un bout au bout du petit tuyau qui va jufqu'à la cartouche, & on allume l'autre bout à la lampe, en ayant attention de fe retirer promptement dans quelque endroit fûr. Si cet endroit eft un peu éloigné, on donne plus de longueur aux meches, afin qu'on ait le temps de gagner cet endroit, avant qu'elles mettent le feu à la poudre.

Soufreux. (*Charbon*) *Veine puante.* Stinking Vein. AN. V. *Sulphureux.*

Soumiffion. (Jurifprudence.) Déclaration par laquelle on s'oblige de payer : tous Voituriers & Marchands de terre, foit bourgeois, foit forains, font tenus de faire leur foumiffion de payer les droits de quatorze fols fix deniers par minot de Charbon de terre deftiné pour Paris & pour la banlieue. 667.

Soupape. Clapet. Valvules. Partie des plus effentielles des machines hydrauliques ; c'eft un bouchon, un couvercle, ou toute autre piece fervant dans une pompe à laiffer paffer l'eau, mais qui referme enfuite le paffage quand elle a été une fois tirée par le moyen du pifton. 1012, 1020. De Différentes efpeces. 1022. Conftruites en entiérement de cuir, ou de cuir & de bois, ou de laiton & de cuir, ou de cuivre. 1023. *Boîte de Soupapes.* *Ibid.*

La difficulté que l'eau éprouve en paffant par les foupapes, eft une des principales confidérations dont ceux qui entreprennent d'établir des pompes doivent s'occuper. 1024.

Bonne qualité, pofition & conftruction d'une foupape. 1025.

De la pefanteur, de la folidité & de l'épaiffeur. 1026, 1027.

Du diametre de leur ouverture. 1025, 1026. Eclairciffement fur ce point. 1025.

Fonctions d'une Soupape. *Idem.*

Principes fur lefquels il faut déterminer l'ouverture des Soupapes. 1026.

Conftruction des *Soupapes de la machine à va-*

peurs de Fresnes. 1065. *Soupape reniflante*, servant à évacuer l'air que la vapeur chasse du cylindre, lorsqu'on commence à faire jouer la machine, & ensuite l'air amené par l'eau d'injection qui empêcheroit l'effet de la même machine, si elle n'avoit point d'échapée; placée au fond d'un godet.

Soupapes des soufflets. Voyez *Soufflets*.

Soupirail d'aqueduc. *Æstuarium*.

Soupiraux. Voyez *Puits à air*.

Sous-entrepôts de Ventes dans les grandes Fabrications de Houille apprêtée. Voyez *Entrepôts*.

Sous-tendante. Sub-tendante. Ligne droite opposée à un angle, & qui est présumée tirée des deux extrémités de l'arc qui mesure ce même angle. *Linea recta. Linea subtensa*.

Souterrain. (*Puits*) *Bure*, *Défoncement*, *Torret*, *Bouxtay*. 255.

Souterrain. (*Génie*, *follet*), confondu par les anciens Ouvriers de Mines, avec les différentes vapeurs suffocantes. 928, 929. Météores souterrains. Voyez *Météores*.

Souterraine (*Architecture*) des Mines. 240. (*Mesure*). Voyez *Mesure*. (*Vapeur*). Voyez *Vapeur*.

Souterrains. (*Mesure des*) Voyez *Mesurer*. Le IIIe Problême de Weidler renferme une solution pour la *mesure des galeries dont l'entrée est oblique*, & dans le IVe, *la mesure des souterrains dont la direction est de bas en haut*.

Soustillaire, (*Ligne*) nommée aussi *Méridienne du plan*. Ligne droite qui représente un cercle horaire perpendiculaire au plan. Voyez *Ligne*.

Soutre. Dans la Mine de Fims en Bourbonnois, les Ouvriers appellent ainsi un grès pourri, de couleur pâle, & qui est commun dans tous les terreins à Charbon. 579.

Souverain (*Conseil*) *des Mines*. Pour la conservation du droit Régalien & du bail, donnés par l'autorité souveraine en Allemagne, on établit dans les Villes qui ont des Mines dans leur voisinage, des Conseils supérieurs & un Conseil souverain composé de personnes versées & expérimentées dans les opérations de Mines qui sont en même temps d'un très-grand secours pour l'avantage même de ces entreprises. 815. La Cour appellée à Liege la Cour des Voirs-Jurés du Charbonnage, est un de ces Conseils, le plus recommendable par son utilité. Voyez *Cour des Jurés du Charbonnage*.

Souveraineté sur les Mines, (*Droit de*) renfermé uniquement à son origine dans le *Dixieme* au profit du Souverain. 609.

La premiere Ordonnance de nos Rois sur le Dixieme en 1... de Charles est très-remarquable à deux titres : *Nous avons & devons avoir & à nous, & non à autre, appartient de plein droit, tant à cause de notre souveraineté & Majesté Royale, comme autrement, la dixieme partie purifiée de tous métaux qui en icelles Mines est ouvré & mis au clair;* il ajoute tout de suite, *sans que nous soyons tenus d'y frayer ou despendre aucune chose, si ce n'étoit pour maintenir & garder ceux qui font œuvrer & sont résidens, faisant feu & lieu sur ladite ouvre, pour eux ou leurs Députés qui sçavent la maniere & science d'ouvrer esdites Mines, & à iceux donner privileges, franchises & libertés*, telles qu'ils puissent vivre franchement & seurement en notredit Royaume, mesmement qu'une partie d'iceux sont de nations & pays étrangers; & en voit-on plusieurs mourir & mustiler en faisant ledit ouvrage, tant pour la puanteur qui est esdites Mines, comme par les autres périls qui sont d'aller sous terre minant ; *pourquoi ils ont besoin d'être préservés, gardés de toutes violences, oppressions, griefs & molestes par nous*, comme le temps passé a été fait par nos prédécesseurs Rois de France en cas semblables.

D'après la teneur de l'Ordonnance, les privileges, franchises accordés à ceux qui entreprennent des travaux de Mines (Propriétaires de ces terreins, ou étrangers qui se sont arrangés avec les premiers), semblent être une sorte de dédommagement de la charge du Dixieme au profit du Roi, dédommagement auquel s'est engagé lui-même le Souverain, autant qu'un encouragement, ou une précaution contre quiconque voudroit éluder le Dixieme. Ce droit de Dixieme entraînant naturellement pour sa sûreté & sa conservation, *un pouvoir de permettre ou d'empêcher la fouille*, 622, on en a souvent inféré un pouvoir suprême & absolu, dérogeant aux loix de la propriété, ouvrage de la nature, dont l'autorité souveraine est tutelaire, pour que ces mêmes loix ne soient pas violées.

C'est à la faveur de cette extension imaginaire qu'on a vu multiplier dans presque toutes les provinces de France des Concessions ou Lettres-patentes de privilege, dont le plus grand nombre sont autant de surprises faites à la Religion du Prince; tout le monde le reconnoît pour souverain arbitre & dispensateur des honneurs, des titres, des graces ; mais il n'a pas intention de donner atteinte à la puissance privée des Propriétaires, sans doute la premiere qui ait existé dans le monde ; il est incontestable que les propriétés sont dans les mains du Roi, mais pour les conserver, & non pour en disposer : lorsque par raison d'état, qui n'est autre chose que l'utilité publique, il vient à en disposer, l'indemnité due au Propriétaire devient une nouvelle espece de propriété qui supplée à la premiere, qui ne fait que la fortifier, qui est entiérement opposée aux dons & concessions octroyés par Lettres-patentes sous le nom & au profit de particuliers. Voyez *Subreptices*.

Soye. (*Tirage de la*). Voyez *Filature*. V. *Tirage*. Voy. *Vers à soie*.

Soyeres (*Montagne des*) en Dauphiné, ou plutôt dans le Graisivaudan : en 1770, on y a découvert du Charbon de terre, dont l'exploitation par concession a été accordée pour trente ans.

Spahne. (*Holtz*) SAX. Copeaux de bois.

Spath. Voyez *Zech Stein*.

Spath calcaire fusible. *Feld. Spath*.

Spath gang. SAX. *Filon du soir*. *Vena serotina*.

Spath en barres. SAX. Stangen Spath. Crystaux non métalliques de *Schoerl* opaques, blancs, farineux à leur surface, oblongs, arrondis, striés à la superficie ; on les rencontre parmi quelques laves & dans quelques Mines ; appellés *Spath*, à cause de leur ressemblance avec le Spath calcaire.

Specus. *Crypta*. G. Gruben.

Speiche. G. *Radius*.

Speiss. *Speizze*. (Métallurgie.) Espece de Bronze ou matiere aigre, regardée par M. de Genssane comme une sorte de régule. Régule de Speiss. 1238. On nomme aussi *Speiss* un mélange de quartz & de cobalt calciné, qui n'est pas vitrifié.

Sperhacte. G. *Uncus*. Crochet.

Sphere. 754. Sa connoissance nécessaire pour celle de plusieurs instruments, de l'astrolabe, &c ; l'astrolabe peut même servir de sphere, de globe, même de demi-cercle, les usage de ces instruments se faisant par l'astrolabe, & souvent même plus commodément, parce qu'il est plus portatif.

Sphere. (*Cercles de la*) 154. Les principaux, tels que l'horison & le méridien, sont représentés sur le plan d'un des plus grands cercles de l'astrolabe. 788.

Sphériques. (*Eléments*) Voyez *Eléments.*

Sphérique, (*Forme*) nécessaire à donner à l'alembic des machines à vapeur, pour qu'avec une épaisseur proportionnée, elles puissent soutenir l'effort. 1087.

Spille. G. *Axis statutus.*

Spiritales. (*Machinæ*) Wind senge. Genzenge. So. Wetter bringen. Machines à air.

Spiritales, (*Putei*) G. Wind Schachte. Puits d'airage.

Spiritalia foramina. G. Wind. Locher.

Spithama. Spalmus major. Dodrans. Empan.

Splint Coal. Partie supérieure ou toit d'une veine de Charbon de Carron. 833.

Sploon. Sployon. Le. *Du Hernaz* ou du bure. Petit traîneau fait en échelle de 4 pieds de longueur environ, sur deux & demi de largeur, & un demi de profondeur. 229. *Sployon des Hiercheux.* 224. *Ghyot à Sployon.* 228. M. de Genssane, dans l'Article XXXVI du Réglement instructif, parle de ces charriots, capables de contenir environ deux quintaux de Charbon, dont les roues d'une extrémité doivent avoir 6 pouces de diametre, & celles de l'autre 9 pouces : l'extrémité où sont ces grandes roues devient la partie de devant, lorsque la voiture va en descendant; & l'extrémité des petites roues est le devant, lorsque le travail est de niveau, ou va un peu en montant.

Spopper. Le.

Spouxheux. Spuiseux. Bure avant pendage. Le. Bure qui se profonde quelquefois, quand on n'a pas construit de parti-bure, & qui est assez éloigné du grand bure pour donner l'aisance de travailler un grand bure, afin de xhorrer les eaux. 251, 278. Voyez *Tombeux.* Voyez *Bolleux.* Voyez *Carihou.*

Sprach (*Berg.*) *Langage des Mines*, mêlé de termes techniques de différents pays, souvent corrompus, dénués de sens, même barbares, dont il est indispensable d'être instruit ; ce langage doit être regardé, dans chaque pays, comme la clef du métier, *Introduct. pag. ix*, de même que la Géométrie est la clef de l'art de l'exploitation.

Spring. Su. *Fente*, *rupture*, ouverture dans le roc, dans le charbon. Voyez *Vuides.*

Spring. An. Communément source d'eau : le même terme paroît quelquefois être synonyme aux mots Flow, Flone. Saut. Beswaer. Faille. 269.

Springlees. Stips. (Charpenterie de Mines), à Dalem. 370.

Springleeler. Assurer, resserrer avec des *Springues.* *Idem.*

Spruzz. Ital. Mine éparse, en grappes, en roignons.

Spuiseux. Spouxheux. Puiseux. 378.

Spurstein. G. Premiere malte, ou malte crue. Voyez *Malte crue.*

Squatt. An. Minéral des Mines de Cornouailles, en morceaux épars de forme applatie, & qui ne font point en veine, c'est-à-dire, qui ne sont point continus : c'est ordinairement de l'étain incorporé avec du Spach.

Stab. G. *Pertica.* An. Pool.

Stalire. Le. Grande planche, sur laquelle se marque avec de la craie le nombre des panniers de Houille qui arrivent au jour. 229. Mettre la marque, ou marquer *enseigne.* *Id.*

Stage. Sax. Supports.

Stampe. Plomb de Bure. Le. Dimension du Bure en profondeur. 243. Signifie aussi quelquefois l'intervalle d'une Veine à une autre. *Idem.*

Stanchée, (*Areine*) *étranglée.* 281. Voyez *Areine.*

Stangen Kunst. G. Feld gestange. *Stangen*, (*Zug*) Barres de trait.

Stanseurs. Le. Ouvriers chargés des étançonnages des travaux & des cuvelages. 210.

Stappes. Le. Piliers d'appui, formés avec des *Fouailles*, c'est-à-dire, de la menue houille. 211, 252, 253, 291. 401. *Stappe sous la main*; c'est avant le pendage ou en descendant. *Pareusse de Stappe.* 251, 252.

State Marle. An. Sorte d'ardoise grasse, bleue ou bleuâtre. 377.

Stations. (Géométrie pratique.) Point sur la terre auquel doit répondre le centre d'un instrument avec lequel on mesure; il se marque communément avec un fil à-plomb, ou avec le pied même de l'instrument. Il sert à la justesse dans la mesure, afin que la longueur rapportée selon l'échelle géométrique, reste toujours proportionnelle, & que l'opération en général se fasse avec exactitude. 299, 333. On se contente quelquefois de faire ces notes par écrit.

Statique. Science de la pesanteur des corps; elle traite particuliérement du centre de gravité, de l'équilibre des corps graves, & des mouvements qui dépendent de la pesanteur. 924.

Statuts & Réglements de Compagnie de Mines, pour la régie, la conduite & la police des personnes employées sur les Mines, à dresser, de l'agrément & sous l'autorité du Grand-Maître, par l'Art. XIII de l'Edit du mois de Février 1722, portant établissement d'une Compagnie pour toutes les Mines du Royaume, enregistré au Parlement de Navarre, avec injonction de rapporter au greffe les Statuts qui seront donnés par le Grand-Maître.

Statuts du College des Houilleurs à Liege, du 24 Juillet 1593, renouvellés en 1684, avec quelques changements, & depuis cette époque, suivis de Mandements de plusieurs Princes. 341.

Statuts & Ordonnances sur la conduite de la navigation, entre les villes de Mons & de Condé, l'entretien des rivieres, réglement de ventailles & tenues d'eaux y servantes. 734.

Statutus Axis. G. Spille.

Steam Engine. An. *Machine à vapeur.*

Stechement. Ha. Touret des bures souterrains. 458.

Steal Marle, formant une des premieres couches des Mines. 377.

Steen. (*Smrigel*) B. *Sehmirgel.* G. Smyris. *Smerillus officinarum.* Emeri, pierre d'émeri.

Stehender gang. G. *Vena recta.*

Steigende. G. *Cryptæ surgentes*, *ascendentes.* Le. Montées.

Stein. (*Groloet Moer.*) Su. Voyez *Groloet.* *Stein*, (*Kohlen*) *un Roisse.* Charbon de terre impur. *Stein Vallen.* Su. Agger. *Vallum.*

Stellige Geburge. Montagne isolée qui a ses bancs d'une direction plus longue & mieux suibornes

bornes étroites, dans lesquelles une Table des matieres nous oblige de nous renfermer, pas même le manque de succès des opérations dont nous rendons compte, ne peuvent nous dispenser d'assigner dans cette courte notice historique une place honorable à l'augufte Promoteur de ces essais importants. Les personnes de haut rang ou constituées en dignité, qui, par leur protection ou par leurs libéralités, concourent à des découvertes dispendieufes, ont autant de droit que les Savants à la reconnoissance de la postérité, pour leur bienveillance; nous devons, en conséquence, rendre ici un hommage publique à la mémoire du feu Prince Bourbon de Conti. Le goût naturel dont il étoit animé pour les Arts, pour tout ce qui pouvoit tendre à quelque découverte, assuroit la protection de ce Prince aux personnes qui s'occupoient d'objets utiles; il paroit que c'est au feu Prince de Conti qu'on est redevable des facilités accordées par le Ministre, pour les expériences faites d'abord à Breteuil, par lesquelles nous allons commencer, & ensuite à Aizy.

La Mine de fer, sur laquelle M. de Stuart a opéré à Breteuil, est une Mine d'*Alluvium*, ocreuse, & mêlée de pierres de grès. M. Cadet, de l'Académie des Sciences, M. le Chevalier de Fontanieu, ajourd'hui de la même Académie, & M. le Subdélégué de l'Intendance d'Alençon, député par M. Bertin, Ministre, étoient présents; on a réussi très-facilement à fondre cette Mine de fer avec les braises de Charbon de terre d'Ardingheim dans un fourneau dont nous donnerons les dimensions; il avoit été dressé un projet de Procès-verbal qui n'a point été arrêté. Mais on peut regarder comme certain le résultat suivant. Le feu des braises de Charbon de terre qui ont été employées aux essais de Breteuil, détruisoit ou sublimoit le phlogistique métallique qui sert de *Gluten* aux parties de fer, & qui en constitue la ténacité. La fonte qui en a résulté étoit cassante à chaud & à froid, elle étoit très-difficile à rafiner. Dans cette seconde opération, la fonte perdoit plus que la fonte ordinaire; on en a fait cependant quelques barres de fer qui avoient l'apparence d'être de bonne qualité, quoiqu'il contînt du cuivre en assez grande quantité; (cette circonstance est très-singuliere) on en a même obtenu des grains & des culots assez considérables.

Les principales expériences faites à Aizy, sont consignées dans un Procès-berbal du mois de Mai 1776; mais il y en a eu de préliminaires en premier lieu avec des braises de Charbon de terre d'Ardingheim, ensuite avec celles du Charbon de S. Etienne; nous savons, quant aux premieres, qu'il n'a pas été possible de les employer, non plus que le Charbon brut du même endroit, ni au fourneau, ni à la forge; il a réussi, comme le second, aux forges des Maréchaux, des Taillandiers, des Serruriers & Cloutiers qui en ont fait usage en grand, en employant des fers qui avoient été fondus & fabriqués avec du Charbon de bois.

Après cette tentative, M. de Stuart a procédé à d'autres essais avec les braises de Charbon de S. Etienne, à la grande *Chaufferie* ou *Renardiere* de la forge à fabriquer le fer en barres; nous renvoyons au détail que nous publierons l'exposé & l'analyse de ces expériences; M. le Comte de Stuart lui-même n'en fut point satisfait, ce qui le détermina à retourner sur le Char-

bon de terre de Montcenis. Il se rendit lui-même à la Mine, en fit préparer sur le lieu, & le fit transpo... à Aizy avec une partie de Charbon brut, ... y exécuter le procédé du cuisage, en présence de M. de Buffon qui le desiroit.

Ce sont les opérations exécutées dans le mois de Mai 1776, avec ces braises de Charbon de terre, qui ont le plus fixé l'attention, & qui ont paru pouvoir former la matiere d'un Procès-verbal; des échantillons de fonte de diverses gueuses & fers forgés, provenants de ces Charbons préparés, ont été déposés dans le cabinet d'Histoire Naturelle de S. M. ainsi que plusieurs morceaux des braises provenants de l'*alumelle* qui avoit fourni les braises employées à ces fontes.

Les fers provenants des fontes faites avec les braises de Charbon de Montcénis, étoient pleins de nerf & paroissoient très-bons; la qualité *excellente* de ces fers a été prononcée d'après quelques essais, & d'après l'apparence; mais a-t-elle été constatée par quelque expérience décisive? On ne sauroit trop se rappeller ce qui a été reconnu aux forges de Sultzbach un grand nombre d'années après qu'on y pratiquoit la fonte des Mines de fer au feu de Charbon de terre. V. *pag.* 1181, *note* 2, 1186 & 1187. Pour juger si cette fonte exécutée à Aizy a la capacité & le liant de ses parties entre elles qui lui procurent la facilité de résister à de violents efforts, pour mettre l'expérience de M. de Stuart, hors de toute contradiction, n'auroit-il pas été à propos, de soumettre cette fonte à nombre d'épreuves, comme de faire des marteaux de forges, quelques mortiers à éprouver la poudre à canon, &c. C'étoit-là le cas de recourir aux différentes manieres employées par les Marchands de Suede & d'Angleterre, pour éprouver le fer qu'ils embarquent. Voyez page 848. V. *Tour & détour.*

Nous réservant discuter toute cette expérience, ou à part, ou dans un supplément, venons, comme nous l'avons annoncé, aux Conclusions du Procès-verbal.

Les personnes qui ont assisté à ces opérations terminent le Procès-verbal en disant que *des expériences y rapportées, il résulte qu'indubitablement M. Williams, Comte de Stuart a trouvé, & est le vrai possesseur d'un secret unique, qui est de fondre & affiner le fer non-seulement avec du Charbon de terre préparé suivant sa méthode dans les hauts fourneaux & forges, sans rien changer à la manutention & usages qui sont établis dans le Royaume, avec telle ou moindre quantité de Charbon de bois qu'on voudroit y admettre, mais même qu'on le fait aussi avec le Charbon de terre préparé sans aucun mélange de Charbon de bois.*

Les personnes versées dans le genre de travaux dont il s'agit, & qui liront avec attention le Procès-verbal, n'y reconnoîtront point de concordance avec les conséquences. Les différentes opérations exécutées sous la direction de M. de Stuart, viennent très-bien à l'appui de toutes celles que nous avons rapportées dans la troisieme Section de seconde Partie, pages 1201, 1202 & *suiv.* Voilà tout ce que nous voyons, les expériences faites tant à Breteuil qu'à Aizy, sont de nouvelles preuves incontestables que dans un fourneau monté sur la méthode de celui qui a servi, qui est échauffé & en train depuis sept mois, on peut avec des braises de Charbon de terre bien préparées, & appartenantes à un Charbon de bonne qualité, on peut, dis-je, fondre des Mines de fer , c'eſt-à-dire, dépouiller la fonte des parties impures qui ſe mélangent avec elles à la fuſion des Mines. Mais ce n'eſt ce qui eſt intéreſſant à prouver , puiſque ſoit du Charbon de terre mêlé avec du Charbon de bois, voy. *page 1219* , ſoit avec du Charbon de terre ſeul, la choſe a réuſſi plus d'une fois : le véritable objet de recherche , eſt de parvenir conſtamment à exécuter parfaitement la fonte des Mines avec économie, ou du moins avec égalité de dépenſes dans le même eſpace de temps, à peu-près qu'en demanderoit la même fonte au feu de Charbon de⁴ bois , ſans quoi , l'expérience, quelque heureuſe qu'elle puiſſe être, n'eſt qu'illuſoire. Voyez *page 1187.* La queſtion ſe réduit alors à celle-ci. Employant des braiſes préparées de telle façon , de Charbon de terre de telle nature , échauffer & faire aller le train ordinaire à un fourneau à fondre des Mines de fer , ou tel autre fourneau ſpécifié ; parvenir à cet objet avec autant d'économie & d'avantage , & dans le même temps que la choſe ſe pratique avec des Charbons de bois.

Dans la conduite tenue pour les opérations dirigées par M. de Stuart à Breteuil & à Aizy , on n'entrevoit aucun principe ſur la connoiſſance des fourneaux de forge , ſur les fontes , ſur le choix du Charbon , fut la fabrication des braiſes, dont la qualité douce , doit influer ſur la qualité des fers , ni ſur la méthode ou le degré du cuiſage. On verra , au contraire , dans les détails de ces opérations des manipulations variées qui s'écartent ʼen tout des principes généraux ſur ces objets fondamentaux.

Stul. G. Tripus. Trepié.

Stunden. G. Horæ. Stunden Scheiben. G. Circulus horarius. Voyez *Cercle horaire.*

Suante. (*Chaude*) c'eſt-à-dire complette. V. *Chauffe.*

Suartor. Ardoiſe noire , argilleuſe , qui s'allume & brûle au feu ſans faire flamme ni chaleur, mêlée de Charbon de pierre, qui flambe & ſe réduit en cendre, tandis que les autres conſervent en tout ou en partie leur premier volume , placée communément dans la Mine du Roi Adolphe Frédéric, au-deſſus des couches de Charbon , & dans toutes les landes; elles ſont en partie friables, en partie plus dures; il s'y trouve mêlé une partie de *Kolm.* Voyez *Kol.* Voyez *Kulm.* Voyez *Fierſtad.*

Subciſivum. (*Fodinarum*) *Area ultima quæ abſolvi non poteſt* ; le ſurplus de Mine qui n'a pu être travaillé.

Subdélégués du Grand-Maître de Mines en France , & de ſes principaux Officiers ; attendu la difficulté de la part du Grand-Maître des Mines, ſon Lieutenant, Contrôleur général & Greffier, d'être en même temps par-tout où leur préſence pourroit être néceſſaire pour leur ſervice , & pour le devoir de leur charge ; l'Art. XV de l'Edit de Réglément général permet audit Grand-Maître & à chacun de ſes principaux Officiers , de commettre & ſubdéléguer en leurs charges perſonnes ſolvables que le Grand-Maître jugera en ſa conſcience capables.

Subdélégués d'Intendants de Province. Par l'Article X de l'Arrêt du Conſeil du 14 Janvier 1744, portant Réglement pour l'exploitation des Mines de houille ; aucune ſorte de travail ne doit être ceſſé qu'après déclaration faite au Subdélégué de l'Intendant de la Province le plus à portée du lieu de l'exploitation.

Subdélégués de Ville, pour la Juriſdiction du

bureau de Ville dans les cas urgents.   643

Subdialis (*Vena*) (*fibra*) Signifie littéralement veine à découvert ; mais Agricola , dans lequel on trouve ce mot , s'en ſert pour ſignifier toute eſpece de veine qui vient de la ſuperficie joindre le toit d'une Veine , ou qui du fond de la Montagne vient joindre le plancher d'une veine ; *ſubdialis* (*menſio , menſura.*) G. Der tag zug. Meſure ſouterraine. Voyez *Meſure à découvert.*

Subhaſtation. Venditio ſub haſta. (Juriſprudence.) Vente d'un ou de pluſieurs héritages d'un débiteur , qui ſe fait après pluſieurs criées , devant la Juſtice des lieux où ſont ſitués les héritages : uſitée dans quelques provinces de France , où l'objet de ces *ſubhaſtations* , eſt le même que celui de la *Vente par decret* ; cas où elle a lieu dans la Coutume de houillerie , au pays de Limbourg.   731.

Sublimation de l'alkali volatil concret de la liqueur de ſuie de Charbon de terre ; M. de Seve , Apothicaire de Liege, ſe ſert pour cela d'un mélange de parties égales de craie en poudre fine & de potaſſe pour faire une pâte avec cette liqueur. On doit procéder dans cette opération avec les mêmes précautions recommandées pour la diſtillation. Mais quand on s'appercevra que la croute ſaline qui ſera formée dans le chapiteau commence à ſe réſoudre par les vapeurs , il faut retirer le feu & refroidir tout l'appareil , au moyen de linges mouillés appliqués ſur la cucurbite & ſur le chapiteau. Si le ſel volatil ne ſe trouve pas auſſi blanc que vous le deſirez , faites-le ſublimer de nouveau ſur de la craie bien ſeche , & réduite en poudre fine. V. *Procédés.*

Submergées (*Veines*) *deſſous la main. Veine au-deſſous du niveau du xhorre. Veine non xhorrée. Veine inférieure.* LE. 289. Juriſprudence pour ces Veines dans le Limbourg. 728. En matiere de Conquête , on ne peut au pays de Liege acquérir que les Veines noyées ou ſubmergées , c'eſt-à-dire, qui ſont d'un niveau plus bas que la galerie d'écoulement ; les Veines ou parties de veines ſupérieures à cette galerie reſtent en propriété au Propriétaire du fonds.

Subreptices (*Lettres-patentes de Conceſſion ſouvent*) par des réticences ou de faux expoſés qui ont écarté l'attention du Souverain ſur des circonſtances qui euſſent fait refuſer la grace ſollicitée & obtenue , 616 , preſque toujours par conſéquent ſuſceptibles d'oppoſition ou de ſuſpenſion , & laiſſant un libre cours aux réclamations ; d'ailleurs ces Lettres-patentes, comme toutes celles expédiées ſous le nom & au profit des Particuliers , ne ſont jamais accordées que ſous la réſerve expreſſe, toujours ſous-entendue , quand elle n'eſt pas exprimée , *du droit d'autrui* , enſorte que ſi les droits de quelqu'un ſont compris ou altérés par la grace , par le privilege porté dans les Lettres-patentes , le Particulier a toujours le droit de s'oppoſer à l'effet & à l'exécution des Lettres-patentes , pardevant les Juges ordinaires auxquels reſſortiſſent la faculté & le ſoin de juger les diſcuſſions qui , ſur l'exécution de Lettres-patentes , peuvent concerner les droits & les intérêts des particuliers.

La puiſſance réglée du Souverain ne s'étend pas juſqu'à pouvoir intervertir l'ordre des loix en faveur de leurs ſujets au détriment d'un tiers, 618 , & quoique les graces qu'accorde le Souverain doivent toujours être favorablement interprétées , celles de l'eſpece dont il s'agit ici ne peuvent jamais avoir l'effet de dépouiller un tiers de sa propriété, 619, & doivent toujours être entendues strictement.

Subrogation permise en fait de privilege, à ce qu'il paroît par un Arrêt du Conseil du 25 Janvier 1746, qui, en confirmant l'adjudication faite à la Dame veuve Danycan des Mines de Bretagne, & de la subrogation au privilege accordé pour les faire valoir, ordonne qu'elle en jouira conformément aux Lettres de Concession du 11 Février 1730.

Subsides. Subventions. Le Roi Charles VI, par son Edit de 1413, considérant que ceux qui s'adonnent aux travaux de Mines, se mettent continuellement en danger de périr, veut & ordonne que les Marchands & Maîtres faisant ouvrir les Mines à leurs propres coûts, missions & dépens, & qui ont feu, lieu & résidence sur lesdites Mines & martinet, ainsi que leurs Députés en un chacun martinet tant seulement, & aussi les Ouvriers avec les Gardes de S. M. & non autres, soient quittes, francs & exempts de toutes Tailles, Aydes, Gabelles, quart de Vin, Péage & autres quelconques subsides, quels qu'ils soient, ayant ouvré dans le Royaume, c'est à sçavoir *du Creux* de leurs terres & possessions, & non d'autres.

Dans le Privilege exclusif donné à Versailles le 6 Juillet 1727 au Sieur Jean May, Anglois, pour pendant l'espace de cinquante ans, établir, construire, ériger, enseigner & mettre en pratique dans toute l'étendue du Royaume la machine à vapeur; les mêmes exemptions, droits & franchises accordés pour l'espace de vingt années à tous ceux qui font de nouveaux établissements utiles à l'Etat, étoient octroyés à tous ses Associés, Préposés & Ouvriers, tant François qu'Etrangers.

Substances terrestres de Mines, placées dans les Ordonnances parmi les Mines, dont la fouille ne peut être faite sans permission. 610.

Subtendante. (Géométrie.) Base du triangle-rectangle. Voyez *Triangle-rectangle.*

Subtendante, Soutendante. (Ligne) V. *Soutendante.*

Subtenta. (Linea) Linea recta. Ligne soutendante.

Subterranea. (Geometria.) G. Die Mark Sheide. Géométrie souterraine. *Subterranea. (Mensura)* Den Gruber Zug-Das abzieden, mesure souterraine.

Successeurs & Ayant-cause des Privilégiés, appellés par la loi à la jouissance du privilege, par l'Article V de la Déclaration du Roi concernant les privileges. Dans le cas du décès d'un Privilégié pendant la durée de son privilege, les Héritiers directs ou collatéraux, Légataires universels, Particuliers ou autres Ayants-cause, ne peuvent succéder audit privilege sans avoir obtenu une confirmation, après avoir justifié de leur capacité; & ce nonobstant toutes clauses, telles qu'elles puissent être, qui pourroient se rencontrer, soit dans le titre de Concession, soit dans les titres & actes postérieurs, auxquels il est expressément dérogé par la Déclaration.

Succin. Succinum. Karabe officinar. Bitume concret, différent en couleur, dont l'espece de couleur jaune est plus communément appellée *Ambre.* l'état des Mines du Royaume donné par Martine Bertereau, Dame & Baronne de Beausoleil, dans l'Ouvrage dédié au Cardinal de Richelieu, sous le titre de *la Restitution de Pluton*, en 1640, indique une Mine de succin jaune, autrement nommé *Ambre*, près de Laon, & quantité de Tourbes.

Selon M. de Genssane, il s'en trouve de bien pur & transparent dans le Charbon de terre d'une Veine qui s'exploite près du Pont Saint-Esprit. 1155, 1243. Voyez *Sel de Succin.*

Succin noir. Succinum nigrum officinar. Jayet, auquel se rapportent en particulier le *Cannal coal* des Anglois, & le Charbon de terre en général. Voyez *Poix minérale.*

Sucula. G. *Ronbaum.* Treuil du moulinet, *Axis in peritrochio*, mais muni de barres, & parallele à l'horison. V. TREUIL. *Axis. Peritrochium.*

Sucre. (*Rafinerie de*) Ses chaudieres chauffées avec du feu de Houille. 1256. Corrections proposées par M. Venel pour chauffer économiquement les poëles des étuves de ces Manufactures. *Id.*

Sud. L'un des quatre Points Cardinaux; il est distant de 90° des points Est & Ouest, de 180° du Nord auquel il est par conséquent diamétralement opposé.

Suede. Plusieurs provinces de ce Royaume possedent des Mines de Charbon de terre, qui font le sujet de quelques Mémoires insérés dans les Actes de l'Académie de Stockolm. 444.

Suer. Se dit du fer auquel on fait essuyer une chaude qui en amollit les parties intérieures, leur donne une couleur dorée, & en fait sortir une Couche de Vernis fluide.

Suffocante. (*Vapeur*) LE. *Fouma.* AN. *Stink, Stith* à Newcastle. *Aer immobilis, aer gravis.* 981.

Suffocation des Mineurs dans les Mines métalliques. Observation de M. Brovallius sur la suffocation ou l'assoupissement des Ouvriers dans les Mines de Quekna. 987. Sentiment de cet Auteur sur ce qui produit l'asphyxie des Mineurs. 1002. Observation & sentiment de M. Henckel. 1004. Traitement de cette suffocation par ce Savant. *Idem.* Remedes employés dans les Mines de Quekna. 1005.

Suffocation dans les Houillieres. Deux causes différentes; exhalaisons souterraines, & vapeurs de feu de Charbon de terre allumé dans les galeries. Cette syncope, du même genre que celles occasionnées par les exhalaisons de Charbon de bois embrasé dans un endroit renfermé. 985.

Suffocation produite par les exhalaisons intérieures des Houillieres, par le *fouma*, par le *krowin*, c'est-à-dire, par l'état de l'air des Souterreins. Questions sur les causes d'où peut provenir cette suffocation. 988. Les observations de M. Triewald, 1002; celles de M. l'Abbé de Sauvage, 154, & de M. Lemonnier, 590, 1003, & toutes celles qu'on pourra recueillir sur cet objet sont de la plus grande conséquence, elles doivent servir de base à toutes les méthodes à imaginer pour le traitement. 1002. Sentiment de l'Auteur sur l'état primitif des Ouvriers au moment qu'ils éprouvent l'atteinte de cette suffocation, pour expliquer cet accident. 1004.

Suffoqués. (*Ouvriers*) Méthode abrégée pour secourir les 1005. V. *Emetique.* V. *Vomitif.*

Suicide. Manie, commune, dit-on, parmi les Anglois, attribuée par quelques Ecrivains François à la vapeur qui s'exhale du chauffage avec le Charbon de terre. 1265.

Suie de poix. Noir à noircir. Noir de France, résultante de poix de rebut, brûlée & condensée en fumée, & qui est toujours inflammable.

Suie de Charbon de terre, dite dans le langage du peuple Liégeois, *Soufre de cheminée*, 980, est une suie *résinifiée* ou *bituminisée.* [*Mém.* 21.] Odeur qu'elle renvoye dans certains temps des cheminées dans les appartements, *Idem*; donne par ses lotions du sel ammoniac, & ne differe de la suie des feux de bois, que par cet état ammoniacal bituminisé & succiné.

Analyse de la suie du Charbon de terre de Fims. Procédé pour obtenir de l'alkali volatil, en décomposant le sel ammoniac qui se trouve dans la suie de Houille, publiée par M. de Seve, Apothicaire de Liege, dans un des Journaux de Liege, intitulé *Esprit des Journaux*, *Juin 1776*; ces procédés se rapportent pleinement avec la théorie reçue sur les propriétés de la chaux & de l'alkali fixe, pour dégager l'alkali volatil des sels ammoniacaux. Nous avons fait connoître ces procédés aux mots *Distillation*, *Sublimation*. Voy. *Sel ammoniac*, *liqueur de suie*.

Suie du Charbon de terre, préférable à la cendre pour l'engrais des terres, très-bonne pour le foin & pour le grain. 1128. Employée au pays de Liege à fertiliser les terreins froids, à faire périr le ver des plants de houblon. *Idem*. Pratique ordinaire des Agriculteurs Anglois. *Ibid.* Voy. *Ciment*. Employée utilement pour entrer dans la composition de l'encre d'Imprimerie. 1135. Pour faire du bleu. *Idem*. Voyez *Teinture*.

Suif pour les lampes, au lieu de chandelles ou de l'huile de navette, employé dans différentes Mines, selon les pays & selon les circonstances. V. *Lampes*.

Suisse. Grand pays de l'Europe à l'Orient de la France, où la cherté de bois à brûler augmente sensiblement, & où il y a beaucoup de Mines de Carbon de terre. 449.

Suite, *Série*. Algebre; se dit d'un ordre ou d'une progression de quantités qui croissent ou qui décroissent selon quelque loi.

Suivre (faire) la lumiere. LE. Donner la liberté à la circulation de l'air. 252. Voy. *Temps*.

Suffrage (Droit de) dans les assemblées du métier à Liege. 344.

Sulcus aquarius. Rigole.

Sulphureo-acidum. (*Lithantrax*.) Charbon pyriteux, à cause de l'exhalaison acide ou sulphureuse. 1153.

Sulphureuse (*Odeur qualifiée*) dans quelques Charbons de terre. 544, 519, 507.

Sulphureux. (*Acide*) Effet de l'acide sulphureux, ou de ce qu'on appelle *Soufre du Charbon de terre* sur le fer, selon Swedemborg. 1165. *Esprit acide sulphureux*, n'a point été apperçu par M. Kurella dans le Charbon de terre qu'il a analysé, mais un esprit alkalin volatil. Voyez *Acide vitriolique*.

Sulphureux. Terme adopté dans le langage des Ouvriers, & conservé dans cet Ouvrage pour signifier *pyriteux*, afin de marquer l'alliage particulier qui se trouve avec la portion bitumineuse. 1002. Voyez *Pyriteux*. *Sulphureux*. (*Charbon de terre*) *Lithantrax bituminoso-sulphureum*, à cause de l'exhalaison grasse & bitumineuse dominante. 1153, 1154.

Sultzbac, à trois lieues de Colmar, & appartenant à l'Electeur Palatin. Eaux minérales acidules. A cent pas de la source, couche de Charbon de terre, fonte de fer avec ce Charbon. 1186.

Summa pars Venæ. Tête de la Veine. 343.

Sumpff (eisen). Lacuna. 251.

Sunderland (*Charbon de*) employé à Rouen par les Teinturiers & d'autres Ouvriers à fourneaux, sous la désignation de Charbon de *seconde qualité*, pour le distinguer de celui de Newcastle qui y est aussi employé, sous le nom de Charbon de *premiere qualité*. 570.

Superficie. *Aire*. *Surface*. Tout ce qui n'a que deux dimensions de l'étendue, la longueur & la largeur; la mesure commune & la plus naturelle des surface, est un quarré plus ou moins grand, d'où l'évaluation d'une surface est nommée *quadrature*; d'où il suit que pour mesurer une surface il ne faut que chercher combien de fois elle contient le quarré, que l'on prend alors pour l'unité.

Superficie. *Surface du terrein* (Inspection de la) pour reconnoître si un terrein renferme du Charbon de terre; peut être utile, mais non comme le prétendent les Mineurs. 741. Superficie extérieure de la terre comparée avec sa superficie intérieure. 742.

Superficie. (*Usage de la*) Seule appartient aux Communautés dans le Limbourg. 732, 733. Superficie des fonds. (*Possesseur de la*) LE. 329.

Superficie du jour. (*Maître de la*) Hurtier. LE. V. *Rupture de gazon*. Usages observés dans le Lyonnois, vis-à-vis du Propriétaire de la superficie. 514.

Superficie, ou *surface de terrein*, considérée relativement à la Géométrie souterraine, & aux Problêmes à résoudre. *Quel point de la surface correspond à un point donné dessous*. 801. *Tracer une ligne droite sur une surface inclinée & inégale*. Idem. *Pénétrer d'un point de la surface à un lieu donné de la Mine*. Id. Opérations qui doivent se faire à la surface du terrein, pour la résolution de la plupart des problêmes de la Géométrie souterraine. 801, 808.

Supérieure (*Roche* ou *Eponte*.) Toit.

Supérieure (*Veine*) *d'aval-pendage*. LE. 296. *Veine xhorrée supérieure*. 289.

Supplément. (Géométrie.) On appelle *supplément d'un angle*, ou *angle de supplément*, celui qui joint à un autre fait avec lui 180°. Le même terme s'applique aux arcs. Voyez *Arcs*. Voyez *Complément*.

Supports, SAX. *Stage* se dit en général de tout ce qui soutient quelque chose. Pour les *feldgestange* ces supports doivent être posés en terre sur des solives & sur des traverses bien assemblées; leurs dimensions doivent être bien proportionnées pour que les barres puissent agir en ligne droite, soit en montant, soit en descendant: sans cette attention, il en résulteroit des ruptures.

Suppression des Offices sur les ports, *quais*, *halles*, *marchés & chantiers de Paris*. 1328.

Surchauffé, (*Fer*) qui a essuyé une *chaude* forcée. Voyez *Fer*. *Surchauffure de l'acier*. 850.

Surface du terrein. Voyez *Superficie*.

Surgentes (*Cryptæ*), *vel ascendentes*. G. Steigende.

Surjet. Elévation en rondeur dans certains ouvrages des Tailles; expression appliquée aux Veines de Charbon. 374. *Surjettée* (*Veine*.) Ibid.

Surintendant, *Grand-Maître & Réformateur général des Finances & des Mines & Minieres de France*. Par Ordonnance de François II, du 29 Juillet 1560, ayant entiere superintendance & connoissance, avec toute coercition pesonnelle pour faire pratiquer, entretenir, garder & observer selon que besoin sera les Ordonnances de Justice; par l'Ordonnance de Charles IX, du 27 Septembre 1568, avec pouvoir, intendance & autorité sur le fait des Mines & Minieres de tous métaux, minéraux, semi-minéraux & substances terrestres qui se peuvent tirer & extraire de la terre dans le Royaume. Voyez *Jurisdiction*. Voy. *Grand-Maître*, & au mot *Réformateur*, la liste des personnes qui ont possédé cet Office.

Surplomb. En Architecture, fe dit d'une muraille qui penche, ou, comme difent les Ouvriers, qui deverfe, c'eft-à-dire, qui n'eft pas
à-plomb. *Surplombée.* (*Veine*) Veine inclinée ou
penchée, *quæ ad libellam non ftat*, qui n'eft pas
à-plomb.

Surfum verfus, Contremont, en haut.

Survey. Viewers. AN. Arpenteur, Expert. 395.

Surveyor, Overfeer. AN. Arpenteur Intendant.

Sufpenfion de l'aiguille de la Bouffole. Voyez
Aiguille.

Sutton, [*Ventilateur de*] nommé en Ecoffe
Lampe à feu, employé dans la Mine de Littry en
Normandie. 569. Voyez *Ventilateur.*

Swanwich, à quelques milles d'Alfreton, en
Derbishyre, Mine de Charbon dans une matrice
fchifteufe.

Swelly. AN. *Swulnand.* Su. Couche qui s'élargit
& s'enfle de maniere que le fond prend une ligne
courbe, tandis que la couverture de deffus conferve une ligne droite.

Swulnand. AN. *Swelly.* Renflement de Veine.

Syderatus (Morbus) feu attonitus. Syncope. Voyez
Afphyxie. Voyez *Suffocation.*

Symbolum. Symbolus. Arres. Marque, enfeigne;
ce mot Latin fe trouve fouvent répété dans Agricola. *Symbola Dominis indicere, dare*, ce qui paroît revenir à l'expreffion Liégeoife, *donner
aftalle.* Voyez *Aftalle.*

Sympofium. Compotatio. Du tems d'Agricola,
la police, concernant les Ouvriers de Mines, s'é-
tendoit jufque fur le tems où ils s'affembloient pour
boire enfemble : cette réunion étoit appellée en Allemand *Zechen.*

Syndie des Areines à Liege. Prépofé en charge
pour toutes les affaires relatives aux areines de la
Cité, que l'on ne peut approcher qu'avec beaucoup de formalité, fans encourir la rigueur des
loix. 317. Le devoir de la charge du Syndic des areines confifte à demander Vifitation. Voy. *Vifitations.*
A intenter le procès contre ceux qui travaillent
fans enfeignement de Juftice fur les franches
areines ou dans leur voifinage, à les pourfuivre
& conclure criminellement. 330.

T

*T*ABAC, fubftance pierreufe, ordinaire parmi
les couches des Mines de Charbon du Comté
de Namur : ainfi nommée à caufe de fa couleur
fauve, que j'ai reconnu, à l'examen que j'en ai
fait, être le produit d'une ocre ferrugineufe qui
entre dans fa compofition. 452. Voy. *Tack Stein.*
Voy. *Taupine.*

Tabella. G. LEISTE. *Tabella tranfverfa.* G.
LEISTEN.

Tableau qui préfente dans tous les points la
connoiffance phyfique d'une Mine, pour fuppléer
plus parfaitement à l'*Ichnographie* d'une Mine. 822.
Voyez *Defcription ichnographique. Tableau* pour
fuppléer à l'*Orthographie* d'une Mine en exploitation. 822. Voyez *Defcription orthographique.*

Tableau. Scédule. LE. Voy. *Scédule.*

Tableau des Maîtres de la navigation de Condé,
où font infcrits les Bateliers. 737.

Table des matieres de cette feconde Partie,
dans laquelle on s'eft propofé différents objets;
de raffembler une définition la plus exacte poffible des termes propres du métier, & d'après des
Auteurs eftimés, celle des termes des Arts ou
Sciences employés dans le courant de l'Ouvrage;

de fetvir de *Précis de l'Ouvrage* & même de
Supplément [pour plufieurs Articles], foit à
l'Ouvrage, foit à la Table des matietes de la
premiere Partie. De former une efpece de Table de renvoi des mots & des chofes qui éclair-
ciffent l'objet ; qui indiquent les rapports plus ou
moins éloignés, rappellent les notions communes,
les principes analogues, & aident les conféquences : cette Table des matieres a été encore en-
richie d'une notice à peu de chofe près complette de la Légiflation Françoife fur les Mines,
& d'une grande partie des Placards du Hainaut
concernant le commerce du Charbon de terre.

Table comparée des degrés des Thermometres les
plus connus, avec le Thermometre de M. de
Réaumur. 939.

Table des Titres de cette feconde Partie de
l'Ouvrage. Indication fommaire de ce qui fe trouve
dans les Sections & Articles, doit être placée après
le Frontifpice.

Tables en *Mathématiques*, font des fuites de
nombres tout calculés, par le moyen defquels on
exécute promptement différentes opérations aftro-
nomiques, géométriques, &c.

Tables Logarithmiques. Tables des Logarithmes
de tous les nombres, depuis 1 jufqu'à 100000,
& qui fervent à trouver les logarithmes des nombres plus grands : il y a de ces Tables où, pour
plus grande précifion, les logarithmes ont dix &
même quinze décimales ; les communes n'en ont
que fept, & même on ne fe fert gueres que des
cinq premieres. Pour bien comprendre l'ufage
de ces Tables, il eft indifpenfable d'en avoir
fous les yeux ; il s'en trouve de toutes faites
dans plufieurs Ouvrages, & ordinairement ou
prefque toujours elles font accompagnées d'un
difcours qui explique la maniere dont elles font
arrangées, & qui en enfeigne les ufages. M.
Ozanam, dans le fecond Volume de fon Cours de
Mathématiques, a inféré une Table des logarithmes
pour les nombres naturels, depuis l'unité jufqu'à
1000, fur celles d'Ulacq, imprimées à Lahaye
1665, qui paffent pour être des plus correctes,
& corrigées fur celles du même Auteur, imprimées à Amfterdam en 1683.

*Tables des Sinus artificiels, ou logarithmiques, ou
Tables des Logarithmes des Sinus.* Voyez *le rapport
des Sinus & des Tangentes au rayon*, exprimé en
nombres naturels, & formant ce qu'on appelle
Table des Sinus naturels, Tangentes, &c, eft quelquefois exprimé en logarithmes, qui indiquent
tout d'un coup la valeur du finus, du cofinus, de
la tangente & de la cotangente de chaque degré &
minute de tous les angles aigus poffibles, & d'un
quart de cercle employé aux opérations trigonométriques ; c'eft ce qu'on appelle *conftruction des
Tables des finus, des tangentes & des fécantes*, parce qu'après avoir trouvé les finus de différents
angles, on en a conftruit des Tables dans lefquelles ces finus font placés à côté des angles
dont ils font la mefure. On a fait la même chofe
par rapport aux tangentes & aux fécantes.

Dans toutes ces Tables, les finus, tangentes &
fécantes & leurs logarithmes font différemment
arrangés ; mais elles conviennent toutes avec le
finus & cofinus de chaque arc, font l'un auprès
ou vis-à-vis de l'autre. Il en eft de même de
toutes les tangentes, & cot. des fécantes & cof.
des logarithmes des fin. & des cof. & enfin des
logarithmes des tang. & des cofinus.

La maniere dont chaque Table eft arrangée

eſt expliquée pour l'ordinaire au commencement. Il ſuffit de ſavoir en général que toutes les fois qu'on aura un arc ou un angle, dont la valeur ſera exprimée en degrés ou minutes, on trouvera dans les Tables le nombre des parties de ſon ſinus, de ſa tangente & de ſa ſécante, & qu'on y trouvera auſſi le logarithme de ſon ſinus & de ſa tangente, & réciproquement lorſqu'on aura un nombre que l'on ſaura être le ſinus ou la tangente, ou la ſécante, ou le logarithme du ſinus & de ſa tangente, ou de la tangente d'un arc inconnu, en cherchant ce nombre dans la colonne des ſinus ou des tangentes, ou des ſécantes, ou dans la colonne des logarithmes des ſinus ou des tangentes, on trouvera toujours dans la même page, le nombre de degrés & minutes contenus dans l'arc ou dans l'angle inconnu. Si on ne trouve point le nombre propoſé dans la colonne où il doit être, on pourra s'en tenir au nombre qui en approche le plus.

Le ſecond Volume du Cours de Mathématiques de M. Ozanam, renferme une Table des ſinus, tangentes & ſécantes pour un rayon de 10000000 parties & des logarithmes de ſinus & des tangentes pour un rayon de 10000000000 parties.

Tables par le moyen deſquelles, avec peu de calcul, on parvient à connoître le côté & la baſe dans un triangle-rectangle dont on connoît l'hypothénuſe & l'angle adjacent. La conſtruction de ces Tables eſt l'objet du ſecond problème de Weidler. Il y en a de très-anciennes, dans leſquelles la meſure des Mines eſt diviſée en 800 minutes. On peut en faire de nouvelles accomodées à la proportion décimale, la réduction en étant faite au moyen de la Regle de Trois.

Table des parties centeſimales, pour la réſolution des triangles-rectangles, lorſqu'on n'a point ſous la main une Table des ſinus. M. de Genſſane donne une de ces Tables dans le Chapitre V de ſa Géométrie ſouterraine. V. *Centieme*. 810. Voy. au mot *Triangles*, l'énoncé des principaux problèmes.

Tablettes. Cartabelle. Memorial. Pugillaria.

Tabulatum. Plancher, planchéié.

Tach Stoln. HONGR. Creux ſouterrain.

Tâche des Ouvriers. Spéculations ſur la paie à la tâche en différens pays. 836. Obſervations ſur cette maniere de payer les Ouvriers. *Idem.*

Tack. SU. Toit *Tack Stein.* Pierre de toit. 447.

Taille. A Dalem, Teie. 373. Ce que l'on entend en général par ce mot, en matiere de Houillerie à Liege. 251. Dimenſions ordinaires de cet ouvrage. 252. Travail qui ſuccéde à la premiere taille. 287. Séparées de diſtance en diſtance par des épaulemens. *Idem. Décharges* ou *voies de Taille*. 251, 253. Leur pente, leurs dimenſions & autres circonſtances qui leur appartiennent. 253. *Dilatement de Taille.* 241. *Ouvrages d'une taille* ou *Taille*, 252. Voyez *Xhaveur. Trous de taille*, ou *trous de Tarré le long des tailles*. 271. *Meſurer une taille*, expreſſion des Mines d'Anjou. 561. *Monter une taille.* 560. *Reſtaper dans une taille.* 561. Voy. *Trous de taille.*

Taillement. Canal. LE. 248, 249. *Taillemens*, nommés *Pierçures*. Voyez *Pierçures*. Bouche de taillemens ouverte dans le burtay ou bure d'airage, appellée *Ruwalette*. Voyez *Ruwalette*. *Taillement de traverſe* pour arriver à une veine quand les levays de l'eau ſont forts. 270. Voyez *Teyment.* Voyez *Boyau.*

Tailles. Impôts. Subſides. Les Aſſociés & Em-

ployés aux Entrepriſes de Mines en ſont exempts. Par les Lettres du Roi Charles VI du . . . . par les Lettres de confirmation du Roi Charles VII en 1437; du Roi Henri II, du 10 Octobre 1552; de Charles IX, le 25 Septembre 1563, dans leſquelles le nombre des Affranchis de taille eſt fixé à quarante hommes ſur chaque Mine; exemption confirmée par l'Art. II de l'Edit de Réglement général du mois de Juin 1601, &c. Voyez *Subſides*.

Tambour. Rouleau. Voyez *Treuil. Axe dans le tambour.* Voyez *Eſſieu.* Dans une grande exploitation, où il y a beaucoup à extraire, les grands tambours ſont plus utiles que les petits, quoiqu'on ſoit obligé d'y atteler plus de chevaux; mais lorſque l'exploitation eſt peu conſidérable, on doit préférer les petits tambours. Voyez *Rouleau*, parce qu'il eſt également poſſible de ſuffir à l'extraction, & qu'on évite la dépenſe de plus de chevaux.

Tambour. Barillet. Dans le Baritel à eau, la longueur ainſi que le diametre du tambour doivent ſe régler ſur la profondeur des puits, & ſur la quantité de cables qu'il doit enrouler; le plus grand qu'il y ait à Schemnitz a ſeize pieds de longueur; dans ſon petit diametre, neuf pieds, & dans ſon plus grand, quinze pieds. Voyez *Barillet.* Voy. *Aubes en tangentes.* 1027.

Tambour à vent. G. Focher. Les tambours à vent demandent dans leur uſage ou dans leur conſtruction, différentes attentions; leur mouvement devient plus lent & plus pénible dans les grands tambours à vent, & ils ſont incommodes à placer dans les endroits convenables; s'ils ſont trop petits, ce mouvement eſt prompt & aiſé; mais comme l'air dans ſon mouvement circulaire ne s'éloigne pas aſſez de ſon centre, il n'eſt conſéquemment pas aſſez expanſé, & n'aſpire pas aſſez d'air. Ces tambours exigent donc une proportion convenable, qui eſt de ſix pieds: il eſt encore à propos qu'ils ne ſoient pas trop étroits, puiſqu'alors ils contiendroient une trop petite quantité d'air; enfin il faut que les ailerons approchent près des parois du tambour, qu'il ne reſte que l'eſpace neceſſaire pour avoir du jeu; dans le cas oppoſé il reſteroit trop d'air dans cet eſpace ſans mouvement, Le *Focher* eſt ordinairement d'un pied & demi de largeur, & compoſé de huit ailerons.

Les *Roues* ou *Tambours à vent* ont aujourd'hui en Allemagne la preférence ſur toutes les machines ſoufflantes, parce qu'elles peuvent être placées par-tout avec facilité, & que leur mouvement demande peu de force, pouvant être tournée pendant toute une journée par un jeune homme, Voy. *Machines à ſouffler*. V. *Roue à vent.*

Tambour. (Hydraulique.) Tuyau de raccordement en plomb. Voyez *Raccordement.*

Tampon. (Hydraulique.) Cheville de bois ou morceau de cuivre applati, rivé & ſoudé au bout d'un tuyau. 465. *Tampon du robinet d'injection* dans la machine à vapeur, ſoudé avec une patte d'écreviſſe, qui embraſſe une broche tenant au manche d'un grand marteau mobile ſur une charniere. 465, 1098. Voyez *Marteau.*

Tangente. (Géométrie.) Ligne droite qui eſt perpendiculaire au rayon d'un cercle, & qui ſe continue juſqu'à l'extrémité du rayon prolongé à travers de l'arc. On l'appelle *Tangente naturelle*, pour la diſtinguer de ſon logarithme, connu ſous le nom de *Tangente artificielle.*

Les tangentes, de même que les ſinus, ſont

des lignes droites que dans les calculs trigonométriques on substitue aux angles donnés ou cherchés, selon les différents cas où les unes & les autres de ces lignes peuvent être en proportion avec les côtés des triangles; & c'est dans la connoissance de ces cas que consiste la science du Calcul trigonométrique. Voyez *Tables des Sinus.*

Tangente du Cercle. Ligne qui rencontre la circonférence d'un cercle sans le couper.

Tangente de Complément. Tangente d'un arc ou d'un angle qui fait avec un autre arc ou un autre angle 90 degrés. On l'appelle aussi *Cotangente.*

Aubes en tangente. Dans les roues à eau, on appelle ainsi les aubes qui sont sur des tangentes tirées à différents points de la circonférence de l'arbre qui porte la roue, pour les distinguer des *Aubes en rayon*, qui sont sur les rayons de la roue, & dont elles suivent la direction selon leur largeur. 1034.

Tannen. G. *Situlæ.* Petites tinnes.

Tantieme. LE. *Trentieme.* Voyez *Trentieme.*

Taquet. Terme de Marine qui désigne toute piece de bois à laquelle on amarre quelques manœuvres. Appliqué par les Houilleurs Liégeois aux jambes ou chevalets du treuil, qu'ils nomment aussi *Triquets.* 236.

Taraudé, c'est-à-dire, creusé en écrou pour arrêter une vis ou une piece terminée en spirale, comme les pieces de la sonde.

Tare. Goudron. Pix navalis. Zopissa. Poix retirée des Navires qui ont été en mer, remplacée souvent par la poix noire, qui est un mélange de fausse colophone & de goudron.

Tarifs des Droits d'entrée & de sortie du pays de Liege en Hollande. 897; *entrée* de Houille, un hoede ou chapeau, trois florins; *sortie*, quatre florins. Voyez *Salter.*

Tarifs locaux, souvent falsifiés & contraires aux premiers principes du Commerce. 545. Les Lettres patentes de 1723, ordonnent que les déclarations seront faites relativement aux tarifs, c'est-à-dire, que les Capitaines de Vaisseaux, Marchands & Voituriers, sont tenus de déclarer au poids les marchandises dont les droits doivent être payés au poids; à la mesure celles qui doivent payer à la mesure, & au nombre celles qui doivent payer au nombre.

Tarré. 697. LE. Trous de tarré. 271. Voy. *Court jeu.* Voy. *Long jeu.*

Tarriere. Verge à forer. 697. *Tarriere Angloise.* AN. Augar. Augré. Auger. Whimble. 388, 697. Sa partie supérieure ou tête. 390. Sa partie moyenne. *Idem.* Sa partie inférieure. *Id. Tarriere du Hainaut François.* Voyez *Verge d'Aboette. Tarriere* décrite par M. de Genssane, composée de cinq pieces, (sans y comprendre le manche) dont quelques-unes sont décrites à leur mot. Voyez *Langue de bœuf. Queue d'aronde.*

Tartara (Charbonnieres de) dans le Lyonnois. 702.

Tassage, en fait de mesures de contenance, produit pour l'Acheteur une différence de quantité, & par conséquent de poids du Charbon de terre; le non-tassage étant à l'avantage du Vendeur. 637.

Tâter le fouma. LE. 263, 363.

Tauben. G. Queue du Filon. Durch taube quergestein. G. Couches de pierre à vuide, pierre rude.

Tauber Gastein. G. Toute partie stérile de Mine. 750.

Taupe (*Mine de la*) en Auvergne. 1160.

Taupines. Rochers jaunâtres. 588. Voy. *Tabac.*

Taxation ou *Attribution des gages des Officiers du Grand-Maître des Mines* en France, fixée par l'Art. VII de l'Edit de Réglement général, à savoir, au Lieutenant général, mille écus; au Contrôleur général, tant pour lui que pour ses Commis, mille écus; au Receveur général, tant pour lui, ses Commis, que pour le port & voiture des deniers en ses mains à Paris, pareille somme de mille écus, avec quatre deniers pour livre de la recette actuelle, à l'instar des Receveurs généraux des bois, 133 écus, un tiers audit Greffier, & à chacun de ceux qui seront commis esdites Généralités de Lieutenants particuliers esdites provinces. Voyez *Visitations.*

Taxe des Charbons arrivant à Londres & dans les ports adjacents, se fait par le Lord Maire. 437.

Taxe des Charbons dans Paris. 678.

Taye ou *Tas.* AR. (*Mine en*) *Bouillaz.* 589. *Petite Taye* dans la Mine de Fims. Substance noire, caillouteuse, placée entre une glaise & une argille tapée, dite *Baume grise.* 578.

Tays dans les Mines du Lyonnois. Chambres d'exploitation. 509, 510.

Techniques (*Termes*) dans la Minéralogie, dans l'art des Mines, dans la Métallurgie, comme dans toutes les sciences, on a du recourir à un grand nombre de termes forgés la plupart du temps par les Ouvriers, obligés de s'entendre entre eux; ce langage du métier existe sur-tout en Allemagne & en Saxe, où les travaux de Mines & les opérations subséquentes sont très-cultivées, & quoique la plupart n'ayent pris de sens & leur signification que par l'usage; quoique dans plusieurs pays où ils ont été transmis par les Ouvriers étrangers qui y sont venus, ils n'en soient devenus que plus barbares; quoique les mots même y aient été altérés; que leurs significations aient été changées, selon le tour de la phrase, selon ce qui les précede ou qui les suit; que l'explication en un mot dépende souvent du texte, il est cependant à propos d'en connoître au moins la signification générale, 379, 894, *Note* 1, afin d'aider la lecture des ouvrages publiés en différentes Langues sur les Mines. On a cherché à les rassembler dans cette Table des matieres. Pour ce qui est de la recherche de ces mots ou noms propres par lesquels on désigne en Minéralogie ou dans le langage du métier, soit les Charbons de terre, soit les différentes substances fossiles qui se rencontrent dans leurs Mines ou aux environs, il faut consulter le Catalogue alphabétique à la fin de la Table des matieres pour la premiere Partie, *page* 181, 357.

Tehet. LE. 932.

Teie. Taille dans les Mines de Dalem. 371, 373. *Ovry de Teie.* 369. *Trok del Teie.* 371.

Teinture médicinale astringente avec le machefer de Houille. 1124.

Teinture. (*Manufacture.*) La suie de la Houille pourroit peut-être servir aux teintures de petit teint, pour l'enlumineure & le lavis des plans. 1136. *Teinturiers*; à Aix-la-Chapelle n'emploient pas, pour chauffer leurs fourneaux, autre chose que le feu de Houille. 1253.

Température de l'air, différente dans les quatre Saisons de l'année, influe sur la maniere dont il circule dans les Mines. 931. Voyez *Air.* Observations sur ce sujet. 933.

Tempestée. (*Voye*) LE. Expression employée dans les rapports d'Experts, & qui signifie em-

terrage appartenant à différentes personnes, selon les endroits où se fait la fouille. *Idem.* 326. N'est point dû au Seigneur de Paroisse. *Ibid.* Comment les droits de terrage doivent être réglés sur un héritage appartenant à plusieurs. *Id.* Mesure des terrages dans un cas; par qui & comment elle doit être faite. *Id. Double droit de Terrage* à payer au Propriétaire de Mines, dans le fond duquel on se fait passage par *chambray.*

Terrageur. LE. 321. En François *champarteau, champart, agrier. Terrageu. Idem.* Propriétaire des minéraux. 323; est quelquefois en même-tems *Hurtier.* 320. Maniere d'acquérir de lui le droit d'extraction. 323, 325. Exercice de son droit de terrage. 325, 326. Semonce des ouvriers par le Terrageur. 320, 326, 331. V. *Vendeur.* V. *Hurtier.*

Terrasse de Hollande. Terre grisâtre qui se trouve aux environs de Cologne & dans les Pays-Bas. M. Bélidor, qui définit ainsi cette préparation de chaux, dans son Traité intitulé: *Science des Ingénieurs, Liv. III*, dit que cette terre se cuit comme le plâtre, se réduit ensuite en poudre, & qu'elle se mêle avec de la chaux fusée & éteinte, ce qui compose un mortier excellent pour les ouvrages baignés par les eaux; M. Fourcroy, qui parle de cette préparation dans l'Art du Chaufournier, sans en indiquer la composition, ne lui trouve aucun des caracteres de la chaux; non-seulement cette matiere ne s'éteint ni à l'air, ni à l'eau, mais elle ne fait même aucune effervescence avec les acides; il la soupçonne un vrai ciment de terre ou de pierre argilleuse cuite. Voyez *Cendres de mer.* 1128, 1130.

Terrassier. (*Pic de*) 218.

Terreaux, Par cette dénomination très-usitée dans les descriptions de terrains de Mines par les Allemands, M. Monet juge qu'on doit entendre des terres molles ou friables, argilleuses ou sablonneuses qui comblent les vallées.

Terre noire, (*S. Genis*) ou *montagne brûlée* en Lyonnois, & non dans le Forez, comme cet endroit a été indiqué à la page 349. Description de cette montagne par M. de Fougeroux. 499, 702. Voyez *Montagne brûlée.*

Terre. (*Bouroir à*) Outil employé dans la Mine d'Ingrande, pour boucher les sources d'eau avec de la terre. 542.

Terre servant de base a quelques Charbons de terre, se reconnoît par la calcination.

Terres bitumineuses, vitrioliques & *combustibles;* especes de tourbes, que l'on pourroit distinguer par le nom de *Terres-tourbes.* V. *Terres-tourbes.* V. *Terre inflammable.*

Terre calcaire abondante, selon M. Bomare, dans les Charbons de terre; il est douteux qu'elle s'y trouve en grande quantité. 1129.

Terres fauves. V. *Indices.* V. *Tabac.* V. *Taupine.*

Terre à Fayence commune. 1312. à Décize. 578. Aux environs de Rouen. 570. V. *Terres à pipe.*

Terres fortes. Premiere espece d'argille commune, dite *Terre à brique.* 1310.

Terre à foulon. Argille très-fine, exempte de sable se délayant aisément & uniformément dans l'eau; il en est qui tiennent un peu de la nature calcaire.

Terre à fours. Terre de Poëliers. Voyez parmi les *Terres grasses.*

Terres franches. Qualification impropre des terres nommées *Terres à four, Terre des Poëliers.* 1310. Voyez *Terre à four.* Distinguées, en raison de proportions, de sable & de légéreté, par les noms de *terres fortes* ou de *sables.* 1311, 1317.

Terres grasses. Terre à brique. Terre à tuile. Terre à Potier. 1310. Aux environs de Rouen. 570.

Terres à four, des Poëliers, 1310, connue sous la qualification de terres franches, mais mêlée avec une assez grande quantité de terre argilleuse maigre. *Idem.* Leur qualité & propriété. 1311.

Terre ou pâte propre à être amalgamée avec le Charbon de terre. Proportion générale. 1289. Notions générales pour aider à connoître par l'inspection & par la comparaison, les argilles-terres, les argilles-sables, les argilles-calcaires. Epreuve à l'eau-forte. 1316.

Terre inflammable ou *combustible*, comme la terre de Freyenwald, comme les terres-tourbes. Voyez *Tourbes.*

Terre naturelle. Terre neuve. Terre primitive. LE. *Plein vif thier.* Voyez *Plein vif thier.*

*Terre.** (*Noir de terre.*) Calcination de la terre d'ombre. 1137.

Terre d'ombre solide, se trouve mêlée avec le Charbon de Bossrups. V. *Suartor.* V. *Noir.*

Terre-pierre. Castine. Voyez *Castine.*

Terres à pipes, communes dans plusieurs endroits. 570. Observations de M. Rigaud sur les terres à pipes. 1315, 457.

Terre-plains, & *chaussées;* leur voisinage ne peut être fouillé. 323.

Terre pourrie, 587, compacte, formant une espece de tripoli. 457.

Terre primitive. AN. Schelf.

Terre sablonneuse. Voyez *Sable.*

Terres-tourbes. Terres turfacées combustibles, de différente espece, & qu'on appelle *Tourbe d'engrais, terre Végétative*, communes dans toute la Picardie, à Travecy, à une lieue de la Fere, de même que près la ville de Laon. 606. V. *Tourbe.* C'est une terre de cette espece qui, à mon avis, est unie avec un bitume grossier & fétide au Holtz Kohlen. M. de Genssane, dans son Discours préliminaire, paroît la regarder comme le *Mulm;* il paroît cependant confondre cette derniere avec la téroule de Liege. V. *Tourbe.* V. *Terre Houille.*

Terre Végétative. (Agriculture) Terre combustible qui se réduit en cendres pour servir d'engrais aux terres. V. *Cendres de tourbe* 1128, note 2.

Terre verte, espece d'argille dans les glaisieres. 1323.

Terre-Houille. Terre de Houille. Terme impropre par lequel on désigne, dans quelques endroits, des terres-tourbes ou terres combustibles, appellées autrement *Houilles d'engrais*, 603, communes à Jussy, à Vendeuil, Ruminy, Benay, Beaurin, Golancourt, Travecy, Charmes, Liez, Cessier, Suzy, Servais, & dans presque toute la Picardie. Voyez *Terres-tourbes.*

Terroule. Tiroule. LE. 318, 361, ou *Houille maigre. Terroule douce. Terroule fine*, ou *terroule*, proprement dite *vraie terroule*, 358, bonne seulement pour les chauffrettes. 694. *Fortes terroules* des environs de Liege. 1277. Se mettent en boulets entiérement à la main, sans être triplées avec les pieds. Voyez *Charbon doux, Charbon tendre.* Feux de Terroule dans le Limbourg. 361.

Terrestres (*Substances*) & *minérales.* 610.

Terreux. Troisieme qualité de la plus grande partie des Charbons de terre, tenant un milieu entre les bitumineux & les pyriteux: lorsque cette partie constituante se trouve dans une assez grande proportion dans les Charbons de terre, ils résistent plus long-temps à leur destruction dans le feu; ce n'est pas qu'ils donnent pour cela un feu plus vif,

especes, l'une appellée *Thoue commune*, l'autre dite *Thoue de S. Rambert*. La thoue commune, qui est la voiture la plus ordinaire, contient 28 ou 30 voies. 675, 688. La thoue de S. Rambert est beaucoup plus grande que la thoue commune; sa tenue ordinaire est estimée de 40 à 42 voies, de trois milliers pesant chaque.

Tierce. soixante partie d'une seconde.

Tiers de platture de Roisle.

Tiers-Point. (*Machine à*) *Manivelle à* 238. Voy. *Manivelle*.

Tige. Tronc. Fust. Colonne. *Caudex*. *Caput*. *Culmus*. *Stirps*. *Truncus*. Su. Groeda. employé souvent dans les Mémoires de M. Triewald, pour désigner la partie de Charbon ou de Veines qui s'approche du jour.

Tigillum. *Catinus*. Foyer de Forge. en charpenterie signifie petit *Soliveau*. *Tignum* chevron.

Tignum Charpenterie. Poutre. Solive. *Tignum erectum*. G. Seulen. Poteau. *Humi stratum*.

Ti Kang. Fourneau, étuve Chinoise, carrelé. Voyez *Etuve*.

Tilly, (*M. de*) Auteur d'une Brochure intitulée : *Mémoire sur l'utilité, la nature & l'exploitation du Charbon minéral*, in-12. 1758. *pag.* 559.

Timbre (*Métal de*) ou *de cloches*. Voyez *Métal*.

Timpe. *Tuyere*. *Rustine* & *Contrevent*, pierres destinées à faire le creuset qui reçoit le métal.

Tinnage. *Cuvelage*. Enlevement des eaux de Mines avec des sceaux appellés *Tinnes*. 509, 1103. Temps employé à ce travail. 1103. Voy. *Cuvelage*.

Tinnays. Petits tonneaux pour le transport des pierres gangues & triguts.

Tinne. Le. Seau. Tonneau pour enlever ou xhorrer les eaux. 227. Poids d'une Tinne (dans les Houillieres de Liege.) 500 livres. *Jetter à la Tinne*. 731. *Xhorre del Tinne*. 275, 279. *Benéfice del Tinne*. Le. Epuisement des eaux par le moyen de l'enlevement de celles du bougnou dans des tonneaux, pour les élever jusqu'à l'areine, ou même jusqu'au jour.

Tirage, (*Bare de*) à laquelle dans les feldgestangen est attaché un piston de pompe. 1042.

Tirage. Géométrie souterraine. Lugd. Boulage. Mensuration.

Tirage, & mieux *enlévement hors de la Mine*; ce qu'il en coûte dans la Mine de Blessay en Ecosse, pour le tirage de 20 paniers hors du bure. 396.

Tirage. Expression impropre, par laquelle on désigne dans quelques Mines l'opération de faire sauter le roc avec la poudre à canon. Pour le tirage simple on emploie communément depuis deux jusqu'à trois onces de poudre; M. Delius indique les différentes manieres de s'y prendre, pour se régler dans cette opération selon la nature & la composition du roc que l'on veut faire sauter.

Tirage ou *Filature de soye*. Cette partie de Manufacture consomme une quantité considérable de Charbon de bois, auquel on pourroit substituer la houille pour obvier à la cherté du bois, qui en augmentant d'année en année, augmente les frais de fabrication. *Fourneaux de tirage*. 1255.

Tirans. *Barres*. Sax. Kunst. Longues pieces en bois ou en métal, qui composent le Barrage des feldgestangen, 1038, 1041, quelquefois en plusieurs rangées. 1059. Observations sur l'allongement & sur le raccourcissement qu'éprouvent ces tirans en fer. 1046. Moyens d'y remédier. *Ibid.* Voyez 1043. Machine avec des tirans horizontaux. *Machine ou Angin à barres* Sax. Stangen Kunst. G. Feld oder Streken gangen. Feld gestangen. 1038.

Tirebout de pompe refoulante dans la machine à vapeur. 468. Ses dimensions.

Tireboux. *Rapcheux*. Piece du Tarré Liégeois. 217, & de la sonde employée dans la Mine de Montrelay. 542.

Tirer. (*Bure à*) *Bure d'extraction*. *Bure de chargeage*. *Puits de jour*. *Maître-Bure*, *grand Bure*. 243. Son assiette sur la tête de la Veine. *Ibid.*

Tisonnier. *Fergon*. *Fourgon*. 367.

Titres (*Tables des*) de l'Ouvrage. Voyez *Table des Titres*.

Titres constitutifs des Privileges, *Arrêts*, *Lettres-patentes*, *Brevets en fait de Commerce*, par la Déclaration du Roi du 24 Décembre 176., sont & demeurent nuls & révoqués, en conséquence de l'Art. VI, dans le cas où les privileges, dont les Commissionnaires ont inutilement tenté le succès, ou dont ils auront négligé l'usage & l'exercice pendant le cours d'une année; sont néanmoins exceptés de cette destitution, les privileges dont l'exercice auroit été suspendu par quelques causes ou empêchements légitimes, dont les Privilégiés sont tenus de justifier.

Titres d'honneur, en considération des soins & de l'application que Sa Majesté attendoit de la Compagnie établie par l'Edit du mois de Février 1722, pour travailler les Mines pendant trente années, afin d'encourager à porter ces sortes de travaux à leur perfection, & dédommager les Intéressés des sommes considérables qu'ils feroient obligés d'avancer, il leur étoit promis par l'Art. XIV *des titres d'honneur qui puissent passer à la postérité*, & ce sur la représentation du Grand-Maître le Duc de Bourbon, dont l'agrément étoit nécessaire pour former la Compagnie.

Toc-feu. *Fer à feu*. Grillage ou chaudron rempli de Charbon allumé, & que l'on suspend dans le bure d'airage. 229.

Tods Stone. Laves dispersées par bloc dans des petites Veines de terre glaise, qui coupent le filon de la Mine de plomb de Hagmine.

Toirchée. Filandreuse. (Houillé) Le. Houille tortillée, tricotée, dont les feuillets ne sont pas de droit fil.

Toise. (*Forte*) Eaux du second niveau. 465.

Toise. Mesure pour les distances sur terre en général. Sa longueur est de 6 pieds, & contient 72 pouces ou 864 lignes, ou 10368 points. S'emploie aussi pour les mesures des ouvrages souterrains de Mines, 903, & est alors appellée communément en Allemagne *Klafter*. 782. *Toise métallique* ou *Toise de Mines*, ou *Toise de montagnes*, 868, différente en différents pays.

La Toise des Houilleurs de Liege sur la rive gauche de la Meuse, est de 6 pieds, en observant que le pied de Paris fait 11 pouces une ligne & un tiers de Liege, & sur la rive droite de la Meuse, la toise est de 7 pieds, à l'exception des ouvrages de Maréchaudage, pour lesquels elle est toujours de 6 pieds.

Toise-cube ou *Toise quarrée*. Parallélipipede rectangle qui a 6 pieds de long sur 6 pieds de large & 6 pieds d'épaisseur : autrement c'est un quarré dont chaque côté est égal à une toise en longueur, comme on entend par pied quarré une surface quarrée, dont les quatre côtés sont chacun égaux à un pied en longueur ; la toise-cube contient 216 pieds cubes. Réduction de la toise-cube de Charbon de terre en mesures dans les Houillieres de Rive-de-gier, pour arbitrer l'indemnité dans un cas particulier. 515. *Mesurer à la toise*, c'est chercher combien de fois la toise & ses parties sont contenues dans l'étendue qu'on veut mesurer. *Toise perdue.* (*Mesurer à*) Voyez *Mesurer.*

Toisé. Art de mesurer les étendues des lignes, des superficies & des solides, par le moyen de la toise ou d'autres mesures qui se rapportent à la toise.

Toit. G. Hangende. Lit qui sert de couverture à une couche. (*Pierre de*) Sv. Tack Stein. 447.

Tokoy. Dans le pays Montois, même chose que *fer à feu.* 458.

Tole. Fer mince & en feuille employé à la partie des chaudieres de la machine à vapeur qui est exposée au feu, 1084, à former le vase du fourneau de distillation de Sultzbach. 1182, note 3.

Tombe. (*Mines par*) *Bouyaz.* LE. Comportent dans l'exploitation une différence de l'exploitation des Mines par Veines. 313.

Tomber court. LE. 327.

Tombereau (*Charge d'un*) à Paris. *Muid* communément appellé *Voye.* 680. Voyez *Voye.*

Tombeux. LE. Trou de tarré de haut en bas, vient du carihon tomber par une *tranche* dans le Bolleux qui se rend dans le *Spouxheux.*

Ton Kang. Fourneau. Etuve à la Chinoise, avec cheminée. Voyez *Etuve.*

Tonlieu (*Chambre pour les Domaines &*) pour Contestations sur les matieres de Houillerie, établie à Herf, d'où on appelle au Conseil souverain de Brabant, à Bruxelles. 374, 728.

Tonnage. Iunage. Droit de Tonneau. *Vectigal portorium.* Droit qui se perçoit en Angleterre pour le Roi, sur les marchandises voiturées par terre ou par eau, & qui se leve sur chaque tonneau. V. *Tonneau de Charbon de Newcastle.*

Tonnays à Correaux. 372.

Tonne. G. Grande Caisse ou Cuve, employée dans les puits profondés obliquement.

Tonnes. Bacheaux. Ustensiles employés, au lieu de sacs, à l'enlevement des matieres, autrefois en usage dans les Mines métalliques; mais leurs inconvénients de se heurter sans cesse en montant & en descendant dans les puits, de rompre les cables, de se détacher, d'endommager le boisage, les a fait supprimer absolument : on ne les a conservé que dans les puits très-larges, qui ont peu ou point du tout de boisage, parce qu'ils sont peu profonds, & où l'extraction peut se faire commodément avec ces tonnes ou bacheaux. Il est encore à observer que comme une *tonne* est au moins du double plus pesante qu'un sac, le poids que la machine doit enlever se trouve considérablement augmenté, on perd en conséquence le double avec un baritel à chevaux, par la raison qu'il faut faire pour entretenir plus d'attelage de ce qu'on économise sur les tonnes, en considération des sacs. Il est donc évident que les tonnes ne sont plus utiles, que lorsqu'on peut faire usage du baritel à eau.

Tonne. (*Ein*) *Laegiger Schacht.* Puits oblique dans lequel la cuve ou le coufade traînent de 45 à 75 degrés, non-seulement sur le côté du chevet de la veine & du filon, mais encore sur le côté des veines qui ont moins de quarante-cinq degrés, & plus que soixante & quinze degrés.

Tonne Laegige Gaenge. G. Veines. L'étimologie de ce mot vient des puits obliques dans lesquels la grande Caisse ou *Tonne* traîne sur un plancher construit exprès.

Tonne. Mesure pesant quatorze quintaux, & davantage dans quelques endroits. 415, 435. La *Tonne de Charbon de bois dans les Mines de Suede*, est de 3 pieds cubiques. La *Tonne de fer*, selon M. Jars, pese en Angleterre 21 quintaux de cent douze livres, poids d'Angleterre. 1187.

Tonnes dans les Mines du Lyonnois, excavations remplies d'eaux qui se rencontrent dans les ouvrages. 584.

Tonneaux pour l'enlevement des eaux, des pierres & des Houilles. 250, 580. Voyez *Coufade.* Voyez *Tinnays. Tinnes.* Voyez *Xhorres. Tonneaux* quarrés sur traîneaux dans la Mine de Fims. 580.

Tonneau. Boucaut. Grande Futaille. 723. *Tonneau de Charbon de terre* à Montcenis. 573. Son prix. *Idem.* Aux Mines de Rouergue, évalué à cent comportes. 538. Son poids différent selon sa qualité. *Ibid.* Voyez *Ferrat.* 725. Tonneau de Nantes. Voyez *Quartiere de Morlaix.*

Tonneau de mer, faisant 21 barils du poids de 250 livres. Son poids estimé 2000 livres. 570, 724. *Tonneau*, désigne aussi le port ou la capacité d'un Navire, *Idem*, sur lequel pourroit se fixer le droit du Charbon de terre venant de l'Etranger. 633. *Charger au tonneau*, (Commerce maritime.) 570. *Tonneau d'Arrimage.* 724.

Tonneau de Charbon de Newcastle. 725. Droit sur le Charbon de terre par tonneau de mer en Angleterre. 436, 437. V. *Tonnage.*

Tordu (*Puits*) dans les Mines du Lyonnois. 510.

Torf (*Darii*) *Darris*, *Darrinck*; AN. *Peat Turf*, *Mosse* en Ecosse. Tourbe. 423.

Torleu, *vectiarius.* Ouvrier dans les Houillieres de Dalem, faisant les fonctions des Trairesses au jour des Houillieres de Liege. 369.

Torreins dans les Ardoisieres, même chose que Kreins.

Torret LE. Défoncement souterrain, puits souterrain. *Bouxtay.* 342. *Tourret à percer*, cas où il se pratique. 261. Endroits où ils se font, *idem*, multipliés les uns au-dessus des autres, distingués alors par les noms de *premier*, *second torret.* 261, 482, 625. *Chief de torret.* 278. Voyez *Bouxtay. Torret des Paxhisses.* 275. *Torret* signifie aussi quelquefois *Singe volant* ou *Torret à bras.* 235, 236, 242. V. *Stechement.* 458.

Torta Vena, Agric. Veine ou Filon qui se détourne de son chemin.

Tou (*Alage à*) *Alage à l'entour.* LE. 327. V. *Alage.*

Toucheur dans les Houillieres du Lyonnois. 509.

Touffe, *défaut d'air. Force.* Dans les Houillieres du Lyonnois. 513. Pratiques observées dans cette Province pour dissiper le mauvais air, dans trois circonstances différentes. *Idem.*

Toumment (*Zer*) G. Séparé de sa masse, jetté hors de sa direction, & en même temps transporté de sa place.

Tour de Rôle. (Exercice des Jurés-Porteurs de Charbon sur les Ports de Paris, à) 663. Lâchage des bateaux dans les Ports, à tour de rôle. 669, 671. *Tours de Rôle* des bateaux pour s'arranger dans les endroits à ce destinés, sur les rivieres de Haine & de Scarpe. 736. Pour chargement. *Idem.* Dans certains cas peuvent être vendus par les

Maîtres & suppôts de ladite navigation. *Ibid.*

Tour, *Tambour*, *Treuil* à Paris, est ce qu'on nomme *Moulinet*. Voyez *Aissieu dans le tour*. *Coubles* du tour, Lr. 286, élevé en traverse sur les longues ou sur les courtes Mahires, selon le terrein, selon que le bure est profond, selon qu'il faut deux treuils, un pour les eaux, un pour les houilles. 245. Pourquoi ? 246. Petit treuil ou *moulinet* pour baisser ou élever le *toc feu* dans le bure d'airage. 250. Autre petit treuil appellé *torret*, du même nom que le puits souterrain sur lequel on l'établit. 261. Voyez *Treuil*. Voyez *Torret*.

Tour ou *Cabestan pour éprouver la qualité du fer dans toute l'étendue d'une barre*; ce moyen consiste à établir solidement un cabestan vertical ou horisontal, dont la fusée de fonte de fer a 8 à 9 pouces de diametre, sur environ 4 pieds de longueur; à un de ses bouts prolongé hors de l'épaisseur de ses jumelles, on applique une puissance motrice quelconque; sur une des extrémités du corps des treuils, on pratique une lumiere qui doit pénétrer son diametre, laquelle sera d'une dimension uniquement suffisante pour recevoir le bout des barres; contre les jumelles du treuil on assujettira une forte piece de fonte de fer percée dans son étendue d'une ouverture de 18 lignes de largeur, dont les angles extérieurs seront abbatus, & qui correspondra au centre du treuil : cette description empruntée d'un Mémoire de M. Grignon sur une *théorie d'artillerie de fer contourné ou à rubans*, éclaircit le sommaire de cette méthode que nous avons fait connoître, *page* 849.

Tour (*Epreuve du*) & *du détour* sur le cabestan qui vient d'être décrit; l'utilité de recourir à cette épreuve dans certains cas, & sur-tout dans des essais de fonte de fer par des procédés nouveaux, nous engage à placer ici le détail que M. Grignon donne de cette expérience, indiquée dans notre Ouvrage. Voyez *page* 849. On commencera par plier légérement le bout de la barre sur une longueur de 3 à 4 pouces; on la passera par la coulisse de la piece de fonte de fer, pour l'introduire dans la lumiere du treuil; alors on fera agir la puissance qui imprimera au treuil un mouvement de rotation, qui attirera la barre & la forcera de s'appliquer en spires sur sa surface; elle sera dirigée par les bords de la coulisse par laquelle elle filera; lorsque la barre sera entiérement passée, on imprimera à la machine un mouvement contraire qui fera devider la barre de dessous le tour, laquelle se redressera en passant par la coulisse; si le fer sort de cette épreuve, sans se rompre, on est sûr qu'il est de bonne qualité.

Tourbe. Bat. *Torvena*. *Darry*. *Turfa veenne Cespes bituminosus*. *Turfa ericea*. *Bruaria*. *Terra Carbonaria*, 606, confondue par quelques Auteurs avec le Charbon de terre. *Idem*. (*Mém*. 6.) Especes différentes de tourbes. 608. Quelques-unes remarquables par leur feu vif, long, & par le machefer qu'elles donnent en brûlant. 607. M. de Bougainville dans son Voyage autour du monde, assure en avoir trouvé dans les Isles Malouines, dont les charbons avoient une action supérieure à celle du Charbon de terre. L'*Humus* ou sol superficiel des Bruyeres, dit *Terra Bruaria*, est un premier genre de Terre-tourbe. *Division de la Tourbe*. 607. Différence du bois à la tourbe, quant au feu égal, évaluée. 602. *Bitume de tourbe*. 587. *Charbon de bois-tourbe*, ou *Charbon de bois fossile*. G. Holtz kohlen. 2587. *Terres tourbes*. Su. *Torf jord*. V. *Terres*.

La Tourbe, quoique très-différente, & à tous égards très-inférieure en qualité au Charbon de terre, a néanmoins de temps en temps, comme dans d'autres pays, fixé l'attention du Gouvernement François, pour aller au-devant de la cherté, & de la disette du bois de chauffage dans la Capitale. 607. On voit dans un Traité des Tourbes, in-4°. en 1663, par Charles Patin, Docteur-Régent de la Faculté de Médecine de Paris, un Brevet du Roi du 30 Novembre 1658, & Lettres-patentes du 18 Décembre suivant en faveur du Sr. de Chambré, pouvoir, faculté & permission de faire tirer seul, & par ceux qu'il commettra, pendant trente ans, des Tourbes à brûler dans l'étendue de vingt-cinq lieues aux environs de Paris; & en conséquence de l'avis du Prévôt des Marchands du 23 Août 1659, des Médecins de la faculté du 21 Juin 1662, & d'une épreuve faite chez M. le Premier Président de Lamoignon. 1265. (Voyez l'*errata*). En 1764, le Réglement du Prévôt des Marchands & Echevins du 4 Novembre 1663, pour la mesure & le prix des Tourbes, a été imprimé en extrait in-4°.

Tourberie. *Tourbiere*. Endroit d'où se tirent des Tourbes; en Hollandois *Veenen*. 603. Arrêt du Conseil du 17 Juillet 1744, qui permet au Sr. Porro de fabriquer exclusivement à tous autres, à Paris & à cinq lieues aux environs, du Charbon de tourbe, & d'exploiter les Mines de tourbe, &c.

Touret à percer, nommé, dans le langage de Houilleurs Liégeois, *Torret* : d'obligation par l'Art. X. du Réglement pour les Mines de houille en France. Sentiment de M. de Voglie sur cet Article. 625. Voy. *Stechement*.

Tourg. *Fat*. Su. Mesure pour porter la Mine au fourneau, en bois ou en fer battu, un peu excavé en forme de panier ou de van, & contenant quarante ou cinquante livres de Mine.

Tourillon. Grosse cheville ou boulon de fer servant d'étai ou de pivot, sur lequel tournent les fleches des bascules, & autres pieces de bois dans les machines. 468, 913, 1071, 1084. *Tourillons du Balancier*. 1059, 1099. *Tourillon*, ce mot signifie aussi les extrémités du cylindre ou du tambour d'un treuil, 914, & la manivelle d'une machine hydraulique. G. Kurbel. Krummer Zapfen. 1043, 1017.

Tournants. *Tourniquets*, dans les Feldgestangen. 1044, 1045.

Tourne-à-gauche. Clef de tarriere. Son usage. 392.

Tourne-dehors. *Tourner hors de la buse du bure*. Le. Temps de cette manœuvre, son objet. 294.

Tourneurs. Dans le Hainaut Autrichien, on nomme ainsi les *Peseurs* & *Mesureurs* de gros & de menu Charbon. Par l'Article X des Placards, ils sont, ainsi que les *Facteurs* des Marchands, pris à serment d'observer la jauge pour la charge de chaque bateau, sans l'excéder en aucune maniere, & ne peuvent mêler le gros Charbon avec le menu; sont aussi fermentés pour donner une déclaration exacte & fidele du poids & de la mesure de chaque sorte de Charbon qu'ils auront chargé, à peine d'être punis comme atteints du crime de faux.

Dans les cas où il y a fraude des droits de l'impôt, les Vendeurs & Acheteurs encourent une amende. Par l'Article 15 les uns & les autres étant responsables du fait de leurs *Facteurs* & *Tourneurs*; & étant obligés de ne se servir pour la délivrance de leurs Charbons, que des *Tourneurs fermentés*, à peine de cent patagons d'amende pour la premiere fois, de deux cents patagons pour la seconde, & d'une autre amende plus forte pour la troisieme fois, à l'arbitrage du Juge.

Les Bateliers ne peuvent non plus, en conséquence de ce même Article, laisser ni faire charger leurs bateaux que par les *Tourneurs fermentés*, & cela sous pareilles amendes, sans qu'ils puissent s'excuser sur leurs Valets & autres servants à la conduite de leurs bateaux, d'autant qu'ils en sont responsables.

Tourniquet. Bouriquet. A Liege on appelle de ces noms, en général, le petit treuil employé pour *avaller* un Bure. 235, 238, 548. Voyez *Bouriquet.* Dans les Mines métalliques, on nomme de ce même nom une entaille à chûte, c'est-à-dire, en descendant, un passage à chûte, un puits souterrain. *Tourniquet.* G. Haspel. *Tourniquet à roue.* G. Rad Haspel. Voyez *Tournants.*

Tourons. Terme de Cordier. Ce sont plusieurs fils de caret, tournés ensemble, & qui font partie d'une corde. 917.

Toux que conservent les Ouvriers de Mines qui ont échapé au danger de la suffocation occasionnée par les exhalaisons souterraines. 986.

Trabenech. Nom donné dans plusieurs endroits du Dauphiné à la pierre de Périgord, ou à la Mine de plomb à grosse maille, connue dans plusieurs endroits sous le nom de *Vernis*, dont les Emailleurs & les Potiers de terre se servent pour vernir leurs poteries.

Trabs. G. *Stege.* Charpenterie. Poutre. *Trabs arrecta.* Poinçon. Voyez *Tignum.*

Trace à la craie, pour servir de guide aux Houilleurs Anglois, dans un cas particulier. 298.

Tracer la ligne qui communique d'une Mine à une autre; proposition de Géométrie souterraine pratique. 801. *Ligne droite* (*Tracer une*) sur une surface inclinée & inégale, *Idem*, dans un terrein impraticable. *Id.*

Tractoria. (*Machina*) G. Haspel. Machine à tirer.

Traemner. G. Venule. *Gegen.* G. Venule opposée. Voyez *Venules.*

Traha, *Traîneau.* Voyez *Traîneau.* *Traha Carens Capsâ.* G. Schleffe, traîneau simple; traîneau de Baritel, Sployon de Hernaz, *Traha cui imposita est capsa.* G. Schlite. Traîneau pour tonneau, & autres.

Traînée. Guide. *Lyon.*

Traînée, mot par lequel M. Genneté désigne la marche générale des filons, ou la série continue de toute une bande de Charbon de terre. 875.

Traîneau. (Méchanique). Dans les Mines d'Anjou *Esclipe.* 562. *Traha.* AN. Sledge. 211, 464, 509. G. Schleffe. *Traîneau simple* comme le *Sployon.* Espece de machine qui n'a point de roues, & qui est seulement composée de quelques fortes pieces de bois jointes ensemble, & emmortoisées avec des chevilles : aux quatre coins de ce bâtis, formant une figure quarrée longue, sont de forts crochets de fer, pour y atteler des chevaux qui le traînent.

Traîneau de Baritel. G. Sployon du Hernaz. LE. qui s'adapte au *Hernaz*, & que l'on surcharge de pierres plus ou moins, selon les circonstances, afin d'opposer une nouvelle résistance au poids de la charge qui descend, & de le retenir plus facilement; ce traîneau sert aussi à descendre des bois & d'autres matieres dans la Mine; il consiste en deux pieces de bois longues de sept pieds sur deux de large, & qui sont assemblées; il s'attache avec une corde à un gros clou implanté dans un bras de la machine.

Traîner. (*Charriots à*) Petites caisses basses portées sur quatre rouleaux, & traînées en arriere par deux jeunes garçons, dans lesquelles se fait le transport des matériaux ou des décombres.

M. Delius les juge préférables aux *brouettes* dont on se sert dans beaucoup de Mines, parce que la charge d'un charriot n'a besoin que d'être poussée, au lieu que les brouettes ont besoin d'être soutenues en même temps avec les mains; un homme, par cette raison, ne peut dans un ouvrage continuel transporter plus d'un quintal, tandis qu'un charriot contient depuis 200 livres jusqu'à 250 de matieres, & se pousse plus aisément & plus promptement. L'usage des brouettes n'est point du tout économique, & n'est bon que pour les ouvrages de la superficie. V. *Sely.*

Traîner à Cope. LE. 211. *A la Voye.* V. *Seloueur.*

Traîneur. Chargeur au Bure. LE. 211. Ayant sous lui deux Ouvriers, *Idem*; ce qu'ils gagnent dans les Mines de Charbon du Namurois. 452. dans celles d'Angleterre. 395.

Traireffes au jour. LE. Femmes ainsi nommées. 210. Bâtons dont elles se servent. Voyez *Rayetray.* V. Torleu. V. *Pannys.*

Trait. (*Barres de*) *Tirans.* SAX. Zugstangen. 1043. Voyez *Tirans. Trait.* Charge du Coufade, valant ordinairement de quatorze à quinze livres. 338. *Trait.* (*Double*) *Double Treque. Double pannée.* 371.

Trait. (*Quatre-vingtieme*) LE. Droit d'un panier sur quatre-vingt, dû au Terrageur, d'où il est aussi appellé *Droit de terrage*, 325; dû aussi à l'Arnier : la Société est obligée de mettre ce quatre-vingtieme trait à part dans *le paire* : le Terrageur & l'Arnier peuvent en faire vendre le Charbon à leur profit; mais dans l'usage ordinaire ils s'arrangent avec la Société qui en paie la valeur, en déduisant quelquefois, selon les conventions, un ou deux escalins, qui font à peu-près vingt-cinq sols de France par chaque trait, pour les frais de la vente.

Traite foraine. 545. *Traite*, droit de quelques Seigneurs 572.

Traitement des Ouvriers suffoqués dans les Mines. Ce qui doit être la base des méthodes à imaginer pour les secourir. 1002. Voyez *Suffocation.* Traitement qui a été employé pour le rétablissement d'un Ouvrier retiré bien portant d'une Mine, après y avoir été long-temps enfermé. 454.

Tranche. LE. Conduit souterrain qui va rencontrer une décharge d'eau. Canal, abbatement pour décharger, saigner les eaux. 272, 287. C'est par un conduit de cette espece qu'on verse les eaux du bure dans l'areine, en attendant que les ouvrages supérieurs soient achevés. Voyez *Xhorre.* 280, 896. *Conquête par tranche.* 328. Dans les Mines de Cornouailles, *Tranche* est pris pour toute espece d'ouverture, puits ou boyaux latéraux.

Tranchée. Fosse. Fossé en croix de quelques toises de longueur. M. de Genssane ayant observé dans plusieurs Mines, que soit par négligence, soit faute d'intelligence, les Ouvriers, en ne faisant que gratter les veines avec leur pic, comme les Tailleurs de pierres pour la taille, réduisent tout le Charbon en menu, qui n'est point propre à être employé dans les grilles, ce qui en diminue considérablement le débit; il conseille, dans l'Art. XXXV de son Réglement, d'exiger des Mineurs qu'ils commencent à faire une *tranchée* de six pouces ou environ dans le Charbon sur le sol & de toute la largeur de la galerie, & de dix-huit à vingt pouces de profondeur en avance, & même davantage lorsque cela est possible; ensuite de dégarnir avec le pic de chaque côté de la galerie, en y pratiquant une espece de fente ou séparation de même profondeur: cela fait, les Ouvriers doivent chasser à coups de masse plusieurs forts coins de fer au haut de la galerie, entre le toit & le Charbon, ce qui le détache & le fait tomber par gros quartiers.

Par cette manœuvre on avance le travail du double, & l'on a du Charbon tel qu'il le faut pour quantité d'usages. Pour assujettir les Mineurs à suivre cette méthode, M. de Genssane conseille de ne recevoir leur Charbon, & de ne leur payer leur salaire qu'autant qu'il n'y aura tout au plus que le quart en poussier, & que le surplus sera en gros quartiers.

Tranent (*Mine de*) en Angleterre. 114.

Transactions Philosophiques. Collection des Mémoires lus & envoyés à la Société Royale de Londres, composée de dissertations sur toutes les parties de la Physique, de l'Histoire naturelle, de la Médecine, des Mathématiques, de l'Antiquité, de la Chronologie. C'est dans cette source riche & abondante que nous avons puisé la plus grande partie de tout ce que nous avons publié concernant le Charbon de terre & les Mines de ce fossile en Angleterre, où se sont faites les observations les plus curieuses & les plus intéressantes, entre autres, sur les différentes exhalaisons qui accompagnent cette substance dans sa Mine.

Transit. Vectigal pro Transitu. Droit de Barrage. (Terme de Douane.) Acte que les Commis des Douanes délivrent aux Marchands Voituriers ou autres pour certaines marchandises qui doivent passer par les bureaux des Fermes du Roi, sans être visitées ou sans y payer les droits, à la charge néanmoins, par les Propriétaires ou Voituriers desdites marchandises, de donner caution de rapporter, dans un temps marqué dans l'acquit, un certificat en bonne forme, qu'au dernier Bureau elles ont été trouvées en nombre, poids, quantité & qualité, & les balles & les cordes avec les plombs sains & entiers, conformément à l'acquit. 629.

Transitus (*occultus.*) Dégagement. Voie de dégagement.

Transmigration des Ouvriers hors du pays, défendue. Transmigration des Ouvriers d'un Maître à un autre, comment empêchée à Liege. 346.

Transport. Réparation des roues, chemins & autres: à combien se monte la dépense pour ces objets, dans une Mine d'Ecosse appellée *Blessay.* 396.

Transport. Enlevement des ustensiles d'une Mine que l'on abandonne, comme suif, marteaux & autres semblables, non-scellés & non attachés, ne peut, en conséquence de l'Arrêt du 14 Mai 1604, être fait par celui qui quitte l'ouvrage, sans que le Grand Maître ou son Lieutenant particulier n'ait été averti, afin qu'il soit au préalable pourvu à la conservation des droits de S. M. & du public.

Transport du Charbon du pied du Bure au port d'embarquement; doit être une considération importante pour l'Entrepreneur. 838. Indications générales sur ce sujet, par rapport aux différentes combinaisons que doivent entraîner dans l'administration économique d'une entreprise les distances de la Mine au magasin, le nombre des voyages, la nature du chemin, le temps que les voitures chargées de Charbon emploient à faire le chemin de la Mine au magasin, &c. 838. Exemple pris dans la Mine de Newcastle. *Idem.*

Transport du Charbon de la Mine *Roche-la-Moliere* à S. Rambert, 586, de *S. Etienne.* Idem. Ce que coûte ce transport. *Id.* Transport du Charbon d'*Auvergne* de la Mine au port d'embarquement, en sacs, à dos d'âne, 588; à dos de mulets, aux Mines de Rive-de-Gier, 708; à dos de jeunes filles à Madestone en Ecosse, 115, comme à Liege par les *Botteresses.* *Idem.*

Transport des briques ou pelotes de Houille par charroi. 1354.

Transportatorium circulare. Rapporteur. 786.

Transportées. (*Mines*) Voyez *Mines.*

Trapp. Corneus niger solidus. WALLER. *Saxum impalpabile schistosum, subcalcarium, fragmentis Rhombeis. Linn.* PIERRE DE TOUCHE DE CRONSTEDT. Pierre d'un grain plus ou moins fin, composé d'un jaspe ferrugineux, tendre, & d'un argille durcie, qui forme quelquefois des montagnes entieres, & plus communément des veines, enveloppées de roche d'une autre espece. On y remarque quelquefois des particules ressemblantes à du spath calcaire, mais qui ne font pas effervescence avec les acides; il s'en trouve de striée & de grenulée, la couleur du trapp varie aussi; il y en a de grise, de rougeâtre, de brune, de bleuâtre, de noire; celle-ci est compacte, & susceptible de poli comme l'agathe; le *trapp*, dans la partie la plus enfoncée en terre, est ordinairement plein de fentes, & de gersures, & affecte une figure rhomboïdale.

Les diversités observées dans ce genre de roc composé, paroissent autant de sujets de douter que le *trapp* soit constamment, par-tout où il se trouve, un même genre de pierre; les Houilleurs Anglois, parmi lesquels le mot *trapp* est connu, ne paroissent l'avoir attaché qu'aux roches ou *failles* de grande étendue qui font rihopper les veines de Houille, 98, parce que ces roches, à l'instar d'une trappe, ferment, couvrent, remplissent un lieu creux, d'où dérive le mot de *trapp*, enharnacher, couvrir. Les failles, ainsi qu'on l'a vu, peuvent être d'une nature différente les unes des autres, comme le font les *Iraps*, les *Rubbles* & *Rubbish.*

Traquets. Triquets, Traquets du bure, chevalets. LE. 236. Voyez *Treteaux.*

Travail. Travaux de Mines au pays de Liege. 284. *Travail par basse taille.* 298, 312. *Par chambray.* 292, 320. Voyez *Taille. Travail à la vallée.* 305. *Travail dessus & dessous les eaux.* 330. *Par œuvre de veine.* Voyez *Veine. Travail de Mines, pour ce qui est de la proprieté des intérêts particuliers, &c. Travail sur le fonds d'autrui.* 323, 325. Crime de forfaiture ou de *Foule*, si on n'a pas au préalable rempli la loi vis-à-vis du Propriétaire. 324. *Travail de 40 jours*, pendant lesquels le Propriétaire a droit de retrait. V. *Prescription de 40 jours. Désistement de travail de la part des Maîtres.* 331. Formalités particulieres. 336. Voy. *Vallée.*

Travail de Mines en France. L'Article XXIII de l'Edit de Réglement général du mois de Juin 1601, permet aux Maîtres, Entrepreneurs & Ouvriers de faire travailler sans discontinuer, excepté les Dimanches & grandes Fêtes: le désistement du travail, doit être notifié au Subdélégué de l'Intendance du Grand-Maître. Voyez

Subdélégué. Par un Article de l'Arrêt du 14 Mai 1604, nuls Officiers ayant charge dans les Mines, ne pourront être associés, ni participer directement ou indirectement au travail & profit desdites Mines auxquelles ils seront employés, sans permission du Roi. *Travaux des Concessionnaires d'Anjou.* Etat de leurs ouvrages en 1753, 556, n'ont point rempli les vûes du Conseil dans leur exploitation. *Idem. Travaux repris à Decize* dans une des Mines avec succès, par un nouveau puits en 1778. 575.

Traversant. (*Filon*) G. Setrende gangue.

Traverse de la couverture. Traverse dans le chevet. Galeries croisantes qui commencent à la couverture ou au chevet de la veine qu'on exploite, & qui ont pour objet de découvrir de nouveaux filons annoblissants, ou d'autres veines. Traverse dans le chevet ou traverse de la couverture. *Galerie de traverse.* G. Durschlage.

Traverser les fonds d'autrui. LE. 320

Treffort en Bresse. (*près de*) *à Melionaz.* Mine de Charbon de terre.

Trempe. Liqueur plus ou moins composée & très-froide, dans laquelle on plonge l'*acier* pour le durcir. 852. Voyez *Acier. Trempe des limes* au feu de Charbon de terre en Suede & en Angleterre. 1211.

Trempement & corroyement des pâtes, ou apprêt de la glaise pour la rendre propre à se mêler avec le Charbon de terre. 1337, 1342.

Trench-Vein Coal. AN. 386.

Trengen. G. Dessecher. LUGD. Asseinier.

Trentieme, 321, attribué dans la Coutume de Liege à un Possesseur de terrein sur le travail qui se fait sous son bien ou dans son bien. 322. Dans la Coutume de Limbourg se regle provisionnellement au quatre-vingt-unieme, au quarante unieme & au vingtieme panier, selon que les veines sont *grosses*, *moyennes* ou *petites*. 730. Voy. *Veines grosses*, *moyennes* ou *petites* ; ce trentieme dans l'usage de Limbourg se paie sur la fosse. *Id.* Ce qui s'observe pour assurer ce trentieme au Propriétaire. *Idem.*

Trentieme prélevé par l'Arrêt du 14 Mai 1604, sur tout ce qui provient de bon & net. Application que l'on en fait. V. *Secours.* Voyez *Trésorier.*

Trépan. Meche. Ciseau. 885. Voyez *Meche.* Voyez *Langue de serpent.*

Trépas. Pertuis. 597. *Trépas de Loire.* Droit, qui, ainsi que la traite par terre ou imposition foraine d'Anjou, a fait partie de l'appanage accordé en 1566, par Charles IX à Henri de Valois son frere, qui en avoit joui jusqu'à son avénement à la Couronne, & qui les avoit ensuite compris l'un & l'autre dans le supplément d'appanage qu'il accorda en 1576 à François, Duc d'Alençon son frere, qui les avoit possédés jusqu'à son décès en 1584 ; ces deux droits réunis ensuite avec l'appanage à la Couronne peu de temps après, en vertu d'un Edit du mois d'Octobre 1585 ; ces droits avoient été aliénés sous faculté de rachat, & avoient toujours été possédés depuis à titre d'engagement par différents Particuliers.

En exécution de l'Article IX d'une Déclaration du 1 Juin 1771, ces droits sont rentrés au Roi, moyennant un remboursement fait aux Engagistes, & ont été ensuite réunis à l'appanage de Monsieur, par Arrêt du Conseil d'Etat du Roi du 14 Décembre 1776. 545.

Treppen Werk. G. Plancher de galeries d'airage. Voyez *Plancher.*

Trésorier & Receveur général des Mines. Dans les Réglements concernant le fait des Mines en France, dans chaque endroit où il y a une Mine ouverte, il doit, en conséquence de l'Arrêt du 14 Mai 1604, être pris sur la masse entiere de tout ce qui en proviendra de bon & de net, un *trentieme*, lequel est mis en mains du Trésorier & Receveur général d'icelles Mines, lequel en fera un chapitre de recette à part. Voyez *Trentieme.*

Treteaux, *chevalets.* Supports des feldgestangen. 1038, 1044.

Treuil. Tour, Machine simple faite d'un tambour. 238, 235. *Machines qui se rapportent au tour. Rouleau. Tambour.* 914. *Tympanus*, *peritrochium. Treuil du moulinet. Sucula.* V. *Moulinet. Treuil ordinaire.* Le principal point de cette machine est que la grosseur de l'aissieu soit proportionnée à la longueur du levier. 1100. Autre attention. 1107. Considérations qui doivent servir de regle dans l'usage des Treuils & des machines pour lesquelles on se sert de cordes. 920, 921.

Trezal, en fait de peinture de porcelaine & poterie, se dit lorsque la superficie est gersée de petites fentes & rayons. Espece de dessein particulier ainsi figuré dans quelques parties du toit des veines.

Triage des Charbons propres à être corroyés avec les pâtes, pour avoir un chauffage économique ; en quoi consiste ce triage. 1338.

Triangle. (Géométrie.) Figure comprise entre trois lignes, qui a par conséquent trois *Angles* & trois côtés, ou deux côtés & un angle, ou deux angles & un côté ; le côté inférieur est ordinairement pris pour la *Base*, quoiqu'on puisse choisir tout autre côté, & une ligne perpendiculaire, menée de la pointe d'un angle sur la base, se nomme la *hauteur du Triangle* ; tout ce qui a rapport aux angles dont un triangle est formé, est une connoissance importante ; les Méchaniciens en font un grand usage pour examiner par les angles toutes les forces mouvantes ; & en Géométrie, toutes les figures se mesurent par des triangles auxquels on les réduit.

La partie essentielle de la Géométrie souterraine, qui aide à connoître la longueur des lignes, est donc celle qui enseigne à calculer toutes les parties d'un triangle par le moyen de celles que l'on connoît, d'où on l'a appellé *Trigonométrie*, qui est l'art d'appliquer le Calcul arithmétique à la Géométrie. Voyez *Trigonométrie. Dimension du triangle*, son usage en Trigonométrie. Voyez *Triangle semblable.*

Le Triangle considéré par rapport à ses côtés, est de trois especes. Considéré par rapport aux angles de trois especes aussi. 812.

Les côtés du Triangle opposés à l'angle droit sont nommés *Hypothénuses.* 804.

Maniere de mesurer par les différentes especes de Triangles. , 801. *Maniere de résoudre tous les problêmes de Géométrie souterraine*, *sans calculer les triangles.* . *Triangles à prendre & à résoudre pour trouver les dimensions d'une Mine de fer.* 801.

Triangle rectangle, c'est-à-dire, qui a un angle droit. 811. Dans tous les triangles de cette espece on n'a besoin que du Théorême. *Dans tout triangle rectiligne*, *les côtés sont entre eux comme les sinus des angles opposés.* Problême dont M. Weidler donne par le calcul & par le moyen de

l'échelle géométrique & du rapporteur, la folution du Problême : *Trouver le côté & la bafe dans
un triangle rectangle dont on connoît l'hypothénufe.*
Le Chapitre III de la Géométrie fouterraine de
M. de Genffane eft employé à la *réfolution des
triangles rectangles.* Voyez *Table des parties Cen-
téfimales :* le Chapitre V eft terminé par l'application d'une méthode méchanique pour le même
objet, par le moyen d'une regle divifée en deux
ou trois cents parties bien égales, que l'on prend
pour une échelle. Voyez *Regle.*

Triangles rectilignes. Triangles dont les trois
lignes qui concourent à leur formation, font des
lignes droites ; confidérés dans la partie de la
Géométrie diftinguée par le nom de *Trigonométrie
rectiligne*, dont le calcul eft appliqué à connoître
la valeur des lignes & des angles d'un triangle
rectiligne, feule efpece de triangle que l'on ait à
réfoudre dans les opérations de Mines. 800. Le
Chapitre IV de la Géométrie fouterraine de M.
de Genffane eft employé à la réfolution des problêmes qui concernent les triangles-rectilignes-obli-
ques. Voyez *Trigonométrie.*

Triangles femblables. Lorfque les trois angles,
chacun en particulier, font égaux, ou lorfqu'il
n'y a qu'un angle qui foit égal à l'angle qui lui
répond dans l'autre triangle, & que les côtés font
proportionnels, ou encore lorfque les trois côtés
d'un triangle font proportionnels aux trois côtés
de l'autre triangle, 807, *les triangles femblables
ont leurs côtés homologues proportionnels.* Quatrieme
propofition du fixieme Livre d'Euclide, fur laquelle eft fondé le compas de proportion. 791.

Dimenfion du triangle, d'un très-grand ufage
dans la Trigonométrie, pour réfoudre par le
feul fecours des triangles femblables, tous les
problêmes trigonométriques. 801, 802. Méthode
décrite dans Agricola pour s'en fervir dans une
circonftance. 812.

Tribunal particulier, (en pays étrangers),
pour tout ce qui concerne les Mines, 816, anciennement en France. Voyez *Jurifdiction du
Grand-Maître.*

Tribunal des Vingt-deux à Liege, autrement
nommé *Tribunal de la Foule*, contre l'oppreffion.
Rempart de la conftitution libre du pays de Liege,
& qui affure le droit de toute efpece de Propriétaire. 831. Compofé de quatre Chanoines de la
Cathédrale, nommés par le Chapitre, comme
état eccléfiaftique ; quatre Membres de l'état
noble ; quatres Bourgeois de Liege ; deux nommés par la Ville, parmi lefquels les Bourgmeftres
en nomment chacun un ; deux autres nommés par
les feize Chambres repréfentant le corps de la
Bourgeoifie : les autres reftants font à la nomination des Villes du pays de Liege qui font inter-
venus à la paix des Vingt-deux : on appelle de ce
Corps aux Etats révifeurs, compofés en tout de
14 perfonnes, favoir ; quatre Membres de la Cathédrale, comme étant l'état primaire, dont deux
amovibles font choifis par le Prince ; quatre de
l'état de la nobleffe, choifis par le Corps ; quatre
de l'état tiers repréfentés par les deux Bourgmeftres Régents, & les deux anciens de l'année
précédente, qui ne font que pour deux ans ; de
deux Révifeurs ou Députés à vie, à la nomination des Villes qui ont droit de nommer au tribunal des Vingt-deux. 324. Note 2, où il y a
quelques fautes, corrigées dans l'*errata.*

Trigonométrie eft, à proprement parler, la
fcience des triangles, ou l'art de trouver, par

trois parties données d'un triangle, les trois autres parties qui en font inconnues. Partie effen-
tielle de la Géométrie-Pratique, pour y paffer de la
théorie ; & comme il y a deux fortes de triangles, voyez *Triangles*, il y a auffi deux fortes de Trigonométrie. Celle des *Triangles rectilignes*, qu'on appelle *Trigonométrie rectiligne*,
ou *Trigonométrie plane*, & celle des Triangles
fphériques, nommée *Trigonométrie fphérique*, c'eft-
à-dire, de trouver les parties de ces triangles par
le moyen de quelques-unes de fes parties que l'on
fuppofe données, & qui embraffe en même temps
plufieurs opérations qui fe font par le moyen des
triangles, & qui fervent à mefurer une infinité
de grandeurs ; confifte dans la réfolution de trois
problêmes. Savoir ; 1°, *Les trois côtés etant donnés,
trouver les angles* ; 2°, *Deux côtés & un angle étant
donnés, trouver le refte.* 3°, *Deux angles & l'un des
côtés qui foutient ces deux angles étant connus,
trouver l'autre angle & les autres côtés.*

La folution de ces trois problêmes dépend de
quatre Théorêmes démontrés dans tous les Cours
de Mathématiques, & dont le premier confifte
à trouver par le niveau d'inclinaifon l'angle aigu
dans un triangle rectangle : le problême, *Trouver
une quatrieme proportionnelle à trois nombres donnés*,
eft du plus grand ufage en Trigonométrie.

Triguts. LE. *Terris.* LIMB.

Tripel. Tripela. Trippel. Tripoli. Voy. *Tripoli.*

Triplage des hochets. LE. *Tripler*, fouler avec
les pieds le Charbon avec les terres graffes, pour
être mis en hochets. 357.

Triple droit. (Jurifprudence.) Lorfqu'on paie
un droit trois fois.

*Tripoli. Argilla fubtilis macra, uftibus mechanicis
aut polituris inferviens.* WOLSTERD. G. *Tripel.*
SU. *Trippel.* AN. *Tripela.* 457. *Tripoli pierreux*,
dans lequel fe convertiffent au feu les *gores* du
mauvais Charbon du Lyonnois. 586. Il eft à
obferver que le tripoli déja affez compact, devient
très-dur au feu, de façon qu'il étincelle comme
l'acier ; il y en a même qui fe vitrifie à fa fuperficie. *Tripoli pourri.* 587.

Trivelle. Truelle. LE. Efpece de louchet de
fer dont on fe fert pour remuer la Houille & les
fouayes : de deux efpeces. 223.

Trochlea. Rechamus. Orbiculus. G. *Flots. Poulie.*
Trochlea fimplex vel monofpaftos.

Trock del Teie. Troc de taille. 371.

Trois. (*Regle de*) Voyez *Regle de Trois.*

Troifieme niveau (*Eaux du*) dans Houillieres
du Hainaut François ; lit de terre fous lequel elles
fe font jour. 465. Ne font à craindre pour leur
force qu'au premier inftant de leur éruption. *Idem.*

Trotoir. Manege. LE. *Pas du bure.* 1113. A qui
appartiennent les *Anfinnes du pas*, ou fumiers des
chevaux employés dans le trotoir. 322. L'é-
tendue à donner à l'aire que doit parcourir un
cheval attelé aux machines d'extraction, n'eft
pas un article indifférent. *Idem.* Ce que l'on doit
obferver pour bien faire un trotoir. *Id.* Remarques fur les grands & fur les petits trotoirs. 1114.
Diametre du trotoir dans les ardoifieres d'Anjou. *Ib.*

Trou, nommé le *Bouillon*, à Condé, fur la
riviere de Haifne. Objet d'un Article de l'Ordonnance de 1596, fur la conduite de la navigation,
entre les villes de Mons & Condé, &c. 734.

Trou de décharge dans les Mines métalliques ;
ouverture pratiquée en maniere de petit puits,
par laquelle on jette, dans la galerie de communication, le minerai deftiné à être tranfporté

au Bocard.

Trou de sonde, ou de la grande tarriere Angloise. Son objet. 399. Dans quelle partie du terrein il s'établit. *Idem.* Construction d'encaissement sur l'endroit où on veut faire ce trou de sonde. 392. Attention pour l'enfoncer bien à-plomb. 397. Voyez *Forage.*

Trous de Brokette de Mines ou de *Fleuret*, pour ouvrir le chemin; faire place dans le roc aux cartouches avec lesquels on fait sauter les pierres; quantité de poudre dont peut se remplir un trou de Fleuret de 8 à 9 lignes. 861.

Trous de Fleurets, doivent toujours être faits dans une direction telle que l'élasticité du feu ne soit point gênée de toutes parts, en trouvant une trop grande résistance; mais de maniere que la résistance soit moins considérable d'un côté que la force de la poudre, s'il en doit résulter un effet suffisant pour rompre une assez grande partie du roc; il y a sur cela néanmoins des distinctions à faire, relativement à la nature des rocs que l'on veut faire sauter.

Trous de Tarré pour mettre en sûreté la vie des Houilleurs, & garantir les ouvrages de submersions, 271, nécessaires, par conséquent, dans la poursuite des ouvrages, 271; se pratiquent dans le commencement de l'ouvrage sur la tête d'une veine supérieure à une veine inférieure, en *pittant* hors de la mahire du bure, 312; quelquefois le long des tailles, & se nomment alors *Trous de Taillé*, 271, 281; à l'*extrémité des chambrays*, 292; le *long des voyes*, 271, voyez *pavenssages*; de haut en bas dans les *Serrements. Idem.* Voyez *Bolleux.* Leur profondeur différente, distinguée alors par l'expression de *court jeu*, 275. *Long jeu. Idem.* Peut quelquefois être de dix-sept toises de plomb. Les trous de tarré ont 13 à 14 lignes de diametre, & se font à une distance proportionnée les uns des autres; à une taille de cinq toises, par exemple, les Foreurs divisent cette taille en trois parties. Pour *bouter*, trois trous de sept toises de longueur chacun: les trous de chaque côté ne sont approfondis que de cinq toises, & doivent être refaits chaque mois; quant aux trous de tarré qui sont devant l'ouvrage, & qu'on appelle trous de taille, 271, on ne fait que continuer les mêmes, à moins qu'il ne s'en trouva qui, par une direction trop haute ou trop basse, donnassent dans le toit ou dans le mur; alors il faudroit refaire de nouveaux trous de tarré. Par-tout où l'on doit travailler, le Foreur a soin d'aller la veille former de ces trous, afin de reconnoître le voisinage des bagues.

Trouille, petite riviere du Hainaut, qui prend sa source au Village de Merieux, passe à Mons, de là à Genapel, où elle se jette dans l'Haisne; objet du 2e. Article de l'Ordonnance de 1596. 734.

Troumma. SU. Canal. (*Wattu Troumma.*) Aqueduc.

Troussement (*Voye de*) au pays de la Reine. *Voye d'airage*, ou *Rawallette.* 302.

Trouver une quatrieme proportionnelle à trois nombres donnés. Problême du plus grand usage dans la Trigonométrie.

Troye. AN. *Poids de Troye*, en Hollande, est ce que l'on appelle particuliérement à Amsterdam *Poids de Marc.* Il est égal à celui de Paris. Voyez *Poids. Livre* en Angleterre, où on ne l'emploie qu'à peser les choses précieuses, comme l'or & l'argent, il est de douze onces à la livre,

Trum. G. Piece séparée de son tout.

Trunnen. G. *Capsa.*

Tubber (*Cornish*) *Beel.* AN. Pic. 388.

Tuer le vent. 264. Voyez *Vent.*

Tuile. (*Terre à*) *Terre à brique.* Voyez *Briquetier.* Charbon à cuire les tuiles. 449.

Tull afgifft. AN. Paiement des droits.

Turf. Tourbe de Hollande. 607. Voy. *Tourbes.*

Tunage. Tonnage. Voyez *Tonnage.*

Tunna. SU. Tonneau.

Turf. Dry Turf. Torf. AN. Tourbe.

Tutelle, *Curatelle*, & toute espece de Commissions; parmi les différentes franchises données par l'Article IV de l'Edit de Réglement général du mois de Juin 1601, l'exemption de ces charges est spécifiée en particulier à la condition néanmoins que ceux qui prétendront en jouir, aient travaillé ou servi aux Mines six mois avant, & qu'ils seront déchus de ces franchises s'ils venoient, après avoir éludé ces Commissions, à se retirer du travail des Mines; qu'en même temps ils seront alors tenus en tous dépens, dommages & intérêts envers celui qui auroit été élu ou choisi à leur place.

Twekilling. G. Fourneau à deux vents. 1205.

Tuyaux à air. Caneaux à vent, *porte-vent.* Tuyaux d'airage à l'extérieur d'un puits de Mine. LI. *Chetteure.* Voyez *Chetteure.* Voyez *Airage.* Prolongés du dehors en dedans, pour servir d'écoulement à l'air. AN. *Air pipes.* SU. *Troumma.* Terminés quelquefois en entonnoir, 960; formant quelquefois un plancher, 249, nommé *Treppen Werk.* 956. Tuyau d'airage ou porte-vent de cuir. 958. Effet des tuyaux à air en différents temps de l'année.

Pour l'ordinaire les tuyaux d'airage sont de fer quarré & en bois forés, comme ceux dont on fait usage pour les pompes hydrauliques, ou bien faits avec quatre planches assemblées, pour établir une ventilation dans les Mines; on les fait ordinairement de la longueur d'une planche, & une de leurs extrémités toujours plus petite, afin qu'on puisse les emboîter l'une dans l'autre; il faut qu'elles soient bien unies extérieurement; & afin que l'air ne trouve point d'autre issue & d'autre entrée qu'aux extrémités, les points sont garnis en glaise: l'entrée de l'air est favorisé par la forme d'entonnoir que l'on donne à l'extrémité extérieure. Il est encore nécessaire que ces tuyaux soient plus étroits, & qu'ils continuent toujours d'une égale largeur: l'expérience a fait connoître que les conduits larges ne sont pas aussi avantageux que les conduits étroits, parce que l'air qui est comprimé & dense dans ces derniers, a une circulation bien plus vive & bien plus fraîche, tandis que dans les premiers il est toujours trop expansé, & reste conséquemment foible; la largeur la plus avantageuse est de six pouces. Remarque de M. Jars sur cette capacité des tuyaux d'airage. 960. Les tuyaux d'airage ont l'avantage de pouvoir s'enlever quand ils ne servent plus dans un endroit, pour être employés ailleurs. V. *Ventouses*, ou *tuyaux à vent pour le fourneau à feu.*

Différentes constructions des tuyaux d'airage en bois. 959, 960. Construction proposée & exécutée par M. Triewald, dans un cas particulier. 961.

Tuyaux de pompe, toujours de potin ou de cuivre, & par économie en bois. 1012. Le plus grand qui reçoit le piston, & qui forme le premier corps de pompe, est appellé tantôt *Corps*

de pompe, tantôt *tuyau du clapet* ou *du piston*; voyez *Corps de pompe*. *Tuyau aspirant*. *Tuyau d'aspiration*, ou *tuyau montant*. SAX. Auffer kiel. 1012.

Tuyau de Soupape. SU. Stokel kiel.

Tuyaux (Principaux) *de la machine à vapeur*. 109. Tuyau qui conduit au *cliquet reniflant*. 412. *Tuyaux de traverse* du Cylindre & de l'Alambic. 470.

Tympanus. *Peritrochium*. G. Forb. Premscheibe. Treuil. Voyez *Treuil*. *Dentatus*. G. Famprade.

Tympheicum. *Gypsum antiquorum*. Quelquefois *marneux*. 1135.

U V

Uber Schuss. G. Restant ou surplus du profil, soit de la Mine, soit du minerai, extrait des souterrains. Signifie aussi une montagne qui penche au-dessus d'une autre.

Vacations. (Jurisprudence.) Temps, heure employée à une occupation : outre les gages ordinaires des Lieutenants particuliers pour les Mines, dans chaque Généralité, fixés par l'Art. VIII de l'Edit de Réglement général, voyez *Officiers*, il leur est alloué par le même Article pour vacations de journées, de visites & autres fonctions, un écu & demi. *Vacations des Jurés du Charbonnage* à Liege. (*Sommes fixées pour les*) 316.

Vaedret, *Ima*. SU. Vent. Air des Mines.

Vague, *Wague*. Mesure pour le Charbon dans le pays Montois, 459, évaluée juste à 144 livres de poids. 725.

Val Travers, Comté de Neufchâtel; *Mine de pierre d'asphalte*. Nous ne faisons ici mention de ce bitume concret, que par rapport à plusieurs indications données dans l'Ouvrage de M. de Genssane, comme de véritables Charbons de terre, 1137, & qui ne nous paroissent être autre chose que des pierres d'asphalte. Voyez, dans l'explication des Cartes physiques, la partie du Languedoc.

Val de Villé en Alsace; il semble qu'il y a du Charbon de terre dans cet endroit, à en juger par un Arrêt du Conseil du 30 Avril 1746, portant privilege exclusif en faveur du Sieur Makau d'Herkems, pour faire exploiter pendant 30 ans une Mine de Charbon.

Validation. Le Grand-Maître des Mines en France, ayant, par l'Art. XIV de l'Edit de Réglement général du mois de Juin 1601, le pouvoir de faire & passer tous contrats & marchés d'acquisition de fonds de terres, maisons, moulins, martinets, bois, &c. de faire construire tous édifices & maisons, acheter outils & ustensiles nécessaires, ordonner des paiements, Ouvriers, Chartiers, Voituriers, Messagers & autres personnes qu'il convient employer aux travaux de Mines, pourvu que le fonds en soit pris sur ce qui revient au Roi; l'Art. XV valide & autorise tous ces marchés, baux & ordonnances, ainsi que les quittances & paiements, à la charge que le tout soit bien & dûement contracté, & que le Receveur général ait fait vérifier son état par le Grand-Maître.

Vallay, *Vallée*. LE. Ouvrage souterrain de Houilliere, qui se prend au principal *chargeage* en angle droit, à la direction de la veine, & en suivant sa pente. 257, 305, 300, 895. *Boigne* ou *Borgne Vallée*, ligne oblique lorsque la direction de la couche est trop inclinée. 300, 260. *Coistresse de Vallée*. 256, 260. *Demi-Vallée*. 260, 259. *Droite Vallée*. 301. *Grande Vallée*. 259. *Vallée à cheval*. 281. *Airage de Vallée*. 267. *Chaîne de Vallée*. *Cowette*. 307. *Chargeages* de Vallée. 259. *Ouvrages de Vallée*. 305. *Paxhisses de Vallée* 204. *Voitures de Vallée*. 307. Voyez *Vay*. *Ghyot*, dont on doit avoir de rechange au principal chargeage. *Faire boirgnir la Vallée*. 256. *Chasser la Vallée*. 293. *Travailler à la Vallée*. 301, 288; *par niveau*. Idem. *Torret* ouvert dans le bure, *à la tête d'une grande Vallée*. 296.

Valle. SU. *Allée*, *suite*, *file*, *pile*. STEIN VALL.

Vallée. (GÉOGRAPHIE PHYSIQUE.) Enfoncement qui est entre deux rangs de chaînes de montagnes.

Valvula mobilis. *Valvula versatilis*. *Valvule*, *clapet*, *crapaudine*, *soupape*. Voyez *Soupape*.

Vanix. LE. Caisson en planches, pour servir de basche aux eaux, large du côté du bure, à l'endroit où arrive l'eau, & étroit dans la partie servant de décharge, qui va rendre dans les *tranches*. Le Vanix se place au jour quand on n'a pas de *xhorre*. *Eaux de Vanix*, ou ramassées dans le caisson ainsi nommé. *Serres de Vanix* ou de *pahages*. Serres ménagées sous les niveaux du bure, pour soutenir les eaux des *pahages*. 259. Voyez *Serrement*, *serres de pahages*. 274.

Vapeur. (*Etuve à*) 533. Voyez *Etuves*.

Vapeur. (*Machine à*) AN. Steam Engine, mal-à-propos *pompe à feu*. Voyez *Machine à vapeur*. Principe du mouvement de cette pompe. 240; en quoi consiste son méchanisme. *Idem*. Vapeur de l'eau qui bout dans la chaudiere de la machine. Sa force expulsive qui fait équilibre à la pression de l'atmosphere & au poids d'une colonne d'eau de 7 à 8 pieds de hauteur; en conséquence la pression de l'atmosphere étant équivalente au poids d'une colonne d'eau de 32 pieds de hauteur, il s'ensuit que la force de la vapeur est à la pression de l'atmosphere comme 39 est à 32 environ. Ressort de la vapeur de l'eau bouillante. 408, 412. Propositions générales sur les principaux phénomenes de la vapeur de l'eau bouillante. 1075. Conjecture sur la maniere dont se forme la vapeur. Conjecture particuliere de M. Dauxiron pour augmenter la quantité de vapeurs dans l'alambic. 1103.

Réservoir à Vapeur, ou petit cylindre dans la machine à vapeur. 1061.

Vapeurs souterraines, ou *air des Mines*. *Folets malins*. *Génies souterrains*. G. *Bad. air*. AN. *Foul. air*. *Common Damp*. A Newcastle *Stirh*. *Stink*. 402. A Liege *Crowin*, *Fouma*. Agricola Vergiste *luste*. *Schwaden*. 146. *Gravis halitus*. *Aer immobilis*. 928, 929, 981. SU. *Waedret*. *Ima*. *Air fixe*. Ses effets sur les Mineurs sont variés ou modifiés selon différentes circonstances, & sont aussi prompts que fâcheux. 928, 929. Immiscible à l'eau. 928. Leur cause peu connue. 946. Les faits & les dires sur cet objet, établissent des différences dans ces vapeurs, du moins à en juger par les effets très-diversifiés qu'elles produisent. 971. Voyez *Eaux*. Voyez *Rapport*. Les unes éteignent les lumieres, suffoquent les Ouvriers. 263, 986. Voyez *Fouma*. Marquées sur-tout dans les Mines dont les ouvrages ont été interrompus, 263; quelquefois dans des parties de veines, seulement comme dans la Mine près des montagnes de Mendyp, au voisinage de Stony Easton, où il y a une très-grande veine, dont la partie moyenne & orientale est très-sujette au *Damp*. Les autres, dangereuses en venant à s'échauffer, s'enflamment avec détonnation si on approche du feu. 263, 971. D'autres occupent toujours le sol des galeries. 972. Voy.

Vapeur.
Vapor. Fodinarum. Aura. Fumus virosus. Air. Vent.

Vargue. Dans les Houillieres de Rive-de-Gier, les Ouvriers appellent ainsi le tambour de la machine à enlever le Charbon. 510.

Variable. (*Veine*) Voyez *Veine.*

Variations annuelles de l'aiguille aimantée. 799. Plusieurs Auteurs ont soupçonné qu'elles tiennent à la formation ou décomposition des Mines ferrugineuses dans le Nord, comme les variations diurnes tiennent à la chaleur de la terre, dont l'électricité est plus forte après midi, du côté du couchant.

Variations des rivieres, sur lesquelles s'embarquent les Charbons de terre pour l'approvisionnement de Paris, obligent de changer les chargements 581, 586; une équipe, par exemple, qui, en partant d'un port de l'Allier, au-dessus & au-dessous de Moulins, aura été composée de 15 bateaux, ne l'est plus que de 9 ou 10 à son arrivée au Canal de Briare, parce que les eaux étant basses dans l'Allier & dans la Loire, un bateau ne pourra contenir que dix voies de Charbon, ou douze au plus, pour naviger sur ces deux rivieres, au lieu qu'il en portera vingt & même vingt-cinq dans le Canal, & davantage sur la Seine. Inconvénient de ces changements inévitables. 582. Autre inconvénient. 587. Voyez *Voitures.*

Varizelle. Petite Varizelle. En Lyonnois, frontiere du Forez, à demi-quart de lieue au-delà de S. Chaumont. Tête des Mines du Lyonnois. 702. Nature du Charbon qui en provient. 519.

Varlet. (Hydraulique.) Espece de balancier de bois équarri, gros dans son milieu, & se terminant en deux cônes tronqués, frétés & boulonnés, pour recevoir dans son milieu les queues de fer des pieces que le Varlet met en mouvement. 466, 1018.

Vay. LE. 224. Le grand est du poids de cinq cents cinquante livres, poids de Liege.

Vectiarius. G. Hespeler.

Vectigal. (*Omne metallum est.*) Tout terrein de Mine est sujet à un tribut en nature, dû au Souverain; mais il ne déroge nullement à la propriété du Maître du fonds. V. *Subreptices* (*Lettres*).

Vectigal portorium. Tunnage. *Vectigal solarium.*

Vectigal pro transitu. Droit de Barrage. Voyez *Barrage.*

Vectis. Levier. G. Haspel Horn. Hand habe. 912. *Vectis recta.* G. Haspel Winden. Windestangen.

Veennes. BAT. *Tourbes.*

Veine métallique. (Grub.) Filon. Fente remplie de minéraux, étendue en longueur & en profondeur dans les montagnes, & qui a une *puissance. Vena. Gangue.* Filon. Kluft. Fente. M. Weidler donne le premier nom, *gangue*, aux Veines métalliques, & le nom de kluft, *fibra*, aux *petites Veines* qui partant d'un tronc fort & nourri, tantôt s'étendent en direction oblique, tantôt se joignent à d'autres.

Plusieurs prétendent distinguer les *Veines* d'avec les *Filons*, en appellant *Filon* les fentes étroites qui s'écartent des veines, & donnant le nom de *Veines* à toutes les autres fentes qui subsistent d'elles-mêmes, soit petites, soit grandes; M. Delius trouve cette derniere dénomination plus juste, attendu la difficulté qu'il y auroit de régler la grandeur qu'un filon devroit avoir pour perdre le nom de *Filon* & prendre celui de *Veine.* Si, au contraire, on appelle indistinctement *Veines*, toutes les fentes qui existent par elles-mêmes, on peut alors en faire deux classes, dont la premiere comprendroit les veines principales qui ont des directions bien suivies, & la seconde comprendroit les veines moyennes qui ne s'étendent pas loin. L'Ouvrage de M. Delius, dont la traduction est prête à voir le jour, mettra à même de connoître tout ce qui a trait à cette matiere, sur laquelle nous donnerons ici quelques définitions empruntées de ce meme Auteur pour servir d'exemples.

Veines & Filons nobles, dans lesquels on trouve du minerai, ou pur, ou mélangé de pierres de différentes especes.

Veines & Filons sauvages, qui contiennent simplement des pierres & terres sans minerai.

Veine contiguë avec le rocher, c'est-à-dire, liée intimement avec le rocher de la couverture & du chevet, de maniere que le tout ne paroît qu'une seule pierre.

Veines & Filons pourris. Filons autrement appellés encore filons *sauvages*, mais dont la terre qui les compose est une terre pourrie.

Veine variable. Voyez au mot Latin *Vena*, ses différences sont désignées dans Agricola.

Veines de Charbon de terre; considérées dans la description de l'art de les exploiter, sous tous les points de vûe. LE. Vonne. Vosne. AN. Weim. Leur nombre, & leur étendue quelquefois très-considébles dans le massif d'une montagne 868, *note* 2. A environ deux milles Sud-Est de Stony Easton, près les Montagnes de Mendyp, il se trouve une veine qui s'étend à la distance de quatre milles vers l'Orient; & qui est divisée en plusieurs branches.

Veines de Charbon, maniere dont elles se comportent, dans leur direction & leur situation, relativement aux quatre points Cardinaux du monde; leur chûte ou inclinaison relative à l'horison; leur dimension en longueur, largeur & profondeur; leur force & leur puissance; essentielle a reconnoître. 875. Voyez *Chûte* ou *inclinaison. Trouver l'inclinaison & la direction des Veines.* 801, 806. Voyez *Dimension.* Voyez *Force.* Voyez *Puissance.*

Veines de Charbon qui remontent du fond vers la surface, sans avoir été interrompues dans leur cours; maniere dont ces veines se précipitent en bas. 870, 881.

Veine qui va par les trois heures, c'est-à-dire, qui court Nord-Est & Sud-Ouest. 876. *Qui va par les douze heures*, c'est-à-dire, qui court N. S. c'est-à-dire, Nord-Sud. *Idem. Qui va de neuf à onze heures*, ou qui va Sud-Est, Nord-Est. *Id.* *Veine du matin* ou *levant.* Id. *Veine du soir* ou *du couchant.* *Ibid.*

Outils pour œuvres de Veines. Aiguilles de Veine, c'est-à-dire employés pour les ouvrages dans le Charbon même. 220, 222, 463, 559. Différence des aiguilles employées à la pierre. *Idem. Marteau à Veine.* 542. *Pic de Veine*, sa différence du pic d'Avalleur. 222. *Moxhe de Veine* à Dalem; *languette* à Liege, véritable meche du Tarré, pour sonder & pareusser une Veine. 216.

Veine en plein Visthier. LE. Qui n'a jamais été travaillée. 265.

Veine dispiertée, *Veine violée.* LE. Qui a déja été travaillée.

Mines par Veines. Leur exploitation moins simple que celle des Mines en masse. 508.

Veine bouillardée dans les Mines d'Anjou. 555.

Veine faisant ventre. Voyez *Ventre.*

Veine principale, ou maîtresse Veine. Su. Hufwad Flot. 897.

Grande Veine, grande Mine, 579, ou *platture.* 207. *Banc de niveau. Grande Veine*, ce qu'on appelle ainsi en Houillerie à Liege, pour faire une différence des *Veinettes*, 288, est une Veine de deux pieds de hauteur pour le moins, n'est pas toujours la plus riche & la plus lucrative pour l'exploitation. 288. Voyez *Veine riche.*

Veine. (*Petite*) Ce que l'on doit appeller de ce nom dans la Coutume du Limbourg. 730. *Veine.* (*moyenne*) Idem. (*grosse*) Id. Veine. (*petite*) Mine ainsi appellée dans le pays Montois. Sur Jumet. 456. Dans la Mine de Fims en Bourbonnois. 579.

Veine (*puante*). Veine soufreuse. Charbon soufreux. An. Stinking Vein. Ces Veines occasionnent-elles réellement aux Ouvriers la difficulté de respirer? 980. Voyez *Soufre.*

Veine Kaucheteuse, ou *qui houille bien*, Le; c'est-à-dire, plus abondante en Houille qu'en Charbon.

Veine riche & lucrative. Voyez *Grande Veine.* On doit aussi regarder comme plus riche celle des Veines qui est tout-à-fait la derniere au-dessous des autres, parce qu'elle a nécessairement plus d'étendue en longueur que chacune de celles qui la précédent, soit qu'elles soient à pendage de *roisse*, soit qu'elles soient à pendage de *platture.* 878, 879.

Folles. (*Veines*) Veinules de Charbon qui se remarquent dans des masses de rochers. 498.

Veine étroite.

Veine rétrécie par quelques défectuosités du toit, G. Streindure. Conduite à tenir pour leur exploitation. 312.

Veines considérées dans l'exploitation; ne peuvent être approchées dans aucune entreprise sous les églises, les châteaux, étangs, maisons, sans remplir des formalités. La distance fixée à Liege, par des Experts choisis à cet effet, est ordinairement de 10 toises.

Membres de Veines séparés par des *Seams*, 382, ou par des agais. 371, 372.

Dilatement de Veine, élargissement. 251. Voy. *Dilatement.*

Œuvres de Veine. Le. Ainsi nommés pour les distinguer des ouvrages qui se font dans la pierre; l'areine se travaille quelquefois par œuvre de veine. 280. Voyez *Œuvres de Veines.*

Pied de Veine. Laye d'en-bas, Veine d'aval pendage. 206.

Tête de Veine. Ibid. Assiette convenable du grand bure. 243.

Veine en avant-main. Le. C'est-à-dire, dans la partie d'aval-pendage. 206. *Attaquer la Veine en avant-main.* 293.

Veine descendante. Pied de la Veine, ou *Veine d'aval-pendage.* 206.

Veine découverte sur les côtés. (*Laisser la*) 290.

Pareusse de Veine. Le. Voyez *Pareussage.*

Paroys de la Veine. Voyez *Paroy.*

Veine. (*Ouvertures pratiquées d'une taille à une autre, au travers de la*) 272. Voyez *Chambray.*

Veine non xhorrée, Veine située dessous la main, Veine au-dessous du niveau du xhorre, Veine inférieure. 289, 294, 303. Rencontre d'une Veine inférieure par un *percement.* 280. Pratique des Liégeois, de commencer par le travail de ces veines pour achever à moindres frais les ouvrages d'en-haut, dont les eaux se portent dans les vuides inférieurs, dans les vieux ouvrés, dans les Vallées, d'où on n'a pas besoin de les tirer. 294. Méthode des Liégeois pour empêcher que les montées d'une veine inférieure ne soient gagnées par les eaux. 277. Cas où les Veines inférieures ne peuvent être travaillées commodément par le *maître-bure*, 295; comment on y supplée. *Idem.* Voyez *Bacnures.* Voyez *Eaux des ouvrages inférieurs.* 296, 297. *Veine layeuse non-xhorrée.* 290. Voyez *Inférieure.*

Veine xhorrée, Veine située dessous, ou *sur la main du xhorre, Veine supérieure.* 289. Leur pourchasse. 298, 303. Obstacle apporté à l'exploitation d'une Veine supérieure. 296. Construction du cuvelage lorsqu'il se trouve une veine supérieure dans la buse du bure. 277, 282. Eaux d'une Veine supérieure. 278. M. de Genssane est d'avis de commencer l'exploitation par les Veines supérieures lorsque le Charbon est de bonne qualité, la raison qu'il en donne est de décharger de ce poids les veines inférieures, quand on viendra à les travailler : cette considération est absolument nulle, & ne peut infirmer les vrais principes de Houillerie qui demandent le contraire. Voyez *page* 294. *Areine aboutée d'une veine supérieure à une Veine inférieure.*

Epaisseur (*Grande*) de Veine. M. de Genssane, Art. XL de son Réglement, prétend que l'exploitation de ces sortes de veines est la plus difficile & la plus dangereuse; & qu'il n'est pas possible d'en extraire tout le Charbon dont elles sont formées, parce que des piliers d'appui de plus de 15 à 20 pieds d'épaisseur, n'ont pas assez de consistance & de solidité pour en soutenir le toit; il ajoute qu'il est toujours difficile de prescrire des regles qui mettent ces sortes de travaux à l'abri de tout danger : ce qu'il rapporte à cette occasion des Mines de Rive-de-Gier, est tout-à-fait au désavantage des Concessionnaires, & conforme aux plaintes des Propriétaires. Le Consul du lieu a assuré à M. de Genssane que parmi les Mineurs employés à cette Mine, il en est peu qui soient morts dans leurs lits, & qu'ils avoient la plupart péri dans la Mine les uns après les autres. Voici la maniere dont M. de Genssane propose d'exploiter ces Mines de grande épaisseur. Je commencerois, dit M. de Genssane, par pratiquer une galerie capitale ou galerie d'issue, sur toute l'étendue de la veine immédiatement audessus du toit; après quoi je ferois des galeries collatérales à angles droits de la premiere, toujours sans s'écarter du toit, & je laisserois entre chaque galerie des murs de Charbon de 12 à 15 pieds d'épaisseur; quant aux galeries je leur donnerois une largeur de 6 à 8 pieds, suivant la solidité du toit. De cette maniere je commencerois par prendre tout le Charbon qui se trouveroit dans ces galeries sur toute l'étendue de la veine, comme si elle n'avoit que l'épaisseur donnée aux galeries. Cette premiere opération achevée, j'abaisserois toutes mes galeries de six pieds l'une après l'autre, en commençant par la galerie d'issue, & je prendrois garde sur-tout à ne pas toucher aux murs de séparation que j'aurois soin de conserver dans leur entier : de cette maniere je prendrois tout le Charbon qui se trouveroit sur cet abaissement de six pieds de hauteur, sur toute l'étendue de la veine. J'abaisserois ensuite une seconde fois mon travail de six pieds, & ainsi de suite jusqu'au fond de la veine. Si dans le courant du travail j'appercevois quelques parties des murs de séparation où le Charbon fût d'une consistance foible, j'y plaçerois quelques étançons pour le soutenir & le contenir, par-là toute l'extraction possible se feroit sans le moindre danger pour les Ouvriers. Voyez *Epaisseur de Veine*. Dans les pays habitués aux exploitations en grand, on n'est point du tout embarrassé d'une très-grande épaisseur; l'expérience a établi dans ce cas des regles bien sûres.

Epaisseur (*Petite ou moyenne*) de Veine, depuis 10 jusqu'à 12 pouces. Regles d'exploitation différentes que pour les grandes épaisseurs. On doit toujours, selon M. de Genssane, Art. XXXIX du réglement qu'il propose, commencer par se procurer une galerie d'issue. Ensuite, comme il seroit trop dispendieux de couper le lit des veines pour donner une galerie de hauteur capable de metre le Mineur à son aise, on ne doit prendre que le Charbon seul, les Mineurs y étant couchés sur le côté; pour cet effet ils ont une petite planchette attachée à la cuisse, & une autre au bras, près de l'épaule, du côté où ils sont couchés; ils doivent commencer par dégarnir un peu le Charbon par le bas, & enfoncer ensuite des coins de fer par le haut, ce qui le fait détacher & tomber aisément à cause de son peu d'épaisseur: il n'est point d'usage pour soutenir le toit de ces veines de laisser des piliers de Charbon, on leur substitue un nombre suffisant de billots de brin de 6 à 8 pouces de diametre, & d'une longueur à peu-près égale à celle de l'épaisseur de la veine. A mesure que les Ouvriers avancent, on place d'abord une rangée de ces billots ou poteaux derriere eux, d'environ 3 pieds de distance de l'un à l'autre, & on le serre avec de forts coins qu'on chasse entre le toit de la veine & le bout supérieur des poteaux. Lorsque les Mineurs sont avancés de plus de 3 pieds, on place derriere eux, de la même maniere, une seconde rangée de poteaux parallele à la premiere, & ainsi de suite, jusqu'à ce qu'il y en ait 4 rangées; après quoi on ôte les coins de la premiere rangée, c'est-à-dire, de la rangée la plus éloignée des Mineurs, & on transporte les billots pour venir faire une nouvelle rangée derriere eux, dès qu'il y a une place suffisante, & de cette maniere on parcourt toute l'étendue d'une veine, parce que les quatre rangées de poteaux sont plus que suffisantes pour soutenir le toit dans le voisinage des Ouvriers, & les garantir de tout danger.

Veine inférieure. Voyez *Veine non-xhorrée*.

Veine supérieure. Voyez *Veine xhorrée*.

Veinette. Le. Par comparaison en épaisseur avec les Veines nommées *grandes Veines*, voyez *la Table des Matieres de la premiere Partie*. Les Veinettes suivent en tout la direction de la veine principale, à moins qu'elles ne soient débauchées, 878; dans la coutume de Liege les droits des Jurés, pour l'enfoncement d'une nouvelle fosse, n'ont lieu que lorsqu'on est parvenu à la *Veinette*. 317.

Veinules. *Venules*. Veines ou fibres menues. G. *Clufte*. An. *Foeders*, dans leurs parties opposées, de l'autre côté d'une montagne ou d'une riviere appellées *Gegen Traemner*. Veinules, Compagnons du minerai. G. Ertzge faehrtel.

Veinules des fonds. *Coureurs de gazon*, qui se rencontrent le plus souvent dans des petits vallons placés sur le dos de la masse haute d'une montagne, & qui inclinent vers son pied; ils croisent ces vallons, & entrent de quelques toises dans les parties qui s'élevent vers les côtés, & se coupent entiérement par la suite, ce qui leur fait quelquefois donner le nom de *Veinules des fonds*; le roc dans lequel elles se trouvent pour l'ordinaire, est une ardoise avec beaucoup de fentes confuses; on les trouve le plus souvent dans les contrées où les montagnes de la premiere classe finissent, & où les montagnes moyennes commencent.

Vaisseau. (*Port, portée d'un*) 723.

Vena. *Veine*. An. *Wosme*. Le. *Weime*. Il est à propos de connoître les désignations Latines données aux Veines: voici celles que l'on trouve dans Agricola. *Vena æqua*. G. Flachen gang. *Alta seu profonda* ...... *Cumulata*, en masse. 504. *Curvata* ...... *Descendens* ..... *Matutina* .... G. Morgen gang .... *Lateralis* ...... *Vena obliqua*. G. Donlegter gang.

Vena pendens seu dilatata.

Vena principalis seu latior.

Vena propendens. Le. Dressant ...... *Veine surplombée*, *Veine précipitée*. 876.

Vena recta. Le. *Platture*.

Vena socia vel strictior.

Vena Serotina. G. Spat gang.

Vendeur, appellé quelquefois à Liege *Terrageur*, 321. Voy. *Terrageur*.

Venditor (*Juratus*) *partium*.

Venel. Auteur d'un Ouvrage publié en 1775, par ordre des Etats de la Province du Languedoc, sous le titre: *Instructions sur l'usage de la Houille*, &c. 1117.

Vent. *Air athmosphérique*. En Angleterre où les vents sont variables, il en est qui paroissent suivre certaines heures. 969.

Vent, *air souterrain*. Le. Fouma. *Faire circuler le vent*, *ou le fouma avec le vent*. 264. *Communiquer le vent*. 293. *Conduire*, *mener le vent*. 266. *Faire descendre le vent*. 267. *Passer le vent*. 252, 265. *Retourner le vent*. 254, 259, 267. *Tuer le vent*. 264. Pratique usitée dans les Mines d'Anjou. pour tuer le vent extérieur qui peut faire obstacle à la sortie de l'air de la Mine. 548.

Machines à vent. *Boîte à vent*. *Machine d'airage* décrite par plusieurs Auteurs, mais peu usitée. M. Delius en a donné la description; *Hernaz* ou *Machine à vent hydraulique*. 238. Voyez *Machine à vent hydraulique*.

Ventailles des rivieres d'entre Mons & Condé; leur entretenement réglé par les Statuts & Ordonnances sur la navigation. 734.

Vente (*Port de*) ou de charge. Voyez *Port*.

Vente du Charbon de terre à Liege; circulation de cette marchandise dans l'intérieur du pays. 249. Mesures de vente. 251. Police de vente. 252.

Vente par décret. Voyez Subhastation.

Vente ou *trafic de Charbon de terre à Londres*. 437. Prix pour une année par le Lord Maire. *Ibid.* Les Détaillants obligés de s'y conformer. *Idem.* Cette loi s'est étendue aux autres Provinces. 438.

Vente ou *échange des parts d'Entrepreneurs* ou *d'Associés*; en conséquence de l'Arrêt du 14 Mai 1604, ne peut être faite sans au préalable en avoir averti le Grand-Maître, & sans avoir fait enregistrer les ventes ou échanges au Greffe des Mines.

Vente & Commerce exclusif du Charbon de terre, tant en Vivarais que dans le Forez & le Lyonnois, accordé au mois de Mars 1669, à un sieur Grisolon, par Arrêt du Conseil enregistré au

eaux sur la surface du terrein; examen de cette opinion. 832. Conditions auxquelles ce droit est exigible dans la Coutume de Liege. 329.

Versage. (*Droit de*) 376. *Cens d'areine.* Droit que les Entrepreneurs doivent au Possesseur de l'héritage.

Versants. (*Endroits*) *Versage d'eaux.* LE. 268, 280, 289. Voyez *Versage d'eaux.*

Versatilis, mobilis. (*Valvula*) Soupape.

Versement au jour. LE. 297.

Versement de Charbon de terre dans Paris en fraude. 674.

Versicolor. (*Lithantrax*) *Azureum. Lithantrax splendide variegatum.* AN. Pea koc. Queue de Paon, Charbon verron; commune & belle variété, différente de celui qui est terne & *rouilleux.* Voyez *Rubiginosum lithantrax.*

Versorium. Acus Magnetica. Aiguille aimantée. Aiguille de la boussole.

Versus (*sursum*) en haut; Contremont.

Versshramen. SAX. *Découvrement des filons.*

Verte. (*Terre*) Voyez *Terre verte.*

Verticale (*Lignes.*) 810.

Verticaux (*Plans.*) Idem.

Verticité de l'Aimant. Voyez *Aimant.*

Veuves des Maîtres du métier; leurs privileges à Liege. 344.

Via. Passage. Taille. *Voie. Dégagement.* Voyez *Tailles. Via arenata.* Areine. 279.

Vial (*Port de*) en Auvergne. Voyez *Port.*

Vibration. (Méchanique.) Mouvement régulier & réciproque d'un corps; en Physique exprime différents autres mouvements réguliers & alternatifs; temps de chaque vibration évalué dans la machine de Montrelay. 1063. Voyez *Impulsion. Coup de piston.*

Vicarius. (*Domini.*) G. *Vorleger.*

Vichy. Voyez *Bureau.*

Vie. (*Eaux de*) *Distillation des.* Voyez *Distillation.*

Vieil homme (*le*) a déja été là. G. Gesencke.

Vieille Roche. (*Montagne de la*) V. *Montagnes.*

Vierge. (*Couche*) Charbon puceau.

Vieux Bure. (*Ratteler, rediscombrer un*) 314.

Vieux ouvrés. Vieux Ouvrages. 210, 296. AN. Oldman, 270, importans à reconnoître. 210.

Viewers. Survey. AN. *Arpenteur. Découvreur. Expert.* 395.

Vif-argent. Mercure. Ce fluide a l'avantage de rester toujours pur, & de conserver sa vertu expansive, quelque ancien qu'il soit, de ne geler qu'à un froid excessif, qui est très-rare, &c. La hauteur du mercure dans un même endroit est sujette à de fréquentes variations, suivant les différents états de l'athmosphere; les plus grandes hauteurs & les plus grands abbaissements arrivent toujours en hiver; un des usages importants du mercure est celui qu'on peut en faire en certains cas pour trouver la différence des niveaux de plusieurs points placés sur la surface de la terre. Voy. le défaut essentiel & inévitable des instruments météorologiques au mot Thermometre.

Vif-thier. (*Plein*) LE. Terre neuve, *terre naturelle.* 235. Voyez Plein *vif-thier.*

Vignes dans la Coutume de Liege, doivent être rétablies aux frais des Maîtres jusqu'à la quatrieme année. 322.

Ville, (*Droit de*) *droit de halle* ou de *garre* dans Paris. Voyez *Droit.*

Villenage. Terme de Coutume, tenue de rentes ou d'héritages sous servitude. *Tenir en Villenage,* c'est tenir en Censive; tenir en *Villenage privilégié,* c'est tenir du Prince, & être attaché à l'héritage sous un certain service. *Droit de Villenage.* V. *Régalien.*

Villers & Compagnie; Arrêt du Conseil du 10 Mars 1747, portant privilege en faveur du S[r]. *de Villers,* pour l'exploitation des Mines de Charbon de terre aux environs de la ville de *Perne* en Artois. V. l'*Explication de la Planche XIII.* 1555.

Vindas. Cabestan. Treuil, tour, dont l'axe est vertical à l'horison, & qui tourne en rond au moyen de barres posées en travers par le haut de l'essieu, & qui sont conduites à bras. *Fusée de Vindas,* ou *Cabestan volant.* Voyez *Fusée.*

Vingtaine. Compte. AN. *Scorre.* V. *Scorre.*

Violée. (*Veine*) LE. 285.

Virevaut. Singe. Angin. 235.

Virgule. Marque de Grammaire employée en Geomérie. 903; comme le point en Mathématique, & qui, selon la place qu'on lui donne, est une indication différente. Dans les Tables de logarithmes, par exemple, la virgule qui sépare le premier chiffre de la gauche de chaque logarithme, marque que les chiffres de la droite ne sont que des chiffres décimaux. 783, 810; en Astronomie on y a substitué l'accent, qui signifie *minute;* lorsqu'il est double, il désigne une *seconde,* &c. 811.

Virolle. Rondelle. Hydraulique. Petite bande de métal forgée en rond comme un anneau. Voyez *Rondelle.* Voyez *Douille.*

Virosus. (*Fumus*) *Aura. Vapor fodinarum.*

Vis. Cochlea exterior. Vis, cylindre droit revêtu d'un cordon ou filet spiral, dont la grosseur est uniforme, & dont l'inclinaison à l'axe du cylindre est constamment la même dans toute sa longueur. Voyez *Pas de la Vis.*

Vis de Soupape, faites pour enlever les soupapes des réservoirs, sont composées d'une vis à filet quarré, portant par un bout une tête quarrée où s'ajuste une clef, comme feroit à peu-près celle de la figure, & par l'autre une tige à l'extrémité de laquelle est une moufle double boulonnée & clavetée où s'emboîte le tenon d'une soupape; cette vis est montée sur une boîte, espece de canon de fer, servant d'écrou aussi à un filet quarré, brasé, intérieurement appuyé sur une traverse portée sur des potences scellées & arrêtées sur les parois des réservoirs. 903, 916.

Vis ovreges. LE. *Vieux ouvrages.* 296.

Visites des ouvrages de Mines, à Liege. Les *Arniers* & *Terrageurs* sont les maîtres de faire visiter plusieurs fois l'année les travaux dont ils retirent les droits, afin de s'assurer si les Entrepreneurs exploitent avec économie, & suivant les regles. 321, 336. Formalités auxquelles sont tenus alors les Maîtres & *Comparchonniers.* 336.

Visites régulieres des *Fosses de grand Athour* par les Jurés. 335. Rétributions pour ces visites. *Idem.*

Visites des fosses de *grand* ou de *petit athour,* travaillées à la faveur d'une areine bâtarde, ou avoisinantes une des franches areines. 335.

Visites fréquentes des *fosses xhorrées.* *Idem.*

Visites des ouvrages dont on abandonne la pourchasse. 335, 336.

Contribution des Maîtres de fosses, pour faciliter la *Visite* lorsqu'ils sont en dispute. 336. Clause expresse des ajournements pour obtenir une *Visite.Ibid.*

Modeles de rapports de Visites dans le style de Liege. 337, 338. Voyez *Droit de Visite.*

Visites & chevauchées du Grand-Maître des Mines en France, ou de son Lieutenant général, dans les provinces du Royaume. Voyez *Procès-verbaux de Visite.* Voyez *Vacations.*

Visite des Bateaux ou *Nefs sur la riviere de Haisne*; par l'Art. IX des Placards du Hainaut, doit être faite deux fois par an; savoir, au mois de Mars & au mois de Novembre, afin de voir si les *nefs* sont bien & suffisamment réparés ou équipés de tout ce qui est nécessaire, & convenablement entretenus; & ils ne peuvent naviger jusqu'à ce que la visite & les réparations ordonnées en présence des Commis soient duement faites, à peine de deux cents livres d'amende pour la premiere fois; du double pour la seconde; du triple & de correction arbitraire pour la troisieme fois, selon l'exigence du cas.

Visiteurs de Charbon. Voyez *Mesureurs.*

Visiteurs d'issue. A Bordeaux on appelle ainsi deux Commis préposés pour faire la Visite dans tous les Vaisseaux tant Etrangers que François, lorsqu'ils sont en état de partir du port, à la différence des Commis, nommés *Visiteurs d'entrée*, qui font la visite de tous les Bâtiments entrants dans le port.

Visite des Marchands Forains par eau *sur les ports de Paris*, pour constater la qualité des marchandises. 655, 664. Faite quelquefois en présence d'un Echevin. 670.

Visiteurs, Inspecteurs, Contrôleurs. 658.

Vitesse. (Méchanique.) Affection du mouvement par laquelle un corps est capable de parcourir un certain espace en un certain temps; à considérer dans l'effet de la force. 914. Voyez *Force motrice.* Vitesse & course des pistons des pompes de la machine à vapeur, ne doivent pas être augmentés, il vaut mieux augmenter le nombre des corps de pompes. 1063.

Vitrée. (*Tête*) Pierre hématite. Sanguine. Craie rouge.

Vitriol Martial, assez ordinaire dans les Charbons de terre & dans les pyrites de ces Mines. Dans la Collection de M. Davila on voyoit un morceau de Charbon de terre pyriteux avec une efflorescence vitriolique, venant de Gandelsart, près Œhningen; une efflorescence saline de même espece sur un Charbon de Decize.

Vitriole. (*la*) Mine ainsi nommée en Auvergne, & qui ne donne plus. 594.

Vitriolique. (*Acide*) 750, 1003, 1119.

Vitrioliques (*Eaux*) souterraines des Houillieres, comme dans celle de Littry. 569. Outre la propriété médicinale que doivent avoir les eaux souterraines vitrioliques, on prétend avoir remarqué que les bois employés dans les souterrains où ils sont humectés par ces eaux, résistent des temps infinis sans se pourrir, qu'ils deviennent même solides de plus en plus; cet effet mérite attention, pour, dans ces Mines préférer les constructions de planchéiages ou de bois, aux muraillements qui sont plus dispendieux.

Ulme. G. Parois de galerie de *Stol.*

Ulna. Orgia. Passus. Agricol. G. Lachter.

Uncia. Dans les mesures géométriques, signifie la douzieme partie d'un pied, c'est-à-dire, un pouce, parce que le mot Latin *uncia* chez les Romains, étoit en général la douzieme partie d'une chose qu'on prenoit pour un tout, & qu'on appelloit *As.*

Uncus ferreus. G. Seilhacte.

Union intime du *Charbon de terre avec les métaux* dans les entrailles de la terre. Voyez *Minera ferri phlogistica.* Voyez *Lithantrax metallisatum.*

Union du bitume à l'acide du Charbon de terre, 1153; de l'*acide vitriolique* à la partie grasse du Charbon de terre, forme un Charbon bitumineux 1154, de l'*acide sulphureux volatil*, donne Charbon pyriteux. *Idem.*

Union ou *alliage du soufre*, de l'arsenic, du zinc, du *cuivre* au minerai de fer, 1169, des barres de fer provenant de la fonte exécutée au fourneau de Breteuil, avec des braises de Charbon de terre d'Ardinghem, quoique paroissant avoir les qualités d'un très-bon fer, contenoient du cuivre en assez grande quantité; jusqu'à cette expérience on n'avoit eu à cette forge aucun soupçon de cette union de cuivre, & la Mine qu'on y traite, qui est une Mine d'alluvium ocreuse & mélangée d'une espece de grez pierreux, vraisemblablement *pyriteux*, état sous lequel le cuivre est plus ordinairement uni au minerai de fer. Il pourroit être utile de constater à quoi tient dans l'opération exécutée à Breteuil, cet alliage de cuivre qui ne s'étoit jamais fait appercevoir. Pour engager les Maîtres de forge du Canton à cette recherche, nous indiquerons ici les manieres de le reconnoître, d'après un Programme imprimé à Bar-le-Duc, de questions proposées & adressées aux Maîtres de forges. Le cuivre uni au fer se fait connoître par la couleur verte de la flamme du fourneau; il donne des laitiers d'un brun noirâtre; la matte qui en résulte est très-blanche & cassante, d'un tissu serré; le fer qui en provient casse à chaud, & est ferme à froid. Pour reconnoitre l'alliage du cuivre au fer fabriqué, il faut en dissoudre dans l'acide vitriolique affoibli & avec excès d'acide, & introduire dans cette dissolution des lames de fer polies; si au bout de quelque temps ces lames sont couvertes d'une couche de cuivre sous sa couleur naturelle, c'est une preuve que le fer en contient. Si l'on veut juger de l'expérience de Breteuil par cette circonstnnce, on est fondé à prononcer que ce fer provenu de la fonte aux braises de Charbon de terre, étoit d'une très-mauvaise qualité; la plus petite partie de cuivre mélée accidentellement à une masse de fer étant suffisante pour l'empêcher de se rallier & de se souder, de maniere qu'il ne peut être forgé. Cette particularité est aussi une démonstration évidente, que soit la nature du Charbon d'Ardinghem contenant cuivre ou non, soit la façon qui avoit été donné eaux braises employées à la fonte exécutée à Breteuil, ne sont point propres à séparer de la Mine qui a été traitée toute partie étrangere à son essence, & à rendre le fer homogene & à le perfectionner.

Unreiffe stein kohlen. G. Charbon de terre impur.

Vocabulaire. Dictionnaire de la langue où on a rassemblé tous les mots & expressions du métier de Houilleur. 894, note 1. Son utilité. 503.

Voirs-Jurés, (*Cour des*) ou *Echevins du Charbonnage à Liege.* Jurisdiction qui connoît en premiere instance des causes touchant la Houillerie. 315. Son ancienneté. *Id.* Fonctions des Voirs-Jurés. 316. Leurs privileges. *Ibid.* V. *Cour.* Voy. *Echevins.*

Voisinage d'un *Pain*; pour le reconnoître, on perce la veine dans trois parties, en avant & aux deux côtés. Voyez *Bagnes.* Voyez *Trous de Tarré.*

Voitures. Tout ce qui sert à porter & à voiturer; ainsi dans les ouvrages souterrains de Houillerie, on dit *Voitures de Vallée*, pour exprimer les ustensiles avec lesquels on amene au principal chargeage tout le produit des travaux de Vallée. 307. Voyez *Cowée.* Voyez *Vay.* Voyez *Ghyot à Charbon.* 337. Voyez *Charriot.* Sous le nom générique de *Voitures*, on comprend dans le Commerce non-seulement les voitures de transport par terre, appellées pour le Charbon *charretées*, qui sont à considérer quant aux roues sur lesquelles ces voitures sont montées. Voyez *Roues*. Evaluation de la charge d'une voiture à deux roues, Voyez *Charge*; mais encore les Voitures par eau.

A Mons la voiture de Charbon de six muids pese environ 4800 livres du pays, ce qui est à peu-près égal aux livres poids de marc.

A Bruxelles le Charbon de terre se voiture dans quelques quartiers où il y a beaucoup à monter, dans des petits charriots à 4 roues, traînés par trois chiens attelés de front; la caisse du charriot a 5 pieds 5 pouces de long dans le bas, & 5 pieds 8 pouces dans le haut, sur deux pieds 5 pouces de large & 2 pieds de profondeur; elles contient 1000 pesant.

Voiture. (Commerce de riviere.) Comprend la charge, nommée dans le commerce de riviere, *Chargement*, *Cargaison*, & quelquefois le droit exprimé plus ordinairement par le terme de *Fret*, ou le terme de *Nolis*. Voyez *Fret*.

Voiture. Charge de bateau sur la riviere de Haisne. 736.

Voiture. (*Lettre de*) Ecrit donné aux Voituriers contenant la quantité & la qualité de marchandise dont ils se chargent, nommé dans le commerce de mer *Charte-partie*. *Nolissement*. Voyez *Nolissement*. Difficulté d'expédier au lieu de chargement des Lettres de voitures justes & relatives au poids, à la mesure, à la quantité de bateaux, à raison de variations de rivieres. Voyez *Variations de rivieres*.

Voituriers de Charbon par eau. *Bateliers*. 577. Leur bénéfice. 598. Sur la riviere de Seine à Paris, la décharge des marchandises à terre ne peut être faite sans l'aveu des Propriétaires, & sans qu'il y ait eu au moins une sommation préalable de la part des Voituriers. 651.

Volans. (Terme de Meûnier), pour désigner les deux pieces de bois qui représentent des échelles attachées en forme de croix à l'arbre du tournant, & qui sont placées hors de la cage du moulin à vent pour tourner; on les appelle aussi *volées* ou *aîles du moulin*. 1108. Le modérateur adapté à l'arbre du baritel à eau, est une espece de volant placé hors de la cage de la roue, & qui est touché dans beaucoup d'endroits. V. *Baritel à eau*.

Volant. (Singe ou *Cabestan*.) V. *Fusée de*. *Vindas*.

Volatil (*Esprit alkalin*) dans le Charbon de terre. Voyez *Acide sulphureux volatil*.

Volcanisée, (*Pierre*) ou qui en a les apparences dans les Houillieres du pays Montois. 456. Voyez *Rabot*.

Vonne. *Vosne*. Limb. Veine. Waime de Vosne. Voy. *Waime*

Vorgerburge. G. Montagnes qui s'écartant de deux côtés d'une grande chaîne de montagnes, se perdent dans la plaine.

Vorgesumpft. G. *Travail d'eau*.

Vorleger. G. *Vicarius domini*.

Vor ort. G. Fond de la galerie.

Vosne. *Vonne*. Veine.

Votschberg, à six lieues de Freistritz, Mines de Charbon de même qu'à 10 milles de Votschberg, dans la Styrie supérieure.

Voûte. *Croûte*. (*Forgerie*.) Gâteau que forme le bon Charbon de terre en brûlant, & qui le rend très-propre à forger le fer. Voyez *Croûte*. Voyez *Forge*. La consistence, la durée de cette espece de croûte indiquent la bonne qualité du Charbon de terre. 1160, 1161. Voyez *Caking Coal*. 413.

Voûté. La Coutume de Liege ordonne que les bures abandonnés soient voûtés. Voyez *Bures abandonés*.

Voye. Passage. Dégagement. LE. Taille. *Via*. 251. (*Direction de la*) dépend du pendage de la Veine. 299. *Galerie de voie*. 560. *Ligne de la voie en avant-main*. 271. *Pareusse de la voie*. 276, 292. *Voie tempêtée*, embarrassée de décombres. 255. *Voie d'airage*. *Cassi*. *Boyau*. Voyez *Voie de panier*. *Voie de niveau*. LIMB. 731. *Voie de panier voie d'airage*. 730. *Voie de traverse*. 266. G. Dursscharge. V. *Galerie*. V. *Serres*. *Voie de troussement*. V. *Troussement*. *Voie de conquête*. 894. V. *Conquête*.

Ouvrier de Voie. 457. *Meneur sur la Voie*. Id. *Boisseur*. *Boissieu*. 210. *Feu sur voie*, *Faiseur de voie*. 369. *Traîner à voie*, *aller à la voie*. V. *Traîner*.

Voie d'eau. LE.

Voie de charge de bateaux, différente sur plusieurs rivieres; par exemple, sur la riviere de *Haisne*. Voyez l'Art. 47 & 48 de l'Ordonnance de 1596. 735. Sur le *Canal de Briare*, pese trois milliers, & se mesure dans cinq poinçons & demi, jauge d'Orléans; mais la meilleure mesure est au millier, qui est la même pour toutes les Provinces d'où l'on tire du Charbon de terre à conduire à Paris; les droits que paie cette voie de charge sont, au-dessous du Canal, à raison de trente, & trente deux livres, les droits de Loire compris. 640.

Voie de Charbon à Paris. Charge d'un tombereau, son poids. 680.

Voie de Charbon dans les Mines de *Montcenis*, composée d'environ sept tonneaux de Bourgogne. 573. Dans les Mines de *Decize*. 577. Du Bourbonnois. 681, 691.

Voie de Charbon à la mesure d'Auvergne au pied des Mines; ce qu'elle pese, ce qu'elle y coûte, 591; ce que plusieurs voies, mesure d'Auvergne, rendent de voies à Paris. 598. *Voie de Charbon du Forez*; son prix à la Mine, 586; forme à S. Rambert quatre *charretées*, composées chacune de quatre bennes. Voyez *Bennes*.

Urineuse, (*Odeur forte*,) qui se manifeste dans l'analyse de quelques Charbons de terre, comme dans celui de S. Georges de Châtelaison, & qui annonce un état ammoniacal.

Usages & *Coutumes* observées à *Liege* sur le fait de Houillerie, recueillis dans Louvreix, & disposés dans un autre ordre. 314.

Usages & *Coutumes* pour l'entreprise & pour la fouille des Mines en *Angleterre*. Voyez *Royaltie*. Dans le *Hainaut Autrichien*. 459. Anciennement observées dans le *Rouergue*. 534. Dans le *Saumurois*. 546. En *Basse-Normandie*. 569.

Usages différents du Charbon de terre; ses produits dans les Arts. 1115. *Usages méchaniques*. Voyez l'*Explication de la Planche I*, *page* 1552. *lettre* D 3. *Usages médicinaux*. 1117.

Usine. Ce terme qui est principalement en usage dans les Mines, ou dans les atteliers qui y ont rapport, comprend sous lui en général les machines qui servent pour exécuter certains travaux; les refenderies, les aplatisseries, les gros marteaux ou martinets qui servent pour battre le fer & le cuivre, &c, sont des usines. Souvent on entend par ce terme non-seulement les machines, mais encore les bâtiments où elles sont établies; ainsi l'on dit, *le fer passe par différentes usines avant d'être réduit en verges pour l'usage des Cloutiers*.

Wegweiſer. G. *Wiſe*, Aɴ. Guide, trace, indice de paroi qui enſeigne le chemin ou la route à prendre dans l'exploitation. 311.

Welchin. G. *Axiculus.*

Wendedoken. Sᴀx. Tournant.

Werc. Werk. Dans la langue Allemande ſignifie en général Œuvre, &, dans les travaux de Mine, tout ce qui réſulte d'une fouille. *Werk* (*Stock.*) Sᴀx. Filon en maſſe. 262. *Werk* (*Treppen.*) G. Plancher des galeries d'airage.

Werſt. Meſure itinéraire dont on ſe ſert en Moſcovie, contenant 3504 pieds d'Angleterre, ce qui fait environ deux tiers du mille Anglois. Une lieue de France contient quatre werſts; un degré a 80 werſts, ou 60 milles d'Angleterre.

Wetter. G. Air des ſouterrains de Mines. Weter Bringen *auram ſuppeditare.* Wetter (Boeſ.) G. Mauvais air, c'eſt-dire, qui ne circule pas bien avec l'air extérieur. *Wetter Schacht.* Sᴀx. Puits d'air, puits de ſoupirail. *Wetter Stollen.* Galerie de ſoupirail. *Gute Wetter.* Air des ſouterrains non-chargé de parties hétérogenes, & ſe mêlant bien avec l'air extérieur.

Wettin en Saxe, couches de terre de la Mine de Charbon de Wettin. 447. Deſcription & nature de ces Charbons. 447, 48.

Wey. Aɴ. La plus grande meſure de contenance des choſes ſeches, contenant cinq chaldrons, à trente-deux boiſſeaux le chaldron.

Wharf. Sᴜ. Couche. Banc. 878, 882.

Willis, (*Thomas*) célebre Médecin Anglois, déclare que la phtyſie fait peu de ravage dans les pays où l'on ſe chauffe avec la Houille. (*Mém.* 15.)

Whinnble. Augur. Auger. Augre. Aɴ. Tarriere. 388.

Wind. G. Air. Vent. *Wind fang.* Machine à air. *Wind loch.* Trous à air. Lᴇ. *Burteau. Wind Schacht.* Puits à air. Peut-être auſſi ce mot ſe prend quelquefois pour exprimer un grand puits d'extraction ou puits de jour, parce qu'il communique au jour; à une des Mines de Schemnitz, qui eſt la plus profonde de cet endroit, & où on atteint la partie la plus enfoncée par trois puits, dont chaque eſt de la longueur d'une échelle de 300 échelons, eſt appellée *Mine de Windſchacht*; peut être auſſi, eſt-ce parce qu'il y a pluſieurs puits à air.

Winday. Chat. Lᴇ. 278.

Winde. G. Machine à poulie. *Winde Haeſt.* Sᴜ. Machine à molettes, mue par des chevaux. *Winde Stangen.* G. *Veǀtis recǀa.*

Winſlow, célebre Anatomiſte de l'Académie des Sciences; ſa theſe ſur l'incertitude des ſignes de la mort, & les recherches de M. de Réaumur ſur l'incertitude de la mort des noyés, doivent être regardées comme une premiere & même époque de l'attention que marquent aujourd'hui pluſieurs Nations pour rappeller à la vie des perſonnes que l'on jugeoit déſeſpérées trop légérement. 992.

Wiſe. Aɴ. *Wegweiſer.* G. Guide, indice, trace du paroi. 311. Lᴇ. *Lyon.* Voyez *Lyon*, Voy. *Beſteg.*

Wiſmuthum. Biſmuth. Voyez *Biſmuth.*

Wiſpel. Meſure de Charbon uſitée à Wettin, contenant 24 boiſſeaux, peſant en tout environ 48 à 50 quintaux.

Wittehaven, port dans le Cumberland, & dont le territoire abonde en Mines de Charbon de terre fort profondes, 382, travaillées en pente beaucoup au-deſſous de la mer. 359. Nature du Charbon de ces Mines. 414. Prix auquel il ſe vend ſur le lieu, quand il doit y être conſommé. 435. Lorſqu'il doit être conſommé hors du pays. *Id.* A l'état que nous avons donné dans la premiere

partie, des couches dont ce territoire eſt compoſé, nous ajouterons ici celui publié nouvellement par M. Beng Kwiſt Anderſon, Directeur des Fabriques de fer à Stockolm, dans le Mémoire dont j'ai parlé au mot *Exploitation.*

	Braſſes.	Pieds.	Pou.
1. Aʀɢɪʟʟᴇ glutineuſe, ſolide...	8	1	6.
2. Aʀɢɪʟʟᴇ ſableuſe, qui décrépite au feu...	11		5.
3. Cᴜʟᴍ. Argille graſſe, qui décrépite & durcit fortement au feu...	3	1	3.
4. Aʀɢɪʟʟᴇ pierreuſe...		2	6.
5. Aʀɢɪʟʟᴇ plus pierreuſe...	4	2	1.
6. Cʜᴀʀʙᴏɴ ᴅᴇ ᴛᴇʀʀᴇ...		10	
7. Aʀɢɪʟʟᴇ d'un noir obſcur, ferrugineuſe, mêlée de mica..		9	9.
8. Cʜᴀʀʙᴏɴ ᴅᴇ ᴛᴇʀʀᴇ...		1	6.
9. Aɪɢɪʟʟᴇ noire, obſcure, mêlée de mica...		1	4.
10. Aʀɢɪʟʟᴇ graſſe...	2	3	4.
11. Aʀɢɪʟʟᴇ plus meuble, mêlée de ſable...		3	
12. Aʀɢɪʟʟᴇ pierreuſe...		1	2.
13. Aʀɢɪʟʟᴇ ᴘʜʟᴏɢɪsᴛɪQᴜÉᴇ, (nommée *Sill.*)...	4	4	9.
14. Aʀɢɪʟᴇ graſſe, mêlée de pyrites, *Flett-Malm*...	6	1	11.
15. Pɪᴇʀʀᴇ ſablonneuſe micacée...		3	
16. Cᴜʟᴍ...		3	
17. Pɪᴇʀʀᴇ ſablonneuſe micacée..	9	1	4.
18. Pɪᴇʀʀᴇ ſablonneuſe micacée, plus meuble...		3	4.
19. Aʀɢɪʟʟᴇ mêlée de ſable & de mica phlogiſtiqué...	8	4	5.
20. Aʀɢɪʟʟᴇ bleuâtre au haut de la couche, & noire inférieurement...		2	3.
21. Cʜᴀʀʙᴏɴ ᴅᴇ ᴛᴇʀʀᴇ formant la principale couche...	1	3	
22. Aʀɢɪʟʟᴇ griſâtre, décrépitante un peu au feu...		5	
23. Pɪᴇʀʀᴇ ſablonneuſe dure...		4	
24. Cʜᴀʀʙᴏɴ ᴅᴇ ᴛᴇʀʀᴇ avec une Argille noire...		1	10.
25. Aʀɢɪʟʟᴇ dure phlogiſtiquée...	1	3	4.
26. Cᴜʟᴍ ſemblable au Nᴼ. 3 & 16.	10	1	2.
Tᴏᴛᴀʟ	76	68	93.

N. B. Pluſieurs couches de Charbon ſe trouvent dans quelques endroits à une profondeur conſidérable au-deſſous des précédentes qu'on exploite.

Works (*Stream.*) Aɴ. 404.

Wouter Vaulis, Docteur en Médecine & Braſſeur à Rotterdam, dans un Ouvrage ſur l'art de braſſer, en 1755, juge le Charbon de Sunderland le meilleur pour échauffer la chaudiere à houblon. V. la qualité de ce charbon. 1153, 1157.

Wragues. Commerce de riviere sur la riviere de Haifne. Art. V. 736. Art. XIX du Réglement concernant la navigation. 737.

X

XHANCIER les eaux. LE. Mefurer les eaux pour reconnoître la *force de la nourriture de l'eau*, dans les ouvrages fouterrains. 334.

Xhancion. LE. Dans un demi-pied de largeur & un quart de hauteur, nous avons tant de *xhancions.*

Xhaver la Veine, LE. couper la Veine. 222, 373. Ce qui fe fait ou avec le *Rifvelaine*, voyez *Rifvelaine*, ou avec la *xhavreffe.*

Xhaveur. (Ouvrier) 210.

Xhavreffe. Un des outils du *Xhaveur.* 223.

Xhorre. Canal. Aqueduc. Areine. LE. 262, 250, 277, 727. Pris en général pour épuifement d'eau par quelque moyen que ce foit. Le xhorre ou areine, *bien immeuble* dans la coutume de Limbourg. 732, 305. *Xhorre* ou *œuil de l'areine.* 280. *Bure de xhorre.* 281. *Veine au-deffous du niveau du xhorre.* 289, 894. *Main du xhorre.* 730. *Xhorre del tinne.* 275, 279. Bénéfice de xhorre. 280. Xhorre fur eaux. *Id.* Sous eaux. 729. (*Niveau de la*) ou *voie de Conquête.* 894.

Xhorré. (*Charbon*) LE. 289. *Par Areine. Par tranche.* 272. *Xhorré en hure de Pierres.* 281. V. *Maxhais.*

Xhorrée (*Veine*) *fur* ou *deffous la main.* LE. 289, 294, 831. *Non-xhorrée.* 294. *Veine layeufe.* 270. *De deffous la main, veine au-deffous du niveau du xhorre, inférieure.* 289.

Xhorrer, LE. *tirer au jour, décharger, épuifer les eaux. Xhorrer le bougnou.* 273.

Xhorreurs. LIMB. Venant à concourir pour la Conquête d'une même veine, dans une ou plufieurs Jurifdictions. 728. Venant travailler une même veine. *Idem.* Xhorreur fupérieur. 728, 729. Xhorreur pouvant, dans un cas particulier, prendre paffage au travers des veines d'autrui. 730. Obligation du Xhorreur dans d'autres cas. 731.

Y

Y. Piece nommée *Y* dans la machine à vapeur, à caufe de fa forme, dont les branches font renverfées, avec un poids qui doit entrer dans la partie fupérieure de l'aiffieu où on le pouffe plus haut ou plus bas, felon qu'il convient, par le moyen d'une clef ou d'un coin. 166.

Yeux de crapaud. (*Charbon*) 585.

Yeux, œil. Yeux des Ouvriers de Mines, réputés morts, à confulter pour décider fi l'on doit abandonner les fecours propres à les rappeller à la vie. 1005.

Yard. Verge. Mefure d'Angleterre qui eft de fept neuviemes d'aunes de Paris. Neuf verges d'Angleterre font en conféquence fept aunes de Paris, ou ce qui eft la même chofe, fept aunes de Paris font neuf verges d'Angleterre. On peut en fe fervant de la regle de Trois, réduire les verges d'Angleterre en aunes de Paris, & réciproquement les aunes de Paris en verges d'Angleterre.

Z

ZAPPFEN. (*Krumme*) SAX. Tourillon.

Zechen. G. *Sympofium.*

Zech Stein. Efpece de pierre blanche & luifante, nommée auffi *Spath*, qui fe rencontre fouvent dans les Mines métalliques; fouvent on l'appelle *Dach Stein*, pierre de toit, à raifon de fa pofition fur le minerai ou fur la couche.

Zeizig, (M.) Affeffeur du Tribunal qui décide fur les droits de Mine, Auteur du Lexicon minéralogique ou minérophile, imprimé à Schemnitz en 1743, *format in-12.*

Zénith. Voyez *Nadir.* 756. *Zénith du plan.*

Zéro. LAT. *Cyphras.* Chiffre en général; mais le mot Latin *Cyphras* fignifie *Zéro.* Il eft employé dans la mefure des longueurs avec la *chaîne*, lorfqu'on enregiftre les dimenfions prifes. 904.

Zerriffen. G. *Geburge.* Montagnes féparées, entrecoupées par des fonds & des vallées.

Zertoümmert. G. Veine ramifiée ou partagée. *Trum.*

Zimmermann, (*Charles Frédéric*) Auteur de l'Ouvrage intitulé : *Académie des Mines de la Haute-Saxe, &c.* & d'un Mémoire imprimé dans le Journal économique fur le Charbon de terre, où il opine pour l'innocence du chauffage avec ce foffile. (*Mém.* 10 & 18).

Zinc. Demi-métal blanc, tirant un peu fur le bleu, difpofé en facettes comme le régule d'antimoine : de toutes matieres métalliques, le zinc eft celle dont le phlogiftique eft plus aifé à s'enflammer; la flamme qu'il donne eft éblouiffante par fa blancheur; plufieurs Mines de fer contiennent beaucoup de *Zinc.* 1169. Dans un Programme imprimé à Bar-le-Duc de queftions générales propofées aux Maîtres de Forges, l'Auteur M. Grignon, je crois, avance, note *b*, Art. II, *page* 2, que les laitiers produits par les minerais de fer, chargés de zinc, font d'un verd mouffe, & qu'ils prennent la couleur gris de lin, lorfque la fufion & le départ font bien exacts, & que le fer chargé de zinc eft dur, à gros grain (œil de crapaud), forge bien, caffe à froid. Voyez *Laitier.*

Zopiffa. Pix navalis. Goudron. Tare.

Zug. (*Den. Gruben.*) G. *Das Abzichen derer Gebande.* G. Maniere de repréfenter les axes de galeries mefurées.

Zug Stangen. SAX. Barres de trait dans le Feld geftangen. 1043.

Zuickaw en Saxe. Mine de Charbon de terre, dont le Charbon doit à la pyrite prefque feule fon inflammabilité. 1153.

Zurich (*Canton de*) & autres en Suiffe. Mines de Charbon, 449, entre autres à Horg, dont le Charbon eft pyriteux, & d'une ftructure trèsparticuliere. *Idem.*

Fin de la Table des Matieres.

AVERTISSEMENT

Sur les Planches, *fur l'ordre gardé dans leur diftribution*, *pour repréfenter aux yeux une efpece de tableau du fujet traité dans l'Ouvrage.*

Les Planches qui appartiennent à l'Art d'exploiter les Mines de Charbon de terre forment dans leur enfemble, comme dans le corps de l'Ouvrage, deux Parties; la premiere en comprend XIII, dont les dernieres font des Cartes phyfiques. du pays de Liege, de la France & de l'Angleterre, relatives aux Mines de Charbon de terre de ces pays. Voyez *page* 1567, le jugement qu'en a porté l'Académie des Sciences.

Dans l'ordre de diftribution qui va en être rappellé N°. par N°. & par les titres, ainfi qu'il fera fait pour les Planches de la feconde Partie, on a eu particuliérement en vue la fatisfaction du plus grand nombre de Lecteurs, fuppofés ne demandant qu'à fe former l'idée de l'Ouvrage tel qu'il eût pu être traité féchement, fi l'on n'eut pas jugé important de faire de cette defcription une efpece de dépôt général, dans lequel toutes perfonnes intéreffées à cet objet, puffent aller à la recherche de tous les renfeignements à defirer fur l'extraction, fur les ufages, & fur le commerce de Charbon de terre, voyez *l'Extrait des Regiftres de l'Académie des Sciences*, *à la fuite de la Table des Titres de la feconde Partie;* & fi, en conféquence de ce plan, l'Auteur n'eut point cherché à épuifer fon fujet. L'explication que l'on va donner de ces foixante & dix-fept Planches, les unes après les autres, difpenfera le Lecteur qui les parcourra en même temps, de recourir à l'Ouvrage, l'aidera à prendre une connoiffance précife, quoique fort générale, de tout ce qui appartient à la Houillerie. Les Planches de la premiere Partie donnent un précis de l'Hiftoire naturelle du Charbon de terre dans fon organifation, dans les particularités à obferver dans le toit, &c; dans la marche générale de fes veines : le développement en eft renvoyé à la feconde fuite, c'eft-à-dire, aux Planches de la feconde Partie.

Cette feconde Partie eft compofée de foixante & cinq Planches, quoique la derniere foit marquée LVIII, attendu que fous les Numéros XXXIV, LVI, LVII & LVIII on a intercalé plufieurs Planches qui en font des dépendances, mais dont on n'avoit pu fe procurer les deffeins qu'après que les précédentes étoient gravées. Toutes font relatives aux travaux néceffaires pour la fouille & l'extraction du Charbon de terre, aux inftruments, outils & machines, tant pour les travaux extérieurs que pour les travaux fouterrains; relatives enfin aux différents puits ou bures que l'on eft obligé de *profónder* fur les Veines.

Cette fuite eft, comme pour celle de la premiere Partie, difpofée, autant qu'il a été poffible de le faire, dans un ordre tel que le coup d'œil uniquement néceffaire pour parcourir fucceffivement ces tableaux, préfente une forte d'efquiffe de *l'Art du Houilleur* proprement dit, ou de *l'Ingénieur de Mines pour l'exploitation du Charbon de terre;* un précis des manœuvres qui conftituent l'exploitation, fait connoître enfuite l'emploi du Charbon de terre pour le chauffage. Cette marche obfervée pour l'Hiftoire de la Houillerie à Liege, l'eft de même pour l'Angleterre & pour la France; ces deux pays préfentoient néceffairement l'idée d'un Supplément : par la fuite des temps, quelqu'un l'auroit entrepris, j'ai mieux aimé me charger moi-même d'épuifer ce fujet, qui a rempli mes loifirs depuis dix-fept ans. Pour faire connoître les principaux ufages auxquels le Charbon de terre s'applique, comme combuftible, à différents Arts & au chauffage fur-tout, on a repréfenté quelqu'objet de manufacture où on emploie le Charbon de terre; dans les dernieres Planches, on a développé très-en grand la préparation de ce foffile à la maniere Liégeoife, en le mêlant avec des terres graffes; fabrication intéreffante en ce que, felon toute apparence, elle rend ce chauffage plus économique, & qu'elle femble auffi le corriger des inconvénients qu'on lui reproche fans fondement dans quelques pays.

Cette efpece de tableau général préfenté à la fuite de la premiere idée qu'il eft aifé de prendre de la Houillerie par la Table des titres, complette, comme on voit, l'ordre hiftorique du fujet traité dans l'Ouvrage.

N. B. L'Explication qui va fuivre par chiffres & lettres de renvoi, fuppléera à quelques-unes de ces indications, fau- tive dans le corps de l'ouvrage, & qui ne répondent point aux chiffres & aux lettres marquées fur les Planches.

EXPLICATION

EXPLICATION DES PLANCHES.

PLANCHE PREMIERE.

Charbons de terre d'Angleterre, Bitumes solides.

Tout ingrat que soit ce sujet, pour la gravure, on a essayé de mettre à même de juger les différents arrangements qui se font remarquer dans les masses des différents Charbons de terre, dont les uns font appercevoir des molécules granulées, d'autres par écailles assez confusément appliquées les unes sur les autres, ou les unes auprès des autres; il s'en trouve en amas par grouppes ou par faisceaux; d'autres en bandes ou lames disposées irrégulièrement en différents sens, & où on apperçoit des stries filamenteuses.

A. *Charbon commun d'Angleterre, Charbon de Mines, Charbon de mer.* Généralement *Charbon de Poix, Charbon de Forge, Charbon de Maréchal* employé à Londres au feu des cuisines, & à tous les travaux métallurgiques en Angleterre. Voyez *sa préparation pour cet objet Planche XXXIV.*

B. *Charbon d'Écosse* pour chauffer les appartements des gens de condition.

C. Charbon *Culm*, employé particuliérement dans la Cornouaille à la fonte des métaux.

D 1. *Kennel Coal. Candle Coal.* Charbon extrêmement pur employé pour l'ordinaire comme pierre à marquer, au lieu de pierre noire ou de craie noire, & dont on fait différents bijoux, comme encriers, salieres, Tabatieres, marquée D 3.

En D 2, il est cassé au hasard, pour faire voir les surfaces extérieures des fragments, l'une concave, l'autre convexe, comme cela arrive dans les silex, dans les bitumes solides & dans le jayet, avec des traits filamenteux disposés en rayons divergents.

E. Matiere restante de la distillation du *Succin noir* des boutiques ou *jayet*, fort semblable au *Kennel coal.*

F. Morceau de *Bitume de Judée*, représenté par rapport à la ressemblance des superficies dans sa casse avec D 1, D 2 & E.

G. *Charbon de terre* de Vienne en Autriche, en molécules disposées sans ordre, & traversées confusément d'une bande de Charbon *jayet, g.*

PLANCHE II.

Couverture terreuse d'une Mine de Charbon de terre à Liege.

LA Vignette représente une Campagne située derriere la Citadelle de Liege; dans cette Campagne se voit une *Avaleresse, A,* devenue depuis un bure en exploitation, & qu'on appelle *Fosse Filoz;* à la tête de l'*Avaleresse* sont deux *Berwetteresses,* qui font agir le *Tourret à bras* sur lequel roule la corde qui enleve un panier à anse, chargé de terre ou de décombres résultantes du travail de l'*Avaleur* occupé au fond de l'*Avaleresse.*

Ce *Tourret à bras* ou petit *Treuil,* voyez *page 837,* s'emploie aussi pour les *Bouyaz,* c'est-à-dire, les petits amas superficiels auxquels travaillent les

petits *Houilleurs,* autrement nommés *Regrateurs,* deux hommes pouvant chaque fois tirer jusqu'à 70 livres pesant; celui qu'on emploie sur les puits souterrains, qu'on nomme *Strechement,* est peu différent, comme on peut le voir Planche XXXVII, lettre S.

La coupe du terrein traversée par l'Avaleresse, représente les différents lits de la premiere épaisseur superficielle & terreuse qui se rencontrent pour l'ordinaire avant d'arriver aux bancs de *Roches.*

Quelques-uns de ces lits, ainsi que de ceux de la couverture pierreuse, ne se trouvent pas constamment dans toutes les fouilles.

Deuxieme Couche, en comptant la terre végétale, arzée.

3. *Avustere.*
4. *Sable.*
5. *Bismaye. Fausse Maye.*
6. *Blanche maye. Grise maye. Adaille maye. Vraie maye. Marle. Craie.*
7. *Fleny* mêlée de *Silex* ou *Flein.*
8. *Fleniere.* Terre ocreuse, sablonneuse & crétacée, sur laquelle portent les *Fleins.*
9. *Dielle* entremêlée de pierres de même nature nommées *Pierres de dielle* oooo.
10. *Tourteau de Derle. Tortay Daille, Tortey del Dieille.*
11. *Agaz.*
12. *Craw.*
13. *Moindre pierre.*

PLANCHE III.

Couverture pierreuse d'une Mine de Charbon de terre, supposée continuation de la Planche précédente.

Treizieme Couche. *Moindre pierre,* espece d'ardoise grossiere ou de *fausse ardoise* qui, dans les cas où il se rencontre du *Greit,* sépare ordinairement les veines de Charbon.

a. a. Pierre. Vraie couverture du Charbon de terre en-dessus & en-dessous; roc micacé dans lequel on trouve des blocages pierreux, ou des clous gros & petits qui font des marrons pyriteux.

A 2. *Veine de Charbon de terre* constamment placée entre deux bancs *schisteux a a;* un au-dessus, qui, dans les ouvrages, s'appelle ordinairement dans les veines en platture, la *couverture* ou le *toit* de la veine; & un au-dessous, nommé le *plancher* ou le *sol;* à Liege *Deie* ou *Diée* de la Veine.

A 2. *Veine de Charbon de terre* figurée sur un morceau de houille, appellée *dure Veine.*

B. *Rocher* disposé par feuillets, ce qui le fait nommer *Greit. Grès.*

C. Autre espece de *Grès,* mais tendre, dont il y a plusieurs variétés; la plupart de ces lits terreux & pierreux seront figurés à leur place dans les planches de la seconde Partie.

FFF. *Faille,* Roche de très-grand volume, qui s'étend quelquefois à plusieurs milles; la position de celle-ci fait voir la maniere dont à sa tête cette faille souleve le sol *a* de la Veine *A* 1; & dont à son pied elle partage
entiérement

entiérement la Veine , dont une partie fe
trouve *rihoppée* en haut , & l'autre *rihoppée* en
bas , comme il fe voit d'une maniere plus
diftincte, *Pl. XI, fig.* 2 , où nous dévelop-
perons ce que c'eft que *Rihoppement.* Au tableau
formé par cette Planche & par celle qui la
précede, on peut, quand on veut avoir des
informations exactes d'une Mine , fuppléer
par une defcription ichnographique dont nous
avons donné le modele, page 820 , & qui
fe rapporte abfolument à ces deux Planches.

PLANCHE IV.

Principales efpeces de Pendages de Veines.

LES circonconftances générales qui peuvent fe
rapporter à cette Planche, relativement aux veines de Charbon , font leur *pente* & leur *épaiffeur.*

Quant au premier objet, elles font commune-
ment inclinées à l'horifon, s'approchant tantôt de
la ligne prefqu'horifontale, tantôt de la ligne perpendiculaire dans une déclinaifon plus ou moins
confidérable , défignée dans l'expreffion affectée
à la pente horifontale ou perpendiculaire, par
demi, par *tiers* & par *quart*, felon que dans l'é-
tendue de quatre toifes, par exemple , la pente
de la veine fe trouve être de deux toifes, d'une
toife fur trois, d'une demi-toife fur quatre.

L'épaiffeur d'une veine, quoique marquée ici
la même dans les cinq qui compofent cette Planche eft très-variable dans le nombre de veines
qui fe trouvent les unes au-deffus des autres.

1. *Planeure. Platteure.* Genre de Veines, dans une
pofition au-deffus de la ligne diagonale d'un
quarré ; on l'a fuppofée ici interrompue dans
fa marche par un *crein*, afin de rappeller à
la mémoire que quelquefois les veines font
fujettes à cet accident.

2. Degré de déclinaifon de la ligne horifontale.

3. Degré plus marqué de cette déclinaifon dans
une veine rétrecie en *c c* par un *Krein* ; autre
accident propre aux veines. Voyez *la Planche fuivante.* La Houille fur laquelle on a
figuré cette Veine étoit du *Bure aux femmes.*

4. Pendage *Roiffe* qui s'approche de la pente à
plomb dans une veine remarquable en *R*,
où fe fait un *relevement de Pendage*, figuré
fur une houille d'*Ans.*

5. *Roiffe* qui , après avoir pris un pendage de platteure , fe replonge en Roiffe ; figurée fur un
morceau de houille graffe. Chacun de ces
pendages eft repréfenté à part dans la fe-
feconde Partie , où l'on fait connoître leur
marche.

PLANCHE V.

Charbons de terre ou Houilles du pays de Liege.

1. Morceau de *Krein* qui trouble la veine dans
une petite portion.

2. *Charbon d'ardoife.* Charbon du *toit*, ou le *toit
des autres* ; Charbon dans la partie appliquée au toit ou au fol, d'où il eft appellé

tantôt *écaille fupérieure*, tantôt *écaille inférieure* ; employé uniquement aux befoins du
ménage, ne pouvant être d'ufage pour les
travaux de forge : ce morceau eft vu par
une de fes fuperficies agréablement fillonnée
d'un tréfil, comme les ouvrages de Paffe-
mentier, ou en *Trezal.*

3. Morceau de houille tenant de la houille maigre
& de la houille graffe, difpofée fenfiblement
par couches d'un demi-pouce d'épaiffeur.

4. *Bouxture.* Pyrite charbonneufe, mauvais Charbon pierreux, lourd, pyriteux.

5. *Brihaz*, mauvais Charbon, ou plutôt mauvais
Schifte un peu faupoudré de houille, & tenant tantôt au *toit*, tantôt au *deie* abandonné aux pauvres pour leurs ufages.

PLANCHE VI.

*Impreffion de corps étrangers au Regne minéral, qui
fe rencontrent tantôt dans le toit, ou dans le plancher des Houillieres de Liege.*

PARMI les pierres empreintes, raffemblées dans
les Planches de cette premiere Partie, on a choifi
les empreintes les plus ordinaires dans ces Mines,
comme *Fig.* 1, *Fig.* 2 & *Fig.* 4 : les deux autres
appartiennent à des corps inconnus.

L'explication de cette Planche a été donnée
page 172.

PLANCHE VII.

Principales efpeces de Houille de Liege.

Fig. I. Houille graffe, communément employée
dans les foyers, après l'avoir mife en *hochets*
ou *briques* : bonne à employer brute, au
chauffage, à l'air libre.

II. *Charbon gras*, différemment arrangé dans fa
maffe.

III. *Houille graffe*, que donne ordinairement la
dure Veine, (venant du bure de *bonne Fims.*)
n n. Nerf ou arrête pierreufe qui s'étend
dans toute la longueur de la veine.

IV. *Krufny.* Beau Charbon pur, dont aucune
partie ne réfifte au feu.

V. *Siercy. Tiercy*, provenant de la Veine *cérifiere*,
même texture que le *Krufny.*

PLANCHE VIII.

*Charbons de terre de la Mine de Charbon de Chapelle-
Montrelay, près Ingrande, avec des pierres empreintes du toit de cette Mine.*

L'EXPLICATION de cette Planche a été donnée
page. 172.

PLANCHE IX.

*Suite des corps marins imprimés dans les pierres du toit
des Mines de Montrelay.*

PLANCHE X.

*Typolithes, ou pierres chargées d'empreintes
de Végétaux.*

CETTE Planche & la précédente a été expliquée
à part à la page 173 & 174.

PLANCHE XI.

Fig. 1. *Suite des Couches qui se trouvent derriere
Nordhausen, dans le Comté de Hoenstein, Land-
graviat de Thuringe.*

CETTE figure empruntée de l'Ouvrage de
Lehmann, n'exprime que l'ordre de position des
couches qui composent ce terrain, détaillé à la
page 127.

Fig. 2. *Coupe de la Mine de Bishop Sutton en
Angleterre, & qui marche du Sud-Est au
Nord-Est.*

La description des bancs de Charbon de cette
mine est insérée à la page 100, 103 & 387.

Toutes les veines qui en forment la masse, depuis la superficie jusqu'au fond, & qui sont en
pendage de Roisse, rencontrent ce que les Ouvriers Anglois nomment un *Rubble*, & les Liégeois *Faille* : la continuation de ces veines, de
l'autre côté de cet empilement pierreux, se *ri-
hoppent* en haut, de maniere que dans le cas où
l'épaisseur de cette *faille* permettroit aux Ouvriers de la percer pour aller reprendre les veines,
elles se retrouveroient comme on le voit au-dessus de leur tête, au lieu de se retrouver sous leurs
pieds. Ces *Rihoppements* sont différents selon l'é-
paisseur & selon l'inclinaison des *Rubbles*, & selon
qu'ils se font dans le relevement de Veines. Voy.
Pl. I de la 1re. Partie, & P. XLII, fig. 7 & 10.

Fig. 3. Coupe de la même Mine faite à angles
droits avec l'autre coupe, la direction en est
du Sud-Ouest au Nord-Est, où on a représenté les couches en *pendage de plateure.*

PLANCHE XII.

N°. I. *Carte topographique de la Ville, Fauxbourgs &
Banlieue de Liege, à la rive droite de la Meuse,
d'après une Copie délivrée par ordre de M. le
Duc de Choiseul, au Bureau des plans, sur laquelle on a marqué les Mines de Charbon de terre
qui s'y trouvent.*

N°. II. CARTE de la totalité du terrein qu'occupent les Mines de Charbon autour de Liege, & le
long de la Meuse, entre Visé & Engies.

Dans toutes ces Cartes, dressées par M. Buache,
& dont il est parlé page vij de l'Introduction, je
n'ai fait que substituer à l'orthographe Françoise
celle du Pays, qui est la même que celle qui a
servi à la Carte de Kints, d'après la Matricule
de l'Empire : relativement à la Géographie physique applicable à la Géographie naturelle, cette
Planche ne laisse rien à desirer, au moyen des
marques indicatives des endroits où il se trouve
des Houillieres, & sur-tout au moyen de l'énumération bien complete que j'ai été à même de
donner des différentes couches terreuses, & des
bancs pierreux qui précedent les veines de Charbon de terre, ou qui se trouvent au-dessous dans
le pays de Liege.

PLANCHE XIII.

N°. III. *Carte de la France, relative aux Mines de
Charbon de terre, où sont indiqués les lieux d'où
l'on tire du Charbon de terre; avec une semblable
dans un petit quarré, pour l'Angleterre.*

LES pages v & vij de l'Introduction donnent
l'explication générale de cette Planche & des
petits quarrés qui lui servent de développement
pour quelques Provinces où les Mines de Charbon
de terre sont trop rapprochées les unes des autres, pour pouvoir être marquées sur la Carte
générale.

Quant aux indications des Mines de Charbon
de terre, qui sont ici le principal objet, voyez
Physiques, (Cartes) Cette Planche est aussi exacte
que la précédente, mais son utilité ne se borne
pas de même à la Géographie physique; le seul
coup d'œil sur toute cette superficie du Royaume,
marquée dans différents points pour couvrir du
Charbon de terre, annonce en France un trésor
dont on ne s'est pas encore occupé en grand, &
qui infailliblement deviendra par la suite de la
plus grande conséquence : pour un plus grand
éclaircissement de cette Planche, & faciliter au
Curieux ou à l'homme en place la recherche de
tous les endroits qui possedent des Mines de
Charbon de terre, nous allons donner à part
pour chaque province cet état, lieu par lieu. Il
devient d'autant plus nécessaire que depuis ces
Cartes publiées nous avons trouvé à augmenter cet état de beaucoup d'autres endroits qui
n'y sont pas marqués ; & qu'au lieu de cent
quarante Mines ou puits de Mines que nous
avions indiqués aux Commissaires de l'Académie,
nous en comptons aujourd'hui plus du double en
21 Provinces, encore pouvons-nous assurer que
le nombre réel en est bien plus grand : on va
être en état d'en juger. Dans les Provinces où
il se trouve plusieurs puits de Mines ouverts,
& sur-tout dans les Provinces dont les Mines
sont exploitées par des Concessionnaires, &,
pour parler plus juste, par leurs Soustraitants.
Il est très-difficile de se procurer ces états com-
plets ; les Régisseurs des Compagnies de Soustraitants n'étant sûrs d'être maintenus dans leur poste,
qu'autant que la Compagnie ne viendra pas à
changer, se tiennent constamment sur leurs gardes, observent nécessairement le plus grand silence
sur les moindres renseignements. Dans les Provinces où ces sortes d'exploitations par privilege n'ont
pas encore eu lieu, l'idée que pourroit en faire
naître la confection par un état de ce genre,
apporte le même obstacle pour en avoir un ; les
Subdélégués des Intendants ne peuvent les obtenir, leurs demandes ne donnant que de la
crainte & de la méfiance.

Pour obvier d'avance à cette difficulté qui nuit
à la connoissance des richesses de chaque Province, il seroit à souhaiter qu'à mesure qu'il se
fouille quelque Mine ou quelque substance terrestre dans les différentes Provinces, il en fût
tenu, dans les Bureaux de MM. les Intendants,
un registre bien exact & détaillé, avec la note des
situations & circonstances qui en ont été connues,
des motifs qui les ont fait abandonner, afin de
juger des endroits où il seroit utile & inutile de
fouiller par la suite.

Les Cartes minéralogiques rempliroient cet objet, mais elles comportent une dépense qui ne peut avoir lieu que dans un moment, & qui ne peut se répéter plusieurs fois.

Le résumé que nous allons donner des principales Mines de Charbon qui ont été exploitées ou qui le font encore en France, en marquant par une étoile celles dont nous n'avons point de certitude, formera une démonstration bien sensible de nos richesses en ce genre, & il ne sera plus permis de douter qu'en France ces Mines soient assez nombreuses & assez riches pour devenir une production nationale, digne d'une attention sérieuse de la part du Gouvernement, des Propriétaires qui voudront faire valoir leur terrein, &c. Relativement à cet objet, qui est un des principaux points de vue que nous nous soyons proposés dans ces Cartes minéralogiques, il nous a paru avantageux de terminer cet état par le jugement que l'Académie a porté de ces Cartes physiques; nous observerons ici que l'on pourroit y ajouter la Carte physique ou Géographie naturelle de la France, par M. Buache, dont nous avons fait mention dans la Table des matieres, au mot *Physiques*. (*Cartes*)

Deux circonstances très-à remarquer pour ces fortes d'entreprises, c'est 1°, la situation des Mines de Charbon de terre, pour l'ordinaire à peu de distance de quelque grande ou de quelque petite riviere plus ou moins favorable à la premiere exportation du Charbon : 2°, la facilité d'employer les rocs de la Mine à construire une chaussée de communication de la Mine à une riviere qui en seroit éloignée.

DUCHÉ DE LUXEMBOURG.

Partie Françoise.

Signy. *
Montalibert. * } Duché de Carignan.
Frémoy, près Montmédy.

HAINAUT FRANÇOIS.

Depuis Haine-S.-Pierre, jusqu'à Mons.
FRESNES. *Fosse Dur Fin*,
de la pâture.
de S. Lambert.
& 9 autres fosses.   Total..12.

ANZIN. A Raismes. *Fosse d'en-haut.*
d'en-bas.
les 3 autres fosses de la riviere.
Vieux-Corbeau.
Mouton-noir.
Comble.
Pied.
Dell croix.
Midy.
du Chaufour.
Près N. D. du S. Cordon.
Fosse du jardin.
de la Citadelle de Valenciennes.

Total..15.

VIEUX CONDÉ. *Fosse des trois arbres.*
Gros-Caillou.
Sainte-Barbe.

Fosse S. Roch.
du bon Carreau.
la Canistere, au BOIS DE CONDÉ.
S. Vaast.
Pied sur Vaast.
Bois de Bonne-Espérance.
Aubry.
S. Sauve.
Quievrain.   Total...12.

ARTOIS.

En 1747, le 10 Mars, il y a eu un Arrêt du Conseil, portant privilege en faveur du Sieur Louis-Joseph de Villers & Compagnie, pour l'exploitation des Mines de Charbon de terre aux environs de *Pernes*, petite ville sur la Clarence, à trois lieues de Béthune & à sept d'Arras ; cette fouille continuée jusqu'à une Carriere de grès n'a eu aucun succès ; la place du puits recouverte aujourd'hui de terre, sur laquelle passe la charrue, est marquée par un arbre qu'on y a planté, afin de le reconnoître dans le besoin.

Dans cette Province comme dans beaucoup d'autres, le bois devenu très-rare, est aujourd'hui porté à un prix exhorbitant. L'Assemblée générale des Etats s'occupe des moyens les plus propres à procurer le chauffage. Elle a résolu en 1778 de demander un privilege exclusif pendant trente ans pour ceux qui seront agréés par les Etats, à l'effet d'exploiter les Mines de Charbon de terre qui peuvent se trouver dans le pays, & elle a annoncé par la voie des Papiers publics (Gazette de France, Lundi 2 Mars 1778, N°. 18, fol. 78), qu'elle leur accordera la somme de 200, 000 livres pour récompense, lorsqu'ils auront mis une Mine de Charbon de terre en pleine exploitation ; mais je doute fort qu'il se trouve du Charbon de terre dans cette Province, malgré l'assertion de M. Havé, voyez page 495. Je ne connois pas d'exemple que les pays à Tourbes aient en même temps du Charbon de terre ; les recherches sur cet objet, dans ces endroits, me paroîtroient plus qu'équivoques & risquables.

PICARDIE.

Boulonnois.

Rethi. Exploitée d'abord en vertu d'un Arrêt du Conseil du 6 Juin 1741, en faveur du Duc d'Humieres ; on en tire peu aujourd'hui.

Ardingheim, à quatre lieues de distance de la mer : c'est dans cette Mine qu'ont été faites les expériences barométriques, inférées page 945.

Deux puits, un très-ancien, nommé *Ury*, épuisé aujourd'hui depuis 1777, dont le Charbon placé à neuf pieds de la superficie, se fouilloit à 907 pieds de profondeur, en trois endroits différents ; ensuite, dans deux, le Charbon étoit friable, & d'une qualité assez médiocre. La seule Mine travaillée actuellement, & qui a commencé à l'être il y a 25 ans, est appellée la *Sanspareille*. Son Charbon se casse irréguliérement, & brûle bien, quoiqu'il se gonfle médiocrement au feu.

Le *banc* pierreux qui précede le toit du Charbon est semblable à la *kraw*, mais *pierreuse*, des Houillieres de Liege.

Le *toit* est graniteux, de couleur grise.

Le *mur*, (on y appelle ainfi la lifiere des côtés de la Mine) eft formé d'une argille compacte, feuilletée, & affez dure.

Le Charbon qui s'y vend au baril, du poids de cinq cents vingt livres, eft de trois prix différents; le Charbon fin 2 livres 10 fols; le rondin 3 livres, & le gros 5 livres.

BASSE-NORMANDIE.
Littry.

MAINE.

Landes de Rochalas, à trois lieues de Laval.

ANJOU.

S. Georges de Chatelaifon, à 4 lieues de Saumur. Travaillée en 1740 par 8 puits, dont le principal étoit le *grand Puifard*; les autres étoient.

le puit *Hardouin*.
de la *Buffe*,
de la *Bretonniere*,
du *Ponnir*,
Bigot,
de l'*Hirondelle*,
Gourion, communiquant au précédent.
la *Bigotelle*,

S. Aubin de Laigné, deux puits.
Chaudefonds, un puits.
Chalonne, deux puits.
Montejean-fur-Loire.
Montreuil-Bellay, fur la riviere de Toé, à 4 lieues de Saumur.
Doué. Doé, à quinze mille pas de la Loire, à une lieue d'une petite riviere appellée le *Toné*, qui fe perd dans la Loire, après s'être groffie de plufieurs autres petites.

POITOU.
* *Noulis.*
Courfon, ou *Concourçon.*

BAS-POITOU.

Puirincent. Puirincent. (Voyez *la fituation de cette Mine à la Table des Matieres.*) M. Gallot, Docteur en Médecine, réfidant à S. Maurice-le-Girard, près Fontenay-le-Comte, & qui s'eft donné des foins infinis pour me procurer, par M. Lavau, Propriétaire de la Mine, les éclairciffemens fuivans fur le Charbon de terre qui fe trouve en cet endroit, eftime que la veine prend fon allure du Sud-Eft au Nord-Eft, à peu-près; il a obfervé que le terrein fuperficiel de la Mine eft de pierres calcaires un peu fablonneufes; & que le deffous eft compofé de couches argilleufes, de fchiftes, pierres affez dures pour avoir eu befoin d'être attaquées par la poudre à canon, & de pyrites.

Le Charbon fut reconnu dans un chemin en 1774, à deux *affleuremens* de près d'un demi-pied d'épaiffeur, plus ou moins, ayant quatorze pouces de terre entre eux deux; l'ouvrage a été entamé dans deux endroits, d'abord obliquement, enfuite par tourret, d'où on avoit établi des galeries qui ont été abandonnées en 1776, à 110 pieds environ de profondeur perpendiculaire, à 1.0 pieds en pittant obliquement: la feconde Mine ouverte dans un champ voifin à mi côté, eft au Sud-Eft de la précédente fur la même veine, à deux ou trois cents toifes de diftance; à fept à huit pieds on a trouvé la pierre ou le roc très-

dur accompagnant la veine, couchés l'un & l'autre infenfiblement; à vingt pieds & au Levant le Charbon s'eft élargi d'un pied & demi à deux pieds: il étoit rouillé, écailleux, fort fec, & très-friable fous les doigts. Cette veine s'eft affife fur une pierre qui traverfoit diamétralement à quelque chofe près le puits, ayant de trois à quatre pieds de diametre environ. Une efpece de petite galerie qui s'eft entamée ne pût être pouffée à plus de trois ou quatre pieds, parce que le puits s'affaiffoit, ce qui détermina à rentrer dans le puits, afin de chaffer une galerie fur une pierre accolée au mur, mais différente, & qui pouvoit étayer en partie le puits: la premiere attaque une fois faite, la pierre fe prêtoit à l'outil, mais elle s'eft perdue à environ vingt pieds en avançant; au-deffous il s'eft trouvé une terre noire fort graffe, plus forte qu'une argille la plus tenace, des pierres noires de la groffeur du poing, & davantage, oblongues & très-pefantes pour leur volume, & que les Ouvriers ont nommées *Clous*; dans le puits il y avoit des pelottes de Charbon épars & très-fec; au-deffous d'un banc de terre de 15 ou 20 pieds d'épaiffeur s'eft rencontré une *Veine* de quatre pouces affez bien réglée; une autre de deux pouces, féparée de la premiere par une *Couche terreufe* de fix pouces d'épaiffeur, & encore d'autres petites *veinules* mêlées de terre; en fonçant encore 20 à 25 pieds, la veine s'eft élargie imperceptiblement, & eft venue à 16 ou 17 pouces d'une part, & 6 à 7 de l'autre, ou toujours de la terre entre deux. En continuant à foncer, les veines paroiffent amincies; on fe décide à aller en galerie; au Couchant les veines font plus fortes, & au Levant la moitié moins: dans la galerie du Couchant elles diminuent; dans celle du Levant elles augmentent, de forte qu'on trouve par fois trois pieds de Charbon; il va & vient, & eft quelquefois fans mélange de terre entre les deux; comme il paroît encore diminuer dans la galerie du Levant, on forme, pour foncer deffus, un autre puits de 50 à 60 pieds. La veine varie encore également dans fa plus grande épaiffeur qui eft de trois pieds quelques pouces; on a été en galerie, même variation; on en a fait deux l'une fur l'autre; enfin on a gagné cent cinquante pieds en traînant, avec la veine qui penchoit toujours; le mur toujours affez uni & bon, mais étranglé par fois, & même accolé à une autre pierre très-épaiffe & très-dure; le rétreciffement de la veine & de fes couvertures, augmentoit à mefure qu'on approfondiffoit; plus près du jour, & après le banc de cette terre noire, cette pierre accolée au mur, mais moins dure, s'eft détachée d'elle même, & a occafionné des réparations à la boifure. Cette pierre étoit traverfée de finuofités noires, comme des veinules qui entrecoupoient beaucoup d'autres pierres noires, molles, pourries, fe défuniffant aifément, furtout à l'air. Peu d'eau jufqu'à la profondeur de quatre-vingt & quelques pieds; mais on a rencontré une fource très-forte dans la galerie du Couchant où le Charbon s'eft perdu; dans celle du Levant il n'y en avoit plus que fix pouces, fur lefquels on fonça quelques pieds: on trouva les deux couvertures qui alloient fe réunir.

M. Gallot qui a defcendu dans cette Mine en 1776, a reconnu dans quelques endroits, depuis deux pieds & demi jufqu'à cinq d'épaiffeur à la veine de Charbon, fans parler de ce qu'on laiffoit encore au mur, qui étoit bon.

Cette

Cette deſcription détaillée, & propre à faire juger de l'organiſation de la Mine, montre que ſon Charbon eſt diſpoſé en veine, de l'eſpece qu'on appelle *Veine irréguliere* ; mais ce qu'il y a de plus à y remarquer, c'eſt la nature du Charbon qu'elle donne : ce qui m'en a été envoyé, depuis la notice que j'en ai inſérée à la Table des matieres, annonce une Mine en *Bouyaʒ* telle qu'elle eſt, qui ſe ſépare en maſſes écailleuſes, de grandeur & d'épaiſſeur différente ; d'un noir peu foncé, & plutôt griſâtre, très-douces au toucher : il ne laiſſe pas que d'être ſemé de lames pyriteuſes, & quelquefois de petits noyaux pyriteux : c'eſt un des plus mauvais Charbons que j'aye encore vu, qui ne mérite pas la moindre dépenſe pour l'exploiter ; il s'échauffe & rougit dans le feu comme une pierre, ſans flamber.

Les ſubſtances pierreuſes qui accompagnoient l'envoi, ſont une mauvaiſe eſpece de *Taupine* ; une Pierre d'un grain fin, de couleur cendrée, mêlé de paillettes micacées argentines ; & enfin la *pierre de toit* ou la coque du bouyaz eſt une argille tapée, de couleur d'ardoiſe cendrée, comme elle le devient à l'air, très-douce au toucher, vergetée de blanc dans ſes caſſures. Une *roche calcaire* ; une *roche* dure, mêlée de gros morceaux de quartz.

Il y a une dixaine d'années qu'on prétend avoir auſſi tiré du Charbon de terre près le *Pont-Charrau*, à un demi-quart de lieue de Chantonnay, dans la même Province, ſur la route de la Rochelle à Nantes ; on y voit encore les veſtiges des puits & des charpentes d'étançonnage ; M. Gallot, qui n'a pu que ſe promener ſur le lieu, a reconnu à la ſuperficie du terroir labourable des pierres calcaires, & des terres de même nature que celles qui ſe trouvent à Puirincent, & ſurtout des ſchiſtes ſemés de mica blanc, même des fragments de Charbon ſemblable à celui de Puirincent, dont il paroîtroit alors que la veine de Pont-Charrau eſt une continuation.

BAS-LIMOUSIN.

5 endroits reconnus.

HAUTE-BRETAGNE.

Nort.
Vieille-Vigne.
Montrelay ou *Chapelle-Montrelay*, près Ingrande. 3 puits.

LORRAINE.

1. *Hargarthen.*
2. *Vieille-Ville*, près Nancy.

PAYS-MESSIN.

Mets, près des glacis de la porte des Allemands.

HAUTE-ALSACE.

La Ley à Val de Villers.

Sainte-Hypolithe, à Sainte-Marie-aux-Mines, à 2 lieues de Scheleſtat. Le membre de Charbon de cet endroit eſt compoſé de deux quartiers ou *couches de Houille* toute menue, ſéparées l'une de l'autre par un lit glaiſeux noir, qui a depuis un juſqu'à quatre pieds ; la *couche ſuperieure* de Charbon a deux pieds ; la *couche inférieure*, depuis deux juſqu'à trois pieds ; la toiture eſt une *ardoiſe* ; la *pierre de ſol* eſt une eſpece de *granite* groſſier, ſemé de paillettes micacées & pyriteuſes.

Près *Sainte-Marie-aux-Mines*, dans le haut, au-deſſus des montagnes à veines, à l'endroit nommé *Sainte-Croix*, une couche de beau Charbon ſolide, formé de petites bandes aſſez ſuivies, comme la Houille du Hainaut François, ayant depuis un pied juſqu'à deux d'épaiſſeur ; il s'y en rencontre à deux toiſes au-deſſus, & à quatre toiſes au-deſſous, d'autres couches plus minces, ſéparées par un roc noir, fuligineux, alumineux & pyriteux ; le toit de la couche la plus remarquable eſt formé de deux bancs ardoiſés, & le ſol par trois lits de pierre noire.

FRANCHE-COMTÉ.

Près Salins ; fouille en 1762, par feu M. Jars.

Champagné.
Lure.

BRESSE.

1. Meillonaz.

LYONNOIS.

Les endroits de cette Province, connus pour avoir des Mines de Charbon de terre, ſont principalement le long de la riviere de Gier, qui, après un cours de huit lieues, depuis ſa ſource au Mont Pila, vient ſe jetter dans le Rhône, à Givors.

Ces Mines commencent ſur la frontiere du Forez, à *la Variʒelle* ou *petite Variʒelle*, où il s'en trouve de conſidérables ; elles tiennent à celles de S. Chamont, après leſquelles viennent celles de la Paroiſſe de S. *Paul-en-Jareſt*, qui ne ſont plus exploitées ; celles de *Gravenand* & du *Mouillon*, celles du Bourg de *Rive-de-Gier*, à cinq lieues de Lyon, ſur la route de cette ville à S. Chaumont & à S. Etienne, dans une montagne.

Ce territoire de Gravenand & du Mouillon, en y comprenant une demi-lieue à la ronde, eſt le plus riche de la province du Lyonnois ; ils ſont contigus l'un à l'autre, & préſentent ſous la couche végétale, qui varie en épaiſſeur depuis deux juſqu'à quatre pieds, quatre bancs de pierre ſuivis de quelques couches de ſchiſte, après leſquelles vient une premiere maſſe de Charbon, à 15, 20 ou 30 toiſes de profondeur au deſſous du ſol : ce membre de Charbon s'étend ſur un banc de roche qui couvre un ſecond membre de Charbon. Dans l'ordre que nous avons détaillé, l'exploitation de ces Mines eſt en général irréguliere & peu profitable, telle que peuvent le faire de ſimples Particuliers, qui ne ſongent qu'au produit, ſans être en état de fournir à de grandes avances, ce qui fait que les premiers travaux portent préjudice à ceux que l'on veut entreprendre enſuite ; l'eau, ſur-tout, en gagnant la plus grande partie des puits, avoit ruiné ces travaux, pour leſquels une Compagnie a été autoriſée par Arrêt du Conſeil en 1759, à pratiquer une galerie d'écoulement qui a deſſéché pluſieurs Mines.

D'une centaine de puits achevés, prêts à être exploités, & d'autant d'autres qui atteignoient le Charbon, les puits principaux en exploitation, ſont,

AU GRAVENAND,

le *puits* de M. Bonard.
Un 2e. *puits* de M. Bonard, non ouvert.
Grand puits.
Sur la Vigne-paſſeliere 2 puits non ouverts.
9 *puits* (à la Dame Chaſtellux), dont cinq en
   pleine exploitation depuis l'année 1735.
L'ancien *puits du Creux*, non ouvert.
Le *puits du Noyer.*
      du Cou.
      du Gros-chataigner, non ouvert.
Le *grand puits du Bel-air.*
La *Mine Michon*, ouverte par 2 puits.
Le *grand*, le *petit*, non ouvert.
Le *puits du Mûrier.*

                  Total..22.

MOUILLON.

Le *puits Chorlio.*
Le *puits Journoud.*
      Benoit-rote.
      de M. Fleur-de-lix.
      Chambeyron.
      Truſſel.
      Fond.
      du Maine, non exploité.

                  Total...8.

TERRITOIRE DE LA BASTIE OU TOUS-HISSOME, OU LA BASTIE.

Le *petit puits Donzel.*
Le *puits la Croix.*
      Dupré.
      Jean-dard, appartenants tous quatre aux
      Sieurs Donzel freres.
Le *puits du petit Peyrard.*
Les *deux puits Bajardon.*
Le *puits Madinter-Covette.*
Le *puits Celle.*
Le *puits Champin.*
Le *puits Guinand.*
Le *puits Callet.*
Le *puits de M. Saint-Germain.*
Le *puits de l'Herze*, non exploité ou non ouvert.
Le *puits Toulet*, non exploité.
Il y a pluſieurs autres anciens puits dans leſdits
territoires qui ſont épuiſés.

                  Total..15.

Hors du voiſinage de la *riviere de Gier*, il s'en
trouve dans pluſieurs territoires qui en ſont éloi-
gnés de pluſieurs lieues, comme à *S. Genis-les-
Ollieres*, qui ne ſont plus exploitées.
   Dans divers territoires de la Paroiſſe de *Saint-
Genis-terre-noire*, à une petite demi-lieue de Rive-
de-Gier.
La *Variẓelle*, abandonnée.
La *petite Variẓelle.*
La *Catonniere.*
Grand Floin, Paroiſſe S. Martin-la-plaine; enfin
en ſuivant le Gier.
Paroiſſe de Tartara.
Dargoire.
S. Andeol-le-Château.
Montrond, près Chaſſigny.

                  Total..10.

BEAUJOLOIS.

Les puits ouverts ſur les bords d'un ruiſſeau,
en ſe rapprochant de S. Symphorien, qui n'eſt pas
diſtant de la ville de Lay d'un quart de lieue,
n'ont jamais donné qu'une fort petite quantité de
Charbon de terre très-imparfait, qui brûloit à
peine, & ne pouvoit ſervir à la forge, de maniere qu'on les a abandonnés à cauſe des eaux.

HAUT-DAUPHINÉ. BRIANÇONNOIS.

Briançon.
Entre Ceẓannes & Seſtriche.

BAS-DAUPHINÉ.

ELECTION DE VIENNE. *Ternay.*

GRAISIVAUDAN. GAPENÇOIS.

Les Mines que j'ai indiquées dans ces deux Cantons, *page* 528, 529, d'après des Papiers publics, me paroiſſent plus que douteuſes; j'ai tout
lieu de ſoupçonner que ce n'eſt que quelque terre
ou *Pierre d'Aſphalte*, comme à *Lampertſioch* en Baſſe-
Alſace.

PROVENCE.

1. *Pepin*, près Aubaigne.
2. *Fort-de-Bouc.*
3. *Maiſon de Campagne de M. Velin.*
4. *Fuveau.* Voyez la qualité du Charbon, page
1159.
Près du Château *Peynier.*

PROVINCE DU HAUT-LANGUEDOC.

Carmaux, dont l'entrepôt eſt Gaillac.
Quelques riches que ſoient les Mines de Charbon de terre dont nous avons donné les indications en parlant du Languedoc, elles ne ſont pas
encore à beaucoup près ſuffiſantes pour une Province où la conſommation de bois à brûler eſt auſſi
conſidérable qu'indiſpenſable, pour pouvoir tirer
parti avec le feu des principales productions du
pays, qui ſont auſſi les principales matieres de ſon
crû, comme les vins qui ſe diſtillent, afin d'avoir des
eaux-de-vie, des huiles d'olives, dont les moulins
ont beſoin de feu; des ſoies, dont les filatures con-
ſument une grande quantité de bois, dont la diſette préciſément dans les cantons où ces Manufactures ſont établies, augmente les frais de fabrication, & met une entrave irremédiable au Commerce.
La cherté extrême du bois dans le Languedoc,
& qui accroît annuellement dans une proportion
inquiétante, a déterminé les Etats de cette Province à s'occuper de ce beſoin, & de pourvoir à
la diſette dont elle eſt menacée; dans cette vue
elle a chargé M. de Genſſane de faire une recherche des différents endroits où le Charbon de
terre pouvoit ſe trouver à la portée des Villes
principales: c'eſt ce qui a donné lieu à l'Ouvrage
que nous avons cité ſous le titre: *Hiſtoire Naturelle
de la Province de Languedoc.*
Nous allons en donner ici un relevé pour ce qui
concerne le Charbon de terre ſeulement; mais,
en nous en rapportant purement & ſimplement
aux recherches dont M. de Genſſane a été char-

gé , nous ne pouvons diffimuler une idée dont nous abandonnons la vérification à l'Auteur lui-même , & aux perfonnes qui feront à portée de s'en charger ; il nous a paru que M. de Genffane confond affez fouvent avec le Charbon de terre, ce que nous appellons *Charbon de bois foffile*, qui eft très-différent quant au fond même , & des *Mines de pierre d'Afphalte*, de l'efpece qui fe trouve dans le Comté de Neufchatel , au Val-Travers ; dans le Canton de Berne , au Village de Chavornay ; à la Sablonniere , en Baffe-Alface , &c ; nous avions efpéré être en état , pour ce réfumé , d'apprécier & d'éclaircir nos doutes par la collection que nous avions demandé des différents échantillons , mais il ne nous en eft parvenu aucun.

BAS-LANGUEDOC,

Diocèfe de Beziers.

Sur les hauteurs qui font à l'Eft des territoires de *Caux* & de *Neffiés* , on commence à appercevoir la tête de veines de Charbon de terre qui s'étendent le long des montagnes au Nord de Neffiés & de Caux , jufqu'au-delà des territoires du Prieuré Commendataire de Caffan , d'où elles fe prolongent vers les montagnes qui font au Nord de Gabian & aux environs de Pezennes , jufqu'au Nord de Badarieux , paffent par S. Sixte & au Boufquet , du côté de Caunas & de la Tour de Brouffon , & s'étendent au Nord de *Bouffagues* , vers *Camplong* & *Graiffefac* , où la veine reconnue de 12 pieds d'épaiffeur , mais irréguliere , eft très-bien travaillée.

A *Graiffefac* ces veines fe partagent en deux branches ; la droite s'étend vers S. Génies , dans le Diocèfe de *Caftres* ; la gauche s'étend vers Oulargues , Ceffenon , Bize & la Caunette , du côté des Diocèfes de Narbonne & de S. Pons ; fe prolonge jufqu'à Monze , dans le Diocèfe de *Carcaffonne.*

L'Auteur regarde les veines de cette Province comme une fuite de celles qui s'étendent depuis le Pont-S.-Efprit jufqu'à Alais , delà à Durfort , à S. Loup dans le Diocèfe de *Montpellier* , & à Neffiés , dans celui de Beziers.

La *Montagne de la Traverfiere* , à l'Eft de Neffiés & au Nord de Caux , a été entièrement exploitée autrefois ; on y voit d'anciens veftiges de travaux abandonnés , fi l'on en croit la tradition , à caufe des moffetes inflammables ; il fubfifte encore quelques reftes d'un ancien chemin qui conduit au pied de la montagne de la Traverfiere jufqu'à Agde , & qu'on nomme encore aujourd'hui *Carrieiro Carbouniero.*

Vers l'année 1776 , on a attaqué avec permiffion du Miniftere une veine de Charbon dans les roches de *Caillus* ; elle a été rencontrée le 4°. jour du travail , & reconnue de 4 pieds d'épaiffeur.

A la montagne de *Maniols* , à deux lieues de Neffiés , il y a quelques années que les Payfans tirerent du Charbon ; dès qu'ils eurent trouvé l'eau , ils en refterent là.

DIOCÈSE D'UZÈS

En remontant vers *Laudun* , quelques Mines de Charbon qui , felon M. de Genffane , a beaucoup d'odeur & eft trop bitumineux , & qui eft propre feulement à cuire la chaux.

Pont-S.-Efprit. Aux environs , Charbon jayet très-bitumineux , mêlé de véritable fuccin jaune.

Tout le territoire de ces environs , depuis la rivieres d'Ardeche jufqu'à S. Alexandre , & même jufqu'à Venejean , eft rempli de Charbon de terre qui s'étend au Couchant , du côté de la Chartreufe de *Valbonne* , jufqu'à Cornillon : vers le Nord-Oueft , Charbon de même qualité qu'au S. Efprit.

A un quart de lieue au Sud-Eft de *Barjac* , plufieurs veines de Charbon que l'on fouille feulement à la fuperficie.

A *la Pigere* , Paroiffe de *Bannes* , plufieurs Mines abandonnées à caufe des eaux , & reprifes par une galerie d'écoulement qui va atteindre une veine de 18 pieds d'épaiffeur & de la meilleure qualité : elles font à portée du Rhône par l'Ardeche qui n'en eft pas éloignée.

A un bon quart-d'heure à l'Oueft de *Portes* , deux Mines de Charbon de très-bonne qualité , dont on attaque maintenant la veine inférieure.

En defcendant de cet endroit , vers *la Grand-Combe* , au Nord-Oueft de *Pradel* , Mine de Charbon très-excellent , & qui s'exploite depuis long-temps.

A un bon quart-d'heure de chemin plus bas , montagne appellée *la Forêt* , dont on retire journellement avec des facs une grande quantité de Charbon. M. de Genffane , en examinant les alentours de cette montagne , s'eft apperçu que le feu y eft dans une partie.

A *l'Impoftaire* , au-deffus du Château de *Trefcol* , bonnes Mines de Charbon , dont on ne prend que pour les filatures de foie.

Entre *le Colet de Deze* & *S. Hilaire* , fur le bord du Gardon.

Tous les environs de *Pradel* jufqu'au *Mas-Dieu* , où les habitants fouillent à leur fantaifie au pied de ce Village pour leurs befoins.

Tout le territoire qui borde la *Seze* , depuis *S. Ambrois* jufqu'à *Peires-Males.*

Moliéres exploitée depuis long-temps.

Roque-Sadouilles.

Beffieges.

Crealles , toutes trois abondantes & de bonne qualité.

Au bas du Château de *Montalet* , à un quart de lieue de *S. Ambrois* , Mine qui vient d'etre entamée.

Toute la partie depuis *Serviès* jufqu'à *Font-couverte.*

DIOCÈSE DE NARBONNE.

Tous les environs de *Bize* : entre cet endroit & le pont de Cabeffac , Charbon très-bitumineux , & donnant beaucoup d'odeur en brûlant.

A un petit quart d'heure de chemin au-deffus de *Bize* , attenant l'ancien moulin à papier , plufieurs veines paralleles les unes aux autres , & de très-bonne qualité , reconnues à environ de 12 ou 14 pieds de profondeur.

A l'extrémité du territoire de *Tuchan* , qui forme une forêt de buiffons du côté de Segure , fur un terrein appartenant à l'Abbaye de *la Graffe* , plufieurs veines.

Près le moulin de *Paziols* , 2 veines.

DIOCÈSE DE S. PONS.

Au lieu de *Mattes* , plufieurs veines très-bonnes.

DIOCÈSE DE LODEVE.

Au pied de la montagne volcanifée qui eft entre Lunas & Lodeve , indices.

GEVAUDAN ou DIOCESE DE MENDE.

Paroiffe de S. Pierre de *Tripiés*, fur le bord de la Jouante, veine refferrée entre deux roches calcaires ; Charbon d'affez bonne qualité ; exploitée par quelques Payfans.

Paroiffe de S. *Prejet*, fur le bord du Tar, à mi-côte au-deffous de S. Roman de Dolan, Mine abandonnée à caufe des eaux.

ALAIS,
Au pied des Cévennes.

Toute la côte, depuis Roche-belle jufqu'au-deffus du Mas-des-bois, en remontant le Gardon & le Galaifon fur une demi-lieue de longueur, eft entrecoupée de veines de Charbon de terre fouillées au hafard pour l'ufage des fours à chaux.

En paffant de cette montagne vers celle de Sauvages, dans le Vallon de *Trepalou*, à l'oppofite de Mines de fer, Veines de Charbon de terre qui vers la *Blaquiere* fe divifent en deux branches, dont la principale s'étend le long des montagnes fituées à la droite ou à l'Eft du Gardon, jufqu'au-delà de Portes, près de *Chamborigaut*, où le terrein change entiérement de nature : cette maitreffe branche qui s'étend le long du Gardon, fe replie vers *Pradels* & le *Mas-Dieu*, où il y a eu anciennement des travaux de Mines de plomb & argent, auxquelles on pourroit employer le Charbon de cet endroit, dont la Mine eft dévaftée, s'étend vers S. *Jean de Vallerifque*, où le Charbon eft très-abondant, mais mal exploité, *Roubrac*, S. *Ambrois*, *Bannes* & *Barjac*, & fe prolonge vers *Cornillon* & la Chartreufe de *Vallonne*, jufqu'au Pont-S.-Efprit ; mais dans ces derniers endroits les Charbons font trop bitumineux ; ce font plutôt des Mines d'Afphalte que des Mines de Charbon.

Dans les montagnes en remontant de Chamborigaut à Portes, indices de Charbon à chaque pas que l'on fait.

La feconde branche, moins forte, s'étend à gauche dès deux côtés du *Galaifon*, vers le Château de la Fare, la Beaume Olimpie, jufqu'au-deffus des montagnes de Vaugean, d'un côté, & jufques vers Bergueirolles de l'autre.

Aux environs d'Alais, fur la rive droite du Gordon.

A *Troulay*.

Aux environs de *Mialet*, indices.

Au fommet de la montagne de Noguret, au-deffus de S. André de Valborgne, terrein de *Pompidou*, deux bonnes veines.

En defcendant la montagne de Laigoual, au-deffus de Cabrillac, indices le long de la côte à droite de la Jouante, depuis Gatuzieres jufqu'à Merucis. Dans quelques parties du fond de la riviere de Jouante, on apperçoit des veines de Charbon.

En defcendant la Jouante, à un quart de lieue au-deffous de Merucis, près le moulin de *Capellan*, bonne Mine de Charbon, dont la veine a trois bons pieds d'épaiffeur au jour.

Au bas de Reven, fur les bords de la Dourbie, proche le moulin de *Gardies*, veine de 10 pouces d'épaiffeur, exploitée par deux Mineurs & deux Manœuvres qui en retirent communément en 8 heures vingt quintaux par jour, vendu fur le champ à 10 fols le quintal.

Entre *Molieres* & le *Vigan*, au-deffus du pont d'Avefe, plufieurs veines qui s'étendent jufqu'au petit Village des *Fonts*, ou le Charbon fe trouve au-deffous du fol de deux rivieres qui confluent en cet endroit.

A *Fabregue*.

Au *Mas de Coularou*, entamées toutes deux par des Allemands, abandonnées enfuite.

Près *Sumene*, dans la Vigne du nommé *Salcs*, quelques veines.

A demi-lieue au-deffus de Sumene, dans un endroit appellé *Souna-lou*, de très-bonnes Mines.

Sur le chemin de *Sauves* à *Durfort*, au pied de la montagne de Valfonds, indices qui s'étendent de l'autre côté du Vallon, vers le chemin de *Durfort* à S. *Hippolyte*.

En defcendant des hauteurs de Mas-noblet à Vabres, fur le chemin qui conduit à la Salle, indices.

QUARTIER DES CEVENNES.

A une lieue de *Vigan*. 5 Mines.

Montcoudour, près de Bouffague, dans la Baronie de ce nom.

DIOCESE DE MONTPELLIER.

Dans les montagnes, aux environs de *Prades* & de *Montferrier*, quantité d'indices.

GUYENNE.
Quercy.

* S. Bolis.

Montauban.

Depuis Andufe jufqu'à Villefort.

Au Village de Vergougnoux.

ROUERGUE.
Haute-Marche.

Millau.

Eleétion de Mas de Bonac.

Cantabre, Diocèfe de Vabres.

Severac-le-Caftel, Charbon vitriolique comme celui de Berghlob en Allemagne.

TERRITOIRE D'AUBIN.

On y peut compter une cinquantaine de fouilles, entr'autres.

Paroiffes de *Levinhac*.

de *Vialaret*.

Une Mine baignée par la riviere de Lot.

Firmy.

Cranfac.

Le nombre de bateaux, partant année commune des Mines de cette province, dont nous n'avons indiqué ici que les principales, fe monte à 334 ; leur charge eft depuis 150 jufqu'à 250 milliers, ce qui, en portant chaque charge à 200 milliers pour terme moyen, donne 668000 milliers par an.

PROVINCES DE FRANCE,
Dont plufieurs Mines de Charbon font à portée de la ville de Paris.

Il eft très-fâcheux que cette richeffe de premier befoin foit encore trop éloignée de la Capitale, pour pouvoir jamais efpérer, tant qu'il ne s'en trouvera pas dans le voifinage de Paris, ou de quelques-unes des rivieres confluentes à la Seine , pour pouvoir jamais efpérer que l'ufage de ce combuftible toujours cher , & par les frais d'une longue exportation & par les droits exorbitans dont il eft chargé à fon entrée, s'introduife dans le chauffage & autres ufages domeftiques ; mais l'importance de la pofition des Mines dont nous allons parler , pour l'approvifionnement de quelques Confommateurs auxquels le Charbon de terre eft indifpenfable dans la Capitale , mérite de former une claffe à part.

BOURGOGNE.

Auxois.

A deux lieues d'Avallon, dans un terrain appartenant aux Chanoines de Semur , à cinq lieues de la riviere navigable qui defcend à Paris , Mine découverte en 1778.

AUTUNOIS.

Rezille , Hameau dépendant d'*Epinac* , appartenant à M. de Tonnerre , découverte en 1744, exploitée depuis 1751 ; & dont les travaux ont fait reconnoître des veftiges d'anciennes fouilles.

BRIONNOIS.

La Chapelle-fous-Dhun , à cinq lieues de Beaujeu : Mine ouverte en 1778 , par M. Tranchand l'aîné, réfidant à S. Etienne , à la profondeur de cinquantequatre pieds , & compofée de deux couches d'un pied d'épaiffeur. Il a cru reconnoître à une centaine de toifes de diftance une tête de veine de trois pieds d'épaiffeur à deux pieds de la fuperficie ; dans un pâturage commun , on prétend avoir extrait de très - bon Charbon en préfence de l'Ingénieur de la Province , à la profondeur de fix pieds ; & la fonde en a fait auffi reconnoître à la profondeur de quinze pieds , une veine de fix pieds de hauteur.

Un Particulier ayant droit de pâturage dans ce Communal , a déja obtenu la permiffion de profiter des recherches de M. Tranchand , & faifoit creufer un puits vers le mois d'Août 1778.

BAILLIAGE DE BEAUNE.

Chorey.
Montluel , près du Rhône.
Bourbon-Lancy.
Marceney , près Châtillon-fur-Seine
Sombernon. Il paroît qu'on a trouvé du Charbon de terre dans le voifinage de la montagne de Sombernon, qui eft une maffe de terre argilleufe & pourrie , de texture feuilletée femblable aux *découvertes* des Carrieres d'ardoife.
Norget , près de Dijon.
Montbar.

MONTCENIS.

Fanget , autrement appellé *les Charbonnieres.*
Montagne de la Chatelaine.
Guerfe.
Marigny.
Breuil. Mine de Creuzot.
Blanzy.
Savigny.
Pleffis.
Sauvigné.
Toulon fur l'Arroux.
Martinet.
S. Berain.
S. Eugene.

Charmoy & *S. Nizier* fous Charmoy.
Morey.

HAUT-FOREZ,

Dont les Charbons paffent dans le Commerce fous le nom de *Charbon de S. Etienne* , Capitale de cette province , affife en partie fur une maffe de Charbon qui paroît être le centre de toutes les Mines ; le Charbon de S. Etienne eft en général plus tendre, plus propre à la forge , & ronge moins le fer que les Charbons de Rive-de-Gier.
Montagne appellée *Bute.*
1. *Treuil.*
2. *Monthieu.* 2 Foffes.
1. *Terre-Noire.*
1. *S. Jean de Bonnefond.* Charbon très-mêlangé de parties terreufes, qui le rendent difficile à brûler.
2. *Villars.* 2 Foffes.
2. *Bois-Montfier.* 2 Foffes.
Mine Sainte-Françoife , à Roche-la-molliere, ou *la mouliere.* 3 Foffes.
3. *La Beraudiere.* 3 Foffes.
3. *Rica-Marie.* 3 Foffes.
3. *Chambon.* 3 Foffes.
3. *Firminy* , du côté du Velay. 3 Foffes.
1. *Le Clufel.*
3. *S. Germain-l'Ept.* 3 Foffes.
8. *Crémeaux.* 8 Foffes.
1. *S. Victor.*
1. *Sorbiere.*
1. *Fouilloufe.*
1. *Clapier.*
1. *Montfalfon.*

BAS-FOREZ.

Rouanois.

1. *Villemontois.*
1. *S. Maurice-fur-Loire.*

BASSE-AUVERGNE.

Limagne.

Le long de la Dordogne , plufieurs Mines.
1. *Lampres* , Paroiffe de Champagnac.
1. *Sauxillanges.*
Territoire d'*Anzat.* 7 Foffes.
1. *Salverre.*
1. *Charbonniere.*
1. *Sainte-Florine.*
1. *Les Barrivaux.*
1. *Les Gourres* , ou les *Gorres.* 2 Puits.
1. *Collines de Langeat.*
1. *Grille.*
1. *Neuvialle.*
1. *La Poiriere.*
1. *Fondary.*
1. *La Vitriolle.*
2. *Chambleve.* 3 Foffes.
1. *Meche-cote.*
1. *La Leuge.*
1. *Mine rouge.*
2. *L'Orme.* 2 Foffes.
1. *Vergonhon.*
1 *Champelas.*
1. *Lande fur Alagnon.*
1. *Frugere.*
1. *Anzon.*
1. *Bofgros.*
1. *Barate.*
1. *Gros-menil* ou *Groumeni.*
3. *Les Lacs.* 3 Foffes.
1. *Puits de Brajae.*

La Fosse, autrefois travaillée par 6 puits, remise aujourd'hui en exploitation fous le nom de *Mine de Sadourny*. Voy. pag. 1160.

2. La *Mouliere*. 2 Fosses.

1. La *Taupe*.

1. *Champ* ou *Vigne de Madame*.

BOURBONNOIS.

Fims. 4 Fosses.
Noyan.

NIVERNOIS.

Champvert, Paroisse près Decize. 2 Fosses. Voyez *page* 1399.

Le mauvais air qui s'opposoit à la poursuite des travaux de cette Mine en 1773. Voyez *page* 575. a été tout-à-fait corrigé & détruit lorsqu'on y a eu profondé un nouveau puits : MM. Perier, Méchaniciens, y ont établi une machine à feu.

Druy.

Je fuis informé à l'instant, qu'un Particulier prétend s'être assuré avec la fonde de la préfence du Charbon de terre dans la montagne de S. Germain-en-Laye. La nature des couches de cette montagne, qui ont été reconnues à la profondeur de plus de 28 pieds par les travaux de M. Peronnet, donne lieu de foupçonner ce qui peut induire en erreur fur ce point, & rendre la découverte très-douteufe.

Ces différents lits, dont M. Perronnet a fait voir les échantillons à l'Académie, & décrits par M. de Fougeroux dans le Volume de nos Mémoires pour l'année 1771, étoient un lit de tuf de fable coquillier, de glaife ardoifée, de glaife crétacée, de pyrite, de craie blanche, douce au toucher, fous lequel il s'est rencontré du *bois fossile jayeté*.

On voit que le pouffier combustible ramené dans le cullier de la fonde, lors de la recherche dont il s'agit, pourroit bien n'appartenir qu'à de la pyrite ou à du bois fossile, fans que l'on foit fondé à conclure que ce pouffier étoit du Charbon de terre; la tradition de la préfence de ce fossile intéressant dans un canton du voifinage de S. Germain-en-Laye s'est déja trouvée en défaut il y a plufieurs années. Voyez *page* 165, *note* 3.

TOTAL, Soit des endroits où il a été fouillé du Charbon de terre, & où les travaux peuvent être repris avec fûreté, foit des endroits d'où l'on en tire actuellement.

422 FOSSES OU PUITS DE MINES.

Nous terminerons cette énumération par le Rapport des Commissaires que l'Académie avoit nommés pour examiner les Cartes physiques; le changement qui a été apporté dans leur composition, au moment de les faire graver, & qui ne fe rapporte plus avec l'ordre préfenté dans le rapport qui va fuivre, ne s'étend que fur ce point, & il fera aifé de les reconnoître.

EXTRAIT DES REGISTRES de l'Académie des Sciences.

RAPPORT DES COMMISSAIRES de l'Académie fur les deux Planches précédentes.

CES Cartes dreffées par M. Buache font les mêmes qui ont été annoncées dans la Séance publique de l'Académie en 1761. Elles font au nombre de quatre, dont la première comprend la France entièrement distribuée par Gouvernemens. On y a indiqué les lieux où fe trouvent les Mines de Charbon de terre, & le cours des rivières navigables qui peuvent faciliter le tranfport de ce fossile.

La feconde Carte formée fur une échelle beaucoup plus grande, contient feulement les Provinces les plus abondantes en Charbon de terre : comme plufieurs de leurs Mines font fort voifines les unes des autres, on n'auroit pu les distinguer dans la Carte générale; celle-ci les fait connoître avec un détail fuffifant.

La troifieme Carte est celle du pays de Liege, ou du moins de la partie de ce pays qui fournit le Charbon de terre : toute la rive droite de la Meufe représentée fur cette Carte a été deffinée d'après une Carte originale, tirée du Bureau des Plans; quant à la rive gauche, M. Morand l'a fait lever par un Arpenteur du pays de Liege.

La quatrieme Carte représente le même pays, mais particuliérement par rapport aux Mines de Charbon de terre; c'est-à-dire, qu'on n'indique que les lieux où ces Mines fe trouvent. Comme M. Guettard a fait mention des Mines de Charbon de terre dans la Carte minéralogique de la France qu'il a publiée, (*) & qui a été dreffée par M. Buache, nous avons cru devoir examiner plus particuliérement fi les différences de cette Carte à celle que propofe M. Morand étoient affez nombreufes & affez importantes pour exiger cette nouvelle defcription; &, dans cette vue, nous avons demandé à M. Morand un état de ces différences : les voici telles qu'il nous les a produites.

La Carte propofée est conftruite fur un plan différent, qui ne peut qu'être avantageux pour la recherche, le tranfport & le commerce du Charbon de terre; ce plan est le plan général de la Terre donné en 1752, par M. Buache, & qui représente les fleuves, les rivieres qu'ils reçoivent, & la fuite des chaînes de montagnes; fecondement, elle renferme fur l'objet principal beaucoup plus de détail, que n'en renferme & ne doit en renfermer celle de M. Guettard, qui ayant eu pour objet la Minéralogie en général, n'a pas dû fe livrer fur chaque objet au même détail qu'il auroit fait, fi, comme M. Morand, il n'en avoit embraffé qu'un. Suivant l'état que M. Morand nous a remis, la Carte de M. Guettard indique particuliérement huit endroits où l'on trouve du Charbon de terre; celle de M. Morand en indique plus de 140. Nous penfons donc que dans un Ouvrage qui a pour objet la defcription des Mines de Charbon de terre, une Carte qui indique avec détail les lieux où l'on peut en trouver, ne peut qu'être bien placée. Nous fommes d'ailleurs perfuadés que M. Morand fera connoître au public la partie de fon travail qui lui est commune avec M. Guettard; & tant pour cette Carte que pour les trois autres dont nous avons parlé ci-deffus, nous penfons que l'Académie les jugera utiles à l'objet que M. Morand s'est propofé.

Au Louvre, le 31 Août 1766. *Signés* CASSINI DE THURY, BEZOU, BUACHE.

Je certifie le préfent Extrait conforme à l'original & au jugement de l'Académie. A Paris ce 10 *Juin* 1778, *Signé*, LE MARQUIS DE CONDORCET, *Secrét. perp.*

(*) Voyez *l'Introduction*, *page* viij.

DES PLANCHES. 1563

SECONDE PARTIE.

LES cinq premieres Planches préfentent un développement de tout ce qui concerne les bancs de Houille dans le pays de Liege, leur fituation, leur marche en terre depuis leur extrémité au *jour*; elles font copiées de l'Ouvrage de M. Louvreyx, où elles font fim-plement en efquiffe.

Pour entretenir l'idée que l'on doit fe former des Mines de Charbon, confidérées dans une coupe perpendiculaire, j'ai repréfenté les différentes couches terreufes, & les *ftam-pes* ou féparations pierreufes placées entre chaque Veine.

PLANCHE PREMIERE.

LA Vignette eft copiée fur une Gravure très-connue de la bataille de Rocoux, où l'on voit dans le lointain, à gauche, la ville de Liege & une par-tie du cours de la Meufe, en remontant jufqu'à Vizé.

La Planche repréfente la coupe d'une Mine dans laquelle on fuppofe douze *Planneures*, c'eft-à-dire, douze veines de Charbon en *pendage de platteure*.

Jamais une veine de Charbon, dans quelque *pendage* qu'elle foit, n'eft feule; celle qui appro-che le plus de la fuperficie, en couvre toujours une ou plufieurs autres qui marchent toujours à très-peu de chofe près de même que la premiere, placée au-deffus de ces différentes veines; on pré-tend que celles qui fe trouvent dans la plus grande profondeur donnent un Charbon toujours fupérieur en qualité au Charbon des veines de deffus.

De cette pofition de plufieurs veines les unes au-deffus des autres, telles qu'on les voit dans cette Planche & les quatre fuivantes, il réfulte néceffai-rement, & la chofe eft facile à concevoir, que la veine placée fous la premiere, & qui marche de même, a plus d'étendue en longueur que la troi-fieme, c'eft-à-dire, parcourt un plus grand trajet que la feconde, & ainfi de fuite pour toutes les autres veines placées au-deffous, & qu'en con-féquence elles donnent plus de Charbon.

La *faille* qui coupe la marche de ces différen-tes veines, n'eft jamais penchée dans les *Platteu-res* comme elle l'eft ici; il faut la fuppofer droite. Voyez, fur la pofition droite ou inclinée des *failles*, la page 60.

Sur ces *planneures* on voit une ébauche du bure d'extraction accompagné de fon bure d'*airage*, fimplement efquiffé auffi; tous deux feront repré-fentés complettement dans les Planches XII & XVII.

Au pied du *Bure* on a marqué la place du *Bou-gnou*, & au niveau de *principal puifard* un petit *bure* fouterrain nommé *Bouxtay*, quelquefois *Torret*, dont la forme peut être en quarré ou en ovale; il fert à travailler les *platteures* avec un petit treuil nommé *Torret*, en conduifant l'ouvrage de *Bouxtay* comme celui des *Bures d'extraction*. Au pied du *Bouxtay* il y a toujours un *bougnou*, dont on a fimplement indiqué la place.

PLANCHE II.

LA Vignette repréfente une des hauteurs qui domine le Château de Collonftere en Condroz.

La Planche donne une idée des veines en *pen-dage de Roiffe*, c'eft-à-dire, dont la pente commence à s'écarter du degré d'inclinaifon qui conftitue le pendage de platture pour s'approcher de la fitua-tion droite à-plomb, & s'enfoncer de même in-fenfiblement.

Conféquemment au parallélifme que les veines de Charbon obfervent les unes au-deffus des au-tres dans leur marche en terre, & qui eft bien fimple dans les platteures, on voit comment les veines en pendage de *Roiffe*, fituées au-deffous de la premiere, fe réfléchiffent toutes fous les mêmes angles que la premiere, & fe rapprochent toutes enfemble de la ligne horizontale, jufqu'à ce qu'enfin après avoir achevé cette allure de platteure, elles viennent regagner la fuperficie, comme on l'a expliqué *pages* 878, 879.

Parmi les couches terreufes qui forment la pre-miere couverture, on a marqué des fources d'eau qui fe font jour ordinairement dans la *Kraw*.

Les trois veines *roiffes* repréfentées ici, font vues dans une profondeur qui permet d'apperce-voir cinq endroits où elles fe dévoyent pour re-prendre chaque fois un pendage différent, jufqu'à ce qu'elles fe forment en une platteure nommée *platteure de Roiffe*, qui va fe terminer à une *faille*, derriere laquelle cette platteure fe trouveroit *rithop-pée* fi elle pouvoit être repréfentée.

Si le premier pendage de Roiffe à la fuperficie fe prolongeoit confidérablement avant de prendre le pendage qui lui fuccede, il formeroit ce qu'on appelle dans les travaux de l'exploitation, *Maître-Roiffe*.

Au moyen du bure profondé, à la tête du pen-dage de Roiffe, plus bas que la *dieille* de la veine inférieure que l'on veut travailler, & continué au-deffous de la troifieme veine l'on établit le *Bou-gnou* dans la pierre, on fe met à portée d'exploi-ter toute cette partie par *Bacnures*, marquées en blanc, pointées de noir.

La continuation de ces Roiffes fe travaille par le *fecond bure* profondé de même au travers des trois veines, afin d'atteindre les platteures & pendages de platteure qui vont gagner la faille, & les tra-vailler jufqu'à cet endroit.

Parmi les couches terreufes qui précedent les lits pierreux, on a repréfenté dans la *marle* ou la *craie* des fources d'eaux qui fe font jour communément dans cette couche. Voyez *Part. I, page* 46, & *Part. II, page* 873.

PLANCHE III.

Veines en pente, ou *Pendage demi-Roiffe* qui fe travaillent comme celles de la Planche précédente par le bure enfoncé dans la veine du milieu, juf-qu'au-deffous du premier dévoyement de la troi-fieme veine. On juge par cette Planche & par celle qui fuit que les pendages qui fuccedent au pendage-roiffe vont toujours en gagnant de plus en plus en profondeur, ce qui les rend plus fujets aux eaux.

PLANCHE IV.

Veines en pente, ou *pendage de Roiffe*, qui reprennent tout de fuite un pendage de platteure, nommé dans les ouvrages *grande Veine* ou *Platteure*. La Vignette repréfente un des lointains qui fait partie d'une vue du Château de Quincampoix.

Quoique le bure foit ici repréfenté d'à-plomb, ces roiffes peuvent être exploitées par un bure traîné *en pittant* dans le corps de la veine du milieu, v. *pag.* 242, 890, cependant les *Bacnures* que l'on voit dans cette Planche mettent également à portée des roiffes correfpondantes, & facilitent de même l'approche de la *grande Veine*, pour la travailler enfuite par *Bouxtay* profondé d'environ une vingtaine de toifes, & auquel on donne à droite & à gauche des *Coiftreffes*, voyez page 363, comme à un torret, de maniere que toute la *platteure de roiffe* puiffe fe travailler en trois ou quatre portions.

PLANCHE V.

Veines en pente, ou *pendage de Roiffe* qui, après avoir pris un autre pendage, fe redreffent tout de fuite pour venir *foper* au jour, en *roiffe*. Ces roiffes peuvent fe travailler par le bure profondé dans une roiffe, de maniere qu'il rencontre dans fon approfondiffement le pendage de *platteure* jufqu'au-deffous de la *troifieme Veine*.

PLANCHE VI.

Inftruments de Géométrie fo[u]terraine.

A. 1. *A.* 2. *Rofe de la Bouffole.*

B B. Bouffole manuelle, ou *Bouffole à la main*, que les Liégeois nomment *Platteau.*

B. 1. Bouffole divifée en heures & en minutes, de 4 pouces en quarté, dans une boite de bois.

B. 2. Même Bouffole avec fon couvercle de cuivre ouvert.

B. 2. Bouffole de trois pouces de grandeur, repréfentée fermée.

C. Chaîne de fil d'archal ou de laiton, formée de de plufieurs pieces raffemblées, lorfqu'on ne s'en fert pas.

D D. Quatre membres de la chaîne. La longueur totale de la chaîne eft ordinairement de la longueur d'une perche, ou de plufieurs toifes diftinguées les unes des autres par un plus grand *anneau* elliptique. Chaque partie égale de la chaîne de 10 en 10, s'appelle *décimale.*

e. Manette ou étrier.

E. Manette ou étrier, vu féparément & en grand.

F, F. Anneau qui s'adapte avec la piece fuivante.

G, G. Un membre de la chaîne terminé en crochet.

H. Anneau barré en travers dans fon milieu, & muni à droite & à gauche d'une oreille, vu féparément, pour recevoir le crochet d'un membre de la chaîne.

h, h. Anneaux qui terminent chaque brin de la chaîne.

I. Anfe que reçoit le dernier brin de la chaîne, vu féparément.

i, i. Petite anfe dépendante du premier membre de la chaîne.

K. Peloton de *ficelle* dont on fe fert dans quelques

endroits au lieu de chaîne, & où les toifes & demi-toifes font marquées par des nœuds. Voyez *pages* 215, 782 & 903.

a. Tablette, ou *Cartabelle* formée de plufieurs ardoifes, enfermée dans la boite.

b. Cette tablette repréfentée ouverte.

c. Epaiffeur de la tablette.

PLANCHE VII.

Outils (fous trois divifions) *pour l'enfoncement d'un Bure.*

Sur le haut de la Planche font les différentes pieces qui compofent le *Tarré* ou la *Tarriere* d'ufage dans les travaux de Houillerie au pays de Liege, & nommée alors *Aweye à forer*, foit pour fervir de fonde, foit pour frayer le chemin aux *fers de Mines* lorfqu'on veut faire jouer la poudre à canon, & qui font au bas de la Planche.

1. *Amorceux*, Conducteur de la tarriere, avec fon manche ou fa poignée de bois ; à cette premiere piece fe rapporte la piece N°. 9 de la Planfuivante.

2. *Longue Verge.* 2e. Piece du Tarré ou piece double de la premiere, & qui s'y adapte ; elle ne differe de la *courte Verge* qu'en ce que cette 2e. eft plus longue. Voyez page 213.

3, 3. *Erpet. Fermoir*, de différente longueur, mais toujours taillé en bifeau, & qui termine le *Tarré.*

4. *Rapeheux. Tireboux* qui s'adapte à l'amorceux ou à la *courte Verge*, pour retirer des pieces qui fe font caffées dans le trou de Tarré.

5, 5. *Fermoirs* à quatre côtes pour percer la pierre dure, & qui peuvent s'adapter à toutes les pieces du Tarré.

Outils de Ferronnerie d'ufage au Pays de Liege, pour foffoyer, avaler les Bures

Ces outils renfermés entre les deux premieres barres, immédiatement au-deffous du Tarré, font :

A. Louchet. Pelle ou Beche, employé aux premieres fouilles, pour *l'avalement* du bure lorfque les terres font graffes.

B 1. *Haway. Sape.* Pioche pour faper, remuer, démolir les terres graffes.

B 2. Autre pour les terreins durs.

C 1. *Gros pic d'avalereffe*, c'eft-à-dire, employé au bure nommé *Avalereffe* pour les terreins peu folides.

C 2. *Gros Pic d'Avaleur* pour les terreins mêlés de Flein.

D. Hotteux. Pic plus gros que celui d'*avaleur*, pour entamer la pierre dans les joints, & frayer le chemin à l'*Aweye* ou aiguille que l'on enfonce en frappant deffus.

E 1. Pic de *Veine.*

E 2. Autre Pic de *Veine.*

F. Mat-bêche. Marteau à deux têtes formées en pointe, pour fendre, bêcher, & amener les morceaux qni font brifés.

G. Mat de fer. Maillet en fer, femblable à la maffe des Mineurs ; il a deux têtes, & eft de différents poids felon que l'on veut s'en fervir ou pour les pierres ou pour les houilles, ou ou pour enfoncer des pieux de bois en frappant deffus.

H. Autre *Mat*, à la tête applatie dans une de fes

extrémités, & pointu dans l'autre.

*Outils pour faire fauter des rocs avec la poudre
à canon.*

a. *Brokette de Mine. Fleuret* muni d'une poignée en
travers, fur laquelle on frappe à coup de
mat; c'eft cette piece avec laquelle on fraye
le premier chemin aux inftruments : à cet
effet il eft terminé en pointe-mouffe.

b. *Bourreux.* Creufé à fon extrémité pour recevoir une cartouche qu'il porte au fond du
trou, & y bourer la terre fur la charge de
poudre.

c. *Rinetieux. Renettoyeux*, qui fe fubftitue au fer de
Mines, & qui fert à deux fins; courbé en
cuiller, & fervant quelquefois de manche à
une de fes extrémités, pour rapporter du
trou les ordures qui réfultent du forage :
quand ce creux eft mouillé, on fe fert de
l'extrémité oppofée en la promenant dans le
trou.

d. *Fer de Mine. Fer à Mine* que l'on chaffe en frappant fur fa tète, afin de brifer & de faire
éclater le roc; lorfque le roc fe trouve trop
dur, on lui fubftitue le N°. 5.

e. *MAT* de fer à deux tètes quarrées.

f. *Fourniment de poudre*, ou boite de fer-blanc pour
la poudre à canon.

g, g. *Petite* bufe ou *boite* de fer-blanc, dans laquelle on fait agir les différentes pieces de
Fer de Mines, pour porter à fec la poudre
dans l'eau.

PLANCHE VIII.

Outils pour les veines de Houille.

1. *Hamainte. Hamente.* Levier ou pince pour fou-
lever : fa longueur eft variée en proportion
des bures ou des voies fouterraines dans lefquels on le fait agir.

2. *Pied de biche.* Autre *Hamainte* fourchu dans l'extrémité oppofée à celle par laquelle il s'em-
poigne.

3. *Pic de Veine*, plus pointu que le *pic d'avaleur*,
& de moitié moins fort.

4. *Bada. Coupay. Copray.* Efpece de hache à manche court, pour couper la veine fur les côtés.

5. *Xhavreffe* pour couper la veine lorfqu'elle a été
xhavée avec l'outil fuivant.

6. *Revlet. Rifvelaine* pour détacher la veine.

7. *Trivelle. Truelle.* Efpece de Louchet de fer,
employé à remuer les houilles & *les fouailles*;
il y en a de plattes, il y en a de recourbées.

8. Autre *Louchet* en fer.

9. *Moxhe de Veine. Languette*, véritable meche du
Tarré qui fe vérine avec l'amorceux, pour
fonder & *pareuffer* les veines.

10. *Mat.* Gros marteau de fer, rond, à deux tètes
d'acier, de différent poids, felon que c'eft
pour frapper de bas en haut, ou de haut en bas.

11. *Aweyes. Aiguilles.* Coins, différents felon que
l'on veut attaquer les pierres ou les veines.
Les aiguilles à veines font employées après
avoir xhavé la veine, pour la faire tomber,
la dépiécer.

12. *Riftay. Raftau*, tout en fer, à l'ufage des Hiercheux.

13. *Stikay. Stiket. Peta.* Crochet pour arrêter le
Hernaz, & qui s'attache comme on le voit
en B. Pl. XII.

14. *Rayetray.* Crochet des *Traireffes*, employé dans
les Foffes de grand Athour, à amener fur le
pas du bure les paniers & coufades.

15. Autre *Rayetray* ferré en crochet, & en pointe
comme le précédent, fervant à deux fins.
Voyez page 229.

*Uftenfiles employés dans les ouvrages intérieurs,
& qui n'en fortent jamais.*

TRAÎNEAUX.

A. *Bache. Bage. Bac*, *grand Vay*, du poids de 275
livres, fervant à amener le Charbon des voies
fouterraines au pied du bure. Il eft bien renforcé de *Royons* ou bandes de fer.

a. *Bache*, vu de profil.

B. *Vay. Bage*, partagé diagonalement par la moitié
dans fa longueur, de maniere qu'il eft plus
long que large, & d'une forme relative à fon
ufage, qui eft d'amener la Houille des parties les plus éloignées des ouvrages fouterrains, quelquefois jufqu'au pied du bure,
de même que le *Bac*. V. fon poids, page 1541.

b. Coupe du *Vay*.

c. Crochet de fer qui s'adapte à l'anneau placé à la
partie antérieure du *Bage* & du *Vay*.

PLANCHE IX.

Traîneaux fur roues, pour l'intérieur des Houillieres.

1. *Sployon des Hiercheux*; traîneau dont la grandeur eft différente felon les ouvrages dans
lefquels on s'en fert; comme il eft tiré par
des enfants, il eft tant foit peu exhauffé fur
quatre petites poulies, en guife de roues, qui
facilitent fon tirage.
On voit fur ce petit charriot la bricolle ou bretelle qui fert aux Hiercheux pour tirer le Sployon,
en attachant cette fangle au crochet qui eft fur le
devant de la voiture.

2. *Met.* Caiffon ou coffre deftiné à parcourir des
galeries inclinées. Deffous le met eft repréfenté à part fon fond percé dans le milieu de
l'extrémité de fa longueur qui eft le derriere,
afin de recevoir une cheville de fer de la
piece fuivante, & qui l'affujettit en place.

3. *Galhiot*, chaffis de fer plat, monté fur roues,
& fervant de train au *Met* qui y eft emboîté,
& retenu de droite à gauche par une cheville
de fer, & par la conftruction des aiffieux.

4. Aiffieux pour les roues de derriere.

5. Aiffieux pour les roues de devant.

6. Profil du Met monté fur le *galhiot*, coupé de
maniere à laiffer appercevoir la cheville de fer
qui entre dans le fond du Met, afin de le
maintenir en place dans fa marche.

7. Roues du *Galhiot*, vues feules avec la tringle
de fer qui s'étend dans toute la longueur du
Galhiot : les roues de devant font toujours plus
petites que celles de derriere, par rapport
aux galeries inclinées que cet équipage a à
parcourir.

8. Fort crochet de fer qui s'attache au bout de la chaîne pour tirer le *Galhiot* lorſqu'il eſt chargé.

PLANCHE X.

Uſtenſiles pour élever la Houille au jour, à l'aide de moulinets, treuils ou tours établis à la ſuperficie des Bures.

1. *Coufade*, caiſſe la plus grande de toutes celles employées à élever des charges de Houille ou de Charbon, ſuſpendue à chaque coin par de fortes chaînes qui viennent ſe réunir à un anneau auquel s'accroche la *maîtreſſe chaîne* ; à ſon fond extérieur qui eſt repréſenté à part, à côté, eſt implanté dans le milieu un autre anneau très-fort, pour pouvoir y attacher une chaîne, dont l'extrémité venant à être attachée au Vay, exécute une forte manœuvre développée à part dans la Planche XXI.
2. *Demi-Coufade* pour demi charge, & dont la coupe eſt repréſentée à côté.

BAS DE LA PLANCHE.

Fers d'airage. Toc-feu, Uſtenſiles d'airage, uſtenſiles à feu, c'eſt-à-dire, dans leſquels on tient du feu allumé dans la buſe du bure, pour donner du mouvement à l'air intérieur des Mines.

a, *Toc-feu* en grillage, ſuſpendu par quatre chaînes attachées aux quatre coins, & réunies, comme celles du Coufade, à un anneau auquel s'accroche l'extrémité d de la chaîne, qui dévale ſur un petit treuil établi exprès à la bouche du bure d'airage. La Figure de la Planche XII donne le détail de ce qui a rapport à cet uſtenſile.
b, c. Chaudrons de fer à pied & ſans pied, qui ſe ſuſpendent de la même manière que le toc-feu, mais qui ne rempliſſent pas l'objet auſſi bien que le toc-feu à jour a.

PLANCHE XI.

Uſtenſiles pour débarraſſer les eaux des ouvrages ſouterrains.

PREMIÈRE CLASSE.

Uſtenſiles qui reſtent toujours dans les ouvrages ſouterrains, & deſtinés à tranſporter d'un endroit à un autre les eaux qui ne peuvent être à la portée des pompes.

1. *Ghyot.* Groſſe tonne cerclée de fer, montée & attachée à demeure ſur un *Sployon.*
2. *Ghyot à roues*, c'eſt dire, monté ſur deux aiſſieux à roues, ceintrés en demi-cerceaux pour embraſſer une partie du corps du ghyot, comme le galhyot embraſſe le met : le *Ghyot en traîneau*, ainſi que le *Ghyot* à roue, a dans ſa partie de derrière, repréſentée pour l'un & pour l'autre, une ouverture à laquelle eſt adapté dans l'intérieur un clapet de bois faiſant l'office de ſoupape, lorſqu'on vient à pouſſer le ghyot dans un endroit où il y a de l'eau, c'eſt-à-dire, permettant à l'eau d'entrer dans le ghyot, & empêchant ſa ſortie lorſqu'il eſt empli.
Dans la partie ſupérieure des Ghyots, on voit

une *bonde* qui ferme une autre ouverture quarrée lorſqu'on voiture le ghyot, & que l'on ôte quand on veut le vuider.

Tantôt les Ghyots ſont traînés par les *Hiercheux* juſqu'aux pahages de la *Vallée* où on les vuide ; tantôt ils ſont traînés à la ſuite du *Vay*, en même temps que le *Coufade* monte dans le bure ; cette triple beſogne ſera expliquée & rendue ſenſible dans les Planches XXI, XXVI & XXVII.

BAS DE LA PLANCHE.

A. *Seille.* Seau le plus gros pour le ſervice du *Bougnou.*
B. *Tonneau* tenant pour la capacité un milieu entre les ſeilles & les tinnes.
C. *Tinnes*, moindres tonneaux pour les *Torrets.*
a, b. *Nailles*, lames de fer applaties, dont on ſe ſert pour lier enſemble les pieces qui forment les cuves.

PLANCHE XII.

Plans, élévations & coupes des Machines établies à la ſuperficie des Bures.

CETTE partie de conſtruction, eſſentielle pour une foſſe de *Grand-Athour*, qui demande un établiſſement ſolide & à demeure, conſiſte, comme on le voit fig. 1, en un *Hernaz* ou forte charpente qui couvre & enferme toute l'ouverture du bure, & qui ſera développée dans la Planche ſuivante.
A. Principale dépendance du hernaz. *Aube*, Treuil ou tambour vertical, ſur lequel ſe roule & ſe déroule la chaîne qui élève & deſcend dans le bure, ſoit coufade, ſoit tinne, en paſſant ſur différentes poulies, dont les unes, appellées *Rolles du Bure*, ſont ſous la toiture du hernaz, & les autres ſur le *Fauconneau* placé entre le tambour & le hernaz. Il eſt à propos de remarquer en paſſant que le fauconneau ainſi que le tambour doivent être plus exhauſſés qu'ils ne le ſont ici ; ce gruau porte dans ſon bec deux poulies qui détournent la chaîne de la direction en droiture, en alignement des *rolles du bure*, lorſqu'on veut par le *Spouxheux* ou *Puiſeux*, ou par le *Parti-bure xhorrer* les eaux d'une veine ou d'une foſſe ſupérieure à laquelle on a donné communication.

L'Arbre ou *Aube*, eſt traverſé dans ſa partie inférieure de pluſieurs bras de leviers auxquels s'attellent les chevaux pour faire tourner le tambour, & faire jouer la chaîne qui va ou ſur le bec du fauconneau, afin de xhorrer par tinnes, ou ſur les rolles du bure pour élever ou deſcendre les Couffades.
B. *Stiket.* Pera. Vu à part, N°. 13, Pl. VIII, & ici attaché à ſa place.
Fig. 2. *Tambour* ou axe du Treuil, dont le pivot ſupérieur, garni en acier, eſt fixé fortement dans un chapeau qui tient à la charpente, & le pivot inférieur eſt implanté ſur une crapaudine de fer ou de cuivre, ſcellée au milieu d'une pierre marquée en profil par des points.
Deſſous le Hernaz, fig. 1, en continuation de l'œil du bure caché par le plan, on voit le prolongement d'un bure de forme ovale affecté au *Parti-bure*, & revêtu en maçonnerie de brique, comme il l'eſt dans quelques occaſions ; on y a repréſenté le

Couffade montant ou defcendant, par le moyen de la chaîne du bure enroulée fur un Rolle dans le toit du Hernaz.

Fig. 3. Vue en plan, de toute la partie fuperficielle des parties qui viennent d'être expliquées ; favoir, de l'ouverture intérieure du bure, du fauconneau, du tambour, de la pierre fcellée dans le fol, & où eft implanté le tambour, du *Stiket* & du *pas du Bure* ou *Manege*, appellé auffi *Trotoir* : ce plan du manege fe verra encore à la Planche XVI.

Fig. 4. N°. 1. Bure d'extraction ou *grand bure* de forme parallélogramme dont on voit deux côtés correfpondants qui font les plus longs, nommés *longues* ou *grandes Mahires* qui répondent aux côtés de la veine ; deux autres côtés plus étroits, auffi correfpondants entre eux, nommés *courtes Mahires*, diftingués entre eux par deux dénominations différentes ; l'une fur le haut du pendage, nommée *Mahire d'athier*, ou *Mahire d'amont-pendage* ; l'autre oppofée à la Mahire d'athier eft appellée *Mahire defcendante*, *Mahire de defcente*, *Mahire d'avallée*, ou *Mahire d'aval-pendage*. Dans la longueur intérieure de ce bure, *fig.* 4, on a repréfenté les différentes manieres, dont les parois ou *Mahires* font foutenues depuis le haut jufqu'en bas, en maçonnerie, & toujours en brique, 2, 2, dans le pays de Liege, lorfque le terrein n'a point de roc ; avec des *Roiffes* ou fafcines dans les endroits terreux, 3, 3, ou avec des pieces de bois de fciage, 4, 4.

Fig. 5. *Sployon du Bure* ou du *Hernaz*, traîneau long, étroit, entouré d'une forte chaîne, & chargé de pierre, lorfque le *Couffade* montant pefe moins que le *Couffade* defcendant. Voyez page 229.

Fig. 6. (mal marquée 5.) *a*, *a*, *Chetteur*, efpece de cheminée en brique de forme conique, élevée à la fuperficie du terrein fur les rebords du *Burtay* ou *bure d'airage b b* ; elle eft plus *amont-pendage* du grand bure, élevée & maçonnée dans fon trajet perpendiculaire ; on y tient toujours du feu dans un fer d'airage que l'on monte ou que l'on defcend avec le petit *devidoir* repréfenté à l'œil du *Burtay*, à l'endroit où eft la porte de la chetteure, & en plan, au-deffous.

e. Muraille de féparation du *Royon* ou tuyau de defcente de la foffe d'airage *d d*, par lequel l'air extérieur eft porté au bas du grand bure, & de-là dans tous les ouvrages. Ce bure d'airage communique encore en plufieurs endroits dans le grand bure par des *taillements* ou *pierçures*, dont on en voit ici une au deffus de *b*, vis-à-vis le *Couffade* : le feu ainfi porté à volonté dans tout le trajet *du bure d'airage*, dilate l'air de la Mine, le rend plus léger ; que l'air atmofphérique l'oblige par-là de monter & de s'échapper par l'ouverture fupérieure ; tandis que l'air de l'atmofphere s'introduit par d'autres ouvertures pour remplacer celui-ci.

PLANCHE XIII.

Plan en perfpective de la charpente qui fe conftruit pour les grands Bures ou les grandes Exploitations.

A A A. Toiture.

B, B. Rolles du Bure. Poulies ainfi nommées parce qu'elles répondent à l'œil du bure, & que ce font elles qui conduifent dans tout le trajet de la foffe à Houille les chaînes aufquelles font attachés les uftenfiles ; ces rolles ont environ trois pieds de diametre ; l'un fert à monter, l'autre à defcendre les chaînes.

b, b, b. Rolles, vues en face.

b, c. Rolles, vues en profil.

c. Cercle de fer qui garnit les gorges des rolles du Bure.

d. Petit Cercle de fer.

PLANCHE XIV.

Chat de Vallée, force mouvante dont l'effet dépend de l'action du tambour placé à la fuperficie, & qui fe place dans la *Mahire* où vient fe déboucher la voye en pente d'où l'on veut amener le *Ghyot* & le *Galhyot*.

A A A A. B B B B. Ouvrage de charpenterie fervant à l'enchaffure d'une grande poulie, dite *Rolle de chat*, répondante à la bufe du bure, vu en place en *c*, & de face en *c*. Dans les platteures on n'a befoin que d'une poulie feule ; dans d'autres cas il en faut une feconde *E*, du côté de la voye, plus petite que l'autre, & fervant de double renvoi, difpofée de même entre deux petits fupports *D, D*, à l'aide du *Goujon F.* Voyez page 237.

a, a. Jambes ou montants vus de face, accompagnés de différents développements de cette charpente. Le jeu de cet appareil eft rendu fenfible dans la Planche XXI.

PLANCHE XV.

Fig. 1. Petit *Hernaz* ou petite *machine à chevaux*.

A, A. Rolles du Bure. Poulies, dont l'une eft plus grande que l'autre, & toutes deux ayant rapport à la chaîne qui defcend ou monte dans le bure.

B. Tambour autour duquel roule une corde ou chaîne avec plufieurs leviers, ayant à leurs extrémités des *palonniers* aufquels on attele des chevaux, & qui peuvent fe multiplier en multipliant les leviers.

Fig. 2. *Porte d'airage* entiere, qui s'établit à l'entrée des galeries pour communiquer l'air de ces voyes fouterraines avec l'air du *bure*, & qui, quelquefois, ne confifte que dans un feul poteau d'étai, fupportant par le haut une fimple traverfe.

BAS DE LA PLANCHE.

Fig. 1. *Berwettreffe. Meneufe* ou *Monreffe* revenant du *Paire* au *Bure* pour recharger en gros Charbon fa *berwette*, 1, 1. L'autre berwette 2, en menu Charbon ou Houille.

3. *Meneche*, planche qui recouvre tout le chemin conduifant du bure au magafin.

PLANCHE XVI.

Fig. 1. *Hernaz à rouage.*

Fig. 2. *Hernaz à bras*, vu feul en face, ifolé de toute fa charpente.

Fig. 3. Plan de la fuperficie du Bure avec le
treuil ou moulinet horizontal, & du pas du
bure, ainſi que de l'affiette de la machine.

Fig. 4. Développement du Rouage qui compofe
le méchaniſme du *Hernay*, Fig. 1.

PLANCHE XVII.

F i g. 1. *Bure d'airage & Bure d'extraction; différentes relations ou communications de ces deux
bures entre eux.*

Indépendamment des travaux néceſſaires pour
atteindre les veines de Charbon & épuiſer les
eaux, l'air, entre autres, occaſionne ſouvent dans
l'exploitation des difficultés preſqu'inſurmontables;
un renouvellement continuel de l'air eſt indiſpen-
ſablement néceſſaire à entretenir la vie des Ouvriers: deux obſtacles s'oppoſent à la circulation
de l'air dans les Mines; 1°, l'air renfermé dans
les ſouterrains reculés, ne communique que par
une ouverture très-étroite avec le reſte de l'atmo-
ſphere; 2°, cet air renfermé eſt altéré de différentes manieres, ou bien par les vapeurs ou par
l'humidité, il eſt plus lourd que l'air atmoſphé-
rique, il tend, en conſéquence, à occuper la
partie la plus baſſe, & à demeurer ſtagnant dans
les galeries de Mines; 3°, la diſtribution même de
ces routes ſouterraines entretient de plus en
plus cet état de ſtagnation; enfin la différente température de l'air ſouterrain avec l'air extérieur, ſuivant les ſaiſons, forme pour tout ce qui peut avoir
rapport à la circulation de l'air dans les Mines &
à l'application raiſonnée des moyens de l'établir, une
des circonſtances importantes à remarquer. Dans
quelques occaſions la moindre agitation imprimée à l'air remédie à ces inconvéniens, mais dans
beaucoup de circonſtances, & particuliérement dans
les grandes exploitations, il faut recourir à des
moyens plus compoſés; le plus ordinairement on
réuſſit en ouvrant un nouveau puits ou *Burtay*,
comme pour l'areine, *page 281.* C'eſt ainſi que
dans la Mine de Decize on eſt venu à bout en
1778 de pouvoir continuer par un nouveau
puits les travaux qui ſe trouvoient gênés, voyez
page 1562. L'art de renouveler l'air des Mines
conſiſte donc quelquefois à conſtruire exprès un ou
pluſieurs puits, uniquement deſtinés à la circulation de l'air dans la Mine; mais ſur-tout un puits
dans le genre de celui imaginé par les Liégeois, ſur
ſur lequel on pratique hors de terre une ſorte de
cheminée qui produit à peu-près le même effet
d'accélérer le courant d'air que les longs tuyaux que
l'on ajoute aux fourneaux chymiques, au moyen
de la conſtruction qui va être développée dans cette
Planche.

FIG. 1.

A. *Cheteur* ou prolongement extérieur du bure
d'airage *foſſoyé* ſur la même veine que le
bure d'extraction, plus amont-pendage.

B. B. *Muraille du burtay* dans une partie de ſa
profondeur, avec une couple d'échelles attachées.

c. c. *Pierçures.* Taillements pratiqués dans le paroi
du burtay qui confine au grand bure, pour
déboucher tout auprès, ou quelquefois même
dans la buſe par des ouvertures que l'on
apperçoit, & qui ſont nommées *Ruwalettes.*

D D. *Royon*, autre taillement commençant à la
premiere pierçure, à l'endroit où elle vient

ſe rapprocher de la *mahire* du bure prolongé
perpendiculairement juſqu'au fond du bure
pour y communiquer l'air; c'eſt ce qu'on
nomme communément *tuyau d'airage*, qui,
quelquefois, eſt ſimplement en planches, &
conſtruit dans l'intérieur & le long des mahires du bure; il eſt utile de rapprocher de
cette planche la table inſérée à la page 976,
qui repréſente la coupe d'un puits dans lequel
on ſuppoſe, dans trois parties du puits, un
Barometre & un Thermometre placés à côté
l'un de l'autre, pour obſerver & annoter la
conſtitution de l'air des Mines en différentes
ſaiſons, & en différens temps de la journée.
Afin de faciliter ces obſervations météorologiques, on doit auſſi conſulter la table comparée
que nous avons donné, *page* 939, des degrés des
thermometres les plus connus, avec le thermometre
de M. de Réaumur.

FIG. 2.

*Bure de chargeage revêtu de planches dans toute
la partie expoſée en vue :* on y a repréſenté deux
couſades, dont l'une monte chargée, & l'autre
redeſcend à vuide.

a, a. *Cloiſon* ou retranchement en planches, ménagé en direction oblique dans une portion
de l'œil du bure ſur les *grandes* ou *longues
mahires*, qui dans ce cas ſont prolongées, afin
de ne point prendre ſur la dimenſion convenable de la *buſe* du bure; cette cloiſon nommée *bois de Many*, forme une eſpece de ſecond bure ſéparé ſeulement dans la partie ſupérieure du bure, & plus ou moins prolongé ſelon que le pas du bure avance de l'œil
du bure.

A la ſimple vue on apperçoit le double uſage
de cette fauſſe ſéparation, qui n'occupe qu'une
très-petite portion de l'œil du bure; 1°, d'écarter
les cordes ou chaînes qui ſuſpendent les couſades
& les ſeaux afin qu'elles ne ſe rencontrent pas; 2°,
de ſuppléer quelquefois à l'enfoncement d'un
Spouxheux ou bure deſtiné à *xhorrer* avec des tinnes les eaux d'une veine ſupérieure; l'autre partie
reſtante, dans laquelle on voit une *tinne c* élevée
au jour par la corde *b b* qui roule ſur le *fauconneau*,
ne ſert pas ſeulement à cet uſage; les Ouvriers qui
ont beſoin de deſcendre dans les ouvrages, & d'en
remonter, vont & viennent par ce *parti-bure*,
contre lequel on applique des échelles; quelquefois on y établit des corps de pompes, dans ce cas
il forme un *bure à pompe* entiérement diſtinct,
conſtruit en brique & de forme ovale, & ordinai-
ment planchéié lorſqu'il eſt quarré; mais il vaut
mieux que ces bures à pompes ſoient muraillés en
brique ou en maçonnerie, & alors les angles de la
maçonnerie ſont arrondis.

E, E, E. Galeries de traverſe qui vont au banc de
Charbon.

PLANCHE XVIII.

L e s Figures de cette Planche tiennent à la
partie pratique de l'exploitation relative à ce que
l'on ſait que l'air a une certaine peſanteur, mais
que ſa preſſion augmente en raiſon de la profondeur des puits. Les propriétés correſpondantes de
l'air avec la profondeur des puits, l'élaſticité ou
l'expanſibilité de ce fluide, ſont la baſe de tous
les changemens d'air dans les Mines. V. *page* 952.

FIG. 1. *b, c. Veine en pente de platteure*, qu'il faut aller chercher par deux puits profondés fur une différente partie de pendage ; la partie *b* eft nommée *Amont-pendage*, ou *Veine d'Amont-pendage*, ou *Veine de deffous la main* : la partie *c* eft appellée *Aval-pendage* ou *Veine d'aval-pendage*, ou *Veine en avant-main* ; pour ne pas faire une fauffe application de ces dénominations, il eft néceffaire de remarquer que l'amont & l'aval-pendage ne fe jugent point par la fituation de la furface, la pente de la veine en terre fe trouvant quelquefois directement oppofée au penchant de la fuperficie. Voyez page 206.

A. Foffe amont-pendage, c'eft-à-dire, avalée fur la tête de la veine.

B. Foffe aval-pendage, c'eft-à-dire, qui vient tomber fur le pied de la veine.

FIG. 2.

Dans la dieille de la veine, on a cherché à repréfenter des corps foffiles annulaires d'un genre particulier qui s'y rencontrent. Voyez page 48.

c, d. Veine de Charbon en même pendage, mais plus inclinée que la précédente.

a. Foffe aval-pendage, où la colonne d'air a une pefanteur confidérable en raifon de la longueur de la bufe.

b. Foffe amont-pendage, où la colonne d'air eft plus courte & plus légere, ce qui conftitue une différence dans la force du courant d'air, communiquant de l'une à l'autre foffe par l'efpace travaillé de la veine entre ces deux foffes ; on peut voir fur cela la *page 300 & 953*, dont il faut rapprocher la fig. 9 de la Pl. XLII, & ce qui a été ajouté dans la Table des matieres, au mot *Air, changement d'air naturel dans les Mines.*

PLANCHE XIX.

Cuvelage. Cuvellement. Cowellement, ou revêtiffement du Bure en charpente, formant une forte de cuve pour intercepter le paffage des eaux.

LA Vignette repréfente un lointain (en hauteur de l'Abbaye du Val S. Lambert), pris fur la colline du côté du Sud. Il n'eft point de travaux fouterrains qui foient plus contrariés par les eaux que les travaux de Mines de charbon de terre ; ces eaux viennent ou des bancs fupérieurs, & principalement de ceux qui font peu éloignés de la fuperficie, ou même des veines de Charbon, & quelquefois des endroits les plus reculés de la *Houtiliere.* Ces différents cas exigent différentes manieres de fe pourvoir contre les inconvéniens qui en réfulteroient. Pour arreter le courant d'eau dans le puits, les Houilleurs fuivent une pratique affez ingénieufe & qui eft fure, lorfque les bancs font à peu près horizontaux : elle confifte, quand il fe rencontre un niveau d'eau, à difpofer tout autour de la bufe intérieure du bure des planches bien ferrées les unes contre les autres, & calfatées de maniere à ne laiffer aucue iffue aux eaux qui arrivent : de cette façon les Ouvriers traverfent un *niveau d'eau.*

B. Bure profondé fur deux veines, dont l'une fupérieure & l'autre inférieure ; dans ce bure on a formé fur les quatre *Mahires* (dont on en voit une) un *Cuvelage* de charpente prolongé dans toute la profondeur du bure, & même en-dehors comme la chetteure, quand il n'y a pas de *Verjement au jour.* Voyez page 297.

C, C. Lécharge des eaux.

D. Endroit ou fe font élevées les eaux des *montées* de la veine fupérieure.

E, E. Veine fupérieure exploitée dans le bure avant la veine inférieure, & dont les *montées* font innondées d'eaux qui fe font élevées jufquà *D.*

F, F. Cuvelage pour cette Veine.

G, G. Veine inférieure garantie de la fubmerfion, afin de pouvoir etre travaillée.

Les couches terreufes qui précédent la veine de Charbon ne font pas ici en auffi grand nombre, pour rappeller à la mémoire que ces couches ne font pas toujours dans le même nombre.

PLANCHE XX.

PLATTE-COUVE formant un plancher au travers du bure. La Vignette repréfente une vue des hauteurs qui dominent l'affiette de l'Abbaye du Val-Benoît, près de Liege. Dans les couches terreufes de la Mine, on a repréfenté dans la dieille les corps foffiles en anneaux, exprimés dans la Planche II de la premiere Partie ; l'etabliffement d'une *platte-couve* eft donc comme le *Cuvellement*, pour retenir des eaux ; mais on s'en fert uniquement dans les cas où en approfondiffant un bure, on ne peut aller plus avant à caufe des eaux, & qu'il y a au deffus, des veines qui ne pourroient fe travailler fans cette charpente.

A, A. Bure profondé fur deux veines *Roiffes*, une fupérieure *E*, une *inférieure D, B.*

C, F. Platte-couve pour retenir les eaux de la *veine inférieure* que l'on a abandonné, & les empêcher de remonter par la bufe du bure en *F*, ce qui empêcheroit d'approcher la veine fupérieure que l'on veut travailler dans la bufe du bure. Voyez *la page* 277 & 297.

PLANCHE XXI.

Coupe d'une Mine, à l'endroit qui répond à la Couronne des chambres, ou Couronne de chargeage.

Dans la portion de couverture pierreufe, formant le plancher de la premiere galerie où fe voit le *rolle de chat*, on a exprimé dans les couches du toit de la veine quelques clous ou marrons qui s'y rencontrent fréquemment, comme on l'a exprimé auffi dans le toit & dans le plancher des deux veines de Charbon de la Planche III de la premiere Partie.

Tout ce que fait appercevoir le refte de cette coupe donne une idée de la maniere dont toute une *Cowée* arrive au pied du bure ou à la couronne des chambres, en même temps que le *Couffade* eft enlevé au jour ; il faut fe rappeller que fous le nom de *Cowée* on entend les *Voitures de Vallée* à la fuite les unes des autres.

2. Couffade ayant à fon fond la *Cowette* ou chaine de *Vallée.*

A, A, B, B. Chat, moufle attaché à la *Mahire*

d'*Athier* dans le fond du bure, fur le haut du pendage, & qui enchasse deux rolles ou poulies, un tres-grand qui reçoit en dessous la chaîne de Vallée.

E. Rolle plus petit, fur lequel la direction de la chaîne est changée ; au bout de la chaîne on voit le *Vay*, qui a aussi à fa partie de derriere une chaîne à laquelle suit le *Ghyot*.

PLANCHE XXII.

Travail fur les deux niveaux du Bure dont on voit le pied en A, & la couronne des chambres en B. Afin d'entendre cette Planche & les trois suivantes, il suffit d'abord d'etre prévenu que tout ce qui est blanc est *taille* résultante du vuide provenant du Charbon enlevé ; que tout ce qui est noir dans les intervalles, est *serre*.

Pour faciliter l'intelligence des ouvrages dont on a voulu donner l'idée par ces Planches, & éviter la recherche des lettres ou chiffres de renvoi, les *tailles* différentes portent leur nom; on a exprimé les *Puifarts* ou *Bougnous* à l'extrémité de la *vallée à chevaux* & de différents travaux, ainsi que les *tourets* à la tête des *Torrets* ou *Bouxiays*, dont les eaux se xhorrent par des pompes ou par des tinnes ; du reste l'explication de cette Planche est portée à la page 281.

PLANCHE XXIII.

Travail d'une Vaine Roiffe qui se rencontre dans la bafe du Bure.

Le *Bure A* est représenté comme dans la Planche précédente, vu à l'endroit où commence le *principal charrage*, ainsi que chaque *essay* ou niveau à droite & à gauche : la page 282 donne l'explication de cette Planche.

PLANCHE XXIV.

Ouvrages de dessous eaux dans un Bure où l'on a commencé à la bafe, en droite ligne, une place de Serrement à gralle entre les deux niveaux.

Le travail de chaque niveau par quatre *montées*, en montant *Athias* avec le pendage, quoiqu'expliqué page 282, s'entendra aifément par le détail général dans lequel on est entré à la page 292 & 293 ; on doit encore rapporter à cet objet la méthode conseillée par M. Triewald, pour exploiter une platture dans un cas particulier, & qui est éclaircie par un plan de Mine de Charbon, dans lequel font réfervées les places des piliers, en Charbon, page 899.

PLANCHE XXV.

Ouvrages de dessous eaux par un Maître-Bure, où l'on a ménagé un Parti-bure destiné à une machine à vapeur, en cas de befoin, &, dans la longue Maniere, un efpace pour y fossoyer un second Bure.

Consulter pour cette Planche la page 284.

PLANCHE XXVI.

Coupe d'une Mine dans laquelle on voit les manieres de conduire les ouvrages dans les différents

Pendages de platture, & en même temps la maniere dont se fait l'importation de tout le Charbon résultant des Ouvrages de Vallée.

Ce pendage de platture, la direction exacte de la vallée à son commencement, ainsi que plusieurs autres circonstances, ne pouvant être exprimés dans cette Planche, il est nécessaire de voir l'Avertissement que nous avons donné page 301. Il faut supposer aussi que la partie d'*ouvrages de Gralle* & de *Coistresses de gralle*, détachée de l'endroit marqué en marge C* au bas de la Planche à gauche où elle n'a pu être continuée, & portée au haut de la Planche, est remise à sa place dans l'allignement de la plus longue *coistresse de Gralle*, à la même marque C*.

A, A. *Xhorre* ou *Areine*, ou *Percement* établi au flanc & au pied de la montagne, pour servir de décharge aux eaux du *bougnou* que l'on voit au-dessous du *chat de Vallée*, lorfque les eaux ne sont point débarrassées pendant la nuit, par *xhorre del Tinne*.

B. *Tranche*. Tranchée de rencontre, établie à la naissance & au niveau de l'areine.

Pour reconnoître fur cette Planche le *Teyment* par lequel les eaux des *paxhisses* des ouvrages inférieurs vont se rendre dans le *Bougnou*, voyez page 301.

Tous les points blancs qui bordent les ouvrages expriment les trous de sonde, appellés autremement *Trous de Taille*.

Sur la maniere dont se muraille d'un seul côté une *Voye* qui va le long d'une *Serre* par les *pareusses de la Voye* ou *coistresses de Vallée, demi-gralles* & *torrets*, voyez la page 292.

Le reste des ouvrages, au lieu d'être numéroté pour des renvois toujours pénibles, est inscrit de maniere qu'il est aisé de s'en former une idée exacte, sans quitter les yeux de dessus la Planche.

Les places de *chargeage* font marquées de distance en distance par *ch*, depuis la *Couronne des chambres*, jusqu'à la première *Coistresse de Gralle* reportée au haut de la Planche.

Les *portes d'airage*, dont on en voit une en grand, *Pl. XV, fig. 2*, font exprimées en porte ceintrées : enfin on voit en petit le méchanisme de l'enlevement ou de la marche des *Voitures de Vallée*, depuis le *hernaz*, jufqu'au fond de la vallée.

PLANCHE XXVII.

Exploitation par un seul Hernaz.

Cette Planche se rapporte, comme la précédente, à l'ensemble d'une grande pourchasse d'ouvrages par demi-montée, conformément à la méthode Liégeoise pour les *ouvrages des levays*, & pour les *ouvrages de la vallée*, sur-tout relativement à l'étendue de chemin que les *Hiercheux* ont à parcourir, & qu'il est question d'abréger en même temps que l'on veut travailler avec profit ; ce qui s'obtient par une demi-montée traversante toutes les *montées*, par *refondement de serres*, par *chambray*, comme on le trouve expliqué page 292, & plus développé dans l'ordre successif des travaux, page 305.

Dans le trajet de l'*Areine A, A*, on a marqué à la superficie deux petits *burteaux*, comme il s'en distribue à certaines distances.

Au haut de la Planche, on a représenté en *c, c,*

une *échelle mathématique*, dont la conſtruction & les uſages ſont indiqués *page 299.*

PLANCHE XXVIII.

Dépendement ou meſure en terre, meſure ſouter-raine, pour être enſuite rapportée exactement à la ſuperficie, ce qui conſtitue une même opération répétée au jour, comme dans les ouvrages inté-rieurs.

Cette Planche, ainſi que la ſuivante, eſt rela-tive aux conteſtations qui ſurviennent à l'occaſion de la pourchaſſe des ouvrages : l'opération du dépend-ment développé *page 312 & 903*, con-ſiſte à meſurer combien il y a d'à-plomb ſur chaque toiſe d'ouvrage : au pied du bure *D*, dont on prend l'à-plomb eſt placée la bouſſole repréſen-tée par l'aiguille ; cet inſtrument eſt enſuite reporté à tous les endroits où les angles & les courbures qui terminent les voyes, obligent de détourner la *chaîne* ou la *ficelle* qu'on employe à volonté pour ce meſurage ; ces angles ſont auſſi marqués par l'ai-guille de la bouſſole. Chacune de ces ſtations ſont inſcrites ſur les tablettes, avant de reporter la bouſſole aux autres ſtations.

PLANCHE XXIX.

Relative aux deſcentes d'Experts dans les ouvrages ſouterrains, par autorité de Juſtice.

FIG. 1.

A. Fond du Bure, ſuppoſé ſur la Veine.
B, B. Niveaux du Bure pris à droite & à gauche.
C. Vallée priſe à la main gauche ſur le *levay*, ou dans le *levay*.
D, D. Coiſtreſſes priſes ſur des *Vallées* ou dans les *Vallées*, ou dans des *Gralles*.
E, E. Vallée priſe deſſus ou dans le niveau, à la main droite de la buſe du bure *A*.
F, F. Montée priſe deſſus ou dans le niveau de la main droite.
G. Borgne levay ou *Coiſtreſſe* priſe deſſus une *mon-tée* ou dans une *montée*.
H. Montée priſe deſſus, ou dans le niveau de la main gauche.
I, I. Grande Vallée aux chevaux priſe dans la *grande Mahire.*
K. Seconde Coiſtreſſe priſe au-deſſus du Levay.

Le premier Rapport, dont on trouve le modele, *page 337*, ainſi que le troiſieme, *page 338*, éclai-ciront cette Planche.

FIG. 2,

Relative ſeulement à la vérification des endroits où on a conduit la pourchaſſe des ouvrages.

On la trouve éclaircie par le modele de ſecond Rapport, à la *page 337*.

PLANCHE XXX.

CETTE Planche & la ſuivante font connoître la conſtruction particuliere des cheminées dans leſquelles on employe le feu de Charbon de terre, & qui eſt différente ſuivant les appartemens où ces cheminées doivent être placées.

FIG. 1, 2, 3, 4, 5.

Différentes cheminées d'appartement, nommées *en chapelle*, développées *page 364.*

FIG. 6 & 7.

Cheminées en *œil de bœuf*, dont l'une, *fig. 7*, communique la chaleur dans un coin de l'âtre en *M*, à un pot au feu qui y eſt enfermé.

PLANCHE XXXI.

CHEMINÉES à double uſage pour des maiſons de petits Bourgeois faiſant une petite cuiſine dans la même cheminée qui échauffe l'appartement, ſervant à la fois de piece de compagnie & de ſalle a manger.

FIG. 1.

E, E. Potagers à droite & à gauche où ſe fait à l'un un pot au feu, à l'autre un ragoût, ſans que la cheminée ni la ſalle ſoient déparées ; *D* eſt une platine de cuivre poli qui renvoie la fumée.

FIG. 2.

Cheminée dans le même genre, à laquelle on peut cuire une piece de rôti ſuſpendi à une ficelle qui s'attache à une cheville de fer, dont on ne voit que le bouton en *O* pour la retirer en avant quand on veut.

FIG. 3.

Autre cheminée dans le même genre, moins chargée.

FIG. 4.

Porte-feu. Fer-à-feu, eſpece de corbeille de fer pour contenir le chauffage, & qui s'appuie dans une cheminée ſur un maſſif de maçonnerie ou de brique, tenant lieu de ce qu'on nomme *plaque de cheminée* : les tringles de fer qui compoſent ce gril-lage peuvent, comme on le voit, être diſpoſées en hauteur ou en largeur ; mais la ſeconde maniere eſt ſans contredit la plus avantageuſe ; on peut voir ſur cela un détail circonſtancié, *page 1273.*

La maniere d'arranger dans ces fers à feu le Charbon, ou brut ou mis en hochets, ne pou-vant être rendue aux yeux par la gravure, il eſt néceſſaire de conſulter les *pages 360 & 1274.*

FIG. 5.

A. Fer à feu commun, vu de face, & vu de profil en *a*.
B. Bras d'une *potence tournante* ſur ſon pied, ſer-vant de broche lorſqu'on le veut, en ſuſpen-dant à ce bras la piece qu'il s'agit de rôtir.
b. Gril placé ſur le bras de la potence tournante, pour faire une grillade.
C. MURRAY, ou maçonnerie en brique, ſervant de contre-cœur à la cheminée, & vu ici de profil.

FIG. 6.

Murray, vu de face tel qu'il ſe montre en avant, d'une épaiſſeur différente, ſelon la profondeur du fer à feu que l'on employe ; on pourroit ſuppléer à ce *Murray* par une plaque de fonte, mais il faudroit qu'elle fût percée de plufieurs trous, afin qu'elle n'éclate point ; d'ailleurs la chaleur qu'elle renvoie n'eft pas faine.

C. Partie fupérieure du Murray incliné du côté de l'âtre, pour augmenter l'ouverture du *Fer-à-feu*, lui donner par-là plus d'étendue, & y reverfer les cendres ou les hochets, à mefure qu'ils s'affaiffent en fe confumant.

PLANCHE XXXII.

Cheminées de grandes Cuifines.

Il eft aifé de remarquer, à fimple vue, que le feu de Houille pour les Cuifines a fur le feu de bois l'avantage de chauffer de côté comme en devant & en deffus, en y fufpendant différentes pieces de la cuifine.

FIG. 1 & 2.

Cheminées de cuifine pour grandes Communautés, vues en perfpective.

FIG. 3.

Grande cheminée pour une cuifine de Seigneur ou grand Hôtel, vue en perfpective ; on y a repréfenté un grand feu avec un potager d'un côté, & une grande marmite de l'autre, dans laquelle on a toujours de l'eau chaude ; dans le haut une *crémaillere* qui s'étend dans toute la longueur de la cheminée, pour y fufpendre toutes les pieces qui fervent à la cuifine ; dans l'angle du manteau de la cheminée, au-deffus de la marmite, une *potence tournante*, ornée en figure de poiffon, dont une branche defcendante, eft garnie de crochets pour y accrocher différents uftenfiles que l'on veut chauffer.

FIG. 4.

Même cheminée que la *fig.* 3, vue de profil, pour que l'on puiffe appercevoir l'ouverture quarrée. Au manteau de la cheminée fe voit en longueur la crémaillere que l'on peut avancer ou reculer fur fes barreaux de fer ; on y a fufpendu une chaîne, dont les anneaux doivent être ronds pour qu'ils ne s'ufent pas aux mêmes endroits, & qui fe raccourcit en haut ou en bas moyennant un crochet.

Y. Fer tournant, fixé au manteau de la cheminée *a* par un gros clou ou par une vis pour fuppléer d'une maniere plus fimple à la potence tournante, & y fufpendre une ficelle terminée par un crochet, auquel on attache une piece que l'on veut faire rôtir.

FIG. 5.

Plan de la cheminée, *fig.* 3, & (au-deffus de l'échelle), Fer de feu, vu en élévation *C C C*, dont les tringles font pofés perpendiculairement, ce qui eft une mauvaife méthode ; les trois autres pieces *c c c*, répondantes par des points au grillage, vues en plan aux endroits *c c*, font des barreaux de fer qui fe rapprochent ou s'éloignent à volonté, pour diminuer ou augmenter le foyer, felon qu'on a befoin de faire un grand ou petit feu. Tout près on a repréfenté un *hochet* entier, tel qu'il eft au fortir du moule.

PLANCHE XXXIII.

HAUT DE LA PLANCHE.

Garnitures de feu & uftenfiles de cheminées pour cuifines, vus féparément, & marqués en chiffres.

1. *Crémaillere* qui s'attache au manteau de la cheminée ; à fes extrémités elle eft garnie de barreaux ronds qui fe chaffent dans un mur mitoyen ou de refend.

2. Autre *Crémaillere* commune, différemment terminée par fes extrémités.

2. 2. *Chaînes* de fer qui fe fufpendent aux crémailleres, comme on l'a vu dans la *fig.* 4 *Planche XXXII* ; munies de leurs crochets, vus féparément en ʒ ʒ, auxquels on peut fubftituer les anfes à charnieres 1 & 2, placées au-deffous.

3. Au-deffous de la Crémaillere numérotée 2, *Potence tournante* numérotée 3, fervant, au lieu de broche, à rôtir les viandes. Voy. *page* 367.

3. *Gril pendant.*

5. *Fer tournant. Fauffe Crémaillere* ou *fauffe Potence* pour rôtir.

4. 5. 5. *Trepieds* de différentes formes.

C. *Marmite* qui peut fe placer fur le trepied en étrier, & qui peut auffi fe fufpendre à la chaîne, au moyen du crochet 1.

6. *Platine* de fer qui fe place devant le feu, pour renvoyer la chaleur fur les pieces que l'on veut rôtir.

BAS DE LA PLANCHE.

Garnitures de feu pour cuifine & pour appartements.

A. S. *Pelle à feu* pour cuifines.

B. 1. *Rateau* ou *Raf* de cuifine.

B. 2. Autre *Raf* pour féparer les *Krahays* des cendres.

B. 3. Autre *Raf.*

C. *Pincette de cuifine.*

a. *Petite caiffe* pour avoir du chauffage à la portée de l'appartement.

a a a. Autre *caiffe* pour le même ufage.

c. *Pincettes*, ou *pinces à feu* d'appartement, d'un ufage très-rare pour ce chauffage. Voyez *page* 1275.

d. *Palette. Pelle à feu* pour appartement, fervant à ramaffer les cendres lorfqu'on veut les enlever.

e. *Rateau. Raf. Graiteux.*

f. *Fergon. Tifonnier. Fourgonnier.* Voy. fon ufage, *page* 360.

x. *Lunette*, ou forme dans laquelle on a mis en moule les hochets de chauffage, dont un eft repréfenté au bas de la Planche précédente.

L'ufage & la defcription des figures de cette Planche fe trouvent détaillés *page* 366 & 367 ; on a feulement ajouté parmi ces figures, au-deffus des baquets *a a a*, un morceau de Charbon de terre brut, &, en *ω*, un *Krahay* ou braiton de hochet, & en *b*, un petit marteau pour les caffer.

PLANCHE XXXIV.

Perçoir de montagne, Sonde, Tarriere Angloife pour reconnoître les différentes couches terreufes ou pierreufes qui précedent ou féparent les veines de Charbon, & obferver la profondeur refpective de chaque couche.

FIG.

Fig. 1.

Au milieu de la Planche.

Tige d'une Tarriere compofée de plufieurs pieces de fer , appellées *Branches* , & par les Suédois *Skafte* ; elles font en nombre différent felon leur longueur, & felon la profondeur qu'on veut fouiller, & s'affemblent toutes à vis les unes les autres, ce qui indique d'abord l'attention à avoir lorfqu'on veut faire agir cette fonde, de tourner toujours du même côté , afin que l'écrou ne s'ouvre point. Toutes les branches de cette tarriere font développées, fous les Numéros fuivants, au haut de la Planche.

1. *Manche , Foreur.* Su. *Skafte.* Partie fupérieure ou tête de la Tarriere, de trois quarts de pouces d'épaiffeur en quarré , comme toutes les autres branches , & d'une braffe de longueur ; l'œil qui traverfe fon extrémité fupérieure eft pour recevoir la *Poignée A,* faite en bois fort, & longue de deux aunes de Suede ; à un pied environ de cet œil, où l'on apperçoit deux frettes, il y a à quelques-uns de ces foreurs, un trou au lieu de ces anneaux ; ces deux anneaux ou *frettes quarrées,* foudées à la diftance de deux pouces l'un de l'autre , font non-feulement pour s'adapter avec les deux fourchons du levier fourchu , mais encore pour , au cas de befoin, y affermir une corde dont il fera parlé dans un inftant.

2. *Levier* fourchu dans une de fes extrémités, pour embraffer la gorge du *foreur* entre les deux frettes.

3. *Piece* qui compofe la partie moyenne de la tarriere, & dont on a des doubles de différentes longueurs.

4. *Lanterne. Meche, Cuiller ,* nommé *Fouilloir ;* en Suédois *Skaer ,* deftiné à fouiller les couches de fable qui, à la faveur de la conftruction de cette meche , peut s'introduire dans fa cannelure intérieure que l'on peut enfuite vuider.

5. *Fouilloir* tranchant pour les couches argileufes & glaifeufes.

6. *Fraife. Cifeau. Trépan , Meche ,* appellé par les Suédois *Berg iærn* ; *fer de montagne ,* vu de même en place à la tête de la tarriere 1, & qui s'emploie pour les bancs de pierre ou d'ardoife.

7. *Langue de ferpent ,* de forme pareille à celle de la tarriere avec laquelle les Mineurs font éclater le rocher , employée lorfque l'on tombe fur des pierres très-dures , ou que l'on veut nettoyer les *entailles* que l'on a fait , & forer les rocs durs.

8. *Cuiller , lanterne ,* nommé *Fouilloir ,* différent feulement des fouilloirs 4 & 5 , en ce qu'il eft ferré par le bas pour qu'il puiffe retenir les matieres que l'on veut ramener , afin de les connoître.

9. *Fouilloir* femblable au fouilloir 8 , fermé dans une plus grande partie de fa longueur.

10. *Clef , tourne-à-gauche,* pour viffer & déviffer les pieces de la tarriere.

11. *Bonnet de fonde* qu'on adapte à la premiere piece de la tarriere lorfqu'on le veut.

12. *Entonnoir de fer.*

13. *Marteau* dont on fe fert pour frapper fur le bout d'une branche ufée , que l'on fubftitue quelquefois à la poignée *A.*

14. *Poulie* qui s'attache au haut de la *chevre,* lorfqu'on veut faire agir la tarriere dans un cas particulier , pour recevoir la corde qui fufpend le bonnet de la fonde.

15. *Tenaille* pour foutenir la tarriere lorfqu'il eft queftion de la lever en haut , & qui fe paffe entre le rebord de l'une des pieces de la branche & la caiffe , pour foutenir la branche pendant la manœuvre.

16. *Chape* de la poulie.

17. *Clefs* pour déviffer les pieces de la tarriere, tandis qu'on la fait manœuvrer.

Bas de la Planche.

Fig. 2.

Premier appareil pour les cas où la tarriere enfoncée en terre de 10 à 20 braffes , & par-là devenue plus pefante , ne peut être gouvernée & retirée à la main.

Efpece de *chevre* compofée de trois perches maintenues en fituation verticale par une autre perche plus courte, (à laquelle on fubftitue quelquefois une corde) bien affermies en terre , & réunies enfemble par le haut en *T* avec la poulie mobile fur laquelle agit une corde par le moyen du *Moulinet* ; une de ces perches eft garnie de *Ranchers* ou *Echelliers n n.*

H. Moulinet ou *Devidoir ,* dont le fupport eft fixé en terre , ou chargé d'un poids fuffifant , pour que la corde qui fufpend la fonde, & s'enroule fur le treuil , en paffant fur la poulie, ne puiffe l'entraîner lorfqu'on vient à relever la fonde.

P, V. Clefs , vues fous le N°. 17.

S. Levier fourchu , à 2 branches , vu fous le N°. 15.

x x, x x *Plate-forme* de charpente formée par un chaffis de bois , dont les pieces ont une aune ou fix quarts de longueur, & au milieu de laquelle eft le *trou de fonde.*

Fig. 3.

Second appareil pour faire retomber la tarriere, ou la retirer du trou de fonde.

a. Chevalet. Mainteneur. Poteau de bois , dont l'ufage principal eft de fervir d'appui au levier fourchu.

C. Manche , Foreur , ou *poignée* de la tarriere pour faire tourner la tête.

h. Levier en fituation dont on voit l'extrémité fourchue en *K ,* qui embraffe la tête de la tarriere entre les deux *frettes.*

x x, x x *Plate-forme* à laquelle eft fixé le *guide* de la fonde.

La defcription & l'ufage de toutes ces pieces font développés *page* 388 & 884 : il eft à propos d'en rapprocher ce qui eft dit du Maître Foreur en Angleterre, *page* 397, & du foret ordinaire. 697.

PLANCHE XXXIV. N°. 1.

Grande machine à Charbon des Carrieres de Newcastle.

Les machines à chevaux dont on se sert communément à Newcastle pour enlever les Charbons de la Mine, sont de deux especes ; celle-ci, qui est la plus grande, est peu différente des Machines à chevaux ordinaires, & consiste dans un Rouet à lanterne.

La description de cette machine est placée à la *page 696*, avec des observations sur la lenteur du *montage*, *page 112*, qui n'a encore pu être compensé dans le pays par des paniers à Charbons d'une grande capacité, ce qui fait que cette machine est peu adoptée. Nous ne ferons qu'ajouter ici quelques nouveaux détails inférés dans le Mémoire de M. Qwist, sur quelques dimensions intéressantes pour juger de cette machine. Le diametre de la *roue dentée* est à peu-près de 2 ¼ d'aune ; celui du *Rouet* de 15 pouces.

Le *Rouet à lanterne* étant de même largeur que le Treuil, & faisant 5 ½ tours, à chaque tour que fait le cheval, il en résulte que la vitesse du montage des paniers est à la vitesse du mouvement du cheval, comme 338 à 1066.

M. Qwist, en comparant ces machines à chevaux avec celles qui sont usitées dans les Mines de Suede, trouve pour résultat que les dernieres peuvent avec la même puissance remonter à la fois une charge cinq fois plus forte que cette machine Angloise, mais que celles-ci font le montage avec une vitesse 7 ½ fois plus grande que les autres.

Le *trotoir* est d'environ 44 aunes.

PLANCHE XXXIV. N°. 2.

Petite machine à Charbon des Carrieres de Newcastle, avec une Cheteur terminée par une Gueule de loup.

Cette machine qui est un rouet tout simple, du diametre de six à douze aunes, est décrite *page 696*.

La Cheteur se termine par un récipient à air, dont l'usage est expliqué *page 963*.

FIG. 2.

Cuiller de la Tarriere en usage dans ces Mines, & dont les autres pieces different peu des branches employées dans les autres pays.

PLANCHE XXXIV. N°. 3.

Charriot à Charbon, charriot à levier, des Carrieres de Newcastle.

Cette Planche fait voir non-seulement le méchanisme ingénieux de cette voiture pour retarder sa descente lorsqu'elle s'achemine avec sa charge, d'une Mine située sur une élévation, au magasin, mais encore la construction de la *route planchéiée* qui vient à l'appui du méchanisme du chariot, afin de favoriser encore le ralentissement du roulage de la voiture ; le tout a été expliqué *page 866 & 867*. Nous avons, depuis cette Planche, ajouté à la Planche LVII, N°. 2, qu'il faut consulter, quelques développements de la route planchéiée.

PLANCHE XXXV.

FIG. 1, 2, 3.

Parties d'un fourneau de liquation de Mines au feu de Charbon de terre, proposé par M. de Genssane, expliquées *page 700*.

FIG. 4.

Profil du *Rouet à fusil*, dont les Ouvriers des Mines de Newcastle en Angleterre se servent pour s'éclairer avec moins de risque dans les souterrains des Mines sujettes à la vapeur détonnante qui prend feu aisément aux lumieres ; ce rouet porte sur quatre pieds, au lieu d'être appuyé simplement (comme on le voit au-dessus) entre les mains de l'Ouvrier.

Les *deux figures* auprès de la fig. 3 sont relatives à la méthode (qui passe pour être un secret) de faire des braises de Charbon de terre propres à la fonte des Mines, & à tous les travaux métallurgiques ; ce cuisage peut s'exécuter ou à *feu clos*, ou à *l'air libre* ; un *fourneau* pour cette opération dans la premiere méthode, c'est-à-dire, à feu clos, consiste dans une maçonnerie décrite *page 1179* ; à feu libre, il differe peu de ce qu'on appelle du même nom, pour faire le Charbon de bois.

Dans l'une ou l'autre méthode, les Charbons de terre essuient un cuisage qui doit être plus ou moins poussé selon la nature du Charbon de terre, & qui peut même être porté au degré de rougissage, d'après les principes que nous avons établis sur cet objet, *page 1188*.

Ici, on a seulement représenté deux alumelles ou fourneaux à Charbon de terre à *l'air libre*, dont nous avons éclairci & développé la méthode, *page 1192*.

Dans une de ces figures, on voit deux hommes occupés au *dressage* du fourneau, & à boucher les ouvertures de la *meule*.

Après le *mis au feu*, pour *retenir le fourneau*, c'est-à-dire, empêcher qu'il ne rende aucune fumée, la figure au-dessous de cette meule est une coupe de la premiere *meule*, pour faire voir la maniere dont on peut arranger le menu bois qui doit servir à *amorcer* le feu ; arrangement dans lequel il est aisé de sentir que l'on peut apporter des différences ; l'extrait du Dictionnaire domestique, portatif, par une Société de gens de lettres en 1762, Tome I, page 382, indiquoit cette préparation en gros. Quoique le procédé suivi par M. le Comte de Stuart, pour réduire en braises le Charbon de terre qu'il a employé à ses opérations de Breteuil & d'Aizy, ne paroisse pas avoir été fixe, & ne puisse dès-lors, en aucune maniere, servir de guide dans une semblable préparation ; il m'a paru que la description de l'appareil de ses alumelles pouvoir, à l'aide de quelques réflexions, être rapproché utilement des principes que j'ai établis sur cette fabrication.

Préparation du Charbon de terre de la Mine dite SANS-PAREILLE, à Ardinghem, par le cuisage.

La quantité de Charbon employé se montoit à 96 barils, & un !6ᵉ. de baril du poids de 520 livres, faisant environ cinquante milliers ; ce qui revient à peu-près à dix-huit voies & un huitieme

& demi de voie, faifant 320 livres pefant la voie.

Pour cette opération (*), il a été établi fix fourneaux ; le fol de chaque fourneau étoit dreffé en élévation & de forme circulaire, fortifié dans fon contour par une ceinture de briques : il étoit creufé en rigoles paralleles & tranfverfales au nombre de douze, qui communiquoient entre elles, & qui continuoient jufqu'à l'extérieur pour former foupiraux ou *lumieres*, qui, fans doute, fe bouchoient ou fe fermoient felon la direction que l'on vouloit donner à l'action du feu. Les parois de ces rigoles étoient revêtues de briques pofées debout, & les parties du refte du fol intermédiaires à ces canaux, carrelés en briques pofées de plat : le point de réunion de ces rigoles, au centre de l'aire du fourneau, étoit occupé par une bûche élevée en droiture, vraifemblablement pour former une cheminée à la meule, à mefure que la combuftion de la bûche fe faifoit.

Les Charbons en morceaux, de la groffeur de trois à quatre pouces, furent entaffés en pyramide, & effuyerent un cuifage d'environ 36 heures, qui a altéré le volume du Charbon au point d'être diminué prefque de moitié.

Telle eft, fur le rapport qui m'a été fait verbalement par une perfonne préfente à la préparation, l'idée que j'ai prife de la difpofition obfervée dans ce cuifage. Si on trouve un peu de précifion à cette defcription, je la puis affurer exacte ; d'ailleurs, la relation qui va fuivre de ce *cuifage* à Aizy, auffi en *Meule*, fera plus circonftanciée.

Cuifage de Charbon de terre de Montcenis, à Montbard.

Il fut choifi un terrein élevé, fur lequel M. de Stuart établit en pierres calcaires une aire excédente ce terrein, d'environ 8 à 9 pouces. Cette aire étoit creufée en rigole dans quatre endroits principaux qui fe correfpondoient dans le point milieu, de maniere que ces quatre canaux, deftinés à éloigner & à faire évaporer les fraîcheurs, formoient la croix de Malthe (**) ; ces rigoles avoient quatre pouces de large fur environ fix pouces de hauteur ; l'aire fut enfuite revêtue de fable gras & battu pour unir la place.

Les Charbons de terre de Montcenis, du volume d'un œuf d'oie & de poule, furent rangés à la main les uns contre les autres fur cet aire, en obfervant de laiffer entre les morceaux le moins d'intervalle poffible, à l'exception des endroits de l'aire répondants à la rigole en croix de Malte, deftinée à introduire & porter le feu dans toute la meule, & qui, par conféquent, reftoient toujours libres ; la quantité de Charbon, foumis à ce cuifage, a été d'environ trois queues, jauge de Bourgogne par chaque alumelle : dans le centre du premier fourneau, il a été mis de gros morceaux de Charbon de terre, du volume de bouteilles de pinte de Paris.

Le fourneau entiérement dreffé dans la forme des fourneaux à cuire du Charbon de bois, la meule a été couverte du tout le menu Charbon de terre, à l'épaiffeur de deux pouces & plus, & il y a été répandu affez généralement une petite quantité de terre calcaire, & on l'environna, par le confeil d'une perfonne préfente à l'opération, de tue-vent ou paillaffon, afin d'empêcher que l'air ne fît courir le feu d'un côté plus que d'un

autre, & parvenir en conféquence à un cuifage plus égal (a).

Pour mettre le feu à la meule, on a jetté quelques livres de Charbon de bois bien allumé dans le petit caveau qui a été ménagé du centre de la meule à la circonférence ; fur le plan horifontal de l'aire où étoit placée la meule, on a jetté du feu dans les quatre petites rigoles qui ont été bouchées légérement avec du menu Charbon de terre, quand on s'eft apperçu que le corps de la meule s'allumoit.

Le vent qui foufloit lors de l'opération (b) étoit Nord & Bife. La conduite du feu a été confiée au Charbonnier le plus intelligent de ceux employés dans la forge ; &, de l'avis d'une des perfonnes qui étoient préfentes, la meule effuya une cuiffon pouffée jufqu'au *rougiffage*, & par le même confeil on répandit deffus une légere quantité de *chaux fondue* réduite en poudre, afin d'en abforber les parties vitrioliques & fulphureufes.

Ce cuifage a duré environ 36 heures ; les braifes qui en ont réfulté fe font trouvées très-légeres ; la quantité s'eft trouvée diminuée d'un tiers environ, & le poids du Charbon diminué d'environ deux tiers ; on a prétendu (fans doute d'après M. de Stuart) que ce Charbon n'eft cenfé bien cuit, que lorfqu'il a perdu environ moitié (c). Tout cela doit varier felon le Charbon, felon le degré de cuifage, & felon la méthode qui a été employée (d). Les braifes étoient entiérement dépourvues d'odeur défagréable lorfqu'elles ont été refroidies ; les *roulants* après leur refroidiffement fe font trouvés n'avoir effuyé qu'un *reffuage*, c'eft-à-dire, un cuifage imparfait pour ce Charbon.

Pour tirer parti de ce qui reftoit des braifes défectueufes du Charbon de S. Etienne, M. de Stuart leur fit effuyer pendant 14 ou 15 heures un nouveau cuifage par le même procédé ; elles furent triées à la main, morceau par morceau ; une partie fut mife au rebut ; ce fecond cuifage altéra la quantité de Charbon au-delà de l'attente de M. de Stuart ; ces braifes recuites une feconde fois, & mifes en ufage, mêlées avec du Charbon de bois choifi, fe font trouvées encore *généreufes*. Cette obfervation de la qualité que conferverent ces braifes, malgré cette circonftance, eft à remarquer ; il s'enfuivroit que dans un Charbon de l'efpece de celui de S. Etienne, le feu pouffé au-delà du rougiffage, ne fait que confommer le braiton, le diminuer de volume fans l'appauvrir abfolument, de maniere que tant qu'il refte de cette fubftance fpongieufe, de ce fquelette de Charbon, elle retient toujours, quoique dépourvue abfolument de bitume, une propriété inflammable, active, comme le Charbon de bois, tant qu'elle repaffe au feu, jufqu'à ce qu'elle foit confumée. Si cela étoit, comme la chofe paroît affez vraifemblable, la quantité de cendres qui fe trouveroit dans le fol du fourneau à feu clos, ou autre, pourroit venir à

(a) Sans cette précaution, on effuieroit à ce fourneau les mêmes inconvénients qu'aux fourneaux de Charbon de bois, où une partie du Charbon fe trouve cuite, & une autre échaudée ou en fumerons ; &, dans les Charbons de bois, ces fumerons ne nuifent pas à la fufion, donnent au contraire de l'activité au feu : on fent qu'il n'en eft pas de même pour les braifes de Houille, puifque c'eft précifément tout ce qui s'exhale en fumée qu'on cherche à enlever par ce cuifage au Charbon de terre.

(b) On doit fe rappeller qu'en général le temps favorable pour cette opération eft le temps fec.

(c) Il a été remarqué que celui de S. Etienne perd moins de fon poids.

(d) Dans le *Dictionnaire domeftique portatif*, trois quintaux de Charbon de terre doivent faire un quintal de braife, l'appui de l'obfervation de la fumée , & fervir de regle pour reconnoître que le cuifage eft achevé.

PLANCHE XXXVI.

Plan d'un attelier de fabrication de Poix minérale , avec une efpece de pierre d'Afphalte noirâtre du Shropshire en Angleterre.

Cette Planche repréfente en plan les moulins dans lefquels cette pierre fe met en poudre , & les chaudieres dans lefquelles on la porte enfuite pour l'y faire bouillir , afin d'en féparer l'huile ou gou-dron qui fe fépare des parties graveleufes , & fur-nage à l'eau ; voyez page 417 , un éclaircifle-ment fur cette pierre connue aufli dans le fond de prefque toutes les Mines de Charbon d'Angleterre; & fur les ufages de cette poix minérale , ainfi que l'explication détaillée de la Planche , page 418. C'eft abfolument le même procédé que celui qui eft pratiqué à la Mine d'afphalte de Neufchâtel en Suifle dans le Val-Travers , pour tirer du fable de la Mine une forte d'oing noir à l'ufage des roues que l'on veut graifler.

Il eft aufli indiqué dans le Difcours préliminaire de l'Hiftoire naturelle de Languedoc, par M. de Genflane , pour une forte de Charbon des environs du Languedoc, qu'il appelle *Charbon jayet* , mais de confiftance molafle , page 1137, & que je crois n'être autre chofe qu'une Mine d'afphalte où il y a du Charbon de terre, comme dans la Mine de Val-Travers en Suifle.

PLANCHE XXXVII.

Outils & uftenfiles de Mines employés dans les Houil-lieres du Hainaut François.

La Vignette repréfente la Campagne du dehors de Valenciennes, au-deflus de la Citadelle.

1. *Tige* à manche d'une *tarriere* ou *verge d'Aboete.*
2. *Haw. Pioche plate.*
3. *Marteau à pointe* pour les rocs.
4. 4. *Marteaux à tête* , ou *mafles.*
5. *Queufnier* , ou *Aiguille à pierre.*
6. *Queufnier* ou *Aiguille à Veine.*
7. *Traîneau des Hiercheux.*
8. *Panier* qui fe charge fur le traîneau.
9. *Panier* plus grand , dans lequel les Hiercheux vuident leur panier , & que l'on enleve au jour.
10. *Corps de pompes* en fer , employés dans les machines à pompes mifes en action par des chevaux.
11. *Tampon* pour la piece fuivante.
12. *Piece* qui s'enchafle dans les montants placés à l'embouchure de la pompe.
13. *Bretelle des Hiercheurs.*
A. *Hache.*
a , a. *Branches d'allonge* pour la verge d'Aboete.
B. *Batteroule* pour faire jouer la poudre à canon.
b. *Cuillier de la tarriere.*
C. *Brondiffoir.*
D. *Marteau à brondir.*
E. *Crochet* qui s'adapte aux extrémités des cordes employées à enlever les paniers qui montent au jour.
F. *Porte-lumiere* des Ouvriers dans les galeries fouterraines.

Il eft à propos de confulter dans l'Ouvrage , ce qui précede la defcription de ces outils & uftenfiles *page 463* , & la note 1 de cette même *page.*

On eft dans l'ufage dans cette partie du Hai-naut de préparer la Houille comme au pays de Liege , en la mêlant avec de la terre grafle ; voyez *pages 487 & 488*, les terres que l'on y emploie, la forme & les dimenfions des moules , ainfique les uftenfiles dont on fe fert.

PLANCHE XXXVIII.

Mines de Charbon de terre du Lyonnois.

FIG. 1.

Efpece de *Mine de hafard* , placée fuperficielle-ment , très-irréguliere dans fes retours , ainfi que dans fon épaifleur , fous un toit de peu de con-fiftance , & très-abondant en fources d'eau.

FIG. 2.

Vraie Mine de Charbon de terre qui fe trouve au-deflous de la premiere , féparée par trois mem-bres de rochers en mafle , comme toutes les Mines du Lyonnois , & compofées de différentes cou-ches décrites *pages 506 , 507, 508*, dans l'ordre fuivant.

Sous la terre végétale ,
2. *Roche graniteufe.*
3. *Roc vif.* Autre forte de granite.
4. *Manie-fer.* Roc mêlé de filets fchifteux & bitu-mineux.
5. *Roc vif.* Granite groffier affis fur une mafle , dont l'épaifleur eft formée des *ftratum* ou couches qui fuivent.
5. A. *Roche douce. Gorre.* Lit noueux & brouillé , femé d'impreffions.
5. B. Lit de même nature à peu-près que le pré-cédent , mais fe dilatant à l'air.
5. C. *Nerf. Coeffe.* 3ᵉ. lit pyriteux un peu inflam-mable.
5. D. *Matafala.* 4ᵉ. lit dont la fubftance eft friable.
6. *Charbon de Maréchal. Somba. Mine de deflus*, ou premier membre de Charbon, de nature pyriteufe.
7. *Nerf.* Schifte compacte , noirâtre , qui traverfe conftamment le fomba dans fa longueur.
8. *Nerf blanc. Raffon.* Roche grife , micacée , pyri-teufe , avec des cloux charbonneux, & en tout femblable au grès des Houillieres de Liege.
9. *Mine raffon.* Charbon queue de Paon. *Mine de deflous.*
10. *Roc vif*, au-deflous duquel fe trouve quel-quefois une couche de Charbon, nommé par les Ouvriers *Mine bâtarde.*

On peut voir à la Planche LVI un poële très-avantageux , dans lequel les pauvres du Lyonnois emploient le Charbon de terre à leur chauffage & à leur petite cuifine.

PLANCHE XXXIX.

FIG. 1.

Vue de la Carriere de Charbon de S. Chaumont en Lyonnois , où l'on a feulement marqué l'entrée de la Carriere, le *puits d'extraction* & la *Vargue* ou *Machine à tirer* ; les lettres indicatives font expli-quées *page 502 , note 2.*

FIG.

Fig. 2.

Plan d'une pourchaffe d'ouvrages dans les Mines de Rive-de-Gier. Voy. p. 511, note 1. & p. 703.

On a repréfenté féparément une *Benne* ou panier dans lequel le Charbon fe ramaffe dans les ouvrages, & que les *Traîneurs* amenent jufqu'au pied du bure ou *Tinage*, d'où la *Vargue* éleve au jour ce même panier, qui devient une mefure fans changer de nom. On peut voir à la p. 509 comment cette charge eft amenée au *Tinage*, & plufieurs obfervations importantes fur ce panier, comme *mefure de Vente*, à la page 519 & 704 ; près cette benne, on a repréfenté une *lampe* telle que celle avec laquelle les Ouvriers s'éclairent dans les Mines.

PLANCHE XL.

Outils employés dans les Mines de Chapelle-Montrelais, en Bretagne.

1. 2. 3. *Sonde* avec tous fes membres affemblés.
4. *Grand fleuret de fonde.*
5. *Fleuret ordinaire de Mines.*
6. *Fleuret quarré.*
7. *Fleuret en langue de ferpent.*
8. *Tire-bout.*
9. *Curette.*
10. *Efpinglette.*
11. *Bourroir à poudre.*
12. *Pointerolle,* fervant à différents ufages.
13. *Bourroir à terre.*
14. *Pince, levier, barre.*
15. *Pic. Bêche à pierre.*
16. *Pioche.*
17. *Paffe-par-tout. Bêche.*
18. *Bêche ou pioche Parifienne.*
19. *Efcoupe.*
20. *Marteau à pointe. Marteau d'Eplucheur.*
21. *Petite Maffe.*
22. *Marteau à caillou.*
23. *Marteau à Veine.* Pic pour le charbon & pour la terre.
24. *Havret ;* il y en a de différentes formes.
25. *Coin. Aiguille à caillou.*
26. *Aiguille à Charbon.*
27. *Hache des Boifeurs & des Mineurs.*
28. *Rateau.*

L'ufage de ces différents outils eft expliqué *page* 542.

PLANCHE XLI.

Coupe des ouvrages de Charbon de la même Mine travaillée par trois puits, deffinée en 1757 par M. de Voglie, Ingénieur des Ponts & Chauffées ; l'explication en eft donnée *page* 543.

Cette Planche doit être placée dans l'Ouvrage, de maniere que la portion où eft l'échelle & le N°. étant collée, l'autre partie foit reployée dans l'Ouvrage.

PLANCHE XLII.

Différents pendages & accidents de Veines de Charbon.

Fig. 1.

Exploitation d'une Mine de Charbon (qui ren-

ferme fept Veines,) en multipliant les puits conformément à la méthode de M. Triewald, pour reconnoitre & le pendage & la direction des Veines ; cette méthode peut encore fervir à chercher du Charbon de terre dans des endroits où on n'a pas encore fouillé.

La plus légere idée que l'on a dû prendre des *Bacneures* dans l'exploitation à Liege, & défignées dans les Planches II, III, IV de la premiere Partie, fait fentir les avantages de la méthode Liégeoife fur celle-ci.

Fig. 2.

Deux Veines Roiffes paralleles entre elles dans leur pendage, fur lefquelles on a figuré à leur pied, en ligne ponctuée, une marche en arriere, je veux dire entiérement oppofée à ce qui fe voit par-tout, & que l'on prétend avoir été obfervé dans le quartier de Valenciennes. Elle fe trouve détaillée p. 481, où elle eft mal indiquée Pl. XL.

Fig. 3.

Deux autres Veines Roiffes, repréfentées moins éloignées l'une de l'autre que les deux précédentes, dans le parallélifme de leur pendage, pour faire fentir par comparaifon avec les Roiffes de la *fig.* 2 le plus grand trajet en continuité, de la Veine fituée inférieurement, comme cela eft expliqué page 208 & 878, & à l'explication de la Planche I de cette feconde Partie.

Fig. 4.

Deux Veines Roiffes féparées l'une de l'autre nonfeulement par des *Stamper* pierreux, défignés en blanc, mais encore par des *Veinettes* qui ne valent point les frais de l'exploitation, & qui d'ailleurs fuivent la même direction que les deux *Veines principales.* Voyez page 878.

Fig. 5.

Coupe d'une Mine dans laquelle la veine prefque *Roiffe* eft exploitable par un puits *traîné en pittant* dans la longueur de la veine même, préférablement à la méthode propofée par M. Triewald ; les raifons en font données par la comparaifon des deux méthodes, *page* 890.

Fig. 6.

Coupe d'une Mine dans laquelle une Veine Roiffe, après avoir fuivi ce pendage en Roiffe, fe releve de même jufqu'au jour, comme celle figurée Pl. V, mais fans s'être formée d'abord en platteure de Roiffe, & fans avoir été détournée de fa marche par une *faille,* ni par un *krein.* Voyez page 880.

Fig. 7.

Veine Roiffe qui commençoit à fe relever dans le même pendage, comme celle de la figure précédente, mais qui, à l'occafion d'une faille, eft *rihoppée* d'une maniere rare ; l'explication de cette figure portée à la *page* 871, a été répétée par inadvertance à la *page* 881.

Fig. 8.

Coupe d'une Mine dans laquelle on a *profondi*

un bure jufqu'à la feconde veine, & où l'on voit d'abord que la profondeur du puits de Mine eft toujours en proportion de l'enfoncement de la veine qu'on veut atteindre. Voy. *pag.* 890.

Fig. 9.

Coupe d'une Mine dans laquelle la veine, après avoir marché en belle *platteure*, remonte fubitement au jour e n*Roiffe*.

Cette figure eft auffi employée par M. Triewald à la démonftration 1°, de la différence de pefanteur d'air dans les deux puits de cette Mine (voyez *pages* 931, 952, 953); 2°, de la force du courant d'air aux deux extrémités d'un tuyau d'airage placé dans une galerie, depuis un endroit où le changement d'air étoit bon, jufqu'à l'endroit où fe faifoit le travail, voyez *page* 968; on a déja pris une connoiffance générale de cet effet fur la *fig.* 2, Pl. XVIII.

Fig. 10.

Rihoppement qui s'obferve quelquefois dans une veine, ainfi que dans les couches qui l'accompagnent, à la rencontre d'une *faille*. L'état des différents bancs qui compofent cette Mine eft fpécifié à la p. 871, où cet état eft indiqué par erreur à la Planche XLIV.

Fig. 11.

Pente ou *chûte* tout-à-fait d'à-plomb, qui ne fe voit que dans les mines métalliques, où un filon entiérement *debout* eft nommé *Filon précipité.*

PLANCHE XLIII.

Fig. 1.

Menfuration avec la corde, d'un puits dont l'enfoncement n'eft pas encore achevé. Pour favoir combien il refte à creufer pour venir rencontrer le point d'une *areine*, qui n'eft elle-même que commencée au flanc de la montagne.

Cette opération, décrite par Agricola, eft placée parmi les principaux problêmes de Géométrie dont nous avons donné les folutions. Voyez *page* 812.

Fig. 2.

Méthode particuliere dont il a été parlé *page* 399, & qui eft expliquée *page* 806, pour trouver la direction & le pendage des veines au moyen de trois ouvertures pratiquées en forme de triangle fur une couche de Charbon; voyez la remarque faite *page* 883, expliquée *page* 806, fur cette maniere de juger de l'inclinaifon des couches.

Fig. 3.

Veine qui fe trouve en pendage de platteure, & dont il s'agit de reconnoitre l'allure & le pendage au moyen de trois trous de fonde; les lignes ponctuées qui l'accompagnent ont rapport à la folution géométrique de ce problême, donnée *page* 806, où elle eft mal indiquée Pl. XLII.

BAS DE LA PLANCHE.

Deux bures d'extraction, fur lefquels on a pourvu à l'airage de la Mine, à la maniere des anciens.

Fig. 4.

Bure dans lequel on a ménagé à la fuperficie, du côté où vient le vent, un prolongement d'un paneau de *tuyau d'airage* qui arrête l'air atmofphérique, & lui fert de conducteur dans l'intérieur du Bure.

Fig. 5.

Autre Bure, dans lequel le *tuyau d'airage* en planche, excede hors de l'œil du bure en forme d'entonnoir, pour que le vent s'y engage facilement. Voyez, pour ces deux Planches, la *page* 962.

PLANCHE XLIV.

Différentes méthodes d'airage pour les Mines de Charbon de terre.

Fig. 1.

Coupe d'une galerie de Mine, répondante à un bure fur lequel on a établi un *fourneau à feu*; il y en a un femblable conftruit fur la Mine de Littry en Normandie. Voyez fon explication *page* 569.

Fig. 2.

Lampe à feu. Fourneau d'airage repréfenté en perfpective fur l'ouverture d'un puits de Mine; ce fourneau d'airage, de l'invention de M. *Sutton*, differe, comme on le voit, du précédent fur le tuyau de prolongement, dont l'effet eft d'autant plus confidérable, que le tuyau eft plus élevé.

Fig. 3.

Coupe du même fourneau, & de la galerie qui répond au bure fur lequel eft établi le fourneau; voyez la defcription de ces deux figures, *page* 969.

Fig. 4.

Hutte ou *Baraque d'airage*, fuivant la méthode de M. Triewald, pour l'exploitation des *platteures*, expliquée *page* 964.

PLANCHE XLV.

Fig. 1.

Coupe d'une Mine pour laquelle on a établi, près du bure d'extraction, un *fourneau Ventilateur*, felon la méthode de M. Sutton, du même genre que dans la *fig.* 1 de la Planche précédente; il faut confulter la *page* 970, pour les détails de fa conftruction.

Fig. 2.

Machine à chevaux, avantageufe dans certains cas par la fimplicité de fa conftruction, & fervant à faire agir un corps de pompe dans un bure, en même-temps qu'elle fert à élever le Charbon: le jeu de la pompe dépend uniquement du *Varlet* 1, qui, par fon mouvement de vibration, agit fur les piftons dans les corps de pompes M. Voyez *page* 466.

cuir embraſſée inférieurement d'un cercle de fer.

PLANCHE XLVI.

FIG. 1.

Autre *machine à chevaux* ſervant en même temps à élever le Charbon d'une Mine par la foſſe d'extraction, & à l'épuiſement des eaux par un autre bure, au moyen de pluſieurs pompes qui élevent l'eau ſans interruption, en aſpirant une fois à chaque tour de manivelle ; pour accélérer le jeu de cette machine, décrite *page 466*, ſa diſpoſition eſt telle qu'on peut au beſoin y atteler douze chevaux à la fois.

FIG. 2.

Machine hydraulique à roue, Angin à barres, connue en Allemagne ſous les noms de *Feld Geſtangen. Stangen Kunſt*, dont on ſe ſert pour l'épuiſement des eaux d'une Mine à portée d'un courant d'eau. Cette machine, expliquée *page 278*, ſe rapporte à celles qui ſe conſtruiſent au pays de Liege, & eſt développée *page 1039*.

FIG. 3.

Machine à Pompe, miſe en action par des tirants horiſontaux, empruntée de l'Ouvrage de l'Académie de Freyberg.

FIG. 4.

Machine hydraulique à roue, & à tirants horiſontaux comme les deux précédentes ; développée *page 1038*, & pour les *Barrages*, *page 1043*.

PLANCHE XLVII.

FIG. 1.

Machine à feu à levier, employée à l'épuiſement des eaux de la Machine de Griff au Comté de Warwick, dans la province de Mercie en Angleterre.

Dans cette figure la machine eſt vue au moment que le *Régulateur* eſt ouvert, voyez *p. 1068* ; le méchaniſme & la conſtruction de cette machine ſont expliqués *page 408*.

FIG. 2.

Coupe verticale des quatre murailles de la bâtiſſe de la machine de Griff, expliquée *page 1072*.

FIG. 3.

Coupe d'une *Pompe foulante* de la machine à vapeur de *York Buildings* ſur la Tamiſe, à Londres ; expliquée *page 1058*.

FIG. 4.

Coupe de la *Pompe* & du *Plongeur*.

FIG. 5.

Corps du piſton figuré en cône tronqué, à-peu-près comme un moyeu de roue.

FIG. 6.

Même piſton ayant à ſa ſurface une bande de

FIG. 7.

Coupe ou profil du *Piſton*.

FIG. 8.

Profil du piſton coupé à angle droit avec le précédent ; ces quatre dernieres figures ſont développées à la *page 1065*.

PLANCHE XLVIII.

Développement des principales parties d'une Machine à vapeur, pour faciliter l'intelligence du jeu de cette pompe, en conduiſant le Lecteur, comme par degrés, des parties les plus ſimples aux parties les plus compoſées.

FIG. 1.

Emplacement de la machine de Griff.

FIG. 2.

Plan ou coupe horiſontale du fourneau où l'on allume du Charbon ſous l'alambic.

FIG. 3.

Coupe verticale de l'*alambic* & du *fourneau*.

FIG. 4.

Pour faire voir une maniere de joindre enſemble & de river les plaques de fer dont on peut former un alambic. *Il n'y a point de figure 5.*

FIG. 6.

Section du *Cylindre fondu* & calibré, pour faire voir particuliérement la conſtruction au moyen de laquelle on empêche ce cylindre d'être pouſſé en haut, & de tomber en bas.

FIG. 7.

Autre coupe du *Cylindre*.

FIG. 8.

Perſpective du *Cylindre* vu en-deſſous, pour diſtinguer les différentes parties de ſon fond, & une maniere particuliere de nourrir l'alambic : au-deſſous de ce corps de pompe on apperçoit le chapiteau de l'alambic, formé en dôme, quelquefois ſurbaiſſé. Ces trois figures ſont expliquées *pages 1073 & 1074*.

FIG. 9.

Trois corps de pompe ordinaire agiſſant enſemble, & élevant l'eau d'une très-grande profondeur, de réſervoir en réſervoir. V. l'explication *page 1070*.

FIG. 10, 11 & 12.

Corps de pompe & *Arbres percés*, expliqués *page 1071*.
Fig. 10. *Cylindre* de fer fondu ou de cuivre.
Fig. 11. *Arbre aſpirant*.
Fig. 12. *Arbre foulant, Arbre de force*.

FIG. 13.

Aiſſieu de fer, qui, au moyen de la *fourchette* attachée au manche du régulateur, fait tourner ce *diaphragme*. Cette Piece eſt accompagnée de celle nommée *Y*, & de pluſieurs antres détaillées *page 1067*.

FIG. 14.

Fourchette horiſontale, attachée par ſon extré-mité au manche du régulateur.

FIG. 15.

Relative à la deſcription du régulateur.

FIG. 16.

Pour l'explication du vuide qui ſe produit lorſque le régulateur eſt fermé. V. p. 1069. *Il n'y a pas de fig. 17.*

FIG. 18.

Développement du *Régulateur*, dont toutes les parties ſont vues en place. Voyez *page 1068*.

FIG. 19.

Régulateur ouvert, Piſton en haut du Cylin-dre; *Fourchette* du régulateur arrêtée par une de ſes extrémités au bas de l'étrier; l'aiſſieu, les le-viers qui le meuvent, & toutes les parties du régulateur en place; pour faire entendre ſon mé-chaniſme, voyez *page 1069*; du reſte, on peut rapprocher cette figure de la *fig.* 1 de la Plan-che XLIX.

FIG. 20.

Jeu d'un levier particulier (qui doit être marqué*f*, au lieu de grande *F*), l'inſtant d'après que le ré-gulateur eſt fermé. Voyez *page 1069*.

FIG. 21.

Pour donner une idée de la maniere de joindre enſemble les verges de fer des pompes qui pui-ſent l'eau dans le puits de Mine, *page 1070*.

PLANCHE XLIX.

Machine à vapeur des Mines de Charbon de Freſnes, proche Condé, au Hainaut François, développée dans les quatre Planches qui ſuivent.

FIG. 1.

Troiſieme étage de la machine, où l'on voit la pompe aſpirante, qui eſt une des dépendances du réſervoir proviſionnel, & un deſſin général des principales parties de la machine, comme la cou-liſſe & tout ce qui concourt à l'ouverture &à la fermeture du régulateur, ainſi que du robinet d'injection. Voyez *pages* 1074, 1075.

FIG. 2.

Plan du *premier étage* & du *réſervoir proviſionnel*, dans lequel on entretient ordinairement environ trente-quatre muids d'eau, qui y arrive par la pompe aſpirante dont le tuyau aboutit au réſervoir.

FIG. 1.

Surface du chapiteau de l'alambic; élévation en profil du *Cylindre*, des tuyaux qui l'accompagnent; avec un détail des pieces qui font jouer le *Régu-lateur* vu en perſpective.

FIG. 2.

Coupe horiſontale du *fourneau*.

FIG. 3.

Coupe en profil du fourneau & de l'alambic dans toute ſa hauteur compoſé de ſa chaudiere ou cu-curbite, & de ſon chapiteau.

FIG. 4.

Plan du *troiſieme étage*.

PLANCHE LI.

FIG. 1.

Rez-de-chauſſée du *premier étage*; repréſenta-tion en grand de la ſurface du *chapiteau de l'alambic*, pour y faire voir la poſition de différents tuyaux & robinets. Voy. p. 474.

FIG. 2.

Chapiteau de l'alambic vu en plan, avec la pla-que elliptique en cuivre, ſervant de fermeture à l'endroit par lequel on entre dans l'alembic lorſ-qu'il s'agit d'y faire quelque réparation, & plu-ſieurs autres pieces relatives au régulateur.

FIG. 3.

Connection de différents tuyaux ſervant au paſ-ſage de l'eau d'*injection* dans *l'alambic*.

FIG. 4.

Elévation des parties de la machine vue du côté du puits.

PLANCHE LII.

FIG. 1.

Coupe du *Cylindre* ou corps de Pompe à va-peur; coupe de l'*alambic*, encaiſſé dans une maçonnerie avec les tuyaux qui contribuent au jeu de la machine, en particulier du tuyau déſi-gné ſous le nom de *cheminée*, aboutiſſant hors du bâtiment, & fermé à ſon extrémité d'une ſoupape chargée de plomb.

FIG. 2, 3, 4.

Se rapportent aux quatre figures ſuivantes.

FIG. 5, 6, 7, 8.

Relatives à la conſtruction des piſtons, aux che-vrons à reſſort qui limitent le jeu du balancier, & à la conſtruction des parties qui appartiennent au régulateur ou au diaphragme.

PLANCHE LIII.

FIG. 1.

Puits de la Mine où l'on voit le Canal dans lequel se décharge le restant de l'eau apportée à chaque impulsion de la machine, & d'où elle est ensuite conduite où l'on veut.

FIG. 2, 3, 4.

Ces trois figures sont relatives à l'élévation successive de l'eau du puits dans des cuvettes par le jeu des pompes aspirantes. Voyez l'Art. III de la description de la machine de Fresnes, *page* 468 & 469.

FIG. 6.

Tiges des pompes liées ensemble pour composer un train suspendu à la jante du balancier ; cette figure facilite l'intelligence du jeu simultané des pistons dans les pompes.

FIG. 7.

Aissieu vertical qui s'adapte au manche du régulateur.

FIG. 8.

Manche du régulateur percé quarrément à son extrémité, pour recevoir l'aissieu vertical.

FIG. 9.

Plan & profil du *Régulateur* accompagné de son manche.

FIG. 10.

Plaque circulaire qui environne un anneau.

FIG. 11, 12, 13.

Construction, plans & profils du *piston du Cylindre* représentés en grand, afin de montrer comment cette partie est plus enfoncée dans le milieu du cylindre que vers la circonférence.

Par les proportions bien plus grandes du diametre de ce piston du cylindre dans plusieurs de ces sortes de machines, voyez *page* 1064, on voit qu'il est aisé de rendre une machine à vapeur d'un effet double de celle de Fresnes.

FIG. 14.

Cette figure est relative au régulateur & au ressort qui le pousse contre l'orifice du collet du cylindre, & qui est décrit *pages* 470 & 1099.

Les personnes qui voudront prendre une entiere connoissance de ces sortes de machines, peuvent consulter un Ouvrage qui a paru en Hollande en 1777, sous le titre : *Observations sur les Pompes à feu avec balancier*, par M. Blakey, à la suite desquelles se trouve la description d'une pompe à feu sans balancier, établie dans le Kokum à la Haye, sous la direction de ce Méchanicien, auquel les Etats de Hollande ont accordé un privilege exclusif.

La description de l'art de construire les Machines à feu, que cet Auteur a présenté à l'Académie des Sciences il y a plusieurs années, vient d'être an-

noncée par souscription à Liege, avec quelques autres descriptions d'Arts du même Auteur, & approuvés par l'Académie.

PLANCHE LIV.

GÉOMÉTRIE SOUTERRAINE.

On trouve au premier coup d'œil, par le petit nombre de figures de cette Planche, qu'elle ne se rapporte qu'à la solution de quelques-uns des problêmes donnés dans l'Ouvrage ; la nécessité en fait de travaux de Mines de recourir quelquefois à une bonne montre ou à un cadran solaire, nous a déterminé en particulier à faire connoître une maniere commode de tracer sur le papier un *Cadran droit* & un *Cadran déclinant* qui peuvent ensuite se tracer sur une vitre ou dans l'embrasure d'une fenêtre, tels qu'ils doivent être selon la déclinaison de l'appartement qu'on occupe : cette méthode simple, qui consiste dans l'usage d'un horison artificiel, a l'avantage de pouvoir servir pour toutes sortes de latitudes ; il suffit de transporter l'horison vertical plus haut ou plus bas, suivant le degré de latitude ; on trouvera à la *page* 766 des especes d'éléments qui aideront (autant que la difficulté de la matiere le permet) l'intelligence de la description de toute espece de cadran, & par conséquent celle que nous donnerons ; dans le cas où par manque de succès nous n'aurions point réussi à nous expliquer assez clairement pour rendre cette description suffisante, on trouveroit dans la *Gnomonique pratique* de Dom Bedos, deuxieme édition, 1774, tout ce que l'on peut désirer à ce sujet.

Une absence que j'ai fait de Paris, lors de l'impression de cette partie de l'Ouvrage, m'ayant empêché de veiller par moi-même à l'exactitude du rapport des Planches avec le discours, il se trouve dans l'un & dans l'autre des fautes pour lesquelles il est à propos de recourir à l'errata pour les *pages* 765, 772 & 811. Je vais prévenir de quelques autres, & les rectifier en même temps à chaque figure dont on va donner le détail.

FIG. 1.

Plan vertical, ou quart de cercle muni d'un fil à plomb, & d'un autre fil sans plomb, servants à des usages indiqués *page* 765, *note* 3, & *page* 772.

FIG. 2.

Petit horison artificiel, ou autre quart de cercle tracé aussi sur un plan vertical ; pour concevoir son usage ou son rapport indiqué *note* 4, *page* 772, il faut (en même temps que l'on considere sur la gravure ce petit horison artificiel) supposer dans une position perpendiculaire le plan vertical, *fig.* 1.

FIG. 3.

Secteur faisant l'effet d'une petite *équerre*, (nom qui lui est donné *page* 772) ; sa construction & son usage sont donnés *page* 766, *note* 1.

FIG. 4.

Relative à la maniere dont on trace sur un limbe de cercle ou de demi-cercle autant de circonférences concentriques, qu'il en faut pour subdiviser sans confusion chaque degré en autant de parties égales qu'il est possible. V. l'*Errata* pour la *page* 783.

Fig. 5.

Axe en gros fil de laiton, qui s'adapte différemment au-dehors d'une croisée pour servir d'aiguille au cadran. Voyez *page* 770.

Fig. 6.

Cadran direct ou *régulier* de 38 degrés, tracé sur un papier, qui peut être placé sur une vitre de croisée en-dehors, pour avoir un cadran transparent. Voyez *page* 796.

Fig. 7.

Cadran déclinant de 20 degrés, tracé sur une vitre, & qui peut servir à deux fenêtres différentes. Voyez *pages* 772, 773.

Fig. 8.

Détermination de la profondeur d'un puits de Mine avec le récipiangle & la rapporteur, expliquée *page* 804.

Fig. 9.

Opération à faire avec l'astrolabe, la boussole ou la méridienne & la perche, pour mesurer une ligne à laquelle on ne peut arriver que par des plans inclinés ou par des détours, expliquée *page* 808, Problême XI.

Fig. 10.

Pour la mesure des hauteurs.

Ligne qu'il s'agit de mesurer à la faveur de deux galeries fort inclinées, en employant, entr'autres instrumens, l'Astrolabe, ou, si l'on veut, l'échelle Angloise, &c. *Voyez* les Calculs portés à la page 809, & à la page 810. La marque Λ de cette figure 10 est un *A*, voyez la *figure* 14 qui se rapporte à celle-ci.

La valeur de la base *A E*, & la recherche du quarré de l'hypothénuse *A B* qui devoient suivre l'analogie du calcul de *A E*, page 811, sont ajoutés dans la Table des matieres au mot *Analogie*.

Fig. 11.

Opération avec le niveau de l'astrolabe & avec des piquets, pour la suite de l'opération de la *figure* 10. Voyez page 809.

On a oublié de marquer dans cette figure deux lettres, savoir *c* au-dessus de *D*, & *d* au-dessus de *F*.

Fig. 12.

Voyez l'explication de cette figure page 814, note 4, où cette figure est mal indiquée & pour son Numéro & pour la Planche.

La déclinaison du plan, marquée à la seconde ligne de la deuxieme colonne de cette note, est 20 degrés au lieu de 29 : & à la ligne 5ᵉ, au lieu de *A* qui précede cosin latitude, il faut lire ᵃᵘ.

Fig. 13.

Servant avec les figures 9 & 10 au calcul de la ligne de 47 pieds, & de l'angle d'élévation de

17 degrés, *page* 809 ; il manque plusieurs lettres à cette figure, comme *B* au-dessus de *E* ; il faut aussi au-dessus de 47 p. marquer 53 au lieu de 58 p.

Par l'addition portée à la Table des matieres au mot *Analogie*, on trouve que les deux côtés & l'angle compris donnent la base *A E*, qui est horisontale de 36, 57 pieds, & qu'avant les deux côtés *A E*, *B E*, on a l'hypothénuse *A B* (Racine de *A B²*) = 37, 69 pieds, ou 37 pieds 8 pouces 3 ⅓ lignes.

Fig. 14.

S'applique comme la figure 10 à l'examen des hauteurs.

On peut voir à la Table des matieres, au mot *Géométrie Souterraine*, les ouvrages qui en ont traité, & que l'on est à portée de se procurer ; l'Auteur de la traduction qui paroît actuellement de l'Ouvrage de M. Delius se propose de publier incessamment la traduction d'un Traité Allemand sur cet objet.

PLANCHE LV.

Pharmacie portative pour secourir les Ouvriers noyés ou suffoqués dans les Mines, d'après l'établissement fait par le Bureau de l'Hôtel-de-Ville de Paris en faveur des Noyés.

HAUT DE LA PLANCHE.

Boîte représentée ouverte en-dessus & en-devant, pour donner la facilité d'appercevoir les objets qu'elle renferme (excepté des bandes à saigner, des plumes pour chatouiller, & des imprimés instructifs sur la maniere d'employer tout ce que contient cette boîte), & qui sont indiqués séparément *au bas de la Planche* sous les Numéros suivants, auxquels correspondent les lettres marquées dans la boîte.

1. *Machine fumigatoire*, appareillée avec le *soufflet* qui en dépend, & le tuyau de soufflet & la canule fumigatoire. Cette machine est marquée dans la boîte en *P*, & le soufflet en *O*.
2. *Machine fumigatoire*, dont le chapiteau qui s'ouvre à charniere, est levé.
3. *Couverture de laine*, taillée en chemise, dans laquelle on enveloppe l'*Asphyxique* après l'avoir frotté avec une piece de laine ; dans la description on a marqué en *L M*, deux de ces *frottoirs* qui ne se voient pas, & qui sont avec un *bonnet* de laine : la boîte & la couverture sont marquées *H*, *H*.
4. *Flacon* d'esprit volatil de sel ammoniac vu dans la boîte en *D*, ainsi qu'une bouteille d'eau-de-vie camphrée en *C*.
5. *Cuiller* de fer étamé, pouvant, par son manche, servir de levier pour écarter les dents de l'Asphyxique ; elle est placée dans la boîte en *F*.
6. Même *Cuiller*, vue de maniere à appercevoir sa forme, & sur-tout sa terminaison en aiguiere pour être une espece de biberon.
7. *Canule à bouche* en peau, vue dans la boîte en *K*.
8. Seconde tige de la canule fumigatoire, marquée I I dans la boîte.
9. *Tuyau fumigatoire* dans sa longueur, avec ses divisions, vu dans la boîte en *R*.

Ce qui fe préfente à l'ouverture de la boîte en *A*, eft du tabac à fumer en rouleaux ; plufieurs paquets d'émétique dans une petite boîte en *B* ; un nouet de foufre & de camphre en *N*, & une bouteille d'eau-de-vie camphrée animée d'efprit de fel ammoniac en *C*. Voyez la remarque fur le tartre ftibié, au mot *Emétique*, Table des matieres.

PLANCHE LVI. N°. 1.

Apprêt du Charbon de terre à la maniere des Liégeois, ufité auffi dans le Hainaut François, pour rendre le chauffage de Houille plus économique.

C'eft la préparation qui a été annoncée & exécutée à Paris au commencement de l'hiver de 1770, & dont l'entreprife continuée l'hiver de 1771, a été abandonnée particuliérement à caufe de la cherté exhorbitante du Charbon de terre dans la Capitale.

Dès l'année 1761 que je me fuis chargé de la defcription de l'Art d'exploiter les Mines de Charbon de terre, le *Dictionnaire du Citoyen*, ou *Abrégé hiftorique, théorique & pratique du Commerce*, en deux Volumes in-12, au mot *Charbon*, indiquoit en gros cette préparation, comme procurant un feu plus doux & plus moelleux que lorfqu'on emploie le Charbon de terre brut, & il eft certain, ainfi que je crois en avoir donné des preuves *pages 1282, 1283 & fuivantes*, que la chaleur aigre de quelques Charbons s'adoucit par cette préparation, de maniere cependant qu'ils donnent un feu vif & réglé. Le cahier qui termine la derniere Section de la feconde Partie, développe en détail tous les avantages de ce chauffage. On repréfente ici cette préparation à la vue du Château de Warfutée, tel qu'il eft aujourd'hui ; cette Terre qui a paffé par des alliances à la Maifon d'Outremont, poffede plufieurs riches Mines de plomb, de fer, de calamine, d'alun & de Charbon de terre, dont la propriété eft un droit du Seigneur.

FIG. I.

Premiere main-d'œuvre.

REMUAGE.

Tas ou monceau de Charbon de terre faffé & remué à la pelle par des Botterelles, pour en féparer les gros morceaux ou *Kauchetays*, qui par leurs poids retombent toujours en roulant du haut en bas de la pile : on voit autour de ce tas une Botterelle qui écarte les *roulants* à mefure qu'ils roulent en bas, & une autre qui les emporte fur une brouette.

FIG. 2.

Seconde main-d'œuvre.

TRIPLAGE.

Tas de menu Charbon dont on a entiérement trié les gros morceaux, & auquel on a ajouté de l'argille dans une proportion relative à la qualité de Charbon, qui eft pour l'ordinaire d'un huitieme ou un dixieme fur une charrée, & non moitié ni d'un tiers, comme il eft dit par erreur *page 356* ; les Botterelles font occupées les unes à piétiner ce mélange, les autres avec des pelles rejettent en tas ce qui s'en eft écarté par la manœu-

vre des Botterelles qui ont piétiné deffus ; une autre y jette de l'eau de temps en temps.

PLANCHE LVI. N°. 2.

Mife du Charbon triplé, en pelotes & en hochets, avec les moules.

FIG. 3.

Troifieme main-d'œuvre.

MISE EN FORME.

Différentes maffes de Charbon empâté, en état d'être mis en moule, & fur lefquelles travaillent les *Botterelles*, qui après avoir formé des *hochets* les placent à terre auprès d'elles.

Une *Botterelle* avec une pelle rapporte de temps en temps à la maffe de quoi faire de nouveaux *hochets*.

Une *Botterelle* trempe la lunette dans un baquet d'eau, pour faciliter la fortie du hochet hors du moule quand il eft fait. Voyez *page 1343*.

FIG. 4.

Quatrieme & derniere main-d'œuvre.

Botterelles occupées à placer à l'écart les hochets pour les faire fécher avant de les emporter, voyez *page 1352* ; s'il venoit à pleuvoir pendant que les hochets font à fécher, on obferve qu'ils n'en brûlent que mieux dans le feu, parce que les parties glaifeufes ayant été lavées à la fuperficie, la houille fe trouve à nud.

Lorfque les hochets font fecs, on les range à la main contre une muraille, ainfi qu'on le voit au haut de la Planche, où une Botterelle eft occupée à en faire une hotée ; tout près on a marqué une Botterelle qui fait un hochet à la main. Voyez *page 1343*.

Cette préparation, pour un petit ménage, peut fe faire dans l'hiver à la cave ou à couvert, fans avoir befoin d'expofer les hochets au foleil ; on a feulement attention pour qu'ils fechent, de femer fur chaque lit de hochet de la fcieure de bois, & d'y laiffer toujours, entre chaque lit, deux à trois lignes d'épaiffeur de cette fcieure.

PLANCHE LVII. N°. 1.

Uftenfiles de Magafin pour fabrication de chauffage.

La nature du Charbon de terre dont on peut difpofer, une fois connue, afin de déterminer convenablement la quantité & la qualité de terre qui peut lui être alliée, l'opération eft on ne peut pas plus fimple ; s'il ne s'agit que d'une petite provifion de ménage, les mains ou des *palettes* & quelques moules, un *crible* ou faffoir, au lieu de pelle, comme il fe pratique dans le Hainaut François, voyez *page 487*, font tous les uftenfiles néceffaires ; mais fi quelques circonftances qu'on ne peut prévoir, ou quelques motifs d'utilité, tels que ceux qui s'étoient préfentés à mon idée avant l'entreprife tentée à Paris, voyez *pages 1295, 1327*, décidoit dans la Province une fabrication de ce genre un peu en grand ; il faudroit alors un autre difpofitif, & des uftenfiles en nombre, en efpece fuffifants.

La principale raison pour laquelle le projet formé mal-à-propos dans la Capitale, n'a pu se soutenir, (la cherté exhorbitante du Charbon de terre) n'ayant pas lieu pour les Provinces, la pratique de ce chauffage n'a besoin que d'etre connue dans ces endroits, & peut aisément s'y introduire de proche en proche.

Pour faciliter & favoriser autant qu'il est en nous le succès d'une tentative à laquelle la cherté du bois de chauffage dans les Provinces encourage assez naturellement, nous avons jugé qu'il ne seroit pas inutile de donner l'état des ustensiles dont on pourroit s'approvisionner, indiquer même la distribution d'un attelier de fabrication.

1. *Claie* en osier ou en châtaignier, sur laquelle on sasse à la pelle la houille, afin d'en séparer les *Roulants*, voyez pages 1331, 1339.
2. *Beche* ou *louchet*, voyez page 1332.
3. *Pelle de bois. id.*
4. *Rateau* à dents de fer.
5. *Pic. Hoyau* pour le quartier des pâtes.
6. *Masse. Dame* pour briser les gros morceaux de Charbon, voyez page 1332.
7. *Rouable & balais.*
8. *Rabot* ou *Bouloir* pour le corroyement.
9. *Cuve* ou *baquet* dans lequel on tient de l'eau.
10. *Moule* sur la forme usitée à Valenciennes, page 1332.
11. *Batte. Palette.*
12. *Brouette* pour porter au Charbonnier les *Kanchelays* ou *Roulants.*
13. *Brouette* pour porter la pâte dans le quartier où on doit la mêler au Charbon.
14. Il n'y a pas de Figure sous ce N°.
15. *Voiture* pour transporter des pelotes toutes faites, & séchées.
16. *Voiture* pour le transport du Charbon brut à l'attelier de fabrication.
17. *Pompe à la Hollandoise*, pour envoyer commodément de l'eau dans les différents quartiers de l'attelier.
18. Mal marquée 1 au bas de la Planche. Mesure en bois, qui peut servir de bassin à une balance, pour revendre au poids le gros Charbon non employé en *Hochets.*

BAS DE LA PLANCHE.

Se rapporte à la Planche XXXIV, N°. 3, dont les deux figures suivantes sont une continuation.

a. Plan des routes ou chemins pour guider les charriots à levier qui transportent les Charbons de la Mine à un magasin situé au bas d'une montagne.
b. Profil d'un plancher rond placé à chaque angle ou détour de ces routes, qui a le diametre de la longueur du charriot, & qui est fixé à son centre par un pivot qui le fait tourner, Voy. page 867.

PLANCHE LVII. N°. 2.

Plan de distribution pour un attelier de fabrication en grand, ayant à droite & à gauche de la porte d'entrée une chambre de Commis préposés l'un à l'entrée, & l'autre à la sortie.

Pour l'intelligence de la division qu'il conviendroit à peu-près de donner à un attelier par quartiers, il suffit de jetter les yeux sur cette Planche, où chaque quartier est déligné en toutes lettres, & de consulter la page 1335 jusqu'à la page 1354. Dans le fond de l'attelier, on a marqué en P l'emplacement pour un puits à la portée des quartiers où il est nécessaire d'avoir de l'eau.

PLANCHE LVIII.

FIG. 1.

Poële de fer fondu en usage parmi les pauvres du Lyonnois, & qui leur sert à la fois pour cuire des nourritures, & pour chauffer une chambre; ce poële est expliqué page 525 & 1277.

A tous les différents moyens que nous nous sommes attachés d'indiquer pour tirer toutes sortes de partis, soit du Charbon brut, soit de ses braises, soit même de ses cendres, pour procurer un chauffage économique (*Mém.* 3), & page 1262), nous ajouterons ici une maniere particuliere d'échauffer une très-grande piece, & même de cuire un fort pot au feu, avec du machefer, une très-petite portion de menu poussier de Charbon de terre, & de l'Argille combinés ensemble, qui forment alors une espece de *Glatte*, de charbon *tendre*, ou de *Terroule* artificielle: en voici le procédé, dont on fait une sorte de secret à Rheims, où il est pratiqué dans quelques grands Atteliers où l'on veut entretenir l'air sec, & une chaleur d'étuve.

Pelotes ou Boulets de chauffage à très-vil prix.

Prenez du machefer que les Serruriers & les Maréchaux mettent au rebut au coin de leurs portes dans les rues; battez ce machefer avec un gros bâton comme on fait le plâtre, après y avoir mêlé une partie suffisante de *Fraisil* de houille, selon que l'indiquent l'usage & l'habitude de cette manipulation; empâtez le tout avec de la terre à potier délayée dans de l'eau, à la consistance d'un mortier liquide, & seulement à la quantité nécessaire pour lier toute la masse & la former à la main en boulets d'une livre; mettez-les à la cave pour qu'ils se maintiennent dans l'état de fraîcheur & de mollesse.

On a un grillage de fer de forme circulaire, d'environ un pied de hauteur, & de 6 à 8 pouces de diametre, monté sur trois pieds qui l'exhaussent d'environ un pied & demi; les tringles de fer qui composent cette cage son disposées en hauteur, & distantes les unes des autres d'environ deux pouces.

Le fond du grillage se garnit de boulets mis en pieces, sur lesquels on place quelques charbons allumés; on recouvre ces charbons allumés d'autres boulets brisés en morceaux, & on recharge le grillage de nouveaux morceaux à mesure que les autres s'embrasent; de temps en temps il faut soulever toute la masse avec un fourgonnier, pour redonner de l'air au feu, & faire tomber les cendres.

On parvient ainsi à échauffer une très-grande piece & une marmite suspendue au plancher, à un pied au-dessus du grillage.

J'ai fait l'expérience de ce chauffage extraordinaire: elle a répondu à ce qui m'en avoit été dit; il n'y a eu aucune fumée, & j'ai eu une chaleur marquée, telle qu'on peut désirer. Cette maniere ne pourroit être que très-avantageuse pour de grands atteliers & autres semblables endroits.

Auprès du poële économique marqué 1, est la coupe

coupe intérieure d'une autre poële à trois pieds, de fer, posé sur un plateau pour recevoir les cendres; c'est le fourneau de M. Lewis, dans lequel la confommation des pelotes peut être ralientie à volonté; son explication est portée à la *page* 1278; il devroit dans la figure être marqué 2.

Au-deffous est un autre fourneau très-économique, & qui ne donne point de fumée; on peut en voir la defcription page 1277; il faudroit fur la figure, le marquer 3.

Les *trois figures* reftantes appartiennent à la diftillation du bitume de Houille, *per defcenfum*, & à l'évaporation de fon acide qu'on y appelle *Soufre*; ces figures ne repréfentent que les principales parties du fourneau dont on fe fervoit pour cette opération aux forges de Sultzbach, où les braifes de Charbon ainfi dépouillé de ces deux parties conftituantes, ont été long-temps employées à la fonte de la Mine de fer.

En conféquence des changements que nous apportons ici aux chiffres de renvoi, la figure 2, qui eft le fourneau vu dans fa capacité extérieure, doit être marquée 4.

La fig. 3, qui eft la coupe du fourneau, peut être marquée 5.

La coupe tranverfale de ce four, marquée 4, peut être marquée 6, & toutes trois font expliuées page 1139.

PLANCHE LVIII. *

Fourneau Chinois pour chauffer avec le Charbon de terre ou avec du bois.

FIG. 1.

Kang ou étuve Chinoife, nommé *Kao Kang*, parce qu'on s'y tient affis.

FIG. 2.

Coupe & profil de tout le fourneau.

FIG. 3.

Fourneau détaché, vu par derriere & en-deffous.

FIG. 4.

Vue fupérieure de la cave & du cendrier fur lequel porte le fourneau.

FIG. 5.

Entrée de la flamme & de la chaleur dans l'étuve; le détail de ces figures eft à la *page* 1279.

PLANCHE LVIII.**

Poële ingénieux du Docteur Franklin, dont il n'eft point fait mention dans l'Ouvrage.

Cette invention intéreffante n'eft pas encore publiée, quoique la Planche en foit gravée; mais le célebre Auteur qui me l'a fait voir, a bien voulu me permettre de la copier, & de lui donner place dans un Ouvrage auquel il a contribué par l'envoi qu'il m'a fait des deffins dont j'ai formé les trois Planches qui regardent les Mines de Charbon de Newcaftle.

Vafe de fonte qui forme le poële compofé d'une plaque de fond, de deux plaques verticales, d'une plaque fupérieure où font les tuyaux pour la fumée, & d'une piece fervant de couvercle.

Ce poële *f* eft placé dans une niche 1 1 1 1, derriere laquelle eft le tuyau de la cheminée.

M. M. Hauteur à laquelle eft placé dans le ventre du vafe le grillage vu en H, muni de prolongements
h'h h qui s'encaftrent dans une petite entaille.
O. O. Partie de l'ouverture du vafe, dont la portion fupérieure fe renverfe en arriere au moyen d'une charniere lorfqu'on veut y mettre du Charbon de terre : cette efpece de couvercle eft terminé à fon fommet par un ornement qui figure une gerbe-de-flamme, & qui y eft adapté en maniere de douille : cet ornement de cuivre doré eft percé de plufieurs trous donnant paffage à l'air qui defcend dans le poële & y établit le courant ; on le voit à part en *m*. Dans l'été cette piece peut s'ôter pour mettre des fleurs à fa place.

Décompofition des pieces du poële, toutes de fonte, excepté le tiroir.

A. Plaque du fond munie de rainures dans lefquelles s'élevent verticalement les plaques 1, 2, 3, 4, 5, 6, qui s'appliquent dans les rainures marquées par les memes chiffres correfpondants 1, 2, 3, 4, 5, 6 de la plaque fupérieure B 1, forment les deux canaux échapatoires de la fumée qu'on a figuré dans cette piece B 1.
K. K. Extrémité des deux canaux par lefquels ils communiquent avec le tuyau de la cheminée.
Z. Z. Rainure dans laquelle gliffent les deux plaques verticales Y Y.
X. Bord antérieur de la plaque *A*.
B. 1. Face inférieure de la plaque qui fe pofe fur la premiere.
W. W. Grille pour laiffer paffer les cendres & la fumée.
V. V. Rainure qui reçoit le bord fupérieur des plaques verticales marquées *y y*. Comme elles y peuvent gliffer de droite & de gauche, elles donnent paffage au tiroir de tole G, qui fe place fous la grille pour recevoir les cendres.
B. 2. Face fupérieure de la piece B. 1.
C. Piece qui fe pofe fur la grille de la piece B. 2.
t t t. Cadre de fer qui porte dans des rainures les trois plaques de fonte 5 5 5.
q. q. Rainure antérieure qui reçoit la partie inférieure de la plaque E qui gliffe dedans.
D. Face inférieure d'une plaque qui s'ajufte fur la piece précédente.
r. r. Rainure qui reçoit le bord fupérieur de la plaque E.
P. Ouverture pour le paffage de la cendre & de la fumée, & même de la flamme.
i. i. Petits trous pour recevoir deux tourillons de la bafe du vafe, & qui fervent à le tenir affujetti.

Dimenfions des Pieces.

	Pieds.	Pouces.	Lig.
Devant de la Boîte d'en bas	2	3	
Hauteur des Cloifons de féparation,			

Pieds. Pouces. An.

	Pieds	Pouces	An
qu'on peut fondre avec la plaque du fond..............		4	¼
Longueur des Nᵒˢ. 1, 2, 3 & 4, chaque.................	1	3	
Largeur du Nᵒ. 5 & 6 chaque		8	¼
Largeur du paffage entre le Nᵒ. 2 & 3..................		6	
Largeur des autres paffages, chaque..................		3	½
Largeur de la Grille...........		6	½
Longueur de la Grille		8	
Moulure d'en bas, de la boîte C, quarrées..............		1	
Hauteur du côté de la boîte......		4	
Sa longueur par derriere......		10	
Largeur des côtés, à droite & à gauche...............		9	½
Longueur de la Plaque de devant E à fa plus grande longueur.....		11	
Le couvercle quarré D........	1		
Diametre du trou qui y eft placé..		3	
Longueur de la Plaque qui gliffe y y, chaque...............	1		
Largeur de cette Plaque.........		4	
Tiroir G ; fa longueur..........	1		
Sa largeur.................		5	¼
Sa profondeur...............		4	
Profondeur de fon extrémité la plus éloignée, a feulement.....		1	
La Grille du dedans du vafe; diametre à l'extrémité de fes boutons.............		5	¼
Epaiffeur des Barres en haut.....		4	
Moindre en bas..............			
Profondeur des Barres.........			¼
Hauteur du Vafe, fans y comprendre la piece repréfentant une flamme................	1	6	
Diametre de l'ouverture O O, au dehois..................		8	
Diametre du trou à air au fommet.		1	½
Diametre du trou pour le paffage de la flamme ou fond..........		2	

Les loix par lefquelles le fluide coule dans les fiphons ordinaires, établiffent pour fait conftant qu'une liqueur paffant dans un milieu moins denfe qu'elle, ne pourroit fuivre fon cours, fi la colonne d'air qui preffe le bout afpirant n'étoit pas plus courte que celle qui pefe fur l'extrémité par laquelle cette liqueur s'écoule ; pour cette raifon la branche afpirante du fyphon eft plus courte que l'autre ; mais fi c'eft au contraire un fluide rare & léger, tel que la flamme & la fumée qui paffe dans un milieu plus denfe, tel que l'air libre, le fyphon doit être renverfé, & c'eft ce qu'opere le poële qui vient d'être expliqué. Mais il eft néceffaire d'établir d'abord le courant de la flamme & de la fumée : on a remarqué que pendant une partie des vingt-quatre heures de la journée il s'établiffoit un courant d'air paffant de la chambre dans la cheminée pour fe mêler à l'atmofphere, & qu'au contraire dans le refte du jour il y en avoit un autre qui tranfmettoit par le même canal l'air extérieur dans la chambre ; fi on allume le poële dans la premiere circonftance, la fumée fuivra le courant, & ne fe répandra pas dans la chambre ; mais fi c'eft dans la feconde circonftance, elle l'a remplira. Pour remédier à cet inconvénient, on ouvre les deux couliffes y y, on fait le feu dans la caiffe d'en-bas, on le tranfporte enfuite dans celle au-deffus, & enfin dans le vafe ; le courant d'air une fois établi par ce moyen, on n'aura pas de fumée.

Ce poële ne peut pas être abandonné à des Domeftiques, il fumeroit infupportablement fi on n'apportoit pas quelque précaution ou attention à le gouverner.

BAS DE LA PLANCHE.

Fourneau de Bouilleur d'eau-de-vie, & qui peut aller au feu, foit de bois, foit de Charbon de terre, felon les principes de M. Baumé.

V. P. 1609. *Additions & Corrections pour la page 1253.*

Cette Planche, facile à entendre de ceux qui connoiffent ces fourneaux, décrits dans la 2ᵉ Partie de l'*Art du Diftillateur Liquórifte*, s'entendra aifément, en obfervant que la conftruction de ce fourneau porte fur le principe que pour les fluides qu'on veut mettre ainfi en évaporation, la chaleur fe communique de proche en proche, fans qu'on foit obligé de l'appliquer localement, comme cela eft néceffaire, quand on opere fur des matieres féches, par exemple, pour des fublimations.

Fig. 1. Fourneau fuppofé de 16 pieds de long, pour une chaudiere de 12 pieds de diametre, & qui peut être fans chapiteau. *a.* Grille dans la même longueur que la chaudiere. *q.* Niveau de cette Grille où commence la cheminée. Le fourneau eft vu en élévation jufqu'à la hauteur des barres, fur lefquelles porte la chaudiere, dont la moitié environ doit être enfoncée dans le fourneau, fans en toucher les parois.

Fig. 2. en *a* & *b.* Deux maffifs établis folidement à une teur, telle que le vuide qui en réfultera forme le cendrier, fe fermant & s'ouvrant à volonté, & au-deffus duquel fe place la grille du cendrier. *o o, d d,* endroit où l'on donne à l'élévation du fourneau, au-deffus de la grille, une pente douce, qui, dans la hauteur, laiffe de chaque côté un peu plus d'efpace qu'il n'en faut pour la chaudiere. Sur le devant de cette conftruction, on laiffe une ouverture pour une porte comme au cendrier. Le milieu des murs, formés en pente, eft garni dans toute fa longueur & de chaque côté, d'une bande de fer plat, deftinée à fervir d'appui à une dixaine de bandes de fer, qui traverfent prefque la moitié du fourneau.

C. Intérieur du fourneau au-deffus du cendrier, depuis la grille jufqu'aux barres, formé en triangle, dont l'angle inférieur eft tronqué *o o, d d.*

Fig. 3. Totalité du fourneau garni de fa chaudiere : *A, B* fes portes : *C,* dégor ou décharge : *D, G,* endroit (marqué en lignes ponctuées) où defcend le fond de la cheminée : *K,* cheminée du fourneau, & fa *tirette.*

Fig. 4. Les lignes ponctuées *a, A, b, B,* font uniquement pour défigner la maniere dont la chaleur du feu s'éleve.

HISTOIRE ET ANALYSE

Des Opérations faites sous la direction de M. le Comte DE STUARD en Normandie & en Bourgogne, dans les années 1775 & 1776, pour fondre & affiner le fer avec les braises de Charbon de terre.

Envoyée à l'Académie Impériale & Royale des Sciences & Belles Lettres de Bruxelles.

SUPPLÉMENT aux pages 1520 & 1521, où il est parlé succintement de ces opérations.

LES tentatives & expériences en tout genre, même celles qui n'ont pas répondu à l'attente qu'on s'en étoit promise, sont toujours bonnes à connoître. Les fautes qui s'y font appercevoir, servent aux personnes qui se livrent à de nouveaux essais, & conduisent quelquefois sûrement à la découverte que l'on cherchoit. Les opérations dont nous annonçons l'exposé & l'analyse m'ont paru, à tous égards, mériter d'être rendues publiques. Lorsque, dans la troisieme Section de mon Ouvrage, j'ai traité au troisieme Article, des Opérations métallurgiques tentées ou exécutées avec le feu de Charbon de terre en différents pays, je n'avois pu avoir de connoissance précise relative à l'opération faite à Aizy, j'ignorois même qu'il en avoit été fait une précédemment à Breteuil ; la difficulté que j'ai eu à obtenir dans ce temps les informations dont j'avois besoin pour enrichir mon Ouvrage ne m'a point découragé, j'ai été à même au moment qu'on achevoit d'imprimer la Table des matieres, d'y inférer une notice sommaire de la maniere dont M. Stuard a obtenu ces braises de Charbon de terre à Ardinghem, ensuite à Aizy, & de l'application qu'il a fait de ses braises à la fonte des Mines dans ces deux endroits.

Les personnes qui s'intéressent à la Métallurgie, ou celles qui y ont des connoissances ; ne penseront pas, je crois, qu'instruit actuellement en détail, sur cette entreprise importante, je doive ou je puisse m'en tenir à avancer, comme je l'ai fait, que ces essais n'ont pas réussi. Dans le point de vue qu'on a dû se proposer, une allégation n'est point une preuve, tout le monde seroit néanmoins en droit de me demander cette preuve, elle se trouvera dans l'exposé qui va suivre ; je lui donne la forme la plus simple possible, & propre néanmoins, si je ne me trompe, à jetter quelque jour sur la fonte des Mines avec le feu de Charbon de terre, & sur les points qui sont à résoudre dans ce problême.

Ce seroit encore ici le moment, avant d'entrer en matiere, de nommer deux personnes entr'autres qui ont bien voulu me communiquer les principaux détails de ce Mémoire historique ; mais leur honnêteté ne leur a pas permis d'attacher aucune sorte de mérite à un simple récit de faits qui eût pu me venir par d'autres, puisqu'ils n'ont pas été seuls témoins de ces expériences ; leur complaisance à cette occasion a d'ailleurs été déterminée uniquement par le motif de l'utilité qui pourroit résulter de la connoissance & de l'examen de ces essais ; elles m'ont imposées l'une & l'autre la condition de paroître méconnoissant ; je suis obligé, pour me conformer à volonté, de déclarer que ces deux personnes ont voulu que je me dispense de leur donner publiquement la foible marque d'égard qui leur est due si légitimement, & dont je me proposois de m'acquitter bien volontiers en les nommant ici.

OPÉRATION faite en Octobre en 1775 aux forges de Breteuil en Normandie, pour fondre la mine de fer avec des braises de Charbon de terre d'Ardinghem.

CETTE opération paroît liée avec celle dont nous avons fait une simple mention ; *page* 1218. Les expériences de M. le Chevalier de la Houliere dans le Comté d'Alais en 1775, ont vraisemblablement donné origine aux essais de M. de Stuard. Les secours & les encouragements qui avoient été accordés à M. de la Houliere dans ses généreuses entreprises, firent naître à M. de Stuard l'espoir d'un succès plus heureux, & le projet dans la même Province d'un établissement de forges à alimenter avec du Charbon de terre ; le feu Prince de Conty, à qui le Comté d'Alais appartenoit alors par droit patrimonial héréditaire, accueillit le projet, & procura à M. Stuard pour son expérience l'ufage d'un fourneau à Breteuil ; M. de Stuard s'y rendit au mois de Septembre 1775, & l'opèration fut exécutée en préfence de M. Cadet, de l'Académie des Sciences, de M. le Chevalier de Fontanieu, Propriétaire de la Mine de Charbon d'Ardinghem chez qui avoit été préparé le Charbon, & de M. le Subdélégué de l'Intendance d'Alençon. M. le Comte de Stuard avoit fait tranfporter ces braifes à Breteuil ; voyez, *à l'explication de la Planche XXXV*, page 1574, la maniere dont le cuifage a été fait.

La quantité de Charbon qui avoit fubi cette préparation fur le lieu fe montoit à 96 barils, & un fixieme de baril, du poids de 520 livres, faifant environ 50 milliers, ce qui revient à très-peu-près dans notre maniere de compter à Paris, à dix-huit voies & un huitieme & demi de voie, valant 2760 livres pefant, ce qui fait près de la moitié d'un bateau fuppofé chargé de 28 voies. Voyez le prix de ces Charbons au pied de la Mine, dans l'état des Mines de Charbon de terre de France à l'Article *Boulonnois*, page 1555. Au foutneau, ces braifes donnoient une chaleur beaucoup plus vive que celle du Charbon de bois ; elles furent mêlées avec un tiers de ce dernier.

Depuis le réfultat de cette opération que nous avons donné à la Table des matieres au mot *Stuard*, le détail qu'on nous avoit fait efpérer ne nous eft point parvenu : nous n'infifterons ici que fur le cuivre qui s'eft fait voir dans la fonte exécutée à Breteuil. Voyez Table des matieres au mot *Union du Soufre, du Cuivre, &c*, avec le Charbon de *terre* (a).

Nous nous en tiendrons uniquement pour cela à une obfervation : de quelque caufe qu'ait pu provenir cette fingularité apperçue pour la premiere fois dans les fontes de la Mine qui fe traite aux forges de Breteuil, & que nous avons foupçonnée pyriteufe (b), on eft fondé à préfumer que ce fer provenant de la fonte exécutée dans ce fourneau au feu de braifes de Charbon de terre étoit de très-mauvaife qualité, ne pouvoit convenir à aucun des ouvrages qui demandent un fer fouple, ductile & nerveux ; l'expérience apprenant que la moindre partie de cuivre mêlé accidentellement à une maffe de fer, comme cela arrive, par exemple, lorfque le mufeau de la thuyere du fourneau vient à fe brûler & à tomber dans l'ouvrage de l'affinage, ou lorfqu'on ufe de vieilles ferrailles parmi lefquelles il fe trouve quelque mitraille ; cette partie de cuivre verfée dans les maffes de fer eft fuffifante pour l'empêcher de fe rallier & de fe fouder, de maniere qu'il ne peut être forgé ; & que le cuivre enfin rend le fer dur & *rouverain*, c'eft-à-dire, caffant à chaud lorfqu'il eft pétri avec le fer dans le travail de l'affinage.

OPÉRATIONS *faites aux Forges d'Aizy, fous Rougemont en Bourgogne.*

CE fut peu de temps après les effais de Breteuil que M. Stuard difpofa fes nouvelles opérations. Dès le mois de Novembre de la même année 1775, il étoit arrivé à Mont-bart, chez M. le Comte de Buffon, avec des lettres de recommandation de M. Bertin, Miniftre. Le fourneau de M. Montbard n'étoit pas en feu alors, & ne devoit pas y être de long-temps. Les effais fe firent à Aizy, où M. de Stuard vint s'établir ; il annonça qu'il emploieroit à fes expériences des Charbons de terre provenant de la Mine d'Ar-dinghem & de S. Etienne en Forez ; en effet il en avoit fait remonter à Auxerre un affez grand nombre de tonnes, dont une partie a été tranfportée à Aizy par Auxerre.

Les principales & premieres opérations ont été indiquées à la Table des matieres, au mot *Stuard* : voici une de ces expériences fur laquelle nous avons eu le détail circonf-tancié qui fuit. Avant tout, nous garderons dans cette analyfe le même plan que nous avons fuivi dans les femblables defcriptions raffemblées dans la troifieme Section de notre Ouvrage, où nous avons fait connoître la principale conftruction des fourneaux dont on s'eft fervi pour exécuter ces fontes, la nature de la mine, la qualité des fers qui en pro-viennent, &c.

La forme & la dimenfion des fourneaux devant être relatives à l'efpece de mine que l'on traite, la maniere dont les foyers de forge font montés étant auffi relative à l'efpece de fonte qu'ils doivent mettre en fufion, la précifion, en fait de defcription de procédé, exige ces connoiffances préliminaires : nous les donnerons ici, quoique dans la méthode de M. de Stuard il n'y ait rien à changer dans la manutention ufitée en France. Quant à la Mine de fer qui fe traite dans ce canton, nous préviendrons ici que c'eft une Mine limon-neufe en général, (Voyez page 1213, note 1,) à grains de la groffeur de la poudre à tirer.

(a) On doit fe reffouvenir que cette Table des matieres contient des obfervations, des remarques, même des aug-mentations & des explications circonftanciées qui peuvent la rendre utile à lire en entier.

(b) N'ayant point reçu les échantillons qui nous avoient été promis, nous n'avons pu en juger précifément ; mais nous la foupçonnons telle, par la raifon que c'eft ordinairement fous l'état pyriteux que le cuivre fe trouve uni au minerai.

DIMENSIONS *de l'Ouvrage de Chaufferie ou Affinerie , dite* à l'Allemande *, ou* Renardiere *en usage à la forge d'Aizy.*

Du fond au haut de l'aire , du côté de la *Varme* (a), 11 pouces ½ de hauteur.

Du fond au haut de l'aire, du côté du contre-vent, 13 pouces de hauteur.

Du fond au haut du contrevent , côté de l'aire , 8 pouces de hauteur.

Du fond au haut du contrevent, côté du *Chiot*, 11 pouces ½ de hauteur.

Le contrevent incliné sur la hauteur , d'un pouce sur le *Bache* (b).

Du fond à la hauteur de la varme , côté du chiot , 4 pouces.

Du fond au haut du *Chiot*, 6 pouces, non compris l'épaisseur de la *Taque* à recevoir les Charbons pour la fusion de la gueuse & la fabrication des fers ; cette *Taque* (c) est ordinairement de 15 lignes d'épaisseur.

La largeur du fond de la *Varme* au contrevent, côté de l'aire , 14 pouces ; & côté du chiot , 15 pouces de largeur.

Hauteur de la thuyere au fond , 4 pouces.

Eloignement de la thuyere au *Chiot* , 13 pouces.

Eloignement de la thuyere à l'aire , 11 pouces.

La thuyere avance dans l'ouvrage de 3 pouces 3 lignes , & l'extrémité de son museau est à 13 pouces de distance du contrevent.

La thuyere est posée de maniere que le vent des soufflets darde horisontalement dans l'ouvrage ; si la thuyere est trop inclinée , la fonte en fusion reste liquide , ou tout au moins se forme difficilement en fer malléable (d).

Au surplus la position de la thuyere se trouve asservie à la qualité des Charbons & à celle de la fonte de fer , de sorte qu'il se rencontre des circonstances où la thuyere doit être inclinée d'un ou de plusieurs degrés ; d'autres dans lesquelles il convient de l'entretenir horisontalement ; d'autres en fusion où il faut qu'elle dirige le vent des soufflets à un ou à plusieurs degrés au-dessus de l'horison ; cette derniere méthode donne pour l'ordinaire un fer très-aigre.

Le foyer monté , on place une taque de fonte sur la taque de contrevent qui s'incline sur le *Bache* , afin de resserrer le feu & tenir les Charbons en respect , & pour entretenir les grenailles de *Hamecelach* (e) , qui se sont détachées des renards ou loupes , lors de l'instant qu'ils seront martelés.

S'il étoit possible de substituer à cette taque un corps non-métallique & non-fusible , la méthode en seroit infiniment avantageuse ; la taque échauffée coopere infructueusement à la consommation des Charbons ; il en est de même de la *Taque* fixée dans la cheminée au-dessus de la thuyere qu'on fait remplacer par de la brique de tuile.

OPÉRATION *exécutée le 12 Janvier* 1776 *à la grande Chaufferie ou Renardiere de la forge à fabriquer le fer en barres* (f) , *avec des braises de Charbon de terre déclarées par M.* DE STUARD *être du Charbon de S. Etienne , cuit à l'air libre au Village de Seve près Paris , à ce qu'on a prétendu.*

LA grande chaufferie étoit en bon train de travail au Charbon de bois, bien garnie & fournie de ses Charbons de terre enflammés , faisant du *fer marchand* de bonne qualité , c'est-à-dire , le plus compacte & le plus nerveux possible, pliant en même temps , & propre dans à être plongé dans les ouvrages qui demandent la plus grande solidité , tels que la construction des Vaisseaux & des Edifices, la Serrurerie , la Taillanderie & la Maréchallerie (g) ; & au moment que la loupe ou le renard (h) fut tiré du foyer, battu sous le marteau , & reporté au foyer (à 10 h. 20 min. du matin) , M. Stuard fit jetter du Charbon de terre , & sur ces Charbons de la chaux de pierre calcaire éteinte à quatre reprises différentes * , & deux onces de sel marin * *.

A onze heures 50 minutes la loupe fut tirée du foyer , ce qui fait une heure & demie de travail.

La loupe suivante taillée de la même maniere en Charbon de terre & en Charbon de bois, avec l'addition (à quatre reprises) de chaux calcaire , ne fut tirée du foyer qu'à une heure 28 minutes après midi , ce qui donne une heure 38 minutes pour sa formation : on observa que le fer refusoit absolument de se former au fond du creuset , ce qui engagea l'ouvrier Marteleur , chef de

(a) Les côtés de l'ouvrage sont faits par quatre plaques , la *Varme* sous la thuyere du côté opposé , le contrevent, l'aire au-dessus , le *Chiot* sur le devant , percé d'une ouverture à la hauteur de la thuyere pour servir d'issue aux scories , & d'une à fleur du fond dont on se sert dans la macération des fontes ; le bas de ce quarré est garni d'une autre plaque appellée *fond* , parce qu'elle en fait l'office ; le contrevent du dessus est une autre plaque sur le contrevent pour retirer les Charbons.

(b) *Bache* , auge de bois d'un pied de vuide sur 6 pieds de longueur , garnie de fer en-dedans & sur les côtés , abreuvée d'eau pour raffraichir les outils & arroser le feu.

(c) *Taque* , *taqueret* , plaque de fonte qui termine l'ouvrage en-dehors.

(d) On doit observer que la construction & la position de l'ouvrage sont commandées par la position des buses des soufflets ; l'ouvrage doit y être soumis , & non les soufflets à l'ouvrage.

(e) Terme corrompu du mot Allemand *Hammer Schlag*, qui signifie proprement écailles de fer qui s'en détachent par le marteau , & que nous appellons *Battitures* , mais dans nos forges l'*hamcelach* est un laitier en menus grains qui se détache des ringards avec lesquels on pique la pièce dans l'affinerie , ou que l'on introduit dans le trou du chiot pour lâcher le laitier des chaufferies & des affineries , lorsque l'Ouvrier les plonge rouges dans l'eau de la bache pour les refroidir. On se sert de cet hammer-schlag , pour ranimer le fer grilloté , pour rendre les chaufferies laitineuses , & pour raffraichir les fontes un instant avant de les tirer des renardieres ; c'est aussi un excellent fondant lorsqu'il y a de l'embarras dans l'ouvrage d'un fourneau : quelques maitres de forge en mêlent au Minerai pour en tirer de la fonte.

(f) Une *Renardiere* est une des cheminées de forge , laquelle fait l'office de l'affinerie & de la chaufferie , fond la gueuse & pousse les pieces à leur perfection. *Travailler en Renardiere* , c'est affiner la fonte , & chauffer dans un même feu le fer crud pour le forger , tel qu'il doit passer dans le Commerce : le fer que donnent les renardieres est un fer supérieur.

(g) Un fer de cette nature est d'un poids spécifiquement plus considérable & plus avantageux au Fabriquant.

(h) *Loupe*. Masse de fer brut & impur que l'on fait dans les affineries , & qui est la premiere forme élémentaire du fer de loupe pétri dans le feu avec le ringard , & dont on rapproche les parties par l'effet du marteau dans l'opération du cinglage.

la forge, à y faire fondre une *Sorne* & demie (*a*) réduite en grenailles ; alors le fer se forma.

Pour travailler la loupe suivante on cessa de jetter du Charbon de terre sur le foyer ; il resta garni de ses menus Charbons & de bois & de terre, du renard ou de la loupe précédente. Ce foyer fut couvert à l'ordinaire en Charbon de bois, jusqu'à la formation de la loupe qui fut tirée à 2 heures 19 minutes, ce qui donne 51 minutes pour la formation de cette loupe qui étoit d'une grande chaleur.

La loupe suivante fut continuée au Charbon de bois ; on la tira à 3 heures 7 minutes, d'où l'on voit qu'elle a été 48 minutes à se former ; la chaleur ou rouge brisant du feu étoit moindre que dans la loupe précédente * * *.

La première loupe a été très-difficile à forger ; elle a présenté à l'œil le rouge brisant ainsi que son effet ; son poids en bande étoit de 44 liv. Cette bande cassée à froid dans la partie forgée au Charbon de terre présentoit une partie de veine ou nerf assez blanc, un gros grain à œil de crapaud, & cassoit facilement. A chaud elle ne souffrit point l'estampe, & elle éclata. La partie de cette même

bande forgée au feu de Charbon de bois, & dont l'extrémité étoit en barreaux, présenta un gros grain couleur de fonte terne assez grossier, nerveux cependant dans son milieu, mais de couleur brune.

La seconde loupe étoit du poids de 72 . . . elle exigea des précautions pour être forgée ; le fer éclatoit & se disjoignoit sous le marteau : on en vint néanmoins cependant à bout assez aisément en répandant sur ce fer enflammé, lorsqu'il fut rapporté de nouveau au foyer, de l'*hametelach*, très-menu, afin de le nourrir. Cette bande pour la marteler fut chauffée au Charbon de bois. Façonnée en barreau, elle présenta un grain grossier d'un blanc sombre, ayant néanmoins du nerf dans son milieu. Une portion de cette bande fabriquée en fer plat, présenta à peu-près le même phénomene. A la chaufferie du Cloutier ce fer tomba en fusion comme de la fonte, & il fallut de grandes précautions pour en tirer quelque partie utile.

La troisieme loupe s'est trouvée d'une qualité bien inférieure pour le métal, à celui qui se fabrique avec le Charbon de bois * * * *.

(*a*) La difficulté à travailler les fontes se corrige en jettant dans le foyer des crasses de forge pilées qui servent de fondant ; la *Sorne* employée ici pour cet objet, est la crasse, écume ou scorie qui se forme au fond du foyer de la forge, & que l'Ouvrier est obligé de lever quand il s'apperçoit que cette crasse ou sorne (qui est ce que les Maréchaux nomment *machefer*) s'oppose par son volume à ses opérations ordinaires, une *Sorne* commune du fourneau d'Aizy doit aller aux environs de 20 à 25 liv. ce qui, pour la quantité d'une sorne & demie, donne de 30 à 33 liv.

REMARQUES *sur l'Opération précédente.*

* LA substitution de pierre à chaux à la terre d'herbue dans les foyers de forge, pour adoucir & rendre plus malléables les fers fragiles, n'est point une pratique propre à M. de Stuard. La premiere personne connue pour l'avoir introduite est M. Rigoley, Directeur des forges & fourneaux d'Aizy ; c'est lui qui dès 1764 a commencé à en faire quelquefois usage, & qui depuis 1767 l'a constamment adopté dans ses travaux ; nous aurons occasion de revenir à cette méthode en terminant ce Mémoire.

* * A cette seconde addition il s'éleva l'instant après une flamme sulphureuse assez vive.

* * * Pour la formation d'une loupe au feu de Charbon de bois, il ne faut au plus que 45 minutes. De l'expérience dirigée par M. de Stuard, il résulte que pour fondre & former au fond du foyer une loupe ou renard avec le Charbon de terre, il faut le double de temps qu'il en faut avec le Charbon de bois.

* * * * Cette troisieme loupe a en conséquence été environ 7 minutes de plus à se former que l'Ouvrier n'en met communément en n'employant que du Charbon de bois : cette troisieme loupe ne s'est-elle pas ressentie de l'excès des parties vitrioliques & sulphureuses qui s'étoient fixées au foyer ou creuset de la forge, lors de la formation de la seconde loupe, par le Charbon de terre qui y dominoit encore ?

La qualité du Charbon de terre n'a-t-elle pas aussi influé sur la quatrieme loupe ?

CETTE Expérience du 12 Janvier 1776 n'ayant pas paru satisfaisante, M. le Comte de Stuard prit le parti de contremander ce qu'il attendoit encore de ses braises de Charbon de terre de S. Etienne ; il fit enfoncer plusieurs des tonnes qui lui restoient, & qu'il trouva être de charbons défectueux dans le choix & dans le cuisage ; ce fut alors qu'à la forge d'Aizy on indiqua à M. de Stuard la Mine de Montcenis. M. de Buffon, sur l'opinion que lui avoit donné de ce Charbon un Mémoire de M. de Morveau. V. *p.*1185, approuva ce conseil. M. de Stuard se transporta à Montcenis ; il y séjourna quelque temps pour faire cuire de ce Charbon selon sa méthode. A la plus grande proximité possible du même endroit, M. Roettiers avoit fait l'acquisition d'un fourneau que l'on fit aller au feu de Charbon de bois ; M. de Stuard fit conduire une bonne quantité de Charbon de terre préparé, & une grande quantité de brut pour le cuire à Aizy, conformément au desir qu'en marqua M. le Comte de Buffon. A l'explication de la Planche XXXV, nous avons décrit la maniere dont il a été procédé à Aizy. Il essaya aussi de tirer parti du restant des braises de Charbon de S. Etienne qu'il avoit mis au rebut comme n'étant point bonnes ; il leur fit essuyer un second cuisage, après lequel ces braises mêlées avec du Charbon de bois choisi, se trouverent encore généreuses à la fusion des Mines, comme on le verra bientôt ; voyez, à l'explication de la Planche XXXV, *les réflexions sur cette circonstance.*

Les opérations de M. de Stuard, qui paroissent lui avoir concilié une approbation de marque, ont été commencées dans les derniers jours d'Avril avec les Charbons de Monttenis préparés fur le lieu par le cuifage à l'air libre : en mettant fous les yeux le Procès-verbal qui en a été figné, nous avons cru devoir nous abstenir de le foumettre à une dif-cuffion en forme, dans laquelle on puiffe foupçonner l'envie de critiquer; nous nous en tiendrons à rapprocher de ce Procès-verbal des confidérations générales puifées directement dans l'expérience.

OBSERVATIONS *préliminaires fur le haut* Fourneau *de la Forge d'Aizy.*

A la fuite d'une brochure intitulée : *Art du Charbonnier*, publiée en 1775, par M. Rigoley, qu'il a envoyée à la Bibliotheque de l'Académie des Sciences, nous trouvons dans l'Avant-propos d'un Mémoire très-intéreffant *fur les moyens d'améliorer les Fers aigres*, que la forme fur laquelle eft montée le fourneau d'Aizy, eft d'après les principes de M. Robert de Guignebourg, dont la méthode a été rendue publique par ordre du Gouvernement. Par rapport à l'efpece de Mine qui fe traite dans les Fourneaux d'Aizy, il a feulement été néceffaire d'apporter quelques différences principalement dans l'élévation de la thuyere, dans l'éloignement des coftieres fur la dame, &c.

Le fourneau tel qu'il a été employé, pour être rempli exactement, tient de 78 à 81 rafes de Charbon de terre (*a*). Il étoit tout en pierres calcaires qui n'éclatent pas au feu, faciles même à fe réduire en chaux, & il venoit d'être reconftruit le 20 Octobre 1775; les dimenfions qui vont en être données, ont été vérifiées lors de fa reconftruction, avant fon *mis en feu* (b).

Mefure de fes principales parties.

Elévation du fond au-deffus de la *Bune* ou *Gueulard*, 18 pieds.
Hauteur du fond à la *Thuyere*, 13 pouces.
Eloignement du côté de *Thuyere* à la *Ruftine*, 7 pieds & demi.
De la *Tympe* à la Thuyere, 16 pieds ¼.
De la Thuyere au *Contrevent*, 14 pieds & demi.
Largeur de la Ruftine en bas fur le fond, 13 pieds & demi.
Largeur de la *Ruftine* en haut, 14 pouces.
Hauteur de la pierre de *Contrevent* fur le fond, 16 pieds & demi.
Longueur des pierres de Contrevent & de Thuyere, depuis la Tympe à la Ruftine, 2 pieds.
Largeur de la Tympe, 14 pouces ¼.
Du fond à la Tympe, 14 pouces ½ de hauteur.
Hauteur de la pierre de Tympe, 26 pouces (*c*).
Largeur du deffus de l'*ételage* ou *échelage* ou *Etalage* fur la Tympe (*d*), 4 pieds.
A un pied en-deffous, cet ételage a 3 pieds 4 pouces de largeur.
A deux pieds en defcendant, cet ételage a 2 pieds 6 pouces.
Enfin cet ételage, au-deffus de la pierre de Tympe, a 21 pouces de large.
Largeur de l'ételage fur la Thuyere au haut, 5 pieds.
A un pied en defcendant fur la Thuyere, 3 pieds 9 pouces & demi de large.
A deux pieds en defcendant fur *idem*, 3 pieds 4 pouces.
A trois pieds en defcendant fur id. 2 pieds 10 pouces.
A quatre pieds en defcendant fur id. 2 pieds 3 pouces, & cet ételage a feulement deux pieds de large en en-bas, ou fur la Thuyere.
Largeur de l'ételage fur la Ruftine, 4 pieds 2 pouces au haut.
A un pied en defcendant, 3 pieds 9 pouces, y comprenant un pied d'angle ou pan du côté de la Thuyere, & 10 pouces du côté du Contrevent.
A deux pieds en defcendant fur *idem*, 3 pieds, dont 8 pouces d'angles du côté de la Thuyere, & 8 pouces du côté du Contrevent.
A trois pieds en defcendant fur *idem*, 27 pouces ¼, dont 6 pouces ¼, d'angle du côté de la Thuyere, & 8 pouces du côté du Contrevent.
A quatre pieds en defcendant fur *idem*, 18 pouces ¼, dont 3 pouces d'angle du côté de la Thuyere, & 3 pouces du côté du contrevent.

(*a*) *Rafe. Rafe, Reffe* : grand panier compofé en forme de van, en brins d'ofier, de viourne ou de bois de chêne ; contenant environ une feuillette ou 50 livres de Charbon dans quelques Provinces ; dans quelques endroits le quart d'un fac de Charbon d'environ 31 livres pefant : la livre de 16 onces. La *Rafe* ou *Reffe* auffi pleine qu'elle peut l'être, eft quelquefois diftinguée par le nom de *Raffée*.

(*b*) Pour comprendre ces dimenfions, il fuffit d'être prévenu que l'ouvrage ou baffin dans lequel le métal tombe en bain étoit compofé de fon fond, de fa pierre de thuyere, & de celle de contrevent; les pierres affifes fur le fond avoient 16 pouces de hauteur; celles de la pierre thuyere étoient entaillées pour y recevoir la plaque du deffous de la thuyere de 3 pouces ¼. Les pierres que l'on employe pour l'ouvrage font cal-caires, d'une couleur rouffe, non-geliffes, plus tendres que dures; les ételages, la cheminée ou le gueulard font auffi de pierres calcaires, d'un moilon peu épais, plus tendre que dur; cette qualité de pierre eft fans doute éprouvée dans cette forge, pour mieux réfifter à l'action du feu. M. Grignon obferve que cet emploi de pierres calcaires, pour les parois intérieurs d'un ouvrage, eft très-onéreufe. Voy. auffi l'*Art des Forges & Fourneaux à fer, troifieme Section, Mémoire de M. de Réaumur*, pag. 611 & 57.

(*c*) Partie du creufet qui eft en oppofition avec le côté de la thuyere, ainfi que les pieces qui compofent cette partie.

(*d*) L'épaiffeur en hauteur de la pierre de tympe eft indifférente ; elle n'eft portée ici que pour l'exactitude des dimenfions.

A quatre pieds ⅓ au bas de cet ételage sur la Ruftine, 15 pouces de large ; y compris 2 pouces d'angle du côté de la Thuyere, & 3 pouces du côté du Contrevent.

Largeur de l'ételage sur le Contrevent au haut, 4 pieds 10 pouces.

A un pied en defcendant, 3 pieds 10 pouces.

A deux pieds en defcendant, 3 pieds 2 pouces.

A trois pieds en defcendant, 2 pieds 8 pouces.

A quatre pieds en defcendant & fur le Contrevent, 2 pieds 3 pouces ⅓.

La hauteur perpendiculaire du fond, au haut de l'ételage du Contrevent, eft de 5 pieds 10 pouces 9 lignes, & cette hauteur par inclinaifon eft de 6 pieds 2 pouces 3 lignes.

La hauteur perpendiculaire du fond, au haut de l'ételage de la Tympe, eft de 5 pieds 10 pouces 9 lignes, & cette hauteur par inclinaifon eft de 6 pieds 4 pouces.

Hauteur perpendiculaire du fond au haut de l'ételage de la Thuyere, 5 pieds 11 pouces, & cette hauteur par inclinaifon eft de 6 pieds 4 pouces.

Hauteur perpendiculaire du fond au haut de l'ételage de la Ruftine, 5 pieds 11 pouces, & cette hauteur par inclinaifon eft de 6 pieds 4 pouces.

Profondeur ou longueur du fond de la Ruftine à la Dame, 4 pieds.

Largeur du fond contre la Dame, 14 pouces.

Hauteur du Gueulard, ou cheminée, depuis l'extrémité d'en-haut des ételages, jufqu'à l'extrémité horifontale de la *Bune*, 13 pieds (a).

La Bune a fur la ruftine & la dame 22 pouces d'ouverture, & fur le contrevent & la thuyere 26 pouces.

(a) La cheminée dite *le Gueulard* & les ételages ont été montés à quatre pans : on appelle *Bune* une fauffe paroi excédente le maffif, & fur laquelle le Chargeur peut commodément porter & lever une charge.

PROCÈS-VERBAL *dreffé & arrêté le 4 Mai 1776, fur une fonte de Mine de fer exécutée à Aizy le 30 Avril, le 1, 2, 3 & 4 Mai, de la même année.*

Nous fouffignés Jean-Nicolas Dorival, *Avocat en Parlement de Paris, prépofé par fon Alteffe Séréniffime Monfeigneur le Prince de Conty, pour être témoin des opérations ci-deffous ;* Jacques-Nicolas Roettiers de la Tour, *Ecuyer, Confeiller du Roi en l'Hôtel-de-Ville de Paris & Echevin ;* Claude-Jofeph Monniot de Fonrelle, *ancien Maître des forges des Trois Evéchés & de Franche-Comté ;* Edme Rigoley, *Maître de forge à Aizy, près Montbard en Bourgogne ;* François Gauvenet, *Commis de la forge dudit fieur Rigoley ;* Michel Chaudouet, *Fondeur dudit fourneau d'Aizy, &* Pierre Malgras, *Chef-Marteleur de ladite forge, affifté de M. Jofeph-Gabriel-Bafile Duclos, Confeiller du Roi, élu en l'Election de Tonnerre, Délégué à M. Gerardin, Sécrétaire du Roi, Subdélégué à l'Intendance de Paris au Département de Tonnerre ; requis par les fouffignés ci-deffus dénommés.*

Déclarons nous être tranfportés le 29 Avril de la préfente année mil fept cents foixante-feize chez M. Rigoley, Maître de Forge à Aizy, près Montbard, pour être préfents aux divers effais & opérations de M. Williams, *Comte de Stuard, ancien Capitaine de Grenadiers au Régiment de Royal-Deux-Ponts, au fervice de France, des Charbons de terre préparés par ledit Sieur Comte de Stuard, pour fondre & affiner le fer ; lefdites opérations conduites fous les ordres du Sieur Monniot de Fonrelle ledit jour vingt-neuf Avril, accordé par ledit Sieur Rigoley, les Sieurs Comte de Stuard & Monniot de Fonrelle, après la gueufe numérotée 358 (*), coulée à fept heures vingt minutes du foir, fe font emparés du haut du fourneau, & de toute l'autorité fur les Fondeurs & Gardes ; le Sieur Monniot de Fonrelle, en préfence des perfonnes ci-deffus dénommées, a fait pefer les mefures qui fervent à charger ledit fourneau. La raffe*

(*) *Voyez le Préambule des Remarques qui vont fuivre.*

(**) Conche ou conge, *Clon, Pannier.* Vaiffeau de bois, de cuivre ou de fer, fervant à porter le minerai dans le fourneau. Le fond en eft plat ou légérement circulaire ; les côtés font droits & coupés obliquement, afin qu'ils aient la hauteur du derrière

s'eft trouvée contenir trente-quatre livres de Charbon de bois comble ; la couche remplie des minéraux lavés, fuivant l'ufage du Sieur Rigoley, s'eft trouvée auffi pefer quarante-quatre livres (**). Le Sieur Monniot de Fonrelle a de fuite ordonné & fait remplir en Charbon de terre préparé lefdites mefures ; il s'eft trouvé que ladite raffe raclée a contenu trente-quatre livres pefant dudit Charbon de terre préparé.

La coutume de fondre de M. Rigoley eft de charger à treize demi-charges ; favoir, fix mefures ou raffes de Charbon de bois pefant trente-quatre livres chacune, & huit couches de Mine de quarante-quatre livres à chaque charge. Le Sieur de Fonrelle ordonna qu'on mit dans le fourneau quatre raffes de Charbon de bois, & une raffe & demie de Charbon de terre préparé, huit couches de Mine & quarante-neuf livres de terre d'Herbuë ; toutes ces treize charges ont été fuivies par le même procédé ; la gueufe a été coulée le foir 30 Avril à fix heures trente-cinq minutes ; la gueufe a pefé feize cents vingt-cinq livres, a été numérotée 359. (1)

Il eft à remarquer que la gueufe coulée le matin, à fix heures trois minutes, provenoit des minéraux & Charbon de bois dont le fourneau fe trouve toujours alimenté ; pourquoi ladite gueufe, N°. 359, ne pourroit paroître qu'à la fuite de ladite coulée. (2)

On a fuivi la feconde opération de fonte dans l'ordre fuivant ; trois raffes de Charbon de bois, deux raffes de Charbon de terre préparé, huit couches de Mine, deux livres de Chaux éteinte, & quarante-neuf livres de terre d'Herbuë. La gueufe qui en eft provenue le premier Mai à fix heures dix minutes du matin, N°. 360, s'eft trouvée être du poids de quatorze cents foixante-quinze livres ci 1475. (3)

La troifieme fonte a été conduite par un régime qui eft droit, & que l'Ouvrier appuie fur fon eftomach ; ils fe termine en pointe à la partie antérieure qui eft ouverte : l'Ouvrier porte la conge au moyen de deux poignées fixées aux parties latérales.

différent ;

différent ; M. *Moniot de Fonrelle voyant une ardeur très-grande, & qu'on pouvoit, sans crainte de faire aucun tort au fourneau, porter à tout Charbon de terre préparé par la méthode du Sieur Comte de Stuard , & profiter de tous les avantages de la bonté dudit Charbon de terre préparé, a ordonné les charges suivantes ; cinq rasses de Charbon de terre préparé, neuf couches de Mine , six livres de Chaux éteinte & quarante-neuf livres d'Herbuë. Ladite fonte a rendu une gueuse du poids de seize cents vingt-cinq livres qui a été coulée à dix heures trente minutes du soir ledit jour , & a été numérotée 361. Cette fonte a supporté quatorze charges, ci . . .* 1625. (4).

La quatrieme fonte, N°. 362, *a été conduite ainsi qu'il suit : deux rasses de Charbon de terre de S. Etienne préparé, trois rasses de Charbon de bois , huit conches de Mine, ce qui a été continué six charges ; les sept autres charges ont été de trois rasses de Charbon de terre préparé , deux rasses de Charbon de bois , deux livres de Chaux éteinte, & quarante-neuf livres d'Herbuë; ce qui a produit une gueuse du poids de dix-neuf cents livres ; elle a été coulée à onze heures du matin , le deux Mai , ci* . . . . . 1900. (5).

*Les trois premieres fontes ont été faites avec du Charbon de terre provenant de la Mine de Montcenis ; la quatrieme fonte a été faite avec des Charbons de terre provenant de la Mine de S. Etienne en Forez , préparés suivant la méthode dudit Sieur Comte de Stuard : toutes lesdites fontes ont réussi à la satisfaction desdits Monniot de Fonrelle & Rigoley ; on a brisé des morceaux de toutes ces gueuses qui ont été présentés à M. le Comte de Buffon qui s'est transporté à ladite forge , & a été témoin du succès le plus satisfaisant qu'on puisse désirer dans cette partie ; ce qui prouve avec la plus grande évidence que l'on peut fondre avec le Charbon de terre préparé du Sieur Comte de Stuard , & avoir de très-excellente fonte , non-seulement en y mélant une proportion de Charbon de bois , ainsi qu'il est détaillé ci-dessus , mais encore avec le Charbon de terre préparé , sans aucun mélange (6).

Pour suivre l'effet desdites fontes , le lendemain trois Mai les soussignés se sont transportés à la forge ; ils ont fait conduire à la Chaufferie la premiere gueuse numérotée 359 ; ont fait affiner & forger par tous les Forgerons du Sieur Rigoley indifféremment (7) les diverses barres de fer qui en ont été tirées, qui ont produit du fer d'un très-bon grain & nerveux ; les autres gueuses , N°. 361 & 362, ont* été traitées avec le même succès. *Tous lesdits affinages se sont faits avec le Charbon de terre préparé sans mélange ; il y a eu cependant de la variation, la geuse numérotée 361 , qui n'a été fondue qu'avec du Charbon de terre préparé sans aucun mélange , a produit des fers d'une qualité supérieure , tant par son grain que par son nerf ; M. le Comte de Buffon auquel on en rendit compte, s'est en conséquence transporté le samedi quatorze Mai , à onze heures du matin , à ladite forge d'Aizy ; il a fait recommencer toutes les opérations ; on a donc formé sous les yeux plusieurs Renards ou Loupes des différentes gueuses qu'on a converti en barres , barreaux & bandes de toute grosseur & épaisseur, lesquelles ont eu le même succès, ce qui a été jugé facilement , lesdites pieces ayant été rompues en sa présence , tant à chaud qu'à froid ; il a eu la curiosité aussi de faire porter à la Clouterie, & d'y faire forger des gros & petits clous qui ont résisté à toutes les épreuves (8).

De toutes ces Expériences il résulte qu'indubitablement M. Williams , Comte de Stuard , a trouvé & est vrai possesseur d'un secret unique, qui est de fondre & affiner le fer avec du Charbon de terre préparé suivant sa méthode , dans les hauts fourneaux & forges , sans rien changer à la manutention & usages qui sont établis dans le Royaume , avec telle ou moindre quantité de Charbon de bois qu'on voudroit y admettre , mais même qu'on le fait aussi avec le Charbon de terre préparé , sans aucun mélange de Charbon de bois.

Il a été remis à M. le Comte de Buffon , suivant la demande qu'il en a faite , plusieurs morceaux de Charbon de terre préparé , des morceaux de fonte de diverses gueuses & fers forgés en provenant, pour être déposés dans le Cabinet d'Histoire naturelle de Sa Majesté : il en a été remis de même audit Sieur Comte de Stuard sous le cachet de M. Rigoley , dont les moitiés desdits morceaux restent déposées entre les mains du Sieur Rigoley , sous le cachet de M. de Stuard , ledit Sieur Rigoley voulant bien s'en charger (9).

Ledit Procès-verbal fait & arrêté entre nous susdits à Aizy , près Montbard , le quatrieme jour de Mai mil sept cents soixante & seize , pour servir & valoir comme de raison. Signé* DORIVAL *fils ,* ROETTIERS DE LA TOUR , MONIOT DE FONRELLE , RIGOLEY , Basile DUCLOS, M. GIRARDIN ; *le Comte* DE STUARD , GAUVENET, CHAUDOUET, *Fondeur , Pierre* MALGRAS.

REMARQUES *sur le Procès-verbal.*

(*) LES personnes qui ne sont point au fait des travaux de forge doivent être prévenues pour l'intelligence de ces Numéros, qu'en exécution de l'Arrêt du Conseil & des Lettres-patentes du 7 Mars 1747 touchant la marque des fers , les Maîtres de forge pour le droit de marque sont tenus de peser & de numéroter toutes les gueuses qui se coulent depuis l'instant du tire-pâle, à compter du numéro, & de suite sans interruption à chaque coulée, afin que ses Commis de la marque des fers qui doivent être appellés , puissent vérifier quand bon leur semble ces gueuses lorsqu'elles sont entassées , & reconnoître si chaque N°. est réellement du poids porté sur le Registre.

Ayant voulu connoître par comparaison la différence des produits de ces expériences avec les produits ordinaires du fourneau , une Personne résidente à Châtillon-sur-Seine a bien voulu à ma sollicitation faire elle-même, sur le Registre du Commis de la marque des fers de ce temps , un relevé numéro par numéro, date par date , des fontes & coulées obtenues depuis le premier Avril 1776 au fourneau d'Aizy ; on reconnoîtra bien-tôt que cette instruction m'étoit nécessaire.

Le mot *coulée* qui a plusieurs acceptions dans l'Art des forges , signifie tantôt , comme on le voit ici, le produit en poids & en nombre des pieces coulées, tantôt , comme dans le Procès-verbal, l'opération par laquelle on coule la fonte dans les moules , mieux rendue par le mot *coulaison*.

(1) Il n'est pas indifférent d'être prévenu que la gueuse précédente au N°. 358 , c'est-à-dire ,

la gueuſe, N°. 357, étoit du poids de 1700, & d'obſerver en même temps que celle-ci, N°. 357, pour laquelle on avoit commencé, après la coulaiſon du N°. 358, a admettre le Charbon de terre au fourneau, s'eſt trouvée du poids de 1275; il eſt clair que le produit du fourneau a baiſſé notablement, puiſque ce N°. 358, au lieu d'être de 1750 ou de 1800, &c, ne s'eſt trouvé que de 1275.

Cette différence dans les produits ne doit-elle pas être attribuée aux changements des matieres admiſes au tourneau, leſquelles ont procuré le N°. 359 du poids de 1625?

Les gueuſes, Numéros 360, 361 & 363, d'un ſuccès varié dans leur produit & dans la qualité de ce produit, ce qui a cauſé quelqu'embarras au fourneau, & a procuré des fontes de qualité inférieure, de même que pour les Numéros 363, 364, 365 & 366, pourroient très-bien auſſi provenir de l'admiſſion au fourneau du Charbon de S. Etienne avec lequel a été coulé le N°. 362.

(2) Cette remarque ſembleroit donner à entendre qu'on avoit eu l'imprudence de procéder aux premieres opérations dans un inſtant où le fourneau n'étoit pas en état de ſa marche; ſi cela eſt, n'auroit-il pas dû en être queſtion dans le commencement du Procès-verbal? cette obſervation n'auroit pas échappé: il n'eſt donc pas poſſible de prendre cette allégation déſavorablement au fourneau, néanmoins on ſait exaĉtement ſur quoi compter à cet égard par le relevé du Regiſtre du Commis de la marque des fers, que nous donnerons à la fin de ce Mémoire, pour juger & de ce point, & de la différence des produits au feu de braiſes de Charbon de terre.

(3) Produit fort inférieur (d'après l'état des fontes coulées à ce fourneau pendant le mois d'Avril) à celui qui s'obtient avec les Charbons de bois dans ce même fourneau.

(4) Que penſer (eu égard à la tenue du fourneau, donnée page 1591, de 312 à 324,) de cette manœuvre forcée pour les charges, formant un volume total de 625 chacune? En faiſant attention à la conſtruĉtion des parois intérieurs de l'ouvrage du fourneau en pierres calcaires, & à la maniere dont on a bruſqué ainſi l'admiſſion du Charbon de terre ſeul dans le fourneau, n'y a-t-il pas de l'imprudence? N'a-t-on pas couru le riſque de ruiner & de porter pour la ſuite du ſondage, le préjudice le plus réel? Les informations que j'ai priſes à ce ſujet m'ont appris que, depuis les opérations de M. de Stuard, le fourneau n'a marché qu'au préjudice du Maître, & que pour moins perdre on a été obligé de l'éteindre. Quoi qu'il en ſoit le poids de 1625, relativement à 13 charges à 14, ne donne que le poids commun de 1509, ce qui eſt un poids inférieur d'environ 225 au poids commun des gueuſes que le Maître du fourneau couloit avant ces expériences. Voy. *le Regiſtre de la marque des Fers*.

(5) L'inconvénient obſervé d'une part dans l'uſage des braiſes de Charbon de terre de S. Etienne employées tant à la forge qu'au fourneau de fuſion du Minerai; cette réuſſite obtenue d'une autre part avec les braiſes de Charbon de terre de Montcenis, ne prouvent-ils pas la néceſſité d'une attention particuliere a avoir dans la qualité du Charbon de terre dont on ſe propoſe de faire des braiſes? Ne ſuit-il pas évidemment de ces deux différences, une dépendance certaine entre le choix du Charbon & le degré du cuiſage, qui ne doit pas être le même pour toutes les qualités de Charbon.

Pour faciliter la réuſſite de cette fabrication aux perſonnes qui voudroient l'entreprendre, nous en avons développé le procédé dans toutes ſes circonſtances, page 1177, ſous le titre: *Différentes eſpeces de braiſes de Charbon de terre; leur fabrication en général*.

Au ſurplus, le choix attentif des Charbons de bois qui ont pu ſuppléer au manque d'aĉtivité du Charbon de S. Etienne, quoique ſoumis à un ſecond cuiſage, & qui doivent être regardés comme les principales cauſes de ce produit de 1900 de la gueuſe 362, ne doit pas ici détourner du vrai point; c'eſt la qualité de la fonte qu'il faudra toujours apprécier, ce qui va être fait dans un inſtant.

(6) Les opérations, depuis les 7 heures 20 minutes du ſoir, 29 Avril juſqu'au premier Mai, à 11 heures 30 minutes du ſoir, paroiſſent avoir été ſuivies avec la plus grande exaĉtitude; depuis ce dernier inſtant juſqu'à la coulée du N°. 362, qui eſt du poids de 1900, il eſt très-douteux que l'on puiſſe y faire tout le fonds, les obſervations ſont trop négligées: le Fondeur dans ces derniers inſtants s'eſt éloigné différentes fois de ſon poſte, a été occupé à faire charger & régir le fourneau. La conduite tenue ſur-tout pour la derniere gueuſe coulée, N°. 362, offre des variations ſuſceptibles de beaucoup de réflexions & de queſtions. Dans ce moment où il eſt à propos de ne point interrompre l'attention ſur la ſuite du Procès-verbal, nous nous contentons en général de prévenir le Leĉteur ſur cette circonſtance, & nous examinerons à part, en finiſſant, la qualité de ces fers.

(7) Dans cette revue il n'eſt fait aucune mention de la gueuſe N°. 358 (du poids de 1275), coulée après 13 charges, qui eſt au moins du tiers de la charge ordinaire du fourneau dont on s'eſt ſervi. Les Maîtres de forges ont à décider ſur la raiſon de cette différence de 425 en moins de celui de la gueuſe N°. 357, qu'a eſſuyé cette gueuſe N°. 358.

On n'a pas non plus éprouvé le N°. 360; par quelle raiſon? Au ſurplus les fers qu'il a produit ſe ſont trouvés ſemblables à ceux du N°. 359; l'examen qui en a été fait depuis ſera rapporté en finiſſant.

(8) Les fers provenants des fontes faites avec les braiſes de Charbon de Montcenis étoient pleins de nerfs, & paroiſſoient très-bons; la qualité excellente a été prononcée d'après la contexture de l'étoffe, d'après l'apparence d'un bon fer nerveux lorſqu'il eſt refroidi, d'après quelques eſſais, & ces eſſais ſont rapportés au Procès-verbal; mais ces expériences ſont-elles déciſives? Conſtatent-elles bien l'excellente qualité de ces fers? *Voyez* ce qui a été obſervé ſommairement en parlant de ces expériences, page 1521.

Pour accréditer une pratique qui n'eſt pas encore bien connue parmi nous, les Rédaĉteurs du Procès-verbal devoient-ils ſe preſſer de porter le jugement qu'ils y ont énoncé? Nous avons profité au mot *Tour*, à la Table des matieres, de la deſcription du Cabeſtan propre à s'aſſurer de la qualité du fer, de barres, lorfqu'elles font entiérement refroidies, & qui a été publiée dans un Ouvrage de M. Grignon, Au furplus nous fommes en état de fuppléer à cette omiffion des Commiffaires, la perfonne à laquelle nous fommes redevables des détails hiftoriques que nous donnons ici , a bien voulu fatisfaire à toutes nos demandes , & nous pouvons affurer qu'elle eft digne de toute confiance , non-feulement comme témoin des expériences portées au Procès-verbal , mais encore comme Connoiffeur. Voici les remarques & les expériences faites ultérieurement fur les barres de fer fabriquées avec les gueules.

Avec celles Numéros 359 , 361 , 362 , il y a eu quelques barres fabriquées ; 1°, les fers provenant du N°. 359 avoient l'apparence d'une bonne qualité ; mais ils étoient difficiles à raffembler fous le marteau étant chauds , au point néceffaire d'attirer la loupe en barre , & ils étoient alors difpofés à éclater de toute part ; d'ailleurs ils n'ont pu foutenir l'eftampage à chaud , non plus que les Numéros 361 & 362 ; & on affure dans l'exacte vérité que ces fers, Numéros 359 & 361 , étoient de la qualité de ceux connus dans le commerce pour *Rouverains.*

2°. Les fers provenants du N°. 361 avoient cependant l'apparence de la qualité la plus fupérieure, étant très-nerveux & pliants à froid dans tous les fens fans fe caffer, la fufion du minerai en fonte & la réduction de cette fonte en fer forgé ayant été faite au feu de braifes de Charbon de Montcenis.

3°. Les fers provenants du N°. 362, dont le minerai a été fondu au fourneau en partie avec les braifes de Charbon de S. Etienne foumifes à un fecond cuifage, fe font trouvés de la qualité la plus inférieure, au point que le fer forgé ne préfentoit dans fa caffure qu'un gros grain (vulgairement nommé *œil de crapaud*) terne, avec l'apparence du luifant du Charbon de terre. Dans le fait il fut de la plus grande difficulté à marteler ; dans fa fabrication en barres les parties du métal ne voulant pas fe réunir , des parties de ces barres portées à la groffe clouterie , ce n'a été qu'avec beaucoup de peines & de foins qu'on eft parvenu à en faire au feu de Charbon de bois quelques clous dont les parties étoient mal foudées.

4°. Le N°. 352 ayant été , après le départ de M. de Stuard , fabriqué en fer au feu de Charbon de bois ; ces fers ont fouffert à la clouterie plus du quart de leur réduction , tandis que les fers or-dinaires n'y fupportent qu'un cinquieme ; en même temps ces clous ont emporté à la fabrication à la forge du Cloutier un temps plus confidérable ; enfin à l'emploi ils fe font trouvés fragiles ; une partie des fers de ces deux Numéros 362 & 363 n'a pu être deftinée au rouage , non feulement parce qu'ils n'ont pu fupporter l'*eftampure*, mais encore à caufe de leur grande fragilité.

5°. Mêmes obfervations fur le Numéro 363.

Les épreuves à la Clouterie, énoncées au Procès-verbal , comportent plufieurs remarques ; il eft d'abord à propos de favoir que ces épreuves ne tombent point fur les Numéros 359 & 361.

Les fers provenants des fontes fe font trouvés de la qualité la plus inférieure ; pour les fers pro-venants des fontes faites au feu de braifes de Charbon de S. Etienne , on a été obligé de les mettre avec grande perte à la Clouterie ; les Confommateurs en ont fait des reproches.

La qualité des fers provenants des fontes faites avec les braifes de Charbon de Montcenis , quoi-que pleins de nerfs , n'a pas eu plus de fuffrage ; il en eft revenu de même des plaintes de la part des Confommateurs.

(9) Il a été remis auffi entre les mains du Sieur Rigoley , fous le fceau de M. le Comte de Stuard & de M. Rigoley , des morceaux de fonte & de fer du N°. 361 feulement ; pourquoi n'en a-t-il pas été fait de même pour les Numéros 359 , 362 ? C'étoit la vraie maniere de faire une comparaifon authentique ; mais un bon nombre d'échantillons des fers provenants de ces Numéros 369 & 362 , donnés à une perfonne qui a bien voulu s'en deffaifir en ma faveur, annoncent l'infériorité de leur qualité , ainfi que de celle des fontes dont ils font provenus.

EXAMEN DES CONCLUSIONS DU PROCÈS-VERBAL.

EN me chargeant volontairement de la tâche que je me fuis impofée dans mon Ouvrage ; de raffembler fous un même coup d'œil, voyez *page* 1115, non-feulement tout ce qui a rapport aux ufages ordinaires du Charbon de terre , mais encore tout ce qui pourroit venir à ma connoiffance touchant les différentes tentatives faites pour en multiplier, pour en étendre ou pour en perfectionner les avantages , j'ai eu foin particuliérement pour ce dernier Article de me tenir en garde contre toute efpece de prévention ou d'enthou-fiafme ; je n'ai aucune raifon de préfenter ou d'adopter , comme méritant de l'être , des procédés douteux ou imparfaits, encore moins des procédés défectueux , voyez *page* 1187. Les queftions , les obfervations fommaires auxquelles nous avons cru devoir donner place en expofant hiftoriquement les opérations de M. de Stuard , ont dû fuffire pour faire naître d'autres queftions , & pour donner lieu à des idées plus approfondies de la part des perfonnes qui, par état , s'occupent en grand des travaux métallurgiques : les conclufions qui terminent le Procès-verbal nous ont paru mériter d'être difcutées à part. On ne peut fe diffimuler qu'elles font trop généralifées ; qu'en même temps elles ne font point conféquentes aux opérations auxquelles on a voulu les rapporter : ces opéra-tions n'apprennent rien de neuf ; la queftion à laquelle fe réduit ce que l'on cherche en France depuis long-temps , & que M. de Stuard a dû chercher , eft bien fimple , voyez *page* 1522. D'après les donnés & les conditions, il ne s'agit que de trouver dans les opérations dirigées par M. de Stuard, telles qu'elles font rédigées dans le Procès-verbal, la folution du problême que nous avons expofé généralement.

En commençant par le combuftible fubftitué au Charbon de bois pour la fonte des Mines, on voit que pour les opérations exécutées à Breteuil il a été employé un mauvais Charbon; on voit que celui de S. Etienne s'eft trouvé mal conditionné; qu'enfuite il y a eu une irrégularité confidérable dans les charges; donc *point de fecret* fur le Charbon à employer; donc *point de méthode* fur le degré de feu à donner au Charbon pour le réduire en braifes, lefquelles néanmoins doivent par leur qualité douce influer autant que le grillage de la Mine, foit fur la qualité des fers, foit fur la fonte au fourneau: ne remarque-t-on pas, au contraire, dans toute la marche fuivie à Aizy, une incertitude foutenue, & fur la connoiffance préalable des Charbons de terre, & fur les regles que l'on pourroit ftatuer touchant la fabrication de ces braifes? Pour réuffir généralement à ce que ces braifes foient bien conditionnées, c'eft-à-dire, qu'après leur cuifage elles ne foient plus fournies de ce qu'on veut enlever au Charbon brut par la préparation qu'on lui fait effuyer, ou qu'elles ne foient pas énervées ou même trop confommées par un cuifage pouffé difproportionnément à la nature du Charbon employé; pour réuffir, dis-je, à cette préparation, il doit y avoir une regle de conduite dans le gouvernement du feu.

Pour ce qui eft de l'avantage, au moins économique de ces braifes, & de la préférence à leur donner fur le Charbon de bois, pour ces fortes d'opérations, c'eft une affaire de comparaifon. Sans doute on a voulu tout au moins s'en affurer au fourneau dont M. Roettiers avoit fait l'acquifition dans les environs de Montcenis, & qu'il fit aller au feu de Charbon de bois, voyez *page* 1590. Nous ignorons ce qui a été reconnu à cet égard; nous nous fommes peu embarraffé (quoique nous en ayons encore été à même), d'avoir la communication des réfultats obtenus dans ce fourneau; on fait dans les opérations ordinaires au feu de Charbon de bois, le nombre de *Bannes* (a) néceffaire pour fondre une quantité de Mine fuffifante pour produire un millier de fonte en douze heures; on fait le coût de la banne achetée dans la forêt, &c. il eft aifé enfuite par rapport aux confommations, par rapport au temps employé à la fufion, & par rapport au produit, de comparer le tout avec le travail dirigé par M. de Stuard, avec les opérations du même genre exécutées avant lui avec fuccès, c'eft-à-dire, avec les réfultats que nous avons donné des opérations au fourneau de Newcaftle, *page* 1207, au fourneau de Sultzbach, *pages* 1210, 1211, même avec l'effai de M. de Morveau, *page* 1217; tout eft connu & fixé par l'expérience: les perfonnes du métier auxquelles nous prétendons uniquement faire connoître les tentatives exécutées à Breteuil & à Aizy, & à qui il appartient d'en juger, n'auront pas de peine à prononcer fi la conduite tenue dans ces opérations, s'accorde bien avec les idées reçues dans l'Art des Forges & Fourneaux à fer: la feule lecture attentive du Procès-verbal, a dû leur fuffire; toutes les réflexions qui en font des dépendances, les nouveaux détails dans lefquels nous allons entrer relativement à la conclufion de cet écrit, ne font que pour les perfonnes peu au fait de la matiere, & qui néanmoins pourroient être curieufes de tenter de nouveaux effais en ce genre; il nous a paru utile dans ce cas, & même poffible de mettre les opérations qui viennent d'être expofées, & les conclufions du Procès-verbal, à portée d'être jugées par les perfonnes les moins inftruites: une fuite de Théorêmes & de Lemmes que nous allons raffembler fur la fonte des Mines, & dont l'application fe fera naturellement, remplira à peu près ce but; la liaifon de ces Lemmes entre eux formera un enchaînement de rapports directs avec les opérations décrites dans le Procès-verbal, & conduira, par des principes connus, à appercevoir le défaut de ces opérations; c'eft ainfi que les principes des Arts peuvent être réduits de maniere à être faifis facilement par les perfonnes capables feulement d'une attention raifonnable; celles qui défireront un plus grand éclairciffement, le trouveront dans la defcription de l'Art des Forges & Fourneaux à Fer.

THÉORÊME I.

L'Art des FORGES & FOURNEAUX à Fer confifte à établir dans un fourneau une grande chaleur, avec le moins de combuftible poffible.

(a) Bannes, différentes par leurs poids, foit à raifon de celui du Charbon, foit à raifon de la Banne même; contiennent 20 poinçons: le poinçon dans quelques endroits a 10 pouces de diametre fur 28 de hauteur; il fe trouve des Bannes qui ne pefent que 1500 livres. Entre Sambre & Meufe, on eftime que la Banne pefe 1560 livres.

THÉOREME II.

LE FER NE PEUT SUBIR L'ACTION DU FEU, ou qu'il n'acquiere *un degré de per-fection*, ou qu'*il ne se détruise*. Dans l'opération la mieux conduite il s'entraîne nécessai ement beaucoup de fer qui se scorifie, & toujours il y a une perte considérable de sa substance ; la science, l'habileté en traitant le fer consistent donc à en retenir tout ce qu'il peut fournir, de maniere qu'il s'en consomme en pure perte le moins possible.

LEMME I.

Un fourneau de fonderie demande à être rempli avec égalité, uniformité, & sans relâche.

LEMME II.

La quantité mesurée & combinée d'aliments pour le fourneau, est ce qu'on appelle charge ; elle se donne successivement à des distances réglées d'environ quatre-vingt minutes de durée, & doit se conformer en temps égaux ; la régularité de ces charges n'est pas une circonstance de moindre conséquence que l'uniformité des Mines & des Charbons ; l'exactitude du produit d'un fourneau en dépend aussi essentiellement (a). On doit donc faire attention que ce n'est qu'avec la plus grande prudence qu'on doit se permettre de s'écarter même le plus légerement de la maniere dont un fourneau se charge.

LEMME III.

Le mélange proportionnel d'aliment pour le feu, ainsi que de minerai, de fondant & de correctif, dont les charges doivent être composées, est décidé article de conséquence.

LEMME IV.

Le volume du Charbon doit être invariable (b).

LEMME V.

Le volume proportionné de Mine au Charbon employé, est un article sur lequel on est assez d'accord. Dans plusieurs Provinces il est presque généralement reçu que pour les plus grandes charges le nombre de conges peut être porté à 24 sur 12 rasses de Charbon ; on peut cependant observer que quelques Maîtres de forges n'adoptent point cette proportion.

LEMME VI.

La proportion de Mine avec le Charbon, en général, est estimée comme 4050 est à 2484, ce qui donne 1798 de fonte ; chaque coulée, supposée de neuf charges, est de 12 heures de durée, devant produire de dix-huit cents à deux milles au plus pour une Mine riche.

LEMME VII.

Un fourneau bien conduit peut à 20 charges produire cinq milliers de fonte en 24 heures, & soutenir un an & plus de travail ; on prétend même qu'il est des especes de Mines qui, à ce tra-vail, produiroient jusqu'à six ou sept milliers, sans différentes circonstances qui peuvent réduire ce produit à moins de moitié.

LEMME VIII.

Le déchet ordinaire de la fonte réduite en fer, est communément d'un tiers au moins ; quinze cents de fonte pour un mille de fer, le poids diminuant au prorata du nombre des chaudes & des coups de marteaux.

De ces principes constatés par l'expérience fondée sur des connoissances certaines de la Mine, sur une manipulation intelligente, il résulte un procédé constant & invariable

---

(*a*) La pratique du Maitre du fourneau dont on s'est servi, & qui est annotée dans le Procès-verbal, est des plus sages ; car pour employer plus de matériaux, loin qu'il en résulte de l'avantage, il s'ensuit beaucoup d'inconvéniens, soit pour la consommation d'alimens, soit pour la difficulté du mélange de beaucoup de matieres.

(*b*) Le poids variable du Charbon & la contenance de la Rasse différente dans les différentes Provinces, fait que cet arti-cle ne peut s'évaluer exactement que dans chaque forge. M. Grignon fixe ce volume à cinq Rasses pesant 250 livres, ce qui seroit 170 livres pour une Rasse pesant 34 livres.

dans tous les points ; un départ exact des matieres étrangeres qui reftent unies intimement à la fonte ; & en même temps, dans chaque endroit, un état de confommation fixe pour un mille de fonte, & pour un mille de fer.

Les opérations d'Aizy avec les braifes de Charbon de terre préfentent, à l'égard des réfultats, un fait qui eft à remarquer. Il a été employé, pour parvenir à la ◼laifon, beau-coup plus de temps que fi on eut employé des Charbons de bois : de-là deux inductions très-probables ; favoir, une plus grande confommation de combuftible, & dans la fonte une qualité défectueufe, fuite néceffaire de la lenteur avec laquelle on eft parvenu à la *coulaifon*.

Quant à la manipulation variée, il eft aifé d'en juger en fuivant dans le Procès-verbal les charges qui ont eu lieu pour chaque gueufe. L'attention & l'exactitude à fuivre la Fonte du N°. 362, & peut-être de quelques autres, ne font pas bien conftatées ; voyez *la Remarque* 6e : enfin l'infinuation que préfente le Procès-verbal fur la gueufe N°. 359, voyez *la Remarque 2*, mérite d'être réduite à fa jufte valeur. Le Regiftre portatif du Commis de la marque des Fers à Châtillon-fur Seine, peut remplir ce dernier objet : j'ai cherché à m'en éclaircir d'une maniere pofitive. Une perfonne du voifinage d'Aizy, dont je puis affirmer la fidélité, a trouvé moyen de voir le cayer du Fondeur, & elle m'en a envoyé le relevé : je le préfente feulement aux yeux d'une maniere plus nette, par la forme de tableau que je lui ai donné, qui facilite le coup d'œil & la vérification des fupputations que j'y ai ajoutées.

Corollaires *pour fervir de réfumé à ce Mémoire.*

En terminant cette Analyfe des opérations exécutées à Breteuil & à Aizy, nous ne pouvons nous empêcher de revenir à une réflexion qui certainement fe préfentera à l'idée de nos Lecteurs ; plufieurs d'entre eux regretteront fans doute que les intentions du Miniftre qui a facilité ces tentatives, que les dépenfes du Gouvernement foient entiére-ment infructueufes ; Ne feroit-il pas au moins à défirer qu'elles puffent fervir dans les occafions où l'on voudroit tenter d'autres effais ; telles ont été mes vues en follicitant des renfeignements qui ne me font parvenus qu'avec bien de la difficulté, & pour lefquels j'ai été obligé de m'adreffer fucceffivement à différentes perfonnes : le motif d'utilité qui m'a conduit m'engage à effayer de faire tourner ces mêmes tentatives au profit des endroits dans lefquels, par la fuite des temps, il y auroit de l'économie (à caufe du bas prix) à fe fervir de Charbon de terre par préférence au Charbon de bois.

En s'arrêtant d'abord à ce qui regarde le combuftible que l'on voudroit fubftituer à celui qui eft d'ufage, il me femble qu'il eft plufieurs queftions bonnes à faire.

1°. Ne feroit-il pas néceffaire de connoître d'une maniere très-précife ou très-approchante le degré de chaleur de ces braifes, par comparaifon avec le degré de cha-leur du Charbon de bois, & fur-tout avec le degré de chaleur du même Charbon de terre brut ? Pour ce fecond article, c'eft-à-dire, pour ce que j'appelle *braifes de Charbon de terre*, j'ajoute ici, d'un Charbon de terre fuppofé convenablement choifi, un Au-teur, qui je crois eft M. Baumé, a avancé comme certain en général que trois dofes de Charbon de terre cuit, c'eft-à-dire, ainfi réduit en braifes, produifent la même chaleur qu'une dofe de ce même Charbon donnoit brut, ou avant d'être préparé.

2°. N'y a-t-il pas une attention à faire pour ces braifes comme pour le Charbon de bois ; relativement au temps écoulé depuis le cuifage, qui peut le rendre plus ou moins actif ?

3°. Pour les forges il ne faut employer le Charbon de bois qu'après trois femaines de fon refroidiffement ; s'il eft trop nouveau, il fe confume trop vite, & fa chaleur très-brufque altere le fer.

Les braifes de Houille long-temps repofées, c'eft-à-dire, employées long-temps après leur fabrication, confervent-elles toute leur qualité ?

Pour nous rapprocher maintenant de l'expérience en elle-même, c'eft-à-dire d'une ex-périence pour laquelle en cherchant à éviter les frais d'une conftruction *ad hoc* fur les principes de M. de Genffane, voyez *page* 1238, on voudroit fe fervir des hauts four-neaux de forges, tels qu'ils font établis dans le Royaume (*a*). Ne pourroit-on pas pro-pofer la marche fuivante, fi l'on vouloit éviter la dépenfe du fourneau propofé par M. de Genffane ? Nous croyons d'autant plus devoir expofer ici cette marche, qu'elle eft le réfultat des réflexions de l'une des perfonnes qui fe font prêtées obligeamment à nos différentes demandes fucceffives : c'eft par conféquent chofe à laquelle cette perfonne a feule part, qui lui appartient en propre, & dont elle n'eft pas libre de fe dépouiller par modeftie.

1°. Echauffer le fourneau avec du Charbon de bois, & le faire marcher de même jufqu'à ce qu'il y ait au moins vingt coulées de faites au Charbon de bois.

_____

(*a*) Tous les fourneaux à fondre la Mine de fer, font des fourneaux à manche conftruits dans les principes des Atha-nors, & dont la tour eft perpendiculaire au foyer.

2°. N'admettre par charges, dans les premiers inftants, qu'une demie rafée de Char-bon de terre.

3°. Après s'être affuré qne la qualité de la fonte & des fers fe trouve la même qu'elle étoit avant l'admiffion du Charbon de terre, augmenter alors d'une autre demie rafée de ce Charbon, & ainfi de fuite, jufqu'à ce qu'on fût convaincu que l'on ne peut faire mieux ; il n'eft pas difficile de préfumer qu'il peut être fort effentiel d'habituer peu-à-peu le corps d'un fourneau en feu à un combuftible, qui eft pour lui un aliment tout nouveau, & dont la qualité encore mal connue doit autant influer fur la qualité des fers, que la qua-lité des Charbons de bois influe fur le même point. Il feroit très-permis de penfer qu'il conviendroit d'agir avec la même circonfpection aux foyers de forge conftruits fuivant l'ufage des lieux, tantôt en Renardiere ou à l'Allemande (ce qui eft la méthode la plus économique), tantôt en affinerie.

4°. Chercher à fixer la quantité de chaux qu'il conviendroit d'admettre foit aux four-neaux, foit aux foyers de forge, ainfi que le temps de l'y admettre (b). De l'utilité de l'admiffion du Charbon de terre à la fufion des Mines ; telle Mine en admettroit une plus grande quantité que telle autre Mine, fans que la qualité des fontes & des fers en fût altérée ; ce ne fera pas avec des principes vagues & généraux que l'on peut admettre une feule méthode.

Dans le nombre des Citoyens, entre les mains defquels la fabrication des fers eft aujour-d'hui, il en eft un bon nombre qui non-feulement font très-éclairés, mais encore qui font capables d'en étendre la connoiffance ; l'intérêt général doit être une circonftance pour les engager à communiquer fur cet objet le fruit de leurs lumieres & de leurs expé-riences : l'hiftoire fommaire que nous publions de l'ufage que l'on a tenté des Braifes de Charbon de terre pour fondre la Mine de fer & affiner la gueufe, leur ouvre un autre champ non moins important.

(b) *L'Auteur du Mémoire que j'ai cité plus haut fur les moyens d'améliorer les fers aigres, & de leur ôter leur fragilité, fait connoître les différentes tentatives par* *lefquelles il eft parvenu à perfectionner fa méthode d'admet-tre la chaux fondue aux foyers de forges, à fixer la quantité & le temps de l'y admettre.*

ÉTAT DES FONTES *coulées au fourneau d'Aizy, fous Rougemont, pendant le mois d'Avril* 1776, *par Numéros, annoncé dans la Remarque,* page 1594.

Dates.	N°s.		Dates.	N°s.	
2.	297	1950		329	1750
	298	1700	17 Avr.	330	1825
3.	299	1850	18.	431	2100
	300	1700		332	1900
4.	301	2025	19.	333	1950
	302	1825		334	1950
5.	303	1900	20.	335	1900
	304	1400		336	1475
6.	305	600	21.	337	1700
	306	750		338	1350
	& deux martinets pefant enfemble..	950	22.	339	1700
7.	307	1025		340	1550
	308	725	23.	341	1825
	& deux marteaux pefant enfemble..	1100		342	1750
8.	309	1100	24.	343	1700
	310	1925		344	1775
	& un marteau pefant	550	25.	345	2000
9.	311	1750		346	2100
	312	2300	00	347	1250
10.	313	1750	26.	348	2075
	314	1650		000 & du bocage	1400
11.	315	1725	27.	349	1825
	316	1725		350	1850
	317	1700	28.	351	1500
12.	318	2025		352	1575
	319	1875		353	1775
13.	320	2050	29.	354	1600
	321	1775		355	1400
14.	322	1775	30.	356	1950
	323	1850		357	1700
15.	324	1500	1 Mai.	358	1275
	325	1850		359	1625
16.	326	1500			
	327	1625			
17.	328	1700			

Copie *du Cayer du Fondeur du fourneau d'Aizy, tenant Registre des charges données au fourneau pour la fonte des Gueuses numérotées* 358, 359, 360, 361, 362, *portées au Procès-verbal,* pages 1592 & 1593.

En comparant ce relevé avec le Procès-verbal, on sera surpris de trouver l'un différent de l'autre : le Procès-verbal mérite naturellement toute confiance. Il faut convenir néanmoins que le Cayer du Fondeur est une piece fondamentale, & que ce manque d'accord, dont on ne peut rendre raison entre deux pieces qui doivent absolument être conformes entre elles, répand arbitrairement sur l'une ou sur l'autre un soupçon d'inexactitude qui s'étend aux opérations elles-mêmes. Au surplus, cet ensemble laisse toujours appercevoir, sur-tout depuis le premier Mai, une variation, une négligence qui, loin de présenter une méthode, n'annonce qu'une routine plus qu'équivoque ; on peut dire dangereuse pour l'exécution même du procédé que l'on dit être un secret possédé par la personne honnête qui a dirigé les opérations.

PREMIERE GUEUSE, N°. 358, *du poids de* 1275.

Charges.	Nombre.	TEMPS.		ESPECES.	Poids particuliers de chaque charge.	Poids général.
	1	29 Avril à	7 H. 20 M. du soir.	1 Rasse & demie de *braise*.	 51	
				4 R. & demie de *Charbon de bois*.	 153	
				8 *Conches* de *Mines*.	 352	
				1 *Rasse* & demie de *Herbue*.	33	589.
	2	8	20	Idem..............	Idem......	Idem...
	3	9	12	Id..................	Id.....	Id...
	4	10	5	Id..................	Id.....	Id...
	5	10	54	Id..................	Id.....	Id...
	6	11	52	Id..................	Id.....	Id...
	7	Minuit 8 minutes.		Id..................	Id.....	Id...
	8	30 Avril 1 h. du matin.		Id..................	Id.....	Id...
	9	2	21	Id..................	Id.....	Id...
	10	3	15	Id..................	Id.....	Id...
	11	4	2	Id..................	Id.....	Id...
	12	5	10	Id..................	Id.....	Id...
	13	6	3	Id..................	Id.....	Id...

Poids total 7657

J'ai évalué le poids particulier de chaque espece conséquemment à celui déterminé dans le Procès-verbal où la Rasse de braise est portée à 36, les 4 Rasses & demie de Charbon à 153, les 8 conches de Mine à 392, la Rasse & demie d'Herbue à 33, ce qui donne par chaque charge, total 614, & pour poids général des 13 charges 7921. D'ailleurs, dans le Procès-verbal chaque charge est du poids de 670 liv. ce qui forme en total, pour les 13 charges, 8710 liv.

SECONDE GUEUSE, N°. 359, *du poids de* 1625.

Charges.	Nombre.	TEMPS.		ESPECES.	Poids particuliers de chaque espece.	Poids général.
	1	Coulée 30 Avril, à	6 H. 35 M. du soir.	2 Rosses de braises mélangées.	.... 68.	......
				3 Rasses de Charbon.	.... 102.	......
				8 *Conches* de *Mine*.	.... 352.	......
				1 *Rasse* & demie de *Herbue*.	.........49.	571.
	2	7 H. 12 M.		Idem.	....	......
	3	8	12	Id.	....	......
	4	9	12	Id.	....	2284.
	5	10	12	Id. & 1 l. de *Ch.* éteinte de Mine	....	595.
	6	11	5	Id.	....	......
	7	11	58	Id.	....	......
	8	Midi	54	Id.	....	2380.
	9	1 h.	55	u soir. 9 *Conches* de *Mine*...	.........396.	......
				3 Rasses de braises.	.........102.	......
				2 Rasses de Charbon.	.........68.	......
				8 livres de Chaux.	..........8.	574.	2870.
	10	2 h.	48	Id.	....	......
	11	3	44	Id.	....	......
	12	4	43	Id.	....	......
	13	5	50	Id.	....	14350.

Total 22884

Cette gueuse est portée dans le Procès-verbal pour la premiere ; il s'y trouve encore dans les espèces, une discordance avec le Cahier du Fondeur ; la Rasse & demie de Herbue y est évaluée différemment.

TROISIEME

TROISIEME GUEUSE, N°. 360, *du poids de* 1475.

Charge.	Nombre.	TEMPS.	ESPECES.	Poids particulier de chaque espece.	Poids général.
	1	1er Mai......6 H. 10 M. du matin......	5 Rasses de Braise........170.		
			9 Conches de Mine........396.		
			8 & de Chaux............8.		574.
	2	..........7....25.	..........Idem	Id...
	3	..........8...17.	..........Id..	Id...
	4	..........9....4.	..........Id..	Id...
	5	.........10....7.	..........Id..	Id...
	6	........10....55.	..........Id..	Id...
	7	........11....45.	..........Id..	Id...
	8	.........Minuit 35.	..........Id..	Id...
	9	.........1....27 du matin.	..........Id..	Id...
	10	.........2....17.	..........Id..	Id...
	11	.........3....2.	..........Id..	Id...
	12	.........4....10.	..........Id..	Id...
	13	.........4....55.	..........Id..	Id...
	14	.........5....45.	..........Id..	Id...

Total 8036

Ne se rapporte pas non plus avec le Procès-verbal : il n'y est fait mention pour cette seconde fonte que de 13 charges de 573 liv. chacune donnant pour poids total 65949.

QUATRIEME GUEUSE, N°. 361, *du poids de* 1625.

Charge.	Nombre.	TEMPS.	ESPECES.	Poids partic. de chaq. esp.	Poids génér.
	1	Coulée à....10 H. 30 M. du soir......	5 Rasses de Braises de Montcenis..170.		
			8 Conches & demie de Mine.....374.		
			Chaux éteinte à l'eau........8.		552.
	2		2 Rasses & demie de Braise...85.		
			2 Rasses & demie de Charbon...85.		
			8 Conches de Mine........374.		
			Chaux éteinte........8.		552.
	3	1er. Mai......9 H. 48 M. du matin.....	Idem.	Id..
	4	......11.....9.	Id.	Id..
	5	......12.....20.	1 Rasse de Braise de S. Etienne...34.		
			5 Rassées de Charbon..........170.		
			8 Conches de Mine..........374.		
			...........Chaux........8.		586.
	6	.....1....16...du soir.....	2 Rasses de Braise......68.		
			4 Rasses de Charbon......136.		
			8 Conches de Mine......374.		
			.........Chaux.....4.		582.
	7	......2....36.........	Idem.	Id.
	8	......3....50.	3 Rasses de Braise......102.		
			3 Rasses de Charbon......102.		
			8 Conches de Mine......352.		
			.........Chaux.....4.		108.
	9	......4....50.	Idem.	Id.
	10	......6. H.	3 Rasses de Charbon......101.		
			3 Rasses de Braise......Id..		
			8 Conches de Mine......352.		556.
	11	......7....10.	4 Rasses de Braises......136.		
			2 Rasses de Charbon......68.		
			8 Conches de Mine......352.		
			.........Chaux....4.		556.
	12	......8....10.	4 Rasses de Braise......136.		
			2 Rasses de Charbon......68.		
			8 Conches de Mine......352.		
			.........Chaux....8.		564.
	13	......9....15.	4 Rasses de Braise......136.		
			2 Rasses de Charbon......68.		
			8 Conches de Mine......352.		
			.........Chaux....4.		560.
	14	......10....10.	4 Rasses de Braise......136.		
			2 Rasses de Charbon......68.		
			8 Conches de Mine......352.		
			.........Herbue......49.		
			.........Chaux....4.		609.

Total 7219

Voyez encore la différence très-grande de ce relevé dans le Procès-verbal. Les fontes sont de 621 liv. chaque charge pour cette troisieme gueuse, & donnent pour poids total 8073.

CINQUIEME GUEUSE, N°. 362, *du poids de* 1900.

Charge.	Nombre.	TEMPS.	ESPECES.	Poids partic. de chaq. esp.	Poids génér.
	1	............11 H. 40 M. du foir.....	1 *Quart de Charbon de S. Etienne*...	.....511.	
			3 autres *Quarts de Charbon*........	....212.	733.
	2	...........11....45....................	2 *Raffes de Braife de S. Etienne*...	......68.	
			4 *Raffes de Charbon*..............	......136.	204.
	3	2 Mai.......1 H. 50 M. du matin...	*Idem*................	.......104.	104.
	4	..............1....................	4 *Raffes de Braife*..............	......136.	136.
	5	....	*Idem*................	.......136.	136.
	6	....	2 *Raffes de Braife*..............	......64.	.64.
	7	....	*Idem*................	....	.64.
	8	....	3 *Raffes de Charbon*.............	.....102.	
			3 *Raffes de Braife*..............	.....102.	
			9 *Conches de Mine*.............	...396.	
			Une *Raffée* & demie de *Herbue*...	...33.	633.
	9	....	*Idem*................	..Idem.	Id. .
	10	....	*Id.*........	..Id. .	Id. .
	11	....	*Id.*........	..Id. .	Id. .
	12	....	*Id.*........	..Id. .	Id. .
	13	....	*Id.*........	..Id. .	Id. .
	14	....	*Id.*........	..Id. .	Id. .

Total   5339

Dans le Procès-verbal on porte 13 charges, au lieu de 14, dont les fix premieres donnoient un poids général de 3132, les fept autres de 1547 ; & pour total 4679 : le tout ne fe rapporte point avec le Cayer du Fondeur.

En voulant éviter au Lecteur l'embarras des calculs, il pourroit s'être *gliffé quelque faute*, dans les nôtres, par la difficulté de la comparaifon que nous avons cherché à faire entre le Procès-verbal , & le cahier du Fondeur ; mais la forme des tableaux que nous préfentons, aidera à rectifier ces erreurs, & nous n'avons point négligé de les faire entrer dans la table fuivante *d'Additions & Corrections.*

M. Schreber , dans l'édition de la defcription des Arts & Métiers qui fe réimprime à Neufchatel , cite au commencement de la premiere Partie de notre defcription, une annonce qui a paru dans les Papiers publics de Leipfick, concernant des ufages très-intéreffants du Charbon de terre , découverts par un Auteur Allemand, diftingué par fes grandes vues fur la fcience économique : voici l'extrait de M. Schreber.

« La difette des bois qui fe fait fentir dans toute l'Europe , empêche l'exploitation des Mines , & » renchérit les peaux que l'on tanne avec l'écorce de certains arbres. C'est ce qui a engagé un ama- » teur de l'Hiftoire Naturelle à chercher un moyen que l'on pût fubftituer au bois dans l'exploitation » des Mines , & dans la préparation des cuirs. Il a trouvé ce moyen dans le Charbon de pierre mêlé » dans une proportion déterminée avec certains végétaux , & employé fuivant les regles de la Phyfique.

» 1°, Il a réuffi à ôter au Charbon de pierre cet acide fulphureux qui en rend l'ufage incommode , » qui le rend incapable de fervir à la fonte des Mines , & fur-tout des Mines de fer ; le moyen qu'on » emploie pour cela ne détruit pas le phlogiftique , il le développe , il le rend plus actif, il ôte au » Charbon toute odeur défagréable , & le rend propre à tous les travaux du feu, fans le rendre plus » cher, parce que les opérations par lefquelles il paffe , en tirent plufieurs produits qui fervent.

» 2°, A gonfler & à tanner en peu de temps toute forte de cuirs, de même qu'ils font impénétra- » bles à l'humidité, plus qu'aucun autre cuir des Fabriques les plus renommées.

» 3°, Il en tire une matiere qui peut fervir comme la poix & le goudron , mieux que ce qu'on tire du » bois.

» 4°, Ce qui refte après ces opérations , peut fervir à la fabrication du falpêtre.

» Les matériaux appartiennent au regne minéral & végétal ; ils fe trouvent abondamment dans la » plupart des lieux , & ils y font à très-bon marché. La maniere de les employer eft fimple, facile , & » à la portée de tout le monde ».

ADDITIONS ET CORRECTIONS

POUR CETTE SECONDE PARTIE (*).

TABLE DES TITRES.

PAGE vj, ligne 16, quatrieme Section, lisez, troisieme.

Page xiij, ligne 7, Avertissement sur les Planches, ajoutez, suivi d'une explication, page 1551.

8. Errata pour cette seconde Partie,
lisez, Additions & corrections, p.1603.

9. N'a pu être remplie par le Supplément intitulé: HISTOIRE & ANA-
LYSE des opérations faites sous la
direction de M. le Comte de Stuard,
en Normandie & en Bourgogne,
dans les années 1775 & 1776, pour
fondre & affiner le fer avec les braises
de Charbon de terre, page 1587.

PREMIERE SECTION.

Page 1 de cette seconde Partie marquée 167, lisez 197.

207, ligne 35, troisieme Section, lisez quatrieme
Section.

211, ligne 14, conjointement, ajoutez, avec le
Maitre-ouvrier.

219, ligne 18, stalire, lisez establire.

232, ligne 19, trous des Brouettes, lisez Roues.

234, ligne 14, en B B, effacez ces lettres.
ligne 31, Hernaz B, lisez A A A.

243, ligne 5, stampe, ajoutez au-dessous des bancs de
Houille.

Ces lits de diverses matieres placées autour des Charbons
de pierre sont appellés par les Mineurs Allemands *Stein
Kohlengebirge*, E N.

263, ligne 18, troisieme Section, lisez quatrieme Sect.

277, Pl. XXV, lisez XXVI.

278, ligne 9, ajoutez Pl. LXVI, fig. 2.

279, ligne 11, Pl. XXV, lisez XXVI.

300, ligne 26, Pl. XXII, lisez Pl. XXVIII.

318, ligne 4, de la ville, lisez du village.

322, ligne 30, frais des Maitres, ajoutez Houilleurs.

324, Note 1, première colonne, ligne 23, 55 ans,
lisez 35 ans.

Idem, deuxieme colonne, ligne 4, Vidimé, ajoutez par le Chancelier; au surplus, voyez, sur
cette note, la Table des matieres, au mot *Tribunal des Vingt-deux*.

327, ligne 31, un Alage à Tou, ajoutez qui en pa-
tois se dit *in Alage a Tou*.

330, ligne 4, du Palais, ajoutez & des Places publiques.
ligne 33, pour faire descendre la chaine, lisez
pour placer la chaine de niveau.

333, ligne 4, il faudroit interposer, lisez il faudroit
interposer alternativement.

334, ligne 36, de douze lignes, ajoutez quarrées.
ligne 38, un pouce quarré, lisez douze lignes
quarrées.

343, derniere ligne de la note, un Gouverneur, lisez
deux Gouverneurs.

356, ligne 11, les Ouvriers, lisez les femmes ou
Botteresses.
ligne 22, moitié ou deux tiers d'Arzez, lisez un
septieme, ou tout au plus un dixieme sur
une charrée. Voyez page 694.
ligne 33, les Ouvriers, lisez les Botteresses.
ligne 38, un marteau à pointe, lisez une bêche.

357, ligne 23, d'un côté que d'un autre, ajoutez pour
les fourneaux, sur-tout quand on emploie de la
Houille maigre, on fait les hochets dans des formes
de la grandeur de ceux dont on s'est servi à Paris en
1770, & les hochets sont de différente grandeur
selon qu'ils sont destinés pour les appartements,
pour les cuisines, &c.

357, ligne 33, Liégeois, lisez femmes Liégeoises ou
Botteresses.

(*) Voyez pour cet *Errata* la note *a*, page 1588.
Nota. Dans la premiere Partie, à la page 25, lignes 5, 6, 7, 8,
fausse interprétation d'un passage de Libavius; voyez l'*Errata* pour la

ligne 35, Metteurs en moule, lisez les femmes
qui mettent en moule.

ligne 39, au bout de quelques heures, lisez le
le lendemain; & quand il y a un beau soleil,
il ne faut que deux fois 24 heures.

Page 358, ligne 1, salaire très-modique, lisez pour 10 à
12 sols.

ligne 4, on a alors la précaution, ajoutez si la
fabrication ne s'est pas faite à l'air, mais
dans un caveau, ou si on les y serre avant
d'être entierement secs.

ligne 6, Préparation de la Terroule, ajoutez
dans le Marquisat de Franchimont.

ligne 7, La Terroule, ajoutez dont il se fait
une grande consommation dans ce quartier.

359, ligne 15 & 16, de la cheminée. Voyez p. 1272.

360, ligne 7, page 78, ajoutez & 1274.

361, ligne 6, deux fois par jour, lisez deux à trois
fois, en tout temps.
ligne 19, Garnitures, lisez Garnitures de feu.
ligne 29, emporte les cendres, voyez p. 1271.
ligne 31, ceux-ci, ajoutez usités dans le Limbourg.
ligne 34, les feux de Terroule, ajoutez selon la
pratique du Limbourg & du Marquisat de
Franchimont.

362, ligne 15, deux cents ou deux cents cinquante
mesures, lisez douze à quinze charrées.
ligne 17, feux de poêles, ajoutez selon la pratique du Marquisat de Franchimont & de Limbourg.

A Liege on se sert rarement de Houille pour les poêles,
c'est toujours du bois; les personnes qui pourroient s'en servir
pour cet usage n'emploient que de la Houille maigre de
Herstal.

362, ligne 18, un liard la piece, ajoutez voyez une
maniere de composer de ces Terroules artificielles
pour les chauffrettes, page 1584. Explication de la
fig. 1, de la Pl. LVIII.
ligne 25, comme ils l'appellent. *Observez* à cet
égard que dans les fauxbourgs & la banlieue de
Liege, on ne connoit absolument pour l'usage
que la Houille grasse & la Houille maigre.
ligne 30, *de Tiroule; observer* que dans le Marquisat de Franchimont il n'y a point de Houille
ni de Terroule; on les tire du Limbourg &
des environs de Herve; la Terroule n'est
connue à Liege que pour les chauffrettes.

363, ligne 7, dans la derniere Section, lisez dans
l'Article III°. de la quatrieme & derniere Section,
page 1182.

362, ligne 32, relative au service de ce feu, ajoutez
voyez page 12.., une addition sur les poêles, &
la Planche LVIII **, fig. 1, où est un poêle de
nouvelle construction, imaginé par M. Franklin.

363, ligne 8 & *suiv.* relatives à la consommation de
chauffage, voyez page 694.
ligne 28, ou du mortier, lisez en façon de mortier.
ligne 32, se mettent les unes sur les autres, lisez
sur le plat ou sur le haut, selon l'épaisseur
qu'on veut donner au Muray; voyez page
694.
ligne 31, effacez cette ligne en entier.

365, ligne 8, chez les Marchands, lisez chez les
Bourgeois.
ligne 11, s'allument avec des *Krahays*, lisez
stirent la chaleur du feu de l'âtre, & quand on
veut la rendre plus active, on y met quelques
Krahais.
ligne 23, on emploie quelquefois la *Terroule* ou
Houille foible, lisez de la Houille grasse ou
de la Houille maigre.

366, ligne 17, caisse ou baquet, ajoutez voy. p. 1275.

page 1533, de cette seconde Partie. A la page 155, ligne 31, sept
douxiemes, lisez sept deuxiemes. Le Catalogue alphabétique publié à la
page 181, est augmenté d'un Supplément placé à la page 151.

Page 366 , *ligne* r , Fourgon , *lifez* Forgon.
   369 , *ligne* 1 , & de celles de Dalem , *lifez* des environs de Dalem.
   371 , *ligne* 31 , Agay , dans les Houillieres de Sarrolay ; *ajoutez* , ces Mines ne font plus exploitées. Pourquoi il ne m'a pas été poffible par la fuite , de connoître *de vifu* cette terre , qui pourroit être l'agaz desLiégeois ; les Editeurs de Neufchatel penfent que cet Agay eft affez femblable à l'ardoife dont les vins de Mofelle doivent avoir le goût pour être bons, & qui fert auffi d'engrais aux vignes de ces cantons après avoir été fufées.
   373 , *ligne* 4 , *ajoutez* le Charbon de Dalem n'eft réputé que comme Charbon de brique , il ne s'en confomme gueres que dans le pays.
   Idem , *ligne* 30 , communiquer l'airage , *ajoutez* dans ce quartier , les piercures s'appellent *Quipeteurs*.
   375 , *ligne* 34 , voyez , *page* 727 , le Règlement général en matiere de Houillerie pour la Province de Limbourg.

SECONDE SECTION.

Page 380 , *ligne* 17 , BALT noir , *lifez* bat noir.
   384 , *note* 1 , *ajoutez* efpece de beau jayet. Le jayet furnage pour l'ordinaire à l'eau , prend du poli & de l'éclat lorfqu'on le frotte ; il répand la même odeur que le Charbon de pierre , comme le fuccin attire la paille ; on le confond fouvent avec l'agate noire qui n'eft point inflammable ," qui eft plus pefante , & qui a quelques tranfparences , *E. N*.
   386 , *note* * , la *fauffe Ardoife* , *page* 50 , que nous pouvons appeller *Ardoife charbonneufe* , eft noire , fans feuilles , ne convenant avec l'ardoife proprement dite , que par les particules filamenteufes ; elle eft tendre ; on peut s'en fervir comme de crayon ; calcinée à feu découvert , elle devient blanche ; dans un vaiffeau couvert elle conferve fa noirceur. Cette fubftance pourroit auffi s'appeller *Marne noire folide* , ou *terre bitumineufe durcie*. Les Allemands l'ont nommée quelquefois *Kohlftein* , Charbon de pierre; d'autres fois *Schwarze Kreide* , *craie noire* , Valler , Minéral. *E. N*.
   387 , *ligne* 10 , *Caft Head* , *ajoutez* , la plus grande Partie de ce banc n'eft qu'une maffe applatie d'iron ftone. *Minera Ferri Saxea. E. N.*
   ligne 13 , & d'impreffions: les Editeurs de Neufchatel ont fait plufieurs remarques fur le précis par lequel j'ai terminé la premiere Partie de mon ouvrage , relativement à ces *Phytobibliums. Page* 169 , 2°. *alinea* ; à l'occafion de ce que j'ai avancé que ces impreffions appartiennent à des plantes étrangeres au fol dans lequel ils fe trouvent , ces Savants regardent l'affertion beaucoup trop générale. On trouve affez fouvent dans les Carrieres d'ardoife des plantes qui croiffent dans le lieu même ; ils font auffi remarquer que le plus grand nombre de ces plantes eft de celles qui ont pu le mieux réfifter à la corruption , à caufe de l'épaiffeur de leurs fibres, & de la folidité de leur contexture , ce que j'ai dit à peu-près dans d'autres termes , *page* 170 , *lignes* 17 , 18 & 19 : enfin ils ajoutent que les emprentes fo: t noires lorfqu'elles fe trouvent dans l'ardoife , *E. A*.
Page 396 , *ligne* 12 , du lit fupérieur , *lifez* des lits fupérieurs.
   397 , *ligne* 16 & 17 , quatre mille fept cents foixante chelins , ou , *effacez* ces mots , & , après fterlings , *ajoutez* quinze fchelings.
   412 , *ligne* 23 , comme une muraille , *ajoutez* , c'eft-à-dire , en pendage de Roiffe.
   421 , *ligne* 34 , *ajoutez* on trouve des détails intéreffants fur le Charbon d'Irlande de la Mine de Caftle-Courber , dans la Nouvellifte économifte & littéraire ; ce morceau a été traduit en Allemand en 1762 , & eft cité par M. Schreber , *E. N*.
Idem , *note* 2 , vitriol de craie. Sélénite, félénite gypfeufe; *ajoutez* la félénite eft une des pierres calcaires , le plâtre qu'on en fait ne fe feche pas fi promptement ; il y en a de blanche , de jaune , & de plufieurs autres couleurs. On en trouve dans la plupart des montagnes de Suiffe. *E. N*.
   428 , *ligne* 15 , Pl. XXXV , *ajoutez* , voyez p. 695.
   443 , *ligne* 11 , pierre argilleufe : à l'occafion de la note 2 de la premiere Partie , *page* 53 , fur le talc, l'édition de Neufchatel ajoute à la dénomination Allemande *Talgeften* , ou plutôt , comme l'a très-bien rendu M. Schreber dans fa traduction Allemande , *efpece de pierre argilleufe*.
   444 , *ligne* 22 , à l'occafion de la 18°. couche de la

Mine de Thuringe , appellée par M. Lehmann *Roth-todte* , *p.* 228. M. Schreber préfume que l'Auteur a voulu dans cet endroit parler de la pierre calcaire , nommée dans quelques Mines *Roth geftein* , ce qu'on appelle proprement *Rogen ftein* , *marmor hammites* linn. étant une fubftance très-différente qui tient à la claffe des jafpes , ainfi que la plupart des marbres rouges , felon le fentiment de M. Bertrand.
Page 446 , *ligne* 8. (Voyez *page* 138).
On peut voir dans l'Ouvrage de Lehmann fur la matiere des métaux , *non den Metallmuttern* , *Pl. I* , *fig*. 2 , la figure d'un morceau de Charbon renfermant de l'argent natif ; l'argert fe trouve dans le Cabinet de M. le Confeiller Eller. L'Académie des Mines de Freiberg poffede une pierre pareille , comme le rapporte M. le Profeffeur Brunigh , dans fa nouvelle édition de la Minéralogie de Cronftedt , *p.* 183 , *E. N*.
Page 448 , *ligne* 11 , *ajoutez* pour plufieurs provinces des États de S. M. le Roi de Pruffe.
   Idem , *ligne* 13 , M. Schreber , dans fes notes fur mon Ouvrage , renvoie pour le territoire de Drefde à un Ouvrage de M. Schultens , publié en 1769 en Allemand.
   Il donne à la *page* 544 une notice de toutes les Mines de la Bohême , que j'aurois été fort aife de connoître plutôt , quoique je foupçonne que quelques endroits ne renferment que des holtz kohlen , & non du Charbon de terre.
   Id. ligne 28 , ces contrées , felon la remarque des Editeurs de Neufchatel , font partie du Haut Palatinat ; on a trouvé de côté & d'autre du Charbon de terre , principalement dans l'Evéché de Bamberg , où eft une Mine près de Stein Weifen , dont le produit fe tranfporte dans toutes les Provinces voifines.
   Id. même ligne , on n'en tire point parti , *lifez* on fe fera certainement apperçu que pour l'Allemagne j'ai été dans une grande difette d'inftructions; les Editeurs de Neufchatel obfervent qu'il eut été à fouhaiter que tous les Auteurs Allemands & Anglois qui ont écrit fur cette matiere euffent été connus & confultés ; ils remarquent que le Catalogue inféré dans la *Bibliotheca lapidea* de GRONOVIUS , en indique au-delà de cent; M. Schreber dans la traduction Allemande de notre defcription indique plufieurs autres Auteurs qui ont parlé des *Charbons foffiles* , *dans différentes vues*. Dans le cas où cet index contrediroit , ainfi qu'il paroit que c'eft l'idée des Savants éditeurs , ce que j'ai avancé dans l'Introduction de mon Ouvrage , *p.* 1 , *ligne derniere* , fur le petit nombre d'Auteurs qui ont écrit *uniquement* fur les Charbons de terre (à diftinguer avec foin des Charbons foffiles) , on ne peut que regreter la difficulté univerfellement connue , & fouvent infurmontable de fe procurer peut-être même en Allemagne , les Ouvrages publiés en cette langue.
Page 449 , *ligne* 31 , les Editeurs de Neufchatel ont ajouté en note , la claffification des Charbons de terre par M. Venel , eu égard à la maniere dont brûlent ces foffiles bitumineux , & qui eft préfentée dans mon Ouvrage , *page* 1152 & 1153.
   449 , *ligne* 32 , les Editeurs de Neufchatel avancent que dans la partie méridionale du canton de Glaris , fous les cimes des hautes Alpes , nommées *Sand* & *Limmern* , le Charbon de pierre s'annonce par une odeur très-forte de pétrole.
   450 , *ligne* 5 , à l'humidité & au foleil. Lorfqu'en parlant du *Lapis thracius* , *p.* 17 , *lig*. 32 , de la premiere Partie , j'ai dit que cette pierre bitumineufe eft ordinairement alliée avec un fel vitriolique , il faut entendre , comme l'ont remarqué les Editeurs de Neufchatel , que cette fubftance ainfi que toutes les autres dans ce cas , contient des particules vitrioliques qui fe décompofent par l'action de l'air , & fe réuniffant enfemble , forment du vitriol.
   450 , *ligne* 27 , Molybdæna. C'eft un Minéral qui contient toujours du plomb mêlé avec du fer , & une forte de Mica. *E. N*.
   456 , *ligne* 1 , Argille fableufe ; les Editeurs de Neufchatel obfervent ce qui fuit , à propos de la note que j'ai donné fur les marnes , *Partie I, page* 43. L'argille fablonneufe n'appartient point au genre des marnes , on ne peut donner ce nom qu'aux terres compofées de particules argilleufes , calcaires & gypfeufes ; le fable ne peut point changer l'argille en marne , puifpuifqu'il fe trouve mêlé plus ou moins dans toutes les efpeces d'argilles.
   459 , *ligne* 5 , Waque , *lifez* Wague , eftimée du poids de 144 livres.
   Idem , *ligne* 17 & 18 , vingt-cinq milles , *lifez* vingt milles.

milles ; c'eſt une note de M. Piganiol de la Force.
Page 460, *ligne* 8. Landrethun, *effacez* Landrethun.

TROISIEME SECTION.

Page 464, *ligne* 6, des bretelles, *ajoutez* N°. 14.
471, *ligne* 22, fig. 15. Pl. LIII, *lifez* fig. 14.
480, *ligne* 28, ce relevement de veines du Hainaut
François, dont nous avons donné auſſi une idée,
page 63, pour les veines du pays de Liege & du
territoire de Liege, paroît manquer de clarté & an-
noncer une théorie ingénieuſe, mais aſſez peu fondée. E. N.
481, *ligne* 8, Pl. XLI, *c'eſt* XLII.
490, *ligne* 6, *ajoutez*: il faut y rapporter les Réglements
anciens & nouveaux concernant la navigation de
Condé, placés à la *pag.* 734 & *ſuiv.*
494, *ligne* 16, Fermiers généraux; *ajoutez*, voyez
page 701, une addition à cet Article.
497, *ligne* 33, montagne brûlée à S. Genis-terre-noire;
ajoutez : à une demi-lieue au plus de Rive-de-Gier,
& à quatre lieues de S. Etienne.
499, *ligne* 15, Pierre-ponce. M. Schreber, à l'occaſion de la note que j'ai donnée, *page* 156, ſur ce
foſſile, ajoute que la pierre-ponce eſt poreuſe, légere ; une partie de ſa ſubſtance ſemble avoir réſiſté
au feu, tandis que l'autre a été déſunie par l'action du feu ſouterrain ; il y en a de la blanche, de
la jaunâtre, de la brune & de la noire : on trouve
ces pierres-ponce près des mers où elles ont été
pouſſées par les vagues, ou près des volcans. Une
foule d'exemples prouvent que ces pierres ſortent du
fond des mers & du ſein de la terre, par les volcans
& par les tremblemens de terre. Voyez *Hiſt. de
l'Acad. Roy. des Sciences de Paris, an.* 1708 ;
*Diction. du Commerce de Savary ; Bertrand,
Mém. ſur les tremblemens de terre.*
Idem, *ligne* 19, Avocat au Parlement & Commiſſion-
naire ; *effacez* ce mot, & *lifez* chargé de la défenſe de
la cauſe des Propriétaires contre les Conceſſionnaires.
503, *ligne* 30, *Section V : Nota,* cette Partie eſt ſeulement donnée en extrait dans l'examen du Réglement proviſoire ſur l'exploitation des Mines de
Houille en France, *page* 615.
Page 504, *ligne* 16, qui ſont nombreux, *lifez* qui à la
vérité ne ſont pas nombreux.
   ligne 17, ſe trouvent autour, *lifez* ſe trouvent
   reſtés long-temps à l'air, autour.
   24, clous tachetés de noir, *lifez* ferrugineux, & tachetés d'un rouge noirâtre.
   25, du rocher, *ajoutez* quant à la dureté.
   39, ſe rapprochent de la perpendiculaire,
   lifez ſe rapprochent quelquefois de la
   perpendiculaire; mais ſelon M. de la Tourette, c'eſt un cas particulier, & il n'y
   a pas d'inclinaiſon conſtante.
506, *ligne* 15, à laquelle ce *ſtraum*, *lifez* *ſtraum.*
507, *ligne* 11, appellée, *ajoutez* aſſez impropre-
ment.
   ligne 22, 5 c. Cette couche ou maſſe paroît à
   M. de la Tourette compoſée de deux
   lits diſtincts, l'un appellé *nerf* & l'autre
   coeffe. Le premier, ſelon ce Phyſicien,
   a depuis 2 juſqu'à 6 pouces d'épaiſſeur
   (que j'ai donné à la totalité) ; le ſecond
   plus fourni de parties inflammables que
   le premier, & de pyrite qui ne s'apperçoit point dans le nerf, a depuis 5 juſqu'à
   10 pouces d'épaiſſeur, que j'ai attribué
   à la Mine *Matafala*, ce qui donne à la
   maſſe totale depuis 4 juſqu'à 16 pouces.
507, *ligne* 30, ſon épaiſſeur eſt de 2 à 10 pouces,
lifez d'un ou deux pouces environ, & quelquefois
moins ; il faut en conſéquence rapporter ce changement, pour y avoir égard, à l'explication de la
Planche XXXVIII.
508, *ligne* 1, de parties hétérogenes, *lifez* de ſes
parties hétérogenes.
   ligne 3, roc, *lifez* roche.
   6, cette pierre, *lifez* cette couche.
   6, 8, 9, Raſſou, *lifez* Raſſon.
   10, Charbon chatoyant ; *ajoutez*, M. de
   la Tourette diſtingue deux de ces Charbons *verrons*, qui ſe trouvent plus fréquemment dans la couche inférieure que
   dans la couche ſupérieure ; ſavoir, le
   Charbon à grains ou à *feuillets pyriteux*, & le *Charbon azuré*, ou repréſen-
   tant les couleurs d'iris, ſans aucun veſ-

tige de pyrite qui y faſſe corps, comme
on le remarque dans l'autre : cette diſtinc-
tion me paroît très-juſte.
   ligne 13, Seconde Mine, *ajoutez* ou maſſe.
Page 508, *ligne* 17, Mine bâtarde, *lifez* Mines bâtardes,
& *ajoutez* : Il y avoit en 1773, un puits exploité par
le Maitre de la Verrerie de Givors, où on a con-
tamment trouvé cette Mine ; dans ce puits de 45
toiſes environ, & plus profond que la galerie d'é-
coulement de 45 pieds, le Pere Peronier, Mini-
me, avoit fait placer deux pompes ordinaires pour
élever l'eau du fond juſqu'à la galerie ; elles
jouoient quand on le vouloit par l'action du cheval
qui tournoit la vargue ; elles ont mal réuſſi d'a-
bord (& j'en ignore actuellement le ſuccès), parce
que les barres de fer, depuis la manivelle au-deſſus
du puits, juſqu'au piſton, ayant une portée de plus
de 40 toiſes, fléchiſſoient en deſcendant, & occa-
ſionnoient dans le piſton des frottemens inſurmontables ; on avoit cherché, mais inutilement, à remédier à ce mal, en appliquant des poids conſidérables aux barres au-deſſus du piſton pour le faire
deſcendre.
Page 508, *ligne* 18, il a été trouvé, *ajoutez* ſous ce banc.
   20, bâtarde, *ajoutez* voyez *page* 703.
   26, & demi d'épais, *ajoutez* & ces Mines
   s'exploitent en même temps, ainſi que
   la Mine bâtarde. V. *page* 704.
   28, Somba, *ajoutez* en la nomme encore
   Maréchale.
509, *ligne* 16, il gagnoit juſqu'à 20 ſols ; *nota*, ce
paiement a varié. Les Piqueurs & les Traîneurs ſont
payés à proportion des Bennes, & non par journées :
ce ne ſont plus les Conceſſionnaires, mais leurs
Fermiers qui reglent les ſalaires.
   ligne 16, ſur la contenance de la Benne, il faut
   voir l'addition, *page* 704.
   ligne 23, linteaux, *lifez* LITTEAUX.
510, *lignes* 16 & 26, Raſſou, *lifez* Raſſon.
   ligne 40, du Somba. *Ajoutez*, V. *page* 703.
511, *ligne* 27, travail du ſomba, ou Mine de deſſus,
ajoutez autrement dite *Mine Maréchale.*
Idem, *note* 1, la préférence, *ajoutez*, V. *page* 703, une
raiſon pour laquelle ces travaux ſe conduiſent ainſi,
ce qui donneroit à croire alors que la bonne Mine
du mouillon a un pendage fort incliné, malgré
ce qui a été dit précédemment pour la *page* 504.
511, *lignes* 18 & 19, fut chaſſé du fond de la Mine,
lifez détaché des parois du puits, & en tombant au
fond de la Mine, briſa les artifices, &c.
   ligne 21, à cent quatre-vingt pieds, *ajoutez*
   augmenté par l'air des ſouterrains en commotion, renverſa les machines placées à la ſuperficie; on aſſure même que les bennes, les cordes,
   & des pierres de la groſſeur d'un œuf de poule
   furent chaſſées hors du puits.
   ligne 27, pendant du temps, *ajoutez* les travaux ne furent ſuſpendus que quelques
   heures.
513, *ligne* 33, *ajoutez* il avoit été employé en 1773,
aux Mines du Mouillon, un ſoufflet de Forgeron ;
mais cet expédient n'eſt propre que pour des puits
qui ne ſont pas d'une profondeur conſidérable.
514, *ligne* 20, cette voie, *lifez* cette maniere de
meſurer.
   ligne 23, une regle, *ajoutez* horiſontale ou de
   niveau.
   ligne 26, d'un des plombs, *lifez* des deux
   plombs.
   lignes 28 & 29, on enfonce ſur le point de leur
   direction parallele un piquet, *lifez* ſuivant la
   direction des deux ficelles, un piquet.
   ligne 39, en entortillant ſa ficelle autour de ces
   ſauteraux ſucceſſivement, *lifez* en ployant
   la ficelle, on porte ſur la ſuperficie les *ſaute-
   reaux* dans le même ordre qu'ils avoient dans
   la Mine, & *effacez* les deux premieres lignes
   de la *page* 515.
515, *ligne* 3, préciſément, *ajoutez* au-deſſus de
celui fiché dans le puits, par conſéquent dans la
direction de la regle ; ces deux ficelles pendan-
tes ; la corde ou ficelle nouée, fixée à ce piquet par
le même bout ; on la déploie, &c, juſqu'à la diſtance, &c.
   ligne 23, environ cinq mille livres ; *exagéra-
   tion* des Extracteurs, voyez *page* 521, *premier alinea*, & *page* 707.
516, *ligne* 7, infidélité de ce moyen, *lifez* inſuffi-
ſance de ce moyen.

Page 516, ligne 13, grand Floin, *lisez* Mouillon.

Idem, ligne 23, prétendent deſſécher ; *ajoutez* ils ſont ſeulement parvenus à aſſainier les Mines les moins profondes qu'ils ont englobé dans leur privilege, qui ne portoit que ſur les autres, voyez *page* 710.

Note 1, puits Michron, *lisez* Michon.

518, ligne 7, il ſert, *lisez* le même ſert ; on l'emploie auſſi, *lisez* le grêle s'emploie auſſi dans les poëles & dans les grilles, de même que le peyrat.

lignes 13 & 14, & du Charbon grêle, *ajoutez* qui par l'extraction, le rempliſſage, le déchargement & le tranſport ſe briſent & ſe pulvériſent.

518, ligne 18, de la bonne Mine. *Ajoutez*, à la Carriere, le Charbon grêle ne s'achete pas ſous ce nom ; on dit ſeulement Bene de peyrat, à 8 ſols 3 deniers, & Bene de menu, à 5 ſols ; les Acheteurs ſéparent le menu qui eſt pour la forge, d'avec le grêle, qui ſe vend plus avantageuſement pour la grille & pour les poëles.

Idem, ligne 19, pyriteux, *lisez* la plupart du temps coloré & pyriteux. M. de la Tourette m'a aſſuré qu'il ne s'en trouve pas en grande maſſe.

ligne 32, de maniere que ces Mines, *lisez* de maniere, qu'à mon avis, ces Mines.

519, ligne 3, au feu & au charbon, *effacez*.

ligne 17, Varicelle, *lisez* Varizelle.

ligne 23, talqueuſes, *lisez* ſalines ou ſpathiques vitreuſes.

ligne 30, ſur le Gier, *ajoutez* la fabrication des clous & autres uſages.

ligne 35, en 1667, *lisez* en 1757.

520, ligne 5, il y avoit toujours, *lisez* on tranſportoit annuellement.

ligne 7, Produit des Mines du Lyonnois.

Nota. Cet Article ne doit être regardé comme certain, que pour l'époque qui y eſt annoncée. Voyez ſur cela l'addition portée à la *page* 708.

520, ligne 18, faite par ordre de MM. du Conſulat de Lyon, *effacez*.

ligne 39, la meſure de la Benne, *ajoutez* voyez *page* 721, & l'addition, *page* 704.

521, ligne 27, huit ſols trois deniers, *ajoutez* les Particuliers ſont réduits à payer le menu acheté 5 & 8 ſols 3 den. à la Carriere, ce qui fait deux portées de fuſil ; à le payer, dis-je, 10 ſols la benne chez les emmagaſineurs à Rive-de-Gier : c'eſt un abus dont on gémit depuis l'établiſſement de la Conceſſion, & il n'eſt pas le ſeul ; les Propriétaires & Extracteurs ne viſent qu'à faire paſſer le mauvais Charbon, ou à multiplier les bennes qui ne ſont pas toujours également remplies, &c.

522, ligne 5, quand il en a beſoin. *Ajoutez*, voyez *p.* 706.

Idem, ligne 9, où l'on cuit, *ajoutez* de toute ancienneté.

524, ligne 31, les cendres, *ajoutez* auxquelles on ajoute des menus morceaux de Charbon ſéparés par le tranſport, du peyrat & du Charbon grele.

525, ligne 34, terre à foulon, *ajoutez* terme générique, qui comprend ſous lui l'ARGILLE A FOULON G. Walker thon, la MARNE A FOULON G. Walker mergel : nota, il pourroit ſe faire que le mot Anglois *Sop ſeal*, que nous avons traduit littéralement, *page* 378, ſoit une argille à foulon.

A l'énumération particuliere que nous avons donnée des terres marneuſes & argilleuſes, les Editeurs de Neufchatel ont ſubſtitué la claſſification des marnes par M. Hill que je n'ai point en vue.

527, ligne 32, Paroiſſe de Sauvages, *ajoutez*, V. *page* 711.

539, ligne 34 & 35, Parallélogrammes, *ajoutez* & quelquefois cubiques.

545, ligne 10, *ajoutez* Voyez, *page* 712, l'Hiſtoire du droit de Boîte, celle du droit de Cloiſon, *page* 715, & celle de pluſieurs autres droits ſur la Loire, *page* 711.

567, ligne 10, *ajoutez* Voyez à la *page* 703, ſous un ſeul Article, les poids & meſures comparées.

571, ligne 12, immenſes, *ajoutez* les premieres fouilles de conſéquence ont été faites en 1722 au Village de FANGET, autrement appellé les CHARBONNIERES. Deux Particuliers avoient chacun un puits dont ils tiroient du Charbon de terre : la méſintelligence s'étant miſe entre eux ſur la propriété du terrein ; le particulier qui fut débouté mit, dit-on, le feu à la Mine, & l'incendie, à ce que l'on prétend, dure huit ans.

Page 573, ligne 14, dans une étendue, *lisez* à ſept lieues à la ronde, ce qui eſt eſtimé former une étendue

de vingt-quatre lieues de circonférence.

583, ligne 1, montagne qui brûle près de S. Etienne, *lisez* mal nommée montagne, voyez *note* 1, *page* 702.

Idem, ligne 32, cette effloreſcence, *ajoutez* vitriolique.

584, ligne 37, *ajoutez* près de Monthieu, dans une montagne (à l'Orient de S. Etienne) appellée *le Bois d'Aveize*, où il y a eu beaucoup de fer, il s'eſt trouvé encore une eſpece de mauvaiſe Mine de fer ſemée de Charbon de terre cryſtalliſé, dont j'ai un échantillon dans ma collection.

591, ligne *derniere*, du poids de 300 livres, *lisez* 3000 livres.

605, ligne 10 & 11, Charbon foſſile.

Ajoutez. Le terme de *Charbon foſſile* peut déſigner le genre général. Le Charbon ligneux déſignera celuiqui par ſes fibres peut être regardé comme reſſemblant au bois, & qui quelquefois eſt véritablement du bois pénétré d'un ſuc bitumineux. Le Charbon pierreux ou de pierre eſt celui qui eſt en maſſe dure, amorphe. Le Charbon terreux diverſement mêlé, reſſemble à la terre liée endurcie par le bitume, ordinairement moins dur, & plus friable. Le Charbon bitumineux eſt plus noir, luiſant, ſouvent ſemblable à de la poix ou du jais ; le Charbon foſſile eſt par lames ou feuilles minces, ſemblable à de l'ardoiſe. Les Charbons minéraliſés ſont plus ou moins mêlés de divers minéraux qui s'y manifeſtent, comme les pyrites, le ſoufre, quelquefois l'alun. Mais tout Charbon foſſile renferme eſſentiellement un bitume que les Allemands nomment *Bergſict*, qui a été liquide comme le pétrole & le naphte, & qui a pénétré, lié & changé les parties ou terreſtres, ou pierreuſes, ou ligneuſes, ou végétales, ou ſchiſteuſes. Voyez *Dict. des Foſſiles*, par M. Bertrand, *Art. Charbon foſſile.*

Page 605, ligne *id. Ajoutez* : Le Charbon de terre eſt auſſi appellé en France *Charbon de pierre* ; cette équivoque, ſelon la remarque de M. Venel eſt aſſez commune dans le Languedoc & les Provinces méridionales. Dans le Nord du Royaume il porte plus communément le nom de *Houille.* Sa couleur noire & ſon aptitude à faire du feu, qualités qui lui ſont communes avec le Charbon de bois, lui ont fait donner le nom de *Charbon.* Cependant ce n'eſt pas avec le Charbon de bois que ce ſe ſubſtance a de l'analogie, mais avec le bois même. D'ailleurs, on trouve dans le ſein de la terre un Charbon proprement dit, qui porte le nom de *Charbon foſſile*, & à qui celui de Charbon de terre conviendroit bien mieux qu'à la Houille. Enfin la Houille, telle qu'elle ſort de terre, n'eſt point un Charbon, mais elle peut, comme le bois, être couvertie en Charbon ; enſorte que pour déſigner cette derniere matiere, il faudroit l'appeller *Charbon de terre*, ce qui répandroit de l'obſcurité dans le diſcours, au lieu que le nom de Charbon de Houille n'a pas cet inconvénient. E. N.

Page 606, ligne 26, bituminiſés, *ajoutez* le Charbon de Commothau, dont j'ai parlé *page* 23 de la premiere Partie, comme Charbon de terre, n'eſt, ſelon les Editeurs de Neufchatel, qu'un Holtz Kohlen, qui eſt très-alumineux, voyez *page* 710. J'obſerve néanmoins que dans l'état des Mines de Boheme, porté par M. Schreber à la *page* 544, ce même endroit Commothau eſt placé comme ayant du Charbon de terre.

609, *note* 3, les Editeurs de Neufchatel regardent cette tourbe ou terre bitumineuſe de Grenoble comme une eſpece d'Ampélite qui brûle d'autant moins qu'elle a été plus deſſéchée au ſoleil, & qui répand une odeur treſ-forte. Elle ſe coupe aiſément comme la tourbe, & brûle mieux lorſqu'elle eſt fraîchement tirée ; on trouve de cette *Tourbe bitumineuſe* près de Zurich, BRUCKMANN, *magnalia Dei*, *page* 57. Il y a auſſi une terre bitumineuſe qui ſe leve par feuilles comme le Charbon de terre ou l'Ardoiſe ; c'eſt l'*Ampelitis d'Agricola*. L'Ampelitis de Dioſcoride eſt auſſi dure que le jayet ; on en trouve en Angleterre qui reçoit un beau poliment, & dont on fait divers ouvrages. Voyez *Terræ muſæi Regii Dreſdenſis D. chriſt. Gottlieb. Lipſiæ* 1749, *page* 72. E. N.

634, ligne 3, aux frais de la jauge, *ajoutez* V. *page* 720, une addition ſur le jaugeage des bâtiments de mer.

636, ligne 13, cet Arrêt, *ajoutez* voyez, *page* 719, l'Arrêt du Conſeil qui regle les droits ſur les Charbons de terre étrangers venant dans le Royaume par mer.

637, ligne 26, ſur Loire, *lisez* ſur Loing.

Page 641 , *ligne* 4, *de manœuvrer* , &c , *lifez* d'ouvrir & fermer les portes de l'éclufe voifine de leur Bureau.

ligne 10, *ajoutez* ce diftrict n'eft rempli que par les Contrôleurs.

ligne 13 , *ajoutez* les moindres éclufes font de 50 écus , & les plus fortes de 100 écus.

Idem , *ligne* 12 , l'emploi de ceux-ci , *lif.z* des Contrôleurs des ouvrages du Canal ; c'eft leur titre. Il faut les diftinguer des Contrôleurs des droits.

ligne 17 , *ajoutez* ayant fous eux les Contrôleurs des droits, qu'il faut diftinguer de.. Contrôleurs des ouvrages.

643 , *ligne* 21 , encore un droit, *ajoutez* qui fe leve fur toutes les marchandifes qui paffent deffus & deffous les ponts de cette ville.

Note 1 , *ligne* 1². confidérable de la Paroiffe de Moret , *lifez* confidérable , ayant Paroiffe , & où il y a , &c.

648 , *ligne* 31 , y avoit deux , *ajoutez* Echevins.

650 , *ligne* 19 , des loix du Commerce , *lifez* de la police de Navigation.

Page 653 , *ligne* 1 , le trente-cinquieme , *lifez* le 57 , 48 , 49 , 51 , 52.

ligne 2 , Montereau FAUT-Yonne , *ajoutez* Pont-fur-Yonne.

ligne 3 , & avaler , *effacez* ces deux mots.

ligne 7 , d'aval l'eau , *lifez* d'amont.

lignes 11 & 12 , leur falaire ; ils ne font plus les mêmes , au moyen d'augmentations faites poftérieurement.

ligne 15 , entre eux , *lifez* de leur part.

Ligne 18 , Flottes , *lifez* flettes. Maitres des Ponts & Chableurs font les mêmes.

654 , *lignes* 9 & 10 , s'entrepofe , *lifez* arrive aux Garres.

655 , *ligne* 3 , M. Boudereau , *lifez* premier Commis.

ligne 7 , aux Marchands bourgeois & aux Particuliers , *lifez* au Public , & même aux Marchands bourgeois.

Idem , *ligne* 14 , fujettes à être vifitées ; cet Article eft général , aucune Communauté n'ayant droit de Vifite fur le Charbon de terre.

ligne 23 , mettre leur Charbon en vente , *lifez* de tenir Garre , s'il n'y a point de place au Port.

Tout ceci eft à rectifier d'après l'Article 8 de l'Ordonnance de 1672.

ligne 39 , & fuivants , *lifez* & précédents.

656 , *ligne* 17 , petits Officiers de Ville , *lifez* de Ports.

Idem , *ligne* 21 , Equipeurs , *lifez* Déquipeurs.

ligne 24 , eft Contrôleur , *lifez* étoit autrefois.

25 , ils font auffi , *lifez* ils étoient auffi.

677 , *note* 3 , *lignes* 1 & 2 , contre Marchands de Paris , *lifez* contre un Marchand.

702 , *ligne* 25 , Verizel , *lifez* de la Varizzelle.

709 , *ligne* 21 , la Vavizelle , *lifez* Varizzelle.

744 , *note* 3 , *ligne* 21 , refpectée , l'égard , *lifez* refpectée à l'égard.

745 , *ligne* 1 , Hornftein ; les Editeurs de Neufchatel obfervent que la PIERRE DE CORNE , nommée *Hornfelftein* , eft compofée de particules fi petites , qu'on ne fauroit les diftinguer à l'œil ; dans fa fracture elle n'offre aucune figure déterminée : les pierres font affez dures , point graffes au toucher ; elles réfiftent au feu qui les rend feulement un peu friables; elles font du nombre des réfractaires , amorphes , à particules indifcernables. Quelques Auteurs ont confondu cette efpece avec une pierre brune vitrifiable. Ce qui diftingue les pierres de corne des pierres de roche , des jafpes groffiers des fchiftes , des laves , c'eft l'épreuve du feu. Toutes les pierres de corne font réfractaires , elles femblent pénétrées d'un fuc qui en lie les parties , & les défend de l'action du feu. *Bertrand, Dict. des Foffiles* , au mot *corne , pierre.*

Page 746 , *ligne* 24 , difpofées par lits ; la diftribution des terres & des pierres que nous avons donné , note 1 , 2 , 3 , 4 de la premiere Partie , Art. 1 de la premiere Section , eft déclarée inexacte par les Editeur de Neufchatel , comme n'étant pas empruntée de la nature des chofes.

747 , *ligne* 26 , Greit des Liégeois. Quoique les caractéres que nous avons donné de cette pierre , *page* 55 de la premiere Partie , paroiffent infuffifants , Meffieurs les Editeurs de Neufchatel préfument que ce grès eft la pierre nommée par les Minéralogiftes Allemands , *Graver Hornfein.*

On doit ajouter que le Charbon eft communément recouvert par cette pierre , & qu'ainfi par-tout où il y a de ce foffile on trouve du grès & des quoirelles ; mais que ces pierres fe trouvent auffi dans des endroits où il n'y a pas de Charbon; le nombre de ces bancs pierreux varie, comme on l'a vu , à l'infini ; l'épaiffeur de la quoirelle varie auffi depuis 6 pouces jufqu'à 7 ou 9 pieds.

Page 746 , *note* 2 , qui forment les Salbandes ; MM. les Editeurs de Neufchatel obfervent que la derniere interprétation que nous avons donnée , *page* 55 , *note* 3 , de ce mot Saltande , eft inconnue en Allemagne.

754 , *ligne* 10 , conftruction , leur divifion , *effacez* ces deux mots.

756 , *ligne* 8 , qui fépare a partie , *lifez* la partie.

765 , *note* 1 , *ligne* 3 , fig. 5 , Pl. LIV , *lifez* fig. 6.

770 , *ligne* 1 , le point C , *ajoutez* fig. 6 , Pl. LIV.

ligne 8 , demi-cercle , *ajoutez* dont le centre eft en H.

ligne 30 , 31 , déclinants prefque toujours , *effacez* prefque toujours.

Page 772 , *ligne* 10 , en C , *lifez* en b.

ligne 11 , à l'élévation du pôle , *lifez* au complément de l'élévation du pôle.

ligne 14 , 6 minutes , *lifez* 21 minutes.

ligne 16 , équerre , *lifez* fecteur faifant fonction d'équerre.

ligne 22 , 39ᵈ. 21' , *lifez* 36ᵈ. 34' ½.

ligne 24 , 15ᵈ. *lifez* 0ᵈ.

ligne 25 , 39ᵈ. 21' , *lifez* 36ᵈ. 34' ½.

783 , *ligne* 37 , fig. 1 , Pl. LV , *lifez* fig. 4 , Pl. LIV.

Nota. Cette figure eft placée ici uniquement pour donner l'idée d'un quart de cercle , & de la maniere dont font gradués le limbe extérieur & le limbe intérieur de cet inftrument , comme d'un demi-cercle ou de toute autre portion de cercle ; il a été par cette raifon jugé inutile de marquer deux lignes tranfverfales courbes , partant de B pour aller fur le bord intérieur au degré 5 & 10 , comme dans l'ouvrage de *Bion*, dont cette figure eft empruntée Livre IV , Chapitre V , où l'Auteur emploie cette figure à enfeigner la conftruction du quart de cercle & la maniere de faire exactement les fubdivifions de chaque degré de 10 en 10 minutes , moyennant les autres circonférences concentriques confervées dans la figure de notre Planche.

Page 790 , *note* 1 , *ligne* 6 , parties égales , *lifez* inégales.

796 , *ligne* 9 , Bouffole manuelle. G. HAND COMPASS.

804 , *ligne* 3 , avec le niveau , *lifez* s'aidant du niveau.

806 , *ligne* 23 , Pl. XLII , *lifez* XLIII.

Idem , *ligne* 28 , C 1 , *lifez* C. c.

ligne 29 , de profondeur moyenne A , *lifez* de la moindre profondeur A 1.

ligne 31 , & les ouvertures , *lifez* entre les ouvertures.

Idem , une ligne tirée de l'ouverture , *lifez* la diftance de l'ouverture.

ligne 32 , en f , *lifez* jufqu'en f.

ligne 33 , la même ligne , *lifez* la ligne a f.

Idem , *ligne* 36 , A & C 1 , *lifez* A 1 & C 1.

Page 809 , *ligne* 23 , fig. 10 , *ajoutez* & 13.

810 , *ligne* 24 , fig. 10 , *ajoutez* & fig. 14.

811 , *ligne* 11 , calcul , *ajoutez* par l'aftrolabe.

ligne 14 , petit angle , 56°. 57'. *ajoutez* V. Table des matieres , au mot *Analogie* , & l'explication de la fig. 10 de la Pl. LIV , *p.* 1582 , pour la valeur A E qui refte à chercher.

812 , *ligne* 32 , il exige , *lifez* il exifte.

814 , *note* 4 , la fig. 11 de cette même Planche , *lifez* la fig. 12.

816 , *note* 4 , Agriz. *lifez* Agric.

818 , *ligne* 17 , annoncée *page* . . . touchant les Conceffions , *lifez* V. l'errata . pour la page 503.

826 , *ligne* 16 , Walxer , *lifez* WALKER.

837 , *ligne* 30 , Pl. II , *lifez* Pl. I.

850 & 851 , tout ce qui eft guillemeté eft emprunté de la defcription de l'Art du Coutelier.

865 , *ligne* 11 , les trois figures a , b , c , *lifez* les deux figures a , b.

867 , *ligne* 4 , Planche LIV , *lifez* LVII.

868 , *ligne* 10 , Failles , Troubles , *ajoutez* nommées le plus ordinairement par les Allemands , STEIN WANDE. STEIN KAMME , UEBER LAGEN.

868 , *note* 2 , *colonne à droite* , *ligne* 9 , le mot HOUAGE , HOUACHE , que nous avons employé dans la premiere Partie , *page* 99 , & annoncé dans la feconde pour être défini dans la Table des matieres , eft porté dans le Supplément au Catalogue alphabétique , *page* 1359; M. Genneté qui emploie ce terme , obferve dans une remarque fur la foixante

unieme veine de la montagne de S. Gilles, que cette terre (*Honage*) se trouve souvent sous cette veine, entre elle & le roc qui en est la base, ce qui donne la facilité d'y chasser les aiguilles ou coins pour saper & détacher la Houille.

Page 870, *ligne* 28, *ajoutez* approchant de celui que nous avons mentionné au Baillage d'Ammercœur, pays de Liege, *page* 68, les Editeurs de Neufchatel observent, à l'occasion de cette veine du pays de Liege, que dans les cas où une veine s'élève en remontant aussi haut qu'elle étoit descendue, les Mineurs Allemands disent DER FLOTZ MACHE EINE MULDE. Ce cas est différent du pendage de Roissle.

871, *ligne* 21 & 22, Pl. XLIV, *lisez* Pl. XLII.

875, *ligne* 15, Allure. C'est ce que nous avons désigné en général, *page* 62, *derniere ligne*, par *étendue de Trajet* : les Editeurs de Neufchatel trouvent que cette expression pouroit faire confondre le trajet même d'une veine avec sa chûte.

875 & 876, touchant l'allure & le pendage des veines. *Ajoutez.* Ce détail éclaircit le court résumé que nous avons donné *p.* 66, *ligne* 3, & auquel les Editeurs de Neufchatel reprochent de l'obscurité.

923, *ligne* 15, puissances, *lisez* premieres puissances.

926, *ligne* 18, langage du métier. Cette nomenclature immense, introduite dans la Minéralogie & l'Oryctologie, comme dans la Botanique, est un grand obstacle aux progrès des Sciences ; M. Bertrand en fait la remarque dans son Dictionnaire des Fossiles. Bientôt, comme les Chinois, celui qui voudra étudier l'Histoire Naturelle sera obligé d'employer la moitié d'un temps précieux pour se familiariser avec les mots ; il seroit à désirer, en conséquence, que ceux qui écrivent sur ces matieres convinssent entre eux des déterminations fixes à employer uniformément, en donnant des définitions exactes des objets. E. N. A l'occasion de ce que j'ai remarqué sur le Vocabulaire des Mines, *p. ix* de l'Introduction de mon Ouvrage, on ne peut qu'être unanimement d'accord sur la réflexion des savants Editeurs de Neufchatel, mais ce qu'ils demandent est-il possible ? Les Ouvriers de Mine ne font-ils pas nécessairement la loi sur cet objet ? Et comment faire pour que leur langage soit uniforme par-tout ? *Voyez page* 9.5.

Page 930, *note* 1, Mulheim, *lis.* sur le Roer, près de Duisberg.

Page 953, *note* 1, *ligne* 5 & 6, porte-vent de cuivre, *lisez* de cuir.

970, *ligne* 34, qu'il ortoit, *lisez* qui sortoit

950, *ligne* 32, tués, *lisez* noyés.

1020, *ligne* 16, porté attention, *lisez* prêté attention.

1023, *ligne* 11, entierement de cuir ou de bois, *lisez* de cuivre.

1050, *ligne* 34, d'un espece, *lisez* d'une espece.

1063, *ligne* 7, de chef, *lisez* de ce chef.

1083, *ligne* 19, poutres & poutrelles, *lisez* poutrelles.

1111, *ligne* 11, 25000, *lisez* 2500.

1119, *ligne* 18, vitriol, (sel métallique formé par un acide sulphureux, qui dissout les métaux solubles par leur action, tels sont le cuivre, le fer & le zinc. E. N.

Idem, *ligne* 21, vitriol martial. G. GRUNER, Su. KOPPER HOLL, communément nommé *Couperose*, est de couleur verte ; le vitriol de Mars, qui se trouve dans les bois bitumineux assez communs dans les différentes provinces de la Saxe, est chargé d'alun. *Voyez Schreberi lithographia Hallensis*, *page* 20. E. N.

Les Charbons de pierre qui donnent par la décomposition un vitriol de Mars pulvérisé, sont toujours mélés de petits CAILLOUX, & ce sont eux proprement qui produisent ce vitriol. E. N.

Cette note auroit demandé de la part des Savants qui nous la fournissent un éclaircissement sur cette substance *caillouteuse*, qui, selon eux, fait partie du Charbon de terre dans quelques especes ; ils en ont fait mention dans une note qui termine l'Article III de la premiere Partie, en observant que *le Charbon de pierre n'est pas composé d'un soufre réel, & que l'on n'y trouve pas du* CAILLOU. Enfin il est mention de cette même substance, sous le même nom, dans un examen chymique du Charbon de pierre d'Angleterre, comparé avec celui des environs de Zuickaw & de Dresde, fait par M. Mehiner, & que les Editeurs de Neufchatel ont inséré à la fin de la quatrieme Section de ma premiere Partie ; il y est dit qu'aucun Charbon de pierre ne contient autant de petits cailloux aisés à appercevoir à la vue, que celui d'Angleterre ; nous présumons, sans avoir vu le mot Allemand, que c'est le FEUER STEIN (*voyez page* 187), qui pouroit n'être

ici que de petites concrétions pyriteuses martiales, ou ce que l'on appelle dans quelques Mines de Charbon *Gaillettes*, dans celle du Hainaut François FORGE GALLETEUSE ; j'observerai seulement en passant que dans le grand nombre de Charbons de différentes Mines d'Angleterre, qui m'ont passé par les mains depuis dix-huit ans, je n'ai point reconnu ces concrétions *caillouteuses*.

Page 1120, *ligne* 7, connoitre par l'analyse. Celle que nous avons donné, *page* 30, (dans la premiere Partie,) des eaux des Houillieres de Liege, paroit aux Editeurs de Neufchatel imparfaite, & peu propre à faire connoitre comme il faut la nature de cette eau.

1125, *ligne* 19, dont la nature a été indiquée *page* 560, *lisez* 450.

1147, *note* 2, il n'est pas trop facile, *lisez* il n'est pas difficile, & *ajoutez* ce qui a été remarqué *page* 1088, & à la Table des matieres, au mot *Chaudiere, colonne à gauche*, en donne l'explication. Dans la même *note*, comme M. de Tilly attribue, *lisez* M. de Tilly attribue aussi.

1148, *note* 1, *ajoutez* M. Blakey, dans ses observations sur les pompes à feu avec balancier, imprimées en 1777, rapporte qu'à une Mine de Charbon de S. Hélene, près de Prescot en Lancashire, il a vu une chaudiere en fer battu de de 17 à 18 pieds de diametre, qui avoit été rongée dans l'espace de deux ans.

1154, *ligne* 13, un très-grand nombre de ces Analyses : les Editeurs de Neufchatel ont ajouté dans une note l'examen chymique du Charbon de pierre Anglois, comparé avec celui trouvé aux environs de Zuickau & de Dresde ; cet examen fait par M. Mehner, Secrétaire des Mines à Stenau, dans le Cercle de Neustadt, pourroit n'être pas aussi profitable pour l'utilité à en retirer qu'il sembleroit d'abord, l'Auteur ayant omis de spécifier de quelle Mine d'Angleterre est provenu le Charbon analysé. Cette analyse est suivie de celle des Charbons de pierre de Horg, par M. Scheuchzer.

1157, *ligne* 8, voyez, *page* 1584, à l'explication de la Planche LVIII, l'emploi de cette scorie charbonneuse, vitreuse & métallique dans des boulets de terrouille artificielle, pour y entretenir la chaleur que cette scorie a contractée en rougissant au feu avec l'argille dans laquelle elle est empâtée.

Page 1170, Cadmie, en croutes, *ajoutez* ce nom consacré à la matiere semi-métallique qui s'attache aux parois des fourneaux où l'on fait la premiere fonte de certains minéraux, est quelquefois donné mal-à-propos, (comme l'observent les Editeurs de Neufchatel sur la note de la premiere Partie de mon Ouvrage,) à la Calamine.

1220, *ligne* 32, & à en donner connoissance au public. *Ajoutez*, V. à la Table des matieres, une addition à cet Article au mot STUARD, à l'explication de la Planche XXXV ; & à la *page* 1587, un Supplément très-détaillé sur ces opérations exécutées à Breteuil & à Aizy.

Idem, *ligne* 35, les différentes analyses font voir que les Charbons fossiles sont formés par du naphte ou du pétrole qui, ayant rencontré des couches de limon ou de marne, les a pénétré d'une vapeur sulphureuse & passagere, est venue s'y joindre, & la matiere s'est durcie. Souvent de l'alun dissout s'est uni à ces substances, & leur a communiqué de nouvelles qualités. E. N. Il reste à expliquer la différence de ce bitume pur & résineux à celui du Charbon de bois fossile Holtz-Kohlen, à celui de la tourbe, qui exhalent une odeur fétide.

1222, *ligne* 19, lead, lead. C'est fans doute la MINE DE PLOMB SPATHIQUE qui est blanchâtre, grisâtre ou jaunâtre, semblable à du Spath. Henckel l'appelle quelquefois MARNE DE PLOMB ; en Allemand BLEG SPATH ; quelquefois elle est fossile, on la nomme ARDOISE DE PLOMB. *Minera plumbi spathacea fossilis.* E. N.

1237, *note* 4, Mine en roignon, *lisez* en masse.

1238, *ligne* 12. Antimoine. G. *Spiesglass.* Minéral strié, fragile, volatil au feu, & qui entre en fusion après avoir rougi ; sa couleur est d'autant plus blanche qu'elle a moins de soufre ; l'antimoine fossile est en pierres de différentes grosseurs, qui approchent assez du plomb minéral ; à la réserve que les globes d'antimoine sont plus légers & plus durs que ceux du plomb ; celui qu'on vend a été fondu.

1239, *ligne* 17. Calamine. Pierre ou terre naturelle qui, mélée avec le cuivre, change la Mine rouge en laiton ; cette pierre varie par la couleur ; elle 'eſt jaune, brune ou rougeâtre : la calamine foſſile reſſemble à la cadmie des fourneaux ; 1°, parce qu'elle contient du zinc ; 2°, parce qu'elle rend jaune le cuivre de roſette ; 3°, parce qu'elle a pour baſe une terre alkaline ; 4°; parce qu'elle fait efferveſcence avec les acides. *Bertrand, Dict. des Foſſiles.* E. N.

Page 1251, *ligne* 2, COBALT en Allemand & en Suédois ; en Anglois COBOLT, demi-métal dur, mais friable & d'une nature preſque terreuſe. La couleur en eſt pâle ; dans la fracture il reſſemble à un métal ; il ne s'enflamme point au feu, il n'y donne point de fumée ; ſi le feu eſt violent, il entre en fuſion. E. N. Ces SAVANS remarquent à l'occaſion de la note 1, *page* 128, que le nom Allemand *Zaffir,* que j'avois ajouté à cette ſubſtance, n'appartient abſolument qu'au ſafre qui ſe tire du cobalt.

1253, *note* 2. Depuis ce temps, M. Baumé, dans un Mémoire qui a remporté le prix propoſé par la Société libre d'émulation, ſur la meilleure maniere de conſtruire des alambics & fourneaux propres à la diſtillation des vins pour en tirer les eaux-de-vie, a fait connoître dans le plus grand détail quelle doit être la coupe d'un fourneau que l'on feroit chauffer avec du Charbon de terre, ainſi que de l'alambic ; cette deſcription eſt accompagnée d'une Planche qui repréſente un fourneau propre à brûler du Charbon, ſoit de bois, ſoit de terre.

Ce Mémoire inſéré d'abord dans le Journal de M. l'Abbé Roſier, pour le mois de Juillet 1778, a été depuis imprimé à Paris, chez Didot le jeune : nous en avons emprunté les figures qui compoſent une partie de la *Planche LVIII* **.

Le même Journal, pour le mois ſuivant, renferme un Mémoire intéreſſant ſur cet objet, par M. l'Abbé Moliné, où l'on trouve, Sect. I, Chap. IV, une autre conſtruction de fourneau.

Page 1257, *ligne* 7. *Sulphureo-acids.* Ajoutez que, ſelon M. Baumé, dans le Mémoire qui vient d'être cité, le ſoufre contenu en plus grande ou en plus petite quantité dans le Charbon de terre, peut, pendant la combuſtion de ce foſſile, attaquer le cuivre & le minéraliſer à la longue : il avoit tenté d'en brûler ſous de grands alambics, mais il en a diſcontinué l'uſage, parce qu'il craignoit qu'il ne détruiſit les vaiſſeaux ; & il eſtime qu'il ſeroit peut-être prudent de n'employer que le Charbon de terre réduit en braiſe.

1290, *ligne* 7, au feu de Houille brute, *ajoutez* de même que certainement elles moderent tout au moins la chaleur trop vive de quelques Houilles ardentes.

1307, *ligne* 13, l'argille ne ſe diſſout pas viſiblement par les acides, avec une ébullition ou un bruit ſenſible, comme cela arrive à la craie ou à la terre calcaire qui eſt preſque toujours mêlée de marne. Cependant les acides en ſéparent une certaine quantité qui fait environ un troiſieme du tout, & qui eſt la partie eſſentielle de l'alun, comme l'ont montré les expériences de Margraff : le reſte eſt une terre pyriteuſe ; par conſéquent l'argille ſe diſſout dans les acides, elle ſe décompoſe même entiérement, & c'eſt préciſément ce que M. Morand nie en termes exprès. E. N.

Les Editeurs de Neufchatel ſont fondés en partie dans leur remarque, l'on fait certain qu'il n'eſt preſqu'aucune pierre qui ne cede à une longue digeſtion dans les acides. Les terres argilleuſes mêmes, abſtraction faite des parties terreamétalliques, bitumineuſes, calcaires, &c, qui y ſont mêlées preſque toujours ; ces terres argilleuſes ſont en effet attaquables par cette digeſtion longue.

Le premier apperçu, tel que celui qui réſulte des eſſais ſimples, les ſeuls auxquels a d'abord recours le Naturaliſte pour diſtinguer une ſubſtance, montre, comme perſonne ne l'ignore, une forte efferveſcence pour les terres calcaires, une dureté capable de faire feu ſur le briquet pour les terres vitrifiables, & ni l'un ni l'autre effet pour les terres & pierres argilleuſes ; il ne s'agit ici que de ces épreuves employées par les Naturaliſtes, & qui ne peuvent comporter ni développement, ni digeſtions longues réſervées aux recherches chymiques : c'eſt une remarque que j'ai placée à la tête du Catalogue raiſonné (qui ſera publié en 1770) de ma collection de ſubſtances appartenantes aux Mines de Charbon de terre de pluſieurs pays.

Page 1337, *ligne* 5, certaines Houilles ſont diſpoſées à s'échauffer lorſqu'on les garde en tas. Les Editeurs de Neufchatel ont ſur cela fait uſage d'une note de M. Venel, que voici Cette propriété doit engager ceux qui parlent des Houilles en magaſin à examiner ſi elles s'échauffent, & à prévenir les inconvé-

niens qui pourroient réſulter de là. Ces accidens ſont très-rares à la vérité ; peut-être l'embraſement d'un tas de Houille n'eſt-il jamais arrivé, cependant il convient d'y faire attention. On voit que M. Venel ne ſavoit trop à quoi s'en tenir ſur cela malgré ce que nous avons rapporté : il croit la choſe poſſible, en même temps il la croit rare, il doute même qu'elle ſoit jamais arrivée : MM. les Editeurs de Neufchatel en citent un exemple arrivé près de Wettin & près de Plavitz dans le Vogtland ; on peut en voir les détails dans une diſſertation Allemande publiée exprès en 1768, par M. Chriſtian Frédéric Koch, in-4°. Leipſic & Zwickau.

Mémoires ſur les Feux de Houille.

(*Page* 10), note 1, cette même Section, *liſez* ces mémes Mémoires ſous le N°. 11.
Idem, note 2, *ajoutez* page 362.
(11), ligne 15, ſuccédant, *liſez* ſuccédante.
Idem, note 1, F F, *liſez* G. 8.
(13), ligne 35, Sect. IX, Art. 4, *ajoutez* &a.
(14), note 2 de la première Partie & *page* 1111, note 3, N°. G G, *liſez* F. f.
(15), note 6, *derniere ligne,* voyez page, *liſez* page 33 de ces Mémoires.
(21), *ligne* 45, brûle de la Houille, *ajoutez* ce qui eſt confirmé par l'analyſe de la ſuie des cheminées où l'on ne brûle que du Charbon de terre.
(27), ligne 1, bourſes, *liſez* coffres.
(28), note 1, *cette note eſt tronquée, & à retrancher entièrement.*
(29), ligne 35, piece F F, *liſez* G. g.
(31), ligne 35, Hiſtoire, *liſez* Hiſtorien.
(36), ligne 36, les, *liſez* ces.
Ibid. ligne 41, arſenicii, *liſez* arſenici.
(39), ligne 32, introduit, *ajoutez* à Halle.
(41), ligne 39, nous attribuons, *liſez* nons n'attribuons pas cependant.
Ibid. ligne 41, qu'a, *liſez* mais a.
(44), ligne 18, ſe donner, *liſez* ~~~~ s'adonner.

Nota. A la ſuite de ces Mémoires, vient au folio 1357, le Supplément au Catalogue alphabétique dans lequel *Molybdena,* marqué pour la page 446, doit être 450, il en eſt de même pour le ſynonyme *Potelot.*

Au mot *Pore* (*pierre de*) de ce Catalogue alphabétique, il eſt bond'obſerver que l'on connoît une eſpece de pierre fétide qui n'eſt point un ſchiſte, & qui eſt une *pierre de roc* d'un grain très-compacte & très-dur.

Table des Matieres.

Nota. Cette Table n'ayant pu de toute néceſſité avoir lieu qu'après l'impreſſion totale de l'Ouvrage, nous avons ſuppléé d'avance, dans un article à part, *pages* 694 & 1587, aux principales additions & corrections relatives à la première, ſeconde & troiſieme Section de cette derniere Partie. Afin d'en aſſurer l'utilité, nous les avons rapportées ici de nouveau à leur vraie place, nous avons trouvé moyen d'augmenter cette Table des remarques inſérées ſur la première Partie, dans l'édition des Arts & Métiers, *format in-4°. Neufchatel,* Tome VI, page 345 ; ce ſont celles qui ſont indiquées à leur terminaiſon par les lettres E. N. Jaloux de la perfection d'un Ouvrage que nons n'avons entrepris que par des vues de grande utilité, dans lequel nous avons porté toute l'attention poſſible pour la vérité dans l'expoſition des faits, pour l'exactitude même des vues que nous avons préſentées, nous aurions fort déſiré être à même de profiter dès actuellement des notes & obſervations dont les ſavans Auteurs de cette édition enrichiront notre ſeconde Partie ; mais nous prévenons que nous ne recueillerons dans leur temps, de maniere à pouvoir être ajoutées commodément dans des exemplaires de l'édition de l'Académie, quand même ils ſeroient reliés ; par ce moyen cette édition ſe trouvera comme celle de Neufchatel, revue, corrigée & augmentée.

Page 1379, *ligne* 17, *colonne à gauche,* ſur les braiſes de Charbon de Charbon de terre, *ajoutez* & ſont employées avec ſuccès à Nantes, par M. de la Houilliere, aux fontes de canons, de bombes & de boulets, avec de vieux canons, des vieux mortiers & leurs affûts, ainſi que tous vieux fers coulés, qui peuvent au feu de ces braiſes être refondus & remis à neuf, objet de grande néceſſité pour le ſervice du Roi.

1384, au mot Charbons d'ardoiſe ou Charbons du toit, TAGE KHOLEN. Ce n'eſt pas proprement un Charbon de pierre, c'eſt un foſſile bitumineux, que M. Bertrand déſigne ſous le nom de Charbon de terre, ERD KOHLE. V. cet errata pour la pag. 386.

1390, *ligne* 12, clutte, &c. après l'indication de la pag. 574, *ajoutez* CLUTTE ARTIFICIELLE, qui feroit très-propre pour les chauffrettes, V. *page* 1584, à l'explication de la Planche LVIII.

1411, *ligne* 57. Avant *Eftau*, on a oublié Establir, auquel il faut rapporter le mot STALIRE.

1414, *ligne* 10, Faille. Il eft inconteftable, du moins quant au plus grand nombre, que les failles font plus anciennes que les veines de Houille ; ce font des quartiers de roc détachés des montagnes d'a-lentour qui fe font porté dans les veines encore tendres ; cette hypothefe eft inconteftablement con-firmée dans l'Ouvrage de M. Delius : *De l'Ori-gine des Montagnes*. De là les variations des vei-nes de Houiles, & plufieurs autres phénomènes qui s'expliquent très-fimplement d'après ces prin-cipes, en fuppofant que tous ces changemens font arrivés dans les Mines avant qu'une partie des veines ait été pénétrée des fucs bitumineux, & changée par-là en Charbon de pierre ; il faut dire cependant qu'il y a des failles qui fe font manifeftement formées dans les cavernes de la Mine de Houille, telles font, par exemple, ces failles qui font de la nature de l'ardoife. E, N.

Page 1423, Fourneau de l'alambic de la grande machine à vapeur, *ligne* 25, Montrelais, & pieds cubes pour la petite. Après Montrelais, *lifez*, ces deux nombres étant à peu-près dans le rapport des furfaces des deux piftons qui font, l'un & &c.

1435, Holtz-Kohlen. M. Bertrand penfe qu'il feroit plus exact de les appeller des *bois foffiles*, & qu'on peut les regarder matiere moyenne entre la vraie Houille & le bois ordinaire, E, N. J'ai fait la même obfervation *page* 605.

1438. *ligne* 11. Indice du Charbon de terre, & les mêmes que ceux qui décelent les métaux, felon M. *Ber-trand*, *Diction. des Foffiles*. Voyez l'obfervation ajoutée dans cet errata dans la *page* 449, *ligne* 32.

1448, *ligne* 13. Krouffe. On pourroit les nommer en Allemand *Ueberlagen*, mais l'Ouvrier confond prefque toujours les termes. M. Schreber remar-que que les Mineurs étrangers font des diftinctions plus fubtiles que les Allemands, & expriment ainfi un plus grand nombre d'idées. E. N.

1483. Poix minérale des efpeces de Charbon de terre. Le bitume eft le genre, & le Charbon de terre l'efpece. Voici comment on peut claffifier les diffé-rentes fortes de bitume. 1°, le NAPHTE G. BERG BALSAM eft le plus liquide ; 2°, le Pétrole G. BERG HOL. SU. BERG OLEA, plus épais; 3°, la *Malthe*. G. BERG THEER. SU. BERG-TIARA, eft molle; 4°, l'*Afphalte* eft folide ; 5°, l'*Am-pelite* eft affez pure; 6°, le *Lithantrax* eft fiffile, 7°, le *Jayet* eft très-dur. E, N.

1493, *ligne* 19, *ajoutez* on prétend encore que la qualité des veines eft auffi différente felon leur direction vers les différents points de l'horifon. Voyez *page* 483. Dans la Mine de Manffon en Angleterre, près de Loeds, on trouve que le Charbon tirant vers le Nord eft de moindre qua-lité que celui qui eft du côté du Sud.

1495, à la lettre Q, *ajoutez* Quipeteure. Voyez *Pierçure*.

1511, *ligne* 34. Schiffer Stein. La diftinction que nous avons donné de cette ardoife avec le *Lapis fiffilis*, page 118, n'eft pas adoptée par les Edi-teurs de Neufchatel.

Page 1520. Stollen. ce mot employé dans la defcription de l'exploitation des Mines de Holtz-Kohlen, du comté de Naffau, *page* 10, *ligne* 17, & traduit dans la note, Foffe ou menée fouterraine, ne défigne que *les galeries* ou *conduits fouterrains*, & non les *foffes* ou puits de Mines, qui s'appellent en Alle-mand ROESCHEN. E. N.

Dans l'article de l'Encyclopédie, où il eft mention de cette Mine au mot *Charbon foffile*, il eft dit qu'en creufant en pro-fondeur, on y rencontre du Charbon de terre: lorfque j'ai pu-blié la defcription détaillée de cette Mine, je n'ai pas eu d'égard à l'addition de M. le Baron d'Olback, la fuite des couches qui m'avoit été envoyée par M. Allaman n'en préfentant aucun échantillon. Depuis ce tems, M. Sage, de l'Académie des Sciences, m'en a fait voir, & j'en ai procuré pour ma Col-lection.

Page 1519, *ligne* 69, *ajouter* Stein Kohlen gehirg. Voy. cette Table d'Additions pour la *page* 243.

Ibid. Stalire, *lifez Eftablire* ; cet article eft par conféquent à reporter à la lettre E de la Table des matieres.

1521, *ligne* 27, capacité, *lifez*, tenacité.

1529, *ligne* 61. *Ajoutez* Terroule artificielle. Voyez *page* 1584, à l'explication de la Planche LVIII.

Ibid. *ligne* 20, terre d'ombre. G. UMBER-ERDE, terre fort légere qui s'enflamme au feu tant foit peu, & qui, à cet égard, eft congenere avec les terres bitumineufes. Elle répand une odeur forte, & devient blanche après avoir été calcinée à un feu violent. On en trouve en Italie, qui eft d'un brun clair ; celle de Sallerg en Suede eft de la même couleur. Celle de Cologne eft d'un brun foncé. Voyez LIBAVIUS *fingul. Part. III*, *page* 1030. *Bertrand*, *Dict. des Foffiles*, au mot *ombre*. E, N.

1533. Tourbe. G. *Rafen Torf*. TORFERDE. Affembla-ge de diverfes plantes & racines diverfement alté-rées ; on pourroit, à quelques égards, ranger la tourbe parmi les fubftances bitumineufes, en vertu de la facilité avec laquelle elle s'enflamme ; mais elle differe des Charbons foffiles ; 1°, par fon lieu natal ; elle fe tire des marais, au lieu que les Charbons de terre fe trouvent par veines ou par lits fur les collines ; 2°, la contexure filamen-teufe des Tourbes fert encore à les diftinguer du Charbon qui eft compacte, par feuilles. E. N.

Nota, que pour le paffage de Libavius appliqué au Charbon de terre *page* 25, il faut rapporter tout cet article à la Tour-be, & *lire*, que le fel dont les anciens Zelandois faifoient commerce avec les Efpagnols, étoit évaporé au feu de tourbe.

1548. Wath & Boutteu, *lifez* Wath & Bolton.

Eplication des Planches.

Page 1561. *Brionnois. Ajoutez* dans le Mâconnois. Re-lativement à la fouille de Châteaudun, à une lieue de la Claitte, en allant à Rouanne. Les échantillons que j'ai reçu depuis, n'annoncent au-cunement du Charbon de terre.

1561, *ligne* 48. 422 foffes ou puits de Mine.

Nota, que dans l'état qui précéde, il n'eft mention que des principales foffes, & que plufieurs autres citées dans le corps de l'Ouvrage ne font point de cette récapitulation.

1578, *ligne* 47, explication de la Planche XLIII. Voyez cet errata pour la *page* 806.

1582, *colonne à gauche, ligne* 5, *ajoutez* il manque encore à cette figure un trait ponctué de *B* à *A*.

Page 1588, *ligne* 40, & de S. Etienne en Forez; il m'a été dit que celui de cette Province étoit tiré du bois d'Aveize, fur S. Jean de Bonnefond, & qu'il avoit été préparé près du bois d'Aveize.

Page 1588, *ligne* 55, Mine de fer limoneufe ou Tuf ferru-gineux. *Minera ferri lacuftris & paluftris. Tophus Martis.* Bertrand. G. Sec-Evtz. Sump Fertz. Les Mines de fer de Montbard font de trois efpeces, à en juger par les échantillons qui fe voyent dans le cabinet de M. Sage ; une cryftallifée en cubes, mêlée avec la pyrite martiale, reffemblante à la Mine de fer hépatique de Sibérie, dans laquelle on trouve de l'or natif; une en petites globules bruns, dans une argille jaunâtre ; une terreufe en globules jaunâtres, & femblable à la Mine de fer du Berri.

Page 1600, Tableau pour la premiere gueufe. Poids parti-culier, 153, *lifez* 163.

Poids général, 589, *lifez* 599.

Poids total, 7657, *lifez* 7787.

2° ligne de la remarque. 36, *lifez* 34.

Idem, 153, *lifez* 163.

Idem, 392, *lifez* 352.

3° ligne, total 614, *lifez* 584.

Idem, poids général, 7921, *lifez* 7592.

4° ligne, chaque charge du poids de 670, *lifez* 584.

Même page pour la feconde gueufe.

Poids général de la 5° charge, 595, *lifez* 573.

Total de la 8°, 2380, *lifez* 2292.

Total de la 13°, 14350, *lifez* 7446.

En terminant cet Ouvrage, je crois devoir avertir que, malgré les précautions que j'ai prifes, des chofes nouvelles furvenues dans le fait de l'objet qui m'a occupé, le long temps qui s'eft écoulé entre la publication de la premiere Partie & l'époque où je termine enfin cet Ouvrage confidé-rable, doivent néceffairement avoir influé fur la maniere dont les mêmes objets peuvent être traités dans cette premiere Par-tie & dans les fuivantes ; c'eft le fort de toutes les fciences qui, comme celle de la Minéralogie, fe perfectionnent par l'ufage ; de nouveaux faits, une nouvelle maniere de voir, des opérations fructueufes, des découvertes inattendues; tout cela change en un très-court efpace de temps la fcience elle-même, à peu-près comme les révolutions univerfelles chan-gent infenfiblement la furface du globe lui-même.

AVIS INTÉRESSANT

Aux Phyficiens Naturaliftes, aux Entrepreneurs d'exploitation de Mines de Charbon, aux Propriétaires de Mines, aux Chefs d'atteliers à Fourneaux & autres confommateurs de chauffage, fur les différentes parties de cet Ouvrage qui peuvent concerner les uns ou les autres, & qu'ils peuvent fe procurer féparément.

Pour remplir le but qu'on s'eft propofé, en entreprenant ce travail, de raffembler de toute part ce qui tient au Charbon de terre, de faire de cet Ouvrage une efpece de dépôt général dans lequel on puiffe aller à la recherche des différents renfeignements à défirer touchant l'Hiftoire phyfique, l'extraction, le commerce & les ufages de ce foffile, il a été indifpenfable de le confidérer fous ces différents points de vue, dans trois principaux Pays. Malgré l'étendue que comporte le fujet traité en grand détail comme objet d'Hiftoire naturelle, d'induftrie, de commerce & de néceffité, on s'eft appliqué à diftribuer l'Ouvrage dans un plan qui répond à l'intention que l'Académie a eu en entreprenant la defcription des Arts & Métiers, de *ménager aux Artiftes la facilité de fe procurer les Traités des Arts qu'ils exercent, ou de ceux qu'ils voudroient connoître, fans être obligés d'en acheter en même temps d'autres qui leur feroient moins néceffaires* (*). Nous avons cru en conféquence devoir indiquer par cet avis à ceux de nos Lecteurs qui pourroient ne s'occuper des Mines de Charbon que fous un feul rapport, les différentes parties de l'Ouvrage qu'ils peuvent fe procurer féparément.

La premiere publiée en 1768 eft l'Hiftoire phyfique, tant du Charbon de terre que de fes Mines, ou, fi l'on veut, la connoiffance de la fubftance foumife aux opérations ultérieures de l'exploitation & des divers ufages; cette partie eft principalement du reffort du NATURALISTE, qui peut s'en tenir à cette premiere diftribution de l'Ouvrage.

La feconde Partie, compofée d'une premiere & d'une feconde Section publiées en 1773, fait connoître la pratique de l'exploitation, les ufages & le commerce du Charbon de terre au pays de Liege & en Angleterre; elle peut regarder les PROPRIÉTAIRES DE TERREINS A CHARBON comme premiers intéreffés à avoir des notions fur les moyens pratiqués pour mettre en valeur une production de leur fol; mais les MAÎTRES-OUVRIERS, & ceux qui fe chargeroient d'entreprendre de ces exploitations, & qui doivent être jaloux de réuffir, s'inftruiront à fonds dans ces deux Sections fur l'art de conduire en grand les fouilles & les travaux fouterrains.

La troifieme Section de cette feconde Partie, publiée en 1774, préfente le même tableau pour la France feulement; les différentes provinces du Royaume qui poffedent des Mines de Charbon de terre (& elles font nombreufes), font paffées en revue dans cette Section: on y donne la connoiffance de la maniere dont on y exploite ces Mines; du prix & de la qualité du Charbon qu'elles fourniffent; du négoce qui s'en fait dans quelques Provinces; la marche de ce commerce dans Paris y eft confignée dans toutes fes parties, pour aider à en prendre une idée, & éclairer en même-tems, fur le monopole ouverte, & cachée. L'homme d'Etat, curieux de porter fes regards fur les nouvelles fources

(*) Avertiffement de la defcription des Arts par l'Académie Royale des Sciences, publié en 1759, & inféré à la tête de la defcription de l'Art du Charbonnier de bois, la premiere qui a paru.

de richeffes & de commerce intérieur, pourra puifer dans cette Section quelques vues de fpéculation, fur la circulation animée de ce commerce, fur les moyens d'augmenter l'avantage du Négociant & du Confommateur, fur la légiflation relative à ces Mines, même fur les abus par lefquels on parvient fouvent à en éluder la fageffe. Voyez l'*Introduction*, *page xv.*

La quatrieme Section eft divifée en quatre Articles, dont les trois publiés en 1776 renferment une théorie-pratique de l'exploitation, & des vues générales fur l'adminiftration des exploitations de Mines; cette partie regarde proprement ce qu'on pourroit appeller les Ingénieurs des Mines de Charbon de terre.

Le troifieme & dernier Article de cette quatrieme Section publiée en 1777, traite de tout ce qui peut fe retirer d'utile pour les Arts, tant du Charbon de terre brut, que de ce qu'il laiffe après lui lors qu'il a paffé par le feu; ce foffile y eft enfuite confidéré en particulier comme combuftible, qui ne doit pas être abfolument exclus des fourneaux métallurgiques, & qui peut dédommager complettement du dépériffement des forêts pour les foyers domeftiques. Les perfonnes qui font les vraies intéreffées à la chofe, c'eft-à-dire les différents Consommateurs & Artistes qui ont befoin d'appliquer le feu à leurs opérations, trouveront dans cet Effai de théorie pratique, des regles de conduite pour employer à leur avantage le Charbon de terre dans leurs atteliers. Tous les endroits enfin qui éprouvent de la difficulté pour le chauffage y reconnoîtront les reffources de ce foffile, pour fuppléer à la rareté & à la cherté du bois; on peut dire que cet Article eft pour des Provinces entieres, foit en France, foit en Pays étrangers qui font menacées de difette de chauffage, une *éveille* importante fur le combuftible qu'elles poffedent dans leur fol, ou qu'elles peuvent tirer par la communication des rivieres, des contrées qui les avoifinent.

F I N.

Fig. B.
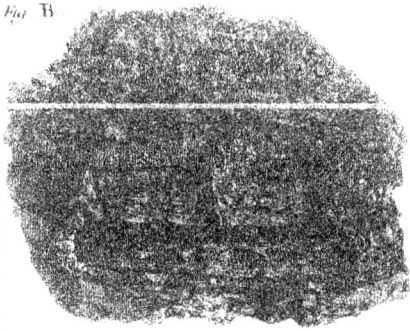

Fig. A.
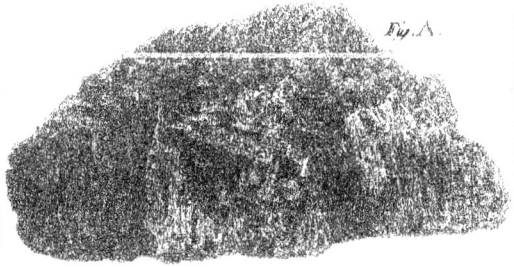

Fig. 1 D.

Fig. C.

Fig. 2 D.

Fig. E.

Fig. F.
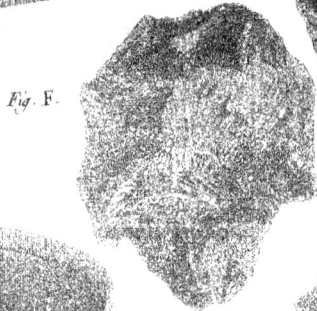

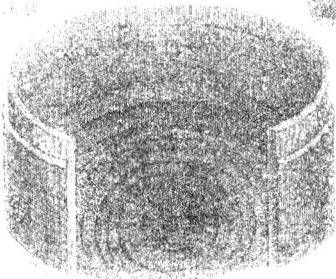

PRINCIPALES ESPÈCES DE PENDAGES DES VEINES

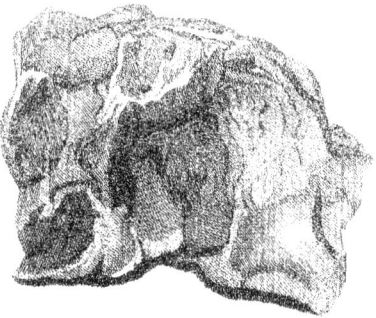

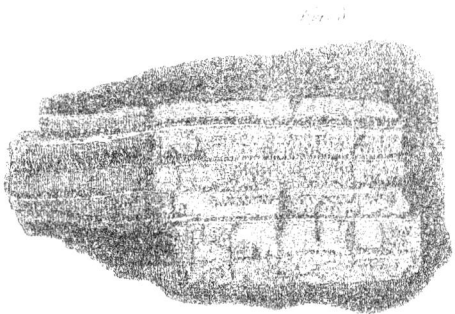

Fig. 1.

Fig. 2.

Fig. 3.

Fig. 4.

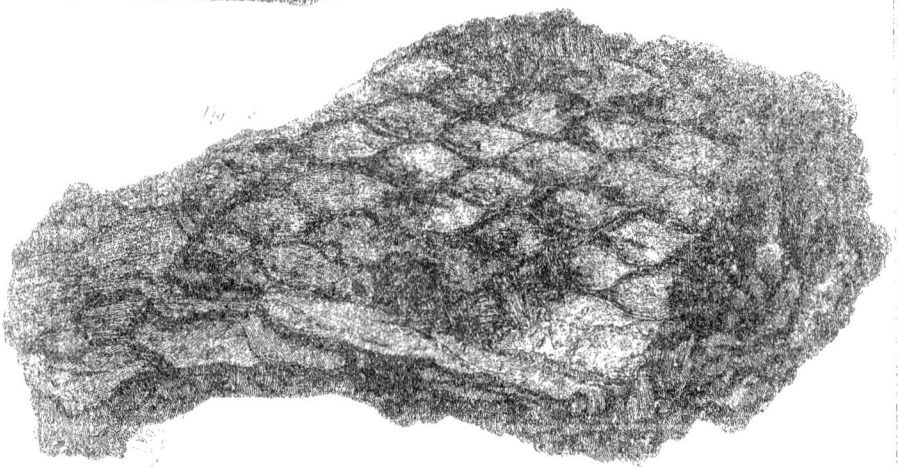

Fig. 5.

Fig. 3.

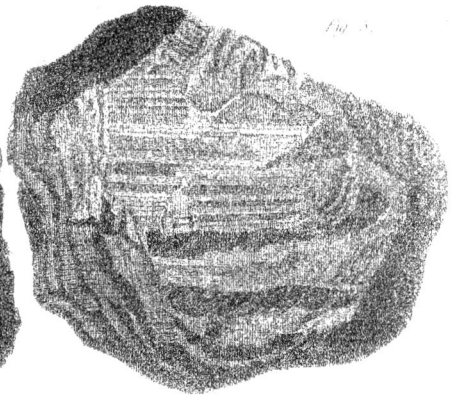

Pl. VIII.

Fig. 1.

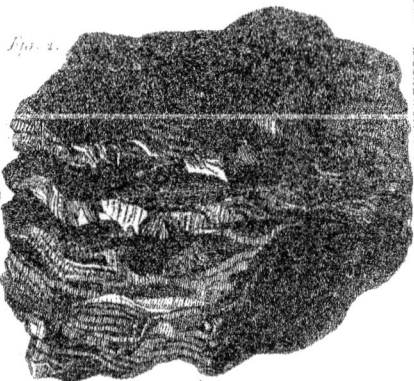

Fig. 2.

Fig. 3.

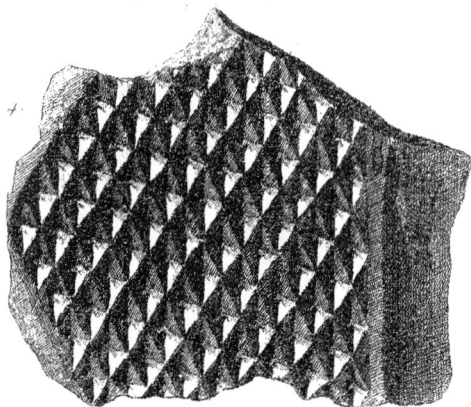

Fig. 4.

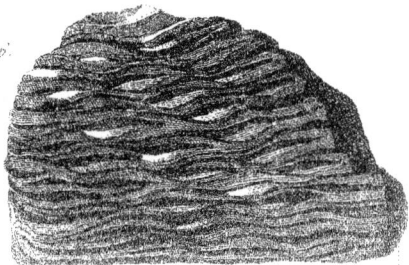

Fig. 6.

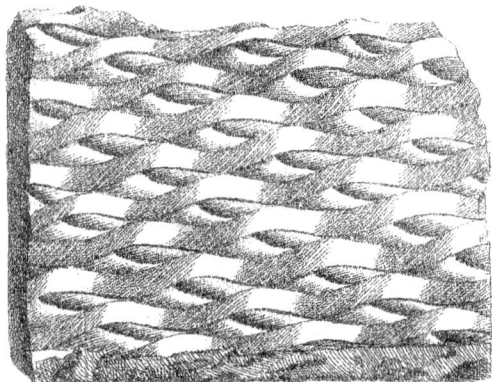

Fig. 5.

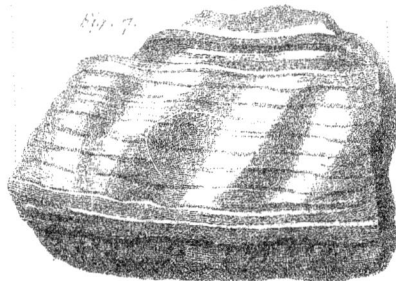

Fig. 7.

CHARBONS DE TERRE D'INGRANDE AVEC IMPRESSIONS DU TOIT.

Pl. IX.

Fig. 1.

Fig. 2.

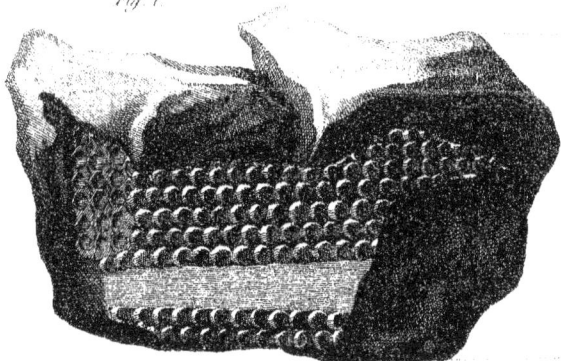
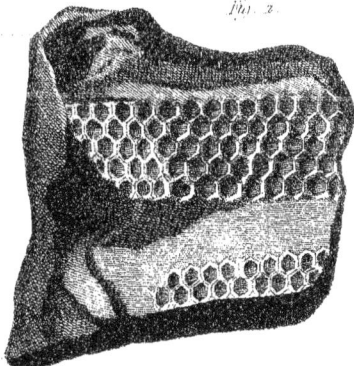

Fig. 3.

Fig. 4.

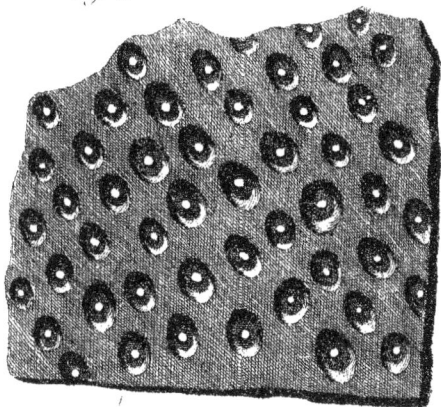
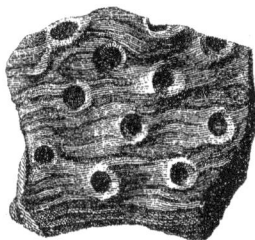

Fig. 5.

Fig. 6.

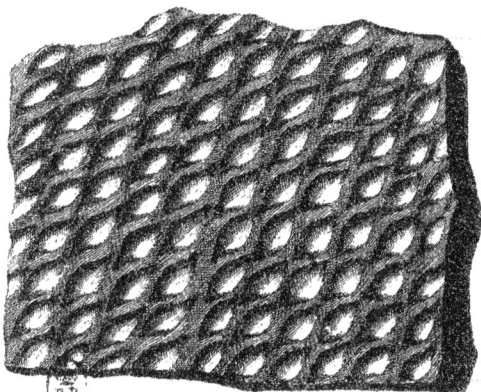
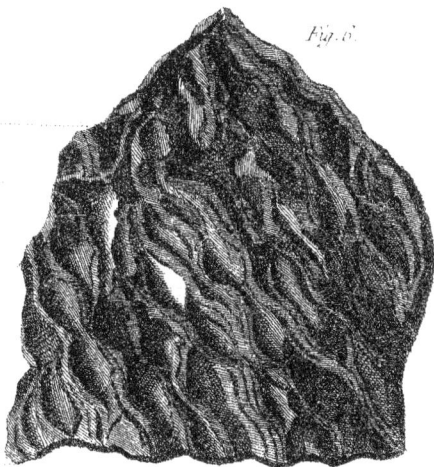

IMPRESSIONS DU TOIT DES MINES D'INGRANDE.

Pl. X.

Fig. 1.

Fig. 2.

Fig. 3.

Fig. 4.

Fig. 5.

Pl. XI

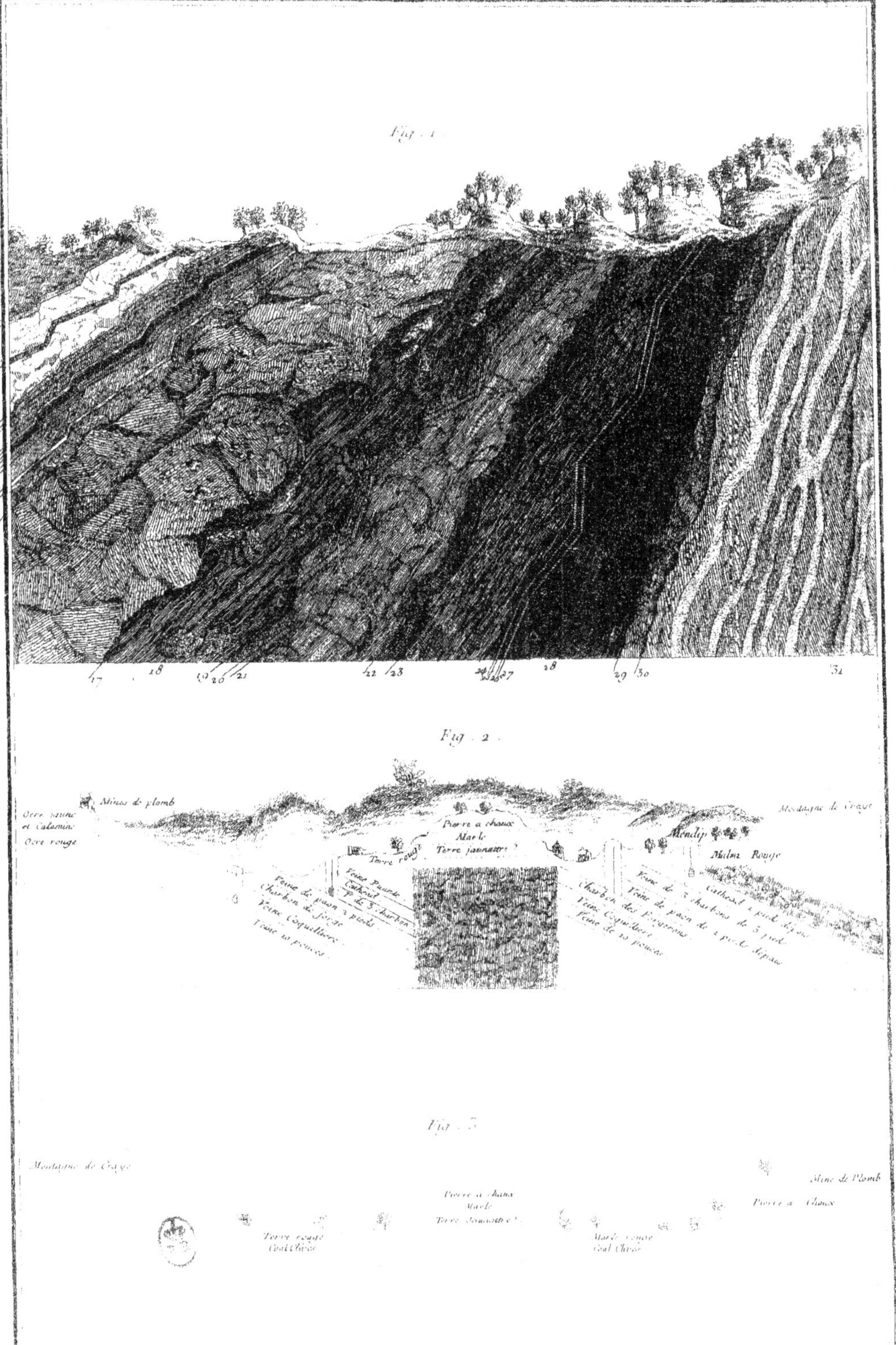

Fig. 1.

17 18 19 20 21 22 23 24 25 26 27 28 29 30 31

Fig. 2.

Mines de plomb

Ocre jaune
et Calamine.
Ocre rouge

Pierre a chaux
Marle
Terre jaunastre

Montagne de Craye

Mendip

Marle Rouge

Terre rouge

Veine Pourie
Charbon de 9 pouces
Veine Pourie
Charbon de force
Veine Coquillere
Veine 18 pouces

Charbon à pieds depuis
Charbon des Pelgerims
Veine de pied de 2 pied depuis
Veine Coquillere
Veine de 18 pouces

Fig. 3.

Montagne de Craye

Mine de Plomb

Pierre a chaux
Marle
Terre Jaunastre

Pierre a chaux

Terre rouge
Coal Clive

Marle rouge
Coal Clive

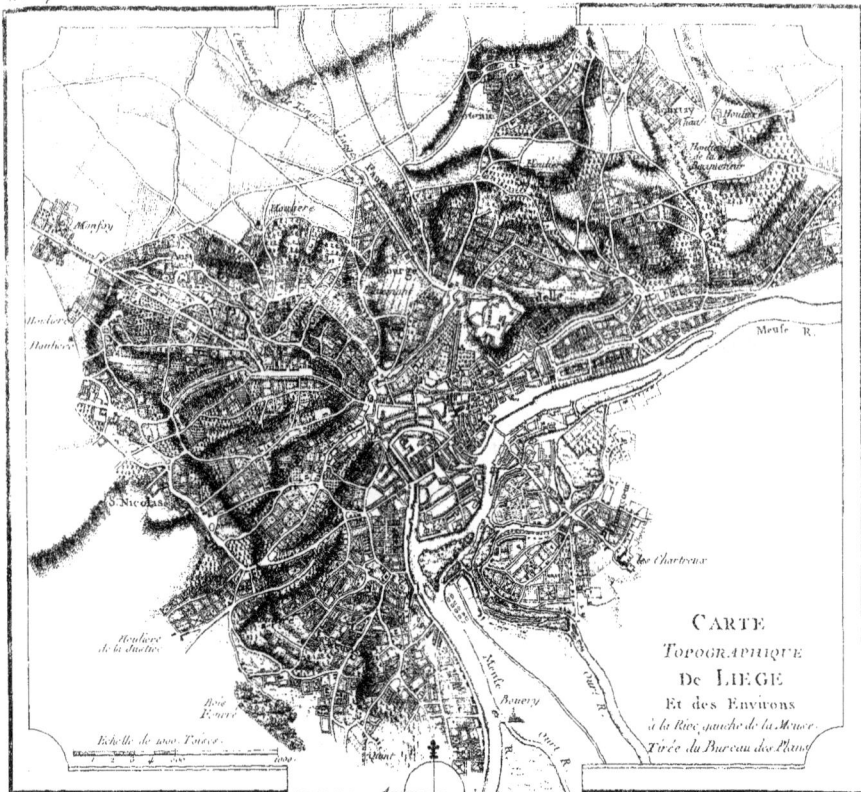

CARTE
TOPOGRAPHIQUE
DE LIEGE
Et des Environs
à la Rive gauche de la Meuse
Tirée du Bureau des Plans

Echelle de 1000 Toises.

(N.° II)

CARTE
DES Environs de LIEGE
Relative aux Mines de Charbon de Terre

Echelle d'une Lieue Commune.

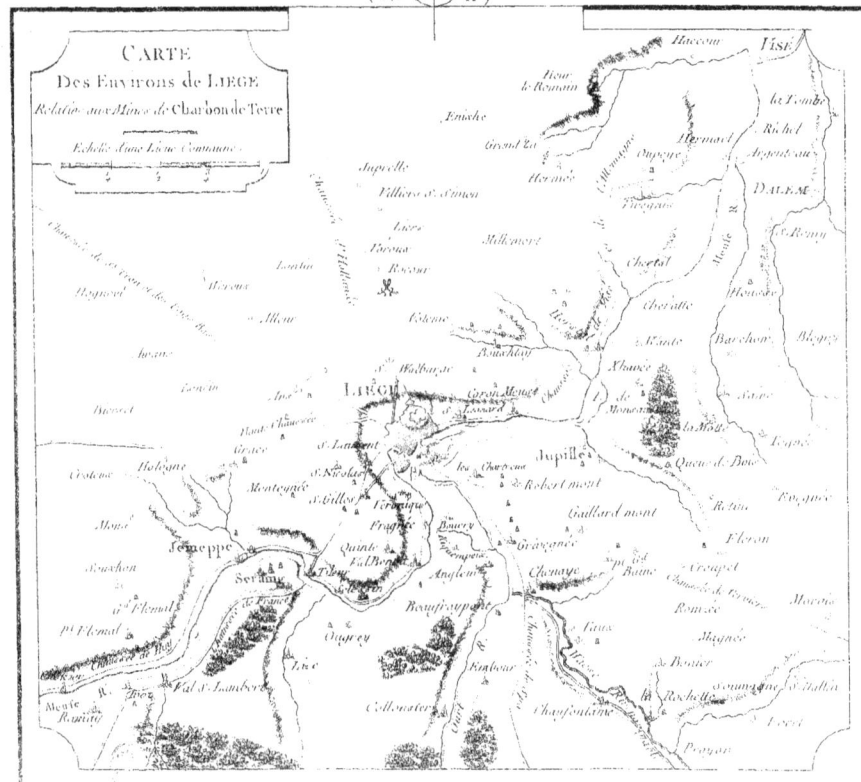

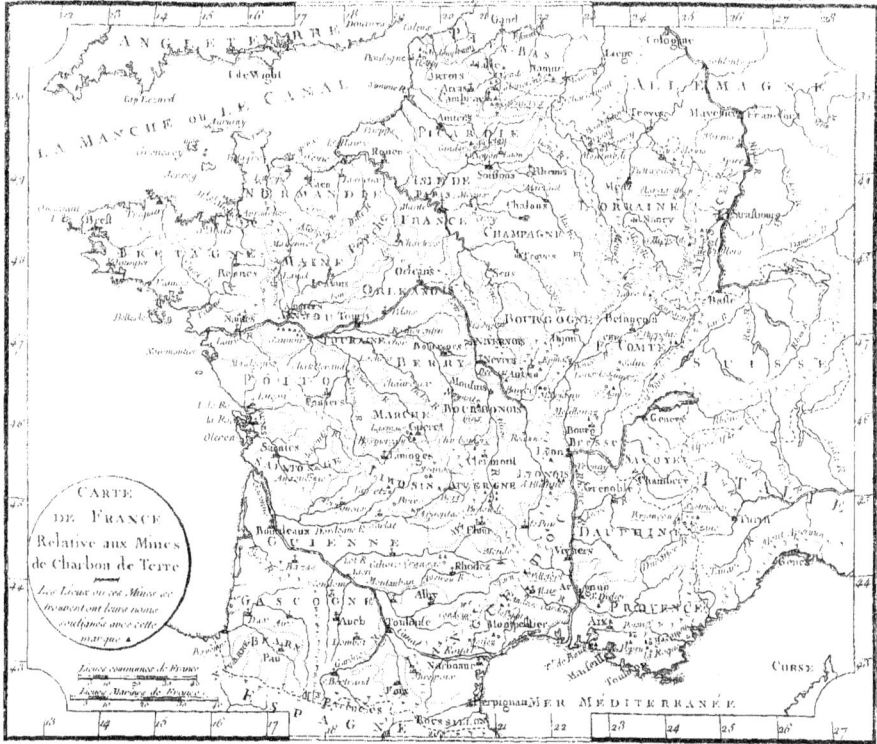

CARTE
DE FRANCE
Relative aux Mines
de Charbon de Terre

(N.º IV)

ISLES
BRITANNIQUES

Dessiné et Gravé par Passard.

Lineavem Graphidem expressus absolvit D. Morand.

Chas. Vatard del. et sculp.

Auxit D. Morand.

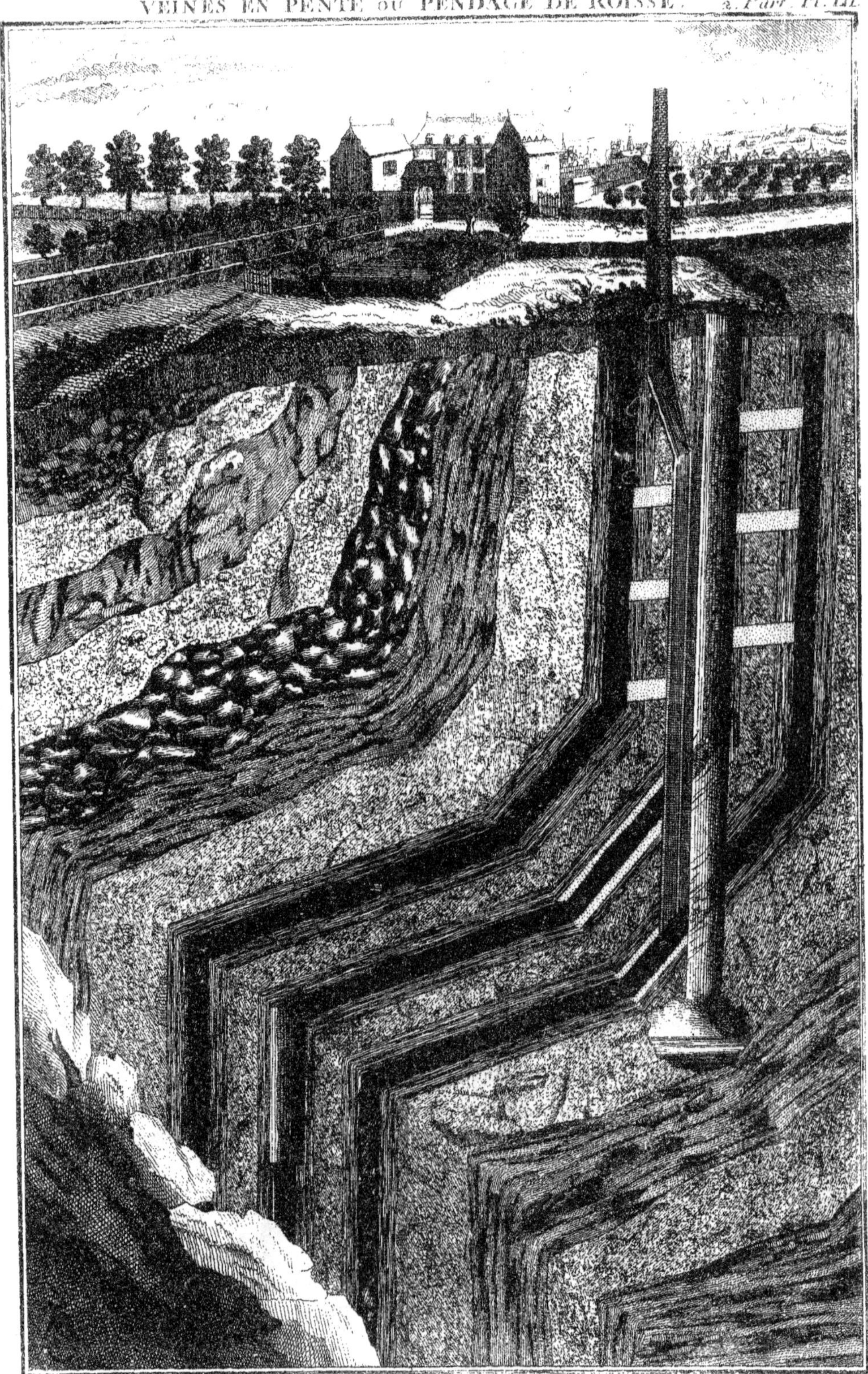

Clau Fessard del et Sculp.

Auxit D. Morand.

Auvil D. Morand.

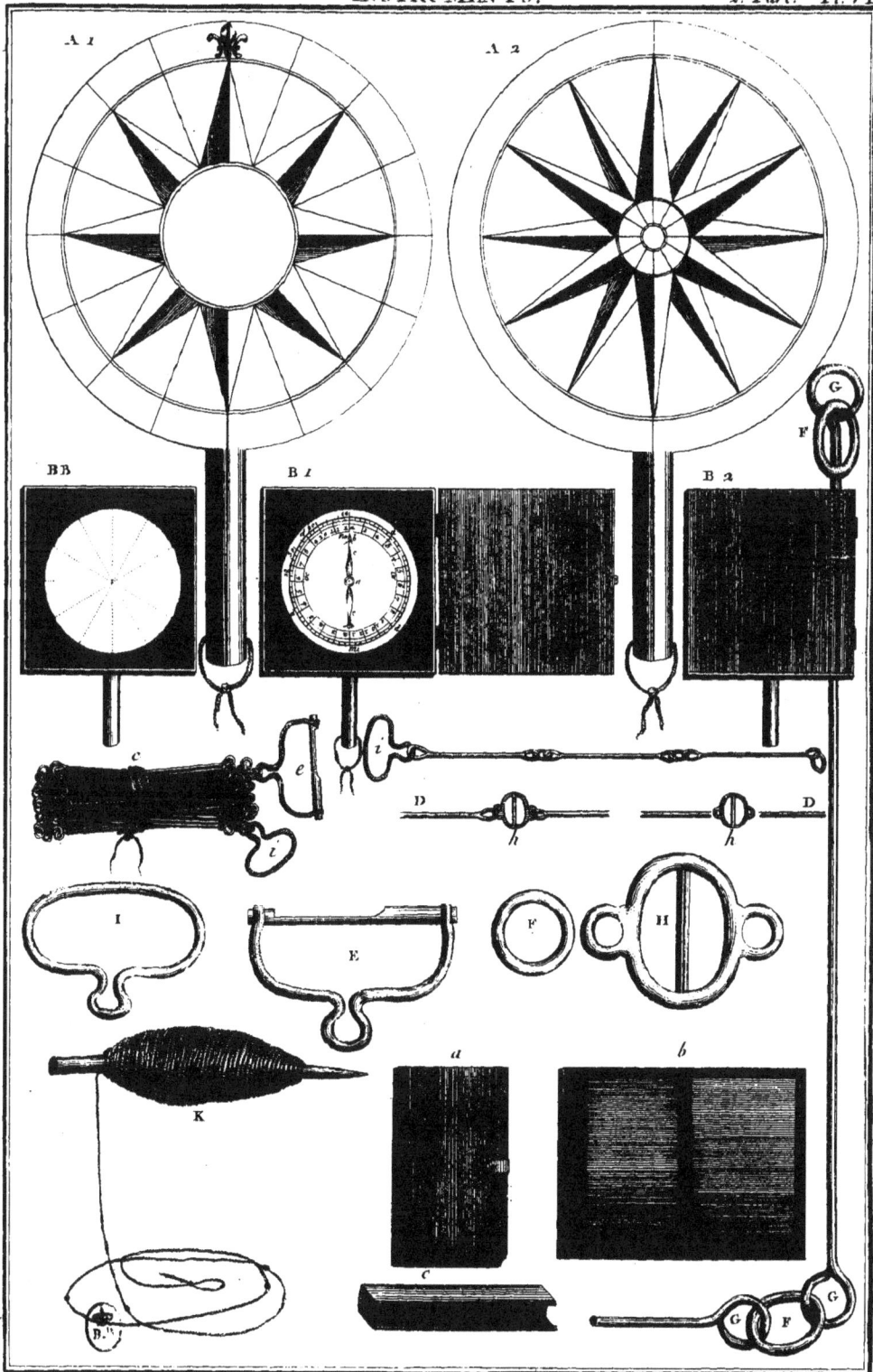

OUTILS POUR L'ENFONCEMENT D'UN BURE. 2.d Part. Pl VII.
1
2
3
4
5
A
B 1
B 2
C 1
C 2
D
E 1
E 2
F
G
H
a
b
c
d
e
f
g
Del. Leodi. Carol. Ant. Galhausen.
Fessard. Sculp.

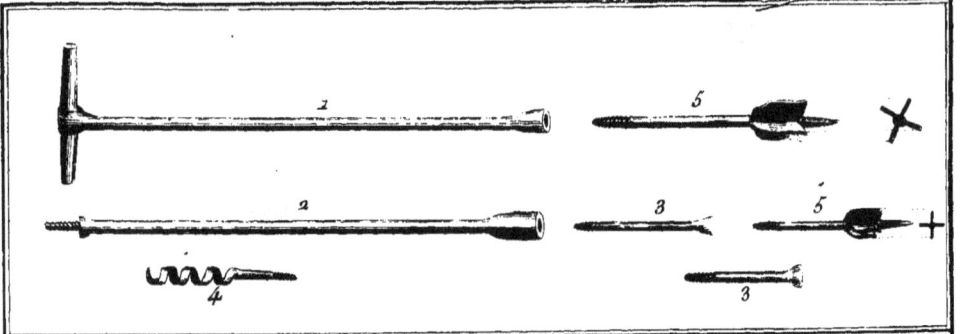

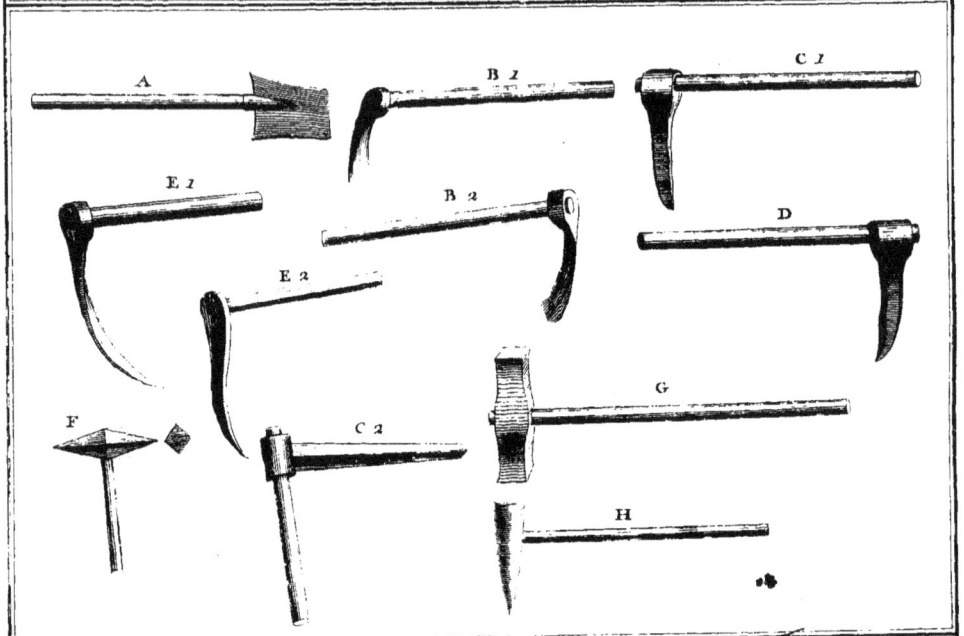

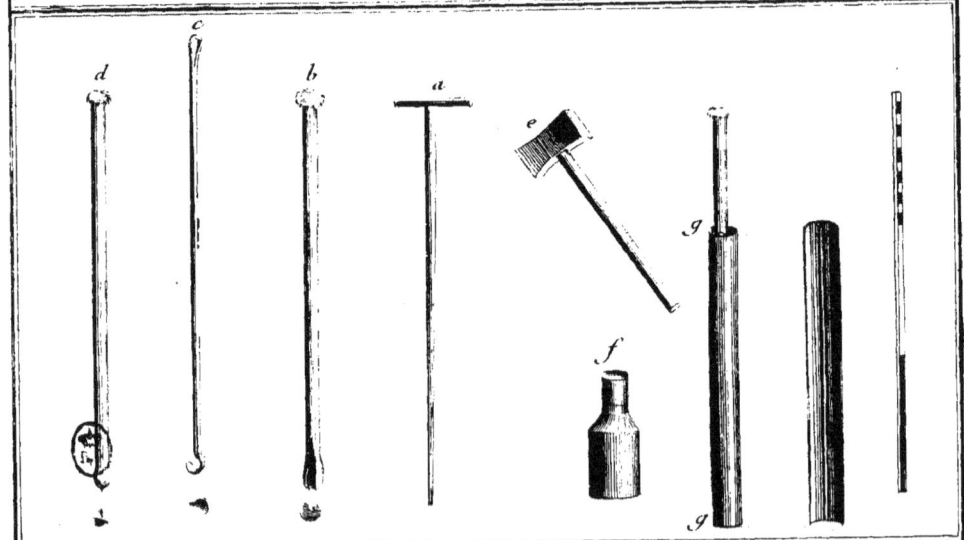

1

2

3

4

5

6

10

11

7

12

8

9

13

14

15

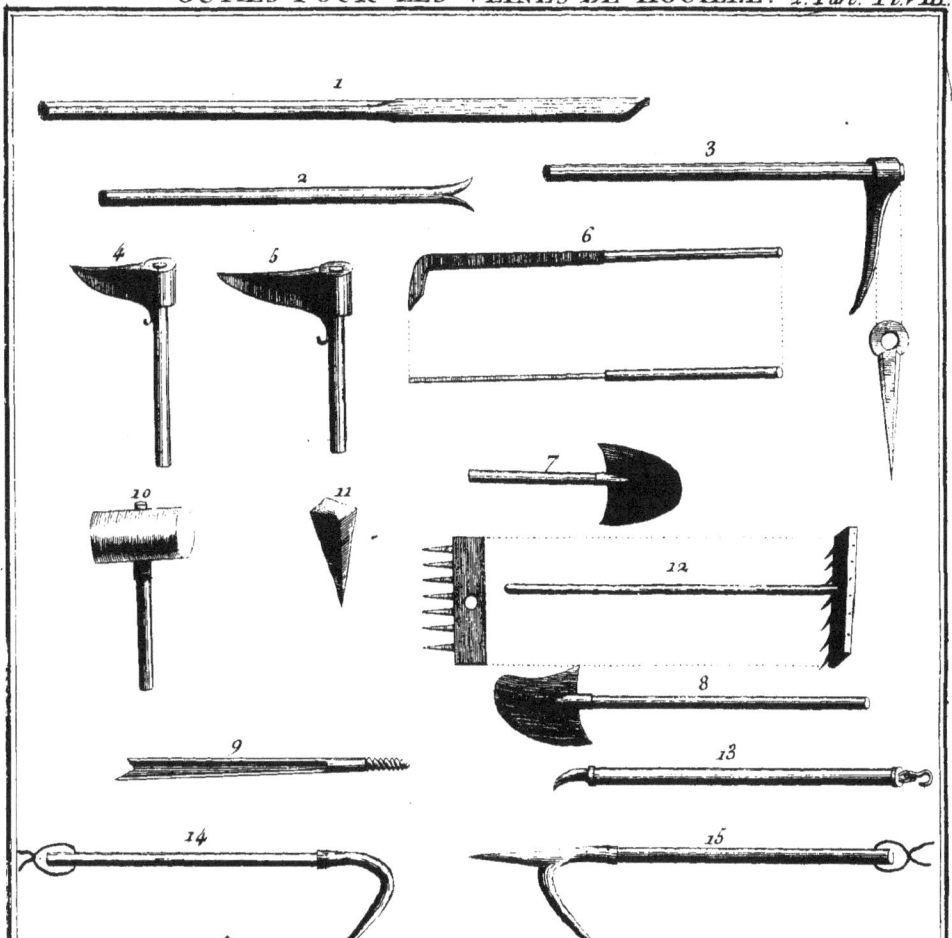

TRAÎNEAUX POUR L'INTÉRIEUR DES BURES.

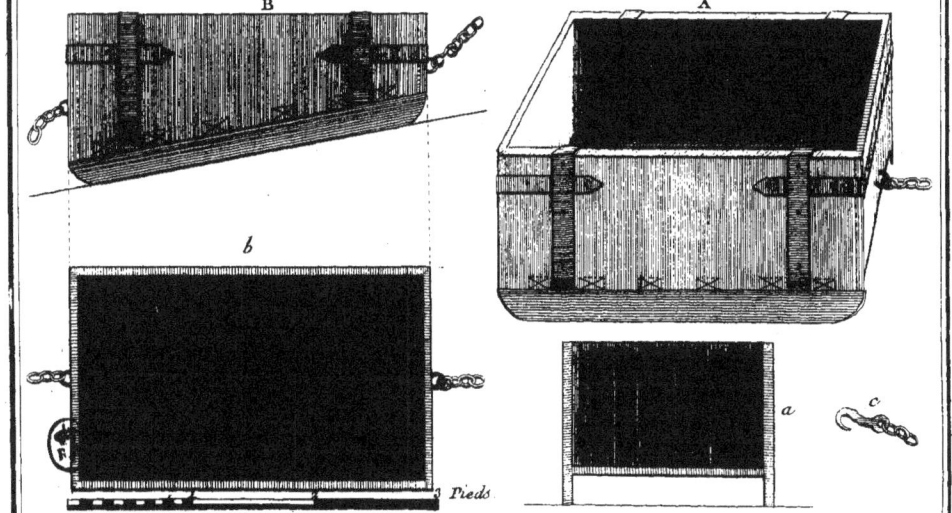

B

A

b

a

c

3 Pieds.

Del. Leodi. Carol. Ant. Galhausen.

Fessard, Sculp.

TRAÎNEAUX SUR ROUES POUR L'INTERIEUR DES BURES.

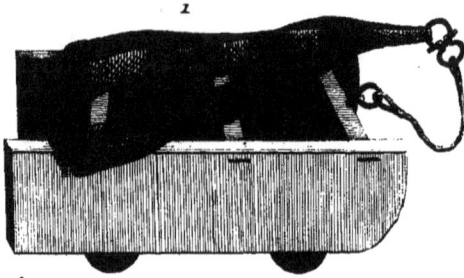

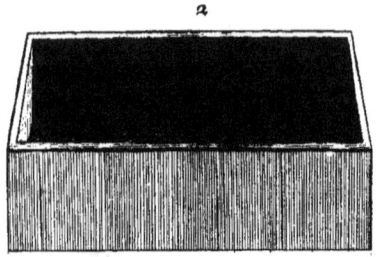

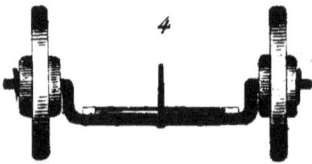

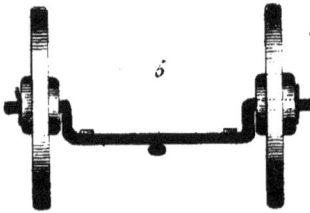

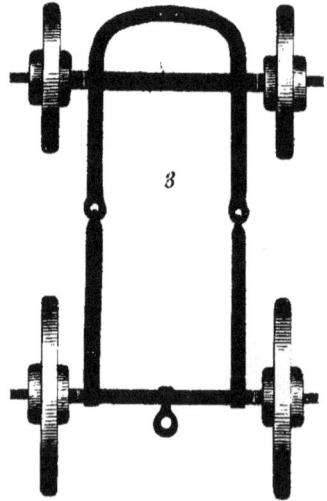

Del. Leodi. Carol. Ant. Galhausen.

Fessard, Sculp.

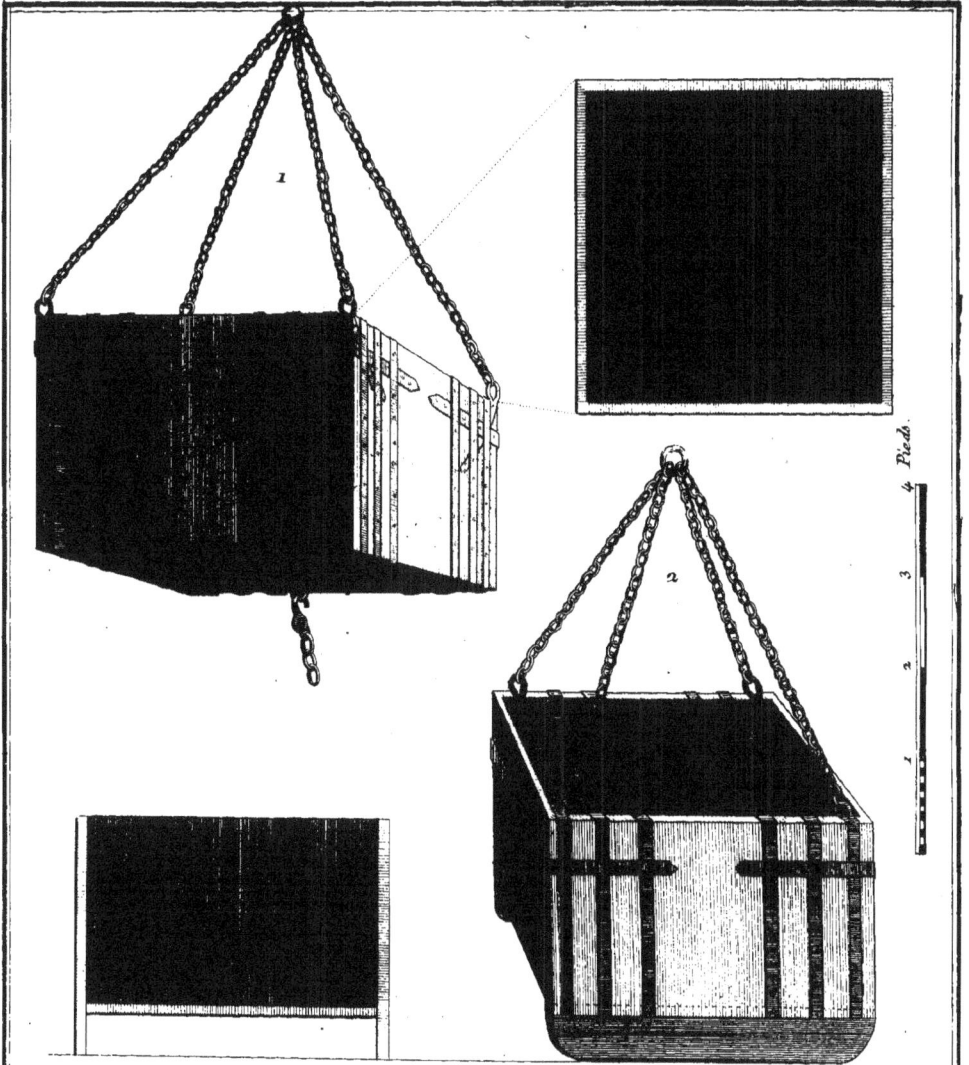

USTENCILS POUR L'AIRAGE.

Del. Leod., Carol. Ant. Galhausen.

Fessard, Sculp.

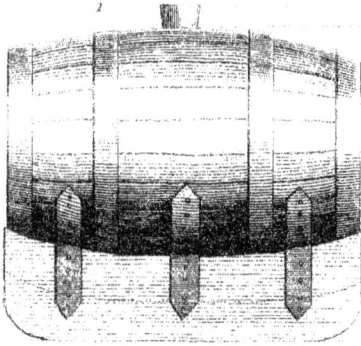

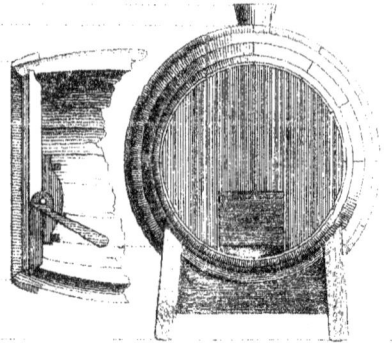

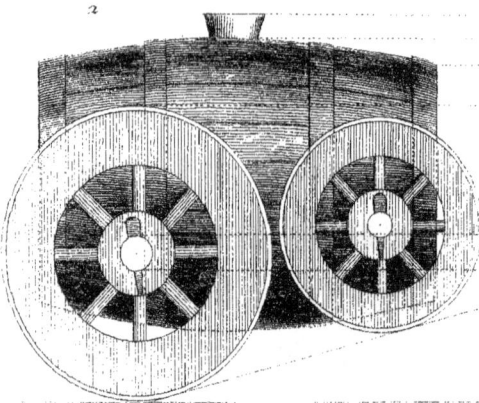

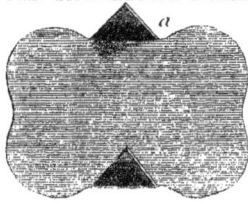

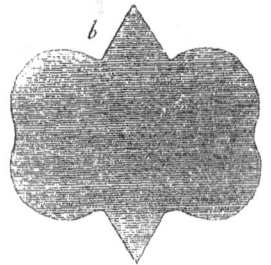

Echelle de deux lignes pour Pied et deux lignes la Toise de Paris

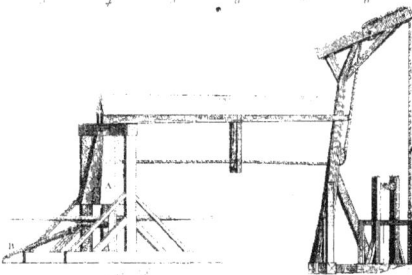

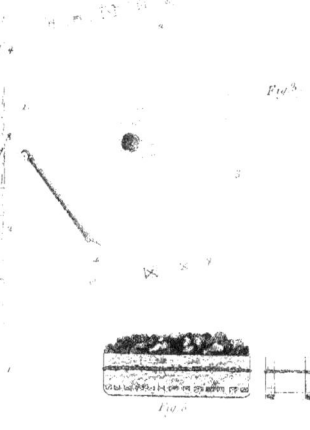

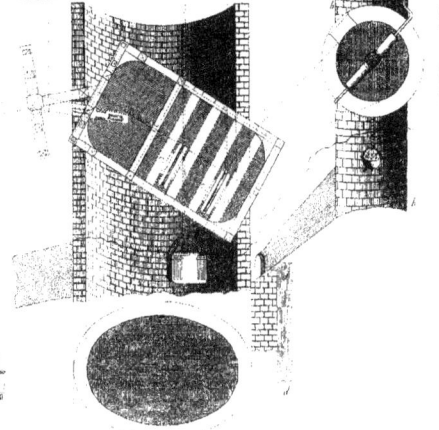

Del. Vesah. Carol. Ant. Colthausen.

Ren. Verius Sculp.

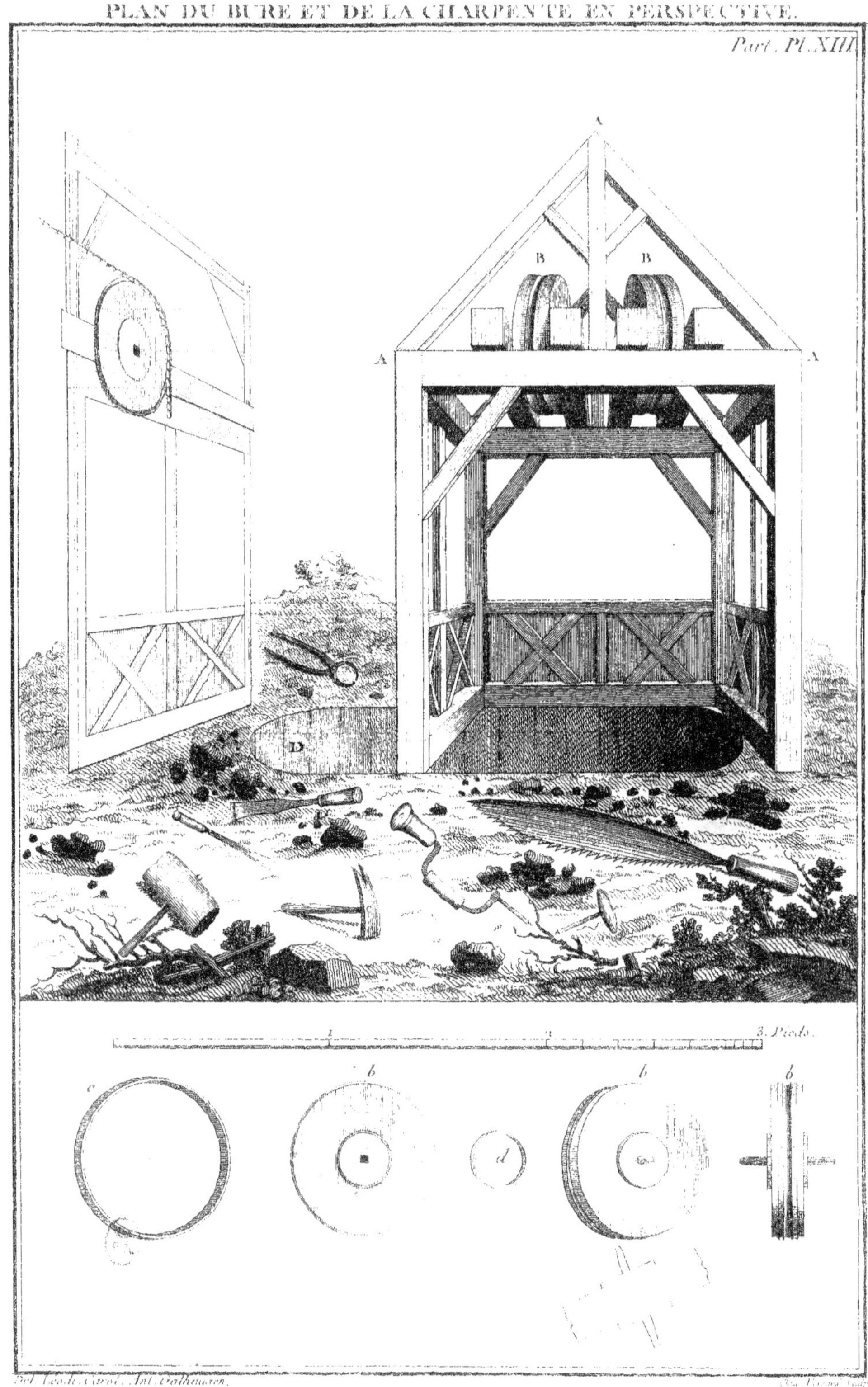

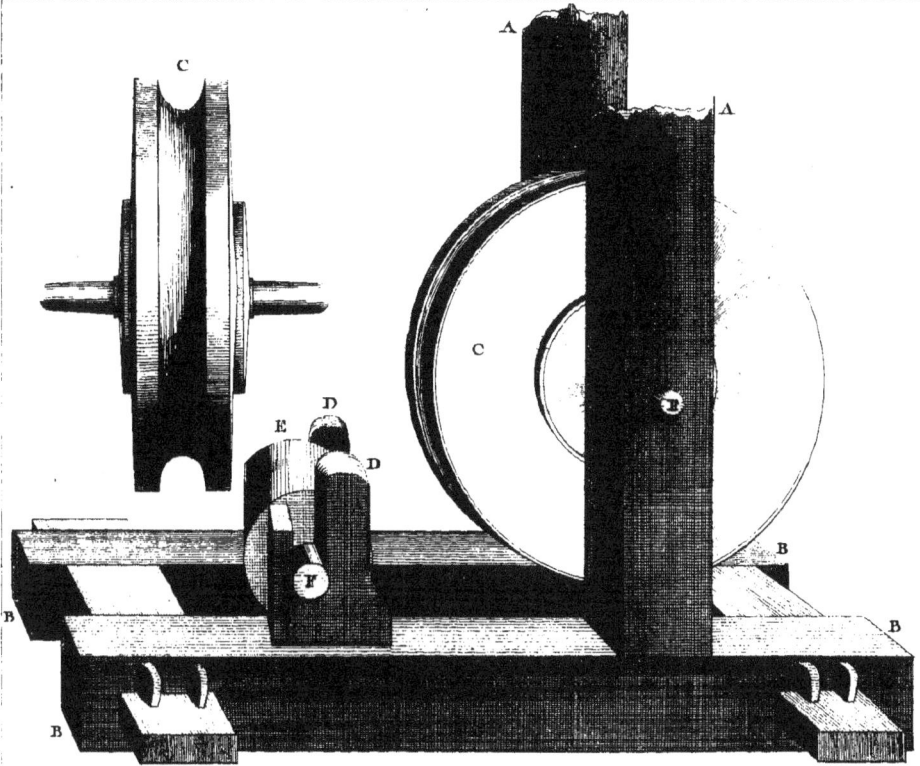

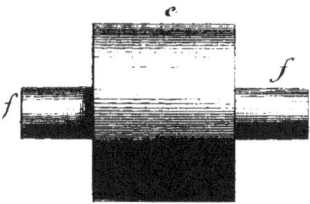

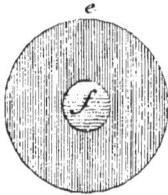

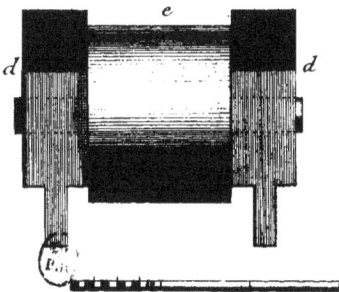

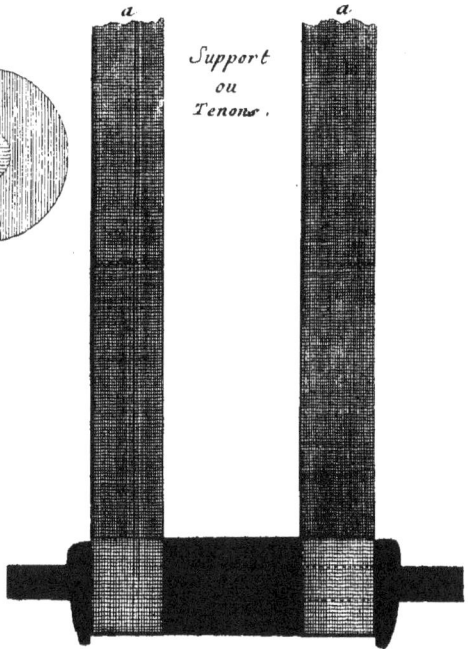

Support
ou
Tenons.

Del. Leodi, Carol Ant. Galhausen. Fessard. Sculp.

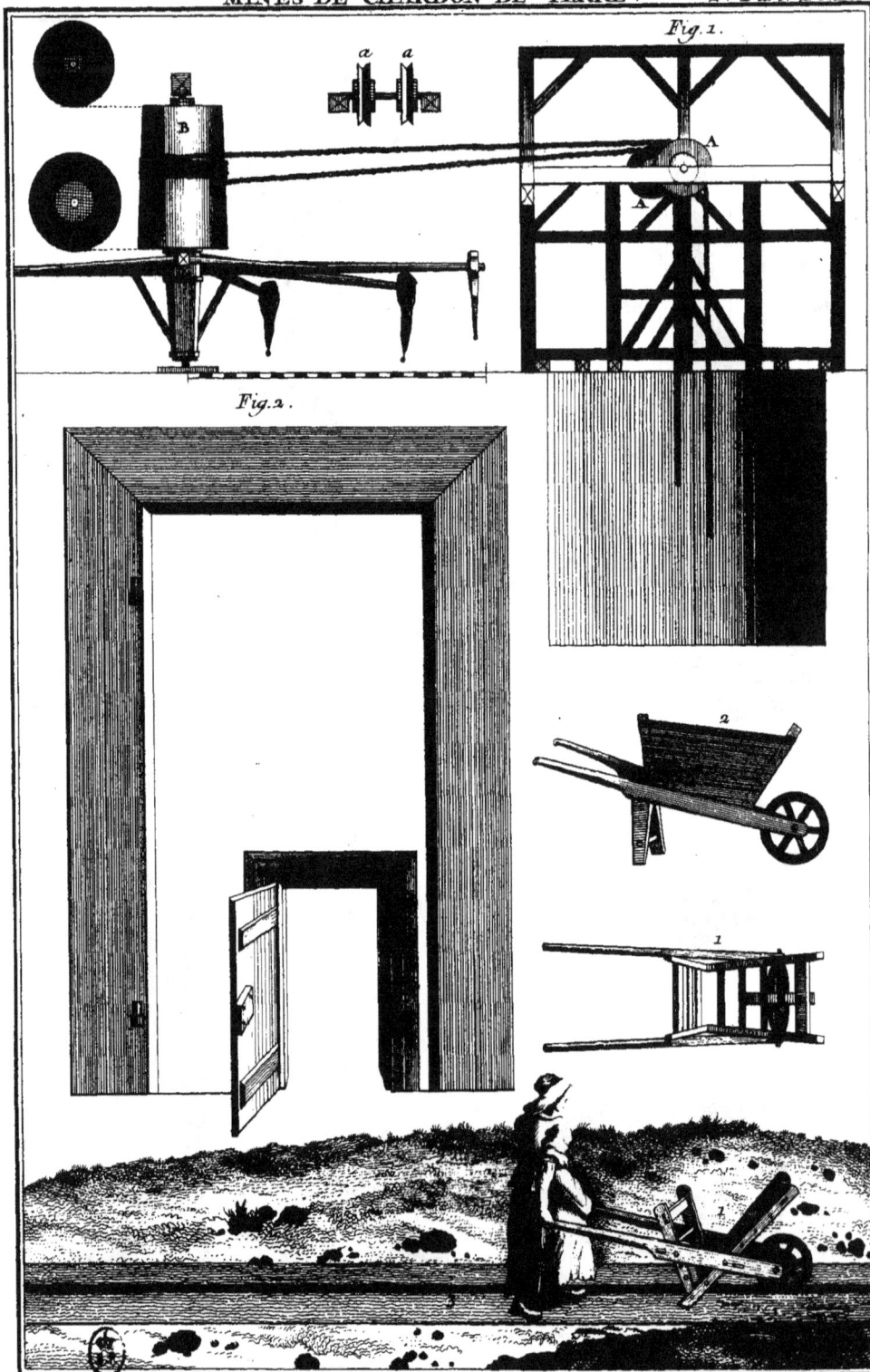

Fig. 1.

Fig. 2.

Del. Leodi, Carol. Ant. Gulhausen.   Fessard Sculp.

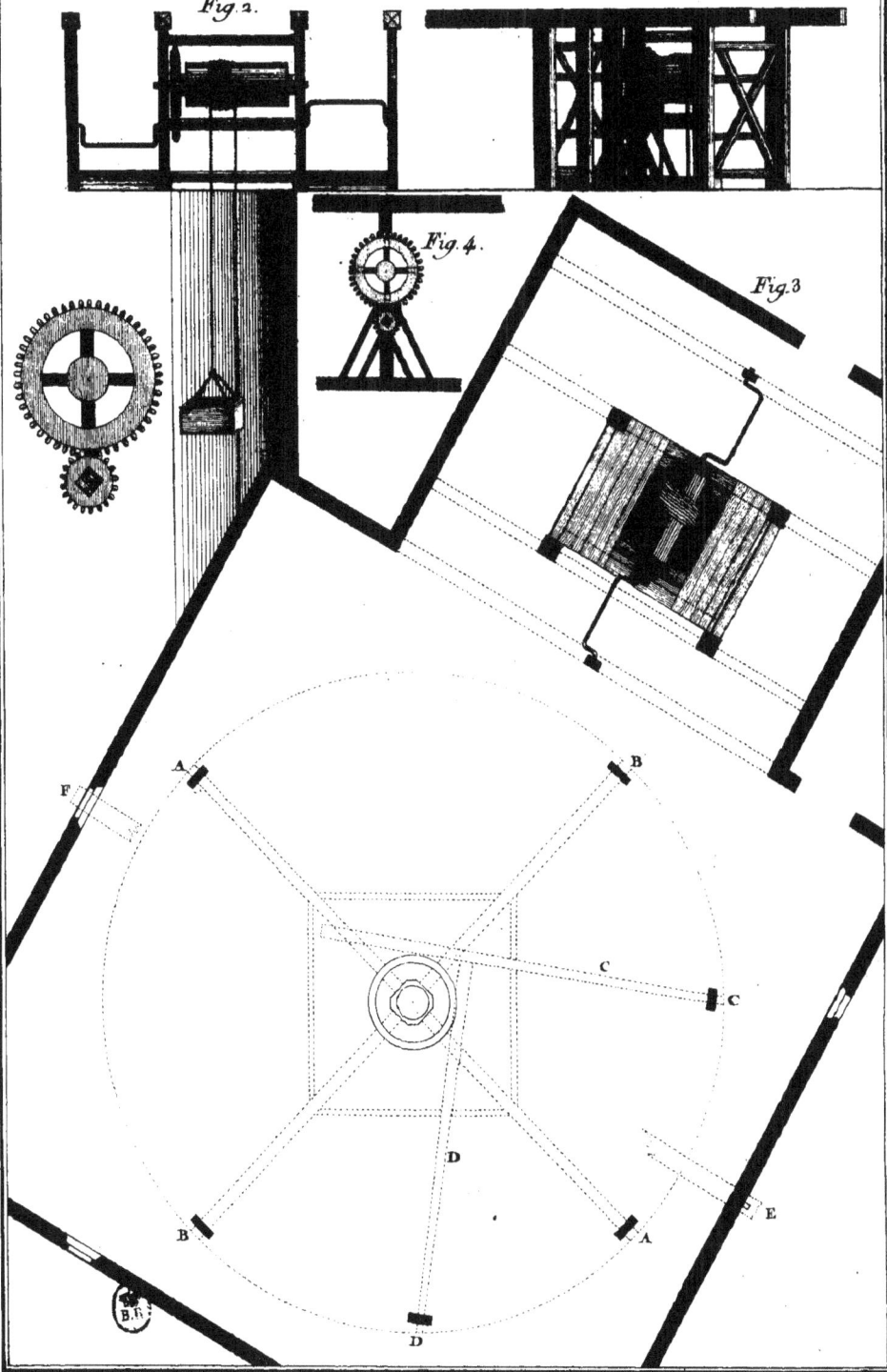

8 Toises de Liege

Fig. 1.

Fig. 2.

Fig. 4.

Fig. 3.

Del. Leodi. Carol. Ant. Galhausen.   Fessard Sculp.

Del. Leudi. Carol. Ant. Colhausen. Bossard. Sculp.

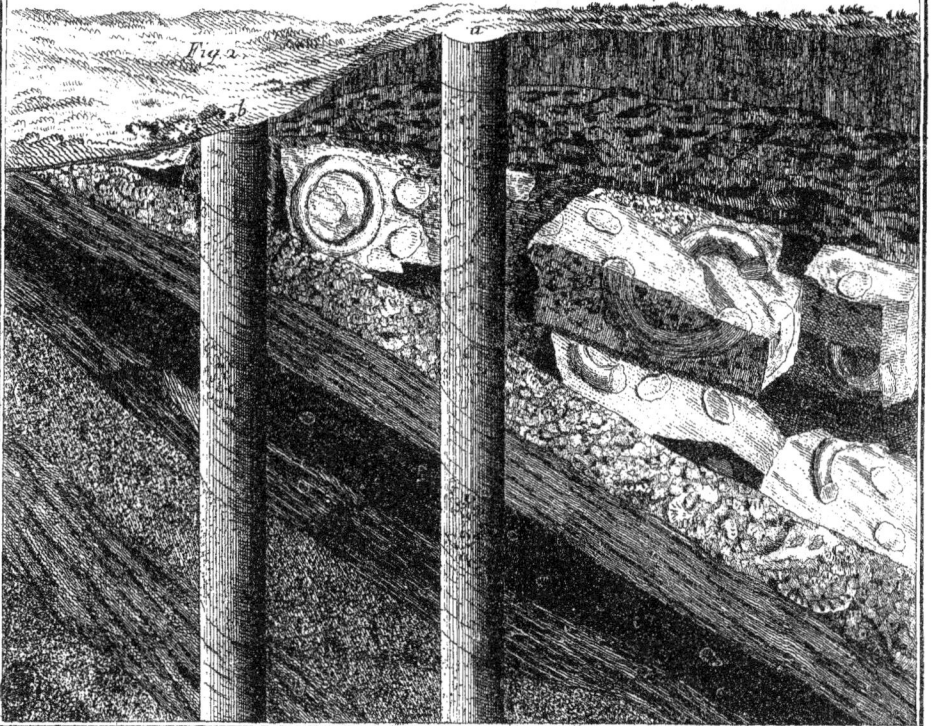

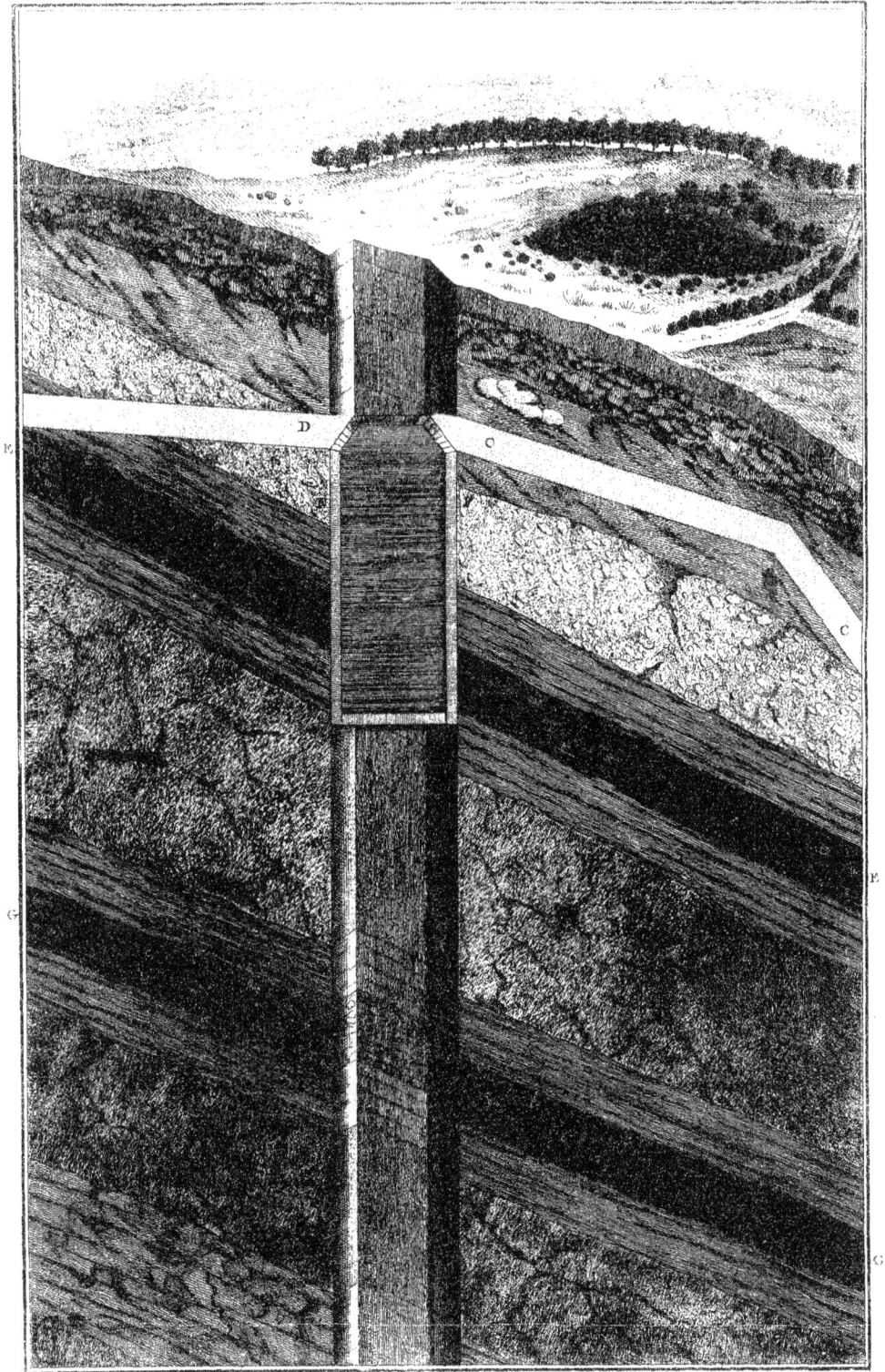

Fossard, Sculp.

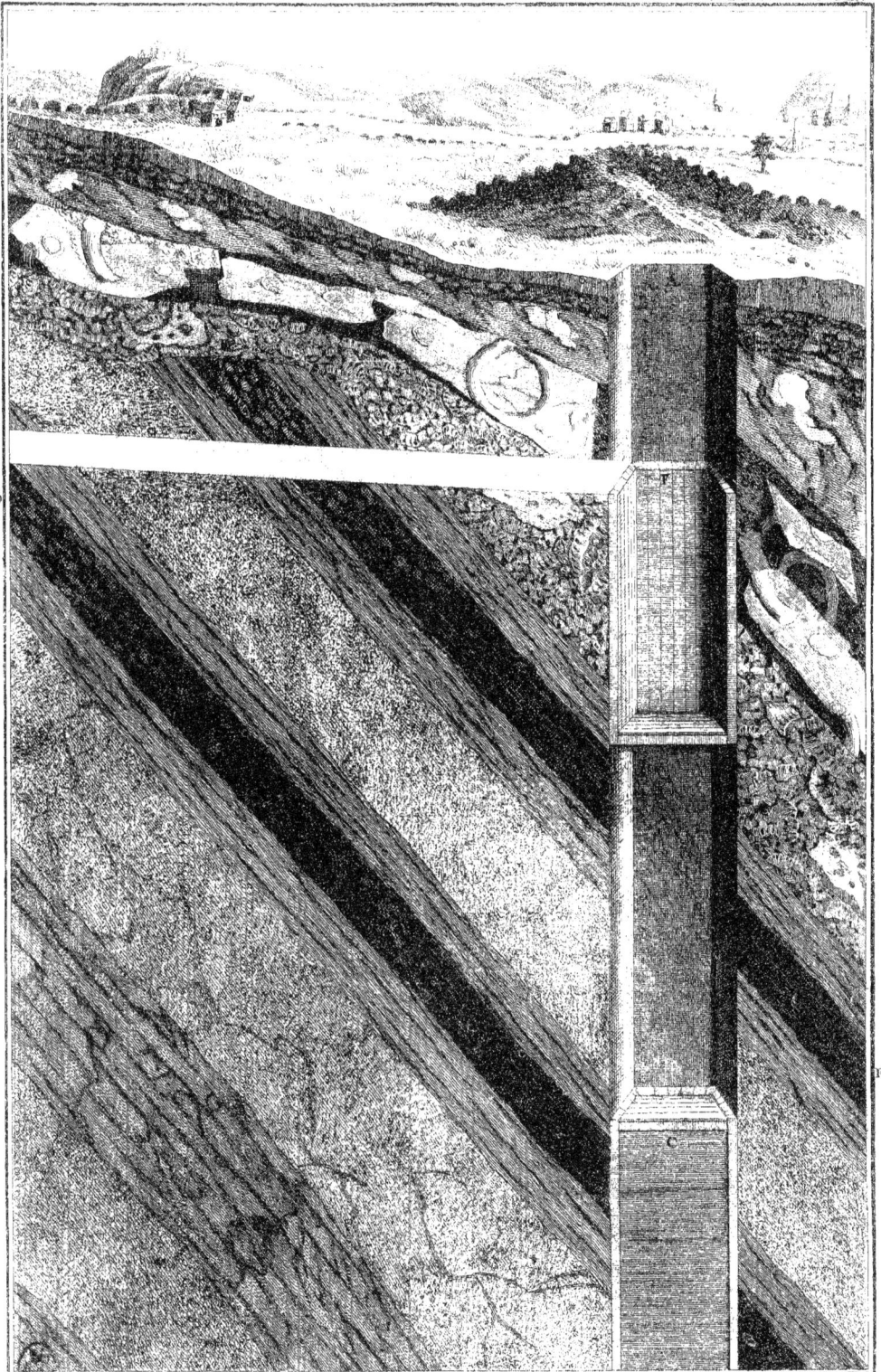

B. Fessard Sculp.

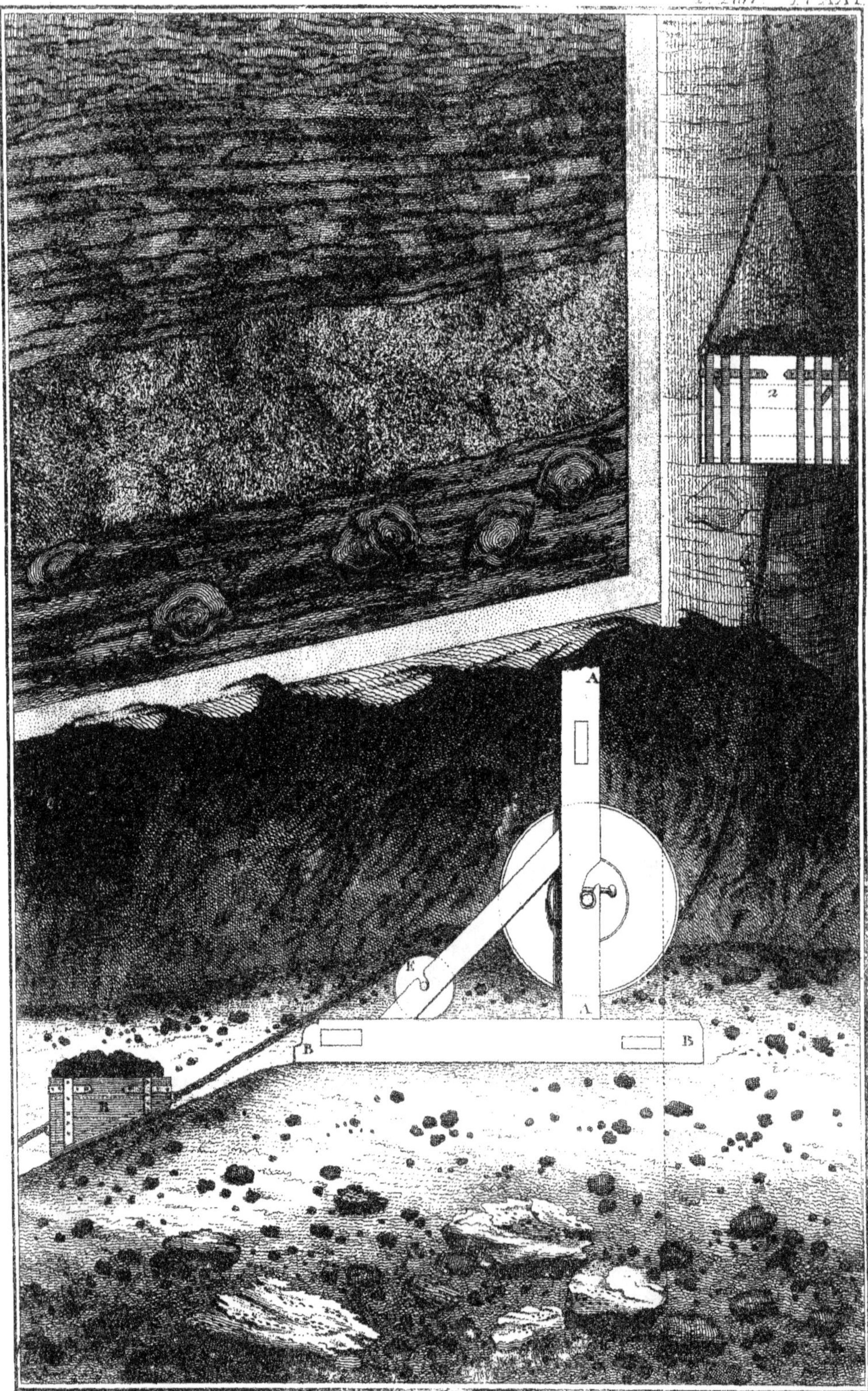

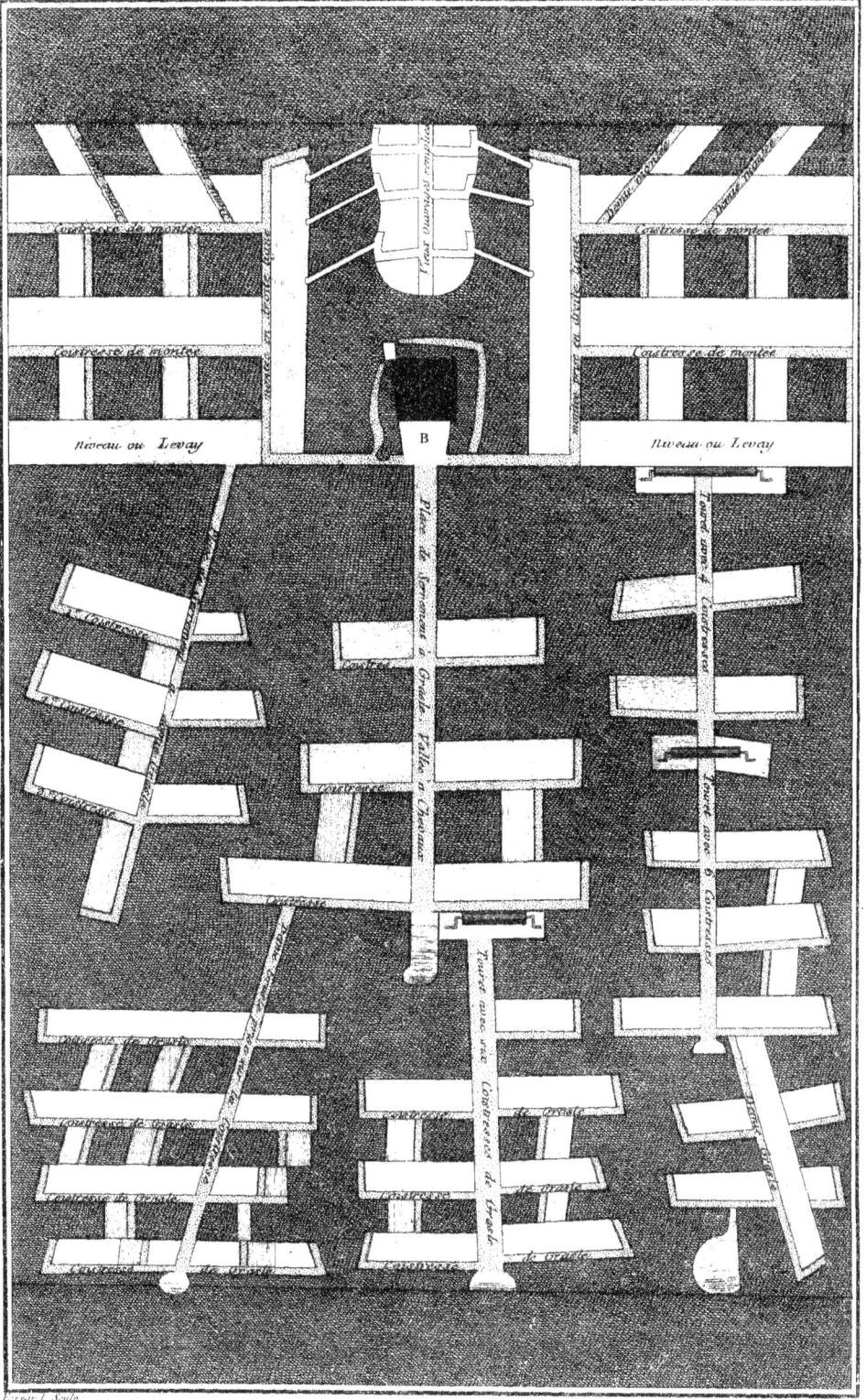

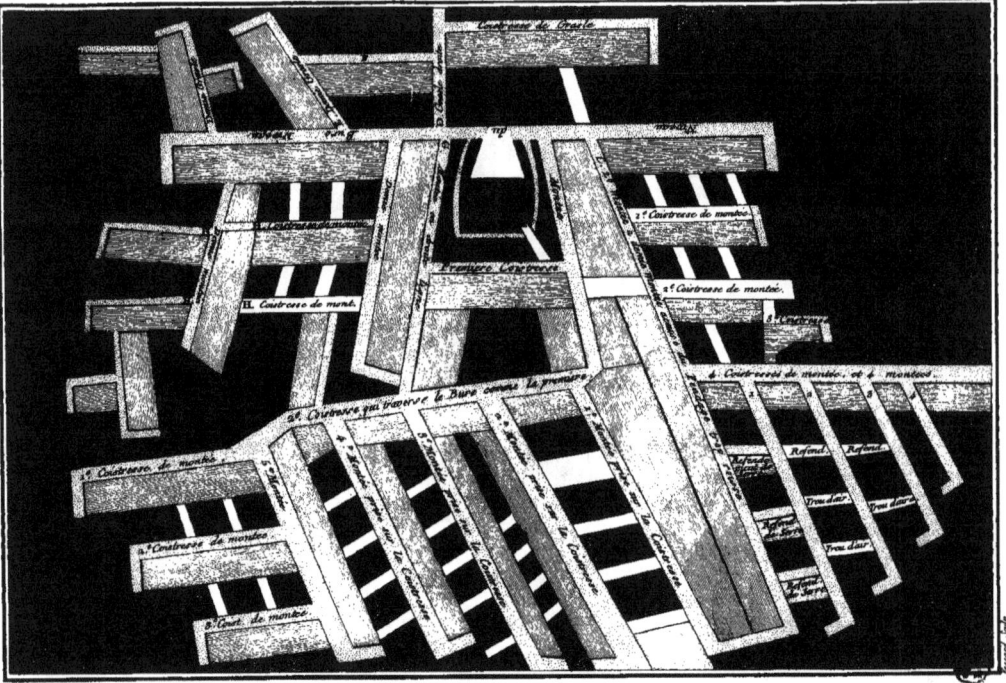

Pl. XXIV.

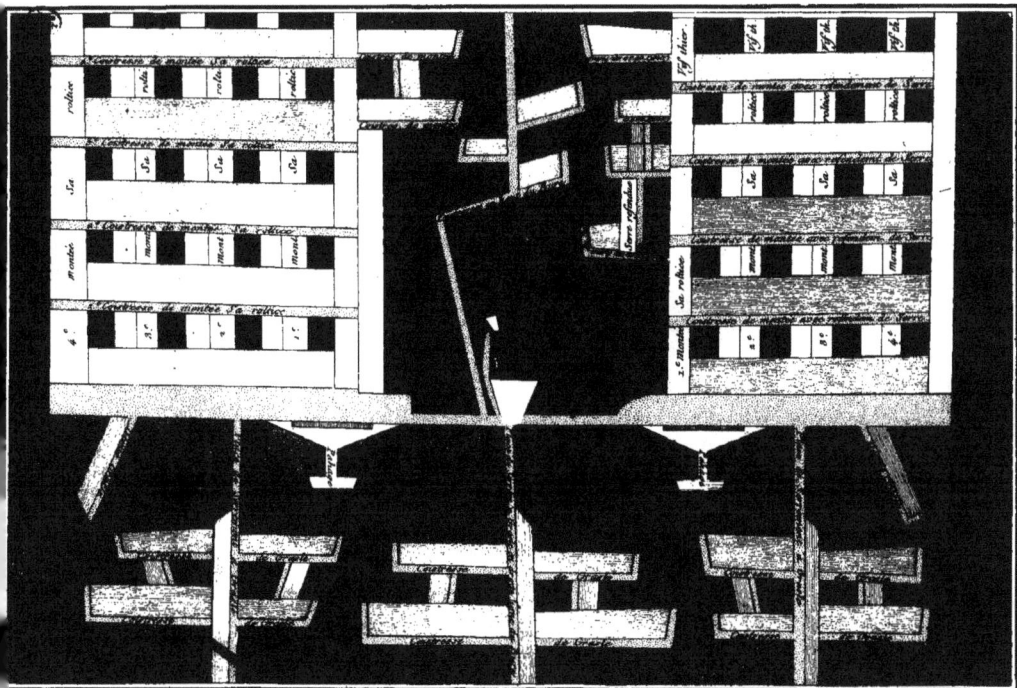

4.e
montée
Sa
roltice
Serre refendue
1.e Monte
Sa roltice
Vif thier

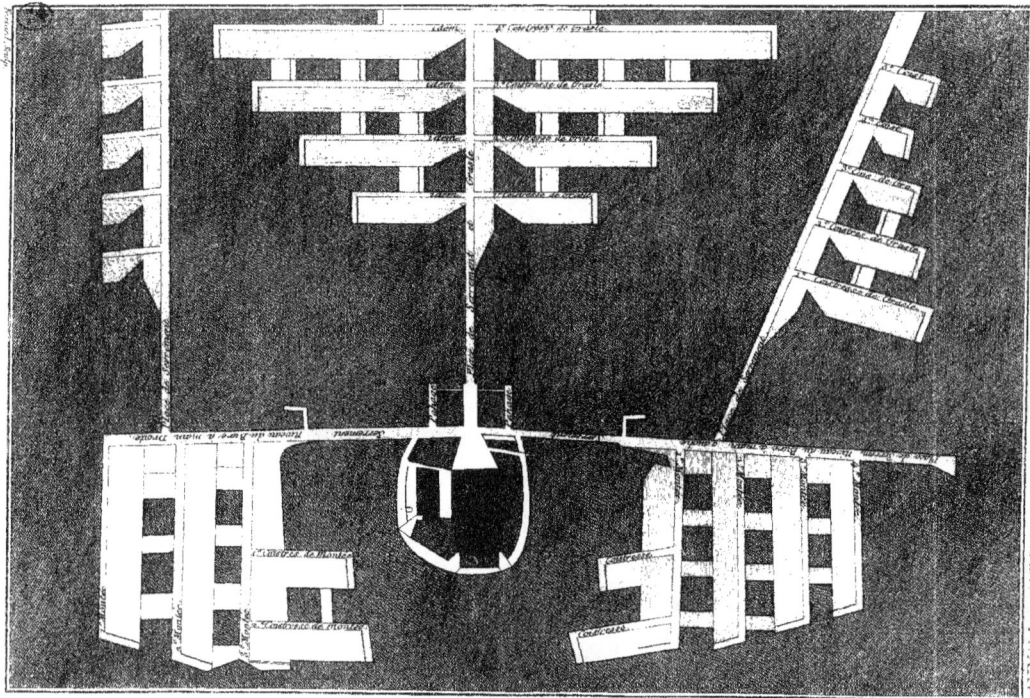

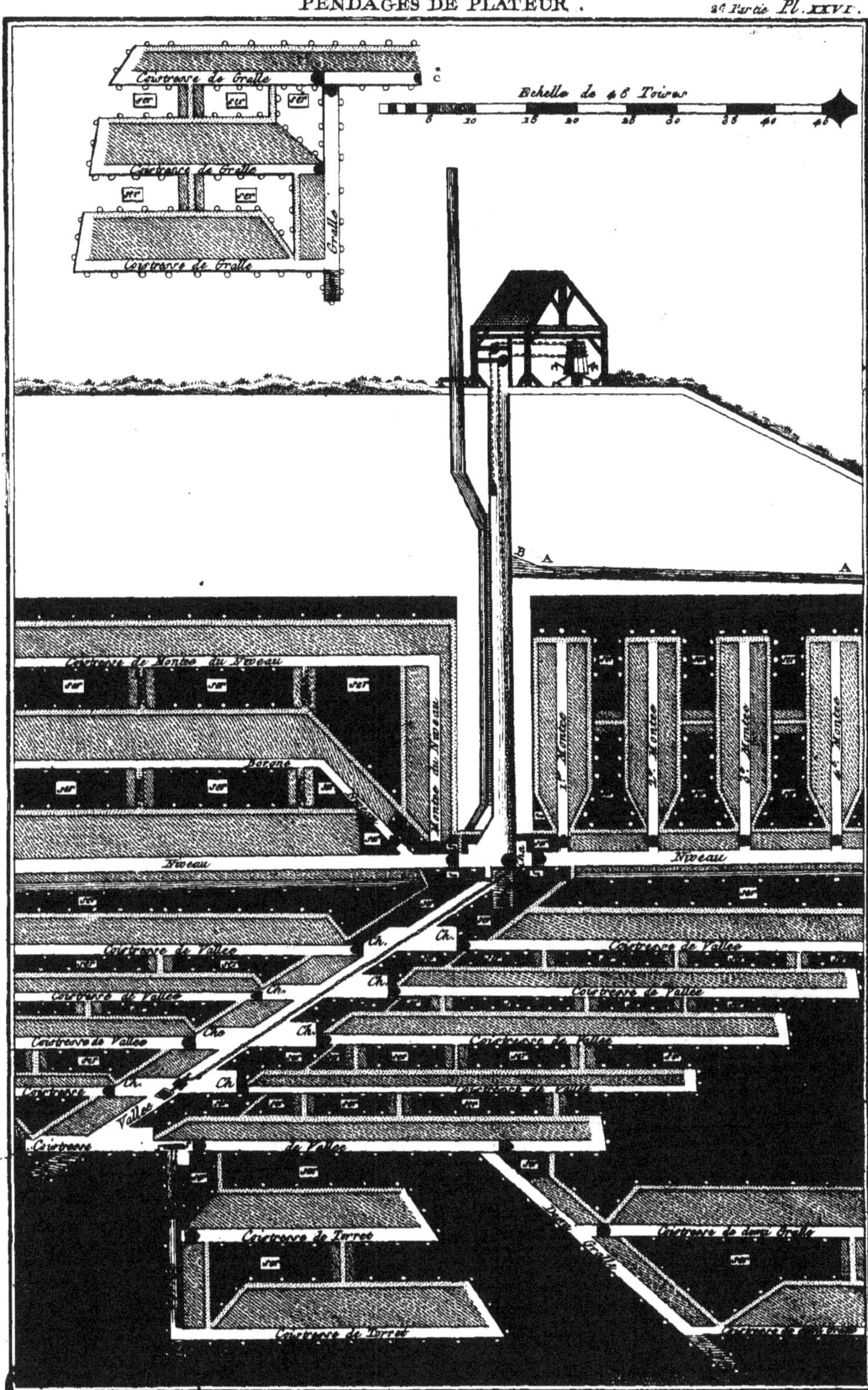

PENDAGES DE PLATEUR. 2.ᵉ Partie Pl. XXVI.

Coistresse de Gralle
Echelle de 46 Toises
5
10
15
20
25
30
35
40
46
Coistresse de Gralle
Gralle
Coistresse de Gralle
B
Coistresse de Montée du Niveau
Borgne
Montée du Niveau
1re Montée
2e Montée
3e Montée
4e Montée
Niveau
Niveau
Coistresse de Vallée
Coistresse de Vallée
Coistresse de Vallée
Coistresse de Vallée
Coistresse de Vallée
Coistresse de Vallée
Coistresse
Vallée
Coistresse
de Vallée
Coistresse de Torret
Coistresse de demi Gralle
Demi Gralle
Coistresse de Torret

Superficie du Terrain

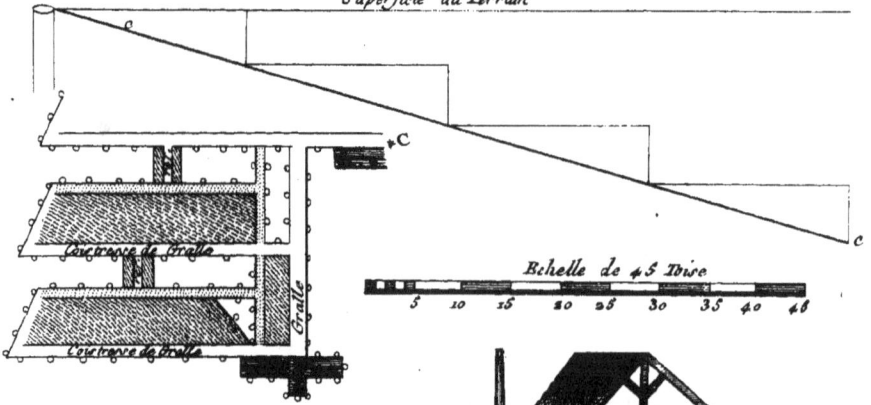

Couverture de Graille

Graille

Couverture de Graille

Echelle de 45 Toise

5   10   15   20   25   30   35   40   45

Niveau

Niveau

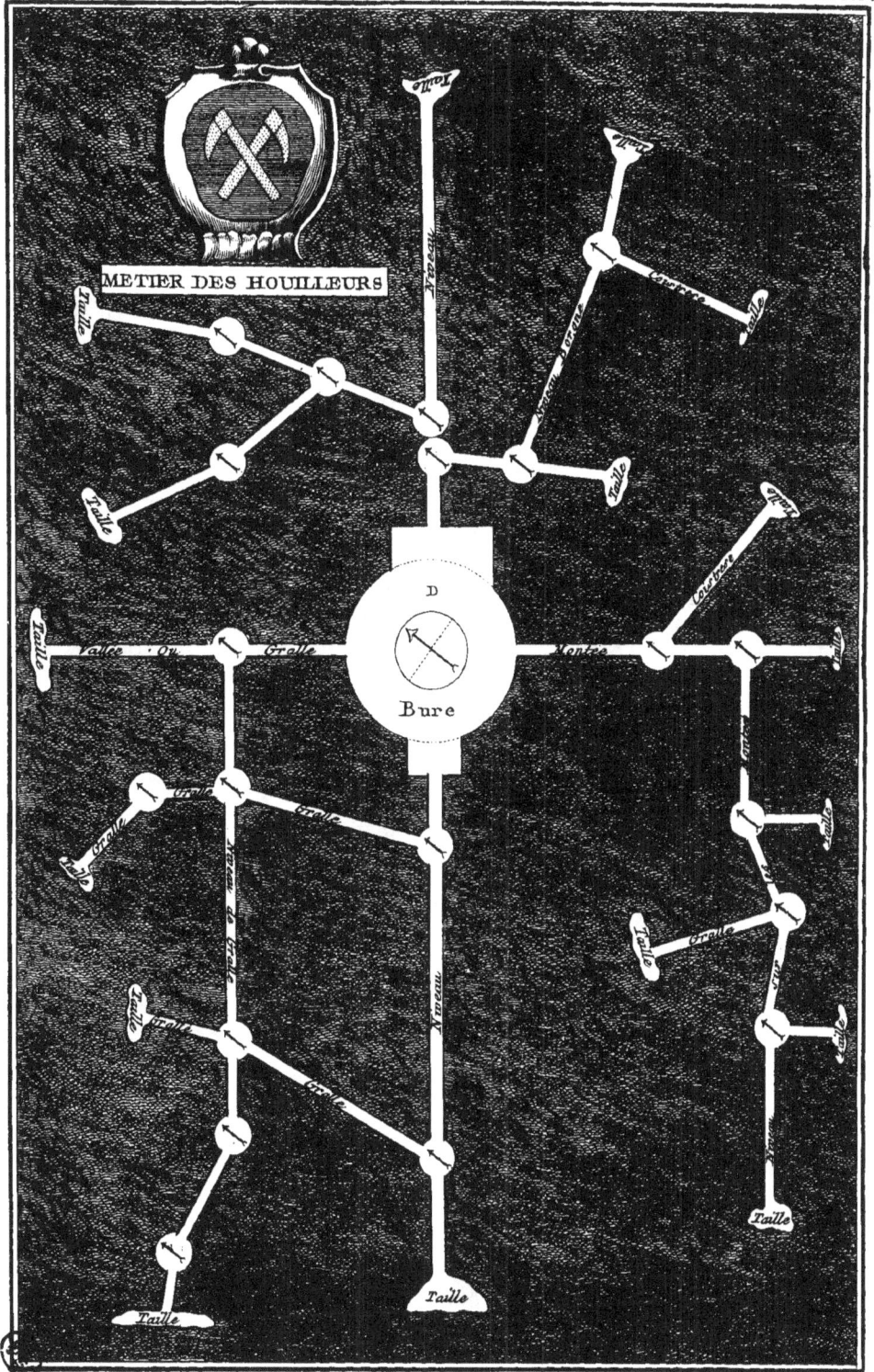
METIER DES HOUILLEURS
Taille
Niveau
Montée
Graille
D
Bure
Taille
Taille

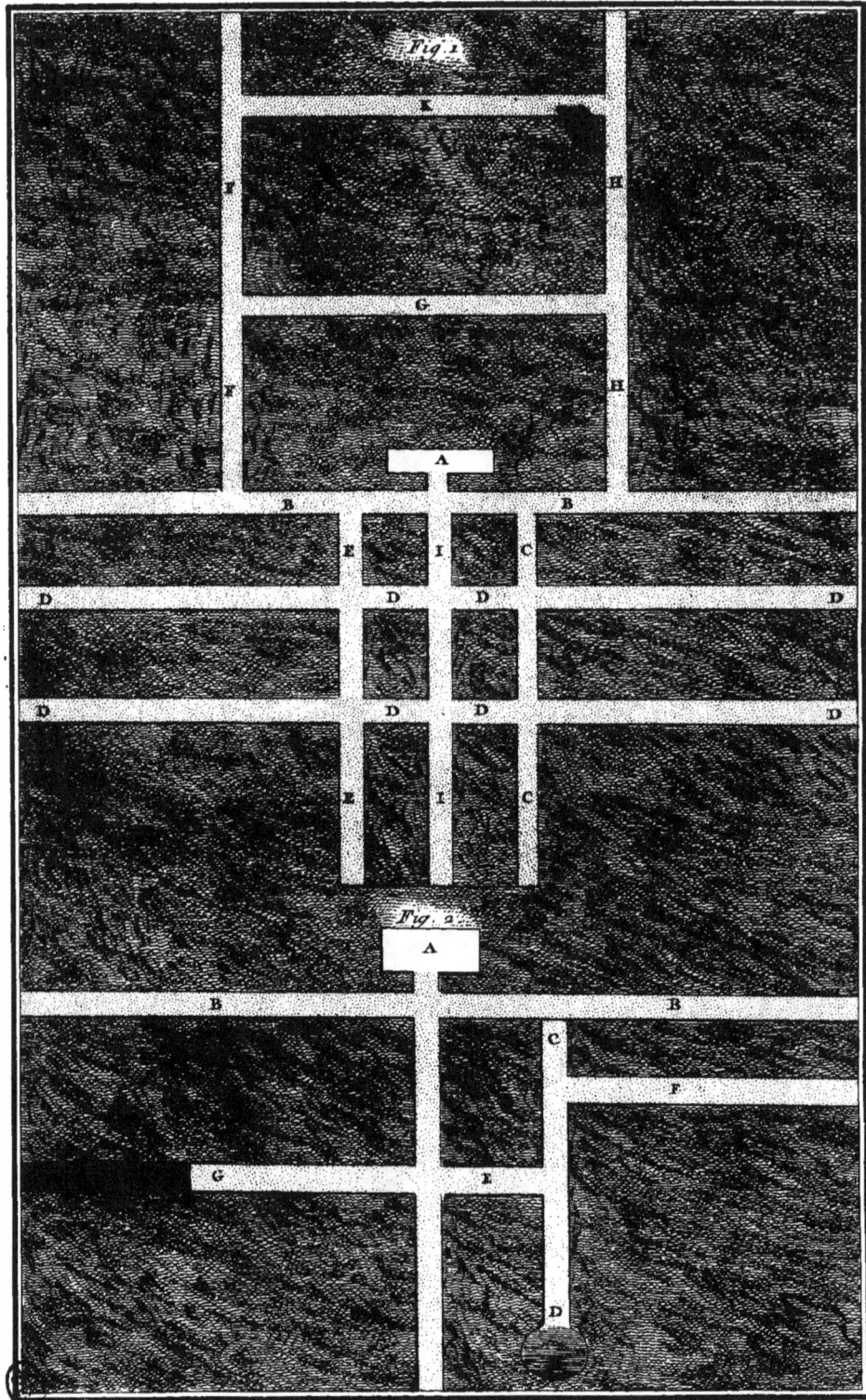
Fig. 1
K
F
H
G
F
H
A
B
B
E
I
C
D
D
D
D
D
D
D
D
E
I
C
Fig. 2
A
B
B
C
F
G
E
D

Fig. 1.   Fig. 2.

Fig. 6.   Fig. 7.

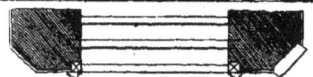

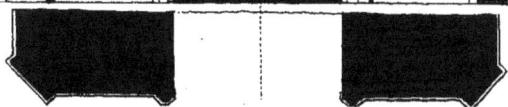

Fig. 3.   Fig. 4.   Fig. 5.

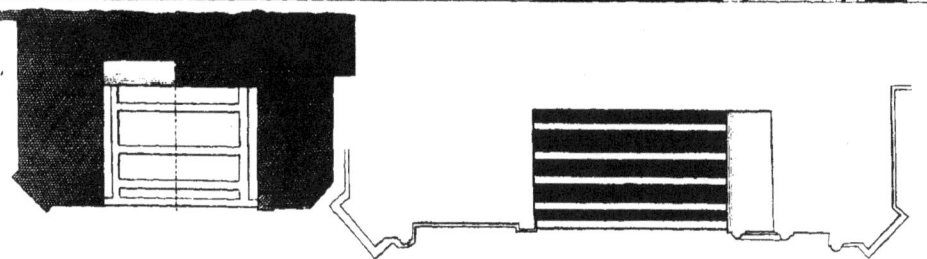

Echelle de 9 lignes de pied de Roi.

Del. Leoli. C. A. Galhausen.

Picard Sc.

Fig. 1.

Fig. 2.

Fig. 4.

Fig. 3.

Fig. 5.

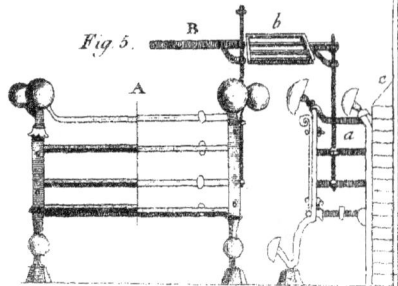

Fig. 6.

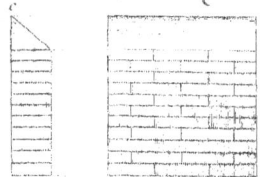

Fig. 3

Fig. 2

Fig. 1

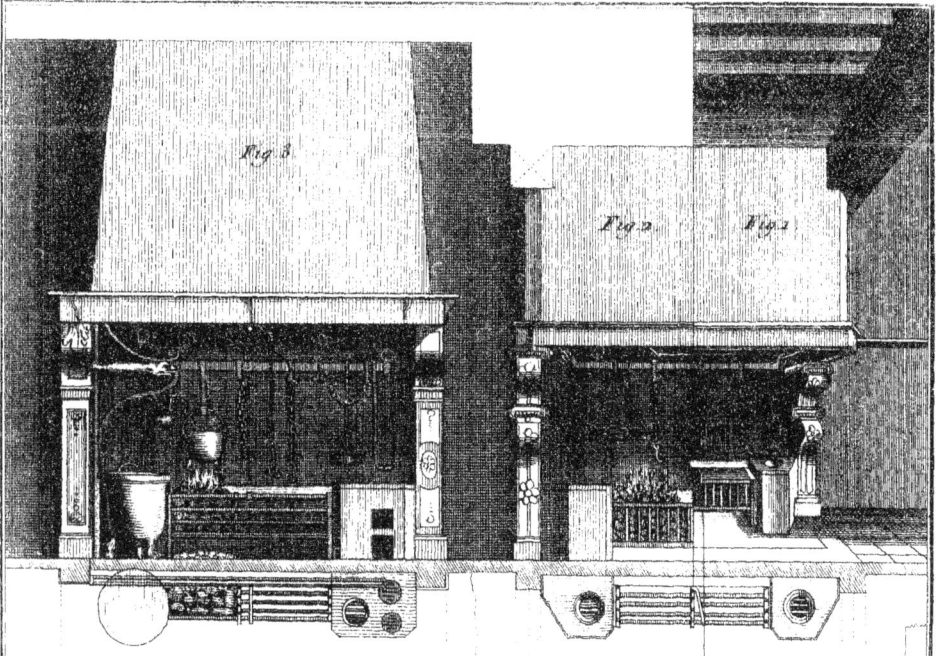

Echelle de 12 Pieds

Pour la 1re 2e et 3e Figure

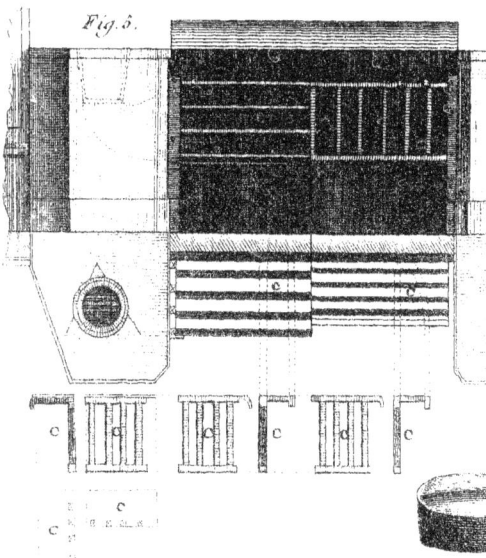

Fig. 5.

Fig. 4.

a
Y

c

c

c   c   c   c   d   c

c

Echelle de 6 Pieds

Pour la 4e et 5e Figure

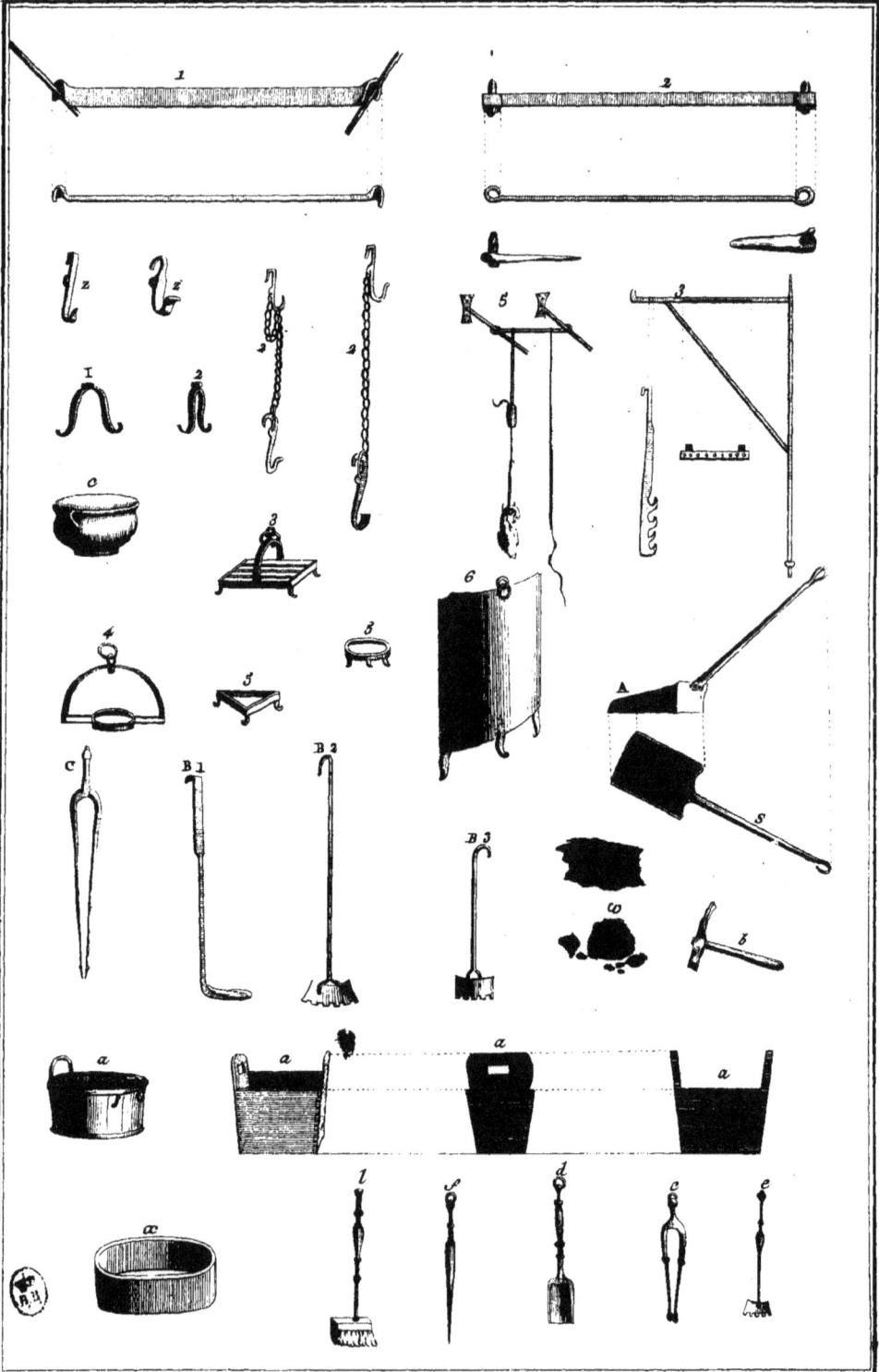

Del. Leodi. C.A. Galhausen

Feßard Sculp.

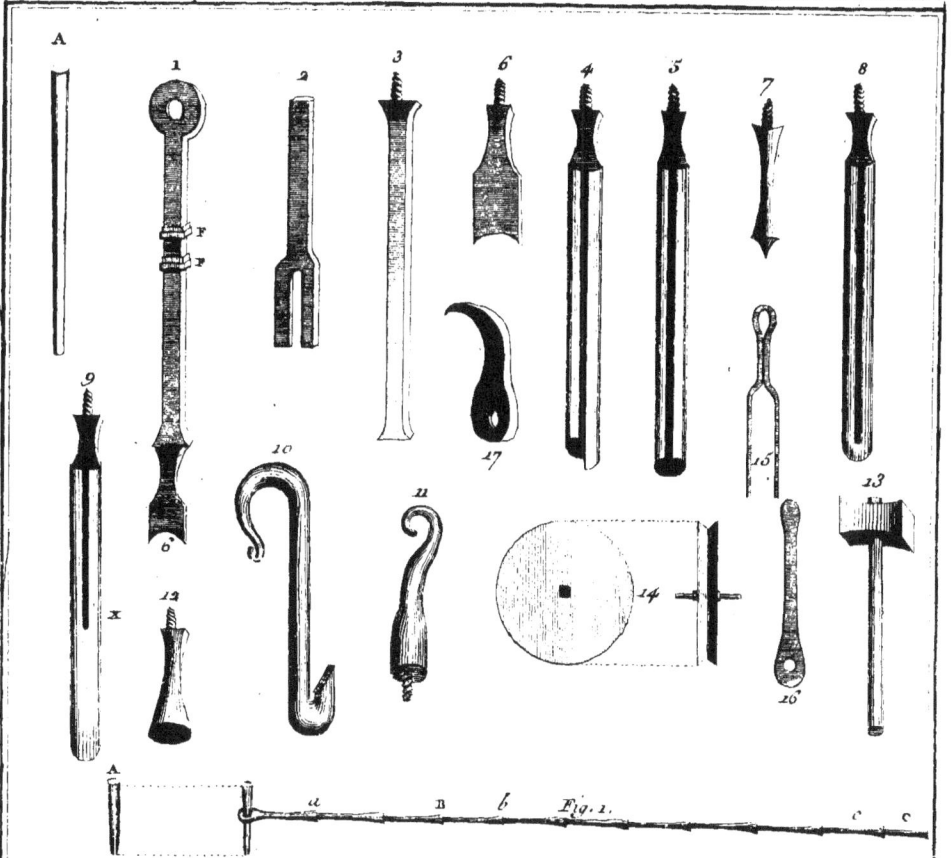

Fig. 1.

Fig. 2.

Fig. 3.

Perard Sculp.

N.¹⁰. Beilby Delineavit a Newcastle 1773.   Benard Sculpsit.

GRANDE MACHINE A CHARBON DES CARRIERES DE NEWCASTLE . 2.e Part. Pl. XXXIV.
Wm. Bailey Delineavit a Newcastle 17[illegible]3

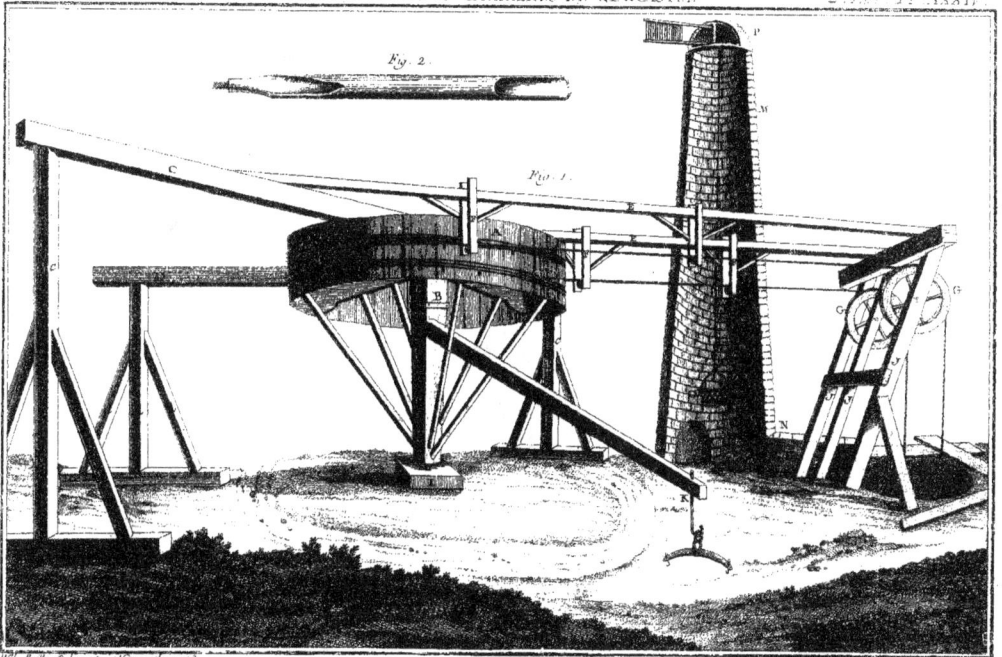

Fig. 2.

Fig. 1.

Wm. Bulley Delineavit a Newcastle 1773.

Peerard Sculp.

Fig. 1.

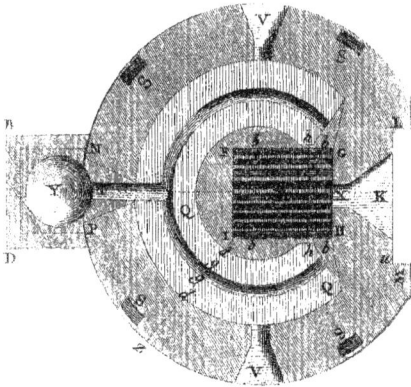

Echelle de 15 Pouces

Fig. 2.

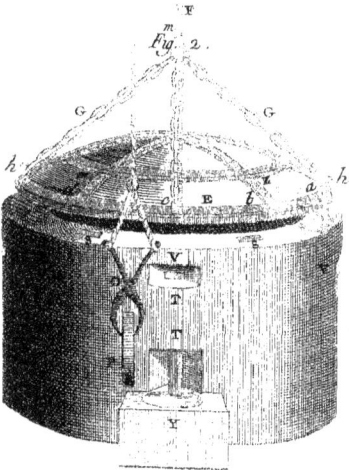

Rouet a Fuzil des Mineurs

Fig. 4.

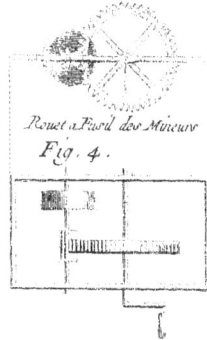

Torrefaction

Fig. 3.

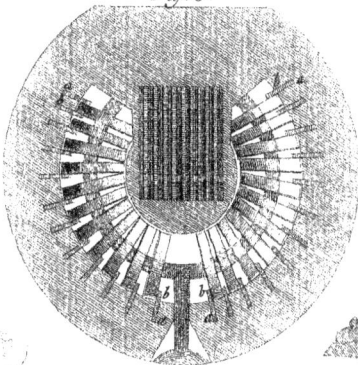

Des Charbons de Terre

Boucard Sculp.

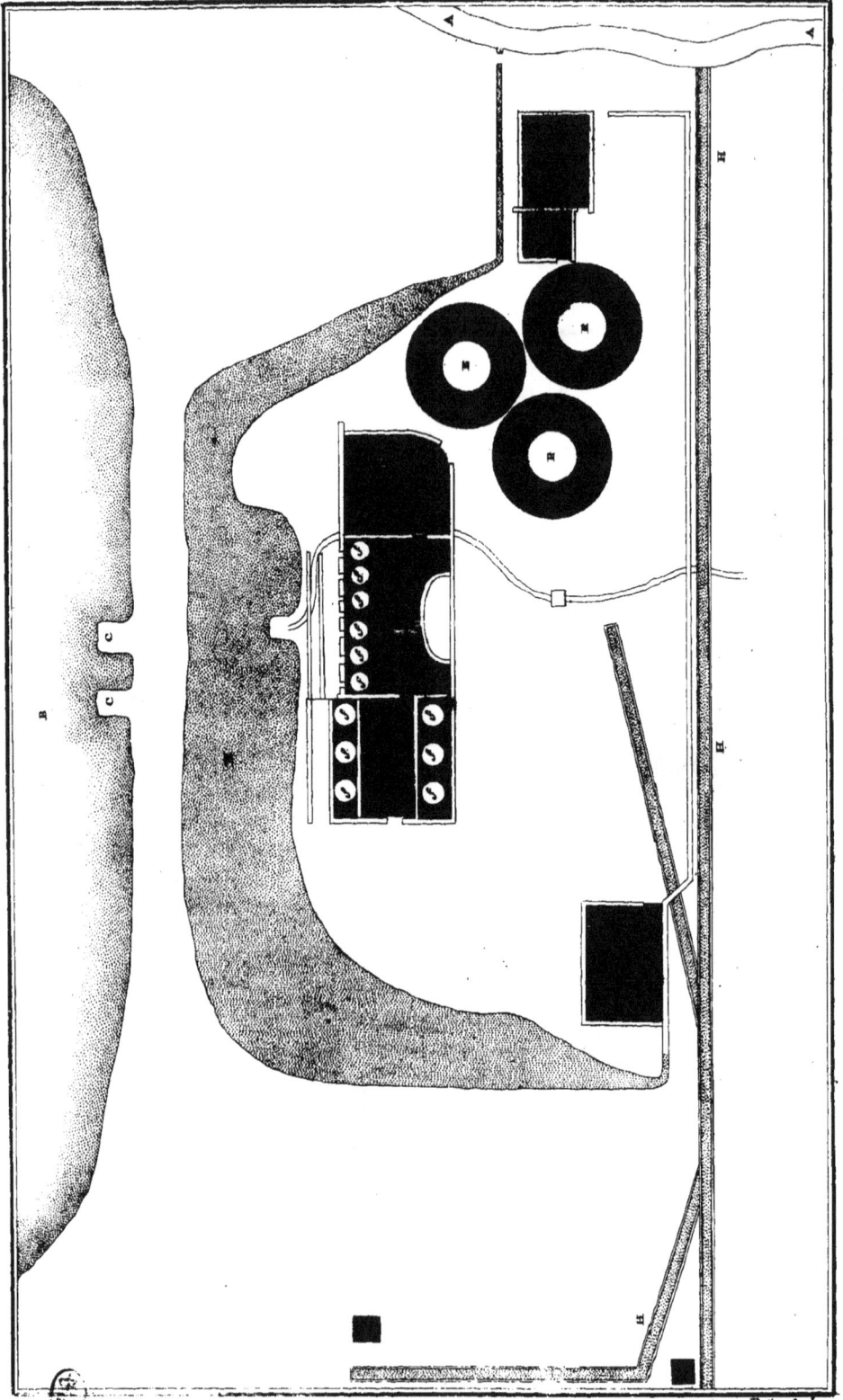

Patte Sculp.

OUTILS ET USTENCILS DES MINES DU HAINAUT FRANÇOIS 2e Part. Pl. XXXVII.

Bossard Sculp

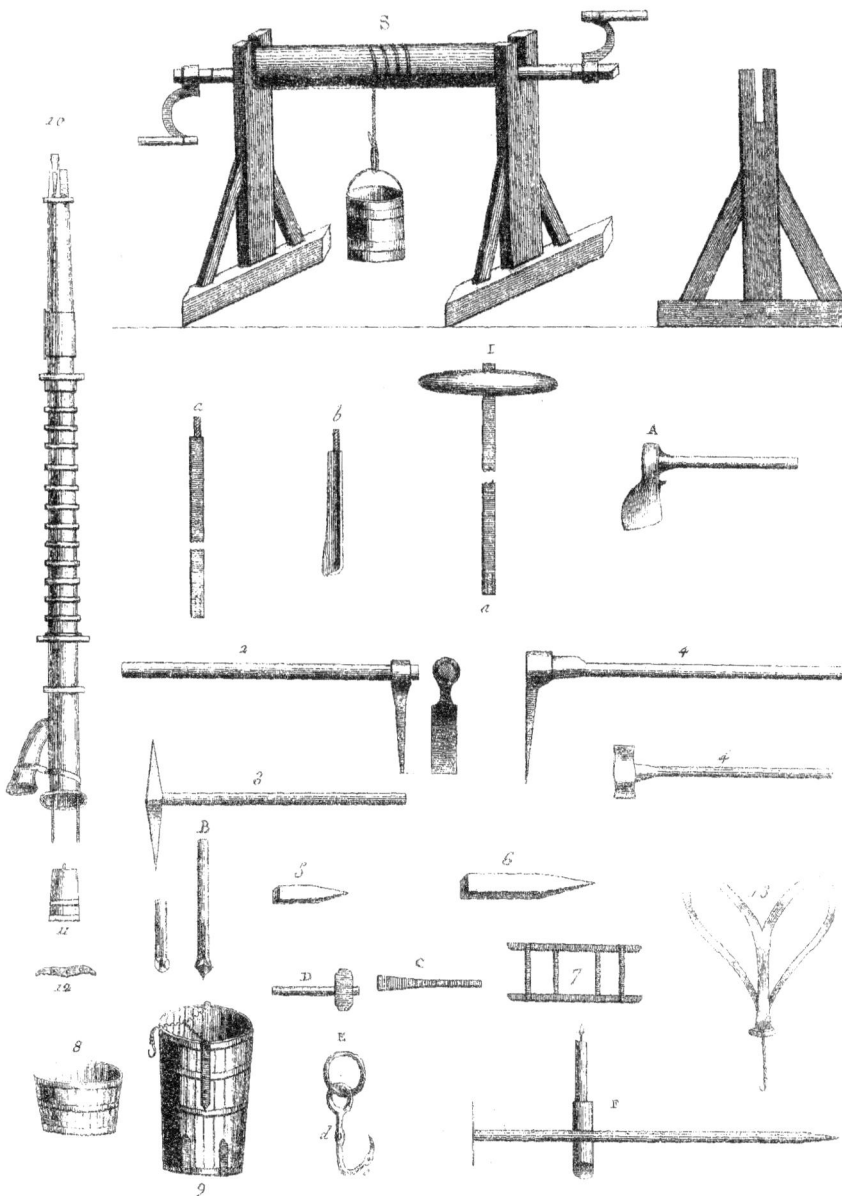

Fig. 1.

Fig. 2.

1.

2.

3.

4.

5. A.

5. B.

5. C.

5. D.

6.

7.

8.

9.

10.

Delneavit Paris. Bosser.   Essard Sculp.

VUE DE LA CARRIERE DE S[t]. CHAMONT 2e Part. Pl. XLIX.

Fossard Sculp.

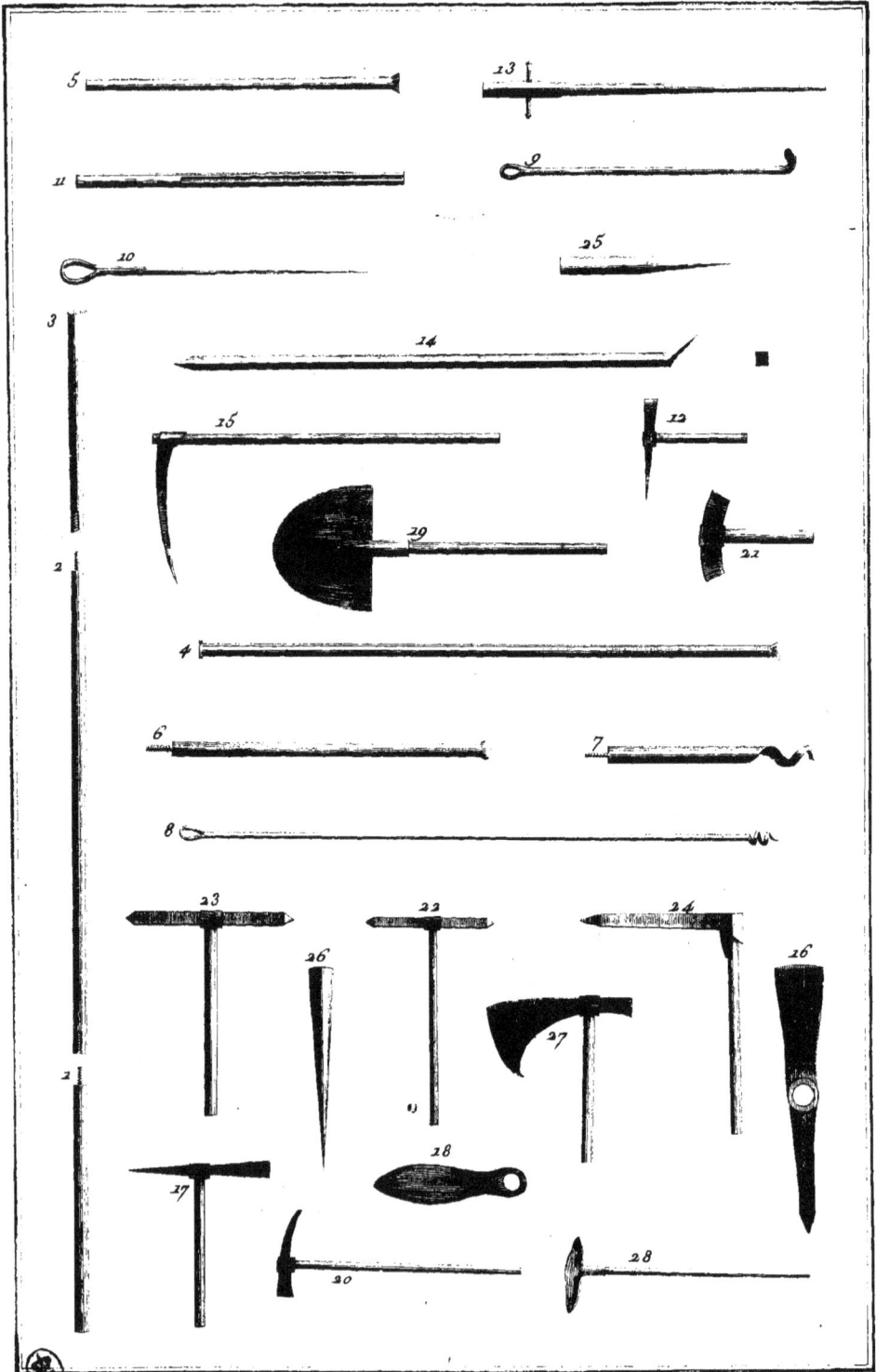

Fessard Sculp.

Echelle de 50 Toises

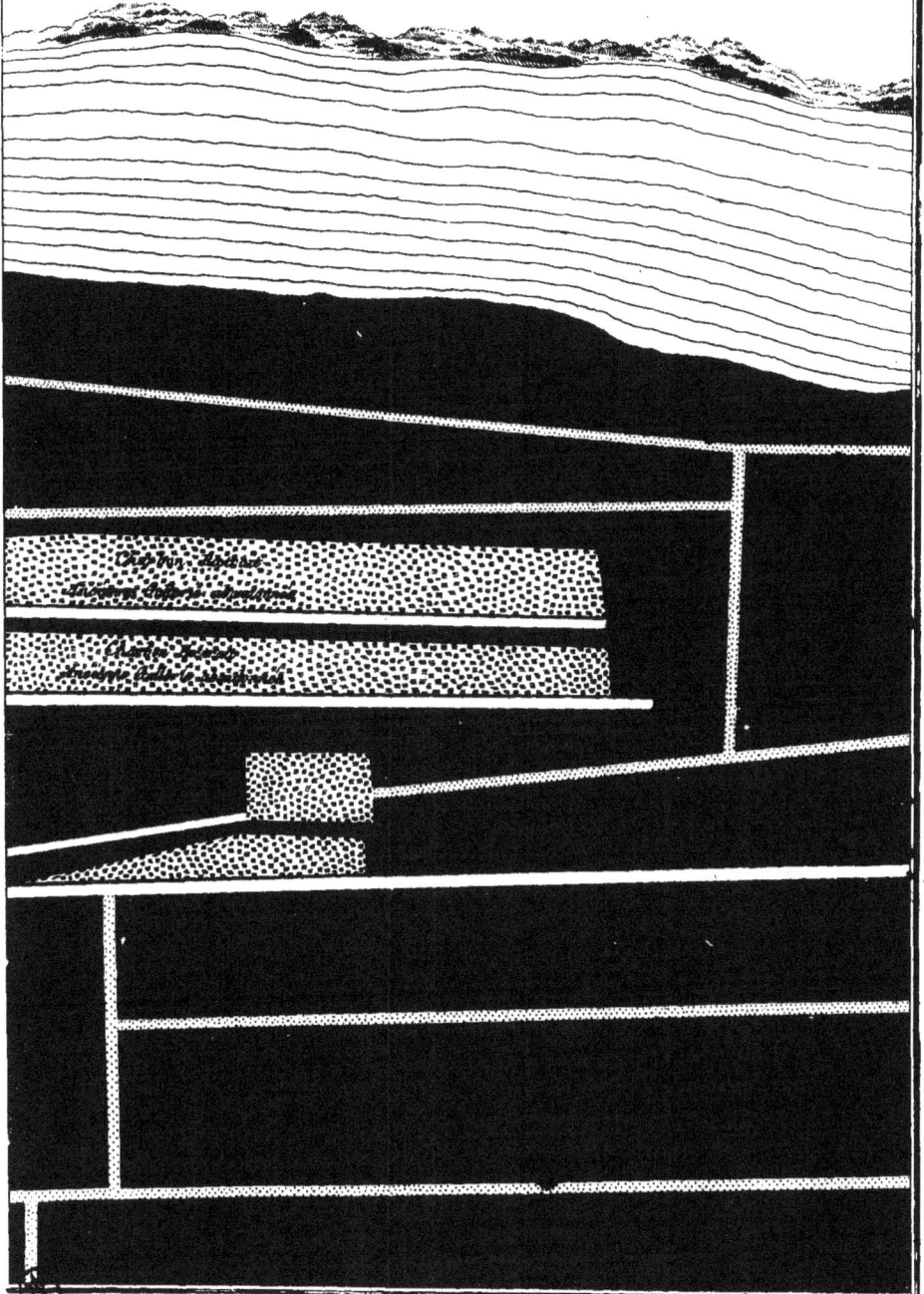

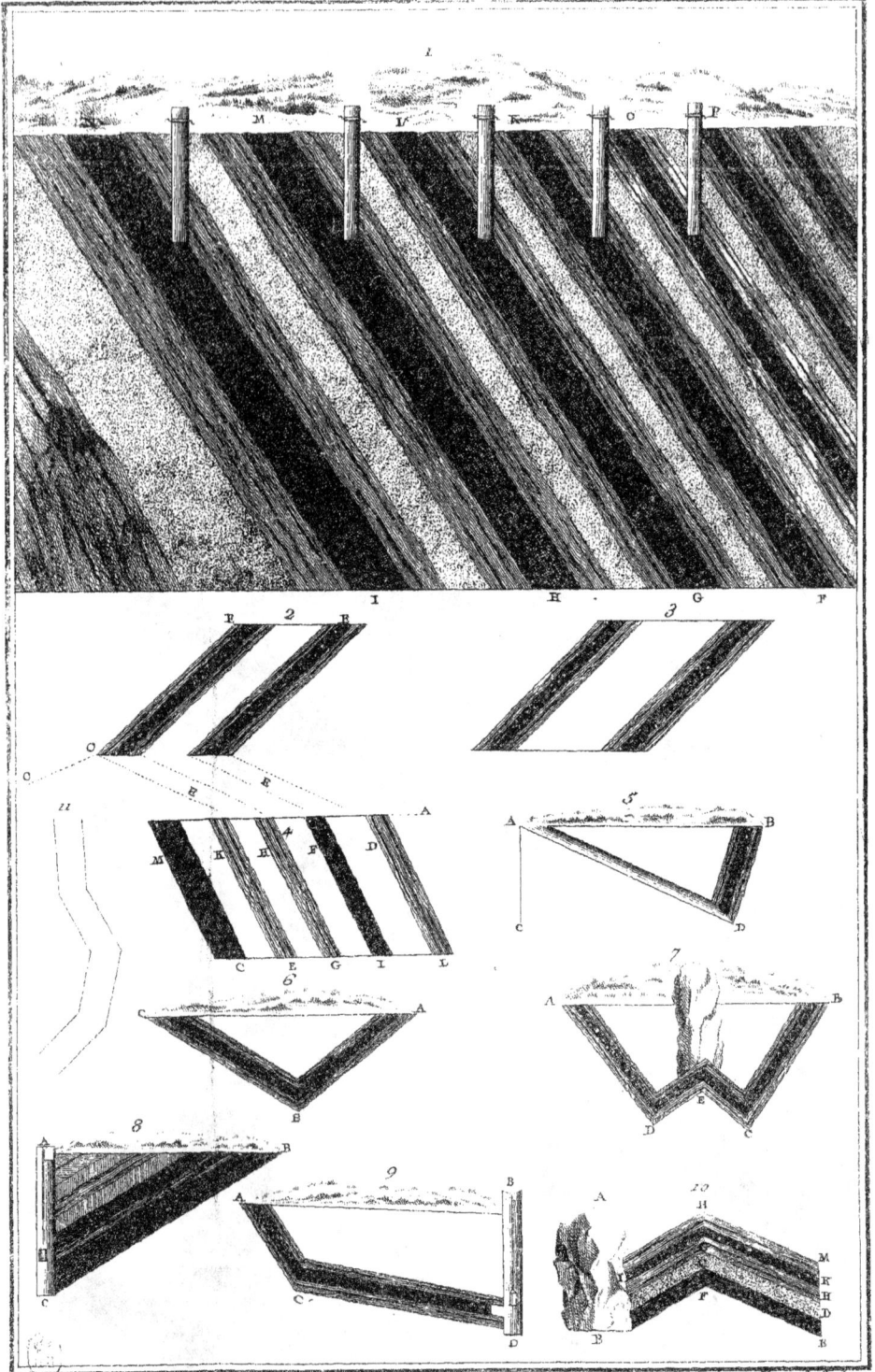

Fig. 2.

Fig. 1.

Fig. 3.

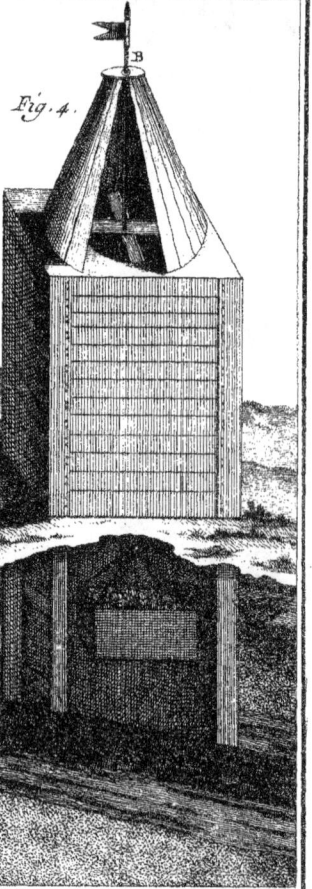

Fig. 4.

Fessard Sculp.

Fig. 1.

Fig. 2.

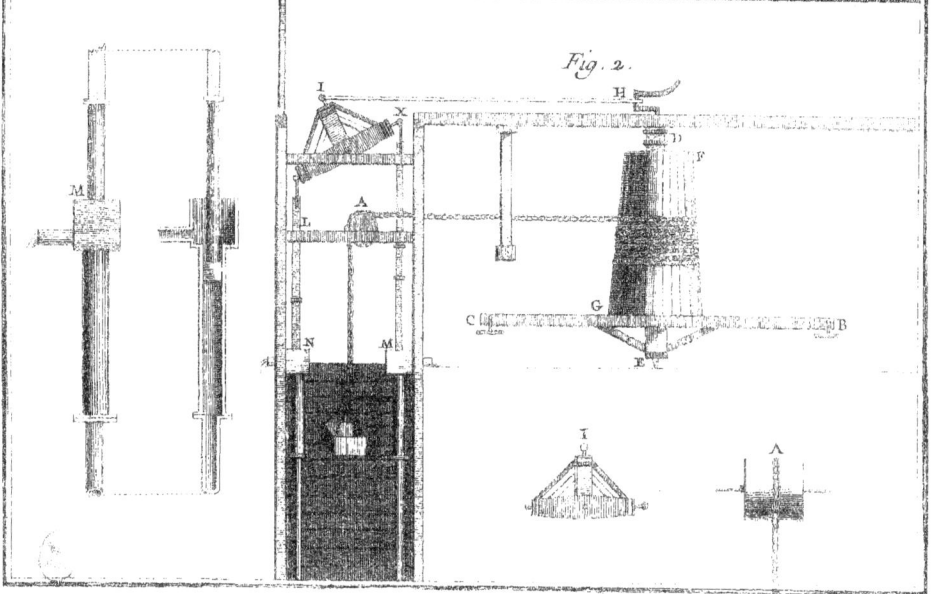

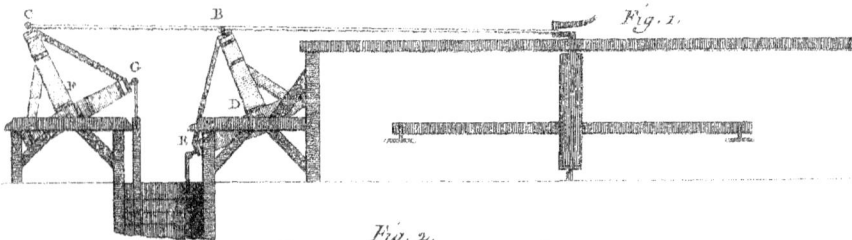

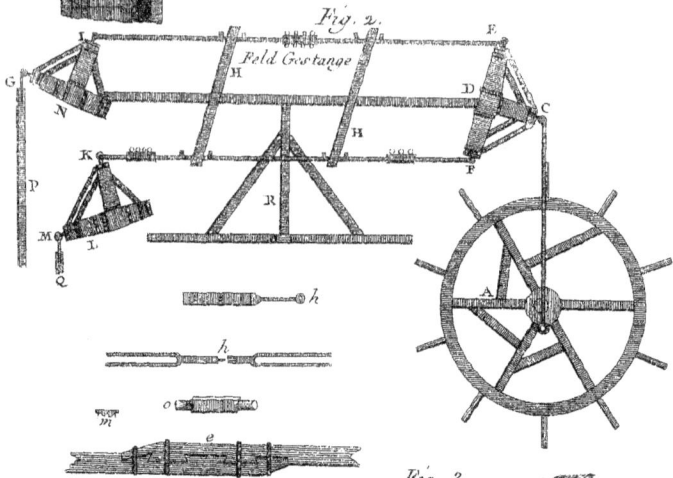

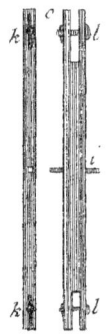

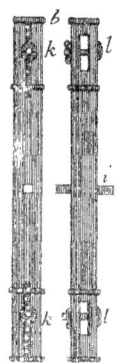

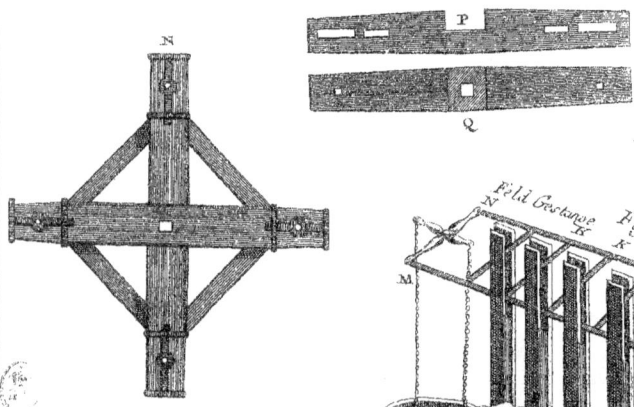

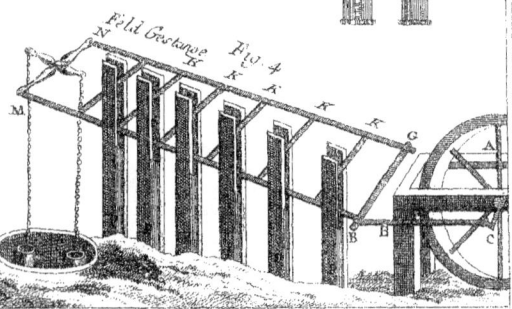

Fig. 1.

Fig. 2.

Feld Gestange

Fig. 3.

Feld Gestange

Fig. 4.

Feld Gestange

Possard Sculp.

Coupe de la Pompe et du Plongeur

Fig. 4.

Fig. 1.

Fig. 3.

Coupe du Piston

Corps du Piston

Fig. 2.

Coupe d'une Pompe foulante de la machine à feu.

Peerard Sculp.

MACHINE A FEU DE LA MINE DE GRIFF, COMTÉ DE WARWICK 2.e Part. Pl. XLVIII.

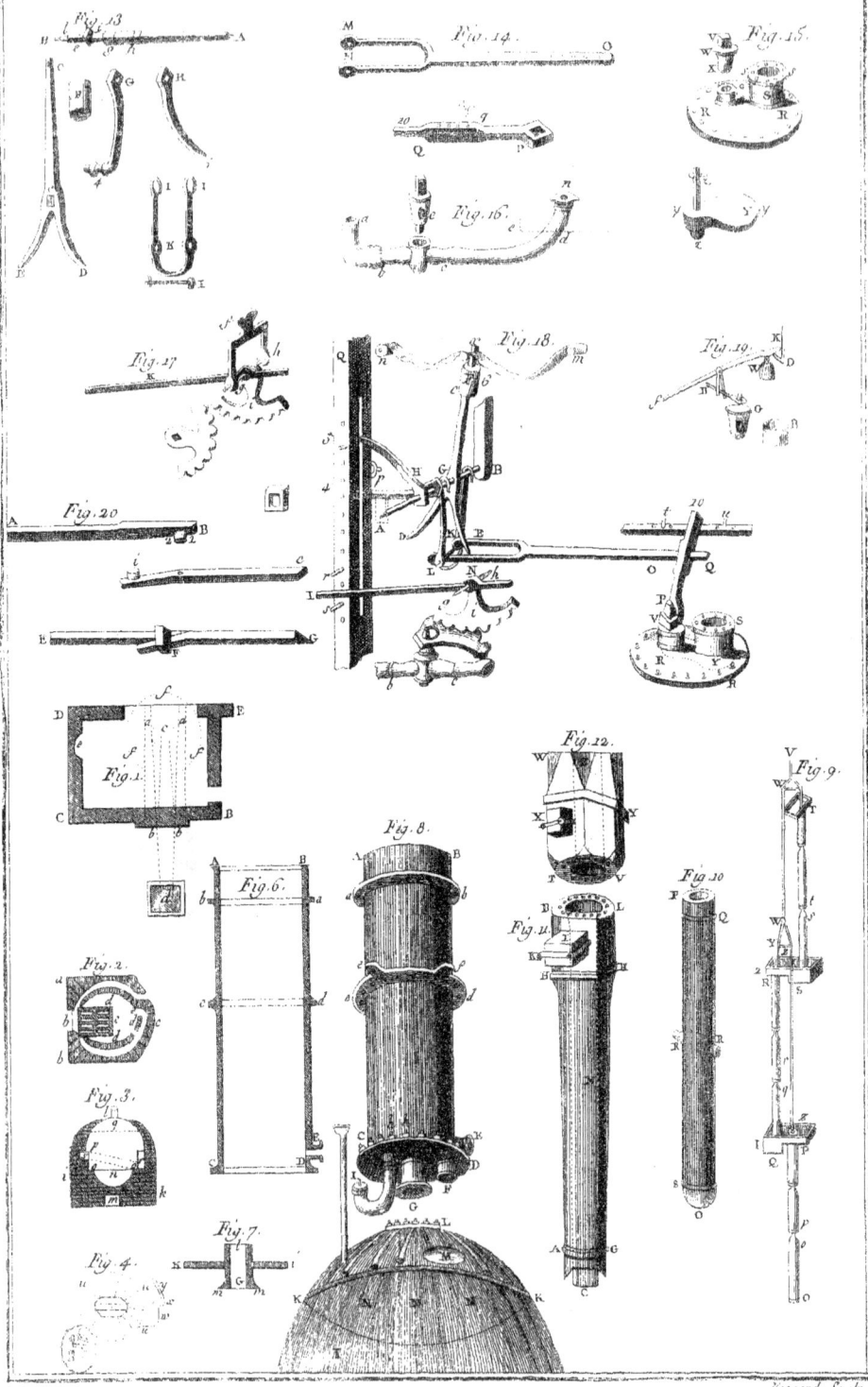

Rosard Sculp.

Echelle des Figures

24 Pieds.

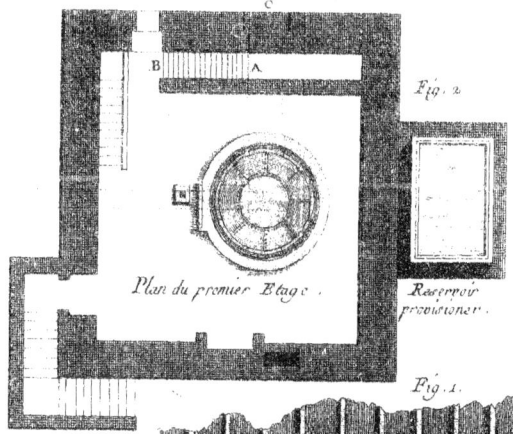

Dessein general
des principales parties
de la Pompe a feu.

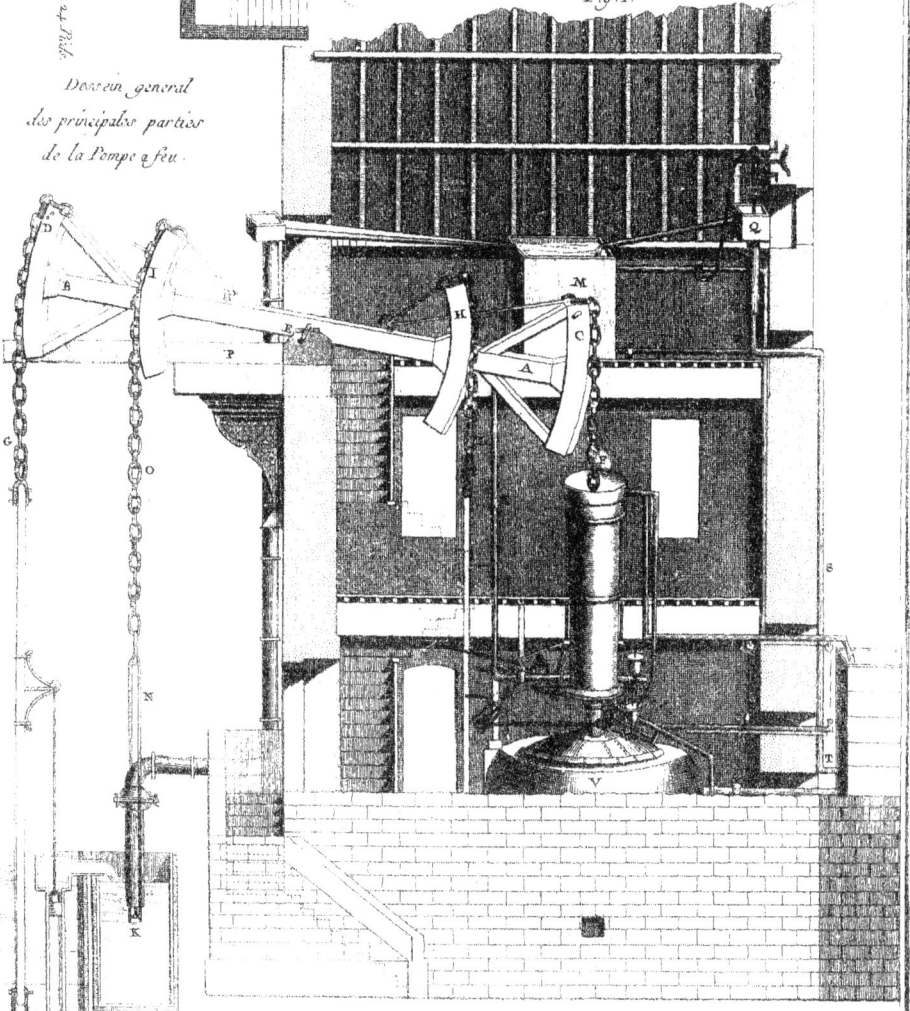

Fig. 2

Plan du premier Etage.

Reservoir
provisioner.

Fig. 1

Echelle de la Figure .... 8 Pieds.
12

Fessard Sculp.

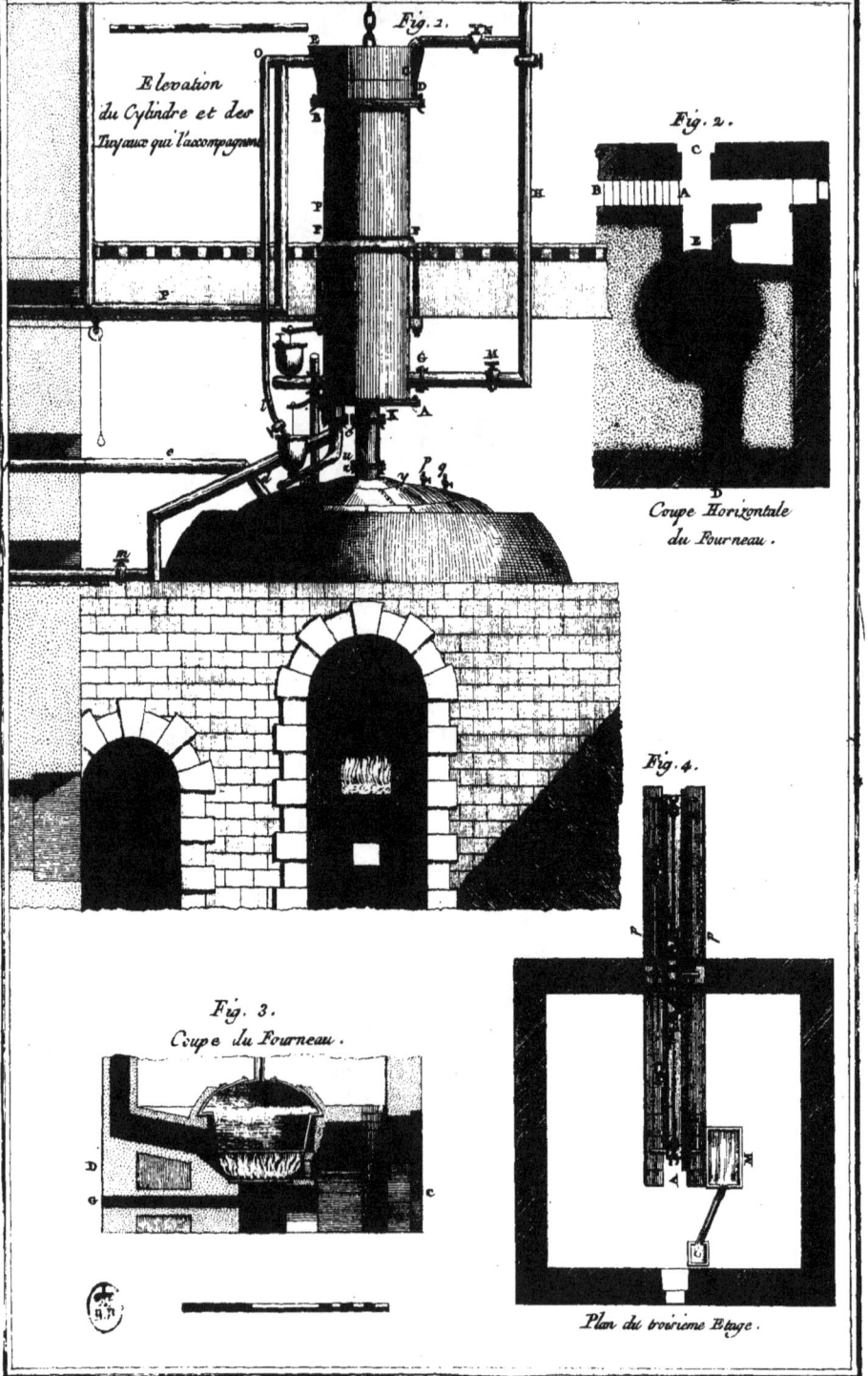

Fig. 1.

Elevation
du Cylindre et des
Tuyaux qui l'accompagnent

Fig. 2.

Coupe Horizontale
du Fourneau.

Fig. 4.

Fig. 3.
Coupe du Fourneau.

Plan du troisieme Etage.

Ferrard Sculp.

Fig. 4

Fig. 1.

Fig. 3.

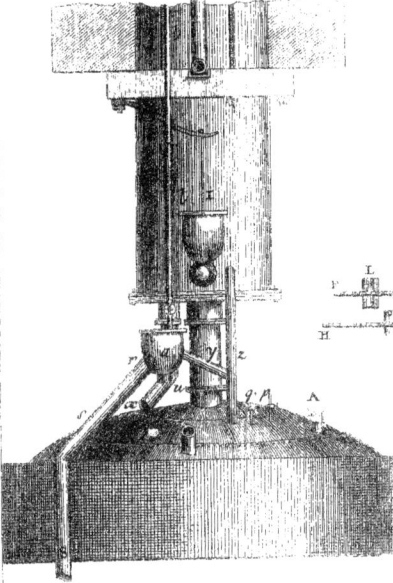

Fig. 2.
Chapiteau de l'Alambic.

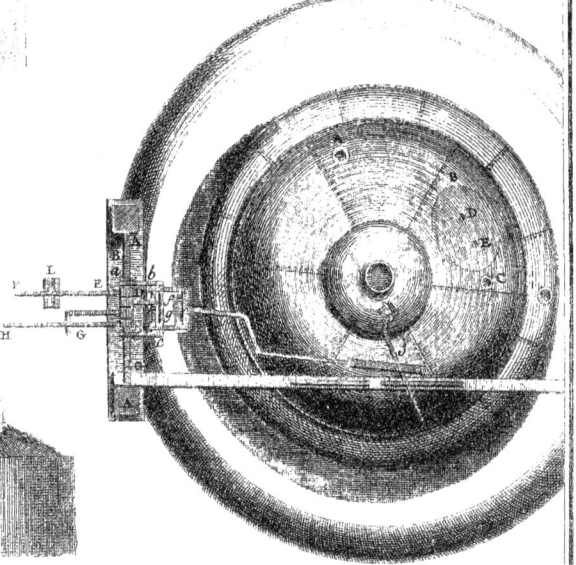

Prevost Sculp.

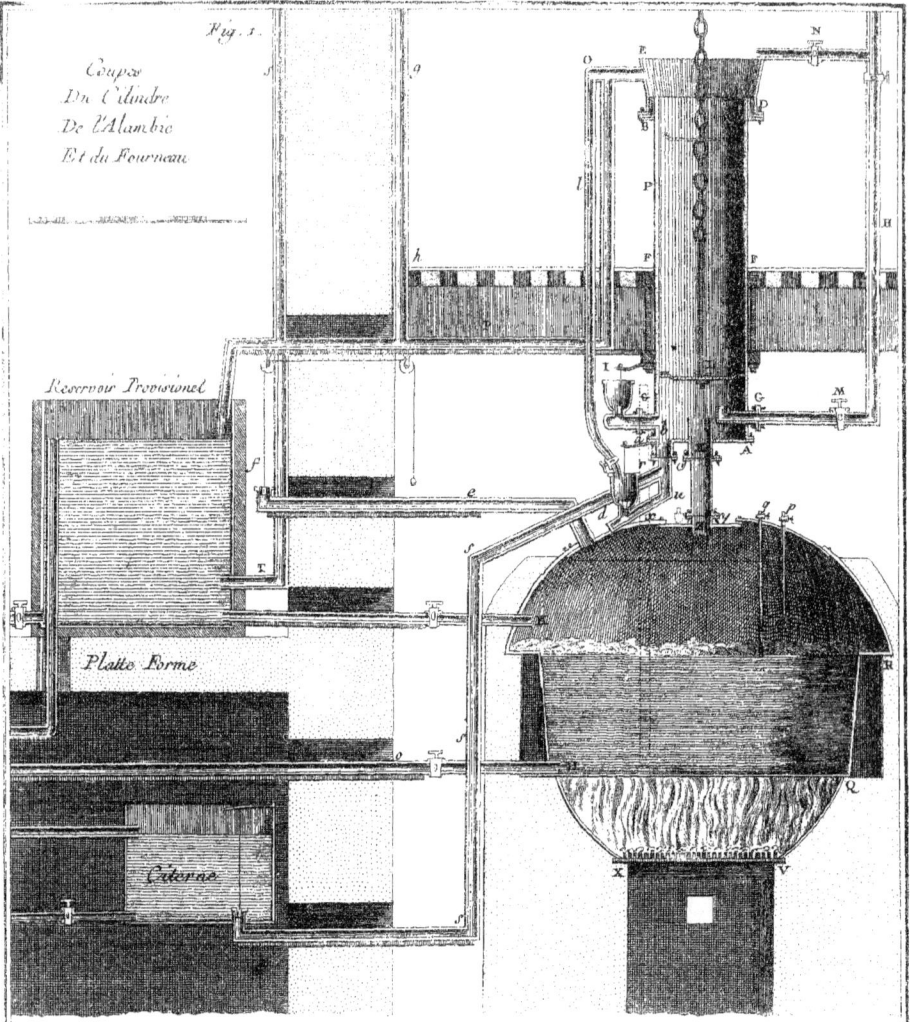

Fig. 1.

Coupe
Du Cilindre
De l'Alambic
Et du Fourneau

Reservoir Provisionel

Platte Forme

Citerne

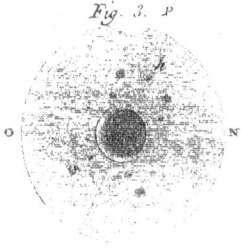

Fig. 3.

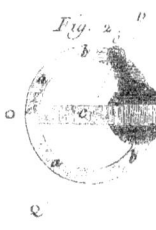

Fig. 2.

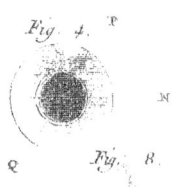

Fig. 4.

Fig. 7.

Fig. 5.

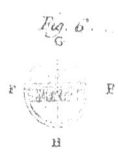

Fig. 6.

Fig. 8.

Fessard Sculp.

Fig. 11.

Fig. 12.

Fig. 14.

Fig. 13.

Fig. 20.

Fig. 8.

Fig. 7.

Fig. 9.

Fig. 4.

Fig. 1.

Puit.

Fig. 2.

Fig. 3.

Fig. 5.

Fig. 6.

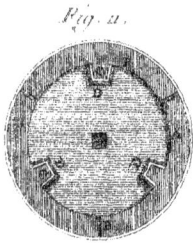

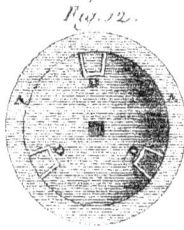

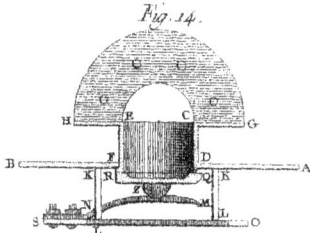

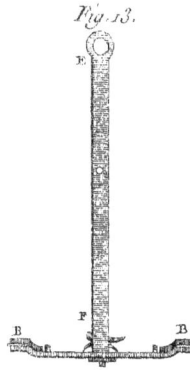

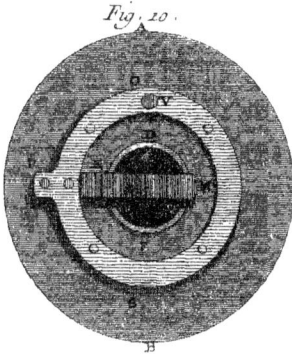

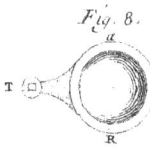

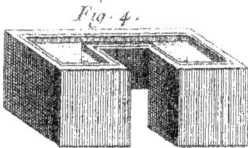

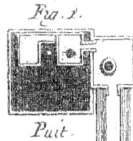

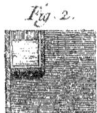

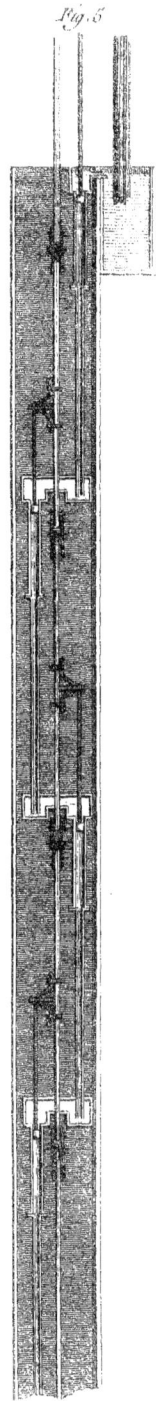

Tiges des Pompes liées les unes aux autres et Suspendues à des Entretoises.

Vassard Sculp.

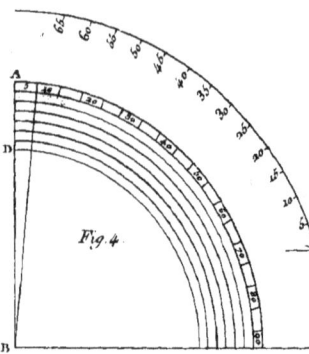

Fig. 4.

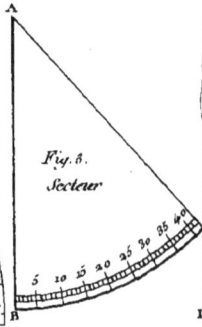

Fig. 3.
Secteur

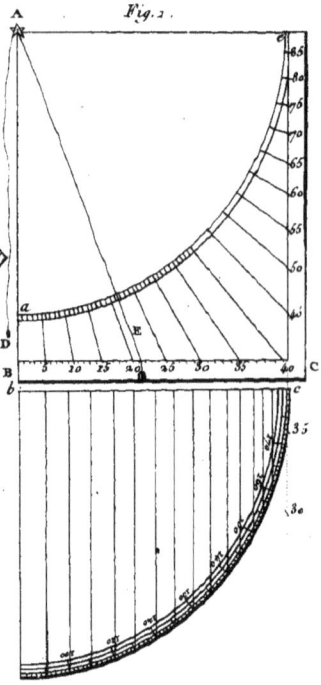

Fig. 2.

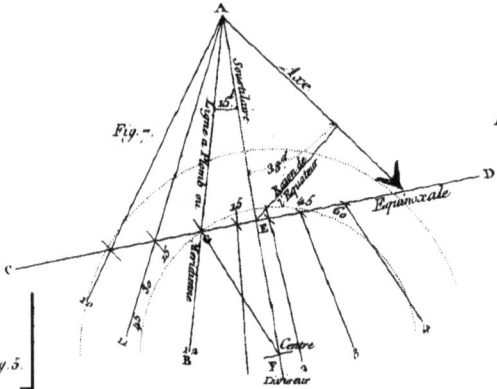

Fig. 7.

Equinoxiale

Fig. 1.

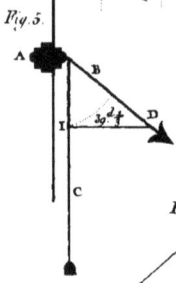

Fig. 5.

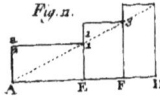

Fig. 11.

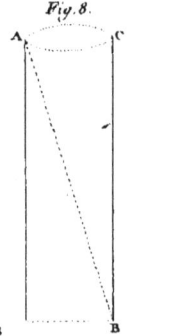

Fig. 8.

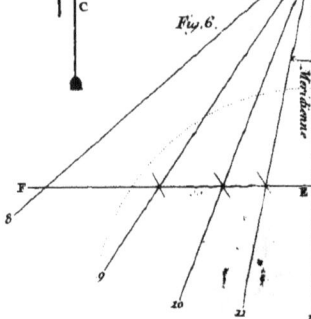

Fig. 6.

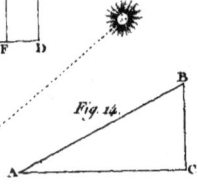

Fig. 14.

Fig. 9.

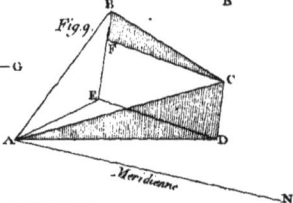

Fig. 10.

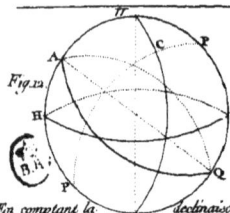

Fig. 12.

En comptant la   declinaison Est ou Ouest

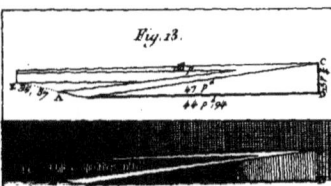

Fig. 13.

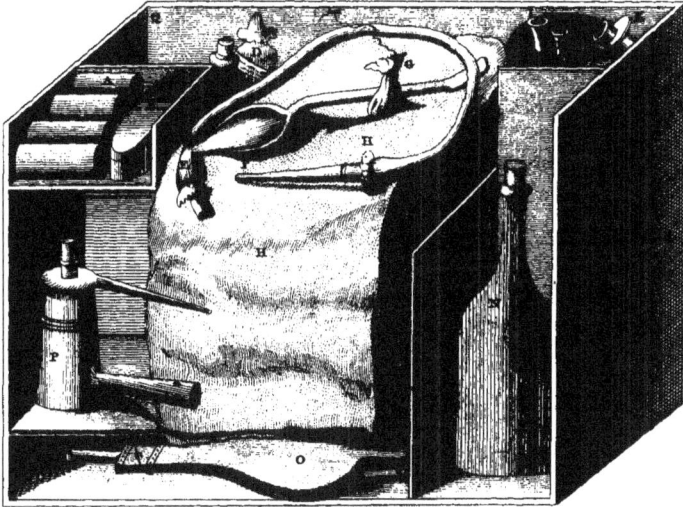

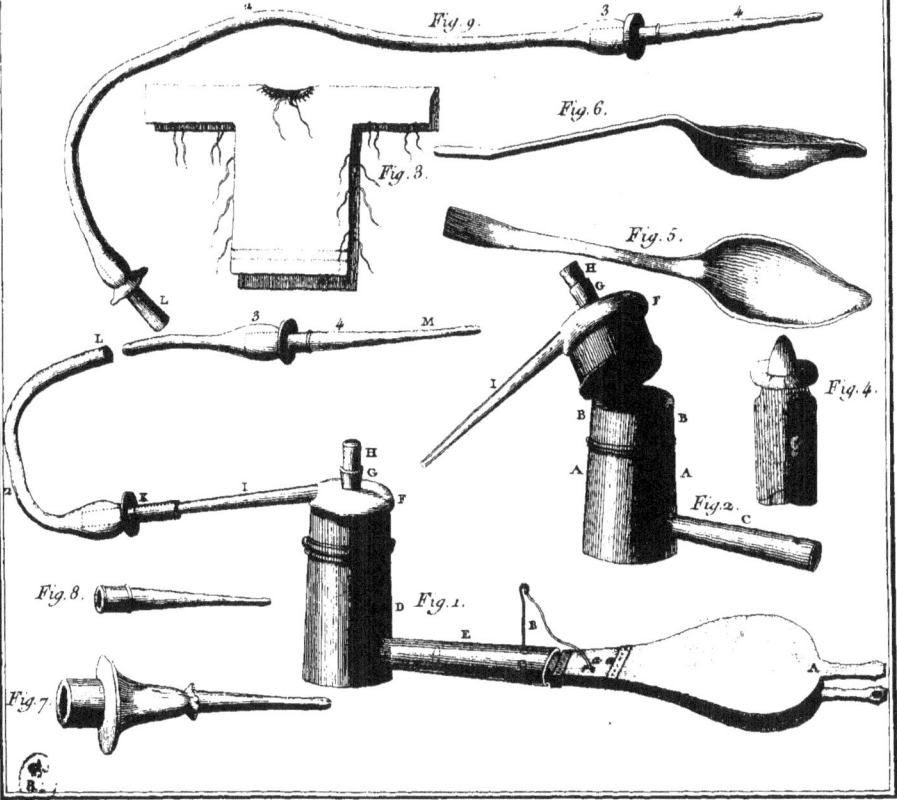

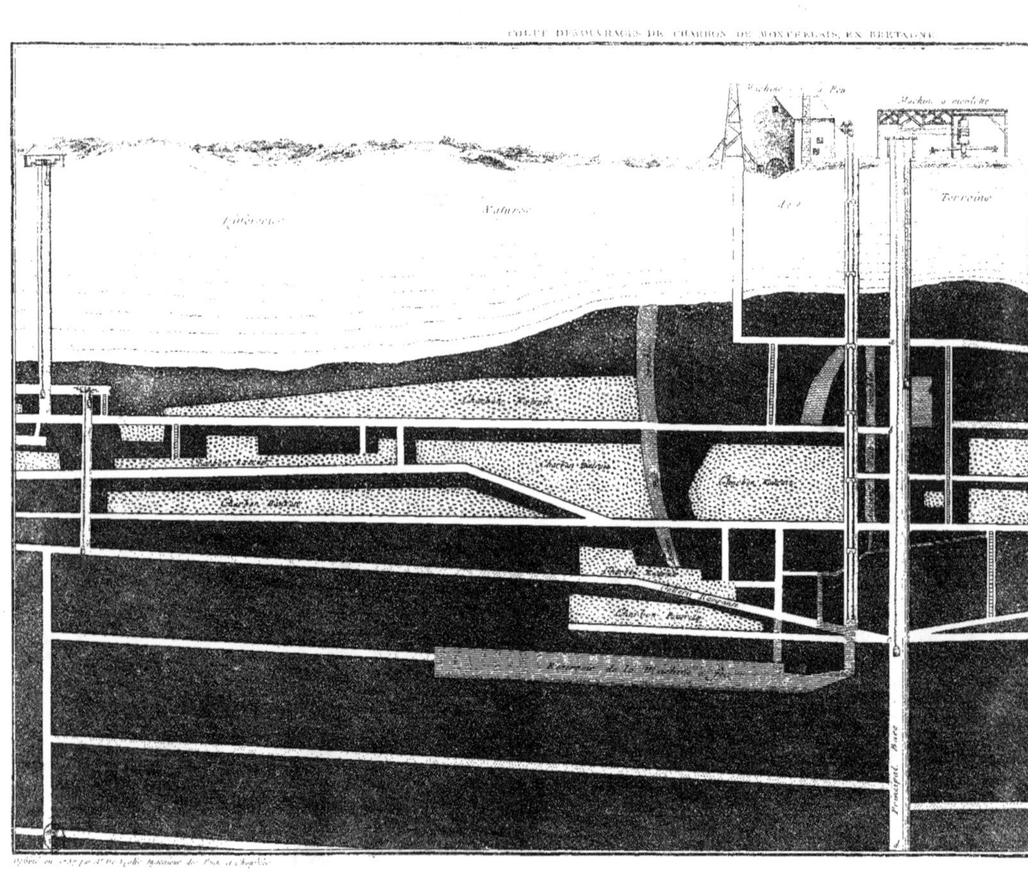

Fig. 1.

Fig. 2.

Fig. 3.

Fig. 4.

Fassard Sculp.

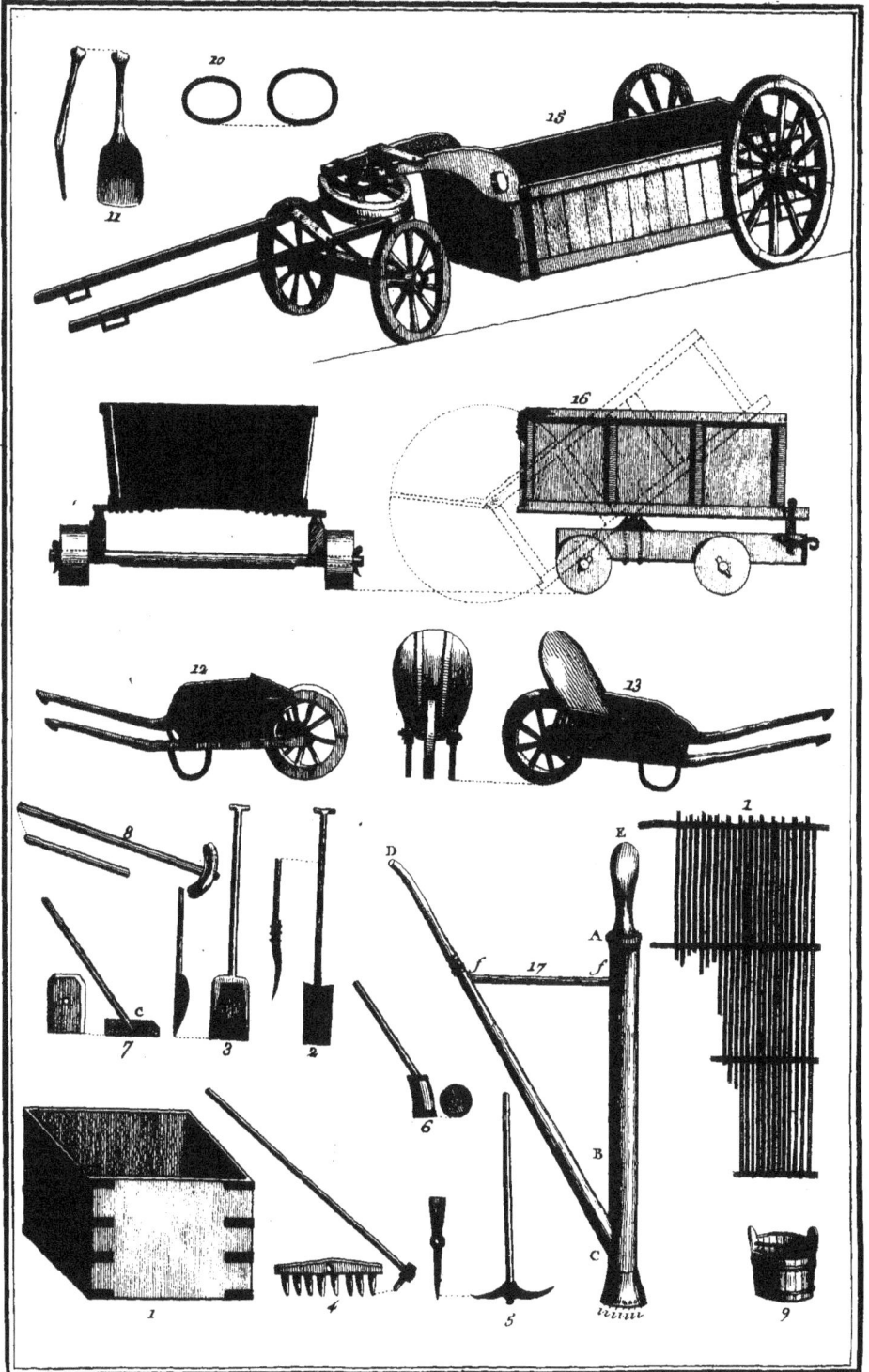

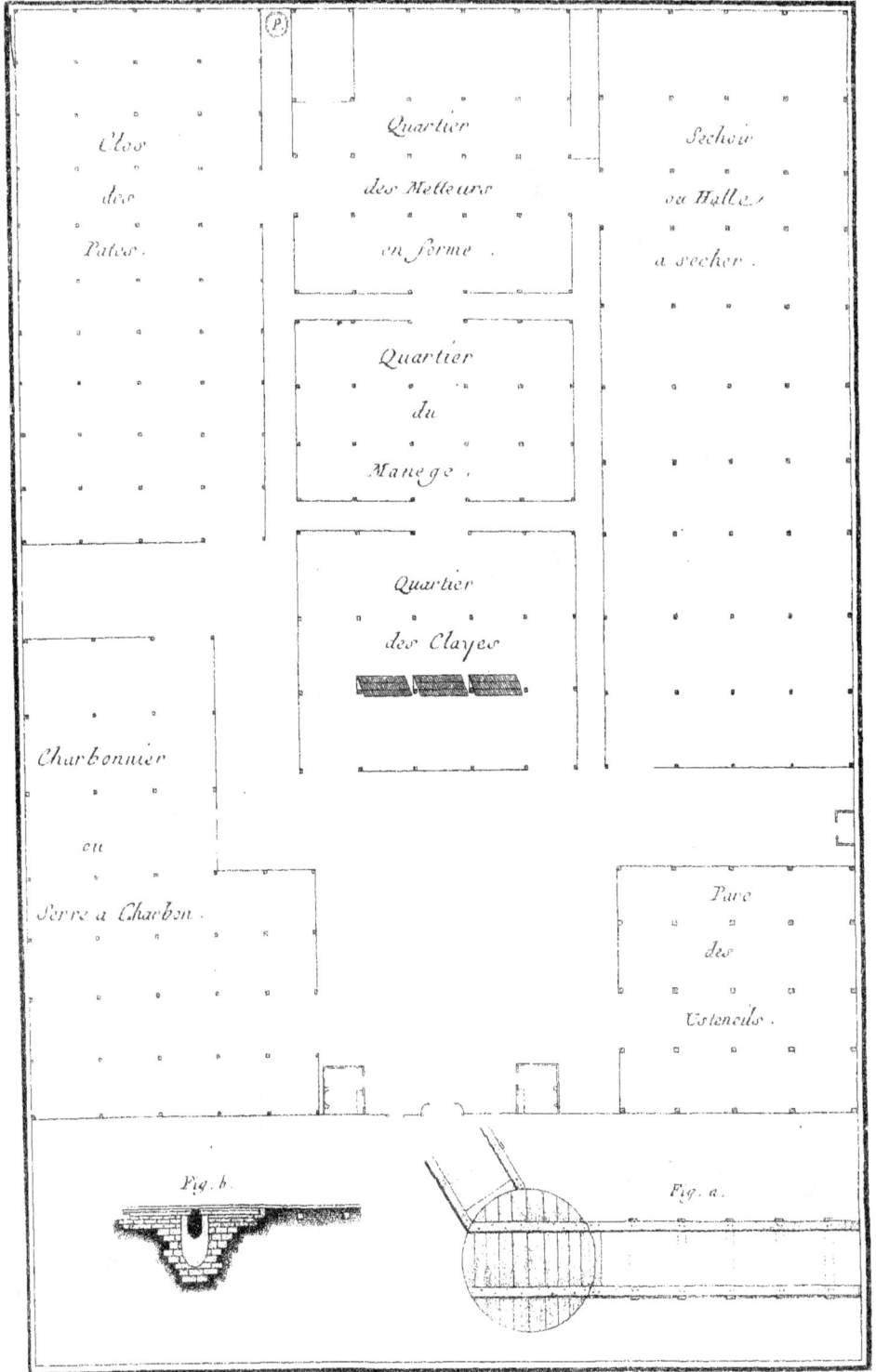

(P.)

Clos

des

Pates .

Quartier

des Metteurs

en forme .

Sechoir

ou Halles

a secher .

Quartier

du

Manege .

Quartier

des Clayes

Charbonnier

ou

Serre a Charbon .

Parc

des

Ustencils .

Fig. b.

Fig. a.

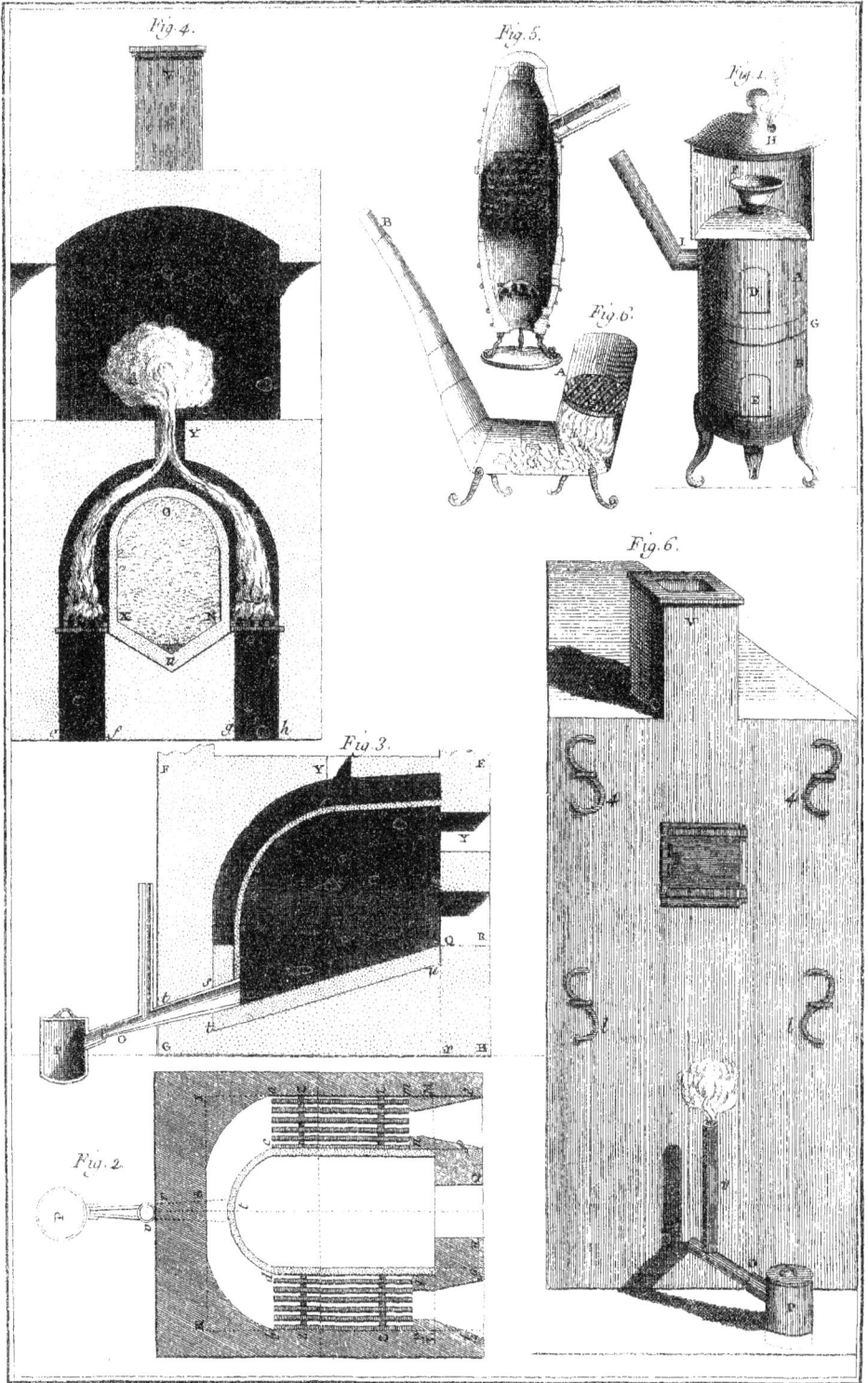

Fig. 4.

Fig. 5.

Fig. 1.

Fig. 6.

Fig. 6.

Fig. 3.

Fig. 2.

Pasquier Sculp.

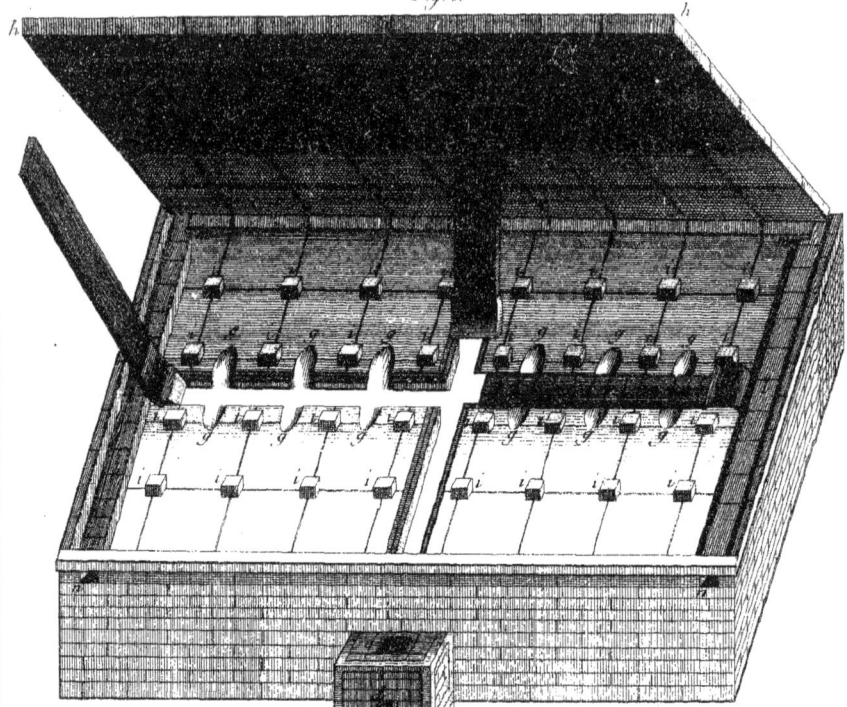

Fig. 1.

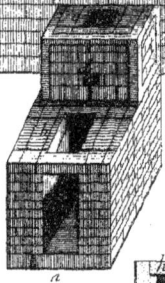

Fig. 3.

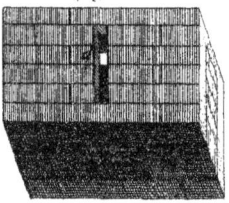

Fig. 2.

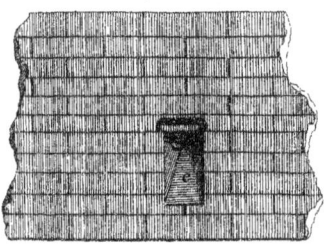

Fig. 5.

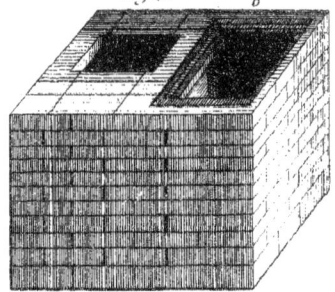

Fig. 4.

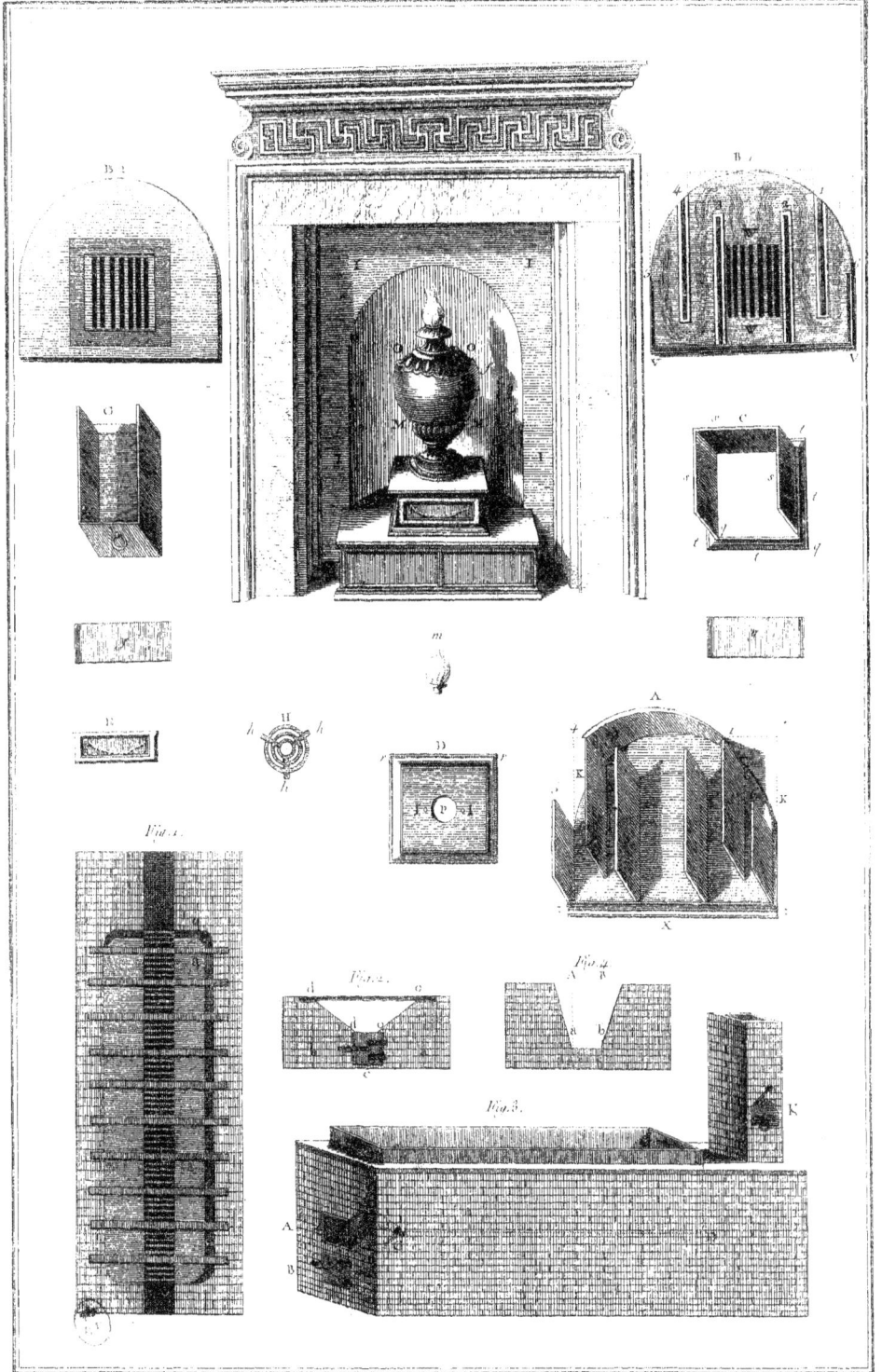

Fig. 1.

Fig. 2.

Fig. 4.

Fig. 3.